ROYAL HORTICULTURAL SOCIETY

PRUNING
&TRAINING

英 国 皇 家 园 艺 学 会
园艺修剪手册

[英]克里斯托弗·布里克尔 大卫·乔伊斯/著 郑杰/译

 DK

 华中科技大学出版社
http://www.hustp.com

有书至美
BOOK & BEAUTY

中国·武汉

图书在版编目（CIP）数据

英国皇家园艺学会园艺修剪手册／（英）克里斯托弗·布里克尔 (Christopher Brickell)，（英）大卫·乔伊斯 (David Joyce) 著；郑杰 译. —武汉：华中科技大学出版社，2022.9
ISBN 978-7-5680-8504-5

Ⅰ.①英… Ⅱ.①克… ②大… ③郑… Ⅲ.①园林植物－修剪－手册 Ⅳ.①S680.5-62
中国版本图书馆CIP数据核字（2022）第132713号

Original Title: RHS Pruning and Training
Copyright © Dorling Kindersley Limited, 1996, 2006, 2011, 2017
A Penguin Random House Company

简体中文版由Dorling Kindersley Limited授权华中科技大学出版社有限责任公司在中华人民共和国境内（但不含香港、澳门和台湾地区）出版、发行。

湖北省版权局著作权合同登记 图字：17-2022-081号

英国皇家园艺学会园艺修剪手册
Yingguo Huangjia Yuanyi Xuehui Yuanyi Xiujian Shouce

[英] 克里斯托弗·布里克尔 著
[英] 大卫·乔伊斯
郑杰 译

出版发行：华中科技大学出版社（中国·武汉）
电话：（027）81321913
华中科技大学出版社有限责任公司艺术分公司
电话：（010）67326910-6023

出 版 人：阮海洪

责任编辑：莽 昱 宋 培
责任监印：赵 月 郑红红　　封面设计：邱 宏

制　　作：北京博逸文化传播有限公司
印　　刷：广东金宣发包装科技有限公司
开　　本：889mm×1194mm　　1/16
印　　张：21
字　　数：470千字
版　　次：2022年9月第1版第1次印刷
定　　价：198.00元

本书若有印装质量问题，请向出版社营销中心调换
全国免费服务热线：400-6679-118　竭诚为您服务
版权所有　侵权必究

混合产品
纸张 |
支持负责任林业
FSC® C018179

For the curious
www.dk.com

目录

序言

观赏乔木

果树

观赏灌木

软果

攀缘植物

月季

序言

通过了解植物的生长规律，植株个体需求及其对修剪的反应，
能够更简单地为不同植物选择正确的修剪和整枝方式。

从最基础的层面说起，修剪与整枝的目的在于保证植物健康、茁壮地生长，使其免受骨干枝弱势引发的危害，以及最小化患病的风险。然而，专家级别的修剪能够为植物带来的益处远不止这些。通过了解修剪与整枝对植物生长表现的影响，园艺工作者不仅能改善植物的自然状态，更能增进其花、叶的观赏表现，增加挂果，或创造出惊艳的种植效果与栽植搭配。理解植物对修剪的反应及其原因是开发植物生长潜力的关键。

"怎么修剪"是园艺爱好者们最常询问的问题。这个问题往往有多个答案，因为许多植物都可以通过不同的修剪和栽培方式呈现出不同的效果。虽然修剪是一个复杂的议题，但许多植物需要的仅仅是最基础的修剪。通过去除枯死、患病或损伤的部分，再略加关照，它们就能够维持健康的状态。

修剪的方式及程度时常受一些特殊考量的影响：有些人喜爱整洁利落的规则式花园，因此园中的植物通过修剪呈现齐整、对称的造型，而有些人则偏好植物自由且往往不可预期的生长方式。

假如种植者想要在有限的空间内种植更多种类的植物，或是在玻璃结构下进行种植，那么通过修剪控制植物的大小便显得极为重要。

然而在大多数情况下，修剪的目的只是为了保证植物健康、茁壮的生长并保持良好的外形。要谨记，扎实的初期整枝是为健康成株打下的牢固基础，而修剪，不论在植物生长的何种阶段，都会对植物造成一定的压力，因而修剪必须得有恰当的理由。如果你选择了符合需求及表现效果的植物，那么就可以避免后续补救性质的修剪。

棒棒糖状倒挂金钟

许多观赏植物都能通过新颖的整枝和修剪方式获得别致的外观。打顶修剪的技巧可以用来创造出惊艳的花朵效果。

◀ **经典花园步径**

两行规则式种植的编枝椴树（Tilia）勾勒出一条充满吸引力的林荫道，林荫道的笔直线条吸引着到访者的目光，将其引至后方非规则式的隐藏花园。

植物如何生长

植物的生长需要营养、水分、光照以及适宜的气候。植物们适应了跨度广阔的栖息地，与之对应的是它们由于气候的差异（见第9页）而衍生的多种多样的需求。尽管如此，在需求满足的情况下，大多数植物的生长方式十分相似。

植物能够在生命周期中改变体内细胞的结构与功能，因此它们不仅能通过有性方式繁殖，在适当的情况下，同样能够通过从母株分离的一小段茎、根或叶等部分产生完整的个体。这种能力被园艺工作者广泛应用于园艺植物的繁殖。

植物部位中，柔软、绿色的新枝细胞最为活跃，枝条大量生产用于刺激和控制植物生长的激素。植物的生长主要发生在顶芽（即"生长点"）下方的部位。顶芽具有称为"顶端优势"的特性，激素从顶芽沿茎向下方移动，抑制侧芽的生长。只有当顶芽生长到一定程度时，侧芽才会开始生长并形成侧枝。如果顶芽受损，那么某个侧枝便会向上茁壮生长并再次形成顶端优势。然而在某些情况下，两个或多个顶芽亦会共享顶端优势，由此形成多个主枝（见第24页）。

植物细胞活跃的另一区域则是位于粗糙的树皮下方、包裹着植物茎的形成层。正是位于形成层活跃的细胞活动赋予了嫁接技术可行性。如果两种植物基因相近，那么当两段茎的形成层相互接触时，形成层组织便会连接结合。形成层的生长使植物茎的周长增加，使茎更粗，同时形成的强化组织亦使得茎更强韧。在木本植物中，这一过程被称为木质化。植物茎的运动（例如茎在风中摇曳）刺激强韧的木质茎形成。因此，在种植树木幼株时，支柱最好固定在主枝较低的位置——从而使茎有空间摇摆，助其形成更壮的树干（见第21页"支撑"）。

这类植物必须形成耐冷、耐极端天气的组织，从而延长寿命。乔木与灌木发展出坚硬的木质组织来抵抗严寒。而在更寒冷的气候下生存的一些灌木的枝叶会在冬天冻死，但植株仍能从基部的芽点形成新枝，在一个生长季内开花结果。落叶植物在冬天到来时

植物的基本构造

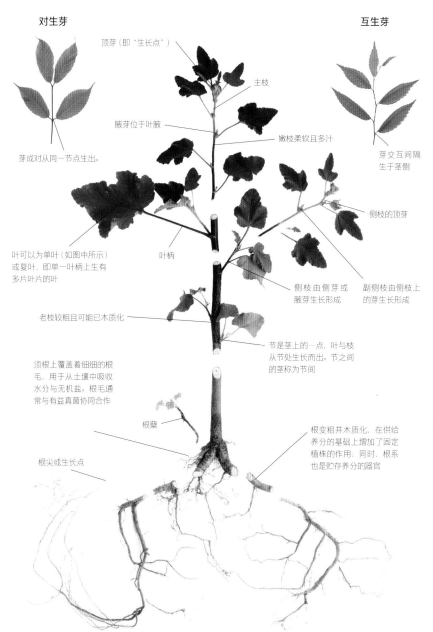

对生芽

顶芽（即"生长点"）

主枝

腋芽位于叶腋

嫩枝柔软且多汁

互生芽

芽交互间隔生于茎侧

芽成对从同一节点生出。

侧枝的顶芽

叶可以为单叶（如图中所示）或复叶，即单一叶柄上生有多片叶片的叶

叶柄

侧枝由侧芽或腋芽生长形成

副侧枝由侧枝上的芽生长形成

老枝较粗且可能已木质化

节是茎上的一点，叶与枝从节处生长而出。节之间的茎称为节间

须根上覆盖着细细的根毛，用于从土壤中吸收水分与无机盐。根毛通常与有益真菌协同合作

根蘖

根尖或生长点

根变粗并木质化，在供给养分的基础上增加了固定植株的作用，同时，根系也是贮存养分的器官

植物茎的横截面图

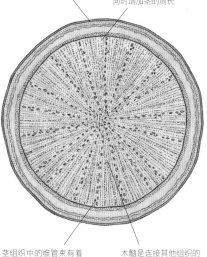

树木坚硬的外部皮肤，即树皮，可以最小化茎表面的水分流失，并保护茎内的柔软组织

在形成层，细胞分裂并分化为运输组织的维管束，同时增加茎的周长

茎组织中的维管束有着运输水、养分、糖以及生长激素的作用

木髓是连接其他组织的基质。在死亡后，木髓木质化并形成心材

"鹿角"状枯枝病

栎树（Quercus）通过形成"天然屏障"隔离染上枯枝病的树干以保护主干。枯死的部分由此自然脱落，不会伤及树木主体。

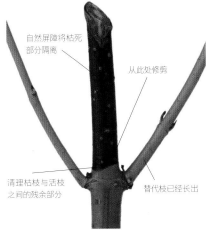

自然屏障将枯死部分隔离

从此处修剪

清理枯枝与活枝之间的残余部分

替代枝已经长出

茎枯枝病

错误的修剪留下的残枝从切口开始枯死并向下方的侧芽蔓延，不过植物自行产生的屏障阻止了枯死部分的蔓延，侧芽发育成为健康的侧枝。

基部新枝

这株月季基部长出的新牛枝条可以看作是植株对自身的保险措施，如果植株的主茎受损、患病或因老化死亡，新枝便可替代损失的主茎。

同样会舍弃其叶片与脆弱部位并进入休眠状态。包含月季（见右上图）在内的许多植物都通过结合上述策略来度过寒冷的冬季。

植物对环境的适应也体现在其他许多方面。它们向着阳光生长，并发展出了高效的分枝习性，它们的枝叶能够最大化有效日照面积，最优化光合作用（见第13页）的效率，而它们的根则向下延伸，最大程度地固定植株，并吸收土壤中的水与养分。植物能够适应不利的生长条件，举例来说，当植物一侧长期受到盛行风的吹袭，便会生长出更短、更矮壮结实的枝叶（形成风成偏形树冠）。

对损伤与疾病的适应

植物的疾病一般发生于脆弱柔软的新生枝干，而植株通常能够自行限制疾病的蔓延。通过某些分泌物，植物在茎上形成"天然屏障"，隔离主体上患病的部分。当屏障形成后，隔离的部分便会死亡，干枯变脆并最终脱落。这种防御机制在乔木上体现得尤为明显，也更为人们所了解，不过在其他一些木本植物上也能观察到。当植株受到损伤时，植物会将保护性分泌物输送到损伤处，形成屏障，隔绝受损组织，同时也防止木腐生物入侵植物体。

随时间增长，树木将不断增强这一屏障，使其成为隔气隔水的密封层。这一过程起始于形成层，形成层中的细胞快速分裂形成伤疤或愈伤组织，从伤口的边缘向内生长。多年后完全覆盖伤口。损伤的形成层组

气候的影响

气候对植物生长的影响是巨大的，而这种影响也不仅仅限于四季平均气温变更的范围内。气候同样影响植物生长季节的长度，植物开花与其枝干成熟的方式以及植株是否休眠。

气候术语词汇表

大陆性气候 常见于大型陆地中心：四季分明，夏季炎热，此时植物生长迅速，有足够的时间生长成熟，更能承受寒冷的冬季。全年皆有降雨，主要集中在夏季。

海洋性气候 受邻近海洋水体作用影响，全年气候温和。枝干在夏季不能完全成熟，因而耐寒性稍差。春季温和气候使植物生长提前，故易受晚霜影响。

地中海气候 夏季炎热干燥，冬季温和多雨，

几乎无霜冻。地中海植物不适应潮湿寒冷的冬季。

微气候 用于描述特定地区的当地气候条件。"霜袋"指地区性的极冷微气候。另外也有类似阳光墙的人造微气候。植物受益于墙反射的光线与热，帮助枝干成熟，同时亦增加植物耐寒性与潜在开花量。

亚热带气候 高温集中于夏季，冷热季分明，冷季时植物可能休眠。根据具体状况不同，有季节性降水或全年平均的降水。

温带气候 全年温度变化区间较窄，夏季温暖冬季凉爽（暖温带）或夏季温和冬季寒冷（冷温带），四季分明，有春秋作为过渡。降雨全年分布较均匀。

热带气候 全年高温，全年或季节性多雨。植物生长无明显休眠季。热带沙漠地区则降雨

少，植物生长依靠无法预知的季节性降雨。

植物耐寒性

完全耐寒（H4-H7） 最低温度-15摄氏度。无极端低温天气的情况下，此类植物通常能够度过冬季。

耐霜冻（H3-H4） 最低温度-5摄氏度。此类植物无法承受极端或持久的霜冻。

半耐寒（H2） 最低温度0摄氏度。此类植物在枝条充分生长成熟后可承受轻微的霜冻。

不耐霜冻或不耐寒（H1A-H2） 最低温度需高于5摄氏度，即使最轻微的地霜也可能导致此类植物的死亡。许多成株完全耐寒的植物在幼苗期不耐霜冻。同理，枝条成熟与否同样影响植物的耐寒性。

织越多，这一愈合过程就会持续越久。由于植物伤口愈合剂的使用会干扰这一进程，因此不再推荐使用（另见第20页）。

种植者的介入有时能够帮助植物克服损伤或疾病。如果植株已经形成健康部分与死亡部分的隔离屏障，千万不可在屏障下方修剪，否则植物将会在修剪处下方再次形成愈伤组织或屏障，产生不必要的消耗。不论何时，移除死枝都是最佳选择，因为死亡的枝条可能已被有害生物入侵，成为感染源。

在特殊情况下，枝条则需要修剪到鲜活、健康的部位（见右图）。感染珊瑚斑病等扩散十分迅速的疾病时，植物没有足够的时间形成防御屏障，因此如果不能及时将感染部分截除，很可能导致整棵植株的死亡。另外，植物受伤时，移除伤枝留下的平整切口也比未经处理、粗糙不平的伤口愈合得更快。

永远不要留下不必要的大型切口。"针对性修剪"指的是在植物自我防御机制最为活跃的部位进行修剪的方式，留下的切口与其他方式相比最小也最平整。在移除木质枝条或枝干时，即使目标已经完全死亡，也不要切入主干或紧邻主干修剪，否则就会干扰植物的自我防御机制，使木腐生物有机可乘，造成结构弱势。从结构上说，植物主干分叉部位的发展十分复杂（见下图）。当这一部位逐渐长粗，柱状的加强组织从主干形成一个紧密无缝的"袖子"包裹着侧枝。树木

威胁植物生命的疾病与损伤

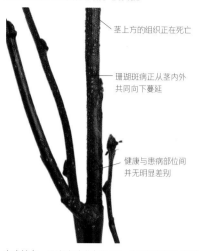

茎上方的组织正在死亡

珊瑚斑病正从茎内外共同向下蔓延

健康与患病部位间并无明显差别

患病枝条 珊瑚斑病传播迅速，切除患病枝时需确保茎内外部皆无感染痕迹。

树杈开裂 与主干夹角狭窄的树杈由于强风与主干撕裂，造成严重损伤。此类枝干应在未长成前移除。

在分叉处形成一圈粗而坚固的枝领，用于承担侧枝增长及风吹造成的压力。枝领同时也是植物自我防御机制最为活跃的部位，修剪点应永远在结圈以外（见下图）。

有时，植物的伤口过大且较粗糙，因此几乎永远无法完全愈合，而余下的部分极易受感染。如果植物有多个主干，那么受损的枝干应当修剪至底部。如果损伤发生在单主干树的树杈处，那么恐怕植物本身与种植者都不能有效地进行治疗，此时可向专业人士寻求意见；这种情况下很可能需要移除整棵

植株。这种损伤通常由树杈与主干的角度过窄造成，提前移除可能发展出类似树干的侧枝是最小化后期损伤的最佳方式。正确的修剪与整枝在植物生长早期的预防作用与植物生长后期的修正作用同样重要。

树杈剖面图

枝领与枝皮脊线标示着进行截枝的最佳位置。切点应紧邻枝领外端，截角应同枝皮脊线与主干的夹角相同，方向相反。

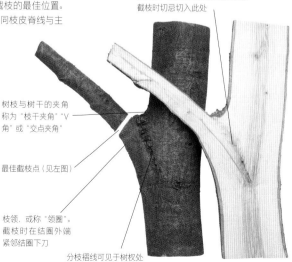

分枝褶线是树枝与树干内部结构汇合处，即外部可见的枝皮脊线，截枝时切忌切入此处

树枝与树干的夹角称为"枝干夹角""V角"或"交点夹角"

最佳截枝点（见左图）

枝领，或称"领圈"。截枝时在结圈外端紧邻结圈下刀

分枝褶线可见于树杈处

针对性修剪 在枝领外进行修剪，切口小而平整，愈合迅速，同时不干扰植物自我防御机制。

冻伤 将冻伤枝短截至健康位置或芽点才是正确的处理方式，但霜冻期未完全结束时切忌进行修剪。修剪后，原本受外端枝叶庇护的芽点将暴露在外，此时若霜冻再次来袭就会造成芽点死亡。

修剪与整枝的原则

正确的栽培方式（见第13页）能够为良好的花园管理打下基础，确保植物得到生长所需的营养、水分和光照。正确的修剪需要满足两点主要原则。其一是在进行修剪前检查整株植物，其二则是不在没有恰当理由的情况下进行修剪。话虽如此，进行修剪的恰当理由也不在少数。

在诸多修剪任务中，最常规也最重要的修剪任务便是去除死枝、病枝和受损的植物组织。及时处理此类问题能够帮助植物维持健康，适宜的修剪同样能够促进植物从疾病和损伤中恢复（见第10页）。除此之外，修剪与整枝也能带来额外的益处：产出骨干枝强健的健康植株；将植物塑造出美观的形状，最大化植物的观赏性；刺激强枝生长及其他需求的生长状态（如通过修剪使树篱呈现茂密的状态）；最后，修剪同样能够促进产花与产果。

产生这一系列修剪效果的机理是当植物的一部分由于人为或自然因素脱离植株时，植物会从另一处产生新的枝叶来应对这种情况。通过修剪，园艺工作者可以控制新枝生长的部位、时间、方向、数量甚至健壮程度。

去除顶端优势

当植物的茎被折断或切断，主干液流停止时，顶芽的顶端优势就被去除了。顶端优势被去除后，伤口至茎底部之间的侧芽立即开始生长，有时没有可见芽点的部位也能长出新芽。这些潜伏或休眠的芽点一直处于植株的表皮之下，在不受刺激的情况下不会生长。包括冷杉、南洋杉等针叶树在内的许多乔木都具有极强的顶端优势。对于这些植物而言，不加以修剪干预，保持自然的生长习性便是最佳选择。

由于顶端优势与垂直生长存在紧密联系，将直立的枝条固定到水平方向也是打破顶端优势的一个方法。在这种情况下，主干液流减少，顶芽的顶端优势也大幅度流失。此时茎上的许多侧芽也会开始生长，这些新枝都将直立生长且生长程度相近，同时也更可能开花结果。这一方法能够促进花与果实的收获，十分适宜藤本类或其他茎长且柔韧的植物，也可以用于单主干或修剪成篱墙型的果树（接第12页）。

通过截茎打破顶端优势

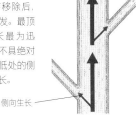

截茎前 顶芽完整且保持顶端优势时，植物的能量大部分直接供应主枝的顶向生长。茎上的侧芽发展成侧枝的速度较为缓慢。

截茎后 顶芽移除后，侧芽受刺激萌发。最顶部的侧芽生长最为迅速，但由于其不具绝对顶端优势，茎低处的侧芽同样能够生长。

平茬 部分植物可通过重剪将其修剪至无可见芽点的根茎部。重剪可刺激集中于植物基部的休眠芽，使其突破树皮，生长成密集的新枝。

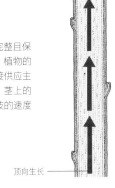

摘心修剪（彩叶草） 用手指摘去这株扦插苗主枝及侧枝的顶芽，使其从自然的单茎形态生长成茂密的丛生形态。

摘心前：扦插获得的单枝苗

摘心后：定期摘心后的丛生植株

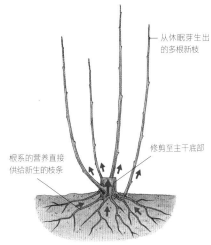

从休眠芽生出的多根新枝

根系的营养直接供给新生的枝条

修剪至主干底部

水平整枝（月季）

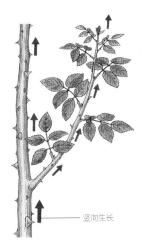

竖直茎（左图） 如图中的主茎和侧枝所示，植物的生长主要是竖向发展。

横向茎（下图） 将侧枝横向牵引，促进叶腋处的芽点生长。所有芽点生出的新枝都会向上生长，且大多数都能开花。

竖向生长

从横向茎产生的新枝竖向生长

植物的分类

在植物分类各级中，对于园艺工作者最为重要的便是"属"，其中包含着数量不定的"种"。各种之间可能杂交产生"杂交种"，通常在种前加词缀"x"标明。在单种中同样可能存在自然变种（例如花色不同）和栽培变种，或称"栽培品种"，永久保持某一特性。因此忍冬属（Lonicera）是一个属，忍冬（Lonicera Japonica）和亮叶忍冬（L. nitida）是种（见下图），而京红久忍冬（L. × heckrottii）则是一个杂交种。巴格森金"亮叶"忍冬（L. nitida Baggesen's Gold）是一个栽培品种，因其叶色金黄而受到筛选栽培。

植物以属为单位的分类是基于其花的形态和花瓣数等共同的特征建立的，然而修剪与整枝则需要按照植物生长习性与花期进行，因此同属内各种植物的修剪要求可能有诸多不同。

同属植物，不同习性

"巴格森金"亮叶忍冬 这个常绿、茂密的灌木品种有多权强健的茎和小而光滑的叶，通常用作树篱种植。

忍冬 这一爬藤品种以"金银花"的名字为人所知，其茎纤长多折，花量较大。

对生长健壮程度的影响

修剪新枝会刺激植株其他位置的新枝生长。通常来说，在植株健康且能够承受重剪的情况下，修剪得越多，新生枝便越强壮。轻剪或完全不修剪获得的新枝则较为有限。因此，假如一株灌木的生长不均，可以通过重剪弱势的一侧，轻修或不修剪另一侧的方式修复灌木的整体形状。

相反，重剪并不会限制植株的大小——除非是规律性的重复重剪，即矮林作业。对许多灌木和乔木而言，通过重复重剪的方式限制大小只会使植株日渐虚弱。比起不断修剪限制植物的大小，不如选择适合种植空间的物种来得合理。

修剪的时机

修剪的时机十分重要，且时常与植物的年龄和花期直接相关。举例来说，夏末及秋季开花的灌木于当年新枝开花，因此需在春季修剪，以刺激健壮新枝的生长，这些新枝将在随后形成花苞。春季和初夏开花的灌木则是在去年的旧枝上产生花苞，因此需在花后修剪，为枝条留下足够的时间生长成熟，而后在翌年的花季开花。某些植物会在老枝生出的短枝开花，在这种情况下，应当根据植株的具体花期，在适当的时机将其短截至骨干枝。在处理某些植物时，需要考虑

同种植物的不同整枝方式

整枝造型（右图） 通过整枝方式可以将植株塑造为标准树型等特殊造型，展现出不同的观赏效果。

同属植物的不同整枝方式

树状醉鱼草植株 醉鱼草属内的许多植物都可以每年进行重剪，使其形成高达2米、枝条健壮垂拱的新株，并在当季开花。

一些额外的因素。举例来说，有些在修剪后会"流血"的植物不适合在春季修剪，因为主干液流增加产生的压力会导致伤流。如果常绿植物的修剪过早（初春）或过晚（夏末），其新生枝便会过于柔弱，有很大概率会被霜冻或冷风损伤。

通过修剪引导生长

通过修剪引导植物的生长十分简单，在

接近自然生长状态的形态（上图） 自然生长的状态下，"帕里宾"蓝丁香（Syringa Meyeri 'Palibin'）通常形成茂密紧实的灌木形植株，地面以上部分均被枝叶覆盖。

墙式整枝的醉鱼草植株 醉鱼草中有部分物种仅需少量修剪，每年都可以保留大部分的枝叶，故而可进行墙式整枝，作为永久景观。

修剪时将植株短截至朝向理想方向的侧芽即可。不过，这一措施通常需要与新枝的整枝结合，以此形成骨干枝或填补由于枝条损失导致的骨干枝空缺。

修剪的特殊作用

有时修剪也用于创造造型树篱（见第48页）或截顶与矮林作业（见第34页）等园林管理方式，这些技巧能够鼓励植物长出具有观赏价值的冬枝、色彩更鲜艳的叶片，或是使植物持续不断地产生美观的嫩叶。桉树便是常运用此种技法的品种。通过更精细的修剪，部分具有天然观赏价值的植物能够呈现出单主干形等特别的形态。将乔木或爬藤植物修剪成树墙能够获得极佳的观花效果，虽然与之相对的是多年的整枝及每年需求的后续维护。

许多植物都能够较好地适应各种修剪方式，但是最重要的是选择能够令修剪的植物达到理想效果的修剪方法。不要假设所有同属的植物都适合用某种方式修剪——虽然通常如此，但同属内的植物也可能有迥异的生长方式，因此它们修剪与整枝的需求也会因此大相径庭。举例来说，南欧铁线莲（Clematis Viticella）通常在每年春季重剪至基部附近，而阿尔卑斯铁线莲（C. alpina）则只需略微修剪即可。同属的植物对修剪的耐受程度也不尽相同，因此即使某种植物重剪后生长更加旺盛，对属内另一种植物重剪可能会造成生长不良或无花的结果，甚至还可能导致植株应激死亡。

养护与栽培

虽然去除死枝、病枝和伤枝对植物有益无害，但在其他情况下，修剪总会不可避免地移除一些能够为植物提供养分的活跃组织。植物通过光合作用获得所需养分（见右图），而叶片便是光合作用进行的场所。叶绿素吸收阳光中的能量，并用它将水与二氧化碳转换成碳水化合物形式的养分，排放到大气中的氧气则是这一过程的副产品。因此，在诸如修剪的园艺作业上付出的工作越多，植物被夺走的有用组织也就越多。刺激花与果的产出对植物养分的消耗也极大。总的来说，修剪得越多、越频繁，植物对营养的需求就越大。如果植物处于良好的健康状态，那么植物便会受修剪刺激生长而非应激，因此为植物提供新生长所需的足量的营养和水分是至关重要的。植物需要的肥料包含氮、磷、钾及其他微量元素，这样才能提供均衡的养分。

施肥与覆根

春季，按照说明配比为植物施放配比均衡的肥料。施肥须遵循建议用量，过量施肥会导致烧苗、损伤植物。如果需要多次施肥，最好在仲夏前进行，否则营养充盈的柔嫩枝条容易在天气转冷后受霜冻损伤。春季土壤潮湿，施肥后为植物覆根（见右下图）。覆根时应当避免覆盖主干基部周围的区域。通过覆盖地面，覆根物能够调节土壤温度、保持土壤湿度，另外亦可阻止与观赏植物竞争营养与水分的野草生长。为达到最佳效果，覆根物需要覆盖树冠下的整个区域。在草坪或野地种植园景灌木或乔木时，应该至少保证在植物扎根发展的时期保持直径1米范围内没有草生长。

叶片中的叶绿素能够吸收和转化阳光中的能量，将水与二氧化碳转化成植物所需的糖和碳水化合物

阳光

植物通过根系吸收水和矿物质

吸收二氧化碳

光合作用产生的氧气被释放到空气中

碳水化合物被输送到植物的其余部位

光合作用

叶是植物进行光合作用的主要场所，叶片通过背面气孔的张合来控制气体交换。

覆根

春季施肥后，避开植株基部，在其周围施盖7.5厘米至10厘米厚的覆根物。

施肥

春季，在土壤湿润时为植物施平均肥。将肥料均匀地撒在植株根系生长区域，并用园艺耙稍作整理。

工具与装备

在经济条件允许的情况下，最好购买质量上乘的园艺工具。最理想的是拥有分别应对各种园艺作业的工具。使用正确的工具，能够令园艺工作达到最佳的效果，对于修剪工具而言尤其如此。使用修枝剪修剪过粗的枝干不仅会导致植物与工具的双重损伤，长此以往，更会使园艺工作变得愈发困难且令人疲惫。

购买工具前，应该确保舒适的使用体验，感受工具的重量、手感，确保使用起来舒适、不费力。

修剪工具

修枝剪是最有用的修剪工具，直径在1厘米以下的软硬枝条都可以用修枝剪来修剪。不要超过工具的使用极限，修剪较粗的枝干时，应该使用专门的长柄修枝剪。

许多人没有意识到在使用修枝剪时也有上下之分。薄的刀片（握剪时通常位于上部）应该永远在近芽点或枝权的一侧。正确握剪时掌心通常向下（比较上下方及右侧插图）。

永远不要用修枝剪剪铁丝，否则会损坏刀片。有时刀片背部有用于切割铁丝的凹口。

园艺锯有许多用途：截断粗壮、木质的枝干；截去月季基部的旧枝；抑或是疏理老化多节的果枝。购买锯子时，务必选择专门设计的园艺锯。家庭使用的手锯在处理新枝时很容易造成堵塞。双刃锯在使用时常常会伤及周围的枝叶。至于弓锯，业余园艺工作者大多数时候不会遇到需要使用弓锯的情形。

修枝剪的错误与正确用法

错误用法 用普通方式手握修枝剪（薄刃在上）无法完全移除目标侧枝（见上图）。靠近树干的厚刃会影响切口的位置。这样修剪的切口离主枝距离太远（见右图），往往会留下一段易染枯枝病的残枝。

正确用法 将修枝剪反握，使薄刃贴近树干，这样就可以在需要的位置精准地剪下枝条。

园艺工作者应当永远有一把园艺或修枝刀在手边，以此保证截取枝茎和新芽时留下平整的切口。不要使用园艺刀切绳子，否则会磨钝刀刃。

整篱剪可以用于薰衣草、欧石南等植物需求的定期修剪，或是树篱和造型灌木的造型和维护。波刃整理剪在修剪时会卡住截下的树枝，因此不会像普通的修枝剪一样存在一定的误差，可以用于精细的造型灌木的修剪。除此之外，还有长柄的高枝剪等其他修剪工具。高枝剪通常附有锯刃和用于摘果的工具，用于处理那些爬梯子也够不到的高大乔木或攀缘植物。然而，使用高枝剪很难达到精准的修剪效果。半圆形的草坪修边铲也可以用来处理灌木丛状植物的边缘，在修剪外缘枝茎时同时截断地下的根所起到的限制生长的效果，比只修剪地上部分要有效得多。边缘锋利的其他园艺铲也可以起到相同的效果。

工具维护

在每次使用后，务必清洁和干燥工具，这对修剪枝条的刀剪刃尤为重要。最后，用涂油的抹布擦拭，能够预防刀剪刃生锈，维持其良好的状态。

如果使用工具修剪了患病的植物，那么使用该工具处理其他植物或将其放回原位前一定要记得消毒。将工具浸入稀释过的园艺消毒液中，并小心晾干。工具的刃应该时刻保持锋利，这不仅能保证修剪切口的平整，

正确使用修剪工具

正确使用修枝剪 粗度在铅笔以下的木质化细枝用锋利的修枝剪就可以简单快速地移除。

错误使用修枝剪 用修枝剪修剪过粗枝条不但会导致植株组织损伤，还会磨损修枝剪的刀片。

正确使用长柄修枝剪 长柄修枝剪利用杠杆作用，令使用者不必费力便可将直径不超过剪刃开口的枝条轻松移除。

```

**采果梯** 这种三脚梯由两脚梯身和一根支柱组成。梯身顶端收窄，令使用者能更接近果树。丛冠标准型的主干较矮，无法支撑普通的直梯，而使用这种梯子就可以很方便地修剪高处的枝条。

更能避免使用低效工具导致的劳累和不良情绪，避免将园艺工作从一项放松身心的工作变成恼人的杂务。使用需要频繁磨刃、上油或拧紧螺丝的园艺剪实在令人心烦。

## 修剪残枝的处理

修剪下来的枝叶中，较软的可以用于堆肥，但是木质的枝干被分解需要的时间太长，除非使用园艺粉碎机搅碎，否则加入堆肥会极大延长所需时间。千万不要粉碎或将感染枝叶放入堆肥。虽然堆肥堆中产生的热量能够杀死一些病原体，但不能保证它们会完全死亡，因此燃烧或直接当作垃圾丢掉这些枝叶是最好的处理方式。

## 安全

选择正确的工具来进行相对应的工作，往往就能避免因尝试超过自身能力的工作而引发的意外。砍树和大树枝的截除需要由专业人士完成（见第33页"大型乔木修剪"）。

理想情况下，避免单独使用梯子进行作业，同时在梯子上时要注意不要为了够到远处的枝干而过度伸出身体失去平衡。

另外也要注意修剪或固定时，为了方便操作而推出或拉近的树枝可能反弹回来造成意外。在高空作业时，如果目标乔木枝条有刺，除了戴手套，还要戴上塑料护目镜。

有些植物会分泌出刺激性的汁液，轻者可能造成皮肤瘙痒，重者则会造成头晕呕吐。有些植物体上的毛也具有刺激性，大戟属（Euphorbia）、棉绒树属（Fremontodendron）以及盐麸木属（Rhus）便因有毒而需要格外注意。

## 破伤风

土壤中常带有引起破伤风的细菌，它们能够通过皮肤的伤口进入人体。园艺工作者最好保证自己接种最新的破伤风疫苗。如果你在未接种破伤风疫苗或不记得上次接种日期的情况下被植物划伤，或者身上暴露的创口接触到了土壤或肥料，请向医生咨询。如果出现严重的肌肉僵硬或痉挛，请立刻就近前往外科门诊或拨打120急救电话。

## 电动工具

电动工具对于某些修剪任务来说至关重要，不过使用电动工具一定要注意安全。尼龙打边机可以用来修剪冬绿金丝桃（Hypericum Calycinum）等大规模的地被灌木。修边机有各种类型：总的来说，小型轻便、单刃、双刃、锯齿间隔较窄的型号都较适用于修剪与造型。电动的修剪机较使用汽油的修剪机来得更加轻便。如果使用的修剪机通过电线供电，请使用带有漏电断路保护装置的插头或插板，以避免不小心割到电线时发生意外。永远不要在潮湿天气进行修剪作业，也不要修剪潮湿的植物。

使用电动工具修剪时，护目镜能够起到十分重要的保护效果，同时，也推荐使用耳塞或隔音耳罩来保护听力。如果是初次使用电动修剪机，请确保学习安全正确的使用方法。

电锯有着较大的安全隐患。未经恰当训练的人员不应使用电锯，负责的用人单位也不会聘用没有电锯使用经验的人员操作电锯。不过，用人单位通常会训练大家学习使用方法并练习。

**隔音耳罩**

**护目镜**

**错误使用长柄修枝剪** 若枝条直径超过剪刀开口，长柄修枝剪便无法一次性将其剪断，留下不齐的切口。

**使用园艺锯** 粗壮的木质化枝或残枝适宜用弯刃的小型园艺锯修剪，若目标枝条周围拥挤或位置尴尬，使用这样的园艺锯也可以防止损伤其余枝条。

**使用园艺刀** 若修剪留下的切口边缘不平整，可以用小刀进行修整。专业的园艺刀或特殊修剪刀的刀刃微弧，可以更精准地进行操作。
```

观赏乔木

乔木可以成为花园中最亮眼的一抹色彩。

通过认真整枝与修剪，乔木能呈现优美的形态和良好的骨干枝，

这些付出都会在日后得到充分的回报。

在大多数花园中，乔木是呈现花园结构的重要元素。其生长潜力与漫长的寿命都要求规划者在种植前便细心选择栽植的品种与其生长形态。

许多乔木都能够适应常见的生长条件，而这些乔木中也包括许多小型品种，能够更好地适应空间较小的现代花园。嫁接、修剪和整枝的技术都是开发树木观赏性的重要手段。

在野外状态下，乔木的生长方式——其自然形态或"习性"——受到许多因素的影响，疾病、创伤、干旱或其他植物都是潜在的影响因素。这些外在影响会使乔木呈现独特的外形，在野外环境下，这些形态别具魅力，但若在花园中或道路旁，这样的外形则会影响整体效果。在这些情境中，乔木不仅要美观，更要有强壮的骨干枝来保证长久健康的生长。

不论是为引导其生长天性还是创造出具有观赏性的造型，乔木生长早期的整枝都尤为重要。大多数乔木在生长成熟后都不需要过多修剪与整枝，然而乔木成熟后的生长趋势早已由苗期的整枝引导决定。不过，即使遭受忽视，许多乔木仍可通过技巧性的更新复壮重新焕发生机。这一过程可能需要使用电动工具，并且需要移除一些较大的树枝。这些园艺作业和伐木一样具有潜在的危险性，需要由专业的树艺师完成。

截顶修剪的美国梓树
(Catalpa Bignonioides)
许多乔木可以采用截顶等特殊的整枝与修剪技巧造型，创造出树冠浓密紧凑、主干矮壮的株型。

◁ 大盃 "鸡爪槭" (Acer Palmatum 'Osakazuki')
这种形态优雅的日本槭仅需少量修剪便可以培养出均匀的枝干结构，形成多主干小乔木造型。

乔木树形

　　乔木在幼苗阶段便可以通过整枝呈现特定的树形。整枝的目的通常是令植物发展出最优的自然形态。不过有一些树形则是完全通过修剪与整枝的方法塑造和维持的。苗木行业对乔木的形态与尺寸使用标准化的描述以帮助购买者针对个人需求做出决定。此外，购买乔木前一定要明确其成株高度与冠幅，否则当其生长超出场地容量，便需要安排大型的截除甚至移除工作。

　　当乔木生长成熟后，一些造型可能会逐渐丢失，在植株安全不受威胁的前提下无需采取任何行动。树木不会因其形态缺少规则性而损失美感。不过，对于某些通过精心的整枝控制的造型——尤其是一些采用嫁接技术创造的树形——则需要仔细的维护来维持其观赏性。与之相对，如果需要不同的观赏效果，购置的普通乔木也可以发展成其他树形。举例来说，如果将乔木低处的枝条移除，便可以将其塑造成标准单主干型树。

丛冠标准型（Branched-head standard）

具有单枝主干，在植株上部分枝形成开心型树冠。这是乔木中常见的自然形态［如欧洲七叶树（A. hippocastanum）］，这一形态同样可以在苗木发育过程中通过截顶［常见于李属（Prunus）］或短截幼树的主干（见第27页）刺激分枝，使其在特定高度成型。

半标准型（Half-standard）

不同高度和比例的单主干幼树各自对应不同的专有名词。"半标准型"树的树干高度需达75至125厘米，且冠幅较小。这一形态通常会因树木生长逐渐转变成其他形态。月桂（Laurus nobilis）等乔木也可以通过修剪来维持半标准型的比例。

羽型（Feathered tree）

大多数乔木幼苗时期的自然形态，主干自下而上由侧枝包围，最低枝干接近地面。大部分乔木的低处枝条会随生长脱落进而自然发展成标准型，但包括许多针叶树和桉树（Eucalyptus）在内的品种，若只给予最基础的整枝引导，在成株后仍能维持这一形态（见第25页）。

中心主干型（Central-leader standard）

此类乔木的主干高耸健壮，贯穿树冠，主干顶部的主芽明显。这是自然界中常见的形态，红槲栎（Quercus rubra）、土耳其榛（Corylus colurna）等品种便呈此树形。这一树形同样可以通过逐渐移除羽型乔木树干1.5至2米高度以下的低枝获得（见第26页）。

帚型（Fastigiate tree）

这一形态的乔木整体呈狭窄的柱状，树枝轻盈向上，自下而上包围树体，主干通常有一对以上夹角较小的分枝。这种树形完全是植物的自然形态，无法通过修剪获得，且无需修剪维持。许多针叶树以这种形态生长，另外钻天杨（Populus Nigra var. Italica）和"道威克"水青冈（Fagus Sylvatica 'Dawyck'）也具有这种形态。

丛型（Bush）

欧楂等乔木会在生长过程中自然形成丛型，树冠整体呈球状，较短的主干顶端分枝。然而，丛型树更常见于果树，果农通过修剪和整枝将果树塑造成丛型，高度适中，便于果实的采摘收获。

多主干型（Multi-stemmed tree）

此类乔木类似于大型灌木，有从基部生出多个明显的主茎或主干抑或形成短茎。主干或如许多桦树一般纤长直立无分枝，或由树枝覆盖，形成茂密的灌木丛。这一形态可以通过修剪获得（见第28页）。

垂枝标准型（Weeping standard）

垂枝标准型（见第26页）通常通过嫁接垂枝品种的接穗至单主干的砧木获得。这类乔木的垂枝或从中心点向下垂，或如垂枝欧梣（Fraxinus Excelsior f. Pendula）向外逐级下垂，形成蘑菇伞状。

基础技术

乔木主要通过整枝和修剪保持植株的苗壮与健康，并且发展出强壮、平衡的骨干枝。修剪同样也影响着乔木的形状与大小，同时亦能改善其树皮、花朵等观赏性特征。

早期的整枝和修剪是最为重要的，能够为今后形态良好的成株打下基础。一旦乔木成熟，修剪便囿于移除枯枝、病枝、残枝或不良枝，引导植物的能量，维持树形的强壮优美。乔木修剪时年龄越小，修剪后的恢复

速度也越快，同理枝条修剪时越嫩，切口恢复得越快；修剪新枝要赶在木质化之前，修剪细枝也要赶在其发展成树枝以前。

对于所有的植物来说，重剪引起的生长刺激都比轻剪引起的刺激要强烈得多。除非采取矮林或截顶等特殊修剪方法（见第34页），用重剪限制乔木的大小往往适得其反，因此在栽种乔木时务必选择不会超过空间限制的品种。移除较大的树枝应该永远是最后

的选择——用于应对损伤或疾病，或者用于弃树、危树的更新复壮。永远不要仅仅为了改善或改变树木的形态就移除健康的枝干：业余的"手术"很容易对植株造成风险，同时植物本身不但可能因此变丑，更有可能变得脆弱，易受疾病和结构损伤侵袭。需要梯子辅助的修剪或包含较大枝干移除的大型修剪作业应该永远交由专业树艺师进行。

截枝

每个切口，不论大小，都应当平滑整齐，保证植物组织不受撕裂和擦伤。斜切是较好的修枝方式，这样可以避免雨水在水平切口残留。积水容易引起真菌滋生，导致腐烂。切口的最佳位置是芽点、树权附近或枝领——树枝与主干或主枝交接处隆起的部分（见第10页）上方。

何时修剪

乔木修剪的时机尤为重要。修剪最好在自然界中树木落枝的时节进行。冬天，乔木进入休眠状态，雪、冰与风将其枯枝和弱枝折断，一旦春天到来，树木恢复生长，这些创口都会迅速愈合。

大部分乔木都能在任何时间接受适当的修剪以修正一些生长问题。需要格外关注的例外是桦树与胡桃等部分修剪时会大量产生"树液"的品种（即"伤流"），不要在树液上升或即将上升的季节（即"伤流期"，自隆冬、冬末至仲夏）进行修剪。除此以外，也不要在一年当中植物最易感疾病的时候修剪。举例来说，樱桃树通常在夏季修剪，正是因为此时银叶病感染风险最低。观赏乔木词典（见第52—91页）列举了不同乔木的修剪时间。

移除芽点

选择指向正确的方向，健康苗壮的芽点才能够保证新枝的生长免受树枝交生或拥挤的烦恼。符合要求的通常是外向的芽点。当乔木芽对生时，可以将朝向树中心的芽点掰掉，鼓励剩下的外向芽点的生长永远不要在芽点或树枝之间留下切口。这样留下的残枝没有芽点，只会枯萎或死亡。这会使正常的

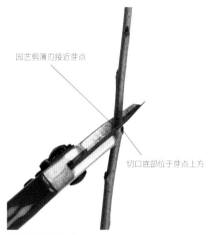

修剪至互生芽
在芽点上方约5毫米处进行斜切。切口切角能防止积水，避免疾病滋生。

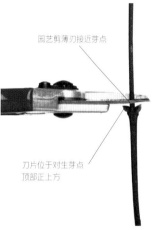

修剪至对生芽
在一对健康的芽点上方进行直切。在不损伤芽点的情况下应尽量接近芽点。修剪后，对生芽应发展成一对健康的侧枝。

切口的平整与粗糙对植物愈合过程的影响

平整切口 平整的切口能够促进愈伤组织的快速生成。可见切口将逐渐收缩，最终"消失"。

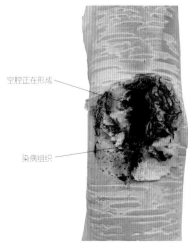

粗糙切口 能够导致枝干迅速腐烂的真菌孢子极易入侵粗糙、撕裂的植物组织。树干上受感染的伤口极易危及全树。

恢复过程中断，使疾病入侵。

有些情况需要在没有可见芽点的部位进行修剪，进行矮林作业便是如此（见第34页）。修剪应该会激发休眠芽生长：新枝出现后，便将留下的残枝移去。

大型切口

大型切口的愈合需要很多年，同时也是疾病入侵的主要通道。令切口以最快速度愈合是重中之重。当切口平整光滑且位于正确的部位，愈伤组织便可以不受干扰地从切口四周向中间生长，最终密封切口，阻挡有害生物进入。一旦切口进入愈合阶段，就不要再修整或清洁切口边缘，否则有可能干扰愈伤组织的形成。

如果锯余粗糙不平，应当马上将其平整，边缘部位需要格外注意。有弧度的修枝刀是这一操作的最佳用具，但有些专业人士也会使用凿子。对伤口的所有处理都应该在避免扩大伤口的前提下进行。如果不小心凿入主要枝干，很可能影响树液循环，进而导致细胞的死亡。

切除树枝

过去，人们普遍认为移除较大树枝时应该紧靠树枝分叉处，留下"齐平"的切口。不过现在人们已经认识到保存结圈（树枝基部微微隆起的环形组织，另见第10页）完整的重要性。这就意味着，切除树枝时应该与主枝或主干保持一定的距离，同时也要避免留下明显的残枝。如果枝领不太明显，那么就从树杈向外2至3厘米处上方落刀，锯刃略向外偏，逐步向下切，切记使用适合尺寸的修剪锯。对于较小的树枝，可以使用便携的折叠园艺锯。

伤口愈合剂

园艺行业曾经广泛使用伤口愈合剂来保护修剪留下的切口，以此形成人工保护层，防止伤口愈合过程中被感染。不过研究表明，伤口愈合剂并不能辅助植物愈合，反而可能妨碍这一进程。首先，涂抹愈合剂的部位，其暴露的植物组织不可能是无菌状态，因此愈合剂并不能防止已经接触伤口的微生物。其次，有些微生物在健康的枝干中处于休眠状态，只有当树皮受伤时才会在受损部位的组织中发展。不论是哪种情况，有害生物都会被困在愈合剂之后。目前没有任何一种愈合剂能够完全隔绝水分与空气——植物疾病的主要传播渠道。此外，愈合剂的杀

切除树枝

如果切口平整，结圈完整，乔木的恢复速度便能达到最快。假如需要切除的树枝较大，那么先分段移除大部分的树枝（保证每次切除的树枝少量可控），以此减少最后掉落树枝的重量。切除大部分树枝后，对最后将要切除的部分进行支撑，或先进行底切，因为树枝若在最后向下的一道切口完成前因自重掉落，很可能会连带撕裂树皮，从而损伤整棵植株。

1 通过减少树干重量使最后一道切口的作业更易控制。在距树干约30厘米处从底部锯入树枝约四分之一处。这一道切口防止由于树干断裂导致的树皮撕裂。

3 若剩余短枝仍较重且难以控制，可在距树干5至8厘米处进行另一道底切，而后沿枝领自上而下切下最后一道切口（见"短截至枝领"）。

菌效果同样值得怀疑，愈合剂成分中的环烷酸铜虽然具有一定抗菌效果，但它也会抑制植物自身用于抵抗疾病的"天然屏障"（见第9页）的形成。愈合剂的杀菌成分也会杀死其他无害的微生物，其中便包括能够抑制树木腐烂的糖真菌。

短截至枝领

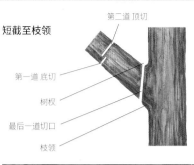

第二道 顶切
第一道 底切
树杈
最后一道切口
枝领

2 距底切切口约5厘米处（树干远端）自上而下垂直将枝条切下。在树干下方无其他物体的情况下，底切可使操作者无需支撑树枝的重量。

最终切口 最后一道向下切口必须保证切面平整。若最后一道切口前进行另一道底切，应保证最后一道切口的位置更接近树干或与底切位置完全重合。若切口有边缘不齐，应使用园艺刀在不扩大切口的前提下进行修整。

早先拥有大型果园的果农由于愈合剂可能会帮助疾病迅速传播而不得不放弃使用植物伤口愈合剂，不过现在愈合剂也已经不是必要或推荐使用的园艺产品了。未来生物防治方面的研究或许会开发出在花园中占有一席之地的新涂剂吧。

支撑

乔木自新种下至少2年内需要外部支撑辅助。支撑的主要目的不是防止树木倒伏,而是为了保证树干的形态直立向上。从前乔木的支撑往往十分牢固,然而近期研究表明,适当的移动空间能够帮助树干增加强度。矮桩与较松固定带的搭配使树木能够随风摇动,是目前园艺界推荐的支撑法,但遇到部分特殊情况同样不适用。双矮桩支撑采

用有弹性的绑带固定树干(见左下图),是理想的支撑方法。种植裸根树苗时,先将支柱钉入种植坑,然后将树苗的根围绕支柱散开,这样便不会伤到根系。万万不可将支柱钉入密集的根系中,或者强迫树根环绕,造成根系损伤。支柱应位于盛行风的下风向,使用前须进行杀菌、防腐和消毒,且钉入地面至少60厘米。

使用固定带

固定带不能太过紧绷。即使搭配矮桩,也要尽量将固定带绑在低处,这样有利植物未来发展。此外,使用固定带时一定要用软垫或其他物品防止固定带直接摩擦树干,擦伤乔木。固定带的宽度一定要根据乔木的生长情况加以调整,过紧的固定带在树干逐渐变粗后会嵌进树皮,阻碍养分到达树冠。

矮桩

地面长度小于树高三分之一的支柱,为植株随风摇动、增加树干粗度与强度留下空间。使用垫片保持植株与树干间的距离,防止粗糙的木桩顶擦伤幼树柔嫩的树皮。

斜桩

在购置的盆栽树苗栽下后,避开根球,将短桩斜角钉入地面。支柱应位于盛行风下风向,呈45度角。用绑带固定树干与支柱,同时使用垫片防止支柱擦伤树皮。

高桩

高桩无法使树干增加强度。不过,高桩(最好在树干两边各置一根)也有适宜使用的情境。用来支撑枝接的乔木或垂枝的乔木;用于空旷开阔的场地;或者用于新生主枝的造型。

双桩

通过一对位于根球两侧、钉入栽植坑的矮桩固顶栽种的乔木,适用于各品种,不过尤其适合带根球或盆栽的景观树。有弹性的固定带使树干能够随风摇摆,增加树干强度。

三桩支线

栽种较大的乔木时,用三桩支线的方式支撑乔木,直到其根系发展至能够支撑树冠的重量(一般需要两个生长周期)。用结实铁线穿过乔木低处较牢固的树杈。使用软管包裹与树干接触的铁线,防止铁线切入树干(见图中左图)。使用斜置的木桩加上羊眼钉(见上图右)便可以确保树干的直挺。请为小木桩做好记号,如此便能避免对周围的行人或运行的机器造成潜在危险。

初期整枝

良好的早期栽培可以大大增加树木发展出均衡结实的骨干枝并且健康长寿的概率。所有乔木在第一个和第二个生长期的要求（人们经常称其为"苗圃期"）十分相似。更加细致的整枝和造型（见第25—28页）一般在乔木经历的第二个冬季后才开始。

园艺工作者时常购买经过初期整枝的乔木幼苗，不过树苗也可以通过自己繁育获得，可以从成株（非嫁接）或购买来的未经整枝的树（较少见，可能需要通过邮购从繁育专家处获得）分离根蘖培育。许多幼树仅由笔直向上的不分枝茎组成，称为独本苗。当侧枝大致发育完全（通常在两个生长季后，但有时第一年的生长也十分旺盛），幼苗便呈现出"羽型"形态。

当目标树种与整枝造型决定后，谨慎考虑种植需求及种植空间的限制。确保目标树种能够适应理想的整枝造型（反之亦然）。另外，种植前应该明确目标树种的成株高度与冠幅，并决定是否采取截顶等手段控制植株大小。观赏乔木词典（见第52—91页）中有各种树种的详细信息。

如果种植的树苗另有目标栽种点，可以用一小块地当作所有幼树的"苗床"。

栽培幼苗

通过播种、插根或扦插新枝获得的植物在初期阶段通常由单根向上生长的枝条以及一个顶芽组成。木质化枝条扦插得到的植株通常会从顶部的侧芽长出一根新的主枝；如果栽培者想要获得一株多主干树，那么应该放任枝干下方的芽点生长，如果需要的是单主干树，则应当移除下方的芽点。

许多乔木栽培品种都是通过嫁接获得的：从目标栽培种上获得接穗（植株上的芽或一段茎）与从可兼容品种植株的根茎（砧木）结合。"根接"植株上结穗与砧木细胞结合的部位（接点）通常靠近主干底部，仔细观察可见一圈隆起。将接穗嫁接在砧木主干顶部的"枝接"法常用于繁殖垂枝标准型树。这类植株达到特定年龄后才会开始出售，并且有着特殊的修剪整枝要求（见第26页）。相对于通常只有专业繁育者使用的"枝接"技法，"根接"是一种业余爱好者也可以使用的嫁接方法。通过自己根接获得的植株也需要按照苗圃的养护方式进行修剪与整枝。

通过芽接获得的植物会从接点向外长出一根单独的枝条。砧木上长出的枝条，不论位于什么部位，都应该在看见的时候移除。

将接穗的茎嫁接到砧木上，茎上的顶芽会发育成新的主枝。如果想要维持单一主干，那么就将其余的低处芽点移除。当接芽开始生长时，就可以将砧木上的枝叶清除了。

支柱应高于需要支撑的幼株主茎，以便随着顶芽的生长逐步增加固定点

生长点

植株的单主茎挺拔，健壮且叶片（复叶）分布均匀

花盆的尺寸与树苗相符

由于花盆尺寸过小，生长受限的根系已经无法支持愈发茂盛的植株

植株已形成竞争主枝

由于缺乏支柱的固定，植株的主茎已经生长歪斜

经过良好整枝的幼株

图中的实生桦树苗处于第一季生长期末，植株笔直苗壮且健康状态良好。栽种苗所用的花盆尺寸合适，不会限制根系生长，根系亦足以提供植株生长所需的物质。

缺乏管理的幼株

由于生长头两年缺乏必要的养护管理，图中的幼株已经很难长成树型良好的成株景观树。若不加以补救，这株皂荚树便会长成树干偏倚的不良株。

从顶芽生出的新枝将成为新的顶枝，延长植株的主茎

保留的侧芽会形成侧枝

嫁接点仍由保护膜包裹

嫁接点以下产生的任何新枝均来自砧木，应予以移除

嫁接的幼苗

最新嫁接的树苗可以用对切开的细支柱支撑，这样不但可以防止主枝长歪，亦可为植株提供额外支撑，防止嫁接点断裂。

购买树苗

购买的树苗往往比花园中繁殖培育的树苗存在更多问题。通常，注意名声的繁育者出售的树苗不会有太大的缺陷，不过树苗的部分枝干可能被切走用作繁殖材料，破坏树形。然而，看似完好的植物也可能有内伤，或许是由于根系供水不足留下的隐患，也有可能是植物气候或环境适应不足，抑或是运输途中受刺激导致的损伤。如果条件允许，请亲自前往苗圃选购树苗，这样就可以观察苗圃的环境，观察潜在的问题。运输树苗需要十分小心：许多树苗是在从苗圃到花园的途中死亡。盆栽的树苗如果被暴露在烈日下或者被放置在滚烫的柏油或水泥地面上，很快就会萎靡干枯。如果树苗被放在敞开的卡车后箱或车顶，车辆开动产生的滑流效应会使枝叶不断碰撞，给植物造成极大的刺激。

选择整枝半成品树苗

购买3至4年树苗的优点是省时省力，但也同样有一些缺点。大部分的问题都是由于根冠比例的不平衡导致的——树冠的体积大过根球太多，因此一旦失去苗圃中维持的高频率水肥供给，树苗的根系就无法支持地上部分的生长。盆栽树苗的冠径不应超过花盆半径的3至4倍。过长的主枝应当被修剪至底部芽点处。

商品树苗的通病之一就是种植者往往允许幼株开花或结果，以此吸引消费者，然而此阶段的树苗更应将能量用于生长。其次，种植者可能利用大量水肥浇灌刺激娇嫩的新枝产生，而这些新枝往往不能撑过冬天的霜冻。"穷养"的小而结实的树往往会长成最好的成株景观树。

种植修根

裸根的树苗在搬运和运输时尤其容易受伤。一旦根系暴露在空气中，用于吸收营养的根毛就开始枯萎死亡。为了最小化切口，将尾部不完整或损伤的根修去。将过长、畸形或偏侧的根修去，保证根系分布的均衡。根系不应过长，种植坑也不应过窄，否则根系容易在种植坑周围缠绕。总体来说，盆栽或有根球的树苗在移栽时不应进行修根。如果根系生长过密，那么新生根便很难伸展到周围的土壤中，此时应当进行整理，梳松根系。短截穿过花盆透水口的根等受损的根系。

移栽应激

幼苗在苗圃中互相紧靠生长。当生长环境突然变化，小苗被孤立或暴露在强风、烈日、霜冻下，其生长便很有可能停滞。有些品种的适应性顽强。而其他的品种，不论移栽时多么小心，都会受到极大的刺激。移栽的树年龄越大，造成的后果就越严重。新种树无法恢复生长的另一个原因就是它们的树冠过大，超过了根系的供给能力：根系勉强吸收的营养和水分不足以供给植物生长。如果移栽后第二个生长季问题仍然存在，唯一的方法便是修剪树冠使其比例恢复正常。在休眠期，为树冠疏枝，使其体量减半，将部分新枝修剪至基部，剩余的则保持原状（顶芽有助于刺激生长）。当下一个生长季来临，略微施肥，保持水分供给，并施加覆根物。如果植物生长没有大幅度提升，就在来年重复这一操作，以此类推。

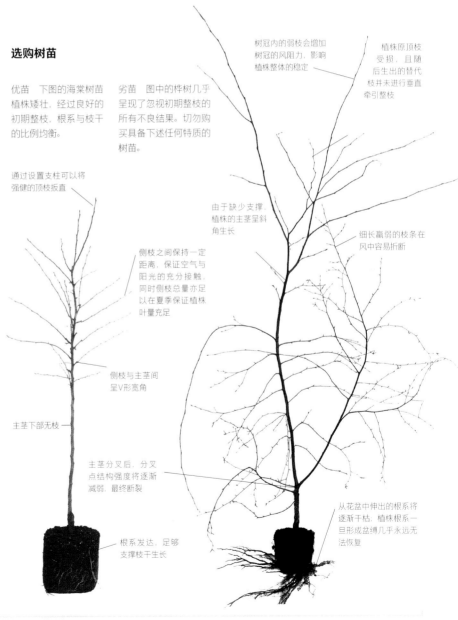

选购树苗

优苗　下图的海棠树苗植株矮壮，经过良好的初期整枝，根系与枝干的比例均衡。

劣苗　图中的桦树几乎呈现了忽视初期整枝的所有不良结果。切勿购买具备下述任何特质的树苗。

树冠内的弱枝会增加树冠的风阻力，影响植株整体的稳定

植株原顶枝受损，且随后生出的替代枝并未进行垂直牵引整枝

由于缺少支撑，植株的主茎呈斜角生长

细长羸弱的枝条在风中容易折断

通过设置支柱可以将强健的顶枝扳直

侧枝之间保持一定距离，保证空气与阳光的充分接触，同时侧枝总量亦足以在夏季保证植株叶量充足

侧枝与主茎间呈V形宽角

主茎下部无枝

主茎分叉后，分叉点结构强度将逐渐减弱，最终断裂

根系发达，足够支撑枝干生长

从花盆中伸出的根系将逐渐干枯。植株根系一旦形成盆缚几乎永远无法恢复

初年整枝

在植物的第一个生长季，叶片和偶尔出现的小侧枝会从主茎的任意部位长出。在这些枝叶没有威胁植株安全的情况下，不要将其移除：每一片能够产生养分的叶片对植物的未来发展都至关重要。

在接下来的冬季，苗壮健康的幼树不需要过多修剪，不过在此阶段可以移除羸弱或姿态不良的枝条。如果主枝的生长势弱，可以将其短截至较饱满的侧芽或新枝处。这一举动可以使选中的侧芽或新枝长成强壮的侧枝，在下一个生长期就可以通过整枝成为新的直立主枝。

为了确保主茎的直立挺拔，使用高过植株的支撑株固定主茎，这样可以随着幼苗长高更换固定位置。同时，为主茎留下一些移动空间，使其随风摇摆增加强度，任何与主枝竞争的侧枝都应移除。

主枝竞争

强势的侧枝会威胁主枝的优势地位，必须短截或移除。如果主枝受损，对生芽生长出一对侧枝，应该只保留其中一根（见右下图）。如果两根侧枝都不尽人意，那么就将主茎向下修剪至一对侧芽处，移除其中一个，让另一个生长成新的主枝。

次年整枝

当幼树的主茎或茎发展出强壮的主枝，此时只需修剪枯枝、病枝、伤枝和任何与主枝竞争的枝条。保持主枝的健壮，对幼树未来发展成单主干、中心主干、或多主干树的形态尤其重要。如果竞争侧枝不及时移除，就有可能成为隐患，发展出交叉枝和弱势的骨干枝。

主枝损伤

如果主枝由于枯枝病、霜冻或物理损伤而"缺失"，那么可以将枝条就近修剪至强壮的侧枝处，通过整枝使其代替缺失的主枝。如果没有适合的侧枝，那么可以将枝条修剪至健康的芽点处，而后培养芽点长出的侧枝。如果树芽点对生，那么可以将弱势的一侧芽点抹去或侧枝移除，集中营养供给强壮的一枝。

竞争主枝

下图中，树苗形成的竞争主枝未能及时移除，因此已经在植株顶部形成直立的枝丛。这种情况下，如果想要通过整枝使其形成结构稳固、形态良好的植株，必须在竞争枝丛中选择一根主枝进行保留，其余竞争枝可使用锋利的修枝剪移除。

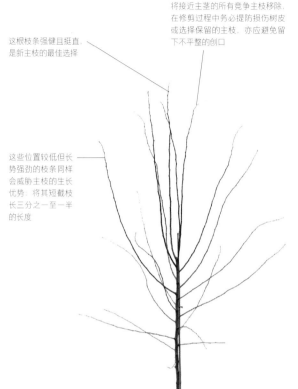

将接近主茎的所有竞争主枝移除，在修剪过程中务必提防损伤树皮或选择保留的主枝，亦应避免留下不平整的创口

这根枝条强健且挺直，是新主枝的最佳选择

这些位置较低但长势强劲的枝条同样会威胁主枝的生长优势，将其短截枝长三分之一至一半的长度

选择主枝

竞争主枝形成后，生长位置最高的枝条不一定是新主枝的最佳选择。在上图的情况中，位置较低的枝条相对更苗壮且挺直。

受损主枝

主枝损伤时，应将其回截至苗壮健康，且近竖直生长的侧枝上方。修剪过后，在原本的支柱上方增设竹竿，用以固定选中的替代枝，直至该枝生长健壮。若主枝侧枝中并无合适的替代枝，则将其回截至枝上饱满的芽点，待新枝生出后进行上述操作。

1 将新主枝固定到竹竿上，间隔为15—30厘米，固定时切忌绳结过紧。

2 回缩受损主枝，修剪时与枝条呈斜角，于饱满的芽点上方修剪，注意切口平整。

双主枝

叶序对生的乔木在主枝受损后若不及时处理将形成一对新主枝。上图中，左侧的新枝较强壮，另一支则较易进行牵引，使其遵循原主枝的生长姿态。

树形整枝

如果树苗种植地并非最终栽植地，两年生的树苗可以就地种下，并且在不扰乱根系发展的前提下进行树形整枝。幼树可以通过整枝发展成不同的树形。有一些乔木只适合特定的生长方式，其余的则有更多选择。常绿乔木（见下方）通常培养成羽型，具有单主干和从下至上包裹主干的侧枝。落叶乔木整枝方向更广，后几页有更详细的信息，不过大多数情况下，稍加修整的自然形态才是最牢固可靠的树形。观赏乔木词典（见第52—91页）中对各树种适宜的树形给出了建议。

羽型树

这是最容易生产的树形。塑形所需的操作仅包括移除枯枝病枝伤枝、姿态不良枝或与主干夹角过小枝。如果树杈夹角过小，树枝与主干交接处便存在潜在弱势。较重的树枝可能会从这点折断。需要注意的是，盛行风、阴影或其他植物的竞争都可能导致生长的不均；提前预防比纠正结果更好。

羽型树的造型整枝

羽型树的整枝目标是维持主干笔直并确保侧枝生长的位置恰当，间隔均匀。不符合要求的侧枝应予以移除，以确保最终树形优美、平衡。

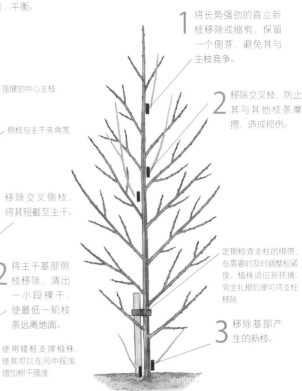

常绿乔木的幼株塑形

常绿树

常绿阔叶乔木的树冠与针叶树（见第38页）不同，即使在冬天也有叶片的重量抵御强风。因此，种植常绿乔木时不建议清除过多底部的枝干，因为积雪的重量很可能会压折树干，对一些嫁接的品种更是如此。所以，大部分的常绿树最好保留有结实中心主干的羽型（见上图）树形。大部分常绿树自然而然地形成紧凑的锥状外形。假如主枝损失，一定要引导新的枝条代替，其他可能产生竞争的侧枝都应该移除。如果主干长长但主芽并未发育，可将未产生的枝干从中间短截，这种情况常见于某些冬青类。在幼苗期为侧枝打顶可以使常青树更加茂密，为将来植树篱或修剪造型做准备。

茂密的树冠只是特定常绿树的理想状态，包括常绿玉兰在内的某些大叶常绿树就更加适应开放的骨干枝结构。这种情况就要求对新枝进行疏枝维护，首先应当针对弱势、不健康或姿态不当的枝干。修剪应该尽可能在幼树时进行，因为常绿愈合较大伤口的速度缓慢（尤其是在热带气候中）。虽然叶片常年不落，但常绿乔木也和落叶乔木一样有休眠期与生长期。常绿乔木的修剪应该尽可能地安排在生长恢复期的春季。

标准型树

标准型树的树冠至地面有一定距离，树冠以下的主干没有侧枝，树冠中的主干独立（中心主干型）或分成多根主枝（丛冠标准型）。许多标准型树都是自然形成的，树木低处的侧枝随着高处侧枝的发展逐渐无法接触阳光，进而死亡脱落。不过有时也可以通过修剪平整羽型树底部的侧枝使其形成标准型。这一作业应该在树的幼年时期进行，以减小修剪留下的伤疤。

虽然中心主干型和丛冠标准型树的树冠的发展方式不同，不过其树干形态则是以相似的规律经年累月形成的。修剪侧枝应分成多次进行。将树干的侧枝一次性全部移除将会刺激茎底部的休眠芽生长，从而抑制顶部枝条长势。将一根树枝上的叶片全部移除也有可能会导致长期被叶片遮蔽的枝条被太阳灼伤或遭受冻伤。侧枝的移除需要分次进行的另一个重要原因就是叶片能够为树木的生长提供养分，使主干和主枝更加粗壮。

中心主干型

对中心主干型树来讲，修剪和整枝应该以维持主干的直立和延续为目的。这一树形最大的威胁便是主干有可能因外界损伤或侧枝竞争而缺失。然而，这两种问题都可以进行后期修复（见第24页"主枝损伤"及"主枝竞争"）。将新枝固定在粗而长的支柱上可以确保新枝直立生长。

丛冠标准型

有些乔木会自然发展成丛冠标准树形（如许多栎树），不过这一形态的自然形成可能需要很多年，待其主枝渐失顶端优势，并发展出多根强壮的结构枝。

不过，许多中心主干型乔木都会通过修剪形成丛冠标准型树，避免生长过高。由于乔木倾向于恢复向上的生长趋势，丛冠标准型树有时只能通过修剪来维持形态，但树木年纪渐长后便不再需要或无法进行维护。经过良好整枝的幼树，只要在幼年阶段及时处理生长问题，成熟后就不用过多关注；而受忽略的幼树则很可能在未来发展出需要大型作业才能解决的问题。

中心主干型

定干需要分步骤进行，作为参考，可将植株的树干自地面至最高顶枝的长度大致分为三部分。

第1年，冬季

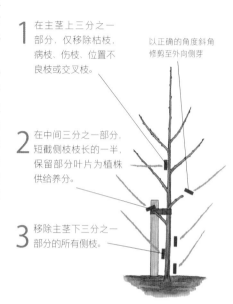

1 在主茎上三分之一部分，仅移除枯枝、病枝、伤枝、位置不良枝或交叉枝。

以正确的角度斜角修剪至外向侧芽

2 在中间三分之一部分，短截侧枝枝长的一半，保留部分叶片为植株供给养分。

3 移除主茎下三分之一部分的所有侧枝。

垂枝标准型

垂枝标准型树有两种形态：自然形态和嫁接形态。如果乔木自然呈现垂枝形态，那么其主干一般从根部直向上生长（幼苗期要求良好的支撑辅助），在达到一定高度（视树种而定）后枝条便会下垂。不要切除任何向上生长的枝条：这些枝条会随着生长逐渐下垂，增加植株的高度，同时创造出美观的分层效果。

而嫁接形态则是将葡匐的品种嫁接到砧木的直立主干上，由于所有的枝条都处于同一水平面，因此此类垂枝树的枝干容易逐渐拥挤，侧枝也易生长成不当的姿态，应当尽早移除。对于大多数枝接的乔木而言，直立的侧枝会损坏垂枝的形态，需要进行移除。

砧木上长出的侧芽一定要移除。当树逐渐成熟，可以将接近地面的枝条短截至芽点或侧枝处。

在接穗生长的几年内，嫁接的植株都需要一定的支撑。支柱需要高且粗壮，因为垂枝型接穗通常长势强劲，其重量很可能会超过砧木树干的承受能力，结实的支柱可以在树干达到足以支撑树冠的强度和粗度前为其分担一定的重量。

垂直标准型幼株

在垂直标准型植株，尤其是枝接植株的栽培过程中，需要注意防止主干上的侧枝生长，最佳方式是在新枝生长初期、仍然幼嫩时徒手捻除。树冠越接近蘑菇状（即枝条较下垂而言更接近层叠状态），则越容易形成拥挤的生长状态。受到挤压的枝条会逐渐死亡，因此需要及时进行清理和移除，防止树冠内杂物堆积。

枝接

嫁接时，可将接穗的一小段茎嫁接至砧木的裸干。随后，新枝便会从接穗茎上的芽点生出，如上图所示。另外一种选择则是进行芽接：将2至3个来自接穗的芽嫁接到砧木上，务必确保植株顶部的枝条分布均衡，这对植株的整体稳定与外观都十分重要。

枝接植株若出现退化的直立枝条必须立刻移除

赢弱的新枝，尤其是密集生长的弱枝应予以移除

主干上生出的新枝应尽快移除，可趁新枝尚嫩时徒手捻去或用刀沿树干齐平切除

第2年及第3年，冬季

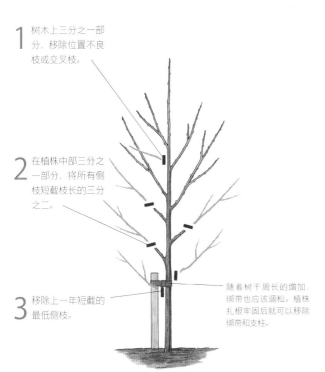

1 树木上三分之一部分，移除位置不良枝或交叉枝。

2 在植株中部三分之一部分，将所有侧枝短截枝长的三分之二。

3 移除上一年短截的最低侧枝。

随着树干周长的增加，绑带也应该调松。植株扎根牢固后就可以移除绑带和支柱。

第4年，冬季

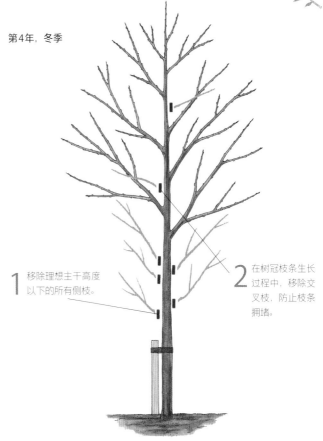

1 移除理想主干高度以下的所有侧枝。

2 在树冠枝条生长过程中，移除交叉枝，防止枝条拥堵。

丛冠标准型

在种植最初的2至3年内，遵循上图中心主干型植株的整枝方式。待主干高度以上有3至4根强壮侧枝形成后，将顶枝短截，形成冠丛。选中的侧枝将会形成树冠的骨干枝。

第3或第4年，冬季

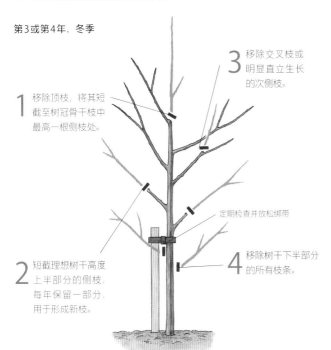

1 移除顶枝，将其短截至树冠骨干枝中最高一根侧枝处。

3 移除交叉枝或明显直立生长的次侧枝。

2 短截理想树干高度上半部分的侧枝，每年保留一部分，用于形成新枝。

定期检查并放松绑带

4 移除树干下半部分的所有枝条。

第4或第5年，冬季

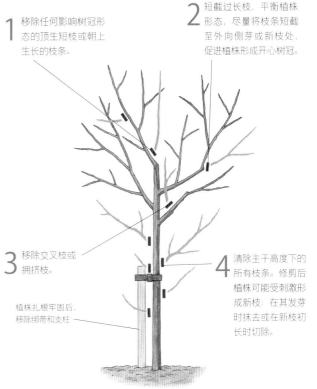

2 短截过长枝，平衡植株形态，尽量将枝条短截至外向侧芽或新枝处，促进植株形成开心树冠。

1 移除任何影响树冠形态的顶生短枝或朝上生长的枝条。

3 移除交叉枝或拥挤枝。

4 清除主干高度下的所有枝条。修剪后植株可能受刺激形成新枝：在其发芽时抹去或在新枝初长时切除。

植株扎根牢固后，移除绑带和支柱

多主干型树

根蘖或枝干位置较低的乔木时常自然发展出这种树形，不过通过修剪控制主干的数量和间隔能够使多主干型树更加美观。密植多棵单主干树也可以获得同样的效果。重剪乔木（见下图）亦可以产生多根新枝，创造出多主干树形。重剪会刺激位于底部的休眠芽，使其迅速生长。不过只有部分品种（见第52—91页）能够适应这种方法。永远不要对嫁接品种使用这一手法。

多主干型树有的树干覆盖侧枝，形成茂密的灌木状外观；有的则平整无枝，显现出树皮的白色、铜色或独特纹理，颇具观赏性。在花园中，后者更受欢迎，而为了最佳呈现效果，在乔木幼苗时期就应该筛选出最健壮的几根主干加以保留，其他弱势或多余的则全部移除。如果将低处的侧枝移除便可以获得中心主干型形态（见第26页）。

乔木有产生根蘖的习性，当植株成熟，根蘖就会从基部产生。为了保持理想的主干数量，这些根蘖应该尽早移除，不过当主干受损或患病，便可以保留根蘖以替代损失的主干。相反，经常短截或使用矮林作业维护的树木的底部枝随着时间会逐渐弱化。

扭枝树

榛树和柳树的特定品种会产生扭曲的枝干。这些品种通常为多主干植株，主干较矮，主枝呈螺旋状生长。在这类植株的生长过程中应减少人为干预，仅移除枯枝，病枝，伤枝或交叉枝。植株成形后，便可进行轻剪，用于控制植株大小或疏枝，错综复杂的枝叶可以很容易就遮盖修剪的痕迹。另外，这类树木的枝条很容易过度拥挤，疏枝也可以减轻扭曲的承重枝需要承受的重量。弯曲幅度较大的枝条容易折断。健康的枝条上若出现小裂缝，很快就能恢复。然而同样状况若发生在原本就较为弱势的枝条上，则最好将其移除。

扭枝的榛树或柳树并非嫁接植株，可承受完全的更新作业，冬季可将植株平茬。已经初具规模的根系在平茬后会生出大量根蘖：仅存新枝中选择最佳枝条（若仅需当主干，则保留一根新枝），移除剩余的弱枝或位置不良枝。

龙爪柳（*Salix Matsudana* 'Tortuosa'）

肆意扭曲的枝条在春季妆点着柔黄花序。

多主干型树上向内生长的枝条需要时常疏枝，以防过度拥挤，同时也为了维护其观赏性。然而，如果移除的枝条过多，剩余的单根或多枝条便无法相互支撑，使其脱离主体，甚至折断。如果这种情况发生，应当切除脱离主体的枝干，以免影响观赏效果。修剪后，可以保留从基部生出、间隔适当的新枝作为替代。

用单主茎树苗培养多主干树

第1年，冬季

将两年生树苗的主茎在理想高度直接截断——最低8厘米，如图中所示。修剪后需整理切口，确保其边缘平整。

第2年，冬季

选择3至4根位置适宜，最好长势也相当的强枝保留，促进植株生长均衡。移除其他新枝，将其段截至基部。

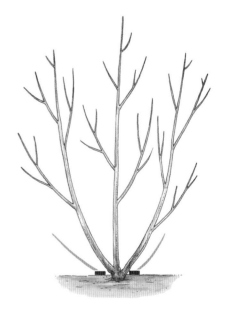

第3年，冬季

让侧枝自然形成，若需要明显的主干，则仅移除最低处的枝条。这些修剪工作可能会刺激基部新枝的生长，在后续年份中应持续移除基部新枝。

修剪成形乔木

虽然乔木成形后不像许多灌木和爬藤植物一样需要常规修剪,不过不论植物生长方式如何,日常的检查和维护对所有植物都有益处。部分斑叶和枝接的乔木需要额外的关注。观赏乔木词典（见第52—91页）中给出了进行普通修剪最安全的时机。不过,处理接下来几页中叙述的几种问题的最保险方式还是在发现的时候就立刻解决。不易频繁修剪的老树,可以在隆冬、夏末时分检查植株是否有需要修正的缺陷。

枯死与染病枝条

所有植物都有自己的防御机制来隔离枯死、染病的枝条。一旦枝条被感染,植物组织就永远不会再恢复健康。因此,植株会在患病组织和健康组织间形成一道自然的化学屏障（另见第9页）。大多数情况下,只要疾病没有扩散得太广,植物都可以通过这一屏障隔离病枝的营养供给,使其自然死亡掉落。

没有自然掉落的枯枝腐烂时极易成为腐木菌的宿主,对植株的健康造成威胁。将枯枝部分完全剔除需要修剪至枝条鲜活的部分,然而植株已经制造出了有效的屏障,这一举动会迫使植株浪费养分以愈合伤口。因此,修剪死枝只需要在活与死枝的分界线（通常非常明显）附近下刀。

如果树干或主枝上的一整根树枝死亡,依照修剪活枝的方法修剪即可（见第20页）。不要将死枝从鲜活的树干或主枝上移除,否则会破坏死枝与活枝间的屏障,让病菌有机可乘,入侵整棵植株。

枝条也可以短截至这一节点

受损枝

枝条受损后,可以直接移除。假如十分需要植株在此处产生替代枝（见上图）,可将枝条在损伤处下方的可见节点直角修剪。假如接下来的生长季并无新枝形成,则将残枝完全移除。

如果病菌仍然活跃,那么死枝与活枝的界线不会很明显。因此,切除病枝时需要在明显感染的枝条下方下刀,并且仔细观察切口——如果仍有病状或异色,则应该切除更多。

鹿角状树

老树时常呈现"鹿角状":顶部的枝条枯死,高出树干,状如鹿角。这一症状的成因通常都是植株周围地面的剧烈变化:有时是毗邻建筑的施工、土壤板结或水层土壤流失。即使在这样的条件下,乔木仍可以存活很多年。然而,如果发现树木的外观有明显变化,最好向专业的树艺师咨询。

保留残枝的影响

若短截剩余的枝条无侧枝形成,该枝很快就会枯死并且可能感染疾病。图中生长在残枝上的支架真菌表示该枯枝已经严重腐烂。需要将其短截,并清理切口。若切除之后,树杈或主干仍有腐烂症状,那么这棵树恐怕就无药可救了。

树枝与树皮撕裂

遭到雷击、雪压、人为或动物因素而部分开裂的枝条,如果保持撕裂的状态通常无法愈合。这种情况下,最好将其剪去或短截树枝至可代替断裂枝的侧枝处。被撕裂或蹭掉的树皮则很可能和形成层重新连结。树枝的切口最好保持暴露,允许切口自然风干;若切口不平,可以使用修枝刀进行整理。树干底部的树皮大量损伤对乔木来说是威胁植株生命的严重问题。使用除草机等花园用具时很容易造成此类损伤,因此操作时需要格外小心。

树干树皮撕裂

枝领受损 这种损伤一般是人为因素造成的。唯一的处理方式便是移除撕裂枝,用园艺小刀修剪平整创口。尽可能地保持小面积的切面。

磨损树皮 不正确的支撑和固定是树皮擦伤的主要成因。图中的绑带位置过高,随着植株的生长,绑带渐渐磨伤树皮,并且将整棵树拉斜。这种情况下,应重新正确设置绑带,并修整擦伤创口周围的粗糙边缘,促进恢复。

树皮磨损的影响 图中这株受损严重的银杏树生长状态十分糟糕。伤口下方形成新枝,说明伤口阻挡了树干的营养和其他物质传输。另外,橙色的部分说明珊瑚斑点病菌已经开始感染植株。这棵植株已经病入膏肓了。

徒长枝

徒长枝通常由休眠的隐芽发育而成，通常潜伏在树皮以下，完全不可见，只有在植株受到刺激后才开始生长。修剪便很有可能刺激植株：许多乔木容易在修剪切口附近长出生长迅速的徒长枝。一旦发现徒长枝生长，最好立刻抹除，否则长势强盛的徒长枝会汲取植株其他部分生长所需的营养。有些品种的徒长枝可以保留，以替代缺损的枝干（见右图）。其他品种的徒长枝则过于柔嫩，无法发展成健康安全的新枝。观赏乔木词典（见第52—91页）中列出了这类乔木的具体品种。

根蘖

欧洲山杨（Populus Tremula）等品种会从根系自然生出根蘖，黑杨（P. nigra）等其他品种则只会在根系受损时形成根蘖。尽管根蘖会吸收植株主体的养分，但并不会对其造成损害。控制根蘖最简单的方式就是将植株种在草坪上，这样一来规律地修剪草坪时也会将根蘖一并去除。否则，根蘖必须从生长点切去，同时剃去周围的组织，以防留下隐芽。如果只是简单地将根蘖挖出或拔出，这些休眠芽会受刺激生长出新的根蘖。请勿使用内吸性除草剂处理根蘖，否则会损害树的根系。

嫁接植株（尤其是李属植物）的砧木也很容易从地下部分产生根蘖。嫁接点以下产生的根蘖必须尽快从生长点完全剔除。如果放任其生长，通常比接穗长势更盛的砧木就会取而代之。

不定芽抽枝

蘖芽和休眠芽 图中的柳树不但会偶尔在主干产生新枝，还会从地下生出蘖芽。若发现这两种枝条都应立即移除。

为大型修剪后形成的新枝疏枝

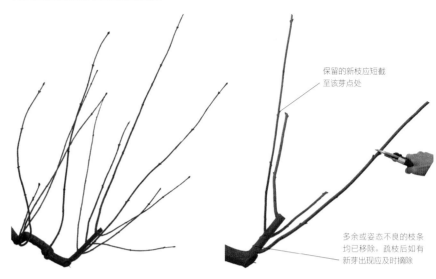

保留的新枝应短截至该芽点处

多余或姿态不良的枝条均已移除。疏枝后如有新芽出现应及时摘除

疏枝前 图中受损的枝条已经过修剪，修剪后的枝条显得十分光秃。然而，该枝如今已经抽出许多强壮的新枝，在众多新枝中应当细心筛选，保留合适的枝条，使其发展为均衡的新枝丛。

疏枝后 在诸多新枝中选择保留位于4个不同方向的枝条，以确保每根枝条都有足够的生长空间。将其短截至少一半的长度，并且保证短截后枝长不同，防止形成不自然的"拖把头"造型。

需要注意的是，有些有自然产生根蘖的品种入侵性颇强。臭椿（Ailanthus）、刺槐（Robinia）和美国皂荚（Gleditsia Triacanthos）就是臭名昭著的"越狱者"，美国皂荚更是由于极强的入侵性在世界部分地方被禁止种植。

返祖现象

许多乔木有叶片带彩斑、金边或银边的斑叶品种。这些品种是通过刻意培育原始绿叶树的自然突变部分得到的。然而树木既然会产生突变，也有可能会突然失去这些特征。此类品种上出现的绿叶枝一定要迅速移除。类似的问题可能也会出现在某些叶形特殊的品种或"羽叶"品种上：新生的树枝上长着普通的叶片，这些"正常"的树枝同样要及时移除。当乔木达到一定高度时，移除这些恢复原始特性的枝条就有相当的难度了，虽然这些枝条不会对植株产生损害，但是如果不及时移除，那么未来它们就有可能将其他特殊叶片取而代之。

支柱与支架

姿态斜倚的植株与婀娜多姿的枝条往往需要借助支柱或支架的辅助来预防枝干折断。木质、石质或特制的铁质分叉支柱都可胜任这一角色，但大多数铁艺制品则会切入枝干，因此不可使用。不论使用何种支撑方式，都应该用软垫保护枝干，这样当支架移动时枝干不会因摩擦受损。面粉袋或旧地毯都可以用来充当软垫。

支撑枝干的物体需要承受枝干的重量但不应将枝干顶起，因为这会对枝干与主干连接处产生额外的压力。常见的需要支撑的树种有黎巴嫩雪松（Cedrus Libani）、南欧紫荆（Cercis Siliquastrum）、桑属（Morus）乔木以及美国梓树。

徒长枝 修剪可能会刺激休眠芽（又称"隐芽"）开始生长。在不理想的位置冒出的新枝必须尽早抹除或切除。

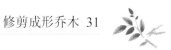

返祖枝
花叶彩叶品种植株上的绿叶返祖枝必须在发现时立刻移除。

"女巫扫帚"
这样巢状的密集枝干不会对植株造成损害，此时可以将枝条从感染点以下的适当位置短截或切除。

空洞及中空树干
植株的空洞通常位于树干部位，一般由外部损伤或旧组织的死亡腐烂形成。在健康的植株上，空洞不会造成问题，也不应进行清理、扩大或排水，更不要用水泥等人工材料进行填充。研究表明，空洞中的积水有利于减少有害菌的活动。

遭雷击裂开的树干应该立刻由专业树艺师检查。不过由于树木年长而分裂中空的树干不一定会造成危险，如果树干矮而宽的话就更是如此。中空树干的鲜活部分可以非常强壮，其与腐烂的中间部分之间也会由天然形成的屏障（见第9页）隔绝疾病入侵。大树的健康与安全状况应该由专业人员进行检查：如果树的枝干有安全隐患，仍然可以通过截顶（见第34页）的方式拯救。

成株修根
只要护理得当，许多乔木都可以成为美观的盆栽树。通过使用盆或障碍物限制根系的体积，植株的大小的生长速度也会受限，这样许多不耐寒的品种就可以种在玻璃温室中。盆栽通常与重剪配合（见第34页，矮林作业与截顶修剪）来限制乔木的大小。大多数乔木不适应花盆的束缚，因此偶尔需要修剪根系，此时可以参照盆栽灌木的修剪方式（详细图解见第154页）。

在开放空间，可以通过使用园艺铲切入成株乔木周围的地面来达到修剪根系的目标，这一方法通常用于限制树木的生长，尤其常用于果树（详细图解见第101页）。这一操作需要使用正确的方法，切点应该与主干保持一定距离，否则会影响植株的稳定性。

"女巫扫帚"
乔木的树枝上有时会产生异常密集茂盛的枝叶。这一现象被称作"女巫扫帚"，是特定菌类、疾病或螨虫侵害的结果。这样巢状的密集枝干不会对植株造成损害，因此不必进行处理。有时，这种现象会影响一些品种的观赏性（如垂枝桦），此时可以将枝条从感染点以下的适当位置短截或切除。

支撑低枝

低垂的枝条有时可以为植株添上几分如画的质感，但这些枝条往往需要额外支撑。使用Y形的树枝或漂流木作为支柱可令视觉效果更加自然。

砍伐小型乔木
非专业人士切勿尝试自己砍伐大型乔木（见第32—33页）。不过，如果想要淘汰花园中的小型乔木，或者移除由蘖芽或种子意外长出的乔木植株，则仅需遵循简单的步骤。首先将树干在高出地面1米左右的部位截断，使用残留的树墩将地下部分撬出。若需专业援助，且目标植株周围有一定的空间可供器械操作，则可尝试使用链锯或树墩粉碎机辅助移除树桩。若树桩必须保留，可将其截平至地面。然而，地面以下的残留部分可能被蜜环菌寄生，进而影响其他植物。如欲使用化学手段移除树桩，请咨询专业人士。

1 确定树倒方向后，在该侧朝下切第一道口，切口深度为树干直径三分之一，请使用锋利弓锯进行操作。

2 在第一切口下方水平切入，直至两道切口相交。取出两道切口间的楔状树干。这一步骤的目的是确保树干倒向正确的方向。

3 在另一侧高于楔形切口约4厘米处垂直切入树干，直至树干向指定方向倒下。

更新复壮

有时，人们需要更新修剪野化的乔木，修复畸形或对周围产生威胁的树，将尺寸过大的乔木控制到理想的大小，又或是移除结构不良的成株。在这类情况下，需要进行更复杂的修剪操作，规模远超前页列举各种情形。许多更新复壮作业都具有一定的危险性。业余的园艺工作者千万不要尝试修剪或砍伐大型乔木。即使是规模较小的更新复壮作业，也最好交由专业的树艺师进行。

安全检测

专门为乔木修剪作业设计的工具和设备仅应由受过专业训练的人士使用。在众多工具中，链锯尤其危险：非专业人士万万不可在树冠中使用链锯，站在地面上时也不要尝试使用链锯切除腰部高度以上的树枝。

砍伐树干直径超过15厘米的乔木，修剪主枝并将其安全降至地面都是十分困难的工作，不适应剧烈、繁重体力劳动的人不应参与这些工作。长枝的锯、提以及将其引导至地面的工作往往需要使用到日常不会用到的肌肉，有时更需要扭曲身体，以不适的姿势进行工作。

在条件允许的情况下请尽可能在地面进行作业。架在树上的梯子有时可能不稳定。顺着梯子爬得越高，树枝所受的压力也就越大：一旦爬下梯子，树枝很可能突然回弹。即使攀爬高度不高，爬树时也要记得戴护目镜和有绑带的安全帽。树皮湿滑时绝对不要进行任何操作。永远不要单独作业，同时要保证工作伙伴时刻处于地面位置。在开始工作前，确保清空工作区域内所有的花园家具、设备和其他物件，同时要保证儿童和宠物远离工作区。

法律法规

开始作业前，确保目标树木不受法律保护。如果目标树木受法律保护，那么针对该树的砍伐和枝干的移除可能都需要到相关部门申请许可。检查施工作业是否会影响周围的电网或底下的管道电缆。如果答案是肯定的，则需要在工作时通知相关部门并有专业人员在场协助。

邻里关系中最复杂的就是界线的划分。如果准备进行修剪或移除的树木接近邻居的土地，那么提前告知邻居就是礼貌、明智之举。如果修剪目标是从邻居院中长出的树冠，更应该提前沟通。

矫正小型乔木生长不均的问题

第1年　不要重剪生长强盛的一边，打顶修剪该侧枝条的顶枝即可，这样修剪后仅会形成少量新枝。相反，长势较弱的一侧应当重剪，刺激更多枝条形成，使树冠形态更平衡。

第2年及以后　长势较弱一侧应当已形成强壮的新枝。在修剪后的冬季，仅移除交叉枝或者破坏树冠对称性的枝条。在树木恢复期间需要耐心等待。

小型乔木的更新修剪

由于邻树的挤压或结构缺陷，乔木的生长可能集中在一边。如果导致树木偏侧生长的问题——邻树挤压或建筑、墙体、围栏阴影没有解决，那么及时进行修复性修剪也没有意义。然而，如果导致树木偏侧的原因移除，那么通过几年的修剪还是可以将树形修正成较为端正的形状的（见上图）。

对树木的忽视可能导致病枝、死枝、伤枝、不良枝、拥挤枝、树干结构拥挤、侧枝姿态不良等小问题的累积。如果树木的树枝下垂分散，树干就会承受更多压力，此时需要进行移除或支撑（见第30页）。如果树干开裂，空气、水分以及腐木菌都可以借机进入树干内部，这样有可能导致树干内部空洞，甚至植株死亡。

小型乔木的更新复壮需要分成几步，第1年的目的是改善植株的整体条件：移除所有不健康或患病的枝干以及根蘖和姿态不良、有损伤树皮风险的树枝。第2年或第3年（如果需要）则进行疏枝（部分枝条可能受上年修剪的刺激产生），并通过短截和移除枝条改善植株整体形状。每年仅对1至2

根树枝进行整体移除，通过分段修剪的方式减少树皮撕裂的风险。

时机与后续护理

更新修剪的最佳时机是休眠期结束后，当然其中也有些例外（见第52—91页）。落叶乔木的骨干枝结构更加明显，叶落后进行修剪更加容易。

进行轻量的更新修剪后，可以根据说明书施加平均肥。许多老树可能许久或从来没有受肥，因此可以通过施加薄层的腐熟粪肥作为覆盖物替代化肥，因为过量肥料很可能刺激植株产生太多娇嫩的新生枝。永远不要在老树根部覆盖厚土，这会破坏植物根系的氧气供应平衡，进而影响植株的健康。

大型乔木修剪

疏于管理照顾的乔木可能出现植株过大、超出种植空间的承受能力的情况，此时就需要将其移除。不过如果植株健康状态良好，则可以尝试更新修剪。除了在狭窄空间或敏感的城市环境中，直接将目标树砍倒比更新作业更加节省，同时也能留出空间种植更多品种。在城市环境中，大型乔木修剪作业必须由认证的树艺师完成——人们也将其称作"树医"。

大型乔木修剪作业不仅包括砍伐，也涵盖树冠缩减、提升和疏理。树冠缩减或者更大幅度的截顶修剪（见第34页）将成株的树冠体积整体减少。树冠提升则是通过移除低枝的方式增加主干的可见高度，这种操作常用于行道树。树冠疏理移除拥挤的枝干：通常是为了改善植株的健康状况，不过也能够解决树冠遮荫过多以及遮挡视野的问题。通过疏枝，斑驳的光线得以穿过浓密的树冠，树下又可以种植植物，被树冠遮挡的视野也重新恢复，同时，优美的大树也得以保存。

不过需要注意的是，上述的任何作业都不像看上去那么简单，并且需要基于专业知识和经验对树木结构进行判断。没有这些知识，修剪可能使一株树木成为危树。

损伤造成的树木安全隐患

大树的树冠内若有暴风雨或雷击留下的损伤，必须交由具有专业知识和技术的专家进行评估和处理。

不专业的修剪还会留下其他隐患。在没有专业知识的支撑下对树木进行的修剪只会失去不可挽回的树枝，而专业的乔木修剪能够保证树木修剪后数年的优美外观。这些论述不仅是为了防止非专业性修剪，更是为了强调雇用风评良好的专业机构或个人来进行专业操作的重要性：不当的操作几乎都会导致更多的花费以及损失整棵植株的风险。

专业的乔木修剪十分昂贵，但是其结果也远超投入。在作业正式开始前，专业的树艺师会告知操作内容（以及可能的替代选项）、大致将会花费的时间、修剪作业的效果以及未来修剪作业的必要性与预估的实行时间。除了这些专业领域的内容，树艺师也应该负责处理修剪下来的枝干或砍下的树干。

当地政府对树木的法律保护有详细要求时，咨询树艺师就更加重要。树艺师通过现场调查能够发现其他不易察觉的问题，同时也能察觉地面沉陷、土壤沉降等问题，这些信息是非专业人士所不能发现的。

雇佣专业树艺师的成本应该综合上述各项益处考量，不过也要记得检查雇佣机构或个人是否会对修剪造成的损伤进行责任赔偿。

树冠提升

移除树冠底部的低枝可以留出更多冠下空间，可以允许巴士等大型车辆通行，或改善树冠笼罩街道的采光。

树冠疏理与缩减

这两种大型修剪作业常常相互结合，用于缩减树木的大小，改善树冠的透光性和透气性，减少植株风阻力以及长而外延的沉重树枝对植株造成的压力。

矮林作业与截顶修剪

部分乔木（和许多灌木）能够承受规律的重剪，并且能够相应地生长出健壮且更具观赏性的枝条。矮林作业和截顶修剪并不是新技术，它们其实是诸多古老园林技艺中的一种。

矮林作业是通过规律性（如一年一度）的修剪将树木截至地面以获得健壮新枝的方法。传统的矮林作业一般在冬季进行，以此收获木柴以及用于藤织、围栏和木杆的材料。矮林作业的历史可以追溯到新石器时代。在英格兰和法国北部，矮林作业是常见的林地管理方式，有些矮林至少有600年的历史。只要修剪切口平整干净，矮林作业可以显著、无限地延长植物的寿命，使用钩镰、斧子等常用的工具便能很好地进行这一操作。然而若只是粗暴地将枝条锯断，矮林中的植物便不能持久存活。

截顶修剪也可以达到类似矮林作业、持续获得新枝的效果。不过截顶修剪后的新枝通常从树干顶部生出，树干上的所有侧枝则需清除。这种技法相当于高度提升后的矮林作业，树冠下的空间可供牧场的动物活动——这可以说是土地双用的雏形。

利用修剪获得观赏性枝条

如今，园艺工作者使用矮林作业与截顶修剪主要是为了增强植株的观赏效果，同时亦可减少其生长所需空间。只有少数的乔木能够适应这种管理方式：频繁的修剪要求植株具有较强的抗病性，以此保证伤口能够及

时愈合。矮林和截顶作业的主要作用是刺激植物在地面或水平视线产生大量密集的彩色枝条，为冬季的花园添加色彩。柳树（Salix）和山茱萸（Cornus）就是必须使用这种方式管理的木本植物。通过规律的修剪，植株可以长出鲜艳的黄色、红色至黑紫色的新枝。为保证彩枝的最长观赏期，短截修剪应该推迟到初春。

栽培截顶树（左图）

培养截顶树需要选择品种适宜的幼树（如这株柳树），理想高度为2米左右，树干无茎，顶端分支发达。当植株适应新的种植环境且茎直径达到10～13厘米时，便可以在冬末或春初时将主茎在最低一簇树枝下方锯断，将其短截至主茎2.5至8厘米处。植株长出大量密集新枝后便可当作成株截顶树维护。

成株截顶树（右图）

为了维持效果，截顶树每隔1—3年需要再次截顶。冬末或春初时节，将所有茎短截至离主茎1～2厘米处。修剪时确保截顶树主茎处膨大的顶部不受损伤。树木成熟后，新长出的枝条会造成过度拥挤：采取疏枝方法，确保枝干之间保留一定空间。主茎或树基部生出的一切侧枝都应移除。

彩色的幼枝

图中，截顶柳树的幼枝为冬日至早春的花园提供了一抹亮色。低矮主干支撑的截顶树整体比例接近灌木，但却具有1.2至1.5米的主干，如图中所示，将彩色的幼枝提升，鹤立其余花境植物之间。

利用修剪获得观赏性树叶

使用矮林作业修剪臭椿、泡桐等乔木能够获得非凡的观叶效果。所有能量供给新枝可以使植株的叶片更大、更茂密，使其获得热带植物般的外观。有些植物嫩枝上的新叶与普通叶片差异极大，桉树就是其中一种。然而，由于大多数乔木都在成熟枝上开花，因此这种做法也会导致植株无法开花。

利用修剪限制乔木大小

矮林作业与截顶修剪能够大幅度控制乔木的大小。举例说明，一棵泡桐成株可高达25米，然而矮林作业可以将其控制在一株大型灌木的大小（虽然仅需一个生长季植株便可以生长至3米）。不过一定要记住，即便地上部分大小受限，植株的根系仍然可以与未受限制的成株比肩。只要有足够的根系生长空间，梓树（Catalpa）和桑树（Morus Alba）就可以被培育成树体小、树冠茂密的景观树。以悬铃木和椴树为代表的截顶树是热门的行道树，不过它们并非严格意义上的截顶树，因为这些植株并未将主干顶部截除，而是通过短截主枝达到限制生长的效果。由于行道树下需留出行人车辆活动的空间，因此可见树干的高度比普通情况下的更高，这样修剪留下的树冠更大，与树干的高度呈现出的比例也更加和谐。不过，这样的截枝树如果种植在花园中就会显得笨拙，树冠缩减的方式更适合花园树篱使用。

利用修剪恢复生长

截顶修剪和短缩法可以用于拯救因体积过大造成安全隐患或不良生长状况的乔木。有些夏栎（Quercus robur）树龄已经超过400年，其原始主枝也因自然的"枝落"在生长

榛树矮林

在晚冬或早春，将所有枝条平茬至距地面数英寸处。切忌将枝丛短截至土表以下或损伤植株膨胀的木质基部。这些部位正是新枝形成的位置。新枝从平茬后的树桩边缘陆续生出。若新枝过于茂密可进行疏枝。修剪时不要短截，应该将枝条从基部移除，以保持自然的生长效果。

春季新枝（右图）

修剪前（下图）

过程中缺失。紫杉（Yew）也是如此，在更新修剪后能够显著恢复长势。截顶修剪或矮林作业也可以用来修复因强风损失枝干的乔木。有时，矮林作业后生出的枝条可以通过筛选留下一枝作为新的主枝，这根主枝可以发展出一片新的树冠（见第64页"桉属"）。如果需要对成株乔木使用这些操作，必须交由

专业树艺师进行（另见第33页"大型乔木修剪"）。

矮林作业也可以用来辅助乔木的冬季抗寒保护——在寒冷气候下，赶在寒流之前将月桂树、桉树等乔木短截至基桩，这样植株就更容易通过稻草等隔温物覆盖。

利用修剪获得叶片的观赏效果

通过修剪，原本可以长成高大成株的火烈鸟梣叶槭（Acer Negundo 'Flamingo'）通过截顶至主干底部成为了妆点花境的一抹亮色。许多乔木的叶片都在新生时最具观赏性。

适用的观赏乔木

红枝条纹槭（Acer Pensylvanicum Erythrocladum）新枝呈现动人的红色。臭椿限制生长，并获得更大的叶片（见第53页）。欧洲鹅耳枥、榛矮林作业使植株呈现适用于树篱的多主干树形。美国梓树、欧洲栗可以使用截顶修剪修复过大或受损的植株（见第57页）。紫荆截顶可限制植株大小，同时将花朵位置下拉真实现水平（无需每年短截）。桉树许多树种经过修剪可以呈现出更具观赏性的新叶，同时枝叶更加茂盛。欧洲水青冈矮林作业可以产出适用于树篱的多主干植株。桑树截顶修剪可以保持较小的树冠。泡桐修剪可限制植株大小，并使植株创造出更具观赏性的大型叶片（见第78页）。英国梧桐截顶修剪可减小树冠体积（见第80页）。栎树延长危树寿命。柳树许多品种在修剪后产出具有观赏性的彩色新枝（见第86页）。欧洲红豆杉（Taxus Baccata）修剪可以延长老树寿命，或产出适用于树篱的多主干树形。椴树截顶修剪可控制树冠大小。红枝阔叶椴（Tilia platyphyllos Rubra）等红枝品种可以采用矮林作业。火烈鸟香椿（Toona Sinensis Flamingo）修剪可获得极具吸引力的粉红色新叶。

编枝

编枝是将种成一排的乔木树枝相互交织的技法。通过与规则式修剪的配合，编枝可以创造出由平整树干支撑，骨干枝结构复杂错综的独立树篱。这种园艺艺术拥有漫长的历史：在都铎时代的英格兰，编枝林荫道是地位的象征，向来客炫耀主人的财力足以雇佣多名园丁。

编枝树篱与林荫道如今正重新回归人们的视野，尽管二者都要求持续终生的高频率维护。采用这一劳动密集型修剪技法的传统乔木是椴树、鹅耳枥、水青冈和冬青，不过所有能够适应造型修剪的品种都可以使用。骨干枝的具体结构需要到树篱成熟后才能充分显现：如果采用的是鹅耳枥和水青冈，这一过程大约需要15年。

支撑

用于支持树篱乔木树干的支撑柱需要钉入地面60至90厘米，切记必须与目标树篱高度一致。为了最佳呈现效果，支撑柱的间距应为约2.5米。两端的支撑柱与末端植株的距离应短些，这样树篱的骨干枝便可以支撑整个冠层。支撑柱间可以用横向的木板，或不太显眼的铁丝连接，创造出固定侧枝的结构。

塑形修剪与整枝

选取中心主干粗壮直立，已经部分呈现出标准型树形（见第26页）的3至4年生乔木，其侧枝应位于最低铁丝的高度。侧枝应尽量固定在水平生长姿势。在秋末或初冬时种下植物，修剪掉位于金属丝或木条下方以

及与支架呈直角、无法固定的新芽。剩余的侧枝则应沿木条或金属丝固定。

在次年及随后的生长季中，注意抹除位于主干或方向偏离主体结构的芽。主枝生长时及时将其固定，同时将适宜的枝条编入或固定，以形成均匀间隔的结构。将枝条沿木条或铁丝编织，随着植株生长，其间差距将会逐渐缩小。冬季，移除长势不良的枝条，并短截枝条以鼓励分枝。

传统编枝

椴树、鹅耳枥和水青冈是最常用于编枝的落叶乔木。互相缠绕的枝条（见下图）在冬季亦具观赏价值。栽种叶色不同的水青冈品种（见左图）可以创造出壁毯般斑斓的效果。

成熟的编枝树

密集的树篱长成后便可以像普通树篱一样进行修剪（见第44页）。不断去除主干上长出的枝芽，及时去除枯枝、病枝、伤枝，一旦发现树冠有缝隙产生就要将侧枝编入。春季要为树木施肥，补偿损失的枝叶，以保持树木的良好状态。

树拱门与隧道

如果将两棵树上部编织在一起，就可以形成一个树篱中或独立的拱门。将一根粗铁丝绑在支撑树木的高大木桩上，轻拉并固定主枝，然后将合适的侧枝和侧梢编织在一起，修剪后便能形成坚固的拱桥。更进一步，可以将成对的幼树用一系列拱状支撑结构整枝，通过编枝使其形成一条树隧道［另见第70页"毒豆属"（Laburnum）］。这类支架是永久性的，因此支架需用牢固、耐久的材料制造，同时，该材料不能过于显眼或过具装饰性——铁是传统的材料。对这类结构进行修剪可能很耗时，拱顶上部的枝条尤其难以修剪。

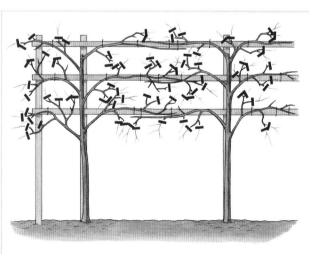

"编枝"效果

如果想要编枝树篱的效果，又要节省劳力，可以在支架被覆盖后在每个冬季将上季度枝条短截至少一半来促进分枝（如左图），同时将角度尴尬的枝条固定到支架上。这种方法可以创造出一道可以进行修剪造型的"高跷树篱"（另见第44页"树篱"）。

成形整枝，编枝树

种植时修剪，冬季

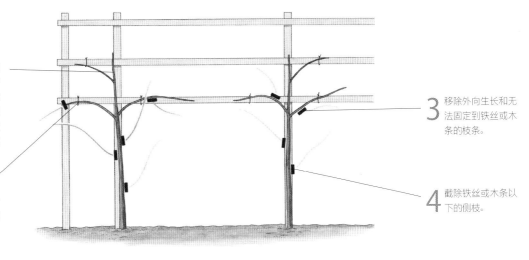

1 建好牢固的支撑架后，在支柱前成排种植3至4年生的树苗，尽量将大多数侧枝与水平的木条对齐。将主枝固定，并在其后的生长季中随主枝生长增加固定点。

2 将位置适当的侧枝沿水平的铁丝或木条固定好。

3 移除外向生长和无法固定到铁丝或木条的枝条。

4 截除铁丝或木条以下的侧枝。

次年，冬季

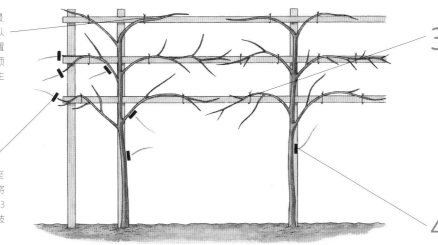

1 一旦主枝抵达支架最上方，便可开始将其以水平方向引导。将位置适当的侧枝固定到顶层木条或铁丝，并往主枝的反方向引导。

2 将过长的侧枝短截至健壮的侧梢处，并将侧梢截短，保留2或3个侧芽，以刺激新枝生长，覆盖支架。

3 在生长季中，移除侧向枝以外的所有无法引导至水平位置的新枝。在枝条仍旧柔软时，将新生侧枝编织进主结构中，填补空缺。

4 移除底部主干上出现的新枝。

第3年，冬季

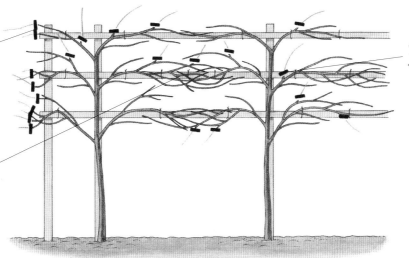

1 将超出支架范围的新枝短截至最临近支架边缘或顶端的一个芽点处。为了达到最佳规则式的呈现效果，尽量使切口齐平。

2 开始将位置适宜的枝条互相编织。这样可以逐渐填满不同高度枝条之间的空隙。

3 新梢长出枝条的水平范围时（即朝前或超后伸展），将其短截至侧向芽点处。

针叶树

针叶树通常不喜修剪，因此最好选择生长速度及最终尺寸与种植空间相适应的品种。不过，精心的修剪在某些情况下（尤其是当植株从幼期开始修剪）可以控制针叶树的形态并改善其外形。短截不平衡的侧枝并减少主枝的数量可以使植株从一开始就维持良好的形态。

未经修剪的柱状针叶树会散开，这通常不是人们想要的结果，因为这类针叶树的观赏价值正来源于其窄高的外形。为避免树冠过散，可以减少主枝，短截侧枝，不过要注意修剪点不可超过已木质化的枝干。某些情况下，可以参照修剪限制针叶树篱冠幅（见第47页）的方式来控制针叶树的宽度与密度。

丘状的针叶树随着年龄的增长会逐渐变成金字塔形，如果不喜欢这个形状，可以在春季修剪将其修剪回原本的形状。在春季短截矮生、铺地针叶树的强枝可以使其叶丛增厚，增加观赏性，还可以达到控制杂草的效果。

针叶树种植设计

群植的针叶树仅需微量修剪或整枝。其形态、大小各异，常具有茂密紧凑的生长习性，更使其拥有齐整的线条。经过精心选择，针叶树可以组成维护需求低，而形态、肌理、色彩对比强烈的种植组合。

处理大型针叶树

移除或疏理较大的树枝，可以控制大型针叶树的形状和大小，并改善其外观。从靠近主干处移除的树枝不会再长出，新枝会从保留的主枝上长出。

如果将所有向上生长的枝条移除，针叶树就不会再明显长高，剩余的上部枝条会与下方枝条相连，最终形成丘锥状。此类树木可提供庇护和隐私，亦可遮挡附近碍眼的物体，这种方法通常用于不便更植树木及需要

保留较大叶量的场合。合格的树医或树艺师可以在极大的成株针叶树上进行这项作业。由于可能会对大树造成严重损害，因此在进行操作前应向树艺师寻求建议。

银杏

银杏（Ginkgo Biloba）是一种十分特殊的优雅落叶针叶树，其叶嫩绿，呈扇形，叶脉明显，秋季则转为黄油色。银杏有多个变种，枝或直立或半下垂，所有变种树形均为中心主干型。银杏有两种枝：一种枝短且生长缓慢，顶端生叶；另一种长枝生长迅速，枝干上有小枝互生，多直立生长。健康的植株两种树枝数量相当，而受刺激的植株两种树枝数量则会失衡（见右图）。

修剪银杏幼树应当在秋季至初春、植株休眠之时进行，仅需移除与主枝竞争的枝条。成熟的银杏树不喜修剪，短截的枝条通常都会枯死。姿态不良的银杏树无法通过修剪补救，但春季施用平均肥可能会改善生长状态。

大量缓生短枝

向上枝仅有一根侧枝

适宜用作树篱的品种

这些针叶树可以用作树篱，不过作为规则式树篱使用时则需要周期性修剪，大部分是直立生长的栽培种。

扁柏属（Chamaecyparis）
美国扁柏（C. lawsoniana）
　'Allumii'
　'Bleu Nantais'
　'Columnaris'
　'Columnaris Glauca'
　'Ellwoodii'
　'Erecta Aurea'
　'Erecta Viridis'
　'Grayswood Pillar'
　'Green Hedger'
　'Green Spire'
　'Kilmacurragh'
　'Pembury Blue'
　'Wisselii'
柏木属（Cupressus）
绿干柏（C. arizonica）
　'Fastigiata'
　'Glauca'
大果柏木（C. macrocarpa）
　'Goldcrest'
　'Golden Spire'
地中海柏木（C. sempervirens）
　'Stricta'
　'Totem Pole'

杂交柏属（×Cuprocyparis）
莱兰柏（×C. leylandii）
　'Castlewellan Gold'
红豆杉属（Taxus）
欧洲红豆杉（T. baccata）
　'Fastigiata'
　Fastigiata Aurea Group
　'Fastigiata Aureomarginata'
　'Fastigiata Robusta'
间型红豆杉（T. ×media）
　'Hicksii'
崖柏属（Thuja）
北美香柏（T. occidentalis）
　'Brabant'
　'Holmstrup'
　'Smaragd'
北美乔柏（T. plicata）
　'Atrovirens'
　'Fastigiata'
"蓝星"长果铁杉（Tsuga mertensiana）
　'Blue Star'

*部分树种没有翻译，因为英文名是植物栽培品种名，如 'Allumii' 是美国扁柏（C. lawsoniana）的栽培品种，完整表达为C. lawsoniana 'Allumii'。由于无对应中文名，故没有翻译。

整枝与修剪

许多针叶树都含有树脂，在修剪时便会大量"流血"，这样的状况在生长期时更加明显。针叶树的生长期通常始于初春，夏季时常有第二波生长高峰。不过，在这些时期也不必避免修剪，因为这些树脂能够帮助密封创口，同时保护植株免受感染侵害。

引导主枝

许多针叶树都会长出健壮的中心主干，而且有多数品种在植株幼时或成熟初期能够自然生出新枝替代损伤的主枝。如果主枝受损，应尽快选择枝条进行引导代替主枝（见下）。因幼树主枝损伤而导致双主枝的情况在大多数品种中都不常见。如果主枝在植株成熟后受损，很可能会导致双主枝出现，因为许多针叶树的枝条皆为轮生——三枝或多枝枝条从同一生长点长出。很多松树会由于主干损伤产生双主枝，即使幼树也是如此。在双主枝产生的情况下，移除其中一个（见右图）将植株修正为单主干树以防止成株由于树杈夹角过窄导致的隐患。

并非所有针叶树都只有单个主干。水杉（Metasequoia Glyptostroboides）时常会自然长出多个主枝，但在没有干预的情况下仍会长成一棵直立的大树。包括许多刺柏在内的一些灌木状针叶树的自然树形都是窄而直立。如果植物上部长出多个主枝，应当用橡胶树木绑带将主枝绑起，在保持树冠茂密习性的同时防止树枝由于积雪或强风受损。包括雪松（Cedrus Deodara）在内的一些针叶

矮生针叶树

矮化针叶树是从"正常"植株的变异部分通过无性繁殖获得的。这些变异部分通常因其矮垂、密集或直立的特性或是与成株鳞叶相差极大的针状柔软新叶而具有繁殖价值。矮生针叶树通常无需修剪。不过，有时候植株也会产生呈现出原始"普通"植株特征的返祖枝（如右图矮垂植物上的直立枝）破坏植株形态，并最终取而代之。必须将这些返祖枝条移除以保持栽培种特殊的形态与习性。

移除返祖枝
将显现出退化特征的枝条从生长点截去，用植株自身叶片遮挡切口。

竞争主枝

为了维护单主干，中央主枝型树形，一旦发现与主枝竞争的枝条就进行移除。将弱枝或畸形枝从基部完全切除。

替换受损顶枝

受损植株 幼树损失的主枝可以用健壮的侧枝来代替，即使侧枝水平生长，也可以将其引导固定至直立状态，赋予其顶端优势。

1 将所有受损部分剪去，修剪至一根健壮侧枝处；侧枝最好向上生长，可以代替缺失的主枝。修剪留下的小切口很快就会愈合。

2 小心地将一根支棍插入树中心，或将其与主茎绑定。将替代枝固定到支棍上。一旦新主枝显现出强势的直立生长，就可以移除支棍。

树会产生下垂的主枝。在快速生长阶段，植株通过"拉低"主芽的位置，用多个侧芽保护主芽。生长期结束后，枝条就会重新变直，顶芽也会重新回到主茎直立的顶端。不要尝试修剪或弄直下垂的主枝，这只会抑制它的生长。

清除主干侧枝（定干）

在清除主干侧枝前，先考虑最终希望获得的树形、大小和生长习性。这将会决定树干无枝区域的范围与高度。柏科的大部分植物和毛果冷杉（Abies Lasiocarpa）这样在近地面位置留有一圈枝叶的品种最好保留底部枝干。以白皮松（Pinus Bungeana）为代表的部分针叶树有着极具观赏性的树皮，不过如果将主枝清理得过高，植株就会变成没有吸引力的"棒棒糖"树。将植株最低一圈的侧枝疏枝，既可以看到树皮，又不会在植株成熟时破坏树木的整体形态。长叶云杉（Picea Smithiana）和垂枝云杉（P. breweriana）这类有半垂枝或垂枝习性的针叶树需要通过修剪移除最底层的一圈树枝，以保证所有叶片不接触地面。许多其他品种需要清除更多主干侧枝来完全呈现其优美形态。当树木生长渐入佳境，便可以在树高达到2.5至3米时清理地面上1米内的树干，将小树枝与树干齐平切除，这些细小的切口将会迅速愈合。接下来的几年中，逐渐将树干清理到2米的高度，而后根据成株的高度进行调整。举例说明，20米高的植株和4至6米高的无枝树干搭配就较为和谐。

重剪

重剪至老枝效果较好的针叶树有：

三尖杉属（Cephalotaxus）；柳杉属（Cryptomeria）；杉木树（Cunninghamia）；北美红杉属（Sequoia）；红豆杉属（Taxus）；榧属（Torreya）。

和下述属内品种的幼株：

南洋杉属（Araucaria）；水杉属（Metasequoia）；落羽杉属（Taxodium）。

柏科（Cupressaceae）的大部分品种，包括扁柏属（Chamaecyparis）、柏木属（Cupressus）和崖柏属（Thuja）的新枝都十分适应规律性修剪。只要在幼苗期经过整枝和修剪，就可以成为规则式树篱（见第45页）的好植材。和大多数其他针叶树一样，柏科植物的木质化老枝不会产生新枝。

处理叉开的枝条

1 风吹、积雪、冰，或是上方枝干的重量，都可能导致枝叶叉开。检查枝干是否受损，如果枝干完好，可以将其固定回植株主体。

2 将枝条绑回树冠，使用柔软的材料可以防止忘记解开的绑带在未来枝条长粗时勒伤枝条。可以使用柔软、烤过的麻线、橡胶制树木固定带，尼龙紧身裤或长袜的效果更好。

处理枯死的枝叶

1 将枯死的枝梢全部移除（见嵌入图）。除非枯死的部分十分微小，否则修剪过后的树冠会留下一个难看的空洞，在规则式造型的乔木或树篱上更加明显。

2 在树体中插入一根木棍，将其与主干或树枝绑紧，然后将周围的枝叶固定到棍上。虽然木棍暂时明显，不过很快新生的枝叶就会遮挡住木棍和这个空洞。

疏枝

清除枯枝和其他杂物，然后将拥挤的枝梢从基部净利落地切除，用余下的枝叶隐藏切口。尽量不要使棕色的内部枝条暴露出来。生长成熟后，许多针叶树的最底层枝叶都会由于被上层枝叶隔绝了阳光而自然死亡。注意到这些枯死的枝干时应该将其移除。

树冠拥挤

许多针叶树的枯木、叶碎都会聚集在冠层内，加之新生枝的产生，造成树冠拥挤的结果。这样的状态会影响树木的观赏性，并且很可能增加植株由于冬季积雪受损的风险。树脂分泌较多的品种在夏天很可能因为这些堆积物引发大火，这类隐患在炎热气候区尤为严重。因此，应当定期清除这些堆积物。如果轮生的枝叶过于拥挤，仔细地为其疏枝（见第40页）可以减少积雪损伤的风险。不过，如果需要清理的对象是高大的成株，最好交由专业树艺师进行。

积雪与风造成的损害

枝叶结构紧密的针叶树易受积雪或强风损害。清除积雪可以减少枝干叉裂的风险。叉开的枝叶可以绑回树冠主体。如果树枝折断，则将其移除，使用橡胶树木固定带或烤过的麻绳引导周围的枝叶遮住留下的空隙。这样可以避免树冠内一般不产生新枝的老枝干暴露，破坏整体美观。如果受损的只是枝干末梢，只需去除受损部分，这样留下的枝叶就会继续生长，恢复原本的形状。由于枯梢、风伤导致的叶丛干枯也可以通过类似的方式修复，不过由于损伤部位位于植物较为暴露的一侧，这类损伤的修复较为困难。暴露在冷风中，树木的生长会受到抑制，不利于恢复树冠密度。如果是幼株，可以将其移到更受庇护的地方。或者也可以为其增设防风措施，比如防风植物或临时挡风板。

更新复壮

除少数品种外（见第40页，重剪），针叶树不会从木质化的旧枝生出新枝，因此大多数情况下针叶树的更新修剪仅限于修除枯枝和死枝。如果植株过高，最好直接进行移除和更换。如果进行截顶，植株往往会变得残缺而无美感。许多柏科植物在幼树阶段都可以适应重剪，新生枝条也会迅速掩盖修剪的部分。欧洲红豆杉可以承受重剪，不过修剪后需要仔细修整树形。

针叶树词典

原书词典以植物拉丁学名的首字母顺序排列，中文版为了阅读方便，将中文名放在前面，拉丁名放在括号中。

A

冷杉（ABIES）

耐寒、常绿，树形呈柱状至圆锥状的针叶树，叶片细长，呈中至深绿色，叶背常具两条纵向银纹。大多数品种是大型乔木，适宜公园或大型花园种植。冷杉很少要求修剪，但若需要修剪枯枝或伤枝，可以在冬季或初春进行。

高加索冷杉（Abies Nordmanniana）的幼树常用作圣诞树。但如果将其种下，植株很快就会超过小花园的可用空间（成株可达40米），并且需要定期修剪或替换。

朝鲜冷杉（Abies Koreana）

球花呈蓝紫色，且适合在小花园中种植。

南洋杉（ARAUCARIA）

优雅常绿的针叶树，叶片轮生，多生长于干湿分明的温暖热带气候区。除伤枝外极少需要修剪。异叶南洋杉（Araucaria Heterophylla）枝呈扇形，轮生，常作家庭植物种植。

智利南洋杉

雌雄异株，雌株产出的球花呈卵形，花期持久，其长度可达15厘米。

智利南洋杉（A. ARAUCANA）

智利南洋杉在寒冷气候区亦可过冬，幼时呈圆锥形，树形随生长逐渐变圆，且低枝逐渐脱落。轮生叶呈三角状卵形，革质，尖锐，色泽深绿，寿命可达10年。

■ **何时修剪** 修剪最好在春季生长开始之前进行。修剪时有大量树脂渗出，属于正常现象，并且可以保护枝条免受感染。

■ **整枝与修剪** 移除与主枝竞争的侧枝以维持植株形态。可以将低处侧枝移除，使人可以使用冠下空间，如侧枝受损亦可移除。若植株因天气因素受损可以自行恢复，另外亦可通过选择性修剪提升树冠观赏性。

C

雪松（CEDRUS）

耐寒，常绿，树形呈圆锥状的优美针叶树，冠幅随生长增大。针叶光滑或呈磨砂状，成簇排列于短侧生枝，每年产生轮生新叶；根据品种及栽培种不同，叶色呈深绿色至蓝绿色。

■ **整枝与修剪** 除生长不均的情况外，雪松幼树无需太多整枝或修剪，不过若植株形成双主枝，则应在秋季移除弱势的一枝。若树枝受损，应将其短截至健康侧枝处。雪松不适宜作树篱材料，不过柱状黎巴嫩雪松可以成为优良的隔挡植物。黎巴嫩雪松等品种成株后冠幅持续增大，容易受积雪或强风损伤。如果损伤发生，需要向具有资质的树艺师寻求建议。银叶北非雪松（Cedrus atlantica f. glauca）常被种植在花园中，然而花园的规模往往不足以容纳这种大树，最好的选择是用其他品种替换。

扁柏 (CHAMAECYPARIS)，
杂扁柏属 (x CUPRESSOCYPARIS)，
柏木属 (CUPRESSUS)，
杂交柏 (x CUPROCYPARIS)，
金柏属 (XANTHOCYPARIS)

柏树

柏树大多为耐寒的常绿针叶树，成熟叶呈鳞状扁平散开，互相重叠，幼叶呈条形至卵形，爱尔伍迪美国扁柏 (Chamaecyparis Lawsoniana 'Ellwoodii') 等许多矮生或缓生栽培品种也能保持这种叶片。垂枝的不丹柏木 (Cupressus Cashmeriana) 仅能耐受-5摄氏度低温，最好在气候温和的地区种植。

■ **整枝与修剪** 用作景观树种植的品种或栽培种通常不需修剪，不过偶尔需要移除姿态不良的枝叶。如果用作树篱则应使用幼树，每年春末至秋初进行修剪以保持形态。不要修剪老枝，否则可能会导致叶片枯死。

J–L

刺柏 (JUNIPERUS)

耐寒、高大的常绿树，树形呈柱状或圆锥形，属内有乔木、灌木及高山品种，主要分布于北半球森林枝干燥山地区域。幼株叶呈锥状至针状，成株则有重叠的鳞状叶。属内各种习性差异极大，有适宜用作地被植物的俯生高山品种铺地柏 (Juniperus Procumbens)，也有柱状的希伯尼卡欧洲刺柏 (J. communis 'Hibernica') 以及圆锥形至圆柱形的北美圆柏 (Juniperus Virginiana)。刺柏很少需要修剪，偶尔长出的姿态不良枝可以进行移除，否则最好任其自然生长，因为修剪老枝可能导致植株枯萎。

落叶松 (LARIX)

耐寒、速生的落叶针叶树，枝轮生，簇生针叶呈新绿色，秋季转为柔和的黄色。成株不喜修剪，幼株时应确保植株仅有一根主枝，其余情况亦不需修剪。落叶松是优良的景观树，可以适应许多种生长条件。

P–T

云杉 (PICEA)

耐寒、常绿，植株呈圆锥形，宽窄不等，有明显的中心主枝。枝干轮生，密布针状、扁平或四边形深绿色叶片，叶生于枝上的钉状突起，不随叶片脱落。云杉无需修剪，但可在冬季或初春移除姿态不良或受损枝叶。欧洲云杉 (Picea Abies) 是传统的"圣诞树"品种，有时种植于花园，但其高度可达40米。有许多矮化或缓生的栽培品种适用于小型花园。

松树 (PINUS)

耐寒、常绿的针叶树，植株幼时常呈圆锥状，顶层随生长逐渐趋平。叶针状簇生，通常2至5片一簇，偶有8片一簇，叶色由品种不同呈浅绿、深绿至蓝绿或灰绿，寿命2至4年不等。许多品种用作景观树，隔挡树或防风树。矮赤松 (Pinus Mugo) 这样的小型品种及其栽培种 'Mops' 'Gnom' 十分适合小型花园和岩石花园。除偶尔移除姿态不良枝外不需要修剪。

"拖把" 矮赤松 (Pinus Mugo 'Mops')
美观、茂密的矮生针叶树，适宜小型花园或岩石花园种植。

红豆杉 (TAXUS)

耐寒、常绿的针叶乔木或灌木，树形从近圆状至直立状不等，适应规则式及非规则式修剪，同时老枝亦生芽。然而若修剪至树干，植株生长可能受限。

"冰柱" 欧洲红豆杉
大体呈直立状，叶呈淡黄色，有奶白色镶边。

红豆杉可以用作景观树，不过更常用于种植树篱或造型树篱。俯生变种或栽培种是优秀的地被植物，可以适应开放环境和干燥庇荫环境。

■ **修剪，整枝与更新** 冬末或春初进行重剪，在冬季前为新枝叶留出一个完整生长季以便发育成熟。红豆杉树篱可以每年夏末进行修剪，以维持树篱的高度、宽度及密度。若树篱需要进行更新修剪，可以在冬末至春初将树篱上部及一侧短截至需要的高度及宽度。新枝长出后，修剪树篱另一侧。

崖柏 (THUJA)

耐寒、常绿的针叶树，树形呈圆锥形至柱形不等，叶鳞状，楔形。北美香柏 (Thuja Occidentalis) 及北美乔柏 (Thuja Plicata) 的矮生变种是优良的地被植物，且仅需在初春进行一次修剪以维持外形。幼株通常具单个主枝，有些树则会产生多个主枝。这些是自然习性，无需疏枝修剪成单主枝。

铁杉 (TSUGA)

耐寒、常绿的针叶树，树形通常为圆锥形，条形的扁平叶二列对生。铁杉通常用作景观树，且十分耐荫。铁杉无需常规修剪，但若主枝缺失，植株常产生多个替换枝。此时应进行疏枝修剪，留下单枝主枝。异叶铁杉 (Tsuga Heterophylla) 的部分栽培种可用作树篱，修剪应在早春进行。

棕榈及类似植物

棕榈树只需基本整枝即可，几乎无需修剪。棕榈树通常具单个或多个主茎，生长点位于主茎顶尖，若除去生长点，植株会因生长点缺失死亡，因此，棕榈树无法通过修剪限制大小。在寒冷气候区，棕榈树幼树常作为家庭或温室植物种植。如果植物过大通常将其丢弃；棕榈树十分容易通过种子繁殖。矮棕榈（Chamaerops）这类分蘗品棕可以通过移除过根蘗控制植株高度及冠幅。袖珍椰（Chamaedorea Elegans）等棕榈会在茎上生出气生根。可以通过高枝压条减少茎的高度，同时获得新的植株。

修剪棕榈树树干

修剪树干积累的枯叶对大多数棕榈树都有益处。在寒冷气候区，修剪主要是为了美观的视觉效果。在温暖气候区修剪则更加重要，因为树干堆积的干枯叶柄容易形成火灾隐患。如果枯叶仍留在树干，可以将其从接近叶基的部分剪去，这一修剪任务不论何时都可完成，将残端留在树干，使其形成齐整的花纹。不要将枯叶完全剔除，裸露的茎不仅欠雅观且更容易受伤。修剪南方蒲葵（Livistona Australis）等叶基带刺的品种时一定要戴上粗厚的园艺手套。许多棕榈树的树干都有纤维覆盖物保护，最好不要处理这些

短截棕榈枯叶

将干枯的棕榈树叶截至主茎附近，留下整齐的叶基。不要过度修剪，将枯叶的残端全部移除。

覆盖物；随着植物生长成熟，这些纤维会自然脱落。

与棕榈相似的植物

有许多植物都和棕榈一样在茎尖或基部生有莲座状叶，其中包括芦荟、龙舌兰、朱蕉、新西兰麻和丝兰。不过，这些植物不只有一个生长点，并且在生长点受损或通过修剪移除后，也可以从茎上的休眠芽生长出新的莲座状叶。总的来说，这些植物只需要移除枯叶和枯花就可以了。

朱蕉和丝兰如果种植在气温在其耐寒度临界点的地区，可能会遭受霜冻损伤。一旦挺过了霜冻，新叶就会在春季出现，此时可以将冻伤部分移除。可以施放适量的平均肥帮助植物生长。这两个属内的植物都十分适应重剪和更新修剪。如果需要，可以将植株短截至适当的侧枝、侧芽或地面。如果需要获得多分枝的植株，可以在生长季开始前将生长点移除，并施加肥料与覆根物。

龙舌兰和芦荟这样莲座状叶的植物很容易长出侧芽代替受损的生长点。在移除过大或受损的叶丛时，尽量注意不要伤到底下的新芽。另外，也可以将新生叶丛当作扦插材料，将母株丢弃。

对于苏铁、露兜树和黄脂木一类生长缓慢的品种，修剪最好限于移除枯枝残花的范围内。这些植物可以产生新生长点，但是恢复十分缓慢。

移除丝兰花穗

在春天移除丝兰花穗，在莲座状中心，靠近生长点的地方切除。

修剪与棕榈相似的植物

寒冷地区市场种植一些棕榈和类似棕榈的植物来增添异域和热带风情。这些植物中的大多数都需要在冬天移入无霜冻温室或类似的环境中。有些植物可以在户外过冬，但是在霜冻严重的寒冷时节，需要用园艺防寒布或类似物体包裹保护。

石棕（BRAHEA ARMATA）移除枯叶，但保留茎上纤维覆盖的叶基。

布迪椰子（BUTIA CAPITATA）规律性移除枯叶和伤叶，修剪时需戴园艺手套，因为羽状叶上长有叶刺。黄色、红色或紫色的果实可以用来制作蜜饯。

矮棕（CHAMAEROPS HUMILIS）低处的老叶可能会失去观赏性，因此最好移除。

澳洲朱蕉（CORDYLINE AUSTRALIS）类似棕榈的常绿乔木，叶片革质，呈剑形。不需修剪，但若有枯叶，可将其从树冠底部截除。

树篱

智利椰子（JUBAEA CHILENSIS）通常不需要修剪。低处的羽状老叶死亡后会自然脱落。

加那利海枣（PHOENIX CANARIENSIS）簇生的羽状叶老化死亡后自然脱落，因此无需修剪。

针棕（RHAPIDOPHYLLUM HYSTRIX）深裂叶由长而挺拔的叶柄支配。无需修剪。

矮菜棕（SABAL MINOR）适用于草坪或花境景观树的小型棕榈。将枯叶或旧叶从植物基部移除。无需其他修剪。

棕榈（TRACHYCARPUS FORTUNEI）常绿棕榈，叶扇形。除移除枯死败叶外无需修剪。

大丝葵（WASHINGTONIA ROBUSTA）具有扇形叶的高大速生棕榈。枯叶在树干上形成蓬乱的"裙子"。如果认为不美观可以将其移除。

树篱

树篱和隔篱在实现花园结构和特色上扮演着重要的角色，同时还有其他也更加实用的功能。树篱能够提供隐私性，在花园中分隔出不同的边界，隔篱则能够隔挡不美观的景物。树篱和隔篱可以阻挡风和烈日，同时也能隔离周围道路传来的噪音和灰尘。树篱也可以为野生动物提供食物和庇护。用来种植树篱的植物应该与花园的风格相符，另外也要结合树篱计划的大小、位置和目的选择。风格是规则式还是非规则式，应该选择常绿树还是落叶树，是否需要观花。树篱的建造是长期的工作，因此从众多的乔木和灌木当中选择正确的品种非常重要。选择的植物品种一定要适应花园的气候、地形和土质，种植前对地面和土壤的整理工作也尤其重要。

花篱笆

这种漂亮的木瓜在木质老枝的侧枝上结有花朵和果实。修剪形成的树篱，有助于产生更多开花和结果的树篱。在某些情况下，如冬青（冬青属），因为修剪而牺牲了浆果。

初期整枝

整枝前，参考选择品种的生长速度以及树篱的理想高度和宽度。速生的品种能够更快实现树篱的效果，但缓生品种组成的树篱一般更加长寿而茂密，且树篱成熟后不需要频繁的修剪。

相比其他植物，常绿树组成的树篱能够全年为花园提供隐私性、庇护以及统一的花园背景。虽然落叶树篱在冬天只剩光秃的枝干，但很多品种仍然能够"过滤"风，提供一定程度的庇护。在十分开放的场地，这样的过滤效果比茂密厚实的常绿树篱效果要好，后者会使强风"跳"过树篱，并且在树篱后形成强烈的旋状风。

落叶品种能够在一年四季展现出各不相同的效果，春季与夏季叶片丰满时尤为动人，有的或许还有独具观赏价值的花果。欧洲水青冈（Fagus Sylvatica）等品种的叶片在秋季转变为别的颜色，并且整个冬季也不会掉落。倒挂金钟等落叶品种可以用来种植临时或季节性树篱。在寒冷气候区，这类树篱地上部分会死亡，不过整个春夏都有花朵盛开。

树篱的初始工作

大量购买树苗往往意味着购得植株的质量良莠不齐。在种植时，无需花费过多心思进行修剪，平衡长势。用健壮的植株替代弱株即可。种植时尽量避免为树篱植株设置支柱。若种植场所较为空旷，风势较大，可搭配使用支柱与铁丝（见左图），置于植株迎风一侧，防止风吹时植株与铁丝剐蹭，损伤树皮。

种植时修剪

种植树篱树要准备60至90厘米宽的区域。根据植物品种的生长程度，将植物按照30至60厘米的间隔排列。如果是为结园和法式花坛准备的矮树篱，植物间隔则为10至15厘米。植物应当按照直线种植；按照两条直线交错种植的方法现在已经不推荐使用，因为这样会导致枝条拥挤，枯枝败叶也容易在叶丛中堆积。

种植时修剪的程度与选择的植物和树篱的理想效果有很大的关系。观花灌木组成的非规则式树篱可以按照独立景观树的方式轻剪（见第155页）。大多数常绿灌木都不需要太多修剪，最初几年只要将过长的侧枝修短即可（另见第25页"常绿乔木"），主枝到达目标高度前都无需修剪。

适当修剪水青冈和鹅耳枥等植物能够有效刺激植株的均衡生长。不要尝试将幼苗"修正"，这样很可能得到相反的效果。对强枝轻剪，弱枝重剪。短截状况强健的主枝和侧枝时不要超过长度的三分之一，修剪弱枝时则不要超过三分之二。

女贞、山楂等直立生长习性强健的植物有很强的直立性，需要通过重剪来鼓励较低的枝条生长茂密。春末将其短截至地面15至30厘米处，夏末再次将枝梢短截。在种下的第二个冬天或早春再次进行重剪，将上个季度的枝条短截至少一半。

树篱的种植与维护

一旦树篱植物恢复正常生长，就必须开始定期的修剪和维护来保持树篱外形轮廓的清晰以及枝叶的茂密和健康。修剪的频率、时间和程度主要由树篱的风格以及选择的品种决定。

非规则式树篱

非规则式树篱一般是由成排的小型树组成的，大多都由灌木种植而成。如果有需要，可以沿用修剪单株景观植物的时间和手法进行。不过，修剪树篱与独立植物的主要差别在于树篱的定期修剪着重于整体的外形轮廓。每年都需要修剪姿态不良的枝条，并对叶丛进行修整，以将枝叶保持在树篱的框架内。对于观花和观果树篱来说，修剪应当注重时机，以不影响来年的花果产出为前提。

半规则式树篱

葡萄牙桂樱（Prunus lusitanica）、桃叶珊瑚（Aucuba）以及丝缨花（Garrya）等适宜用作半规则式树篱的常绿植物仅需要最少的修剪（见第25页"常绿乔木"及第157页"常绿灌木"）就能够营造出茂密而自然的形状与轮廓。许多类似有着大型光泽叶片的植物都不喜修剪。修剪时被剪断的叶片会转为棕色，丧失美感。因此这种情况下，尽量使用修枝剪（见右图）或修枝锯。

如果想要观赏花朵和果实，可以选用火棘（Pyracantha）、连翘（Forsythia）、木瓜（Chaenomeles）等从侧枝或老枝上的短枝开花的品种，如果选用在新枝开花的品种，植株的花苞会在日常修剪中被截去。

规则式树篱

用作种植规则式树篱的植物必须枝叶繁密，并且能够适应频繁的修剪。修剪的目的是保证树篱从底部到顶部的枝叶保持繁密，同时整体轮廓整齐利落。

在树篱种植的早期，两边应该略微向内倾斜，底部最宽。这是为了创造出底宽而顶平或略圆的轮廓，能够减少积雪与强风带来的损害。积雪会从两个倾斜的侧面滑落。强风则会偏向倾斜的一侧，如此便能最小化对树篱本身的破坏。除此之外，略斜的侧面还可以让树篱底部至顶部收到的光照更加均衡，减少因阳光不足而导致的底部枝叶枯死。矮树篱和花坛树篱不需要留出倾斜的侧面，垂直侧面的表现效果更好。平整的树篱

非规则式树篱

这排倒挂金钟树篱能够在整个夏季提供优美的花色，不过冬天到来叶丛死亡就没有观赏性可言了。许多园艺工作者都愿意用一个沉闷的冬季景色换来观花落叶树篱四季不同的表现。

半规则式树篱

月桂等叶片宽大光滑的植物组成的树篱应该用修枝剪修整。理想状况下的修剪是用修枝剪将超出树篱叶丛的枝条剪回冠层内，利用其他叶片掩盖切口。用修篱机修剪此类树篱会损伤叶片，使其呈现难看的棕色。由于叶片是这类非规则式常绿树篱的主要观赏点，所以保持叶片的美观是极为重要的。

规则式树篱

这丛鹅耳枥树篱修剪得向顶部逐渐缩窄，确保两侧的枝叶也可以获得光照。

这丛红豆杉树篱被修剪成经典的A字形，两侧微倾，顶部截平。

倾斜的侧面和圆形的顶部给予这丛针叶树篱柔软而齐整的外部线条。

顶部可以通过沿直角或两杆之间的花园用线修剪获得。在修剪低矮灌木的时候，使用导线也非常重要，因为俯视的时候无法看出修剪的平面是否平坦。针叶树和许多常绿植物的高度是通过顶枝的生长而增长的，因此大多数情况下，树篱的初期阶段只需修剪侧枝。在植株达到指定高度前，请勿修剪树篱顶部。

维护

一旦树篱侧面的倾斜和大小达到要求，剩下需要做的就是通过修剪保持树篱的外形了。对树篱进行修整时，使用直角尺或导线可以保证结果的齐整。大多数规则式树篱一年需要修剪两次：落叶树篱在休眠期和仲夏修剪；常绿树篱则在春末和夏末修剪。红豆杉只需要一次夏季修剪。规律性的修剪对针叶树篱保持表面枝叶茂盛尤为重要，因为枝条老化后几乎不会再产出新枝。

大多数规则式树篱的修剪都使用修篱剪或电动修篱机。确保修篱机配有接地漏电保护插头，并且不要在潮湿环境下使用。尽量不要将修篱机举过肩膀使用。修剪较高的树篱时，使用折梯或踏台辅助作业。修剪时一定要佩戴手套和护目镜（另见第15页"工具与装备"）。

为了保持均衡苗壮的生长，所有树篱每年都需要在春季施放平均肥和覆根物。

修剪树篱

使用修篱剪 使用修篱剪修整树篱时务必保持刃片与切面平行，以此保证树篱顶部的平坦和两侧的平整。

使用修篱机 如果使用电动修篱机，保持刀片与树篱表面平行并用刀片扫切大片枝叶，这样可以避免切入树篱内部，破坏树篱线条。

树篱整形

使用导线 为了保持树篱顶端的平整，将导线水平绷紧，固定在两根柱子上，调整到树篱的最高点，然后沿着这根导线修剪树篱顶部。

使用型板 为树篱顶部造型可以使用型板，先制作一个需要形状的型板，将其置于树篱顶部，移动型板辅助修剪。

时刻不同的呈现

一旦丝缨花的柔荑花序脱落，就可以将其按照规则式外形修剪。

推荐树篱植物

树篱的更新复壮

通过规律性的维护和施肥,大多数树篱都能够维持健康和形状许多年。然而,随着时间流逝,树篱会逐渐超过原本的大小,遮挡步道、侵占花境,或者生长得过高,遮住了其他植物所需的阳光。

部分树篱植物即使受忽略而枝干拥挤,也可以使用重剪进行更新复壮。包括水青冈、山楂、鹅耳枥、冬青、忍冬和欧洲红豆杉等。大部分针叶树篱(见右图)的更新补救都仅限于固定散开枝干及填补叶丛空缺(第39页),长久看来或许更好的方式是直接移除目标植株并栽入替补树苗。

何时进行更新修剪

落叶树篱在冬季中旬进行更新修剪效果最佳,常绿树篱的最佳时机则是春季中旬。如果需要进行大规模的更新修剪,树篱两侧的修剪应分到不同年份进行(分别见下图的左图和中图),避免对植物造成过多压力。同理,若想减少树篱整体高度也应分时段进行。修剪过后给予植株一个完整的生长季恢复状态。在计划修剪的前一个生长季最好进行春季的施肥和覆根,鼓励植株的生长。每次修剪作业后,追加肥料和覆根物,使植株重新获得能量,保证新枝的生长。不进行更新修剪的一侧应该进行惯例修剪。

更新修剪针叶树篱

针叶树(第38—41页)有许多特性使其成为理想的树篱植物。然而,如果疏于照顾,它们也会产生许多问题。初期整枝和随后规律的修剪对保持茂密平整的树篱表面尤为重要。若树篱没有得到应有的维护,就会导致树冠中心光秃老化,而树叶集中于枝梢末端。树篱也会因此变得容易因积雪或强风而叉开或垮散。以红豆杉为代表的部分针叶树篱可以适应重剪并获得较好的结果。不过大部分则不会从老枝上产生新枝叶。叶丛的空洞可以通过捆绑周边枝叶来隐藏(第40页),但从长久看来,或许替换植株才是最好的解决方式。

针叶树篱截面

规律修剪的针叶树篱表面的枝叶茂盛平整,不过内部则没有任何叶子,这些光秃的旧枝也不太可能产生新的枝叶。

恢复轮廓线条

为了恢复茂密平整的树篱表面,树篱的顶部和侧面都应该截短至低于理想高度或宽度15厘米的部位。如果树篱的部分区域叶片薄而不均,可以将其修剪至近主茎处来刺激生长。尝试回截较高的树篱时,可以使用白色涂料或不会损伤植物的喷漆将计划修剪的导线画出来,导线在随后的修剪中也会被一并移除,这种方法可以令修剪更加方便。如果回截的树篱是普通高度,那么直角尺或者花园导线就足够辅助修剪了。恢复轮廓线条时,不要忘记留下侧面的斜度(第45页)。为了使树篱的表面平整,组成树篱的每株植物的修剪深度都应保持一致。修剪时要不时检查这点。

更新修剪会无法避免地留下丑陋裸露的树干和切口,不过只要随后的覆根物和肥料施放到位,在一至两个生长期内新生枝叶就可以遮盖住这些切口。

短截生长过度的树篱

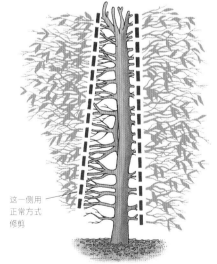

这一侧用正常方式修剪

第1年 修剪计划第1年对树篱一侧进行重剪,如有必要可短截至接近主干处(右侧)。另一侧以正常的方式修剪。

现在重剪这一侧

第2年 修剪计划第2年,更新修剪过的一侧已经长出茂密的新枝叶。将未更新修剪过的一侧重剪,短截深度与另一侧相同。

减少树篱高度

顶部枝叶疏松细弱

树篱曾短截至这个高度

为了留下茂密平整的顶部,将树篱修剪低于至目标高度至少15厘米的位置。若顶部枝叶松散不均,可以重剪。

造型修剪

造型修剪是整枝技术中的一种，更是从罗马时期便广受欢迎的花园艺术，能够创造出花园"活雕塑"。传统的造型修剪被运用在规则式花园中，创造出的植株具有强烈的建筑结构，呈现出规整的几何外形，而现在树木造型已经发展出鸟类、动物以及类似巨型象棋甚至火车这样稀奇古怪的新创意。

不同风格的造型修剪可以用来创造不同的效果。充满想象力的造型可以表达个人风格，同时为花园添加一份幽默感和古怪的趣味。使用圆锥形、方尖形、柱形的造型则能够为花园增加强烈的结构元素。这种造型树木不仅在规则式花园中用于镶嵌远景或装饰，也可以在非规则式花园中作为略欠结构化种植群中的点睛一笔。比如树篱的顶部树冠就可以用作造型修剪，塑造成鸟形、球形或方形。造型修剪对盆栽植物也十分有效；单株的盆栽植物可以作为中心装饰，成对时可以用来装饰入口或大门，成行的时候则可以用来装点过道。

许多植物都可以用来进行造型修剪，其中包括传统使用的红豆杉、月桂（Laurus Nobilis）、黄杨等品种，较为少见的则有木樨（Osmanthus）、小檗（Berberis）和总序桂（Phillyrea）。欧亚碱蒿（Artemisia Abrotanum）或银香菊（Santolina Chamaecyparissus）也可以修剪成简单且持续时间短的造型植物。如果缺乏耐心，可以对爬藤植物整枝到几乎速成的造型效果，使用铁丝框架对常春藤（第272页）进行造型就是一个好办法。

树篱造型与效果

基础设计　圆锥形、方尖碑形或是金字塔形之类的简单几何形状能够为狭小的花园或庭院塑造出规则式的典雅美。这类树篱的塑造较为简单且经济，不需要复杂的整枝，只需对树苗进行修剪即可。采用黄杨、针叶树等小叶植物能够使树篱的平面更茂密整齐、整体轮廓也更清晰分明。

贵宾犬形　树篱造型中也有更复杂的对称形状，如多层次的传统树篱造型"贵宾犬"或"蛋糕架"形树篱，这类造型的创造相对来说也较简单，不过对修剪的技巧有一定的要求。塑造这类树篱造型的最佳方式是对茂密的灌木进行"雕刻"。修剪时，将一定长度的线固定到中心主干上，以此确保每层树冠的形状匀称。

螺旋状　螺旋效果的塑造跨越了植株的两个阶段，通常需要数年来完成造型。首先需要利用整枝将灌木固定到中心的直立支柱上，并将其修剪成圆锥形。进行造型的第3年，使用修篱剪在螺旋形铁丝的辅助下自底部起，将树冠修剪成螺旋状。最终造型完成后，将支柱与铁丝移除。

茎的观赏效果　简单的整枝与修剪技巧的结合同样能够创造出引人瞩目的造型。这株灌木曾经是标准型（见第165页），不过通过环绕粗柱整枝造型，其主枝呈现出螺旋状的姿态（见第51页）。在主枝定型后，只需使用修枝剪定期修剪就可以维持树冠的"拖把头"或"棒棒糖"造型了。

新奇的动物造型　这只"猎犬"就是造型树篱中较为少见的几种设计之一。猎犬的造型创造需要铁网和铁条制成的永久支架的辅助，支架被牢牢固定在树篱的底部，为造型树篱提供支撑。支架安装完毕后，在树篱顶部保留部分强健的枝条，在枝条尚可弯折时，将其固定在支架上（另见第50页），使其逐渐覆盖整个支架。最后，使用修篱剪和修枝剪细化造型。

整枝造型

用作造型修剪的植物一定要枝叶繁茂、枝条柔软且适应修剪。如果需要创造平整、利落的造型，该植物还需要拥有较小的叶片。在进行工作前确保选择的品种适应种植环境的土壤和气候（是否能安全过冬）十分重要。精细的造型和花纹很容易被霜冻、风伤或土壤问题导致的枯枝破坏。

整枝和造型

造型修剪需要的技巧与修整普通树篱的技术略有不同。保持修剪工具的锋利十分重要。复杂的形状需要修剪、整枝以及造型框架的配合，最好使用烤过的麻线这种会逐渐腐坏的材料进行固定。进行修剪造型的时候不要着急，特别是初期阶段一定要耐心，并且注意要不时地站在远处查看修剪是否出错。在同一个地方不要修剪太多，因为万一出错，这一整个生长季的造型都会不对称，要等到替代枝条长出才可以恢复。修剪时，由上到下，从中心向四周时应该不时移动，确保造型的平衡和对称。

圆形的树木造型比有直角的几何造型更容易创造和维护，且通常不用辅助即可完成。修剪球形时，首先修剪植物顶端，然后再沿着圆周修出一条沟。将第二道沟修剪在与第一道沟呈直角处，以此将整株植物平均分成四块明显的待修剪区域。修剪

简单的几何造型

最简单的树篱造型就是与植物自然生长形态最接近的形状。图中的黄杨树苗在幼苗时期只接受了简单的修剪。在接下来的几年中，树丛逐渐在支架和铁丝的辅助下被修剪成圆锥形。根据生长速度不同，最终完成造型的植物仅需每2至3年进行一次修剪就可以维持清晰的造型。

弧形表面时，要使用修篱剪的尖端而不是平坦的刀片。

几何状造型应该有对称的外形、平整的表面以及分明的边缘，创造和维护这样精准的形状比圆形要难得多。即使眼光再精准，修剪造型时也需要水平尺、直角尺、导线以及用于确认表面竖直的垂直摆来保证修剪的精准度。修剪平面时，需要将剪刀的刀片与平面保持平行，确保形状的分明。如果有表面不平，可能需要重新修剪整个平面。勾勒错综复杂的凹陷和转角时，可以使用修篱剪、修枝剪或单手修篱机的顶端。

使用框架进行细致的几何造型

1 由于大型树篱造型框架可以多年甚至永久使用，因此最好使用牢固的材料进行制作。将幼株栽于框架内（图中为红豆杉），进行必要的修剪使叶丛位于框架内。

2 在叶丛填满整个框架前，需要不断对植物进行掐尖。框架被填满后，在夏末进行修剪造型，沿着框架的轮廓修剪过长的枝条，短于框架的枝条则继续掐尖，促进分枝。

3 植株成熟后将会形成茂密的叶丛，并覆盖整个框架。完成造型后的植株也需要在生长季进行至少2次的修剪，以此维持设计造型的轮廓。

用整枝创造不规则形状

想要创造复杂的造型，必须要有足够的耐心和想象力。复杂的造型需要修剪和大量整枝工作的配合。然而，当造型终于塑造完毕，看到结果的一刻也更令人有成就感。

不规则造型的设计需要有牢固的造型框架来辅助整枝、固定枝条，同时也是日后修剪的样本，并且待植物雕塑完成后可以起到支撑作用。用金属板条或重型护栏网做成"骨架"，普通的铁丝网和铁丝可以用来

补足细节。用于独立造型树或篱顶造型的框架需要牢牢固定在地面。在初期造型时，如有需要可以使用临时木杆或铁丝。固定枝条时，使用会自然腐坏的烤过的麻线。不要用铁丝固定枝干，随着茎周长增加，铁丝会逐渐束缚其生长。进行复杂的修剪时，使用修篱剪、修枝剪或单手修篱机的顶端。

不论是从头开始修剪造型还是修剪已经成型的树篱顶冠，都要确认植物的枝条

是有韧性易弯折的新枝，这样才能进行造型。分步在生长期将枝条固定，并且不时检查已固定的枝干是否被擦伤或勒紧。一旦枝条达到目标长度就可以进行截顶刺激分枝。这些分枝可以填满整个造型的空隙。用来填充的枝条最好是姿态合适的新枝，不可用的枝条要在初期移除。如果这些枝条未及时移除，后期修剪时就会留下尴尬的缝隙或空洞。

创造鸟状造型树篱

完成造型的树篱鸟 鸟类和其他动物造型树篱的成功有赖于简单明了的轮廓，因为这样的设计更具有可操作性。进行造型时，要专注于整体造型的神似而非细节的刻画。

1 第1年时，将扇形的支架斜插在植株基部形成尾巴。选择位置合适的枝条，使用柔软的绳线将其引导固定在支架上。将弱枝打顶促进生长。

2 生长期时，将构成尾部的枝条短截至枝条长度三分之一处，促进枝条发展出没有空洞和间隙的茂密叶丛。

3 第2年，在鸟头部位插入一根支柱。选择3根强健的枝条并将其固定在支柱上，以此形成头部。修剪尾部并掐去鸟身部位过长的枝条。不需要的枝条可以移除，或（如上图）引导至尾部充实造型。

使用铁丝 植物同样也可以使用铁丝进行整治。小心将铁丝穿过植物，塑造出大致的造型。借助铁丝对枝条进行整形，待植物生长后修剪或"雕刻"出理想的造型。

4 第3年，将头部最强壮的枝条向下固定，形成鸟喙的弧度。继续修剪鸟身，使比例更加和谐，并继续维持尾部枝叶的紧凑生长。造型完成后，需要在生长季进行至少2次的常规修剪以维持造型。

茎的观赏效果

黄杨、月桂或垂叶榕（Ficus Benjamina）等品种培养出的"拖把头"造型标准型支柱可以通过特殊的枝干造型增强整体观赏效果。茎的造型能为观感单薄的规则式叶冠增添一分趣味。右图中呈现的"麦芽糖"型或辫型就是一种有趣的造型，通过简单的整枝技巧就可以获得。将1至2株幼苗的主枝环绕一根结实的圆型柱整枝，就能够使其生长成麦芽糖型。而制作辫型茎仅需将3株幼苗的主枝简单地编织在一起即可。随着植株的生长，编织在一起的茎将逐渐形成强壮的自然嫁接结构，不过植株在发展出成熟的骨干枝前仍旧需要支撑株的辅助。

通过整枝为茎赋予造型

麦芽糖型 将一根结实的木柱螺旋钉入销钉。将1或2根主枝环绕木柱，将枝弯过销钉下方以固定其位置。在茎逐渐定型后分批移除销钉。

辫型 通过简单地将3枝柔韧的新枝编织在一起就可以创造出辫型茎的效果。在多株幼苗的茎中选出最强壮的3根进行造型，剩余的则应移除。单主茎植物可以进行重剪使其分枝（见第28页）。

造型灌木的维护

在造型灌木的观赏造型完成后，生长期的植株仍需要常规修剪的维护。修剪的间隔根据生长速度与植物品种的强健程度决定。复杂几何造型的黄杨灌木需要的修剪间隔是4至6周。一旦新枝的生长开始破坏整体造型的平整，就应立刻进行修剪。

如果对造型灌木的形态要求不是那么严苛，一个生长期进行2次修剪通常就可以有效地维持植株的造型。不过，这一频率同样由植物品种决定。如果使用的是红豆杉，那么1年仅需1次修剪即可，黄杨（各品种要求不同）一般需要1年修剪2次，而亮叶忍冬则需要1年修剪3次。

短截修剪需要在恰当的时候进行。初秋后就要避免进行修剪，因为修剪后产生的新枝叶没有足够的时间生长成熟，无法应对冬季的低温。如果处于植物几乎持续生长的温暖气候区，就需要全年进行常规性的修剪。

施肥、浇水以及施加覆根物对维持造型灌木的健康十分关键。由于短截修剪会增加植株负担，因此在生长期施用2至3次平均肥对植物新枝的苗壮生长尤为重要。

如果在有常规降雪的地区，造型灌木需要在冬季使用网布保护，防止枝条叉开或被雪压断。另外，也可扫除植株平面的积雪，帮助植物减轻负担。

更新修剪

只要对常规的修剪、施肥、覆根和浇水加以关心，就可以避免大多数问题。如果出现问题需要进行更新修剪，则要注意只有黄杨（见左下图）等能够从木质化旧枝抽芽的部分品种才能成功复健。

如果造型树篱未经修剪1至2年，一个生长季的修剪便可还原其造型。然而如果造型灌木多年疏于管理，其造型基础可能就会丢失。进行更新修剪的第一个春季需要对植株进行重剪，使其恢复造型轮廓，在随后的2至3个生长期则进行更细致的修剪，复原其茂密平整的表面。在修剪期间可以通过浇水和施放平均肥帮助植株恢复。

更新修剪黄杨树篱

生长损伤 如果造型完成的树篱上出现成片死亡的枝叶，必须将其重剪至健康的活枝处。检查损伤的原因是否是病虫害或不当的土壤条件，如果是，必须进行处理。

替换枝叶 如果植物的水肥条件恰当，重剪后的木质老枝上就会发出新枝。如果损伤如上图所示较为严重，植株从修剪到恢复原有形态可能需要数年。

伤枝

如果植物的主枝或分枝受损或断裂，可以使用园艺剪将其短截。另外，也可以尝试使用周围的枝叶填补空缺（见第40页"针叶树"）。如果受损严重并对植株整体形状造成破坏，那么可能需要多年时间才能完成修复。这种情况下，如果植物是抽象或自由造型，可以尝试在原有形态的基础上进行新的造型，以此避开原造型上的缺口。

部分常绿植物的枝叶在严冬之时会出现焦枯或枯枝的现象。通常，春季的新枝会掩盖这些损伤，不过如果枯枝十分明显影响美观，可以将其截去，修剪时一定要尽量维持植株的整体轮廓造型。有时受损部分不会长出新枝填补缝隙。如果生长不良或长势缓慢，应当检查植株是否感染病害，并进行相应的处理。此外，由排水不良或其他不当的种植条件造成的根系损伤也有可能是原因之一。

观赏乔木词典

A

相思树的花

在生长早期，使用园艺剪为花后的相思树剪去残花能够引导植物将更多能量用于枝干的发育。

相思树属（ACACIA）

乔木或大型灌木，叶片精巧，黄色的花序锦簇而茸软，通常于冬末或早春从上一个生长季的旧枝开花。在无霜区，相思树可以用作景观树、树篱或挡风林植物。寒冷气候下，相思树不完全耐寒，不过如果有温暖的向阳墙或遮挡物的保护，银荆（A. dealbata）和银粉金合欢（A. baileyana）也可以在户外种植。相思树也是优良的温室植物。

■ **何时修剪** 开花后立即修剪。春末霜冻期结束后移除冻伤枝叶。

■ **整枝与修剪** 依照中心主干型（见第26页）整枝，清除主干1米或2米以下的侧枝。较为强健的品种［如长叶相思树（A. longifolia）及银荆］可以通过重剪幼株形成多主干植株（见第29页），更适合在有墙面庇护的位置种植。在幼树花败后进行修剪，将开花枝短截至侧枝或2至3个侧芽处，鼓励植株分枝与枝叶繁密。

植株适应新环境后，尽量避免修剪。不过，刀叶相思（A. cultriformis）、柳叶相思（A. saligna）及针叶相思（A. verticillata）能够承受轻剪，用作非规则式树篱。大部分相思树都不喜重剪且无法通过修剪成功更新复壮，但银荆与黑木相思（A. melanoxylon）等有根蘖习性的品种或许能够在重剪后重新生长。

槭属（ACER）

耐霜冻至完全耐寒乔木，秋叶缤纷，花朵精巧。许多小型槭树分枝点较低，这一习性同样可以通过修剪避免。树皮具有观赏性的品种通常会修剪裸露树干。血皮槭（A. griseum）等大花槭组的品种易患珊瑚斑病；若有发现患病的枝条应当立即切除。

■ **何时修剪** 冬季，植株完全休眠时；其余时节修剪会导致槭树伤流。移除侧枝等微小的修剪作业可以在夏末或初秋安全地进行。

青榨槭（A. DAVIDII）

耐寒落叶乔木，绿色或偏紫的树皮有白纹，叶型美观，秋季呈橙或黄色。

■ **整枝与修剪** 依照中心主干型（见第26页）整枝，任植株于1米或1.5米处自然分枝或通过修剪使植株形成低主干多主枝树（见下图）。清除主干1.5米以下的侧枝以展现树皮的纹理。随着树冠生长，将交叉枝及分枝过多的枝叶移除，防止其遮挡树干。植株适应新环境后仅在必要时进行少量修剪。该种不适用更新修剪：重剪后生长的新枝赢弱，无法发展出新的骨干枝。

梣叶槭（A. NEGUNDO）

耐寒落叶乔木，花黄绿色或偏红。金叶或花叶品种可通过矮林或截顶作业获得更大的叶片（见第53页及第34页）。

■ **整枝与修剪** 依照中心主干型（见第26页）整枝，清除主干1.5米或2米以下的侧枝。随着树干生长，主枝优势将自然消失。植株适应新环境后无需其他特殊修剪。花叶品种上一旦出现绿色枝叶应立刻移除。若枝干受损移除后隐芽受刺激生长，仅选择保存1至2枝用作代替原有树枝。

银白槭（A. SACCHARINUM）

耐寒落叶乔木，仪态优雅。其树枝较为脆弱，易为强风损伤。

■ **整枝与修剪** 依照中心主干型（见第26页）整枝，清除主干2米或2.5米以下侧枝以展现树皮纹理，同时为侧枝留下下垂空间，使其围绕主干形成一圈"裙摆"。维持主枝优势对该品种十分重要，若有竞争枝应予以移除。植株适应新环境后，除必要情况外应避免进行修剪。更新修剪鲜有成功。

通过修剪获得低主干多主枝树（青榨槭）

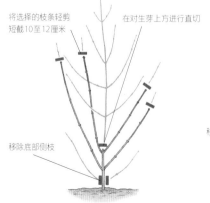

将选择的枝条轻剪短截10至12厘米

在对生芽上方进行直切

移除底部侧枝

第1年，冬季 择一对强健的侧枝，在侧枝基部上方下刀，将羽型幼树修剪至50厘米左右。移除底部侧枝并对选中的侧枝进行修剪，促进分枝。

移除冻伤或枯死的枝条

将弱枝短截至距主干2.5至5厘米的芽点处

第2年，冬季 幼年槭树易受枯枝病及霜冻损伤；将损伤患病枝截至健康的芽点处，或将其从主干切除。重剪弱枝以刺激生长。

截顶梣叶槭（Acer Negundo）

在冬季对树冠枝干进行重剪，修剪后的植株能够产生更大的叶片，枝叶亦更加繁茂。扦插获得的斑叶植株与嫁接获得的斑叶植株相比更少出现退化的现象。

其他槭树

栓皮槭（A. CAMPESTRE）除设立支柱、移除不良枝、交叉枝外，不进行其他整枝作业。植株适应新环境后应尽量避免修剪。
藤枫（A. CIRCINATUM）同栓皮槭。
血皮槭（A. GRISEUM）同青榨槭。
羽扇槭（A. JAPONICUM）同栓皮槭。
意大利枫（A. OPALUS）同银白槭。
鸡爪槭（A. PALMATUM）同栓皮槭。
条纹槭（A. PENSYLVANICUM）同青榨槭。
挪威槭（A. PLATANOIDES）实生植株通常自然生长为中心主干型树，嫁接园艺品种可以通过整枝以定干高度1.35至2米、更加紧凑的丛冠标准型树（见第26页）。植株适应新环境后应尽量避免修剪。斑叶品种若出现绿叶枝条应进行移除。更新修剪鲜有成功。
桐叶槭（A. PSEUDOPLATANUS）同挪威槭。
红花槭（A. RUBRUM）同银白槭。
红脉槭（A. RUFINERVE）同青榨槭。
糖槭（A. SACCHARUM）同银白槭。
常绿槭（A. SEMPERVIRENS）同栓皮槭。
茶条槭（A. TATARICUM SUBSP. GINNALA）同栓皮槭。

第3年，冬季 移除主干低处的侧枝，以便展示纹路美观的树皮。在必要情况可以移除主枝上内向生长的枝条，避免树冠中心拥挤。

七叶树属（AESCULUS）

耐霜冻至完全耐寒，落叶乔木或大型根蘗性灌木。乔木品通常通过播种或嫁接获得，可依照中心主干型（见第26页）整枝。早期整枝对于坚固骨干枝的形成极为重要。

种植大型品种时应留下足够生长空间；小型花园中种植的七叶树往往需要进行截枝，最终破坏树木整体造型。

欧洲七叶树

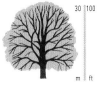

耐寒，分枝茂盛，初夏开花，花序白色，形如烛台，中心呈黄或红色，花后结果［除重瓣品种"鲍曼尼"（Baumannii）外］，表皮有刺，内仁光滑。

■ **何时修剪** 秋季至隆冬，落叶后即可修剪。夏季可进行轻剪。

■ **整枝与修剪** 依照中心主干型（见26页）整枝，清除2至3米以下侧枝，提升定干高度，为成株底枝预留下垂空间。尽量保持中心主干优势性，使植株的骨干枝均匀挺拔。

植株适应新环境后应尽量避免修剪。修剪切口周围的休眠芽生出的枝条羸弱，无法充当代替枝，因此发现时应尽快移除。老树上若有粗壮垂直枝条出现亦应进行移除，避免枝条过重失衡。重剪应交由专业人士进行。

其他七叶树

红花七叶树（A. × carnea）同欧洲七叶树。整枝作业时应移除枝干夹角过小的枝条（见第10页）。成株后树干可能产生不美观的树瘤（易腐烂的瘤状组织）。不要移除树瘤，因为伤口无法正常愈合。印度七叶树（A. indica）同欧洲七叶树，但定干高度1.5至2米即可。"悉尼皮尔斯"（Sydney Pearce）是嫁接获得的。日出七叶树（A. × neglecta）同印度七叶树。日本七叶树（A. turbinata）同欧洲七叶树。小花七叶树（A. parviflora）大型根蘗性灌木，高度可达3米，形成茂密的灌丛，若有需要可以进行疏枝，同葡匐唐棣（见第173页）。

一对对生芽

顶生花序

对生芽

所有七叶树品种皆为对生芽序，若主枝受损，一对侧枝受刺激生长，将其中一枝竖直牵引，待新主枝形成即可移除另一枝。

臭椿属（AILANTHUS）

臭椿（Ailanthus Altissima，异名 A. glandulosa）是一种耐污染、十分耐寒的直立状落叶乔木，高度可达30米。叶宽大，树皮灰色，雌雄异株，雌株生红棕色果实。臭椿易生根蘗，温带气候下可自播，可能造成麻烦。将实生植株依照中心主干型（见第26页）整枝，休眠时清除主干2至3米以下侧枝。若主枝受损或被移除，可对萌生的根蘗进行疏剪，使其形成多主干树。植株适应新环境后应尽量避免修剪。

臭椿十分适应每年或隔年进行的矮林作业（见第34页），修剪后产生的新枝可达2米或更高，新枝的叶片更大且美观。植株更新可在矮林作业后选择单个新枝保留，通过整枝使其成为中心主干。

其他观赏乔木

猴面包树属（ADANSONIA） 通常无需整枝。植株适应新环境后无特殊修剪需求。

香柳梅属（AGONIS） 幼株主枝可能需要整枝保持直立，植株适应新环境后应尽量避免修剪。

合欢属 (ALBIZIA)

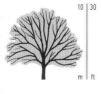

10 | 30
m | ft

多为大型半落叶乔木，叶羽状，"粉扑状"花呈粉色、黄色或白色。常见品种为速生乔木。在夏季炎热，冬季有霜冻气候下，若新枝在上一年得到充分生长，矮合欢（A. julibrissin f. rosea）便能够良好地生长，开花。

■ **何时修剪** 春季，生长恢复时。

桤木 (ALNUS)

耐寒乔木，叶形独特，柔荑花序垂软优美，耐多种土壤类型。大多数桤木整体呈锥形，树干天生笔直挺拔，树枝之间亦距离适当。虽然桤木常通过整枝培育出中心主干，但包括灰桤木（Alnus Incana）、日本桤木（A. japonica）在内的许多品种仍会自然发展成适宜非规则式种植的多主干形态。欧洲桤木（A. glutinosa）是一种常见的临水乔木，整体呈狭锥形，但通常具多主干且冠幅较广。灰桤木与欧洲桤木相似，但叶片偏灰且覆有绒毛。灰桤木的裂叶品种"拉西尼塔"（Laciniata）及金叶品种"奥雷娅"（Aurea）都可以通过扦插或嫁接获得。

唐棣（Amelanchier）见第173页"观赏灌木词典"

草莓树属 (ARBUTUS)

常绿乔木，叶色深，树皮色调较暖，白色圆锥花序，红色果实状如草莓。草莓树耐修剪，但不耐移植，因此树苗应尽早种植。此外，由于草莓树幼苗较不耐霜冻（但冻伤后恢复良好），因此种植需要避开冷干风吹拂的区域。草莓树一般不需要整枝。美国草莓树（A. menziesii）、希腊草莓树（A. andrachne）和拟希腊草莓树（A. x andrachnoides）在种植初期需要支撑，否则会随生长逐渐倒伏。

美国草莓树

5 | 15
m | ft

极具魅力的常绿乔木，拥有大型圆锥花序及光滑可剥落的红棕色树皮。植株有贯穿树冠的中心主枝，但整体呈现高大宽阔的丛冠树形。

■ **整枝与修剪** 依照丛冠标准型整枝，允许主枝分枝，或在1.2至2米高度进行修剪刺激主枝分枝（见第26页）。植株适应新环境后通常无修剪需求，但在寒冷气候区可在春季移除冻伤枝条。合欢（A. julibrissin）耐修剪，可利用修剪控制植株大小：将上一年的枝条短截，留下4至5个芽点，或将旧枝短截7至10厘米。合欢可以进行截顶修剪（见第34页），若用此方法进行更新，需对新枝进行筛选疏枝。

■ **何时修剪** 秋季或隆冬叶落后。夏季可以安全地进行轻微的修剪。

■ **整枝与修剪** 清除1.5米或2米高度以下的侧枝，使植株形成中心主干型（见第26页）。意大利桤木（A. cordata）、坚硬桤木（A. firma）和红桤木（A. rubra）在生长过程中会自然使底部侧枝脱落。若需要令灰桤木、日本桤木等其基部分枝习性的品种呈现标准型树形，需要尽早通过整枝引导单根主枝的形成，若放任植株自然生长，则会形成多主干树形。在必要的情况下，可以通过重剪平茬使植株呈现这一树形。植株适应新环境后无特殊的修剪需求，但在必要情况下可以承受重剪。

■ **何时修剪** 春季，霜冻危险期过后。

■ **整枝与修剪** 新种植株需要进行支撑，若有需要，可以移除低处侧枝，使植株形成标准树形（见第26页），除此之外应放任植株自然生长。待春季生长恢复后，重剪冻伤枝条。

植株适应新环境后尽量避免修剪，但若因观赏需求欲提高定干高度，可移除低处侧枝。植株成熟后，树冠内部小型枝条自然死亡，发现时应进行移除。

其他草莓树

希腊草莓树，拟希腊草莓树同美国草莓树草莓树（A. UNEDO）自然形态通常为高大灌木，气候适宜时可生长成小型乔木。小型乔木形态的培育可参照美国草莓树的整枝与修剪方式。

B

桦木属 (BETULA)

耐寒落叶乔木，偏冷地区的热门树种，形态优雅，秋叶缤纷，树皮亦具观赏性。植株较脆弱，易受支架刮擦损伤及腐木菌感染，不建议重剪。

■ **何时修剪** 修剪桦树易造成伤流。修剪需在夏末至隆冬中、植株完全休眠时进行。

红桦 (B. ALBOSINENSIS)

25 | 80
m | ft

造型优雅的乔木，树冠宽大且随树木生长逐渐开放，尾端枝条下垂，呈之字形。叶秋色明黄，树皮色暖，自然剥落。

■ **整枝与修剪** 依照羽型或中心主干型进行修剪，后者建议定干高度2米。适应新环境后一般无需修剪。秋季将主干及主枝上遮盖树皮的小枝移除。

垂枝桦 (B. PENDULA)

20 | 70
m | ft

半垂枝乔木，叶形精美，树皮呈银白色，易剥落，早期纵向生长迅速，树冠随植株生长逐渐开放外延，小枝末端通常下垂。秋季叶呈亮黄色。

提升自然垂枝品种的高度 ["悲伤" 垂枝桦 (Betula Pendula Tristis)]

支撑主枝对提升垂枝品种整体高度尤为重要,在主枝成熟硬化前,需确保支撑强度。随植株的生长,在支柱顶端增设竹竿,用竹竿固定支撑增长的主枝。在植株达到要求高度前,重复这一步骤。植株达到目标高度后任其下垂树冠自然生成即可,将主干低处的侧枝移除。

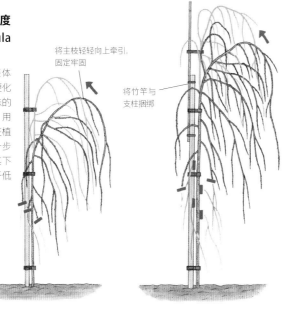

将主枝轻轻向上牵引,固定牢固

将竹竿与支柱捆绑

■ **整枝与修剪** 依照羽型 (见第25页) 或中心主干型 (见第26页) 整枝,清除主干2米以下侧枝。若要培育多主干树,可将植株平茬 (见第28页) 或在30至60厘米高度截断,同青榨槭 (见第52页)。植株适应新环境后无特殊修剪需求;同其他桦树,本种不建议重剪。

"悲伤" 垂枝桦

树冠较窄,枝条下垂明显,形态优美,通常在2至2.2米高度进行枝接获得植株。除枝接外,采用底枝嫁接或扦插也可以获得自然生长的植株,但

25 80

m ft

此类植株需要进行十分细致的竖向整枝,克服该种主枝的自然下垂习性,以达到需求的高度。

■ **整枝与修剪** 依照垂枝标准型 (见第26页) 整枝与维护,将嫁接点以下的侧枝移除。若需提高植株高度 (见上图),可在种植早期将尚未硬化的主枝向上牵引固定,此法可将主干高度提升3至4米。

其他桦树

矮生灌木 无需修剪。岳桦 (B. ermanii);因弗雷斯桦 (B. inverleith);耶尔米斯桦 (B. jermyns);纸桦 (B. papyrifera);白桦 (B. platyphylla);四川桦 (B. szechuanica);白皮糙皮桦 (B. utilis var. jacquemontii) 包括栽培种 "格雷斯伍德幽灵" 和 "银影",同红桦。高加索桦 (B. medwediewii) 分枝旺盛,无特殊整枝修剪需求。河桦同红桦,植株通常在60至90厘米处自然分2至4枝,形成低主干多主枝树形。永吉垂枝桦 (B. pendula youngii) 状如蘑菇,市面上常见垂枝标准型与2至2.2米高度枝接植株。依照垂枝标准型进行修剪。有极强的垂枝习性,若完全自然生长,冠幅可能大于高度。通过对一根主枝 (一棵植株可能有多个芽接点) 进行竖向整枝,高度可延伸至8米左右,此法可参照悲伤垂枝桦的整枝与修剪方法。毛桦 (B. pubescens) 同垂枝桦。

河桦 (Betula Nigra)

树皮彩色,自然剥落,冬季尤为惊艳,有单主干树、多主干树 (如左图) 和小群生3种种植方式。种植群生植株可将3株实生苗等距种植在同一种植坑内,并各自依照中心主干型整枝。

酒瓶树属 (BRACHYCHITON)

大型速生长青或夏季落叶乔木 (部分品种树干膨大),部分品种可耐短期轻微霜冻,但大部分品种需无霜冻环境。亚热带地区常种植中心主干型标准植株用作遮荫或街道树。寒冷地区可将酒瓶树种于温室内,但需要通过仔细的造型与修剪限制植株的生长。若种植于温室中,酒瓶树的花量会有所损失,因为酒瓶树仅在旧枝开花。

■ **何时修剪** 花后。温室中的植株可在植株落叶休眠后进行修剪。

■ **整枝与修剪** 酒瓶树通常自然形成中心主枝,因此较易于整枝。整枝可按照羽型 (见第25页) 或标准型 (见第26页) 进行,分批逐渐清除树干3米以下的侧枝。植株适应新环境后,户外种植的景观树一般无需修剪。温室种植的植株需常规修剪,限制植株大小。

其他观赏乔木

红冠果属 (Alectryon) 通常无需整枝与修剪。异木麻黄属 (Allocasuarina) 见第57页,木麻黄属 (Casuarina);璎珞木属 (Amherstia) 依照中心主干型进行修剪。整枝造型完成后尽量避免修剪。杯果木属 (Angophora) 同桉属。佛塔树属 (Banksia) 乔木品种无特殊需求,幼苗耐修剪。灌木品种见第175页。丁香豆 [Barklya (Bauhinia) Syringifolia] 同合欢,但花后修剪。羊蹄甲属同合欢,但花后修剪。另见第263页,攀缘植物词典。丽葛树属 (Bolusanthus) 南非树紫藤 (B. speciosu) 可自然发展成单主干或多主干乔木。低处枝干可移除露出树皮。植株适应新环境后一般无需修剪。木棉属 (BOMBAX) 依照标准型整枝,主枝在2米左右自然分枝。植株适应新环境后耐修剪,但通常仅需轻度修剪。构属 (Broussonetia) 同桑属。宝冠木属 (Brownea) 同合欢,但花后修剪。曲牙花属 (Buckinghamia) 依照中心主干型整枝。整枝造型完成后应尽量避免修剪。紫矿属 (Butea) 紫矿 (B. monosperma) 树冠凌乱拥挤,但无需修剪,使其自然生长即可。耐重剪,若有需要可将树干平茬,短截至膨大的根茎。

C

鹅耳枥属（CARPINUS）

耐寒落叶乔木，四季皆有观赏趣味：春季有柳絮般的柔荑花序，花后结翼果，秋叶缤纷，冬季树皮泛银。欧洲鹅耳枥（Carpinus Betulus）是属内最常见的品种。栽培品种"帚状"（Fastigiata）幼株时呈圆锥状，随植株成熟植株轮廓逐渐转变为火焰状。常见羽型或中心主干型。鹅耳枥的整枝十分简单，修剪恢复迅速，是编枝和树篱的良好树材。美洲鹅耳枥（C. caroliniana）基部易生新枝，因此仅适宜用作树篱，欧洲鹅耳枥与东方鹅耳枥（C. orientalis）则适宜进行编枝或用作"高跷树篱"。

■ **何时修剪** 为防止伤流，应在夏末至隆冬进行修剪。

■ **整枝与修剪** 依照羽型或中心主干型整枝修剪。植株适应新环境后无需过多关注。树篱栽植见第44页。编枝详情见第36页。帚状鹅耳枥最佳树形为中心主干型，留干高度1至2米。

鹅耳枥可在必要时重剪，但将导致分枝旺盛。这一特性利于树篱种植，但由于新枝结构较弱，不能用作替代枝，此时可进行疏枝修剪，选择保留间隔合理、生长旺盛的枝条。

帚状鹅耳枥

本种整枝与修剪方式同普通欧洲鹅耳枥。

山核桃属（CARYA）

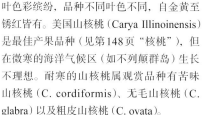

乔木，树形优美，生长较缓慢。自然形成长而笔直的单主干，树冠形态优美，常呈圆锥形，偶以宽大形态。秋叶色彩缤纷，品种不同叶色不同，自金黄至锈红皆有。美国山核桃（Carya Illinoinensis）是最佳产果品种（见第148页"核桃"），但在微寒的海洋气候区（如不列颠群岛）生长不理想。耐寒的山核桃属观赏品种有苦味山核桃（C. cordiformis）、无毛山核桃（C. glabra）以及粗皮山核桃（C. ovata）。

种植山核桃需要在目标种植点播种或尽早种植实生幼苗。山核桃的直根系深且生长迅速，不能很好适应大多数植物适应的盆栽移植方式，除非使用特别的深盆，使其根系自然生长。如果植株的直根系收缩或在移植时被修剪，日后很有可能形成羸弱、不稳定的根系。

山核桃的花 即使气候过冷无法结果，山核桃仍有极大的观赏价值。

■ **何时修剪** 春季修剪山核桃会导致伤流，因此仅在秋季或初冬植株完全休眠时进行。

■ **整枝与修剪** 依照羽型（见第25页）或中心主干型（见第26页）进行栽培，定干高度2米。山核桃仅需轻度修剪与整枝，大部分品种能够自然发展出上述树形。植株适应新环境后尽量避免修剪。更新修剪鲜有见效。

腊肠树属（CASSIA）

包含乔木、灌木及亚灌木物种的大属，属内植物仅有部分花园栽培，主要作为观花植物。部分物种耐寒，但大部分品种仅能在无霜冻冻气候区户外种植。

腊肠树（C. fistula）

落叶或半常绿乔木，仅在热带区域适合户外种植，用作街道树或草坪景观树。春季开花，垂悬的总状花序由小而芳香的杯状明黄色小花构成。花后结果，荚果呈深棕色，长达60厘米。依照中心主干型种植，植株自然发展出椭圆形树冠。

■ **何时修剪** 待幼苗完全休眠时进行修剪，植株适应新环境后仅在花后修剪。

■ **整枝与修剪** 依照中心主干型整枝，种植早期清除树干2至3米以下侧枝。适应种植环境后，景观树仅需进行交叉枝的移除。腊肠树耐重剪，但由于播种种植极为容易，故若有需要，直接使用新植株代替更为理想。

腊肠树

腊肠树属中的乔木品种，如腊肠树通过整枝提升定干高度后观赏效果最佳，与其在森林环境中的自然状态呼应。

其他腊肠树

伞房决明（C. corymbosa，正名为 Senna Corymbosa）见第182页，观赏灌木词典。大果铁刀木（C. grandis）；爪洼决明（C. javanica）同腊肠树。

栗属（CASTANEA）

夏季开花的落叶乔木属，树冠宽大壮观，逐渐形成高耸的拱顶状冠层。花奶黄色，花后结果，表皮多刺，内含可食用坚果。大部分栗树完全耐寒，但仅欧洲栗（C. sativa）可适应夏季冷凉的气候。

栗树宜依照中心主干型种植。部分品种生根蘖，极适应重剪。栗树是传统的矮林物种，枝条用于围栏建造。如今，矮林作业使美洲栗（C. dentata）免受因栗疫病而导致灭绝的命运：栗疫病仅侵袭成熟植株；矮林作业使植株的枝条持续更新，年轻的新枝对栗疫病有较强抗性。

欧洲栗

树冠宽大壮观的乔木，叶缘有锯齿，树皮呈灰棕色。温带气候区植株果实仅在温暖区域或条件适宜的夏季后能成熟至可食用阶段。

■ **何时修剪** 秋冬休眠后进行修剪。夏末可安全进少量修剪。

■ **整枝与修剪** 依照中心主干型（见第26页）进行修剪，逐渐清除主干2至3米以下侧枝。幼苗期需保证植株骨干枝间隔合理、枝干平衡，不良骨干枝将导致植株受强风或风暴损伤。植株适应新环境后无需过多修剪。斑叶品种若有返祖枝条可在夏末进行移除。成株若有需要可进行大型截枝或树冠疏理、缩减（见第33页）。此类大型作业需交由专业树艺师完成。

梓属（CATALPA）

耐寒落叶乔木，树冠宽大，叶片大而美观，夏季开花，圆锥形花序直立，呈紫粉色或白色，花后结深棕色荚果，冬季荚果不落。梓树不喜开放环境。美国梓树开花不稳定。黄金树（C. speciosa）与之相比是更可靠的观花品种。梓树在初期整枝阶段通常为中心主干型，但植株树冠常随生长自然分枝。梓树苗最好在1至2年龄时进行种植；超过这一阶段的植株树冠往往与根球失衡，造成额外生长压力。梓树耐重剪，是截顶树的良好树材。

美国梓树

形态俊美的乔木。夏末开花，花白色，黄色条纹，有紫斑。叶幼时有泛紫色，金叶栽培品种"奥雷娅"尤其出众，园艺栽培常采用截顶修剪增加叶片尺寸。寒冷气候下枝条可能枯死，从而导致夏季表现不良。

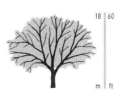

■ **何时修剪** 秋季至冬末，休眠时进行。春季可将冻伤枝条截除。

■ **整枝与修剪** 依照中心主干型（见第26页）进行修剪，清除主干1.2米或2米以下侧枝。主枝自然分枝，形成低而开阔的树冠，成株冠幅往往大于高度。若购买的植株整枝完成但冠幅与根球比例过大，可在种植时进行树冠疏理，保留4至5根主枝。植株适应新环境后无需过多修剪，但若有枝干过重，可进行短截以平衡骨干枝。此类作业应交由专业树艺师进行。

梓树耐重剪（修剪高度在30至60厘米）。若需重新发展骨干枝，在新枝中仅保留位置适当的强健枝条。截顶树需在每年或隔年（见第34页）的晚冬进行修剪。

其他梓树

黄金树　同美国梓树。

美国梓树截顶树
该植株曾受枯枝病困扰。截顶作业后保留1.2米左右的骨干枝，恢复良好。修剪后生出的大量新枝已经过仔细疏理（见第30页）。

其他栗树

丛生栗（C. ALNIFOLIA）、矮栗（C. PUMILA）灌木状品种，具根蘖性，其自然灌木状形态最佳。同葡匐唐棣（Amelanchier stolonifera，见第173页），耐疏枝修剪。

美洲栗　同欧洲栗。

栗（板栗）（C. MOLLISSIMA）抗栗疫病。同欧洲栗。

欧洲栗（C. sativa）果树种植见148页。

其他观赏乔木

丽芸木属（Calodendrum）除短截花后过长枝条外，丽芸木（C. capense）无需过多修剪。另见第25页，常绿乔木。金雀槐属（Calpurnia）金雀槐（C. aurea）同合欢，但花后修剪（非必要）。山羊角树属（Carrierea）依照羽型对山羊角树（C. calycina）整枝，若需要修剪，秋季叶落后尽快进行。植株适应新环境后无特殊修剪需求。木麻黄属（Casuarina）松树状常绿乔木，通常呈羽型树形，可通过修剪提升定干高度（见第26页，中心主干型）。除此之外，并无修剪需求。细直枝木麻黄（C. stricta）与粗枝木麻黄（C. glauca）可进行矮林作业，是优良的树篱品种（见第44页）。洋椿属（Cedrela）见第90页的香椿属（Toona）。吉贝属（Ceiba）吉贝（C. pentandra）笔直的单主干乔木，无特殊整枝修剪求。若有需要，可耐重度重剪。

朴属（CELTIS）

耐寒小型至中型落叶乔木，叶互生，枝条间隔均匀，水平生长，末梢下垂。大多数品种适宜单主干中心主干树形。种植环境不良或移栽应激常导致主枝损伤，替代缺失主枝较难。在条件允许的情况下尽量购买实生植株，实生植株较嫁接植株而言更易于整枝。尽量选择低龄苗种植，种植地最好不受强风、霜冻侵袭，在种植时切记使用低氮肥。由于朴树易感腐木菌［北美朴（C. occidentalis）］，因此低处侧枝的移除最好在苗期枝干直径尚小时进行，否则截除较粗枝干留下的切口极易受腐木菌感染。

南欧朴（C. AUSTRALIS）

落叶乔木，树冠宽大，叶披针形，有齿状边，花不起眼，花后结黑紫色果实。

■ **何时修剪**　冬季休眠至春季恢复生长期间进行修剪。

其他朴树

高加索朴、美洲朴、糖朴同欧洲朴。

美洲朴
美洲朴以标准型整枝最佳，通过修剪提升其定干高度，同时防止其横向延伸的底部枝条与地面接触。

■ **整枝与修剪**　依照中心主干型（见第26页）进行修剪，待幼树经过两个生长期后，清除植株四分之一高度以下的侧枝。在开阔地带或北部气候区，天气因素导致植株极易损失主枝，但若细心呵护仍有可能保住主枝。通过移除侧枝清除出理想的定干高度后，南欧朴便无需过多修剪。将修剪切口周围生出的徒长枝（见第30页）尽早捻去，避免为未来增加修剪工作。

成株有时会产生长势旺盛的竖直枝条，若任其生长，横向的主枝可能会由于压力过重而断裂。此类枝条应尽早从基部截除：如此类枝条已经发展成形，则最好不移除，避免留下大型创口。同理，更新修剪鲜有成功。

长角豆属（CERATONIA）

长角豆（Ceratonia Siliqua）为常绿乔木，荚果体长，具皮革质感，可用于烹饪。该种极耐旱，喜地中海型气候。市面可见嫁接品种，荚果产出更丰。长角豆常通过整枝呈低主干树形，易于果实收获。栽植第1年，地上部分生长缓慢，但植株直根系则发展迅速。深盆栽种的幼苗根系有自然生长空间，种植后较根系缠绕的大苗能更加快速地恢复正常生长。

■ **何时修剪**　冬季至初春。

■ **整枝与修剪**　通过修剪形成主干高度60至90厘米的多主枝树形，同青榨槭（见第52页插图）。幼树耐修剪，若生长蓬乱不均可进行成形修剪：移除主枝、短截侧枝，使树冠更紧凑茂密。成株耐轻剪，用以限制植株大小，但切忌一次性移除过多枝条：植株仅在老枝长出的当年生新枝结果。

连香树属（CERCIDIPHYLLUM）

属内只有一种植物，即连香树（Cercidiphyllum Japonicum），它是形态优雅的落叶乔木，树冠呈圆锥形，枝条疏密有致，向上伸展，次分枝顶端下垂。连香树叶对生，呈心形，秋色极美（在酸性土壤中色彩最佳）。植株完全耐寒，但适当的保护能使连香树在寒冷气候下表现更佳。植株自然生长成为高大多主干型或同样优美的单主干树。植株个体在不同年龄有不同的生长习性，不要尝试使用整枝或修剪的方法改变其自然形态。垂直连香树（C. japonicum f. pendulum）的养护方式与原种相同。

■ **何时修剪**　秋季至晚冬修剪时。晚春可将枯枝与冻伤枝移除。

■ **整枝与修剪**　植株在种植早期自然形成多主干树形，由基部或近似地面处开始分枝，无需过多成形修剪。若由于林下种植等原因需要修剪幼株底枝时，仅对低处可徒手修剪的枝条进行移除。若植株自然发展出单主干，依照中心主干型（见第26页）进行种植，移除最低2至3层轮生侧枝（1.5米以下），以此提升其树型特质。植株适应新环境后无需过多修剪。连香树不耐重剪。

连香树
给予幼株自然发展的空间，使其形成多主干型树。分枝较低的植株可使用矮斜桩进行支撑（见上图）。

紫荆属（CERCIS）

落叶乔木或灌木，叶互生，花粉紫色或白色，秋叶缤纷艳丽。加拿大紫荆栽培种"林中三色堇"（Cercis Canadensis 'Forest Pansy'）有紫红色叶片。紫荆花形似豌豆，旧枝开花，花期稍早或与叶片同时出现。紫荆属内植物在夏季长而炎热的地区生长与开花表现最佳。紫荆树具直根系，故极易因移植应激并可能导致主枝枯死，因此应尽早在植株幼时种植，最佳种植时间为春季、叶片初露时。弱枝、伤枝易患珊瑚斑病，夏末切除感染枝并短截至健康枝条。

早期花朵

紫荆直接在树枝开花，此习性在耐寒乔木中十分少见。

南欧紫荆（C. SILIQUASTRUM）

落叶乔木，常呈多主干灌木状树形，花紫色或粉色，叶心形，适宜用作景观树。年长植株可能倒伏，此时可进行支架或更新修剪。

■ **何时修剪** 初夏短截或移除冻伤枝。

■ **整枝与修剪** 若有需要，可对多主干植株整枝与修剪，塑造主干高度60至90厘米的多主枝植株，详情可参考第52页，青榨槭（Acer Davidii）。选择主干周围间隔适当的3至5枝强健侧枝作为主要骨干枝。该种自然形成的V形树杈密集拥挤，遇强风易断裂。此类损伤使植株易受木腐病侵袭。

植株适应新环境后无特殊修剪需求，但可耐更新修剪，通过保留最多5枝强壮新枝形成全新的骨干枝。更新修剪最好在晴朗干燥的春末或初夏进行，避免木腐生物入侵。

其他紫荆

加拿大紫荆（C. CANADENSIS）依照羽型整枝或移除主干90厘米以下侧枝。小型花园可依照多主干型整枝，同南欧紫荆（C. siliquastrum）。植株适应新环境后无特殊修剪需求，不耐更新修剪。

（中国）紫荆（C. CHINENSIS）灌木状乔木；无特殊整枝或修剪需求。不耐霜冻，在寒冷气候区可进行墙式整枝（见第74页，荷花木兰）。

西部紫荆（C. OCCIDENTALE）同南欧紫荆；垂丝紫荆（C. RACEMOSE）同加拿大紫荆。仅在夏季炎热、冬季温和的区域生长良好。

樟属（CINNAMOMUM）

樟树（Cinnamomum Camphora）为常绿乔木，不耐霜冻，高度可达12米以上。植株通常为单主干，分枝较早，故树冠位置较低，主枝几乎垂直向上，相互竞争，较为拥挤。夏季第一波生长期过后可进行修剪。依照中心主干型（见第26页）进行修剪，定干高度约2米。若植株在主干抵达理想高度前分枝，可在后期逐年进行树冠提升，使树冠下方空间可利用。植株适应新环境后无特殊修剪需求，更新修剪反应良好。温室栽植需控制植株大小，修剪方式同山茶（Camellia，见第180页）。

香槐属（CLADRASTIS）

耐寒落叶乔木或灌木，树形优雅，花朵繁美，秋叶一般为明黄色，分外宜人。花朵与秋叶均在夏季漫长炎热的地区表现良好。香槐的直根生长迅速，故树苗须尽早种植。

美国香槐（C. LUTEA）

落叶乔木，叶互生，花白色，树冠宽而低矮，呈拱形，枝干厚重。初期整枝十分关键：苗期需防止植株形成低处分枝或具多主干的骨干枝，否则可能留下隐患。本种木质较脆，树杈较窄，呈V形，常出现树杈开裂现象，若有树皮内夹出现更易撕裂。此类损伤可能导致植株感染木腐病，最终导致植株整体衰颓。鉴于本种骨干枝脆弱的特性，不建议在建筑附近或人群密集区域种植。

■ **何时修剪** 仲夏。

■ **整枝与修剪** 依照中心主干型（见第26页）整枝，清除主干1.5至2米以下侧枝。仅保留间隔均匀适宜的侧枝作为骨干枝，尽early移除与主干夹角狭窄的侧枝。植株适应新环境后无特殊修剪需求。不耐更新修剪：枝干易开裂，受损枝需由专业人士移除。

其他香槐

翅荚香槐（C. PLATYCARPA）同美国香槐，但骨干枝较美国香槐坚固。冷凉气候区树形较小。

小花香槐（C. SINENSIS）大陆性或地中海气候区栽培方式同美国香槐。冷凉气候区树形较小，最好令其自然生长。

其他观赏乔木

异木锦属（CHORISIA）依照中心主干型（见第26页）进行修剪，留出2米左右定干高度供外延枝条伸展。更新修剪反应良好。

琴木属（CITHAREXYLUM）依照中心主干型（见第26页）进行修剪，定干高度1.5至2米。植株适应新环境后仅需少量修剪。夏季可轻剪枝端以限制生长，若有需求可耐重剪。

海葡萄属（COCCOLOBA）无特殊整枝修剪需求。

垂花楹属（COLVILLEA）垂花楹（C. racemosa）可依照中心主干型（见第26页）整枝，定干高度1.35至2米。尽可能保持主干贯穿树冠。

破布木属（CORDIA）依照中心主干型（见第26页）进行修剪，定干高度1.35至1.5米。植株适应新环境后无特殊修剪需求。

朱蕉属（CORDYLINE）见第43页，棕榈及类似植物。

山茱萸属（CORNUS）

本属主要为落叶乔木，耐寒性自完全耐寒至半耐寒，树形优美，叶片精巧，花约生于夏季，苞片纤薄如纸。

头状四照花

常绿或半常绿乔木，层次分明，叶深绿，苞片淡黄，果实状如草莓。冷凉气候区树形较小，一般呈多主干树或大型灌木状。墙式整枝可为植株增加霜冻保护。

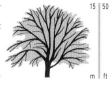

■ **何时修剪** 秋季至春初。

■ **整枝与修剪** 气候温和地区可依单主干羽型树（见第25页）栽培。若于冷凉气候或开放地区种植，则应令植株自然发展为多主干树。若有必要，可进行疏枝修剪，确保骨干枝间隔适当。若需进行墙式整枝，参照第74页。植株适应新环境后尽量避免修剪。

灯台树

耐寒落叶灌木，枝干层次明显，苞片白色，秋叶红紫色，冬季枝条呈红色。树冠易受盛行风影响变形，故应于避风处种植。

■ **何时修剪** 秋季至春初。

■ **整枝与修剪** 依照中心主干型（见第26页）进行修剪，定干高度为幼树株高四分之一至三分之一，此外无其他修剪需求。不耐重剪，盛行风导致的树冠偏形难以修正。

日本四照花（C. KOUSA）

耐寒乔木，常自然发展为中心主干型或丛冠主干型树，无需过多关注。

■ **何时修剪** 秋季至春初。花后移除枯枝。

■ **整枝与修剪** 将低矮的主干修剪出60至90厘米的主干，切忌过度修剪。移除枯枝时切勿损伤细小的开花枝。不耐重剪。

灯台树（Cornus Controversa）

山茱萸属内多小型灌木，造型优美，宜作孤景树。头状四照花（Cornus capitata）、灯台树、狗木（C. florida）等具分层习性的品种可在墙面（向阳墙为佳）进行扇形整枝［另见第74页，荷花木兰（Magnolia grandiflora）］。

其他山茱萸

互叶梾木（C. ALTERNIFOLIA）自然发展的多株枝羽型与整枝获得的标准树形皆宜，后者可逐年截除主干1至1.5米以下侧枝，同灯台树。种植第2至3年除移除竞争枝及粗低处侧枝外尽量避免修剪。

白色奇迹狗木（C. 'EDDIE'S WHITE WONDER'）自然生长最佳，无需过多关注。本种同样适宜墙式整枝（见第74页 "荷花木兰"）。

狗木同日本四照花，若有需要可将低矮的主干（见第26页）修剪出60至90厘米的主干。日照不足及冻伤可能导致树形受损，植株形成蓬乱的多主枝树形，若此情况发生，切勿尝试通过修剪修正树形。

太平洋狗木（C. NUTTALLII）灯台树，修剪定干高度约1.5米。寿命较短，且易染枯枝病。不耐重剪，若有需要最好进行替换。另见第186页观赏灌木词典。

榛属（CORYLUS）

属内灌木品种可产榛果，落叶乔木品种耐寒，树形挺拔，叶型优美，花叶不同期，雄花黄色，柔荑花序生于冬季，树皮美观，参差有致。红色雌花初春开放，体态极小。

土耳其榛（C. COLURNA）

树冠圆锥形，枝条外延，曲折蜿蜒，树皮美观，故露出部分树干为佳。

■ **如何修剪** 冬季，植株休眠时。

■ **整枝与修剪** 依照中心主干型进行修剪，逐步移除主干2米以下侧枝。若有主枝竞争枝须即刻移除。适应新环境后无需过多修剪，偶有根蘖须移除。重剪反应良好。

其他榛树

欧榛（C. AVELLANA），大果榛（C. MAXIMA）见第187页。主要作坚果树种植，见第149页。垂枝欧榛（C. AVELLANA 'PENDULA'）常通过枝接定干高度2米左右的砧木形成垂枝标准树，见第26页。冬季修剪。喜马拉雅榛（C. JACQUEMONTII）同土耳其榛。

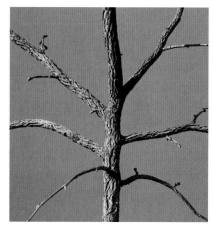

土耳其榛

榛树树皮参差有致，笔直的树干与间隔适宜的骨干枝可最大化树皮的观赏潜力。

山楂海棠属 (+ CRATAEGOMESPILUS)

耐寒落叶乔木，山楂（Crataegus）与欧楂（Mespilus）的嫁接嵌合体，砧木源自欧楂。植株呈丛植标准型，树冠大致为原型，晚春、初夏盛开密集的白色花朵，花后有枸杞状果实。

■ **何时修剪**　秋季至早春。夏季若有需要亦可修剪。

■ **整枝与修剪**　整枝清理出最多2米的定干高度（见第26页），而后任树冠自然发展即可。株适应后尽量避免修剪，否则可能会导致构成该树的两种基因类型不同的组织失衡。植株偶尔会产生仅含一种亲本组织的枝干，若枝干生长过于旺盛，可在夏季短截至枝长三分之一处，否则无需修剪。更新修剪反应不佳。

山楂属 (CRATAEGUS)

落叶耐寒乔木，枝条一般具刺且骨干枝较密，可作挡篱种植。叶落后可进行短截修剪或2至3年进行一次，促进花果产出。旧枝开花（见第44页，树篱）。树状品种易从基部抽枝，但可通过简单的整枝呈现标准树形（可通过修剪形成规则式的"棒棒糖"形）。

■ **何时修剪**　秋季至早春。

鸡脚山楂 (C. CRUS-GALLI)

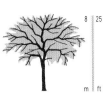

小型乔木，树冠宽大，顶部较扁，花白色，果实红色，秋季叶橙色，是理想的小型花园标准型树。

■ **整枝与修剪**　植株强健的中心主干随树冠发展可能失去主干优势。植株半成熟时移除底部2至3层轮生侧枝（见第26页），露出2米左右的定干。植株适应新环境后仅需少量修剪。

单柱山楂 (C. MONOGYNA)

乔木，树冠较圆，刺红色，花白色，有香味。以中心主干型景观树种植最佳，但亦可使其自然发展为多主干树。市面可见的垂枝品种一般通过嫁接呈现垂枝标准型（见第26页）。该种有时可见实生苗，但亦需

山楂树的花

山楂树花后结果（山楂），果实有橙色、红色、黄色、蓝色或黑色。

整枝形成2.5米左右定干高度，为枝条提供下垂空间。

■ **整枝与修剪**　单柱山楂极易从基部抽枝。若欲获得树状植株，最好直接购买独本苗（见第22页），在种植前3年施氮肥促进向上生长，使整枝作业更易进行。正式栽种前，尽量不要移除侧枝。正式栽种后，可逐步移除主干1.5至2米以下侧枝（见第26页）。

成株仅需少量修剪。树冠拥挤是自然现象，仅移除相互摩擦的枝条。过度疏枝可能导致枝干在强风作用下扭曲。重剪反应良好。

其他山楂

黑山楂（C. DOUGLASII），锐刺山楂（C. OXYACANTHA），艾菊叶山楂（C. TANACETIFOLIA）同单柱山楂；杜氏科山楂（C. × DUROBRIVENSIS）灌木状，无特殊修剪需求。鸡脚山楂（C. × PERSISTENS）冷凉气候区可在种植树苗时进行疏枝，减少冻伤风险。梅叶山楂（C. PRUNIFOLIA（异名为C. PERSIMILIS PRUNIFOLIA）同鸡脚山楂。

双蕊山楂属 (× CRATAEMESPILUS)

大花双蕊山楂（x Crataemespilus grandiflora）落叶乔木，杂交品种，垂枝习性强健，枝条下垂，春季盛开大量白花，秋季叶色美观，植株高达8米，是良好的景观树品种。

依照中心主干型（见第26页）进行种植，休眠时修剪。幼枝水平生长，随生长逐渐下垂，为防止下垂枝条在植株底部形成不美观的"裙摆"，可将2米以下侧枝移除。重剪反应不佳。

树番茄属 (CYPHOMANDRA)

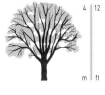

代表物种树番茄（Cyphomandra Betacea）为小型常绿乔木，新枝开花，花蜡质，粉红色，花后有蛋形肉质红色果实，仅完全成熟及烹饪后可食用。多种植于热带至温暖温带地区，寒冷地区种植需加热温室或玻璃温室。

■ **何时修剪**　早春，新叶出现前。

■ **整枝与修剪**　种植前2或3年，以引导植株形成分枝良好的开阔树冠为目标。任植株主干在50至75厘米处自然分枝，形成宽大开阔的树冠。幼树生长迅速，若植株尚未生出侧枝已达1.5米，可将其短截至高出地面90厘米左右的丰满芽点处，促进分枝。实生植株挺拔，分枝较少，扦插植株则更茂盛，伸展较大。

为促进开花枝形成，保持树形，植株适应新环境后可2年修剪1次，短截1至3枝结果侧枝至主干处。本种枝干脆弱，故修剪时需较为小心。由于植株须根较浅，成株后可能需要支柱或支架。树番茄只有8年左右的高产期，因此植株老化后无需更新作业，直接用新植株替换更佳。

其他观赏乔木

毛利果属（Corynocarpus）常绿，无特殊需求。若有需要可清除主干2米以下侧枝；榅桲（Cydonia）见第121页。

D

珙桐（DAVIDIA）

珙 桐（Davidia Involucrata），落叶乔木，完全耐寒，姿态优雅，经过前一年的生长，次年晚春枝条开花，白色苞片下垂，分外纤丽。珙桐生长习性特别，主枝长、侧枝极短。长枝对骨干枝的形成极为关键。植株树形以中心主干型为佳，较高的主干可为苞片提供下垂空间，种植前5至6年的初期形成整枝极为重要。多主干树无法通过修剪成为中心主干型植株。秋季植株落叶时间不均，请勿误认为植株枯死或患病。

■ **何时修剪**　秋季至初春。

■ **整枝与修剪**　依照中心主干型（见26页）进行修剪，定干高度2至3米。植株自然形成强壮的中心主枝，侧枝向上生长，围绕主

珙桐
又称鸽子树，此名源自花朵宽大优美的白色苞片。

枝分布。侧枝无需过多关注，除非强势侧枝与中心主枝竞争。若不及时移除，可能会导致植株形成不理想的多主枝树冠。移除竞争枝条，或将竞争侧枝短截至四分之一长度，并择一长枝整枝替代缺失的主枝。

植株适应新环境后无特殊修剪需求。珙桐对重剪反应不佳且不易分枝，故不良树形较难修正。

去年修剪后生出的新枝

去年修剪的切点

现在完全移除侧枝

清理主干
珙桐需较高的定干高度，冠下可通人时最佳，赏花者可从树下观看垂悬的苞片。与大多数乔木相同，移除珙桐侧枝时分步进行，第1年将其短截，下一年再将其短截至主干。

凤凰木属（DELONIX）

凤凰木（Delonix Regia）为落叶乔木，广泛种植于亚热带及热带地区，红色花朵十分壮观。植株树冠宽而扁平，是理想的遮阴树。树苗应尽早种植：若长而膨大的直根受损，可能导致成株不稳定。

■ **何时修剪**　晚冬，春季新叶发芽前。

■ **整枝与修剪**　依照中心主干型整枝，裸高高度约2米。主枝很快将失去优势，且无法维持。植株需要均匀分布主干周围的主枝为向外伸展的树冠提供支撑。种植早期，选择约5条间隔均匀的侧枝保留，移除其他侧枝。若早期塑形修剪得当，植株未来便仅需少量修剪。凤凰木可进行更新修剪，但以新植株替换更佳。

柿属（DIOSPYROS）

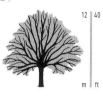

乔木，树冠宽大，形态优雅，完全耐寒至耐霜冻，秋季叶色宜人。温暖气候区的部分品种作果树种植（见第131页，柿子）。

依照中心主干型（见第26页）整枝，定干高度1.2至2米，为半下垂的枝干留下垂空间，使其下垂至接近地面的高度。秋季至早春进行修剪。寒冷海洋气候下，乔木需种植在光照良好的位置以形成理想形态，北美柿（D. virginiana）幼株主枝易受冻伤。柿树需种植在无风处。若主枝受损或缺失，尽快选择侧枝整枝替代主枝。植株适应新环境后无需过多修剪（植株全叶时移除枯枝），且对重剪反应不佳。

非洲芙蓉属（DOMBEYA）

小型速生灌木状乔木，冬季或早春于去年旧枝开花，花序下垂。仅在温暖无霜冻气候下可户外栽培，户外植株以自然的羽型（见第25页）树形最佳，仅需少量修剪。造型修剪需在初夏进行。温室种植的植株可耐修剪控制大小。可种植成稍高的截顶树，使花朵集中在视线水平［另见第177页，木曼陀罗属（Brugmansia）］。春季至初夏将开花枝短截三分之一左右长度。属内大部分品种对重剪反应良好。

铃铃（Dombeya × cayeuxii）
非洲芙蓉可通过修剪限制植株大小，但仍需要一定高度使花朵与花香都表现最佳。

E

筒瓣花属（EMBOTHRIUM）

筒瓣花（Embothrium Coccineum），小型常绿或半常绿乔木，主要作观花种植。每逢晚春或初夏，鲜艳的红色花朵沿枝干大量盛开，十分壮观。植株常生根蘖，一般以多主干型种植，若处于温和潮湿的海洋气候区则可通过整枝获得明显的中心主干。耐霜冻及沿海环境，但须避免干燥的冷风。

■ **何时修剪**　夏末花后。春季移除枯枝。

■ **整枝与修剪**　大部分地区的筒瓣花仅需少量或无需修剪，令植株自然生长成为多主干景观树。在温和潮湿的气候下，由于植物生长迅速，可选择3至5枝强健主枝作为主要

骨干枝保留，防止植株成熟后树冠枝干过于拥挤，保留的枝干无需移除侧枝。若种植地点较为开放，需对新枝进行疏枝，每5枝择一支保留，减少树冠风阻力。如欲获得单主干景观树，可依照中心主干型（见第26页）整枝，定干高度1.5米左右。栽植初期需要支撑，但根系生长十分迅速，植株很快便可自我支撑。若有发现基部蘖芽应进行移除。

由于本种的根蘖习性，多主干树很可能形成竖直主干密集，水平侧枝稀疏的拥挤状况，而这一状况可能导致枯枝病与腐烂的情况发生。若有枯死主干，可将锋利的铲子插入地下，将枯死主干连同地下部分一同移除，为后续生长提供空间。新枝将从根部生出，替代枯死主干。此外，亦可将老化植株平茬，新枝将从原植株周围产生。

上一年的生长部分开花，同时枝端开始新一轮生长。

香果树属（EMMENOPTERYS）

香果树（Emmenopterys Henryi），落叶乔木，树冠开放，枝条纤细，树皮粗糙，有观赏性。顶生聚伞花序，花白色，仅在夏季长而炎热地区有良好表现。寒冷气候区需种植于避风、温暖、光照充足处。

■ **何时修剪**　秋季至早春。

■ **整枝与修剪**　依照中心主干型（见第26页）进行修剪。若主枝冻伤，可利用整枝寻新枝替代，但替代工作较为困难。植株适应新环境后，尽量避免修剪。幼株倾向于向外延伸，因此枝干围度增长缓慢，外观纤细。修剪无法促进枝干横向生长，植株成熟后枝干将自然增粗。香果树对重剪反应不佳，重剪后常生密、不耐霜冻的柔软枝条。

刺桐属（ERYTHRINA）

乔木，耐寒至不耐霜冻，常具刺。总状花序，花豌豆状，色彩艳丽。

鸡冠刺桐（E. CRISTA-GALLI）

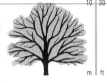

小型落叶灌木状乔木，植株挺拔，温暖气候下树冠向外伸展，分枝众多，呈中心主干型。寒冷气候区最好临温暖向阳墙种植。冬季地上部分可能枯死，新生植株呈圆形灌木状，枝叶凌乱，但鲜红的花朵仍十分惹眼。

■ **何时修剪**　秋季至早春，植株完全休眠时。

■ **整枝与修剪**　温暖气候区依照中心主干型进行修剪。适应新环境后无需过多修剪，若有枯死枝可进行移除。寒冷气候区无法避免由主枝丢失导致的灌木状生长习性，最好每年植株休眠时短截枝条。霜冻地区使用覆根物保护根系。

其他刺桐

龙牙花（E. CORALLODENDRON）温暖气候区养护同鸡冠刺桐。寒冷气候下植株自然呈现松散灌木形态；刺桐［E. VARIEGATE，异名为（E. INDICA）］仅需移除整枝与修剪。

鸡冠刺桐
寒冷气候区可在每年春季生长恢复前将植株短截至主干低部。

其他观赏乔木

五桠果属（Dillenia）自然生长为丛冠主干型，与美国梓树（见第57页）相似；多依属（Docynia）同Malus baccata 山荆子（见第75页），耐修剪；厚壳树属（Ehretia）通过整枝留出1.2米左右定干高度，而后任树冠自然分枝即可。重剪反应良好；杜英属（Elaeocarpus）见常绿乔木（见第25页）。

桉属（EUCALYPTUS）

常绿乔木大属，属内物种生长习性差异较大，有大型成林乔木，亦有地下木块茎生出细枝的灌木状桉树丛林植物。桉属物种树形优美，花常具香味（寒冷气候区不常开花），叶芳香，树皮奶油色、芬灰色或淡绿色，自然剥落或呈马赛克状。大部分物种适应无霜冻气候。苹果桉（E. gunnii）、山桉（E. dalrympleana）、小叶桉（E. parvifolia）及少叶桉（E. pauciflora）在没有干燥冷风吹拂且冬季覆根良好的情况下可完全耐寒。部分物种自然形成美观的非规则式多主干型树。其余物种则可通过整枝呈现中心主干树形，但主枝常在植株成株后失去顶端优势。许多桉树在幼株支撑良好的情况下仍会形成不良骨干枝。此时可将植株重剪并进行重新整枝（见下图）。这一方法同样可用于处理霜冻或咸涩强风导致的植株损伤及大规模枯枝。桉树全属皆耐重剪，且有几种灌木状桉树由于新叶极具观赏性，常作截顶树或矮林种植。

■ **何时修剪** 冬季至春季，新枝开始生长时，寒冷地区须确认无霜冻风险后进行。

山桉（E. DALRYMPLEANA）

速生桉树，叶灰绿色，新叶泛铜色，幼树树皮呈马赛克状，随植株生长逐渐转为白色。

25 | 80

m | ft

维持中心主干（苹果桉）

修剪前（春季） 桉树主干易歪斜，故需要进行支撑。若此情况发生最好进行更新，这一操作可能需要每5至6年重复一次。

更新操作前为确保植株安全应先修剪，减少树冠体积，而后在此处直切锯断主茎（见第31页，砍伐小型树）。

■ **整枝与修剪** 依照中心主干型（见第26页）进行修剪，定干高度约2米。许多孤植树自然发展为中心主干树。低处主枝可在出现干枯迹象时进行移除。苗期至成株早期主枝优势较强。

植株适应新环境后无需过多关注。正常情况下，即使是粗重水平枝也十分牢固。通过重剪刺激新枝生长，而后采取疏枝修剪可以降低植株风阻力或预防类似损伤。山桉幼期可作截顶树或矮林，但有其他品种更适合定期短截修剪。

苹果桉（E. GUNNII）

可种植为中心主干树或截顶树及矮林灌木，后者可长期观赏银蓝色圆形幼叶。将矮林灌木状苹果桉成排种植，每年短截修剪，可以形成极具吸引力的树篱。

■ **整枝与修剪** 整枝方式同山桉。若植株形态不良或枝干受损，则进行替换或整株更新（见下图）而非移除单条枝干。截顶树与矮林灌木的修剪与维护请参照第34页。每年或隔年春季短截所有新生枝。截顶修剪或矮林作业需在植株幼苗时期进行，切勿对过大或受损成株使用上述方式。

20 | 70

m | ft

桉树叶片

许多桉树都有形态差异较大的幼叶（上图中央）与老叶。

其他桉树

银公主蓝灰桉（E. caesia subsp. magna，异名E. silver princess）；柠檬桉（E. citriodora）、红花伞房桉（E. ficifolia）、蓝桉（E. globulus）、白木桉（E. leucoxylon）、小叶桉（E. parvifolia）、坛果桉（E. urnigera）同山桉。银叶桉（E. cinerea）、沙生桉（E. eremophila）；荚曼桉（E. lehmannii）同苹果桉。浆果桉（E. coccifera）同山桉，提升定干高度以展示树皮。寒冷气候可能导致矮化或灌木状生长习性。克鲁斯桉（E. kruseana）小型灌木状桉树，仅需少量修剪，耐霜冻，是理想的温室物种。大果桉（E. MACROCARPA）；四翼桉（E. tetraptera）自然发展的多主干型松散形态最佳，仅需少量修剪。少花桉（E. pauciflora）同柠檬桉。雪桉（E. pauciflora subsp. niphophila）同苹果桉。红桉（E. rubida）同山桉。

第1年，夏季

1 选择一根强健新枝进行支撑，将该枝竖直固定。植株与支撑柱间的绑带应结实牢固，但允许植株轻微晃动。

2 将其他新枝平茬。

生长旺盛的新枝有垂直生长习性

第3年，夏季

1 在理想高度任枝叶自然发展成树冠，仅移除交叉枝或与树干形成狭窄V形夹角的侧枝。

2 移除理想裸高高度以下侧枝（若有新芽产生可直接捻去）以及基部生枝。

银香茶属（EUCRYPHIA）

乔木，形态优雅，属内物种有直立或多主干型，叶片光滑亮泽，花四瓣，十分精美。耐霜冻至完全耐寒，但在寒冷气候区若有挡风措施表现更佳。银香茶一般仅需少量修剪及整枝，对重剪反应不佳。

尼曼斯银香茶（E. × NYMANSENSIS）

10 | 30
m | ft

柱状常绿乔木，枝条直而纤细，侧枝较少。柱状树形系自然形态，但植株若长期暴露于寒冷环境则难以维持良好株形。即使成株后同样易受严重霜冻或冷风损伤。若受损伤，可尝试精心修剪、施肥（见第13页）以促进株形恢复。

■ **何时修剪** 若有需要可在春季修剪。

■ **整枝与修剪** 少量或无需初期修剪。若植株冬季受冻，可将枯枝及受损枝短截至健康部分的适宜侧枝处。若条件允许可将其他枝条短截同样长度。修剪后新枝叶将迅速掩盖旧枝，除必要的疏枝外无需过多关注。

其他银香茶

银香茶（E. CORDIFOLIA），亮叶银香茶（E. LUCIDA），花楸叶银香茶（E. MOOREI）柱状常绿乔木；寒冷气候区可能呈灌木状生长，需种植于开放但少风处。无需过多关注。春季移除枯枝。

粘芽银香茶（E. GLUTINOSA）仅需少量整枝，自然形态有中心主干，底枝下垂，接触地面后向上生长。树冠易受强风影响变形，植株尚幼时可在春季进行矫正修剪（见第32页）。成株后应避免修剪。

其他观赏乔木

杜仲属（EUCOMMIA）乔木，形似榆树（见第91页，榆属），整枝以中心主干型（见第26页）最佳。若主枝丢失则较难代替。修剪须于休眠期进行，尽量减少切口面积。无法更新。

领春木属（EUPTELEA）常自然发展成为多主干树（见第28页）。若有需要，可修剪出75至90厘米的定干，同桦树（见第54页，桦木属）。植株适应新环境后，可在休眠期移除枝叶稀疏的老枝，促进新枝产生。

F

水青冈属（FAGUS）

完全耐寒落叶乔木，树冠宽而茂密，树干挺拔，表皮平滑，呈银灰色，形态优美，叶嫩绿色（部分品种有亮紫色叶），秋季铜色或金色。宜作公园、林荫道及大型花园景观树，欧洲水青冈（F. sylvatica）是理想的规则式树篱植材。

欧洲水青冈（F. SYLVATICA）

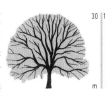

30 | 100
m | ft

乔木，树冠茂密，十分壮观，底部枝干下垂。植株早期呈柱状，随树龄增长逐渐转为拱状。欧洲水青冈根系较浅，故须良好整枝，预防由于强风导致的植株重心不稳。可作规则式树篱种植（见第44页）。

■ **何时修剪** 秋季至早春。若树篱显示患病症状，可在冬季或仲夏进行修剪。

■ **整枝与修剪** 任幼树自然发展成羽型树（见第25页）。由于本种原生于森林环境，低处侧枝可以防止幼树娇嫩的树皮晒伤。此外，过早移除侧枝可能会刺激双主干的形成。清除低枝的工作可在树龄6至8年、发展出强健、明显的中心主干后进行，分4年以上，在侧枝直径达6厘米前逐步移除。直径较小的侧枝留下的切口较小，愈合迅速且不易留痕。2.5至3米左右的定干高度为下垂的底枝提供下垂空间，使其枝末恰好位于地面以上。树冠发展期间，移除、疏枝与主枝竞争的强势枝条。成株的修剪（较少见）必须由专业人士完成。

垂枝欧洲水青冈

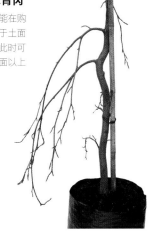

此垂直品种可能在购买时已出现低于土面高度的主枝。此时可将其短截至土面以上外向芽点处。

其他水青冈

日本水青冈（F. japonica）、东方水青冈（F. orientalis）同欧洲水青冈。米心水青冈（F. engleriana）多主干树（见第28页），常于略高地面处分枝。无特殊修剪需求。北美水青冈（F. grandifolia）同欧洲水青冈。维持中心主枝优势较困难。尽早定植并增加施肥量有助于保持主枝优势。道威克欧洲水青冈帚状栽培品种（见第18页），无修剪需求。帕尼欧洲水青冈（F. sylvatica pagnyensis）市面常见嫁接植株，尽量避免修剪。紫叶欧洲水青冈（F. sylvatica purpurea，紫叶栽培群）同欧洲水青冈，若有退化绿叶须尽量移除。泽拉提雅欧洲水青冈（F. sylvatica zlatia）依照标准型（见第26页）整枝，定干高度2至3米，而后任宽大的多主枝树冠自然形成即可。垂枝欧洲水青冈（F. sylvatica pendula）垂枝水青冈可能发展出两种生长习性。若幼株有粗大的水平枝与纤细下垂的侧枝，可参照欧洲水青冈进行栽培。另一形态（见上图）的树冠则明显较窄，主茎直立生长一段后下垂并生长而垂悬的侧枝。这些侧枝将在接触地面后生根，植株成株后则形成体积巨大的特殊形态（见下图）。若要获得这种形态，则不必清除主干的侧枝，且尽量避免修剪。

垂枝水青冈成株

成株后，窄冠形态的垂枝欧洲水青冈将会成长为由众多子株环绕母株形成的壮观景观树。

榕属 (FICUS)

榕属物种众多且形态各异（攀缘植物见第271页），属内观赏植物在温带至热带地区常作遮阴树种植，而在寒冷气候区则作观叶植物，成为家庭和温室植物。耐寒的无花果（Ficus Carica）是观赏性极佳的乔木，但一般作为果树种植（见第138页"无花果"）。在原生环境中，热带榕树可以长成树干粗大且具板状根的巨大乔木，气生根密布，地表根虬结。然而在温室或室内环境中的植株则远达不到如此强健，且可以通过修剪控制大小。整枝对幼株受益良多，但由于榕树的骨干枝拥挤，生长随意，并且在受损时分泌出大量胶质树液，因此成株的修剪十分困难。在温暖气候区，垂叶榕（F. benjamina）是用于栽培树篱（见第44页）和墙式整枝（见第74页）的良好植材。

■ **何时修剪** 冬末，无霜冻地区可随时修剪。

■ **整枝与修剪** 在热带气候区，可依照中心主干型（见第26页）进行初期整枝并尽量维持主枝生长，清除主干2至3米以下的侧枝。榕树常在种植早期失去主枝且难于进行替代。尽量给予植株足够的生长空间，并在植株适应新环境后避免修剪。花叶品种若生出绿叶枝条需进行移除。在温室或家庭环境中，仅在植物过大时进行修剪。榕树对重剪反应良好，即使切口较大也很快会被新枝叶掩盖。

垂叶榕 (Ficus Benjamina)
在温室或家庭环境中种植的植株可以通过塑造辫型茎增加观赏效果（见第48页"造型修剪"）。

洋木荷属 (FRANKLINIA)

洋木荷（Franklinia Alatamaha），小型落叶乔木，花朵大而洁白，秋季叶色猩红。该种在夏季炎热漫长、冬季温和的区域表现最佳，在北美洲东部植株可达6米。洋木荷自然呈现中心主干树形，侧枝稀疏，仅需少量成形修剪。若有修剪必要，需在秋季至早春植株休眠时进行。成株后，植株低部枝条将会逐渐形成次主枝。请勿对次主枝进行短截：这些枝条是形成稳定树干结构的重要部分。植株适应新环境后，仅在夏季修剪枯枝，并进行其他日常养护（见第29页）即可。对重剪反应不佳。

梣属 (FRAXINUS)

落叶乔木，大部分耐寒，叶形优美，树形高大。以花梣（F. ornus）为代表的部分物种可观花，美国白梣（F. americana）等则有色彩艳丽的秋叶。

■ **何时修剪** 秋季至早春，植株休眠时。

欧梣 (F. EXCELSIOR)

大型乔木，枝干粗重，冬季幼枝树皮泛黄，颇为迷人。植株须有强壮且贯穿树冠的中心主干，叉型树易形成安全隐患。

■ **整枝与修剪** 仅需少量成形修剪，植株自然形成强健的主枝，且在树冠生长期间始终保持优势。通过整枝清理出3米左右的定干（见第26页）。成株修剪仅需移除风伤枝。欧梣成熟后可能从受损组织（尤其是大型切口附近）生出生长迅速的徒长枝（见第30页）。若发现应及时移除，如任其生长可能导致枝条断裂。对重剪反应不佳。

垂枝欧梣 (F. EXCELSIOR 'PENDULA')

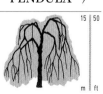

垂枝标准型，植株通常通过枝接1.5至2米定干砧木获得。枝条较拥挤，若无定期检查，交叉枝或摩擦枝可能相互连结，将骨干枝的瑕疵和腐坏枝干隐藏在层层枝叶之后。因此，植株幼时必须仔细筛选留作骨干枝。

■ **整枝与修剪** 依照垂枝标准型（见第26页）整枝及维护。对重剪反应不佳。生长初

贾斯皮迪亚欧梣 (Fraxinus Excelsior 'Jaspidea')

梣树芽对生，若主枝顶芽受损可能会形成有危险隐患的叉状树冠。选择保留一根枝条，利用竖向整枝使其成为新的主枝（见第24页）。

新枝成对生出

受损顶芽

期移除交叉枝，若有平行枝，则择弱枝移除。受优势枝条压迫，即使不进行移除，弱枝也会逐渐死亡。整枝与修剪时注意保持嫁接点周围枝条分布均匀。切勿过分疏枝，枝叶间的缝隙会破坏树冠整体轮廓。

其他梣树

美国白梣（F. AMERICANA）同欧梣。
窄叶梣（F. ANGUSTIFOLIA），异名为F. OXYCARPA；雷德伍窄叶梣（'RAYWOOD'）优良的街道树品种，植株常见中心主干型，但也可呈现羽型（见第25页）。其他习性同欧梣。

蒙斯特罗萨欧梣（F. EXCELSIOR 'MONSTROSA'）植株呈帚状，无需过多修剪。温特沃思垂枝梣（F. EXCELSIOR 'PENDULA WENTWORTHII'）克隆品种，植株主干笔直强壮，枝条自然下垂。可进行根接，避免枝接植株嫁接点位于视线水平及枝干生薹的缺点。移除侧枝，同中心主干型植株。植株分枝，下垂后，可依照垂枝标准型进行维护。对重剪反应不佳。花梣（F. ORNUS）自然定干，仅需微量修剪与整枝。

G

皂荚属 （GLEDITSIA）

落叶乔木，枝干多刺，株形优美，羽状复叶在秋季变为黄色。尽管植株耐寒，但生长季晚期长出的枝条较为柔嫩，易受冻伤。种植于避风、日照良好处最佳。

美国皂荚（G. TRIACANTHOS）

北美洲原生乔木，株高可达55米。该种有许多形态及栽培品种。

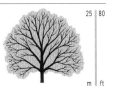

■ **何时修剪** 夏末至隆冬。

■ **整枝与修剪** 依照中心主干型（见第26页）进行修剪，定干高度约2米。美国皂荚植株自然长出强健的主枝，仅需少量成形修

剪。植株恢复正常生长后耐轻剪，但一般无需修剪。

包括金叶美国皂荚（Sunburst，即"旭日"，与原种相比势较弱，枝叶分层，宜作小型花园景观树）在内的许多栽培品种都可参考原种进行栽培。矮生品种娜娜皂荚（Nana）生长缓慢，成株为中型乔木，整枝方式与原种相同，但主枝分枝较早，形成宽大的树冠。布乔蒂皂荚（Bujottii）叶片有白斑，呈垂枝标准型（见第26页）。极美皂荚（Elegantissima）植株灌木状生长，无中心主干，仅需少量修剪。

其他皂荚树

黑海皂荚（G. CASPICA）、山皂荚（G. JAPONICA）同美国皂荚。

银桦属 （GREVILLEA）

半耐寒至不耐霜冻常绿植物（另见195页，观赏灌木词典），株形优美，叶片纤细，花朵蜘蛛状，在温暖气候区开花表现较好。银桦（G. robusta）株高可达35米以上，是较常见的物种；寒冷气候区可温室盆栽种植；温和的海洋性气候则可作为观叶植物进行墙式整枝；温和或亚热带气候区则可作为街道树或花园景观树种植。

■ **何时修剪** 初夏，生长减缓时（成株花后修剪）。

■ **整枝与修剪** 暖温带地区可种植为羽型（见第25页）或中心主干型（见第27页）树，定干高度2至3米。银桦主枝受损后难于替代，且植株损失主枝后可能发展出不牢固的骨干枝。墙式整枝请参照第74页。若无

盆栽银桦

寒冷气候区可扦插乔木银桦枝条，获得的盆栽植株寿命较短，需置于玻璃温室中。盆栽植株不开花，但蕨状幼叶同样颇具魅力。

必要，请避免修剪成株。大型修剪创口不美观，且不易为新枝覆盖。若需进行树冠提升（见第35页），可将整根树枝移除。

H–J

北美银钟花属 （HALESIA）

小型落叶乔木及灌木，完全耐寒，花朵形似雪滴花，花后结翅果。属内大部分物种秋叶有观赏性。北美银钟花自然生长为多主干树，但矮壮干树形植株可使花朵枝叶表现更佳。植株枝条凌乱，但一般无过多修剪需求。

北美银钟花（H. CAROLINA，异名为H. TETRAPTERA）

北美银钟花，小型灌木，底部枝条向外伸展，甚至偏略微下垂，使植株自地面以上皆为枝叶覆盖。本种喜光照。

■ **何时修剪** 秋季至早春。

■ **整枝与修剪** 基部常产生多枝：最好择其中最直立、强势枝条，整枝为单一主干。任主干在50至75厘米的位置分枝。

植株恢复正常生长后无特殊需求。若植株形态或开花表现不良，可在早春短截部分旧枝刺激新枝产生，新枝隔年即可开花。如植株老化拥挤，花后可即刻疏枝修剪最老一批开花枝。景观树恢复正常生长后请勿进行树冠提升作业，否则将会破坏植株整体轮廓。

其他北美银钟花

二翅银钟花（H. diptera）无特殊修剪需求。山地银钟花（H. monticola）株形远大于北美银钟花。树龄4年前仅移除主枝竞争枝，树龄4年后依照中心主干型（见第26页）整枝，定干高度1.5米左右。植株恢复正常生长后无需常规修剪。若植株形态或开花表现不良，可参照北美银钟花进行处理。植株逐渐成熟后可移除低处枝条。

其他观赏乔木

梧桐属（Firmiana）依照中心主干型进行修剪。钩瓣常山属（Geijera）小花钩瓣常山（G. parviflora）可依照垂枝标准型进行维护。植株休眠时可短截侧枝至次侧枝处，增强垂枝形态。

银杏属（Ginkgo）见第38页"针叶树"。

湿地茶属（Gordonia）与山茶具亲缘关系，栽培方式相似（见第180页"山茶"）。可于室外或玻璃温室内种植。

肥皂荚属（Gymnocladus）依照中心主干型整枝，定干高度约2米。植株恢复正常生长后无特殊修剪需求。

绶带木属（HOHERIA）

小型常绿或落叶乔木，叶互生，叶形优美，夏末至初秋于当季新枝开花，白色大花数量众多，十分壮观。绶带木通常较为耐寒，但寒冷地区最好将常绿物种种植于避风、温暖且日照充足处。若根部保护得当，受严重冻伤的落叶种可在春季由根部重新生长。

绶带木（H. POPULNEA）

伸展型常绿乔木，深绿色叶窄而光滑，花白色，成株后树皮棕白相间。本种自然形成多主干树，基部易抽枝。

■ 何时修剪　晚春。

■ 整枝与修剪　仅需少量成形修剪。若邻墙栽植需限制植株大小，若有需要可移除过长枝条，使植株保持非规则式整体轮廓。本种对重剪反应良好：老化、拥挤或形态不良植株可通过分次短截恢复活力。

其他绶带木

山绶带木（H. glabrata）自然生长为乔木状，仅需少量修剪。初夏可进行更新修剪，但使用新植株替换更佳。

利氏绶带木（H. lyallii）依照中心主干型（见第26页）进行修剪，定干高度1至1.5米，初夏可进行修剪。植株恢复正常生长后无需过多修剪，定期移除枯枝即可。

长叶绶带木（H. sexstylosa）同绶带木。

山桐子属（IDESIA）

山桐子（Idesia Polycarpa），小型耐寒乔木（地中海气候区植株更高），具红色豆状果实，树冠开放，枝条分层——这一特性需肥沃微酸性土壤及避风、光照充足等条件配合。可依照羽型或中心主干型（见第26页）种植，定干高度1至1.25米。若有修剪需要可在植株休眠时进行。请勿重剪，重剪后生出的徒长枝过于脆弱，无法替代原有枝干。

冬青属（ILEX）

属内物种大部分完全耐寒，乔木灌木皆有，常绿或落叶，叶片光滑亮泽，若有雄株在附近，雌株可结红色浆果。欧洲枸骨（Ilex Aquifolium）及欧洲冬青（I. × altaclerensis）的斑叶品种叶片有金色或银色点缀，或位于叶缘，或位于叶中。第二种花叶品种（见右图）则较易退化。常绿物种广作规则式树篱种植（见第44页）或用于造型修剪（见第48页"造型修剪"），由于浆果仅在两年以上老枝形成，上述特殊方式栽培的植株无法获得浆果。非规则式孤景树亦可偶尔进行造型修剪，虽益于植株生长，但过度修剪会破坏植株造型。

欧洲枸骨

常绿乔木，枝条密集，整体呈锥状，叶深绿色，有光泽，浆果亮红色。小型灌木状栽培品种维护与大型品种相同。垂枝欧洲枸骨品种是根接植株，其习性与其他许多垂枝树不同，枝叶紧凑，树冠中间较高，形成拱顶状。植株可以通过简单的整枝形成中心主干树形，这一树形可以更好地展现该种的优美形态。

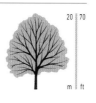

■ 何时修剪　仲夏至夏末。树篱的修剪与乔木的造型都应在夏末进行，此时新叶成熟，光泽焕发，枝条则尚未变硬，易于修剪。若在仲夏前修剪，可能导致新枝条生长不均，破坏修剪获得的整体线条。

蓝花楹属（JACARANDA）

常绿或半落叶乔木，习性极强健，不耐霜冻，叶蕨状，蓝色花朵十分壮观，春季（叶落时）开花，秋季偶有开花。蓝花楹通常株形高大，枝条稀疏，似不耐强风，但鲜有风伤状况。与其他速生乔木不同，蓝花楹木质坚韧且寿命较长。户外种植需留出定干高度，并保持枝干间隔适当。玻璃温室中种植的小型植株最好保持羽型，方便赏花。

劳森欧洲冬青（Iex × altaclerensis 'Lawsoniana'）

冬青的斑叶栽培品种可能有彩色斑点或叶缘。

■ 整枝与修剪　依照羽型或中心主干型（见第25页，常绿树）整枝。幼株生长旺盛，时常出现枝条与主枝竞争的情况。快速生长的枝条有时无法在入冬前完全成熟，因此欧洲枸骨易受冻伤——春季将冻伤枝短截至健康处即可。如要保持或改善植株整体的锥状形态，可将长势过旺、突出树冠的枝条短截至树冠内某处，或对整个树冠进行轻剪。

为垂枝欧洲枸骨整枝时，定干高度为幼株树高的三分之一，为枝条留出下垂空间。依照垂枝标准型（见第26页）进行维护。欧洲枸骨极耐重剪，老枝亦可生芽。若有需要可在修剪后疏剪新枝。

其他冬青树

包括欧洲冬青（I. × ALTACLERENSIS）及大叶冬青（I. LATIFOLIA）在内的大部分常绿冬青修剪方式与欧洲枸骨相同；狭长枸骨（I. × ATTENUATA）及其他美洲杂交品种）见第201页，北美齿叶冬青（I.OPACA）。

■ 何时修剪　冬季，植株休眠时。

■ 整枝与修剪　依照中心主干型（见第26页）进行修剪，视不同需求，定干高度可高达6米，玻璃温室中则保持羽型（见第25页）植株。移除生长过剩的直立枝条。此类枝条若继续生长可能会形成易折裂的狭窄枝干夹角。对重剪反应良好。

胡桃属（JUGLANS）

大型落叶灌木，姿态优美，树皮纹理特别，羽状叶形状精美，部分品种揉搓叶片有香味。胡桃（J. regia）亦作坚果（见第149页）果树种植，但只有夏季长而炎热的地区才能获得成熟的果实。若果实并非主要种植目的，胡桃树其实极易栽培，特别是在寒冷地区。

尽管成株耐寒，胡桃苗易受霜冻及干燥强风损害，故须种植于避风处。此外，胡桃根系较敏感，不耐干扰及修剪，因此须尽早种植，一至两年龄树苗最佳，根球体积越大越好，减少移栽工作量。勿购买根系拥挤的盆栽植株，此类植株较难适应新种植环境。

胡桃幼期枝干由质地柔软的木髓形成的空腔组成。若修剪不当，这一组织极易枯死，甚至可能形成空洞（见第31页）。修剪时注意不要留下残端，否则可能会引发枯枝病。此外，修剪胡桃易导致伤流，因此必须尽量减少修剪。部分物种则应完全不修剪。

■ **何时修剪** 夏季中旬至冬季中旬前。晚冬或春季请勿修剪，此时植株树液水平上升，修剪会导致伤流。

黑胡桃（J. NIGRA）

大型乔木，自然形成中心主干，使幼苗呈现锥状树形。胡桃成株树冠宽阔，低处枝条枝端略下垂，使植株几乎自地面以上完全为枝叶覆盖。

■ **整枝与修剪** 依照中心主干型（见第26页）整枝。移除侧枝的工作最好

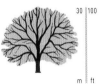

在植株幼期进行，以降低形成树干空洞与伤疤的风险。植株恢复正常生长后尽量避免修剪（另见胡桃）。对重剪反应不佳。

— 新枝成对生成

— 顶芽冻伤

黑胡桃

胡桃树易丢失顶枝。由于胡桃芽序对生，顶芽损失后若不及时移除下方一对芽点或侧枝中的一个，植株将会形成双主枝结构（见第24页）。

胡桃

自然形成圆形树冠，枝干粗重，细枝较少，整体外观稳重。胡桃是优质的木材树种，也是可食用坚果树，但果实仅在温暖气候区能够稳定产出。大多数栽培品种的护理方式与原种相同。垂枝胡桃（J. regia 'Pendula'）呈垂枝标准型（见第26页），植株幼期需对树冠进行疏枝，防止成熟后枝干拥堵。

■ **整枝与修剪** 依照中心主干型（见第26页）进行修剪。寒冷气候区，植株易因冻伤损失主枝。待夏季来临，将冻伤主枝短截至健康侧枝处，通过整枝使侧枝替代主枝。移除冻伤部分时切记将枝条短截至健康、饱满的部分。种植早期进行定干，减少形成主干空洞的风险。植株恢复正常生长后尽量避免修剪。若枝条受损必须进行移除，切勿损伤枝领（见第11页）。本种对重剪反应不佳。

其他胡桃树

樗叶胡桃（J. Ailanthifolia），壮核桃（J.Cinerea）同胡桃；加州胡桃（J.Californica），海氏胡桃（J.Hindsii），小果核桃（J.Microcarpa）最好任植株自然发展为小型多主干灌木状乔木。

K

刺楸属（KALOPANAX）

落叶乔木，枝干多刺，树干膨大，植株自然形成中心主干，几乎水平生长的侧枝较短，间隔均匀。幼树易受冻伤。新枝于末端开花，花后形成具轮生叶的短枝状侧枝。由于移植应激可能导致植株感染枯枝病，树苗应尽早定植。依照中心主干型（见第26页）进行修剪，定干高度2至3米，若有侧枝发芽即刻抹除。提前移除侧枝可防止主干留疤，同时减少腐木菌进入柔软木髓部位的风险。植株恢复正常生长后尽量减少修剪。

栾属（KOELREUTERIA）

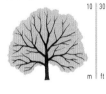

落叶乔木，喜日照，庇荫环境下易生枯枝病。树冠最好疏通开阔，使阳光能够照入树冠内部。选择枝干修长开放的幼树。由于生长迅速，栾树寿命较短，多髓的枝干易受木腐病、珊瑚斑病等疾病侵袭。不应种植于肥沃土壤中，此环境中生长的植株枝条娇嫩，极易感染疾病或受冻伤。依照中心主干型整枝，修剪须待植株休眠时进行。若需移除侧枝，可待侧枝由于树冠遮荫自行枯死后移除。切勿尝试通过掐尖使枝叶增密。恢复正常生长后尽量避免修剪，对重剪反应不佳。

栾树（Koelreuteria Paniculata）

栾树叶片在秋季变为黄油色，长而炎热的夏季可使秋季叶色更艳丽。温暖地区植株会在花后结囊状果实。

其他观赏乔木

枳椇属（Hovenia）依照中心主干型整枝。植株恢复正常生长后无需过多关注；香荫树属（Hymenosporum）首先为香荫树（H. flavum）整枝定干，而后令树冠自然生长即可；吊瓜树属（Kigelia）同酒瓶树属（Brachychiton，见第55页）。蜜汁树属（Knightia）同枳椇属。

L

毒雀花属 （+ LABURNOCYTISUS）

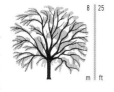

小型落叶乔木，完全耐寒，金雀儿属（Cytisus）与毒豆属（Laburnum）的嫁接嵌合体，常见由于根系发育不良导致的植株不稳定。尽早定植树苗并使用矮桩支撑主干（见第21页）。若植株恢复正常生长后主干势弱，可使用三桩支线进行增强。依照中心主干型（见第26

页）整枝，定干高度1.5至2米，顶芽在生长过程中自然失去优势，待其自行分枝即可。若有需要，修剪可在植株休眠时进行，轻剪则可在夏季中下旬进行。根蘖及树冠中异常强势的枝条均为毒豆，如不立即移除将会压制嵌合体枝条的生长。切勿进行更新修剪：重剪将导致植株内组织平衡混乱，可能导致毒豆组织激增。

亚当雀链花（+ Laburnocytisus adamii）

由两种基因型显著不同的组织形成的同时具有三种花朵形态的植株：黄色的毒豆花，紫色的金雀儿花，以及粉色的、兼具二者特性的花。本种的叶大多与毒豆相似，但树冠中偶尔会生出金雀儿的枝条。

毒豆属 （LABURNUM）

小型耐寒落叶灌木，下垂的明黄色总状花序极具观赏性。毒豆对整枝及维持造型的定期修剪反应良好。尽管植株通常用作孤景树种植，但亦可通过整枝形成美丽的"花拱门"。毒豆幼时生长迅速，但相对寿命较短。植株不喜移植，因此应尽量在幼时定植。在购买盆栽树苗时请仔细检查，勿购买有盆缚情况的植株。全株有毒。

毒豆（L. ANAGYROIDES）

有伸展习性的强健乔木，晚春至初夏花朵盛放。叶色金黄的金叶毒豆（L. anagyroide

'Aureum'），枝条向上伸展的立枝毒豆（Erect）都是嫁接植株，栽培方式与原种相同。砧木可能产生根蘖。

■ **何时修剪** 夏末后，隆冬前，避免伤流。

■ **整枝与修剪** 自然的羽型树或整枝获得的中心主干型（见第26页）都可令花朵观赏表现最佳。尽量在种植前3年使植株树冠枝条分布均匀，并整理出1.5米左右的定干高度，因为移除大型侧枝往往会导致树干空洞形成。植株恢复正常生长后，除整枝造型需要的短枝修剪外（见下图）尽量避免修剪。若有枯枝需要移除，尽量避免切到鲜活组织处，这一举动可能会破坏植株的自然屏障（见第9页）。嫁接或芽接栽培品种若在接点下方出现芽点须立刻抹除。更新修剪鲜有成

功，若植株老化或形态不良，应直接替换。

毒豆花墙与花拱门（见下图）的整枝作业相对简单，但需要每年结合更新修剪与短枝修剪来促进开花。

其他毒豆

高山毒豆（L. alpinum）同毒豆；垂枝高山毒豆（L. alpinum 'Pendulum'）；

垂枝毒豆（L. anagyroides 'Pendulum'）维护参照枝接垂枝标准型植株。

沃氏金链花（L. × watereri 'Vossii'）市面上常见的多为嫁接中心主干型植株，选择枝条整齐，接点牢固的树苗购买。整枝与修剪同毒豆。移除根蘖及接点以下出现的芽。

打造毒豆花拱廊

初期整枝 在拱廊框架两侧成排种植一至两年生羽型树，间隔2至3米。生长季初期枝条尚未硬化时，将枝条固定在拱廊框架上。若侧枝生长不佳，无法填补枝干缝隙时，可将主枝掐尖刺激侧枝形成。右图中展示了不同发展时期的植株。

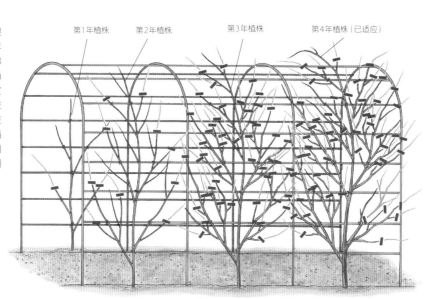

第1年植株　第2年植株　第3年植株　第4年植株（已适应）

后期修剪 拱廊的基础骨干枝形成后仍需在每年生长结束时进行修剪，修剪可降低枝条密度，促进开花的短枝形成。移除枯枝及位置不良枝，并选择枝条填补修剪留下的空隙。将剩余的当年生枝短截至主要骨干枝的2至3个芽点处，这一操作可刺激短枝的产生。

紫薇属（LAGERSTROEMIA）

落叶或常绿多主干乔木或灌木，顶生圆锥花序呈粉色、红色、紫色或白色，夏季中下旬在当年枝开花。秋叶丽色（花后短时间内变色）若气候寒冷将较早落叶。尽管紫薇（L. indica）可耐霜冻，但大部分属内物种仅在夏季炎热漫长、冬季温和的区域有较好的生长与开花表现。寒冷地区可将紫薇种植在光线充足的不加温温室或温室内。

■ 何时修剪　秋季至早春。

■ 整枝与修剪　依照多主干型（见第28页）进行修剪，选择地面高度左右的3至5枝强健枝条作为主干。这些主干可以支撑数量众多的纤细开花枝。主要骨干枝成型后，在每年早春将三分之一的侧枝短截回主枝处。这样可以促进新枝的生长，生出的新枝在夏季中下旬便可成熟开花。无霜冻气候下植株无需其他修剪。在寒冷气候区，尤其是生长季较短的北方地区，温室中种植的植株需进行疏枝，使树冠中心有阳光照射，促进枝条成熟。

月桂檫属（LAURELIA）

齿叶月桂檫（L. serrata），小型常绿乔木，叶美观，揉搓有香辛气味。成株较为耐寒，但幼株不耐寒。叶片密集的老枝易受强风折断，因此植株应种植在温暖的避风位置。月桂檫自然发展出壮壮的主干，最好种植为羽型树（见第25页），夏季花后进行修剪。

月桂檫仅需少量整枝修剪。若需限制植株大小，可将主枝缩剪当季生长长度三分之一。此外，月桂檫同样适合在向阳墙进行墙式整枝（见第74页，荷花木兰）。重剪后恢复良好，但需将新枝疏枝，降低风阻力。若枝干为强风折断，将其缩剪至枝干完好处。若有需要亦可通过树冠疏理（见第33页）降低树冠风阻力。

月桂属（LAURUS）

缓生常绿乔木，叶片芳香，有时亦作密集灌木或树篱种植。月桂树既可提供烹饪食材，亦具规则式观赏价值。

月桂（L. NOBILIS）

乔木，枝叶茂密，树冠较低，叶皮革质感，可用于烹饪。植株自然形成中心主干型树，侧枝自地面生长至树顶时整体观感最佳。本种耐寒，但干燥的冷风仍可能使叶片损伤。月桂是造型修剪的良好植材，对掐尖修剪与短截修剪反应良好，适宜整枝造型圆锥形、金字塔状或"棒棒糖"形树。寒冷地区冬季植株需保护。

■ 何时修剪　春季在生长开始前为幼株整枝。造型植物的修剪短截可在夏季进行。

■ 整枝与修剪　依照羽型（见第25页）整枝。顶段枝条鲜与主枝竞争，逐渐形成几近水平的枝条。植株恢复正常生长后尽量避免修剪。修剪规则式造型的景观树时应使用小型的修枝剪而非大型修篱剪（见第48页，造型修剪及第44页，树篱）。若寒风导致枝条枯死，应等到春季，此时落叶的枝条常重新生叶。若枝条无新叶长出，彻底死亡，则将其缩剪至健康部分，并将其隐藏在叶丛中。生长出的新枝会填补树冠的空隙。尽管月桂耐重剪，但植株恢复较慢，大型切口将十分明显，因此重剪应是最后手段。偶有强风导致生长不均的植株，若有发生，可在初夏进行纠正修剪以恢复平衡，但要注意尽量避免过度修剪。此后可在夏季定期修剪，促进植株生长浓密。

其他月桂

亚速尔月桂（L. AZORICA）同月桂。若有避风的向阳墙保护，可在仅有轻度霜冻的温和区域安全过冬。

第1年

第2年

清除主茎侧枝

移除基部根蘖

月桂造型树
将主干挺直的树苗缩剪至侧枝成簇处，短截向外生长的枝条使其形成小型标准树。新枝条长出时，将其缩剪至生长方向适宜的芽点处，使植株形成紧凑的树冠。

帝王花属（LEUCADENDRON）

木百合（Leucadendron Argenteum），常绿乔木（生长条件不佳区域则为大型灌木），不耐霜冻，植株柱状，叶银灰色，花小型、黄色，苞片银色，花期自秋季至春季，花后有造型奇特的松果状果实。寒冷气候区可于温室种植。良好通风对植株生长十分重要。木百合寿命较短，但较易从种子种植。温暖地区可整枝为羽型树（见第25页），保留近地面处侧枝。若需修剪可在初夏进行。温室中或恢复正常生长后的植株尽量避免修剪，否则容易导致感染及枯枝病。

其他观赏乔木

蜜源葵属（LAGUNARIA）依照中心主干型（见第26页）整枝。耐修剪，玻璃温室中的植株可通过修剪限制大小。

山胡椒属（LINDERA）

芳香乔木及大型灌木，叶片纤丽。可耐霜冻，喜明亮、避风环境，可进行墙式整枝。幼枝可能受冻伤，但恢复更新迅速。

大果山胡椒（L. PRAECOX）

小型落叶乔木，可通过矮林作业获得美观的大型叶片（但将损失花量）。

■ **何时修剪**　秋季至早春。

■ **整枝与修剪**　温和气候区可依照中心主干型（见第26页）整枝，定干高度1.2至1.5米。寒冷气候区，植株自然形成多主干型（见第28页）。墙式整枝需多主干植株，若需修剪可在植株休眠时将其短截至地面上30厘米

枫香树属（LIQUIDAMBAR）

落叶乔木，具槭状叶，秋季叶色极佳，树皮纹路精美。全属物种根系不耐干扰，故树苗应在两至三年时定植。树龄较大的植株通常已经过整枝，呈中心主干型（部分品种亦可种植为羽型）。若在种植前移除低处侧枝，可减少移栽过程中的水分流失，使植株定植后更快恢复正常生长。避免购买盆缚的盆栽植株。枫香树不耐修根，若秋季种植更应避免。寒冷气候区全属物种不耐重剪。

北美枫香（L. STYRACIFLUA）

乔木，大致呈锥状，成株枝条下垂，秋叶猩红、深红、紫色交织。本种为全属最耐寒、种植范围最广的物种。

■ **何时修剪**　秋末至早春，植株休眠时。夏末移除枯枝。

■ **整枝与修剪**　依照低定干中心主干型修剪（见第26页）。幼树自然形成强壮的中心主枝，若有主枝竞争枝应尽快移除。移除最高5米以下的侧枝，使下垂的枝干可垂悬至视线水平，方便观赏秋叶。

左右高度（见第28页）。修剪后在新枝中选择3至5枝位置适当的枝条保留。进行墙式整枝时，随植株生长将枝条（见第74页）逐步固定在墙面，使其呈现扇形。

进行墙式整枝的植株须移除外向生长的枝条，除此之外尽量避免修剪纤长的开花枝，否则可能会刺激徒长枝（见第30页）生长，徒长枝出现时立刻抹除。发现根蘗时应立刻移除，但需保留可进行整枝，用蘗芽枝代替老化枝干。山胡椒对重剪反应良好。矮林植株（见第34页）需隔年早春短截30—50厘米。

北美枫香
灿烂的秋叶颜色使这个杂色品种成为一个引人注目的标本树，特别是在较暗的背景下。

其他枫香树

枫香树（L. FORMOSANA），苏合香（L. ORIENTALIS）幼株易受冻伤及竞争枝困扰。依照羽型整枝，直至植株高达6米。之后可开始修剪低枝，分4年以上逐年进行，每年提升30厘米左右的定干高度。

鹅掌楸属（LIRIODENDRON）

耐寒落叶乔木，夏季中旬开花，花朵淡绿色，形似郁金香，叶秋季金黄。

北美鹅掌楸（L. TULIPIFERA）

速生乔木，习性强健，原生于北美洲，部分地区视其为入侵物种。较寒冷的温带地区，本种适宜中型花园种植，株高一般低于30米，树冠更圆、更密集，可能失去成熟枝干半下垂的特质。

■ **何时修剪**　秋季至初春，植株休眠时。树木叶片完全长出后可移除枯枝。

■ **整枝与修剪**　北美鹅掌楸通常自然形成强壮的中心主干，且较少初期修剪需求。大陆性气候下，可分次移除幼树株高约三分之一高度以下的侧枝。凉爽的海洋气候区则应待植株完全恢复正常生长后再移除侧枝，定干高度2至3米。

由于切口易受木腐菌入侵，植株恢复正常生长后应尽量减少修剪。若必须进行截枝，请咨询专业人士。

其他鹅掌楸树

鹅掌楸（L. CHINENSE）植株应尽早定植。整枝修剪方式同北美鹅掌楸；柱状北美鹅掌楸（L. TULIPIFERA 'FASTIGIATUM'）柱状形态，最好保留低部侧枝。仅需少量修剪或无需修剪。

扭瓣花属（LOMATIA）

小至中型常绿乔木，耐霜冻，但末梢芽易受冻伤，导致植株呈现灌木状生长。花后修剪。锈色扭瓣花（L. ferruginea）形态以自然的多主干型（见第28页）最佳。毛蕊扭瓣花（L. hirsuta）则以单主干的羽型树（见第25页）最佳，但主枝受损后无法替代；植株自然形成多主干形态，主干5至7枝为佳。本属乔木恢复正常生长后无特殊修剪需求。扭瓣花亦可进行墙式整枝，同山胡椒属。

龙袍木属（LUMA）

尖叶龙袍木（Luma Apiculata，异名Myrtus luma，M. apiculata，Myrceugenia apiculata），耐霜冻常绿乔木或灌木，属内物种习性多变，但大多具成熟后枝端下垂的直立侧枝及优雅下垂的次侧枝。龙袍木叶光滑革质，具芳香，杯状小型花白色，夏末至初秋开放。树皮浅黄褐色，自然脱落后露出奶灰色树干。温和几乎无霜冻的地区可将龙袍木种植为中心主干型树，但较冷地区株高一般不超过6米，更适宜种植为多主干型树。

■ 何时修剪 春季，恢复生长前。

■ 整枝与修剪 温和地区依照中心主干型（见第26页）整枝，逐步移除1.5米高度以下侧枝。顶芽优势较弱，因此若发现竞争枝须尽快移除。寒冷气候区，令植株从基部或树干低处分枝，自行生长为多主干树（见第28

尖叶龙袍木

杯状的花朵凋谢后，植株便挂出球形的果实，初始时呈红色，随后逐渐深沉，最后变为紫色。亮泽的神色叶片将花果都衬托得格外亮眼。此外，市面上亦有一种叫做格兰利姆金（Glanleam Gold）的花叶栽培品种可以购买

页）。必要情况下，可选择保留3至5枝强健枝条形成间隔适当的主要骨干枝。一旦植株恢复正常生长后便可疏理树冠，使树冠结构开放，露出观赏性的树皮。若有需要，亦可待孤景树适环境后进行疏枝修剪，展示枝干同时突出枝条的下垂习性，但如前期整枝良好，上述工作便无必要。

蕨叶梅属（LYONOTHAMNUS）

蕨叶梅（Lyonothamnus Floribundus），常绿乔木，形态极其优雅，可耐霜冻，但偏好无霜冻条件，且寒冷地区株形较小。叶蕨状，花白色、小型，圆锥状花序，树皮薄，呈条形，起伏不平，栗棕色。常见中心主干型景观树，但亦可作墙式整枝植材。

■ 何时修剪 春季，生长恢复前。

■ 整枝与修剪 整枝为单主干羽型树（见第25页），保留底部侧枝。侧枝或直立，或下垂，侧枝生下垂次侧枝。仅进行疏枝修剪。过度修剪易刺激强势的徒长枝（见第30页）

生长，破坏树冠形状。主要骨干枝成型后无需过多修剪。

然而，属内物种可耐重剪且反应良好。若植株野化或株形过大，可在春季进行平茬。平茬后，保留最强势枝条作为新主干，移除其他枝条，详情可参照桉树（见第64页）。此后重复上述初期整枝工作即可。

蕨叶梅墙式整枝最有效的方式是待中心主干及主要水平侧枝与墙面固定后（见第74页"荷花木兰"），仅容许下垂的次侧枝生长，使其形成帘状叶丛。每年夏季中下旬，待花期过后移除所有直立侧枝。

M

马鞍树属（MAACKIA）

小型落叶乔木，完全耐寒，羽状复叶造型纤丽，花期夏末，白色豆状花小型，呈穗状。

朝鲜槐（M. AMURENSIS）

伸展型乔木，常作为多主干型景观树。植株亦可整枝为树冠开放疏散，定干高度低的标准型树。

■ 何时修剪 秋季至早春。

■ 整枝与修剪 朝鲜槐可自然生长为美观的多主干树，仅需少量修剪或无需修剪。若要使植株呈现更典型的乔木形态，可移除75至90厘米以下低枝。若顶芽丢失，树冠将很快散开，使主枝替代枝的选择与整枝较为困难。植株树龄增大后对重剪反应不佳。

其他马鞍树

马鞍树（M. chinensis）同朝鲜槐。若形成中心主干型树，可将中心主枝竞争枝掐尖。

橙桑属（MACLURA）

橙桑，耐寒落叶乔木，具刺，树冠圆形，木质极坚硬，果实似橙，淡黄色。可种植为中心主干型树或作为非规则式屏障树篱。植株产生的奶状树液可能有害，修剪时需戴手套。修剪可在秋季至早春，植株休眠时进行。整枝为羽型树（见第25页）。无需过多修剪，中心主枝较早失去优势，自然形成宽大拥挤的树冠，切勿进行疏枝。栽培树篱或屏障树篱时密植植株，苗距50至90厘米，限制植株高度及冠幅。若有需要，冬季可将树冠重剪回缩（另见第44页，树篱）。

其他观赏乔木

柯属（Lithocarpus）同冬青栎（Quercus ilex，见第84页）。

木姜子属（Litsea）见新木姜子属（Neolitsea），第77页。

彩桃木属（Lophomyrtus）同龙袍木属。

红胶木属（Lophostemon）红胶木（L. confertus）种植方式同龙袍木，整枝为中心主干型。耐重剪。

北美木兰属（MAGNOLIA）

属内物种众多，包括乔木与灌木，花朵美丽，常有芳香，完全耐寒至耐霜冻，大部分物种冬季需防风保护。早花种可能受晚霜冻损伤。若土壤贫瘠，植株易生长不良。

大部分北美木兰应在植株恢复正常生长后避免修剪，除非必要情况。多数物种易出现伤流现象，故仅可在夏季至冬季上旬修剪。幼株需轻剪（切口直径不超过2厘米）进行造型或控制生长，春季萌叶前开花的品种于夏季中旬修剪，春季萌叶后开花的晚花品种则于春季生长开始时进行修剪。多数北美木兰可从老枝生枝，且对正确季节进行的重剪反应良好。修剪后恢复较缓慢，植株第一年通常集中营养愈合创口，后续几年的生长期才会产生新枝。有时切口周围会产生柔嫩的徒长枝（见第30页），若一旦发现须尽快移除。

滇藏玉兰（M. CAMPBELLII）

耐寒落叶乔木，冬末至晚春开花，通常为粉色。偶有植株低矮，枝干外伸，但一般呈现具有中心主干、骨干枝良好的锥状树。嫁接植株（一般为栽培种）分枝较实生植株早，且树冠一般更低更宽。

■ **何时修剪** 初夏至仲夏，叶片完全舒展后。

■ **整枝与修剪** 选择健壮未分枝的独本苗（见第22页）整枝成单主干锥状树。在种植前4至5年保持顶芽生长不受阻尤为重要。修剪时仅移除受损枝与主枝竞争枝，重剪会刺激植株从中心部位生出直立枝条，破坏株形。嫁接植株可能在早年分枝，且位置较低。若低处侧枝过长，同时中心主枝势弱，可将其回缩至2个芽点处（芽点位于短枝上）。

中心主枝优势确立后，分2至4年移除低处枝干（依苗植株生长状况决定）。此后较少修剪需求。若树冠由于损失枝条形成空缺，可在切口周围选择一枝合适的新枝，以其替代损失枝条。移除其他枝条，若有新芽产生须尽快抹除。春季可进行打顶修剪。

促进分枝，并在下一年春季将枝条竖直部分短截至位置最佳的外向侧芽处，移除其

墙式整枝（荷花木兰）

第1年，定植后第一个夏季

1 将主枝竖直固定到铁丝上。

2 移除前、后朝向的枝条。

3 将其他侧枝以45度角固定到铁丝支线上。

第2年，夏季

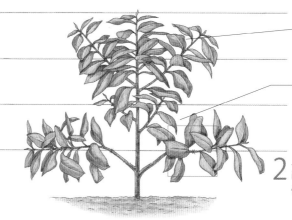

1 继续将长度足够的新生侧枝以45度角固定。

2 上一年以45度角固定的侧枝已经开始茁壮生长，可将其拉低进行水平牵引。

第3年以后，夏季

1 继续将枝条通过先呈45度角，再水平牵引的步骤分层固定。主干上长出的无法朝右或左侧整枝的新枝需移除。

2 将枝条固定到需要填充的位置，待空缺填满后将该枝摘芯。

3 将垂直与墙面或与其他枝条交叉的次侧枝短截至1至2片叶处。若枝条有花苞，则应待花后再进行修剪。

日本辛夷（Magnolia Kobus）

余侧芽。位置不佳的新芽可在冒头时抹除。

欲完全更新植株，可将所有枝条短截回主要骨干枝（但最好分2至3年进行）。新枝的选择与整枝与上文相同。

荷花木兰（M. GRANDIFLORA）

常绿乔木，耐霜冻，叶片较大，夏末开奶白色花朵。植株在美国南部的原生地可达25米高，枝叶茂密，呈圆锥形。寒冷气候区的植株枝干松散，习性更接近灌木，且通常以墙式整枝方式种植（明亮避风处最佳），将中心主干控制在恰当的高度。

■ **何时修剪** 春季、生长恢复时，若进行墙式整枝则于夏季修剪。

■ **整枝与修剪** 夏季炎热漫长，冬季温和的地区，荷花木兰可自然形成强壮的中心主干，且除短截过长枝条维护株形外无太多修剪需求。寒冷气候区的墙式整枝见第74页。更新方式同滇藏玉兰（M. campbellii）。

其他北美木兰

山玉兰（M. DELAVAYI）同荷花木兰。

玉兰（M. DENUDATA，异名M. HEPTAPETA）习性接近荷花木兰，但更适宜寒冷气候种植。

日本辛夷 春季开花，幼期呈圆锥形，树冠随生长逐渐变宽。自然形成强势中心主干；较少整枝需求。花后若有需要可在夏季中旬轻剪。老树树冠内偶尔产生徒长枝，若有发现需移除。更新方式同滇藏玉兰。

柳叶玉兰（M. SALICIFOLIA）夏季中旬花后轻剪。整枝为中心主干型（见第26页），定干高度1至1.5米。植株恢复正常生长后较少或无修剪需求。更新方式同滇藏玉兰。其他物种见第206页，观赏灌木词典。

苹果属（MALUS）

小型至中型落叶乔木，完全耐寒，春季花朵壮观，枝叶美形，果实可食用，有时亦可观赏秋叶。苹果属乔木亦可作木材。不论是标准型还是羽型植株都极具魅力。市售的"金色黄蜂"（Golden Hornet）及"约翰唐尼"（John Downie）等根接品种通常为已整枝的丛冠标准型，偶见中心主干型。

■ **何时修剪** 秋季至初春。

山荆子（M. BACCATA）

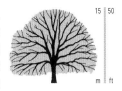

伸展型乔木，枝干粗重，花朵白色，花后有红色或黄色果实。实生植株为佳，嫁接植株即使经过良好整枝也会随生长逐渐倒伏。

■ **整枝与修剪** 生长初期为羽型（见第25页）。本种低处枝通常自然脱落。若低处枝不自然脱落，则进行移除，每年仅可移除一轮侧枝。重剪刺激树冠内徒长枝形成，一旦发现徒长枝形成需立刻移除，否则可能形成不美观的第二树冠。

植株恢复正常生长后，尽量避免重剪，重剪常导致真菌入侵，引起枯枝病。

多花海棠（M. FLORIBUNDA）

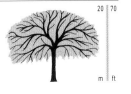

伸展型乔木，枝干浓密，花期开大量淡粉色花。部分形态呈现灌木习性，其余大部分自然形成强壮的中心主干。

■ **整枝与修剪** 生长初期呈现灌木状生长的植株无法通过整枝形成树状。让此类植株自然发展成枝叶覆盖的多主干形态。有明显中心主干的植株可定干1至1.5米，令树冠自然发展分枝，通过移除位置不良或交叉枝，形成间隔适当的树冠结构，缓解该种树冠随树龄增长逐渐拥挤的习性。植株树龄达到5年后无需过多修剪。本种对重剪反应不佳。

黄油球海棠（Malus 'Butterball'）

海棠树的栽培品种有不同的果实颜色，均可吸引觅食鸟类。

野木海棠（M. TSCHONOSKII）

适用于小型花园的美丽乔木，圆锥状株形十分特别，花白色，果实绿黄色，秋季叶色亮丽。

■ **整枝与修剪** 地栽植株常发展出不可靠的根系，需要矮桩支撑辅助（见第21页）。本种自然形成中心主干，枝条直立或半直立，无需过多成形修剪。若中心主枝损失并使用新枝替代，将其他生长旺盛的直立侧枝短截4个芽点的长度，防止其与新主枝竞争。低枝可保留亦可清除，留出1.5至2米的定干高度。无其他修剪要求。对重剪反应不佳。

其他苹果树

金色黄蜂海棠，约翰唐尼海棠，达特茅斯海棠 同山荆子。偶见树冠徒长枝及砧木蘖芽。若有发现即刻移除。湖北海棠（M. HUPEHENSIS）植株自然发展为中心主干型树；栽培方式同野木海棠；山楂叶海棠（M. IOENSIS）小型嫁接丛冠标准型植株，仅需少量修剪。紫海棠（M. × PURPUREA）整枝为中心主干型植株，同野木海棠，或在冠下空间无需通人的情况下保留低处侧枝，获得更自然的外形。修剪无法纠正其自然的不良习性，且不推荐修剪，重剪将导致徒长枝大量产生。

白千层属（MELALEUCA）

中型常绿乔木，叶深色，有光泽花朵"杯刷"状。半耐寒至耐霜冻，需充足阳光。幼苗整形可促进植株健康发展，除此之外无需过多关注。对重剪反应不佳，故若需更新直接替换植株即可。

■ **何时修剪** 冬末或春初。短叶白千层（M. hypericifolia）耐造型修剪及花后修剪以限制植株大小。

■ **整枝与修剪** 属内大部分物种最好保留自然多主干形态，尽量避免修剪。若定期修剪，可作为半规则式树篱或挡篱。光秃的老枝不抽枝。狭叶白千层（M. linariifolia）可完全自然生长，但选择3枝强壮主干保留（见第28页）可更好展示其直立习性与开花枝。移除水平长势明显的侧枝，促进整体直立造型。刺叶白千层（M. styphelioides）为单主干羽型树（见第25页）。植株适应定植环境后，可凭需求移除低枝，定干高度1.5至2米，展示纸状树皮。

海岛白千层（Melaleuca Nesophila）
春季，粉紫色的花朵从上一年枝条枝梢生出。

楝属（MELIA）

楝（Melia Azedarach），落叶乔木，树冠圆形，花期春季，丁香状星形粉色花组成圆锥状花序，花后结橙黄色果实。依照中心主干型（见第26页）整枝，秋季至初春修剪。尽可能保持主干生长，目标定干高度2米。幼树枝条分布适当，节间长，次侧枝较少，形成开放纤细的形态。生长初期清除低处侧枝可使高处枝干距离更近。

泡花树属（MELIOSMA）

缓生落叶乔木及灌木，初夏开花，花小型，有蜂蜜香味，圆锥花序。珂南树（M. alba，异名M. beaniana）、红柴枝（M. oldhamii）、暖木（M. veitchiorum）等乔木品种通常种植为中心主干型。泡花树完全耐寒，但生长季末的柔软新枝易冻伤。

■ **何时修剪** 春季生长恢复时，夏季可轻剪。

含笑属（MICHELIA）

常绿乔木，不耐霜冻，与北美木兰属（Magnolia）有亲缘关系。花朵芬芳，冬末至春初盛开。

南亚含笑（M. DOLTSOPA）

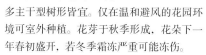

常绿或半常绿乔木，树冠宽而圆，标准型或多主干型树形皆宜。仅在温和避风的花园环境可室外种植。花芽于秋季形成，花朵下一年春初盛开，若冬季霜冻严重可能冻伤。

■ **何时修剪** 春季修剪新栽植株，植株恢复

桑属（MORUS）

落叶乔木，完全耐寒，叶形优美，果实可食，树皮纹理精美，但虬曲苍劲的树形最为有趣。桑树随植株逐渐显现树冠开放宽大的生长特性。桑树根脆弱多肉，种植时须小心。

■ **何时修剪** 秋季至早冬完全休眠时修剪可防止伤流。

桑（M. ALBA）

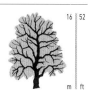

桑树树冠宽圆，疏枝粗重，树干粗壮，干围较大。桑树观赏性亚于黑桑（M. nigra），但果实秋季掉落，故不易染污地面。形态特别的植株往往具有结构隐患，通常因种植初期缺少关注导致。修剪可创造出"早熟"植株，使其发展出最终需要

正常生长后改为花后修剪。

■ **整枝与修剪** 多主干型（见第28页）树仅需微量成形修剪，幼树枝干自然覆盖整树。中心主干型（见第26页）整枝需移除竞争枝，定干高度75至90厘米。植株成熟后，顶芽失去优势，形成枝干直立生长后向外延伸的多主枝树冠。

植株恢复正常生长后尽量减少修剪。对重剪反应不佳。

其他含笑树

含笑花（M. FIGO）同南亚含笑。耐轻剪，可在春季修剪进行造型或限制植株大小。

■ **整枝与修剪** 依照中心主干型（见第26页）整枝，定干高度1.5至2米。红柴枝即使在苗期亦生长缓慢，形成单主干与短粗侧枝的特别形态，侧枝需多年方可完全形成枝干。其枝干稀疏为自然习性，无法通过修剪改善。植株恢复正常生长后无需过多修剪，且对重剪反应不佳。

支撑的脆弱低枝。

"垂枝"（Pendula）是根接的自然垂枝品种，该种不会形成中心主干，除非人为整枝干预。

■ **整枝与修剪** 依照中心主干型（见第26页）整枝，定干高度约1.5米。若要获得伸展曲折的"早熟"树冠，在植株树龄4至5年时移除顶芽，而后停止修剪，使其自行生长。如需结构稳固的景观树，需要尽可能保持主干的生长，理想高度为6米。无其他修剪需求。植株成熟后，侧枝的生长会自然超过主枝，形成宽大的树冠。此后尽量避免修剪。时常检查移除隐芽生出的侧枝（见第30页）。重剪无法更新植株，更容易刺激大量徒长枝（见第31页）形成。若有需要可使用支柱（见第31页）支撑低枝。

整枝垂枝桑（M. alba 'Pendula'）可在种植时插入结实的植株，将柔韧的新枝固定在支柱上作为主枝。主枝生长后将显下

N–O

南青冈属（NOTHOFAGUS）

完全耐寒至耐霜冻乔木，形态有趣，叶片纹理精美。常速生，易受强风损伤。

榆叶南青冈（N. DOMBEYI）

常绿乔木，耐霜冻，叶深色，有光泽，齿状边缘，树枝水平生长，株形优雅。

20 70
m ft

■ 何时修剪　晚春、春季第一波生长高潮后。

■ 整枝与修剪　依照中心主干型（见第26页）修剪，定干高度1.5至2米。若保留低处枝干，植株会形成围绕基部的"裙摆"，冠下空间无法利用。本种易生双主枝，这一习性会保留到成株初期。若任此情况发展会形成脆弱的树杈。一旦发现双主干形成应立刻移除长势较弱的一枝。植株恢复正常生长后仅需少量修剪。低枝下垂触及地面后可能向上生长，叶片形成"裙摆"。若需利用冠下空间可移除底部枝条。

歪叶假水青冈（N. OBLIQUA）

落叶乔木，习性强健，枝条水平，枝梢下垂。树皮随植株生长逐渐泛红，沟壑加深，叶片秋色鲜艳。该种完全耐寒，但不适宜种植在开放区域。生长迅速的树冠常形成"风帆"，强风时根系无法抵抗风力，植株易被风吹倒。

30 100
m ft

■ 何时修剪　秋季至初春。

■ 整枝与修剪　依照中心主干型（见第26页）修剪，定干高度3米以下。保持强壮的中心主干至关重要。若植株形成脆弱的树杈，生长迅速的树冠与粗重的枝条将造成高度的结构隐患。成株后，低部枝条极重，且产生长而下垂的次侧枝，时常垂悬至地面。若需使用冠下空间，可短截或移除次侧枝。由于低枝过重，移除工作仅可由专业人士完成。

高大南青冈（Nothofagus Procera）
南青冈的小枝时常形成独特的人字形图案。

其他南青冈

南青冈（N. ANTARCTIC）依照羽型（见第25页）种植。植株主枝常在早年损失优势，但并无大碍。桦状南青冈（N. BETULOIDES）同榆叶南青冈，但该种可保留低枝。

高大南青冈（异名N. ALPINA, N. NERVOSA）完全耐寒，但需避免干燥冷风，否则会形成整枝或修剪无法纠正的畸形树。整枝方式同歪叶假水青冈，但定干高度约为4米。使用矮桩（见第21页）支撑。生长期可能需要多次调整固定带。若主枝丢失，植株一般可自行用侧枝生出的强壮枝条替代主枝。若植株未自行修复，可通过整枝形成替代枝。植株恢复正常生长后仅需少量修剪，且对重剪反应不佳。

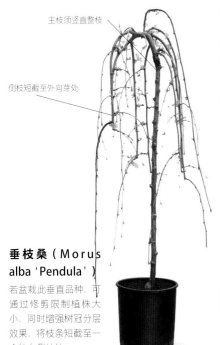

主枝须竖直整枝

侧枝短截至外向芽处

垂枝桑（Morus alba 'Pendula'）
若盆栽此垂直品种，可通过修剪限制植株大小，同时增强树冠分层效果，将枝条短截至一个外向侧枝处。

垂。生长季结束前，趁枝条尚未完全成熟，可将其扳正并固定在支杆上。重复这一步骤，直到株高到达5至6米。在此期间，逐渐清理出1.5米左右的定干高度。此后，任树枝自然下垂即可。植株恢复正常生长后尽量避免修剪。

其他桑树

黑桑（M. NIGRA），红果桑（M. RUBRA）见第137页。

其他观赏乔木

木莲属（Manglietia）红花木莲（M. insignis）栽培方式同滇藏玉兰（见第74页）。请勿重剪；牛杞木属（Maytenus）尽早定植。多主干型植株可通过移除幼苗中心主枝获得。选择最强壮枝条，移除其他枝条可形成单主干羽形树。仅疏枝侧枝。重剪刺激徒长枝生长，且可能导致观赏性欠佳的灌木状习性。蜜花堇属（Melicytus）蜜花堇（M. ramiflorus）可种植于不加温温室或温室中。除侧枝打顶外无需过多修剪，休眠时可进行成形修剪。欧楂属（Mespilus）见第120页，欧楂；铁心木属（Metrosideros）常作粗枝多主干树。仅需少量修剪；香桃木属（Myrtus）见第207页，观赏灌木词典龙袍木属（Luma）；新木姜子属（Neolitsea，异名为Litsea）整枝定干1米左右，而后令植株自然分枝形成宽大且结构稳固的树冠。植株恢复正常生长后仅需少量修剪，且对更新修剪反应不佳。

蓝果树属 (NYSSA)

落叶乔木，叶形优美，秋色艳丽。气候对其生长习性与形态影响较大：夏季炎热的温暖气候区植株常为中心主干型；寒冷的温带气候区植株常为去中心主干，最好在种植初期整枝形成定干低矮的多主干树形。

多花蓝果树 (N. SYLVATICA)

落叶乔木，形态优美，秋叶十分惊艳。极不耐移植，因此应该树龄1至2年时定植。移栽导致的应激

多花蓝果树 (Nyssa Sylvatica)
清除出底部主干后，植株低枝有足够的空间自由伸展，创造出惊艳的放射状效果，秋季尤其壮观。

酸木属 (OXYDENDRUM)

酸木 (Oxydendrum Arboreum)，落叶乔木，完全耐寒，夏末开花，细长的顶生圆锥花序呈绿白色，秋季叶片猩红。该种仅在夏季炎热地区可生长为中心主干型植株，呈现标准树形。夏季凉爽地区，植株常自然发展为灌木状或多主干植株。树苗应尽早在最终种植点定植，移栽应激经常会导致植株损失主干。酸木喜空旷，多日照环境。遮阴或其他植物的竞争可能导致树冠变形或位移，若发生此情况并无修正方法，因为酸木整体不耐修剪。

反应可致植株死亡，即使较大植株度过移植危险期也很难形成良好的景观树。幼树注意避风防霜。成株后更加耐寒。

■ **何时修剪** 秋季至早春，植株休眠时。

■ **整枝与修剪** 温暖气候区，将植株整枝蔚中心主干型（见26页），隔年再移除侧枝，侧枝的移除需分4至5年完成，最终定干高度2米。过早重剪会导致树冠过早分枝。保持主枝优势性对维持植株树状形态至关重要。若有强势侧枝与主枝竞争，将其短截，短截长度可达枝长三分之一。主枝若丢失或受损极难恢复，最好使其发展成为多主干型树。

寒冷气候区，可将新栽独本苗打顶，促进分枝，形成低主干多主枝树。选择4至5枝强健侧枝作为结构枝。移除低枝，留干高度60至90厘米。

除初期修剪外，本种修剪需求较少。半成株或成株外延的侧枝偶有产生长势旺盛的直立枝条，易穿过树冠，影响植株整体造型（尤其是冬季），若有发现即刻移除。蓝果树耐修剪，若有需要可通过修剪整理树冠，限制冠幅或梳理拥挤的树冠（见第32页，更新复壮）

其他蓝果树

蓝果树 (N. SINENSIS) 同多花蓝果树。

■ **何时修剪** 秋季至早春，植株休眠时。

■ **整枝与修剪** 种植枝叶均匀的羽型树苗。夏季炎热区域可种植为羽型树（见第25页），仅移除最低处侧枝。并无有效方法可代替本种损失的主枝，若主枝受损，最好任植株自行分枝，自然生长。植株恢复正常生长后，尽量减少修剪。对重剪反应不佳。

P

波斯铁木属 (PARROTIA)

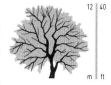

波斯铁木 (Parrotia Persica)，落叶乔木，秋叶混杂金黄与深红，尤其壮观。波斯铁木习性多变，兼有树状与灌木状形态。幼株生长后呈现何种习性较难判断。呈灌木状生长时，主枝优势较快消失，侧枝显露水平或垂悬生长习性。这一形态的植株冠幅较宽，但高度一般不超过4米，冠幅往往大于株高。灌木形态植株无法通过整枝获得直立枝条。若植株呈树状生长，其高度可达12米，主枝持续生长，并明显压制短侧枝长势，使侧枝随生长增粗。波斯铁木不适应移栽，且植株在树龄3至4年后才会逐渐显露出生长习性。因此，种植波斯铁木最好选择两种形态都可健康生长的环境。

泡桐属 (PAULOWNIA)

速生落叶乔木，叶片美观，春季盛开，花似毛地黄。泡桐枝条多髓，需要漫长炎热的夏季生长成熟，增加其耐寒性，并为花期作准备。在大陆性气候区，可将幼树种植在玻璃温室中，或至少在种植后第一个冬天施加防寒措施。寒冷地区，秋季生长的新枝与花芽常遭冻伤。此外，泡桐亦可通过重剪生出强健的枝条与巨大叶片，作为观叶植物栽培。此类植株冬季最好放置于温室中。

毛泡桐 (P. TOMENTOSA)

树冠宽大的柱状乔木，花形似丁香，粉色，具芳香，常见中心主干型（生长习性常受气候影响）树，亦有矮林状及截顶观叶灌木状植株。

■ **何时修剪** 春季或初夏。

■ **整枝与修剪** 在植株苗期整枝为中心主干型，清理将1至1.5米以内的主干，尽可能在侧芽尚未发展成侧枝前抹除，泡桐的枝领

波斯铁木

波斯铁木有着有趣的自枝嫁接习性：相互触碰的枝条将会逐渐连结，在冬季与树皮的斑纹一同展示在外，为本种平添许多观赏性。

■ **何时修剪** 秋季至早春。

■ **整枝与修剪** 灌木状植株无需成形修剪。请勿对侧枝进行疏枝或短截，此类操作会导致新枝拥挤。树状植株可整枝成自然的丛冠主干型（见第26页），定干高度1.5米左右，而后令树冠自然形成即可。若有需要，可将下垂枝梢短截，方便人通行或展示纹理美观的树皮。植株恢复正常生长后无需修剪，若需更新最好整株替换。部分老树可能为嫁接植株：若有根蘖出现立即移除（见第30页）。

（见第12页）通常发育不良，即使未经损坏也可能出现腐烂现象。植株常损失主枝（除冻伤外亦有其他原因），导致树冠提早分枝。夏季炎热地区，损失的主枝一般可以用长势较好的侧枝替代。夏季凉爽的地区植株易产生竞争枝，使植株呈现无法改变的灌木形态。一旦植株恢复正常生长，将修剪工作限制在移除枯枝与冻伤枝以内。泡桐耐重剪，但重剪后最好保持矮林或截顶树状态（见下图及第34页），每年早春进行短截修剪。

其他泡桐

川泡桐（P. fargesii），白花泡桐（P. fortunei）同毛泡桐。

使用园艺小刀修整切口边缘

新枝高度可达2.5米

修剪促进大叶产生

毛泡桐

泡桐树可作为观叶植物种植，通过每年重剪，可获得大型的"热带"外观的树叶。这一特性同时也令泡桐可以在寒冷地区作为盆栽植物，温室植物，或夏季花境植物种植。

黄檗属（PHELLODENDRON）

小型至中型落叶乔木，枝条分布有致，向四周伸展，形成宽大的树冠。大部分黄檗树树皮粗糙不平，树皮软木状，木栓层发达。叶片春季金色，秋季则转为亮眼的黄色。幼树需湿润壤土，开放而避风的环境形成良好株形。寒冷气候较难形成形态优美的景观树。植株休眠时修剪。依照中心主干型（见第26页）整枝，定干高度约为幼树株高三分之一。栽培过程中注意不要损伤主枝，否则主枝损伤很难替代。树冠分枝较早，形成较平的拱状结构。成株的修剪仅限于移除枯枝。植株对更新修剪反应不佳。

商陆属（PHYTOLACCA）

树商陆（Phytolacca Dioica），常绿乔木，习性强健，仅无霜冻地区可户外种植。整枝为中心主干型（见第26页），定干高度2至3米。冬季或早春植株生长恢复前修剪。主枝分枝较早，由于成熟较早，树冠横向生长远快于竖向生长。植株恢复正常生长后仅需少量修剪。

黄连木属（PISTACIA）

温暖气候区，黄连木（P. chinensis）通常为树干挺拔，树冠宽阔的高大乔木，但寒冷气候植株则更接近灌木状：避风环境或有助于植株形成树状造型。整枝为主干较短，无侧枝的中心主干型（见第26页）植株，修剪冬季进行。中心主枝损失后较难替代，植株显示灌木状习性，无法改变。植株恢复正常生长后仅需少量修剪，且对重剪反应不佳。干燥风可能引起枯枝，并可能引发枝条激增，需要进行疏枝。开心果树（即阿月浑子，P. vera）的种植见第149页。

其他观赏乔木

木犀榄属（OLEA）见第146页，油橄榄。铁木属（OSTRYA）同鹅耳枥属（见第56页）。扁轴木属（PARKINSONIA）无特殊修剪需求。盾柱木属（PELTOPHORUM）整枝为中心主干型。植株恢复正常生长后无特殊修剪需求。鳄梨属（PERSEA）见第147页，牛油果。苦木属（PICRASMA）苦木（P. quassioides）自然形成多主干型植株。除生长初期清除主干60厘米以下侧枝外仅需少量修剪即可。沼榆属（PLANERA）同榆属（见第91页）。

悬铃木属 (PLATANUS)

壮观的大型落叶乔木，树冠浓密，是冷温带地区常见的城市树种，有极强的抗污染能力。悬铃木的骨干枝粗重，即使整枝后仍可能有安全隐患。然而，大部分属内物种极耐重剪。悬铃木用作街道树时常修剪成截顶树，使其获得挺拔无侧枝的树干与顶部茂密的树冠，且不阻碍树下交通。

■ 何时修剪　秋季至早春。

二球悬铃木 (P. × ACERIFOLIA, 异名P. × HISPANICA)

35 | 120

m | ft

二球悬铃木 (Platanus x acerifolia, 异名P. × hispanica, P. × hybrida) 又称英桐、法国梧桐，在大陆性气候区可以长成大型乔木，但在温带气候区则只能达到中型高度。幼树长势较强，有健壮的中心主干与短且分布适宜的侧枝。定干植株与未定干植株皆具良好观赏性。花叶栽培品种可能出现退化现象（见第30页），移除花叶植株生纯绿叶片的枝条。

■ 整枝与修剪　中心主干型（见第26页）定干高度3米以下。若需枝叶垂至地面，移除1.2米高度以下侧枝，待植株下向次侧枝生长即可。由于枝条随生长重量增大，维持主干与骨干枝的坚固稳定十分重要。受损严重

的幼树最好替换。植株水平枝条上偶见竖直枝条产生，此类枝条会发育成损害结构的第二主枝，故若有发现长势强盛的竖直次侧枝需立刻移除。

植株恢复正常生长后仅需少量修剪。若需更新复壮需交由专业人士完成。

三球悬铃木 (P. ORIENTALIS)

习性与二球悬铃木相似，但伸展性更强，枝干极为粗重，叶深裂。

30 | 100

m | ft

■ 整枝与修剪　依照中心主干型（见第26页）整枝。树冠生长过程中，仅留下间隔均匀或位置适当的侧枝。若侧枝基部过于接近，成株后将会形成不良骨干枝。树龄较大的植株树冠可能较为拥挤，此时需要进行树冠疏理及仔细的树冠缩减，上述操作必须由专业人士进行。过度疏枝将会刺激大量新枝生长，增加植株的风阻力，从而导致植株不稳。

树冠提升通常结果不佳，使用缆绳支架支撑粗壮的树枝也少有成功：支架和缆绳往往导致枝干腐烂，并有空洞形成的风险。

其他悬铃木

一球悬铃木（P. OCCIDENTALIS）大陆性气候区树形一般呈柱状，温带气候区植株鲜见良好形态。修剪方式同二球悬铃木。

树冠缩减

悬铃木的树冠极易生长过大，超过种植环境承受能力，或造成大树冠阴影，此时可通过专业树艺师进行树冠缩减（见第33页，大型乔木修剪）。

截枝

粗暴错误的修剪方式常导致悬铃木街道树株形变丑。花园种植时，使用截顶技巧将所有枝条回缩至主干顶部可使植株更具魅力。

化香树属 (PLATYCARYA)

化香树（Platycarya Strobilacea），小型落叶乔木，柔黄花序，花后有松果状果实。化香树属胡桃科，枝干有柔软的木髓。植株耐寒，但幼株常受春季晚霜冻伤，若植株主枝损失几乎无法替换，故最好种植在避风处。整枝与修剪方式同胡桃属（见第69页）。

鸡蛋花属 (PLUMERIA)

热带落叶乔木，枝干多肉，花蜡质、芬芳。寒冷气候区可在温室或暖房中全光照种植。

红鸡蛋花 (P. RUBRA)

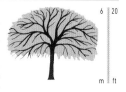

6 | 20

m | ft

多主枝乔木（玻璃温室中种植则为灌木，株高3至4米）。枝条直立，叶顶生，分枝形成开放顶部平坦的树冠。植株柔软的质感极易腐烂，在切口位置收缩，阻碍创口愈合，因此需尽量避免修剪。

■ 何时修剪　早春。

■ 整枝与修剪　初期整枝为中心主干型（见第26页），定干高度1米。主枝较早失去优势，自然分枝形成丛冠，修剪无法阻碍此过程。植株恢复正常生长后无需过多关注。植株若需更新复壮可直接以新树替换。玻璃温室中种植可将枝条短截至侧枝或枝杈处。

其他鸡蛋花

白鸡蛋花（P. ALBA）同红鸡蛋花。

山拐枣属 (POLIOTHYRSIS)

落叶乔木，耐寒，但夏季漫长炎热地区生长开花表现最佳。依照中心向主干型（见第26页）整枝，定干高度1至1.5米。主枝易丢失，种植第1年或第2年，可在春季施高氮肥，促进生长，抑制分枝，使整枝工作更易进行（然而可能增加冻伤风险）。成株无特殊修剪需求。避免重剪至老枝。

杨属（POPULUS）

耐寒落叶乔木，通常生长较快，植株高挺，枝叶优美，且适应多种环境。尽管一般认为杨树木质较脆，但大部分杨树都具有优良抗风性。杨树枝干柔韧，良好整枝过后的植株鲜有裂枝状况，然而属内部分物种由于易患杨树细菌性溃疡病，可能出现溃疡导致的开裂现象，其中包括椅杨（P. wilsonii）和尤金尼加杨（P. × canadensis 'Eugenei'）。溃疡是无法治愈的，但目前已有抗病选育品种可以种植。由于易溃疡的特性，为防止细菌从创口进入植株，应在愈合迅速的夏季进行修剪。根蘖性品种同样可在夏季进行检查与修剪，移除根蘖与徒长枝（见第30页）。其余杨树生长大多于冬末或初春开始，若生长期修剪易导致伤流，因此应在秋季修剪。

银白杨（P. ALBA）

乔木，寿命较短，叶美观，秋色宜人，中心主干型或作屏障树篱种植最佳，若作防风林则可任其根蘖自然生长。栽培品种帚形银白杨（Pyramidalis）整枝为羽型树（见第25页）最佳。球形银白杨（Globosa）则可依照中心主干型进行初期整枝，随树冠逐渐发展主枝将会自然分枝。仅需少量后期修剪。

■ 何时修剪　夏末至初秋。

■ 整枝与修剪　依照中心主干型（见第26页）整枝，定干高度1.5至2米。夏末移除基部侧芽及根蘖。标准型树不耐重剪。作屏障树篱种植时，保留根蘖；部分植株往往在形成过密树丛之前死亡。根蘖丛极易通过重剪更新复壮。

加杨（P. × CANADENSIS）

杂交品种，包含金叶加杨（Aurea）和尤金尼加杨、健杨（Robusta）、晚花加杨（Serotina）等柱状品种。以上品种成株尤为高大，若不重视初期整枝可能会导致危树的形成。

■ 何时修剪　同银白杨。

花叶加杨（Populus × candicans 'Aurora'）

花叶加杨叶片有奶白色斑，矮林或截顶植株可作为观叶植物种植。

■ 整枝与修剪　以主枝笔挺、枝条较疏、分枝均匀的植株为佳。依照中心主干型（见第26页）进行整枝，定干高度2至3米。成株早期前尽量维持中心主枝优势，防止主枝竞争枝形成。移除间隔不均匀或位置不佳的侧枝，短截枝梢形成的直立分枝，修剪长度约为枝条长度的三分之一。植株恢复正常生长后仅需少量修剪。对老化的植株进行更新复壮往往事倍功半。老化的植株修剪后易腐烂，且会产生大量无法形成牢固枝干的徒长枝。

大叶杨（P. LASIOCARPA）

形态优美，叶片心形，先端下垂。幼树自然形成强势中心主干，侧枝直立，短而粗壮。成株后，低枝几乎与地面平行，树冠呈圆形。

■ 何时修剪　同银白杨。

■ 整枝与修剪　整枝为中心主干型（见第26页），定干高度1.5至2米。此外较少修剪需求。主枝优势较强，且尽管枝条直立生长，顶部极少形成主枝竞争枝，因此无需进行短截或移除。对更新修剪反应不佳。

钻天杨（P. NIGRA VAR. ITALICA）

钻天杨或许是最广为人知的帚形树种（见第18页），常在大型景观中大量应用，作为防风林或视觉隔离树种植。种植园黑杨（Plantierensis）与钻天杨相似，但主干分枝高度更低，树冠更密，稍宽。本种宜作屏障树篱，且较不宜患溃疡病。

■ 何时修剪　同银白杨。

■ 整枝与修剪　种植为羽型树（见第25页）。仅需少量成形修剪，将幼株侧枝缩减至10厘米长度，使植株更加浓密，益于形成屏障。尽管竞争侧枝较为常见，但极少形成双主枝结构。植株恢复正常生长后应避免修剪，该种无法更新复壮。

其他杨树

胶杨（P. balsamifera，异名为P. tacamahaca）同毛果杨。

中东杨（P. × berolinensis）同钻天杨。

花叶加杨　常作中心主干型或丛冠标准型树种植（见第26页）。夏季定期移除根蘖。亦可每年或隔年晚冬进行矮林作业（见第34页），获得大叶、多主干的灌木状植株。

吉莱德杨（P. × candicans 'Gileadensis'，异名P. × jackii 'Gileadensis'）同毛果杨。

银灰杨（P. × canescens）同加杨。

辽杨（P. maximowiczii）同毛果杨。

欧洲山杨（P. tremula）、颤杨（P. tremuloides）仅需少量整枝或修剪。

毛果杨（P. trichocarpa）易整枝为中心主干型（见26页），定干高度2至3米。夏末或秋初修剪。此外仅需少量修剪。对更新修剪反应不佳。

椅杨　极易患溃疡病；非必需情况切勿修剪。定干高度约1.5米，在侧枝发芽前进行抹芽。该种侧枝直立生长的特性导致不可避免的枝叉结构脆弱及相应的枝条折断。治疗修剪最好交由专业人士进行，否则很有可能导致溃疡甚至植株死亡。

李属（PRUNUS）

物种众多的大属，包含乔木与灌木，属内物种习性各异，落叶、常绿植物皆有。部分物种有观赏性较佳的树皮、叶片、果实与花朵，有的则可作果树栽培，如李子、樱桃及杏子。李属观赏树种绝大部分都需尽量避免修剪。若需成形修剪则应尽早完成，使其形成日后无需过多关注的良好形态。修剪应在夏季中旬进行，同时尽量减小切口面积，降低感染银叶病（见第123页）等疾病的风险。通常结核果，属内观赏树种有时受流胶病影响。

欧洲甜樱桃（P. AVIUM）

耐寒落叶乔木，春季开白色花。矮化品种"娜娜"（Nana）无需修剪，除此以外包括垂枝品种在内的其他栽培品种栽培方式皆与原种相同。植株通常根系较浅，易生蘖。

■ **何时修剪** 夏季修剪最佳，但其他季节亦可。夏季移除枯枝，根蘖则于早春移除。

■ **整枝与修剪** 依照中心主干型（见第26页）修剪，定干高度1.5至2米。植株幼期将蘖芽抹除。恢复正常生长后植株无需过多修剪，且对重剪反应不佳。

郁金樱（Prunus 'Ukon'）的砧木抽枝
主干（图中位于接点以下）休眠芽（见第30页）抽枝是李属植物常见的问题。

樱桃李（P. CERASIFERA）

落叶乔木，完全耐寒，花白色，花量大，夏季温暖地区花后有红色果实。一般种植为丛冠标准型，但作观花树篱效果亦佳。

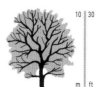

■ **何时修剪** 夏季中旬。树篱花后修剪。

■ **整枝与修剪** 初期整枝为中心主干型（见第26页），定干高度1.5米。水平侧枝常生健壮的竖直枝，将竖直枝移除三分之一，防止与主枝竞争。主枝早熟分枝，自然形成茂密的树冠。植株恢复正常生长后尽量避免修剪，否则将刺激休眠芽生长破坏树冠形态。对更新修剪反应不佳。

作树篱种植时，可于休眠期将树苗或独本苗以1米的间隔种植。第一年夏季中旬将主枝打顶，促进分枝。随后的生长年则可将新枝缩减四分之一至三分之一的长度，直到树篱达到理想大小，上述修剪工作同样在夏季中旬进行。树篱植株恢复正常生长后应在每年夏季初期花谢后立刻进行修剪。生长过盛的树篱可使用重剪更新植株，但修剪作业最好分3年进行（见第47页，树篱的更新复壮）。

巴旦杏/扁桃（P. DULCIS）

耐寒落叶乔木，寒冷气候区花园中备受欢迎的品种，花色白、淡粉或玫红色，春末开花，花量大。果实（注：部分地区亦将扁桃仁称作杏仁，但扁桃仁并不是真正的杏仁）仅在地中海型气候下可完全成熟。巴旦杏树冠分枝较少，冠下树荫零星斑驳，可进行林下种植。单株树木倚靠神色背景种植效果极佳，群栽则可营造出壮观绚丽的花园景观。本种植株通常通过芽接杏树砧木的方式种植，一般出售独本苗（见第22页）。砧木蘖芽是常见的问题。此外，本种易染桃树缩叶病（另见132页，桃与油桃）。

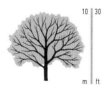

■ **何时修剪** 夏季中旬可进行修剪与枯枝移除。蘖芽的移除则应在早春进行。

枝接的日本樱
购买树苗时，请确保树苗接点整齐牢固；接点随植株生长可能发展出不甚美观的外形，但切记不可修剪接点。

■ **整枝与修剪** 整枝为中心主干型（见第26页），主干高度最高1.5米。早春移除砧木的蘖芽，可将蘖芽抹去，或使用锋利的修枝刀削去（见第30页，根蘖）。植株恢复正常生长后仅需少量修剪，该种成株初期分枝明显增多，使花量增加。这种情况无需疏枝，且疏枝反而会导致植株异常生长。墙式整枝见第134页，扇形桃树。

里樱组（P. SATO-ZAKURA GROUP）

这类复杂的杂交品种可能都是山樱花（Prunus Serrulata）衍生而来的品种，该组对全世界温带地区都有相当重要的园艺价值。组内品种的生长习性与特点差异极大。里樱组中有帚状的天野川樱（Amanogawa）。树冠呈蘑菇状的垂枝品种泣菊樱（Kiku Shidare，异名为Cheal's Weeping）。枝干舒展，形成花瓶状的关山樱（Kanzan，异名为Sekiyama），以及花朵最大、树冠宽大的太白樱（Taihaku）。上述品种植株均为嫁接，根据品种不同，可种植为中心主干型、丛冠型及垂直性。大部分品种仅需少量修剪。

■ **何时修剪** 夏季上至中旬。

■ **整枝与修剪** 总体来说，若非必要应避免修剪里樱组内品种。不论是帚型、伸展型还是垂直型植株，都应保证移除枯枝、交叉

天野川樱幼苗

种植第1年，可将植株用抹布、网布或软绳轻绑在竹干或支柱上，促进直立健壮枝条的生长，并降低风伤风险。

或摩擦枝等修剪作业最终使植株形态改善，而非造型受损。所有品种的修剪都应在植株生长早期进行。关山樱自然形成低矮的树干，在视线水平展示其铜色的新叶合粉色的花朵。若需使用树冠下空间，可通过初期整枝将主干高度提升至1.5至2米。

天野川樱的枝干笔挺健壮，但苗期的枝干可能较为松散，提供支撑有益于植株的生长（见左图）。

植株恢复正常生长后，仅修剪移除枯枝、病枝、受损枝及接点以下产生的蘖芽，修剪须在夏季进行。使用重剪更新植株鲜有效果。

细齿樱桃／云南樱花（P. SERRULA）

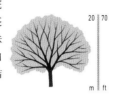

落叶乔木，完全耐寒，树皮光滑亮泽，红褐色，随植株生长剥落。春季开白色小花，花后秋季结红色果实。

■ **何时修剪** 夏初至仲夏。春季修剪会导致流胶（见第123页），可能引发树皮枯死。

■ **整枝与修剪** 整枝为中心主干型，确保侧枝间隔适当。侧枝的移除应在侧芽抽枝前将其捻去，以避免成株后留下伤疤。定干高度不应高于1.5米，定干过高会破坏树冠形态。若需增强低枝树皮的观赏效果，可将距主干30至45厘米内的次侧枝移除。植株恢复正常生长请勿修剪，修剪导致的创口极难完全愈合，导致生长异常。

其他李树

光萼稠李（P. cornuta）同樱额梨。

山桃稠李（P. maackii）依照中心主干型整枝，定干高度约2米，同山樱花（P. serrula），侧枝发芽前抹芽。植株恢复正常生长后无特殊修剪需求，且对重剪平茬反应不佳。

樱额梨（P. padus）同欧洲甜樱桃，但需尽早整枝，树苗健壮的直立枝条生长迅速。最好在树苗两至三年时定植。树龄更大的景观树容易产生双主枝。

黑野樱（P. serotina）同樱额梨。

山樱花（P. serrulata）见里樱组。

黑刺李（P. spinosa）根蘖性灌木或小型乔木。移栽应激（见第23页）会导致根蘖增加。夏季中旬修剪。若需获得树状植株，可将地栽独本苗整枝为中心主干型（见第26页）。移除基部根蘖，通过抹芽清理出树苗四分之一高度的主干。植株自然形成分枝丰富的树冠。恢复正常生长后，黑刺李仅需少量修剪：通过每年进行根蘖移除控制植株扩散。作树篱种植时，种植间隔45至60厘米，护理方式同樱桃李。

大叶早樱（P. subhirtella）种植为丛冠标准型或多主干型景观树，仅需少量修剪或无需修剪。该种较少形成强势的中心主干。清除出1.5米左右的主干，为基部枝叶榆柳留出生长空间。

其他品种见观赏灌木词典（见212页）及耐寒果树（见第122—136页）。

纠正枝接李树的失衡枝条

第1年

1 轻剪生长旺盛一侧的枝梢。

2 将弱枝短截三分之二，促进强枝生长。

3 移除主干出现的侧枝。

第2年

1 短截健壮的侧枝，但保留枝条主枝。

2 将生长迅速的枝条短截一半，弱枝则短截更多，保留1至2个芽点即可。

3 移除主干出现的侧枝。树冠处的修剪可能会刺激主干侧枝的生长。

第3年

主枝差不多长度均衡

1 移除破坏树冠平衡的强势枝条。

2 移除主干出现的侧枝。

枫杨属 (PTEROCARYA)

落叶乔木，柔荑花序，狭翅的翼果十分有趣。枫杨成株完全耐寒，但幼苗易受冻伤。枫杨全属物种枝条粗重且延展性强，次侧枝下垂。雷氏枫杨 (P. x rehderiana) 与梣叶枫杨 (P. fraxinifolia) 易生根蘗。

■ **何时修剪**　晚冬。树苗需至霜冻期完全过后再移除冻伤枝。切忌秋季修剪，此时多髓的枝干形成层活动减缓，修剪可能导致冻伤。

梨属 (PYRUS)

耐寒落叶乔木，花白色，叶互生，秋季叶色优美。西洋梨 (P. communis) 是常见的果树。火疫病 (见第117页) 是危害较大的梨树病害，感染枝条应即刻移除并消毒修剪工具。

■ **何时修剪**　秋季至初春。

豆梨 (P. CALLERYANA)

春季白色的花朵极具观赏价值，花后结棕褐色果实，秋叶色彩缤纷，在夏季漫长炎热的地区表现最佳。布拉德福德豆梨 (P. calleryana 'Bradford') 树冠呈现明显的锥形；尽管该品种是广受推荐的街道树品种，但植株常形成脆弱的骨干枝。

■ **整枝与修剪**　依照中心主干型 (见第26页)，定干高度1.5至2米。栽培品种"布拉德福德"与"殿堂级"(Chanticleer) 则仅需保留间隔适宜分布均衡的侧枝，降低成株后枝干断裂的风险。植株恢复正常生长仅需少量修剪。对重剪反应不佳。

柳叶梨 (P. SALICIFOLIA)

花色纯白，新叶泛银，花叶同期。树冠外展，树枝水平状生长，次侧枝半下垂，垂枝品种则完全下垂，形成柳树般的叶帘。土壤营养不良或移栽导致的应激可能使主枝消失。本种应尽早定植。

■ **整枝与修剪**　依照中心主干型 (见第26页) 整枝。通过抹芽的方式将幼株高度三分之一以下的芽点抹除，提升主干高度。维持主干高度直到植株成熟是十分重要的工作。若发现根蘗需及时移除，若大量根蘗已经形成，全部移除可能会刺激植株产生更多根蘗。成株的树冠可能需要提升 (见第33页)，防止下垂的次侧枝接触到地面并生根形成不美观的杂丛。

柳叶梨 (Pyrus Salicifolia)
树枝与侧枝曲折生长的特性可以遮掩轻剪或疏枝留下的切口。

■ **整枝与修剪**　依照中心主干型 (见第26页) 整枝，定干高度1至2米，可依据是否需要叶片垂至地面决定主干高度 (需注意垂枝习性仅在成株后才会显现)。垂枝柳叶梨需要至少1.5米的主干高度方可为其垂悬的枝叶提供下垂空间。为防止成株后枝叶过于密集，可在种植早期进行疏枝，改善骨干枝结构。植株恢复正常生长仅需少量修剪。植株可耐轻度疏枝或短截修剪，但对重剪反应不佳。若植株生长旺盛，可能需要进行树冠疏理 (见第33页)。随着植株年龄增大，替换枝生长逐渐减少，因此修剪时切忌在叶帘中留下缺口。

其他梨树

西洋梨 (P. communis) 见第117页。
楸子梨 (P. ussuriensis) 同豆梨。

Q

栎属 (QUERCUS)

物种繁多的大属，属内物种耐寒性从耐霜冻枝完全耐寒皆有，包含常绿乔木与落叶乔木，大部分物种生长较缓，但习性强健，寿命较长。栎树常呈中心主干型，作为景观树种植，树冠宽阔外延，粗重的疏展支撑小而繁茂的次侧枝，形成蒸汽升腾般形态独特的造型。

土耳其栎 (Q. CERRIS)

落叶乔木，树冠宽大，树皮有裂纹，随生长主干直径可超过2米，十分壮观。本种特点为叶裂多变，芽点附近的扭曲须毛，以及覆盖橡子的多毛橡杯 (橡子顶部的托)。

■ **何时修剪**　秋季至初春，植株休眠时。

■ **整枝与修剪**　依照中心主干型 (见第26页) 整枝，定干高度2.5米。夏季短暂、凉爽地区的植株中心主枝可能在生长早期失去优势，形成灌木状的不良形态。可通过分3至5年逐渐提升主干高度，分2至3个阶段移除低枝的方式保护中心主枝。植株恢复正常生长除规律移除枯枝外物过多修剪需求。此类大型乔木的更新作业，包括树冠中大型枯枝的移除在内，都应交由专业树艺师进行。

冬青栎 (Q. ILEX)

极为精致的常绿栎树，树冠宽而圆，密布深绿色的亮泽叶片，叶背银灰色。树苗应尽早定植，本种不同个体呈现生长习性从垂枝至帚状不等 (常见性状间于二者中间)，幼株则常呈灌木状。幼株与成株皆有明显的中心主枝。若种植早期整枝为树篱或规则式造型树，植株可耐短截修剪。

■ **何时修剪**　夏季中下旬，第一个生长高峰过后。

■ **整枝与修剪** 依照羽型（见第25页）修剪，底部枝干随生长自动脱落。中心主枝始终保持优势，若有竞争侧枝无需短截，未来这些枝条会形成结构枝。树龄较大的植株常形成不对称的树冠，修复作业鲜有成功：树冠上的空隙一般不会被新生叶填补。植株恢复正常生长，仅在枝干由于暴风雨损伤等必要情况时修剪。修剪工作应由专业人士进行。低处下垂的枝干十分美观，因此树冠提升作业仅应在有引进光照或允许行人通过等迫切需要时进行。

夏栎（Q. ROBUR）

落叶乔木，树冠宽大，粗重的结构枝条从主干伸出，随树龄越大越发巨大盘曲。本种宜作为中心主干树种植在大型花园或开放的公园中。聚叶夏栎（Christata）、蕨叶夏栎（Filicifolia）及帚状夏栎等栽培品种则最好任其自然生长。垂枝夏栎（Q. robur f. pendula）整枝则与原种相同。

■ **何时修剪** 秋季至初春，植株休眠时。

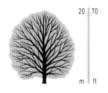

■ **整枝与修剪** 依照中心主干型整枝，第3至第4个生长季最好可以达到株高约四分之一的主干高度。无其他塑形修剪需求。树龄较大的植株可能会累积枯枝，若数量较大，移除工作需由专业树艺师进行。在植株枯死前，主枝或低处侧枝的休眠芽会大量抽枝。然而这并非预示着植株的生命就此终结，夏栎的死亡与其成熟过程一样漫长。截顶修剪（见第34页）是更新复壮的可行方式。

沼生栎（Q. PALUSTRIS）

形态优雅的乔木，秋季叶色明艳。尽管可耐寒，但寒冷气候区的植株生长则不如温暖地区苗壮。沼生栎整枝为中心主干型，以最充分展示其纤细优雅的骨干枝。

■ **何时修剪** 同土耳其栎。

■ **整枝与修剪** 依照中心主干型整枝，维持主干高度为株高约四分之一，直至植株成熟。夏季炎热地区应尽量保持中心主枝的生长。冷凉气候区，植株的树冠通常分枝较早，但并不会造成任何问题。植株恢复正常生长仅需少量修剪。

夏栎

成熟的栎树通常会变成"鹿角"状，它们的"鹿角"是由上部树枝的枯梢病造成的。通过在染病的树干和主干之间形成的自然屏障（见第9页）的保护下，它们可能会存活数年。

其他栎树

加州栎（Q. agrifolia）同冬青栎。美国白栎（Q. alba）同沼生栎。加纳利栎（Q. canariensis）同夏栎。猩红栎（Q. coccinea）同沼生栎。匈牙利栎（Q. frainetto）本种习性十分有趣：成熟后，低处侧枝生出的次侧枝呈半垂枝状态，与其他直立生长的枝条形成对比。植株自然形成中心主干型，仅需少量修剪（若有需要可在休眠时修剪）。维持中心主枝的生长对本种极为重要，一旦主枝受损将无法替代。

卢孔布栎（Q. × hispanica 'Lucombeana' 异Q. × lucombeana）所有修剪工作最好在夏季中下旬集中完成。在植株成熟早期依照中心主干型整枝，定干高度约1.5米，使下垂的次侧枝形成优雅的叶帘。植株恢复正常生长仅需定期移除枯枝等少量修剪作业，枯枝在夏季可轻易观察到；冬季完全落叶的枝条春季一般会重新生叶。

大药栎（Q. macranthera）整枝方式同沼生栎。植株恢复正常生长仅需少量修剪。无梗花栎（Q. petraea）温带气候种植方法可参见夏栎。在冷凉气候区，如不列颠北部栎树林西部的悬崖地区，植株生长缓慢且枝干扭曲，明确显示出夏季低温对植株的矮化影响。在这类条件下由气候塑形的植株可以作为有趣的孤景树种植，无需修剪。红槲栎（Q. rubra）同夏栎。选购树苗时，应选择主干挺拔、侧枝匀称的植株。植株的生长规律通常在生长初期就受气候与种植环境的影响形成，修剪并不能有所改变。幼苗在种植前两个冬天需要庇护，且仅在无竞争环境下方可形成均匀的树冠。

西班牙栓皮栎（Q. suber）地中海气候与暖温带气候可依照中心主干型整枝，定干高度约2米，夏季中下旬修剪。植株恢复正常生长仅需少量修剪。冷凉气候区种植，虽然本种不易丢失中心主干，但生长茁壮程度不佳，且修剪无法有效改善植株形态；冬青栎是更适合此类气候的品种。

其他观赏乔木

青檀属（Pteroceltis）同鹅耳枥叶榆（Ulmus carpinifolia（见第91页）。夏季炎热漫长的地区生长表现最佳，株高可达12米。寒冷地区植株较难保持中心主干，最好使植株自然生长，形成枝干曲折的灌木状形态。

R

盐麸木属 (RHUS)

乔木，灌木，属内物种大多有毒性，枝叶颇具建筑美感，秋季叶色明艳。部分品种产生密集的圆锥花序，花后结果。

漆 (R. VERNICIFLUA)

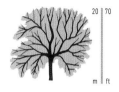

耐寒乔木，叶片亮泽，仅在夏季炎热地区可达最大株高。植株受损时渗出的汁液可导致接触的人出现严重的皮炎及呕吐，故修剪时应避免皮肤与植株接触。同时切忌燃烧剪下的枝叶，燃烧产生的烟雾同样可能导致人的皮肤不良反应。

■ **何时修剪** 夏末。

■ **整枝与修剪** 依照中心主干型（见第26页）整枝，定干高度约1米。这种主枝相对较早失去优势，而后形成宽大的树冠。无过多修剪需求。

> ### 其他盐麸木
>
> 其他物种见第217页"观赏灌木词典"。

刺槐属 (ROBINIA)

耐寒落叶乔木及灌木，常具刺，花叶美观，部分品种斑驳的树皮亦具观赏性。刺槐种植于营养丰富的土壤中时常产生生长过剩的新枝，此类枝条易受风伤。空旷地区种植的植株幼期耐寒性较差：春季定植后切勿施肥，受肥料刺激产生的柔软枝条极易冻伤。

刺槐 (R. PSEUDOACACIA)

叶形优美，夏季开花，具芳香。大陆性气候区植株可长成苗壮乔木，但凉爽的海洋气候区种植时木质较为脆弱且易受强风折损，因此初期整枝十分重要。树苗应尽早定植。帚状的"塔型"（Pyramidalis）刺槐等品种的栽培方式与原种相同。刺槐栽培品种可能为嫁接植株，且有可能产生根蘖。"无刺"（Inermis）刺槐树冠自然呈现茂密的拖把形，无需疏枝。

■ **何时修剪** 夏中至夏末。

■ **整枝与修剪** 依照中心主干型进行修剪，主干高度2至2.5米。保持主干优势直至成株早期对植株的生长尤为重要，因此若发现竞争枝应及时移除（见第24页）。种植过程中注意保持侧枝的均匀分布，并移除与主干夹角过狭的直立枝条。树干夹角过窄的树杈会为植株留下结构隐患。

植株适应后尽量避免修剪。若有根蘖应尽早移除。大型切口一般难以愈合，且极易腐烂。此外，修剪过度还会导致植株产生大量直立枝条，若任其发展容易导致危险。本种切忌更新修剪，作为替代措施可将植株主体砍去，在随后生长的蘖芽中选择强健的一枝培养成为替代植株。

> ### 其他刺槐
>
> 波依图刺槐（R. boyntonii），埃氏刺槐（R. elliottii）哈特维格刺槐（R. hartwegii），毛刺槐（R. hispida）皆具多主枝、灌木状的生长习性，仅需少量修剪或无需修剪。毛刺槐可进行墙式整枝，但其枝干较为脆弱，整枝应在枝条柔嫩且易弯折时进行。

弗里西亚刺槐（Robinia Pseudoacacia 'Frisia'）

该品种的叶色随季节变换：从初识的明黄色到亮绿色，到秋季则转为泛橙的金黄色。

S

柳属 (SALIX)

囊括习性各异物种的大属，属内物种耐寒性自耐霜冻至完全耐寒不等，主要为落叶乔木及灌木，由于各自具有特点的习性、花序、彩色枝条及叶片（叶互生）而为人们广泛种植。一般来说，柳树对修剪反应良好，且许多品种可作为矮林或截顶树种植，保持彩色的新枝不断产生。

何时修剪 秋季至早春。夏季移除枯死枝条。矮林或截顶作业应选取适当的品种在春季中旬，植株恢复生长前进行。

白柳 (S. ALBA)

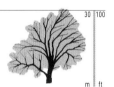

耐寒乔木，长势强健，树冠自然形态较为凌乱，枝干竖直，次侧枝则呈水平状生长，枝条或垂生。尽管该种自然形成强壮的中心主干，但由于强壮的新枝通常在主枝的相同位置产生，而枝条拥挤往往导致树皮内夹，因此结构缺陷仍是成株常见的问题。通过初期整枝辅助植株形成间隔恰当的骨干枝十分关键。红枝的"布里兹"（Britzensis）和黄枝的"维特利纳"（Vitellina）以及绢毛白柳（S. alba var. sericea）等品种由于枝干的特殊效果常作为矮林树及截顶树种植。

通过修剪柳树获得枝干效果

不同高度的矮林与截顶作业创造出惊艳的彩色枝条，迎接冬季的到来。

■ **整枝与修剪** 树状形态种植时，依照中心主干型（见第26页）整枝，在侧芽出现时尽早抹除，直至主干高度达到2米。为了保证植株骨干枝的平衡应及时抹去过多的侧芽，使侧枝均匀互生，避免呈现拥挤的轮生状态。待坚固的骨干枝形成后，植株便仅需少量修剪。

如欲提升树枝观赏效果，可每年或隔年进行矮林或截顶作业（见第34页）。截顶树主茎长度应为60至150厘米，可根据具体效果进行选择。此类修剪须在植株生长早期及时开始并规律维持，大型切口容易对成株造成损伤。植株易受木腐病侵袭，且很快形成树干空洞。成株危枝的移除需由专业树艺师进行，但由于这类问题易复发，因此最佳选项是移除并替换同树。这种处理方式同样适用于大部分习性强健的柳树。

"基尔马诺克"黄花垂柳（S. CAPREA 'KILMARNOCK'）

耐寒缓生乔木，枝干紧凑，垂枝，形成伞形树冠，春季产生大量柔荑花序。市面出售的多为嫁接的垂枝标准型植株，枕木主干高度约1.5米。尽管本种成形修剪需求较少，但需要每年定时修剪防止大量树枝向地面生长，造成树冠拥挤。

■ **整枝与修剪** 年度修剪的目的主要是移除百分之五十左右的枝条，使树冠轻盈透气，并使下垂的树叶在生长季末期恰好达到地面水平。修剪时，对树冠内的枝条进行疏枝，将最外端的侧芽完全移除。剩余的枝条可短截至原长度一半左右，切点应位于外向芽点下方。春季迅速生长的枝条可以遮掩切口，到夏季中旬，枝叶就会重新生长到地面位置。嫁接点以下生出的蘖芽应定期移除。

"基尔马诺克"黄花垂柳

由于其垂直习性，紧凑的形态及大量随生长由灰转黄柔荑花序而广受欢迎。与许多垂枝标准型树不同，年度修剪可以使植株生长更佳。

丘柳（S. × SEPULCRALIS）

耐寒，习性强健的落叶垂枝乔木，拱形的树冠十分壮观。该种为白柳（S. alba）与垂柳（S. babylonica）的杂交品种，姿态优美，鲜绿色的叶片与黄色的新枝相映成趣，颇为美观。

■ **整枝与修剪** 植株幼期常具强势的中心主干与粗短的水平侧枝。初期可整枝为中心主干型（见第26页），定干高度1.5至2米。主枝随植株生长将逐渐失去优势，树冠随之横向生长，并逐渐形成垂枝习性。垂直习性形成后，植株的高度主要由顶部生出的直立新枝提升，而该顶枝在次年便会形成下垂习性；切勿因其不同的初期状态将其移除。此后每年植株都会形成新的顶枝，形成层次众多的树冠。植株恢复正常生长仅需少

其他柳树

金丝柳（S. alba 'Tristis'），北美垂柳（S. × pendulina）同丘柳。

垂柳（S. babylonica）同丘柳。树苗期需无霜冻环境。

龙爪柳（S. babylonica var. pekinensis 'Tortuosa'，异名S. matsudana 'Tortuosa'）枝条扭曲，颇具趣味，叶片亮绿色，较窄，同样呈扭曲状（见第28页）。龙爪柳自然形成多主干型树，树干较短，仅需少量成型修剪，移除三分之一内向侧芽以防止树冠拥挤。植株恢复正常生长可偶尔移除位置不良枝及较差侧枝，促进新枝生成，并保持枝条有趣的生长习性。树龄较大的植株对重剪反应良好，幼树生长迅速，因此若有需要可直接替换。

黄花柳（S. caprea），黄线柳（S. exigua）灌木状，多主干乔木，基部分枝最好任其自然生长。对平茬重剪反应良好。

粉柳（S. daphnoides）自然形成形态优美的多主干树，或通过重剪提升枝条观赏效果：新枝树皮呈紫色，花紫红色。截顶树或矮林树栽培同白柳，每年短截三分之一的枝条。

爆竹柳（S. fragilis）整枝为中心主干型（见第26页），尽量维持主枝生长树将随生长逐渐自然分枝。

胡克氏柳（S. hookeriana）习性与黄花柳相近；可参照白柳，整枝为标准型树。

雪花龙江柳（S. udensis 'Sekka'，异名S. sachalinensis 'Sekka'）落叶乔木，主茎扭曲，最好每年短截至主要骨干枝处，刺激扭曲习性的新枝生长。

量修剪，偶尔进行树冠梳理可改进树冠内的光照与通风条件，增强支撑愈发粗重的侧枝枝干。本种对重剪反应不佳。

其他观赏乔木

木瓜红属（Rehderodendron）木瓜红（R. macrocarpum）羽型最佳，仅需少量修剪。更新修剪后无法复萌。

石榴茜属（Rothmannia）依照中心主干型修剪，花后或果后修剪。植株恢复正常生长后无需过多关注。

接骨木属（Sambucus）见第217页，观赏灌木词典。

无患子属（Sapindus）整枝为中心主干型。植株恢复正常生长后无需过多关注。

美洲柏属（Sapium）整枝为中心主干型。植株恢复正常生长后无需过多关注。

檫木属 (SASSAFRAS)

白檫木（Sassafras Albidum），落叶乔木，寒冷气候下通常呈灌木状生长，较少达到最高树高（30米）。白檫木在大陆性气候区完全耐寒，且易整枝为中心主干型（见第26页），主干高度1.5至2米。在温和的海洋性气候区，若想获得此树形需在种植前2至3年保护树苗不受冬季风霜影响。初夏可移除冻伤枝条。若主枝丢失，最好任其自然发展为多主枝萌蘖灌木。除此之外无其他特殊需求。

南鹅掌柴属 (SCHEFFLERA)

热带及亚热带常绿乔木，叶形精美，花朵成簇。台湾鹅掌柴（S. taiwaniana）极其耐寒，由于独特的叶形备受欢迎。大多数物种无需修剪或仅需少量修剪。温室环境种植的植株可通过重剪控制尺寸：每年初春在生长尚未开始前将新枝短截至芽点或主枝处。

木荷属 (SCHIMA)

常绿乔木，外形与山茶相似，需要无霜冻的生长环境，或种植于温暖且有墙壁保护、几乎无霜冻的地点。西南木荷（S. wallichii）可在不加温温室或温室中盆栽，同山茶（见第180页）。木荷需少量或无需成型修剪，但若有需要，可耐重剪。移除冻伤枝可能会刺激老枝生芽，可通过整枝使老枝生出的侧枝代替树冠受损部分。

肖乳香属 (SCHINUS)

常绿乔木或灌木，常具刺，叶片芬芳，花朵白色或黄色，果实具有观赏性。属内大部分物种需种植于无霜冻条件，但寒冷地区可种植于不加温温室或温室中。安第斯肖乳香（S. polygamus）可耐轻微霜冻。温暖气候区种植时，植株仅需少量修剪或整枝，可自然生长为多主枝灌木或小型羽型树。温暖气候区可以通过墙式整枝使植株靠温暖的阳光墙生长（见第74页，荷花木兰）。玻璃温室种植时，可通过短截修剪限制植株尺寸。修剪需在夏季中旬，生长第一波高峰期过后进行。

苦参属 (SOPHORA)

叶形优美的乔木或灌木，花朵垂悬，部分乔木品种斑驳的树皮也颇具观赏性。大部分物种生长于夏季炎热的温暖气候区。槐树（S. japonica）是广为栽种的街道树。属内适应冷凉海洋性气候的物种在上述气候条件下则可能不会开花。此外，属内植物不耐移植，因此需尽早定植。

■ **何时修剪** 夏季、冬末或春季修剪可能导致许多品种出现伤流。

■ **整枝与修剪** 依照中心主干型（见第26页）整枝，定干高度1.5至2米。大陆性气候

花楸属 (SORBUS)

小型至中型落叶乔木及灌木，树形叶形俱佳，春季开花，秋季结果，秋叶色彩缤纷。花楸通常无修剪需求或仅需少量修剪。大部分花楸喜凉爽气候：水榆花楸（S. alnifolia）及七灶花楸（S. commixta）则更适应夏季炎热的地区。属内大部分物种最好通过栽培尚未分枝的独本苗（见第22页）获得，并尽早进行整枝。这样可以有效减少移植对植株造成的刺激，并帮助植株维持强壮的中心主干。亚成株种植后适应环境较为简单，中型苗（市面最常见的尺寸）则易受移栽刺激影响。部分栽培品种可能通过嫁接获得。火疫病（见第117页）会导致枝端枯死。

■ **何时修剪** 秋季至早春。夏季移除枯枝。

欧亚花楸（Sorbus Aucuparia）
欧亚花楸在秋季结有大量果实，极具观赏性。

区植株主枝生长强势，低处枝干随植株生长自然脱落，骨干枝牢固，因此仅需少量成型修剪。温带气候区种植时，主枝常在生长早期丢失，粗重曲折的树枝在主干低处同一位置生出，形成开放的树冠。这些树枝遇强风可能会折断，故栽培时应尽量保持主枝的生长，并在生长早期选择保留合适的侧枝，形成分布均匀的骨干枝。若主枝丢失，可选择适宜的侧枝替代（见第24页）。主枝的替代工作较为困难，但若用心仍可做到，替代主枝对植株的健康生长十分重要，如果置之不理，植株会产生上述的曲折不稳固的枝条。植株恢复正常生长后仅需少量修剪，且无法更新修剪。

白花楸 (S. ARIA)

植株呈拱形，枝条竖直生长，叶革质，叶背覆白毛，浆果红色，种植在开放区域的植株常形成不规则树冠。可通过少量修剪修正。

■ **整枝与修剪** 初期整枝为中心主干型（见第26页），移除底部侧枝，使成株获得2米左右的主干高度。树冠可自然分枝。此外修剪需求较少。需要维持树形时不可更新修剪，但若平茬则可复萌，形成美观的灌木丛。

欧亚花楸 (S. AUCUPARIA)

通常为宽圆锥形的中心主干树，适宜城市环境，同时亦是中小型花园的理想树种。所有栽培品种修剪方式与原种一致。

■ **整枝与修剪** 整枝为中心主干型（见第26页），根据植株强健程度定干高度1.5至2米。确保侧枝互生且间隔均匀，保留5枝左右的枝条作为主要结构枝。这一操作对"施尔沃特优选"（Sheerwater Seedling）等帚状品种尤其重要。间隔过密的枝条往往会影响主干生长，并导致树权树皮内夹等结构隐患。"黄果"（Xanthocarpa）这一品种易在生长早期丢失主枝，在主干侧枝清理完成前，最好保留主枝的生长。植株成株后，除

槐树

冷凉气候区种植可能不会开花，但形态优美的叶片亦有极大的观赏价值。

枯枝、伤枝及嫁接品种接点下方的蘖芽移除外避免进行修剪。植株不良形态一旦形成极难纠正，最好直接替换。

安息香属（STYRAX）

落叶、常绿乔木及灌木，叶互生，形态优美，白色的花朵于夏季成簇开放，垂挂枝头。园艺栽培的品种大部分幼期不耐寒，定植恢复正常生长后则可耐寒。属内物种不喜修剪，因此最好令植株自然生长；林地花园或其他无风环境是种植安息香属乔木的理想环境。

野茉莉（S. JAPONICUS）

小型耐寒落叶乔木，偶有植株呈现大型灌木形态。树冠呈圆形，主枝略呈水平生长，枝条纤细。本品种不喜修剪。要保持主枝的良好形态，需在植株生长早期防止不良枝条产生。春末霜冻后即可进行种植，种植时尽量选择树龄较小的植株，栽植于无风处。避免植株暴露在清晨阳光中，减少冻伤的风险。

■ **何时修剪** 秋季至早春。

■ **整枝与修剪** 树形以主干低矮的中心主干型为佳。随着密树冠的形成，植株底部的侧枝由于缺乏阳光自然干枯掉落。初春将枯枝短截至枝领（见第10页）处。植株恢复正常生长后仅需少量修剪，且对重剪反应不佳。

其他安息香

老鸹铃（S. hemsleyanus），玉铃花（S. obassia）温暖气候种植时同野茉莉。冷凉气候区将幼树种植于开放、阳光充沛的地点。植株可依照多主干型乔木（见第28页）进行栽培。虽然侧枝与主干夹角较窄，但向上生长的枝条长势强健，与主枝不相上下，使成株的骨干枝牢固稳定。植株恢复正常生长后仅需少量修剪。受重剪刺激产生的枝条往往在冬季较为寒冷时易受冻伤。

其他花楸

美洲花楸（S. americana）同欧亚花楸。幼树侧枝向上生长，若侧枝与主枝竞争，则将其顶芽抹除。克什米尔花楸（S. cashmiriana）同美洲花楸。七灶花楸（S. commixta）同白花楸。棠楸（S. domestica）依照中心主干型（见第26页）整枝，定干高度2米，留出空间使其包裹主干，水平生长的半下垂侧枝垂至地面。除此之外较少修剪需求。树龄较高的植株可能累积较多枯枝，可进行移除。

湖北花楸（S. hupehensis）同欧亚花楸，定干高度2米。植株生长至一定树龄后，底部侧枝逐渐显现出垂枝习性。

约瑟夫·罗克花楸（S. 'Joseph Rock'）种植时应选择树龄较小、分支较少的植株。主干过长往往导致植株整体形态缺乏美观。理想植株应保持1米左右的低矮主干高度，植株成熟前维持中心主干型态，成株后树冠稍向外开放。除此之外无需过多关注。

铺地花楸（S. reducta）见第219页，观赏灌木词典。

茸毛花楸（S. vestita 异名为S. cuspidata）依照中心主干型整枝，定植后4个生长季内将植株主干高度逐渐提升至1米。植株恢复正常生长后仅需少量修剪。

蒲桃属（SYZYGIUM）

常绿乔木及灌木，喜湿润的暖温带至热带气候，除植株的观赏价值外，亦可生产可口的果实，果实可用于烹饪及蜜饯果酱的制作。树状植株一般分枝较低，形成宽大茂密的树冠，偶尔呈不规则形状。园艺种植时常令植株自然形成多主干形态（属内大部分品种喜从基部抽枝），但蒲桃植株较耐修剪，可利用修剪促进果实的生产。若需更易管理、产果更丰的植株，可参照青榨槭（见第52页），将植株培育为主干60至90厘米的多主干树，每年早春修剪。若有枝条长势过于强劲，可进行摘心，使整体生长更为均衡。大部分物种会在树干低处不断形成侧枝，此类枝条及所有徒长枝需在形成早期抹除。植株恢复正常生长后，仅定期移除交叉枝、病枝及枯枝。根部修剪（见第101页）或环剥（见第106页）技术可用于促进生长迅速但挂果较少的植株增产。

其他观赏乔木

挂钟豆属（Schotia）醉鹨树（S. brachypetala）宜整枝为中心主干型。植株恢复正常生长后可耐修剪、疏枝及造型。田菁属（Sesbania）同第56页，腊肠树属。山白树属（Sinowilsonia）同第196页，金缕梅属。火焰树属（Spathodea）火焰树（S. campanulata，异名为S. wrightii）可整枝为中心主干型。植株恢复正常生长后无特殊修剪需求。

火轮树属（Stenocarpus）常绿乔木，栽培为中心主干型标准树时仅需少量整枝。植株恢复正常生长后无特殊修剪需求。

苹婆属（Sterculia）依照中心主干型整枝。植株恢复正常生长后无特殊修剪需求。

紫茎属（Stewartia，异名为Stuartia）无需或仅需少量成型修剪，任植株自然生长为佳，使其在靠近地面的部位生长出花枝。大陆性气候区植株主枝优势明显，但冷凉气候区植株分枝位置较低，且随树龄增长逐渐呈现分层生长趋势。种植时选择树龄较小的苗，并栽植于无风处，以促进植株生长成树形。

T

酸豆属（TAMARINDUS）

大型常绿乔木，树冠茂密，向外延展，整体呈圆形，热带地区种植可得荚果，有多种用途。亚热带地区常作遮阴街道树。酸豆树耐干旱及多种温暖气候区常见问题。植株幼年易受霜冻损伤，成株则抗性较强。幼树生长较缓，实生植株在5至7年龄前鲜有果实。种植时应尽量选择嫁接品种，种植3至4年后即可开花。植株恢复正常生长后一般较少整枝或修剪需求。若欲控制植株大小或更新产果减少的植株，可将结果后的枝条短截至位置适宜侧枝处。本种对树冠缩减反应良好。

香椿属（TOONA）

香椿（Toona Sinensis，异名为为Cedrela Sinensis），落叶乔木，树形挺拔，叶片宽大，树皮纹理优美，且生长习性十分特别。温暖气候区植株亦可开花。植株生长初期依照中心主干型进行整枝，保留2米的主干高度。修剪应在秋季至初春，植株休眠时进行，修剪后令树冠自然分枝，使其展现出不规则的生长形态。植株恢复正常生长后无需过多关注，另本种对重剪反应不佳。园艺品种火烈鸟（Flamingo）的新叶呈粉红色，尤为惊艳。

椴属（TILIA）

落叶乔木，寿命通常较长，植株高大，形态优雅，叶形美观，花朵甜香。部分物种极耐修剪整枝，常作为截顶树（见第34页）或编枝树（见第36页）种植。重剪的植株惯生根蘗。属内有几种易生大型树瘤，且产生大量直立生长的休眠芽。有时这些枝条可使植株更具特色，但大多数情况还是会影响株型的美观，因此一般需要进行移除。植株成熟后，大部分椴树的树冠内会有枯枝累积。枝端易发枯枝病，通常向下扩展，形成"鹿角"状枯枝。

■ **何时修剪** 夏季中旬至冬季中旬，春季修剪易导致伤流。

阔叶椴（T. PLATYPHYLLOS）

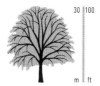

树形庄重优美的落叶乔木，树冠较窄，枝条粗重，向上生长。尽管树杈夹角较小，且常见树皮内夹，树表空洞等现象，但树枝掉落的状况较少发生。本种枝干易生空洞，但较少产生树瘤或休眠芽。

■ **整枝与修剪** 依照中心主干型整枝，尽量保持主枝优势。定干高度2至3米，为次侧枝留出下垂空间。植株成熟后，上端侧枝长势增强，易导致多主枝形成。若树冠生长较为均衡，多主枝不会影响植株结构安全。种植于开放地带的植株常有树冠变形的现象，这类植株的树冠极易断裂。由于树枝较重，移除工作需由专业树艺师完成。枝干无空洞的植株如有老化或生长减缓迹象，可委托专业人员（见第33页，大型乔木修剪）移除枯死部分，延长植株寿命。

银叶椴（T. TOMENTOSA）

落叶乔木，树冠茂密，枝干向上，其叶色深沉，叶背密布银白色绵毛。

■ **整枝与修剪** 依照中心主干型整枝。植株早期生长迅速，尽管侧枝向上生长，但很少与主枝竞争，因此无需进行缩剪或移除。通过修剪低枝使植株在成熟早期达到2.5至3米的主干高度。如果低处枝条未移除，粗重的树枝可能会形成次树冠，破坏树形美观。银叶椴对更新修剪反应不佳。

其他椴树

美洲椴（T. americana），华椴（T. chinensis），欧洲椴（T. × europaea，异名T. × vulgaris），岛生椴（T. insularis），蒙椴（T. mongolica）同心叶椴，但整枝工作更为容易。心叶椴（T. cordata）选用树龄较小的植株种植于土壤肥沃的避风处，良好的环境有助于整枝工作的进行，对培育出健康的植株尤为重要。分枝将植株逐渐整枝为中心主干型，定干高度2至3米。侧枝的移除工作应延缓至定植后第2或第3年，而后3至4年完成，维持主枝优势。植株恢复正常生长后仅需少量修剪（若主干有任何新枝生出需进行移除）且对重剪反应不佳。美绿椴（T. × euchlora）植株自然形成中心主干且修剪需求较少。保留底部侧枝，使植株地面以上皆为枝叶覆盖。植株恢复正常生长后开始自然展现不规则生长状态，修剪改善效果有限。对重剪反应不佳。粉椴（T. oliveri）初期整枝为中心主干型，定干高度1.5至2米，而后令植株自然分支，形成宽大的拱状树冠。垂枝椴（T. 'Petiolaris'）同银叶椴。嫁接点以下若有芽点萌发需及时抹除。

编枝椴树

椴树一般在定植后恢复良好，较少出现移植障碍，因此可通过购买半成熟植株使成排编枝树的观赏效果尽快呈现。

U–Z

榆属（ULMUS）

大部分为落叶习性的大型乔木，植株高大优美。由于20世纪60年代起高发的荷兰榆树病，如今在欧洲和北美洲已鲜有榆树的踪影。部分物种枝条易落，具体原因不明，但高发于温暖地区、仲夏无风的天气。

■ **何时修剪** 秋季至早春。

鹅耳枥叶榆（U. CARPINIFOLIA）

本种特点为叶缘有锯齿，呈亮绿色，树冠拱形、较窄，枝条向上生长，末梢拱起，细枝长而下垂。

■ **整枝与修剪** 依照中心主干型整枝，定干高度2至3米。本种中心主干长势强劲，因此易于维持直至成株。成株修剪要求较少。无枝条坠落问题。

无毛榆（U. GLABRA）

落叶乔木，树冠呈蒸汽升腾状，树干偶有树瘤及休眠芽产生，但鲜生根蘖。园艺品种"康普多尼"（Camperdownii）是枝接垂枝标准型树，其枝干蟠曲蜿蜒，极具特点。垂枝无毛榆同样是垂枝树，但其枝干不弯曲，主枝下垂，次侧枝从下垂的枝条抽出，呈鱼骨状排列。

■ **整枝与修剪** 依照中心主干型整枝，理想主干高度约为树苗整体高度的四分之一。移除所有主干上间隔不佳的侧枝。如有枝条与主枝竞争可进行摘心。植株随树龄增加可能累积枯枝，由于枯枝的重量可能较大，因此最好由专业人员进行，树冠下为公共活动区域时则应更加小心。较为弱势的主枝可能受竞争枝挤压枯死，因此通常枯枝仅有末端得以移除。无毛榆的修剪需求较少，定期移除主干产生的蘖芽即可。垂枝无毛榆无法进行整枝或修剪，任其自然生长即可。

小叶榆（U. PARVIFOLIA）

原生于亚洲的小叶榆对荷兰榆树病有抗性。植株幼苗阶段常呈灌木状。

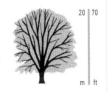

■ **整枝与修剪** 令植株自然生长最佳，不耐塑形整枝与修剪。大陆性气候区可通过整枝获得中心主干型植株，主干高度约为幼树株高的四分之一。植株恢复正常生长后仅需少量修剪。主干上生出的新枝及挡住观赏性树皮的枝条最好移除。

其他榆树

美国榆（U. americana）依照中心主干型整枝，自定植至成株早期，分次少量将主干高度提升至4米左右（植株完全生长成熟后可根据其健康状况提升至6米）。成株仅需少量修剪，若有树干休眠芽抽枝需及时移除。如休眠芽出现在树冠内部或有粗重的树枝受损，则应咨询专业人员。

康奴比雅狭叶榆（U. angustifolia var. Cornubiensis，异名 U. carpinifolia 'Cornubiensis'），帕劳榆（U. plotii）同鹅耳枥叶榆。

荷兰榆（U. × hollandica）为抵抗荷兰榆树病培育的杂交品种，但该种亦有缺陷：植株易生长出粗重且树杈夹角狭窄的直立枝条；易生休眠芽，根蘖，枝条易落。依照中心主干型整枝，定干高度2至3米。保持植株主枝优势对其生长极为关键，若有竞争枝应予以短截或移除。仅保留树干上间隔均匀恰当的侧枝。移除主干生出的休眠芽，具体方式同英国榆。

英国榆（U. procera）本种惯生大量根蘖，且枝条自落现象极其严重，不适宜城市环境种植。依照中心主干型整枝，但切勿移除低处树枝，待其自然枯死即可。使用修枝剪移除主干上出现的所有新枝。累积的枯枝应由专业人员进行移除，防止枝条坠落。

垂枝榆（U. pumila）同小叶榆。

榉属（ZELKOVA）

耐寒落叶乔木，树皮光滑或有薄层，叶片粗糙，叶缘齿状，互生。形态以中心主干型为佳。

光叶榉（Z. SERRATA）

株型高挺，树冠宽大，枝干粗重而外延。成株耐寒，但幼时易受冻伤。叶片在秋季转为橙色、粉色及黄色。

■ **何时修剪** 晚冬。夏季若有需要可进行少量修剪。

■ **整枝与修剪** 依照中心主干型整枝，定干高度3米，同时注意保持质感结构间隔适宜。植株恢复正常生长后低处枝条常显现半垂枝状态，此时可能需要提升树冠为下方留下走动空间。修剪可在叶片完全长出时进行，将树枝从枝稍往回短截至合适的侧枝处。由于树枝重量较大，因此移除整枝成熟树枝的工作最好交由专业人士进行。

其他榉树

克里特岛榉（Z. abelicea）自然形成多主干树，只需修剪移除生长位置不当的枝条。

鹅耳枥叶榉（Z. carpinifolia）通过整枝清理出2至3米的主干高度，而后令其自行分叉形成蛋形的多主枝树冠。另外，成株对重剪反应不佳，可在植株幼期或半成熟期进行树冠疏枝，减少生长后期的结构风险。

大果榉（Z. sinica）同光叶榉。易患珊瑚斑病，因此需尽量避免修剪。

其他观赏乔木

栋铃木属（Tabebuia）依照中心主干型修剪。植株恢复正常生长后无特殊修剪需求。黄钟花属（Tecoma）通常自然发展为多主干树。在温室中种植时，可通过缩剪当季枝条一半长度的方式控制植株大小。对重剪反应良好，重剪后需对新枝进行疏枝。红果竹桃属（Thevetia）同夹竹桃属（见第207页）。加州桂属（Umbellularia）温暖气候区可依照中心主干型整枝，定干高度2米。冷凉气候则以羽形的多主干树为佳，种植于避风处。树杈夹角可能较小，但鲜有断裂。植株恢复正常生长后无需过多关注。

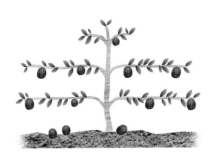

果树

果树不仅能收获果实，也能开出精美的花朵，兼具生产与观赏价值。
但不论种植目的为何，都需要细心的修剪与整枝来维持高质量的产出。

近年来，人们对种植花园果树的兴趣开始复苏。一方面，由于对水果的新鲜程度与口味的要求日益提升，人们开始寻找那些商店中不曾贩售的品种。另一方面，也有可能是为了吃到种植生产过程中不使用农药、防腐剂的食物。这一股复兴的潮流让人们重新找回种植水果的传统乐趣，更让人们再一次领略了果树庞大的观赏潜力。人们栽种树木似乎总是为了它们的观赏价值。一个兼具魅力与生产力的品种，自然需要更多的关注才能实现其生产的潜力。

修剪与整枝在果树栽培中扮演着至关重要的角色。细心的造型与规律的维护能够保证高质高量的果实产出。大多数只在热带与亚热带气候出产的嫩果需要的养护比其他果树更多，因此这类果树在本章中会另外讨论（见第140—147页）。不过，人们对耐寒性更强的品种兴趣更大，因为这些果树可以通过修剪与整枝呈现出各种造型。园艺工作者们进行果树造型的目的大多是为了在严

峻的天气下为果树提供更多保护，或使其造型更具几何美感与观赏效果，而果农们则培养更小型、紧凑而易于管理的植株。为了满足上述需求，果农们引入了具有"矮化"效果的砧木，而这一举措极大地造福了花园果树种植者们。也因为有了这些更小型的树种，种植果树不再是大型花园或果园拥有者们的专利。生长较为和缓的果树可以通过修剪整枝呈现紧凑的株型。这样一来，即使小花园也可以种植2种甚至3种果树，同时增添许多观赏性。

◀ 形态众多的苹果

苹果可以种植成多种树形。如果空间有限，许多品种还可通过整枝塑造成紧靠围栏或院墙生长的轴型、篱墙型或扇形。面积更大的花园则可以尝试金字塔形或灌木型的矮化植株。

盛开的桃树

尽管大部分果园作物都分布在气候温和的地区，但温带气候区也可以种植桃树这一极具魅力的小型果树；通过整枝与修剪可以盆栽桃树，在冬天时再搬到室内养护。

果树树形

大部分果树都可以通过整枝呈现出各种形态，不过有几种形态则格外适合部分情况和某些品种的生长习性。有些形态是独立的；其他的则需要永久支柱，需要墙或牵引线的辅助。有些形态放任枝叶自然生长；有些则需要修剪新枝，保持特定的形状或轮廓。为植株选择造型时，有 3 个主要因素需要考虑。第一，生长习性；比如，如果想要靠墙种植苹果树，那么篱墙型便可以与苹果在短枝上结果的生长习性适配。第二，考虑可用的种植空间，以及授粉所需的植株数量：几棵线性植株只需要一棵扇形植株的空间。第三，预估自己能够空出来照顾果树的时间。灌木型和纺锤形等独立形态的植株易于造型，且一年仅需在冬季修剪一次即可。轴型和篱墙型这类更复杂的形态则需要精心的整枝与规律的修剪，可能需要在夏季花费几周来完成。

灌木型

十分丰产且广为使用的造型，只要种植空间足够，几乎所有果树都可以使用。灌木型的结构枝从仅 75 至 90 厘米高的主干上向四周伸展，主枝打顶后形成丛冠开心型树。植株的枝条分布均匀且集中在树干顶部约株高三分之一处，使植株整体结构稳定。

半标准型

半标准型树与灌木型十分相似，但其主干高度较前者高。这样大型的植株需要长势强健的砧木支撑。半标准型的高度会给维护和收获工作带来一定难度，因此现代果园或水果花园中已经很少见到这一造型的果树了。不过，在观赏型花园中，这种树形的果树可以作为孤景树起到点睛的作用。

标准型

标准型树的主干高度为 2 至 2.1 米，需要选用最强健的砧木进行嫁接。此形态的树冠成形方式与灌木型相同，但冠幅远超前者。标准型树的大小不适宜大部分家庭花园种植。不过，此类形态作为传统造型，常用于保育古老且有价值的非商业化品种，在旧果园中十分常见。

金字塔形

金字塔形的维护修剪方式符合李树的结果习性，枝条大都外向，因此大部分用于李树的造型工作。上方树枝逐渐缩短，使低处的树枝有充足的阳光照射。此形态植株较小，较紧凑，高度 2 至 2.5 米，且植株要求的间距较小，适宜小空间种植。

矮金字塔形

现代使用的矮化砧木矮化效果极好，许多品种的苹果和梨都可以种植成这种小且紧凑的形态，整体高度在 1.5 至 2 米以内，种植间距更上，可以成排或成片种植。矮金字塔形需要严格的修剪来限制植株的生长，恰好符合苹果和梨在短枝上结果的特性。

纺锤形

商业苹果种植园备受欢迎的丰产形态，纺锤形因植株整体轮廓似纺锤而得名，主枝位置较低，形成底宽顶尖的圆锥状形态。果树的枝条通过整枝呈现水平生长趋势，能够增加果实产量。一般纺锤形植株配有较粗的支柱及固定带，在枝条挂果、重量增加的时候提供额外支撑。

轴型

通过牵引线或支柱将果树靠墙种植，适用于部分品种的苹果和梨，是小空间种植果树的一种便捷方式。相比同等大小的植株，45 度斜角种植的轴型果树产量颇丰。此造型常用于高品质果实的生产，不仅能让果实获得最佳光照条件，更能通过修剪限制枝叶比例，从而集中庞大根系的营养供给地上部分的生长。

双轴型（U 型）

双轴型由单轴型变形而来，通常直立种植，但由于两根主枝的顶部往往长势更强，因此需要细致的纠正修剪。单株双轴型植株比两株斜角轴型植株更易于在狭窄的区域种植。此外，双轴型也适用于红醋栗等短枝修剪的浆果。

多轴型

三、四枝甚至更多枝主枝的竖直轴型植株需要经过错综复杂的整枝和维护方可形成，但其结果与篱墙型植株一样富有观赏性。这种形态适用于苹果和梨。三支轴型植株对部分品种不适用，因为大部分养分往往会直接供给中心主枝。四支轴型（双 U 型）效果更佳。

扇形

一种十分丰产且颇具观赏性的造型，适用于许多果树，但主要用于李、桃和无花果等核果。扇形植株的主干短，两根主枝从低矮的主干顶部向两端斜生，侧枝从主枝伸展开，从而形成扇形。

掌状

篱墙型（见下图）的一种变型，前者分层的侧枝水平向外展开，而掌状植株的侧枝则斜向上伸展。同时，这一造型无需过分关注对称性，因此对修剪维护的要求不像篱墙型那样严苛。

篱墙型（树墙）

篱墙型是苹果与梨树的理想造型，但不适用于核果。篱墙型的观赏效果主要来源于植株枝干的规则式对称布局：侧枝接近对生，分布主枝两端，同组侧枝长度相当。

低跨型

轴型的一种变形，主枝几乎呈直角弯曲，沿水平方向伸展。低跨型果树一般无需支柱，使用牢固的牵引线支撑。低跨型果树作为花境镶边效果颇佳。

砧木与植株大小

果树的种子培育出相同性状的植株，扦插繁殖同样效果欠佳，因此数个世纪来，果树的人工繁殖均采用芽接和嫁接的方式进行。由于树木的生长速度与最终大小与砧木高度相关，因此修剪与整枝对果树的栽培至关重要。传统使用的砧木习性强健，嫁接出的植株尺寸大、寿命长，仅需少量修剪便可连年不断产出果实。现代使用的砧木则能够培育出尺寸更小的嫁接植株，对修剪与整枝的需求更多也更细致。

这些新品种砧木采用克隆技术繁殖，因此同样品种名或编号的砧木培育出的植株大小几乎相同。砧木的矮化程度越高，嫁接植株就越早挂果。砧木与接穗通常是同一种果树，但品种不同，不过有时砧木也可以是与接穗异属的植物。

有时砧木与接穗的相容性较差，因此嫁接时可使用与二者兼容品种的段枝作为过渡，称为中间砧：这样有两个嫁接点的植株被称为"二重嫁接"植株。

对砧木适合的种植场合与形态信息不明时切勿盲目购买果树，否则，多年培育果树可能永远也不能获得令你满意的效果。其中最糟糕的例子就是在有限的空间里种植了一棵大型果树，无论如何修剪都无法控制其生长：修剪只会使植株的生长更加旺盛，同时也会导致挂果零星或完全不结果。

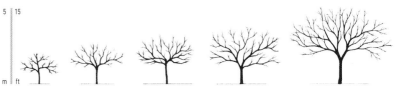

不同的砧木对植株大小的影响

如果一个品种可以与多种砧木相容，那么人们就可以获得品种相同、大小各异的植株。砧木通常会以代表它们培育产地的名称或编码命名。比如说，苹果的"M"系列就来自英国南部的东莫林（East Malling）的园艺研发中心。

多合一果树

同一株果树是有可能生长出不同品种的果实的。这些"多合一"果树不仅新奇，还有许多价值：不同品种开出的花朵可以互相授粉；或者通过选择成熟时长不同的品种，延长可以收获新鲜果实的季节。不过多合一果树的砧木必须小心选择，且接芽或接穗的品种应当生长习性相近，这样才可以维持植株整体的生长平衡。对于一株灌木型果树来说，3个嫁接品种十分常见。

扇形整枝的多合一果树

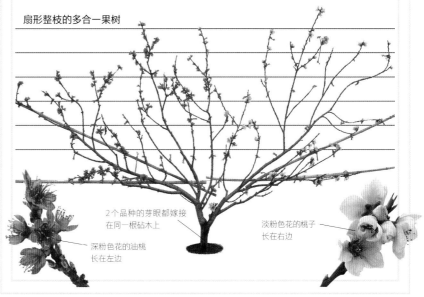

2个品种的芽眼都嫁接在同一根砧木上

深粉色花的油桃长在左边

淡粉色花的桃子长在右边

基础技术

果树的修剪与整枝有3个主要目的：第一，影响枝条的生长方向，确保骨干枝的稳固并获得理想的造型；第二，及时移除枯枝、病枝、受损枝并防止枝条过度拥挤或互相交叉，保护植株的健康；第三，维持植株生长和生产的良性平衡。满足以上目标，就可以使果树挂果均匀规律且枝干牢固，具有能够支撑成熟果实的健康枝条。

除上述三点，修剪与整枝还有其他作用，不过其目的更多是为了观赏效果而非植株健康。种植地点及空间大小会影响品种和砧木以及植株造型的选择。视觉效果也是大部分花园果树种植的必要考量因素；举例来

说，篱墙型植株需要更多的维护工作，但其良好的观赏效果也足以回报种植者的辛苦付出。

修剪的不同方法

植株的造型选择对应着从简单到复杂不同的整枝计划。修剪树木成株时，独立的树形植株（如灌木型、标准型、纺锤灌木型）与需要进行细致树枝修剪的植株（如轴型、金字塔形和扇形）需要的处理方式便截然不同。独立植株的修剪一般用于简单地维持芽数量与新枝生长（与未来的果实生产相关）的平衡。而造型要求较高的植株则需要通过

修剪维持其大小、形状与骨干枝结构。

修剪方式同样需要根据一年中的不同时节与植物生长的不同阶段作出调整。其中的关键是不仅要了解果树的大致生长和结果习性，有的放矢（见下图根据苹果树绘制的"综合树"，图中解释了部分专有名词），也要了解如何根据自己独特的种植地点、土质、气候等条件选择果树的品种。

在修剪过程中，偶有失误无可厚非，好在果树修剪造成的失误一般仅需一两年的时间便可修正。即使一株果树曾经被错误地修剪过或是多年疏于管理，只要经过细心的更新复壮，同样可以回归丰产的状态。

果树的不同部位

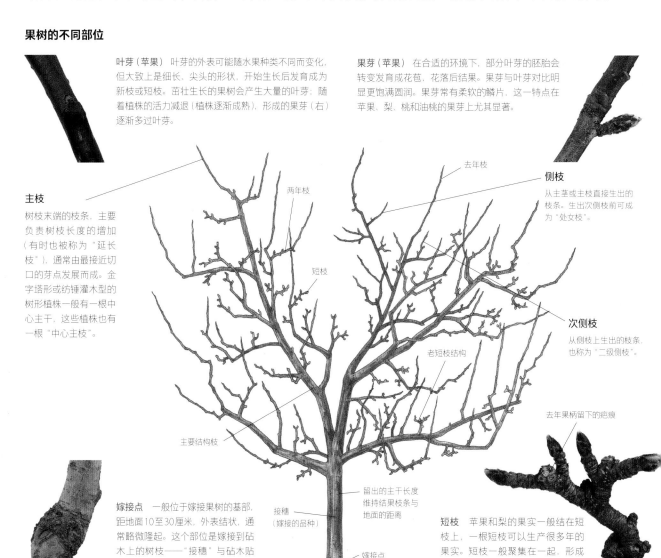

切口

修剪果树可能需要在不同的枝条上留下切口——新老树枝、幼枝以及短枝。保持工具的锋利可以保证切口的准确与平整，不会造成树枝的撕裂或肿胀，从而防止病菌进入。

修剪新枝

摘心是修剪新枝最简单的方法，同时也是修剪果树枝最常用到的技巧，其重点便是趁新枝幼嫩柔软时将其从生长点或邻近的叶片处掐去。若需修剪的新枝已经成熟（木质化），那么需要注意从邻近的芽点或侧枝上方的正确位置下切。大部分耐寒果树的芽点对生，因此若非直接短截至主枝或主干处，切记保持切口坡度和缓。

在幼树的整枝过程中，错误修剪造成的损伤十分严重，芽点的损伤会导致新枝无法正常形成，从而使后续的造型工作更加困难。

修剪老枝

专业果树种植者在修剪直径2.5厘米以下的树枝时仅使用修枝剪。修剪时，一只手握剪刀，另一只手固定刀片上方的树枝，在刀片逐渐咬合的同时轻轻向外提拉。这样可以使切口略微打开，使刀片更易切入枝条。

移除较粗的枝条或生长过剩的老短枝时，可以使用园艺锯或长柄修枝剪。移除树枝时则需要使用特殊的方法防止与树枝相连的树皮撕裂（具体步骤见第20页）。现在一般无需使用切口涂剂（同见第20页）。

好切口与坏切口

正确的修剪留下的切口位于芽点上方且角度较小，切面背对芽点。修剪不应留下一段无用的枝段（下图中右）；如果感染病菌顺势而下，不仅会导致选中芽点的死亡，还有可能损失整根侧枝条。

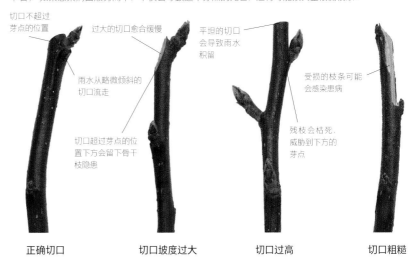

切口不超过芽点的位置

过大的切口愈合缓慢

平坦的切口会导致雨水积留

雨水从略微倾斜的切口流走

受损的枝条可能会感染患病

切口超过芽点的位置下方会留下骨干枝隐患

残枝会枯死，威胁到下方的芽点

正确切口　　切口坡度过大　　切口过高　　切口粗糙

修剪时机

修剪的时机不仅与果实品种有关，果树的形态、是否经过整枝也需要加入考量因素。总的来说，梨果（Pome Fruits，指果肉中间有管状结构的果实，如苹果、梨、榅桲和欧楂）应在冬季休眠时修剪，主要移除老枝和生产力较弱的枝条，促进新枝和挂果枝的生长。

而核果（Stone Fruit，带核果实，如李、樱桃、桃和杏）必须在夏天修剪，由此避免冬季修剪带来的染病隐患（详见第123页）。若果树幼苗正在进行整枝，可以在早春生长尚未开始时进行修剪来引导幼树的生长。

整枝后植株的修剪

轴型、金字塔形或扇形这样经过整枝并定期维护的果树同样要求在夏季进行额外的修剪。日常修剪的目标是为了刺激生长，而夏季的额外修剪则大部分是为了限制植株的长势，防止新枝阻挡生长中果实的日照，以及控制植株整体的大小。夏季修剪同时也可以促进植株在接下来的生长期形成新的果芽。

有些情况下，新生的侧枝也可以摘去，防止叶丛过于拥挤。夏季尾声，需要将新生的枝条短截，移除果树最多80%的叶片，以此维护植株的造型框架，同时刺激结果的短枝生长。

修剪至芽点

修剪时切记使用园艺剪从选中芽点的反方向下剪。这样的操作方式可以降低修枝剪的刀片损伤芽点的风险。

新替换枝

长势不良的旧枝

修剪至替换枝

选择强健且生长方向可改善植株整体结构的枝条替换目标枝，修剪时切口走向与其生长方向一致。从替换枝的相反方向下剪更好控制，也更能保证切口的平整。

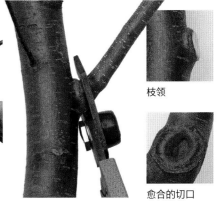

枝领

愈合的切口

截剪至主枝

枝条较粗壮时可使用长柄修枝剪或修枝锯等更有力的工具。将枝条短截至基部的枝领处（见第10页），避免切口干扰主枝或主干的液流。

整枝技巧

在果树生长的第1年，新枝的发育是最重要的。如果只重视果树的生长速度而忽视成形修剪，那么果树（尤其是矮化砧木嫁接的果树）很快就会走形。此外，接穗枝条直立、伸展、下垂等生长习性过于显著也有可能增加成型修剪的难度。在过去只有长势较强的砧木时，果树从定植到挂果需要七八年，因此也可以在这段时间进行骨干枝的培养。但现在有了矮化砧木，果树可能只需3年便开始挂果，在这种情况下，如果复杂造型的培育时间不足，最好将花朵掐去，使原本用于开花结果的营养全部供给生长。

购买树苗

果树一定要在专门的果树苗圃购买。这些专业苗圃提供的砧木苗壮健康，贩售的植株从幼苗期就接受了良好的整枝。专业的卖家也能提供授粉需求的建议，告诉购买者选中的品种是否需要邻近植株异株授粉才可结果。此外，也可以向他们咨询种植地点的可持续性。选购果树时，尽量保持果树造型与其自然习性相近，并参考观赏乔木的选择标准（见第23页）。树苗的高度并不是唯一标准，结实粗壮的树苗比细长的树苗值得购买。除上述条件外，幼苗侧枝的生长方向也很关键。一年龄的果树苗一般是仅有单支笔直主茎的独本苗，抑或是已经长出侧枝的羽形独本苗。定植前，将主枝短截，并使用刻芽（即伤，见第107页）法促进枝条形成良好姿态，同时亦能根据需求刺激更多侧枝生长。未经过修剪的独本苗上的侧枝常有位置不当，或过于直立或拥挤的问题，为后期的整枝工作增加了难度。另外需要注意的是市面贩售的"预整枝扇形果树"其实大多是掌状的，购买后需要将其中心主枝移除，而后留1至2对侧枝。

果树幼苗（苹果）

在果树的第一个生长季，植株通常会先发育出一根单独的主茎，或称独本苗（见下左图），未来主茎上会生出侧枝，形成羽状独本苗。这些侧枝中有一部分可以通过整枝成为未来植株的主枝。两年龄的羽状树（见右图）一般就有足够的侧枝可供选择了。

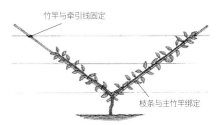

主茎的下半部分为许多侧枝环绕

单枝主茎

嫁接点

砧木

独本苗

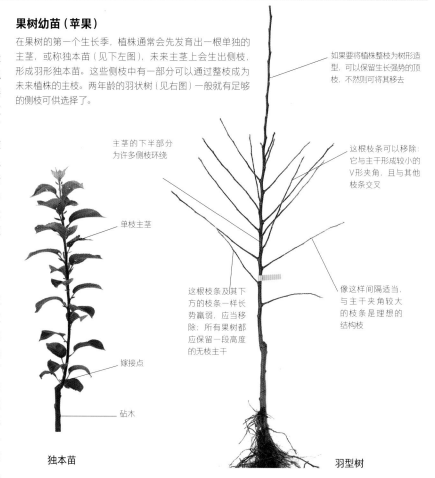

如果要将植株整枝为树形造型，可以保留生长强势的顶枝，不然则可将其移去

这根枝条可以移除：它与主干形成较小的V形夹角，且与其他枝条交叉

这根枝条及其下方的枝条一样长势赢弱，应当移除；所有果树都应保留一段高度的无枝主干

像这样间隔适当，与主干夹角较大的枝条是理想的结构枝

羽型树

培养骨干枝

种植的最初几年一般用于为植株培养出选定造型的骨干枝。首先，将所有不需要的侧枝移除或短截。例如，有些果树造型会留出一段无侧枝的主干，防止低处的果实接触地面，此时低于此主干高度的侧枝就可以进行移除了。除此之外，与主枝形成狭窄V形（另见第10页）的侧枝亦应移除，否则这些枝条在结果后很可能由于果实的重量而折断。即使是成株果树，若发现树权夹角过小的树枝也最好移除。

对于灌木状、标准型和纺锤形的独立树形来说，选择保留的枝条一定要间隔适当，位于主干上的基部也需相隔一定距离，切忌拥挤。简而言之，修剪时选择现有枝条中条件最佳者，通过修剪改善其生长方向。有些果树品种会产生充分的侧枝，较易选择枝条保留；枝端结果的苹果等其他品种则不然，这类果树形成间隔适当的基本骨干枝可能需要花上1年或2年。

至于更复杂的造型，植株的第一批侧枝必须满足更多、更具体的要求，它们的生长

矫正生长不均的枝条（扇形）

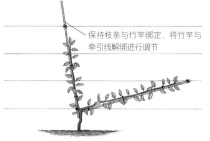

竹竿与牵引线固定

枝条与主竹竿绑定

1 此处可以看到，两根侧枝中的一根明显比另一根强势，在这植株早期的生长阶段尤为明显，这会影响这株果树苗日后的对称和美观。

保持枝条与竹竿绑定，将竹竿与牵引线解绑进行调节

2 将生长较为强势的枝条位置调低，接近水平，减缓其生长。较弱的枝条则可以通过调高位置，接近垂直的方法来促进生长。

3 一旦两根枝条的长度一致（通常会在生长季末达到），就可以将其恢复到原本的位置，并继续原本的整枝流程。

位置与方向也必须从一开始就严格控制：在需要侧枝生长的地方使用刻芽的方式刺激侧枝生长。多余的侧枝可进行移除，或短截至2至3片叶的位置；若选中的树枝受损或患病，这些短截枝条或许就可以成长为替代枝。

提供支撑

果树幼苗至少在成株前需要人为地提供支撑。独立树形，如金字塔形和纺锤形，可以使用高桩支撑，这类支撑是永久性的。灌木型和标准型则使用矮桩，最好两边各一根，搭配松绑带（见第21页）固定。植株在定植点逐渐恢复正常生长后就可以移除这类暂时性支撑了：这一过程一般需要3年左右，若种植地点较为开放则需更久时间。

独立型树，尤其是纺锤形树的挂果枝在结果时可能需要额外的支撑，防止果实的重量压断枝条。在果树挂果后，使用柔软的绳或切成条状的塑料网环绕挂果枝，避免磨伤树皮。绑定后，用牵引绳将挂环绑定在挂果枝上方的枝条上，也可以用钉子将牵引绳固定在植株的支柱上（若高度足够）。

靠墙或围栏生长的非独立型树则可以用牵引线固定：将金属丝水平固定在墙或围栏上，墙与金属丝之间需要流出至少5厘米的空隙以保证树墙后方的空气流通。固定树枝时，首先将其绑在竹竿上，调整好方向、角度后再将竹竿与牵引线固定。在这一步骤中，主竹竿起到了夹板的作用，在保持枝条不弯曲生长的同时还能防止树枝与细金属丝刮擦。枝条木质化后就可以移除竹竿，将枝条直接固定到金属丝上了。

生长不均

果树上偶尔会出现生长明显强于其他枝条的新枝。修剪独立型及所有成株时，此类生长过盛的直立枝可以在夏季完全移除。若植株有具体的整枝需求（如篱墙型果树需要通过整枝获得水平侧枝），那么便应当移除有可能影响整枝工作的枝条，并通过降低长枝高度的方式对生长不均的枝条进行纠正（见第98页，矫正生长不均的枝条）。这一方法可以减缓长枝的生长，给予短枝充分的时间达到与其相近的长度。待二者长度一致后，就可以将枝条位置恢复。相反，将弱枝提高可以使其生长更迅速。使用竹竿与牵引线固定的枝条调整起来相对容易。独立树的枝条需要使用软绳或条状的塑料网牵引枝条，再将牵引物通过木桩固定或使用金属丝和钉入地面的羊眼钉固定。

果树的增产整枝

虽然水平生长的枝条长势不如竖直枝条，但其挂果数量却超过后者，因此水平枝条对果树多多益善。有些整枝形态便是专

放开下拉枝条

将枝条下拉至更接近水平的角度可以使枝条各处都长出果实。一旦枝条不再回弹，就可以将牵引绳解开了。

原本直立的枝条被牵引绳拉低

枝条各处都有挂果

门针对这一特性开发出来的，例如篱墙型和纺锤形。对纺锤形来说，促进枝条的水平生长尤为重要，因此在夏末趁枝条尚未完全成熟、硬化前，需要将其向下牵引，促进果芽的形成（另见第110页，苹果）。以李树为代表的部分果树幼苗有长且柔软的枝条，所有长枝都可以使用牵引绳向下拉弯，而后将绳固定在木桩或主干上，这一步骤称为"拉枝"。拉枝法能够使小型果树产出更多果实，在人们引入矮化砧木很久之前便广为使用。

枝条各处都形成侧枝

在主干上钉下钉子，防止牵引绳下滑

吊枝

位于中央的支柱（图中使用的是与木桩捆牢的粗竹竿）为牵引绳提供支点，为果实累累的挂果枝提供额外支持。

此前进行拉枝的枝条现在已经定型

拉枝

夏末时，使用软绳将柔软的树枝小心向下弯曲并固定。到翌年早春便可以解开牵引绳，而枝条也会保持下弯的姿势，并开始显现出水平整枝的生长与生产优势。

修剪技巧

果树成株的营养主要通过两个途径消耗——其一是产生新枝，其二便是结出果实。野生果树一般会找到一个自然平衡点，但嫁接在不同砧木上，且生长形态与自然状态相去甚远的人工栽培果树很难通过自身调节控制二者的平衡。果树的管理主要依赖修剪与整枝的手段，恢复或影响植株形成叶芽和果芽的平衡。这类例行修剪一般在冬季进行（核果则是在夏季），且对所有果树都适用；其他作用不同，用于维护整枝造型的额外修剪项目不在此讨论。

重剪与轻剪

维持成株大小和形态均衡最重要的一点便是重剪弱枝、轻剪强枝。重剪后，根系需要供给的芽点减少，使植株长势大大增强，产生的新枝也更加苗壮。若只进行少许修剪或完全不修剪，每个芽点能够得到的养分就越少。因此，重剪能够使植株产生更多强健的新枝，相应的果实产量就会减少；修剪较少或不修剪会使果树形成大量较小的果实，但同时也会使树龄尚小的植株付出大量的养分，导致未来果实减产。

维持修剪平衡

修剪果树时，应该进行不同程度的修剪：重剪弱枝可以刺激枝条的长势；而轻剪或不修剪强枝则可以使枝条将更多养分用于形成果芽。不同修剪程度的比例完全由果树的生长状况决定：植株是否缺乏健壮的新枝，是否生长旺盛但挂果较少，又或者是否需要新枝来替代产果能力逐渐衰退的老枝。

结果习性

总的来说，较新的枝条产出的果实质量较好，但果树在不同的树龄时，其枝条开始挂果的时间以及挂果枝的产果寿命也有所不同。酸樱桃、桃子和油桃等果树只在上一个夏季长出的新枝上挂果；苹果和梨等其他果树则主要在生长两年及以上的枝条和短枝上结果。（第1年枝条生成，第2年开始零星产生果芽，这些果芽在第3年开花结果，而后这根枝条就开始产生更多果芽。）李子、樱桃和杏树主要在生长两年及以上的枝条结果，但一年生枝条的基部（生长较早的部分）也会产出部分果实。然而不论品种，所有果树都必须根据枝条的生长年龄不同采用不同的例行修剪方式。

常见生长问题

若植株长势弱，需要仔细观察全株，从各方面分析原因。较常见的成因有溃疡病（见第102页）等疾病干扰，草坪或杂草形成竞争以及缺乏养分。比如，假如定植一株苹果树苗的地方曾经种植过苹果树，那么羸弱的长势可能就是由于土壤问题，也就是所谓的苹果再植病（将种植坑的土换成花园中其他地方挖来的新土可以预防这一问题）。一旦问题解决，就可以用重剪的方式刺激强健的新枝产生。

修剪反应——弱枝

通过轻度修剪或不修剪，弱枝能够产生果芽，但枝条本身长度增长较少；中度修剪可以促进枝条生长，同时也可留下部分果芽继续生长；而重度修剪则大幅度刺激枝条的生长。

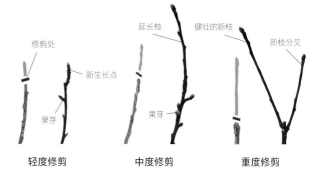

轻度修剪　　　　中度修剪　　　　重度修剪

修剪反应——强枝

若不进行修剪，或仅轻剪枝尖部分，强枝便会略微生长并产生一些果芽。中度修剪可以促进枝条分支，但相应的会减少果芽数量；而重度修剪则会以失去所有果芽的代价刺激强健新枝产生。重剪可以用于促进树苗生长，或者用于刺激成株产生替代枝，填补由于移除病枝等原因留下的空缺。

相反，若植株的长势强劲，但产果较少，则需要考虑是否施肥过量，抑或是修剪过重。轻剪可以控制果树的长势，在果树周围种植草皮与其竞争也同样可以抑制其长势过盛。此外。植株生长过盛也可以使用修根的方式限制（见第101页），其原理是减少植株整体的营养供给。

根系修剪

树苗修根最为简单，只需在冬季将根系挖出，修剪后再种下即可。在树干周围60至75厘米距离挖出浅沟，而后小心地下挖并切

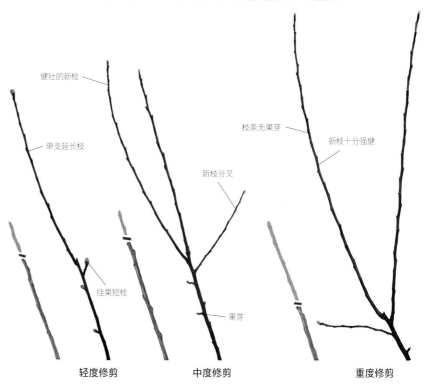

轻度修剪　　　　中度修剪　　　　重度修剪

断需要修剪的根系。修剪粗壮的直根必须使用园艺锯，但修剪时尽量不要伤到植株的须根。修剪完毕后将植株重新种下，使用木桩支撑，最后将植株周围的土壤踩实。春季到来时，施加覆根物。

若果树较大，则需进行原位修根（见右图），但这属于大型作业，需要分散到至少两年完成。在修剪后若使用木桩支撑可帮助植株恢复，但碍于大型植株的复杂条件不太可行：此时可以使用三桩支撑（见第21页），将木桩钉在浅渠范围外，防止造成二次损伤。

如果在采取了各种措施后，植株还是呈现过盛的长势，那么恐怕就是由于最初嫁接时采用了过于强健的砧木——植株尚未抵达最终的成熟大小，故而不会开始挂果。若种植空间足够，那么这也不成问题；如空间不足，则最好尽早购买适宜的植株进行替换。

挂果常见问题

造成果树生长缓慢的原因同样可以导致果实产量稀少（也可能是由于缺少合适的授粉树），修剪过量也有可能导致植株损失果芽，专注产生新枝。若原因是后者，那么调整修剪的程度应该就可以解决这一问题。有时也可能是鸟类在树上筑巢对植株产生了不良影响：金字塔形、篱墙型等较小树形都是易于吸引鸟类筑巢的整枝造型。如植株产生大量小而低质的果实，可以通过调整修剪程度改善。此外，果芽疏芽亦十分重要，果芽疏芽能使果实产量较少但质量提高，更可以

果树修根

为防止对果树造成过多负担，每年只可修剪一半的根系。开始修根第1年的冬季，挖一道距树干1.2米、深30至45厘米的半圆形浅沟。

挖沟过程中碰到的粗根可以使用园艺锯锯断根系暴露的部分。修剪完毕后使用新土填埋并压实，春季再附加覆根物。下一年冬季重复这一操作，修剪另一半根系。

帮助防止苹果树和梨树的"大小年"，即隔年结果的现象。

大小年

产果过多、果芽冻伤、疾病或营养不足都可能导致果树出现大小年现象，这一现象在苹果和梨树上尤其常见：所谓的大小年，就是果树产果量隔年差异巨大。"大年"时，果实产量极大，"小年"时则果实稀疏或完全无挂果。若果树显示"大小年"现象，可在小年冬季正常修剪时尽量不修剪一年生

枝条，这些枝条在第2年不会挂果，但会产生许多果芽，为下一个小年作准备。第2年（即大年）冬季，仍然不修剪这些枝条（现在是2年生枝条），但重剪所有一年生枝条，这样两年后（即下一个大年）果树就不会产果过量，从而打破大小年的循环。

疏花也是解决大小年的另一个途径。大年时必须大量减少花量方可完全打破循环。如果果树体型较大，可以仅在一两根枝条上进行疏花，但需重复多年。

疏花

为了解决大小年问题，可以在开花1周至10天内移除九成的花朵。移除花朵时可以直接手摘或使用剪刀，但要注意尽量保持花朵下方叶丛的完整。

疏果

疏果前　若拥挤的果芽都得以继续发育，最终也许只能收获个小且口味较差的果实。这样庞冗的产量不但有可能压断树枝，更可能会影响果树未来的收成。

疏果后　经过疏果后，植株产出的果实个大且成熟。这样适中的产量也可使植株新枝和果芽的生长维持较好的平衡，保证未来的稳定收获。

更新复壮

缺少维护是果树需要更新复壮的主要原因。然而，过度修剪引发的枝条拥挤丛生也可能导致植株不挂果且易患病，因此也需要进行更新复壮。由此可见，在进行果树的更新修剪时一定不要随意重剪，应当将工作分散到多年进行，细致小心，循序渐进。

在开始更新作业之前，首先要决定目标植株是否值得保存。即使其果实不合心意，经过更新复壮后的果树也有作为花园景观树的观赏价值。除此之外，或许也应当向专家咨询"二次嫁接"的可能性，通过专业的嫁接技术将新的品种嫁接到现有植株上。不过，如果植株已然感染溃疡等疾病，则最好将其整株挖出并焚烧，也不要再在原来的位置种植果树。

果树更新复壮的要点与安全作业要求与观赏乔木相近（见第32页）。未经过安全训练切勿使用链锯，同样地，在进行任何作业时，若无法确保安全，请勿强行完成。更新修剪和例行修剪进行的时间相同：梨果在冬季进行；核果则在春末或夏季进行。

尽管许多种植者仍用树木切口涂剂"密

溃疡病

部分苹果品种受溃疡病影响较重。病症严重的植株会出现枝干溃疡凹陷，枝叶枯黄死亡的情况。若植株症状尚浅，则应及时将感染枝条完全切除，直至切面显示正常枝条迹象，注意修剪后要将工具消毒。

拥挤枝与交叉枝

枝干拥挤会阻止空气流通，枝条的互相碰触、摩擦会造成损伤，为疾病进入植株内部留下开口。在一对交叉枝中，尽量保留年轻、健康的枝条。

封"大型切口，近期研究已经表明切口涂剂的收效甚微，且往往适得其反（另见第20页）。

疏于管理的果树

所有树木疏于管理都可能会产生问题，有的问题不论品种，有的则只发生在具体的果树上。举例来说，短枝生长过盛便是苹果

树才会出现的具体问题。由疏于管理引起的问题需要分散到2至3年系统性地应对。在一个生长季移除过多枝条会给植株施加压力，刺激植株产生大量新枝，过多大型切口也很可能引发疾病感染。每年移除的枝叶不可超过树冠整体的四分之一。整个更新作业的流程所需要的时间要根据植株的大小和

用2年更新复壮疏于管理的果树（苹果树）

更新作业前 在第1年，移除所有枯枝、病枝及伤枝。拥挤枝与交叉枝应移除或短截至强健的替代枝处。第2年作业的主要目标是恢复果树的生产潜力：将过长枝及非挂果枝短截至强健的替代枝处，并对去年修剪后生出的新枝进行疏枝。苹果和梨树需要额外缩减拥挤的短枝丛（见第105页，短枝修剪）。

更新修剪后 2年后，植株已然恢复间隔恰当的树冠和牢固的骨干枝，果实也有了足够的空间生长成熟。此时可以开始恢复例行修剪工作：此时，这株苹果树细长的新枝需要进行短截，促进植株形成新的短枝丛。同时，为了保持生长与生产的平衡，应重剪弱枝、轻剪强枝。

树冠中挤满细长的弱枝、枯枝和伤枝，阻碍了光照和空气流通

疏于管理的枝条互相交叉摩擦导致树皮损伤

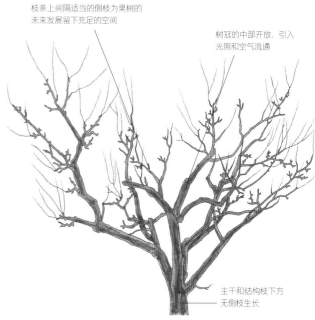

枝条上间隔适当的侧枝为果树的未来发展留下充足的空间

树冠的中部开放，引入光照和空气流通

主干和结构枝下方无侧枝生长

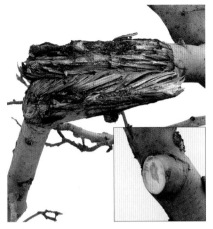

枝条断裂

枝条可能会由于强风或重量等原因横、纵向断裂。小图中的切口仍有渗水的痕迹，但这已经是在不损伤枝领的前提下最接近主干的位置。

具体状况决定。更新作业的首要目的是恢复植株健康而非获得果实。除枯枝、伤枝、病枝、拥挤枝和交叉枝外，位置过低、向外伸展的枝条也最好一并移除。移除枝条时必须使用正确的方法（见第20页），千万不可勉强完成任何工作。一旦不需要的、无生产力的枝条移除，就可以恢复每年例行的修剪日程了。

多汁的"徒长枝"（另见第30页）可能会在大型切口周围大量产生，夏天可以两周左右检查一次，发现徒长枝冒头就立刻捻去。

过度修剪

树枝遭受重剪的树会受刺激产生大量新枝，新枝需要分多年进行疏枝，以留出空间和养分供给挂果枝的生长。若影响已经造成，应当仔细地恢复植株不同年龄枝条间的平衡，从而重新开始正常的修剪日程。修剪时切记宁少毋多，否则只会再次重现过度修剪的问题。

控制整枝造型

越复杂专业的整枝造型就越难恢复，嫁接在矮化砧木上的植株尤其如此：这类嫁接树比普通的树木更不能忽视。若植株的骨干枝还隐约可见，那么还可以试着短截枝条，疏理拥挤的短枝丛，待到主枝的状况清晰可见时再判断植株是否值得进行更新复壮。若主枝仍然结实牢固，且在接下来的生长季反应良好，就可以恢复例行修剪；如若不然，则可将植株替换。

用3年更新复壮修剪过度的果树（梨树）

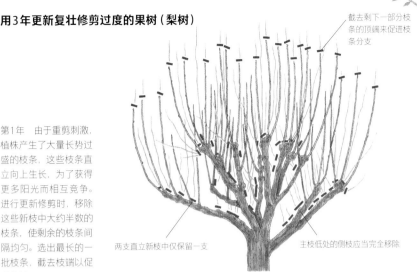

截去剩下一部分枝条的顶端来促进枝条分支

两支直立新枝中仅保留一支

主枝低处的侧枝应当完全移除

第1年 由于重剪刺激，植株产生了大量长势过盛的枝条，这些枝条直立向上生长，为了获得更多阳光而相互竞争。进行更新修剪时，移除这些新枝中大约半数的枝条，使剩余的枝条间隔均匀。选出最长的一批枝条，截去枝端以促进分枝。

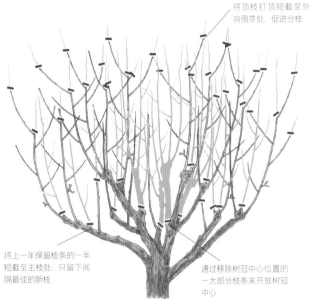

将顶枝打顶短截至外向侧芽处，促进分枝

将上一年保留枝条的一半短截至主枝处，只留下间隔最佳的新枝

通过移除树冠中心位置的一大部分枝条来开放树冠中心

第2年 同第1年，再次移除直立枝条中的一半，留下间隔适当、位置适宜的新枝。修剪新枝时注意鼓励枝条外向生长。若植株看起来仍较为拥挤，可尝试移除树冠中间的部分主枝，注意不要损伤枝领。

移除从之前的修剪切口（尤其是树冠中心）长出的长势过盛的直立枝条，将其短截至位置最佳的侧芽处

重新引入例行修剪促进挂果——图中展示的是通过短截枝条促进短枝的形成

第3年 继续通过修剪修正和平衡新枝的生长。至此应该已有部分果芽形成。这一阶段后，可以逐渐恢复例行修剪日程，注意参照果树的适宜修剪季节（以及植株的形态）。图中的标准型梨树正在系统性地进行冬季修剪，促进新短枝的形成。

耐寒果树

能够在大部分冷温带室外种植的树果可以分成完全耐寒（如苹果、梨和李）以及需要冬季保护（如挡风墙或温室）的品种，如桃子和无花果。后者在温暖气候区的生长与生产表现更佳，但完全耐寒的水果品种则需要一段时间的冬季低温刺激才可以正常开花结果，这个"寒冷需求"可以具体表现为具体小时数的低温环境。除寒冷外，部分品种的果树可能需要附近有另一株不同品种的植株授粉才可以结果。不过，果树现在可以有不同的大小和形态。即使是一个小型花园也可以有种植2至3株轴型植株的空间。此外，多合一果树（见第95页）也是小空间的另一选择。

定期、正确的修剪和整枝对保持上述果树的健康、外形以及果实的质量都十分重要。它们的结果习性不同，因此对修剪时机与方式也有显著不同的需求。

苹果（MALUS SYLVESTRIS VAR. DOMESTICA）

不同的品种和口味、漫长的成熟期、多种多样的食用方式、能够适应多种气候、易于整枝……苹果凭借这些特点轻松跻身最受欢迎且栽培范围最广的耐寒水果。苹果树嫩绿的叶片，春季清丽的花朵，精致的树皮和果实使其同样具备了巨大的观赏价值，也使苹果树成为了观赏花园中唯一的选择。

苹果同样是一种重要的经济作物，对园艺工作者也有着重要的意义。苹果一直处于水果研究和开发的最前沿，其中诞生了众多砧木、树形和栽培品种。一些热门的苹果品种不仅有灌木形态，也有乔木形态，成株高度也从2米至5米以上皆有，选择众多。近年来，人们对传统品种的关注日益增长。同时，也开始有意识地保护旧果园中高大独立的老

苹果砧木

| M27 | M9 | M26 | MM106 | MM111 |

果树，这使得许多老品种也能逐渐回归人们的视线——许多老品种都有着绝妙的风味。

嫁接与砧木

砧木的选择不仅会决定苹果树的大小，也会影响果树造型的整枝：比如，若使用了长势强健的MM111砧木，那么果树就很难整枝成轴型植株；而使用了矮化效果较为显著的M27砧木，也使果树永远不可能长成高大的树形植株。故而在嫁接工作之前，首先要考虑苹果树的种植情况和理想的生长造型，而后选择最佳的砧木，最后一步才是考虑接穗的果实的品种（以及授粉要求）。任何专门经营果树的苗圃应该都能提供建议。

现代苹果农场

苹果树是在苗圃中嫁接培育的：在过去70年内，英国对不同砧木矮化效果的研究对苹果的栽培产生了巨大的影响。随着适应小空间和近距离种植的苹果树出现，人们研究出了新的成型整枝和年度修剪体系，用于新造型果树的培养和维护。

结果习性

大部分苹果树都是"短枝结果型"：果实仅生长在三年以上的枝条上，挂果枝较短，称为"短枝"。苹果树的主枝间隔较为均匀，分布着果芽、短枝和新枝。然而，少部分品种更倾向于在长枝靠近枝梢的部分集中产生果实。这些品种植株的短枝极少，且芽与侧枝间的间隔较短枝结果的品种更大，称为"枝梢结果型"；部分品种的枝梢结果习性较为明显，其余品种则两种习性兼具。判断种植苹果树的结果类型十分关键，因为植株的修剪方式必须与品种习性对应。结果习性的差异对苹果树的整枝造型亦有影响：枝梢结果型品种不宜整枝为轴型或篱墙型果树，因为这两种造型都需要果实均匀且彼此靠近地分布在较短的主枝上。

不同品种的苹果树长势与果实产量也不尽相同，因此管理者需要根据每株苹果树的特性制定专门的修剪计划。只有实验和经验才能决定怎样的修剪程度与技巧搭配最适合不同的果树。

修剪时机

苹果树开始生长的时间较早，花期一般在仲春至晚春。主要的修剪季是冬季中晚期，最好在最寒冷的日子过后再修剪。整枝造型植株需要在夏季额外修剪来保持造型，同时控制新枝的生长。

冬季修剪

嫁接在矮化砧木上的苹果树一般在3个生长季后达到挂果大小，使用长势较强的砧木的苹果树则需要5年左右开始挂果。苹果树一旦抵达这一阶段就需要进行修剪以保持植株苗壮生长，控制植株的外形与大小，同时促进植株持续、大量地产出果实。

调理修剪

调理修剪是一种遵循果树新枝、短枝结果特性的修剪方式。所有枯枝、病枝和交叉枝都应移除。为了开放树冠中心，可以将树冠内部的部分强枝移除，较弱的挂果枝和短枝则应保留。枝条过长的状况随植株生长时有发生，此时应将其短截至枝条低处的侧枝处；理想的侧枝不过于直立，枝尖朝外，且

直径约为短截枝条直径的三分之一。单个冬季修剪的总量为树冠的10%至20%。

树木年岁渐长后可能逐渐失去活力，进而导致果实变小。这一问题可以通过疏枝和短截部分枝条解决。此外，树龄较大的果树可能也会产生过多短枝，需要进行疏理。

苹果树及灌木成株的调理修剪

这种修剪方法对短枝结果和枝梢结果（包括半枝梢结果）的苹果品种同样适用，因为本方法的修剪目标并不是单根枝条，而是整个骨干枝的一部分。自果树落叶至冬末——只要植株处于休眠状态，任何时间都可以进行修剪。

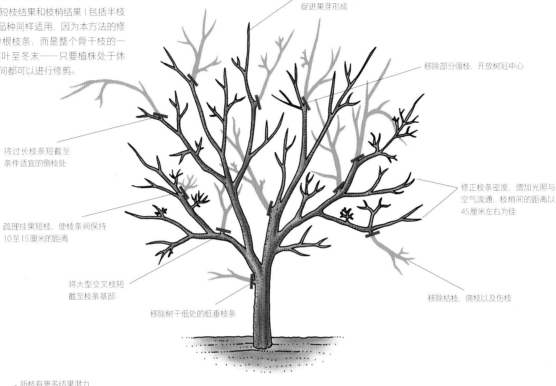

将过长枝条短截至条件适宜的侧枝处

疏理挂果短枝，使枝条间保持10至15厘米的距离

将大型交叉枝短截至枝条基部

移除树干低处的低垂枝条

顶枝不进行短截，促进果芽形成

移除部分强枝，开放树冠中心

修正枝条密度，增加光照与空气流通，枝梢间的距离以45厘米左右为佳

移除枯枝、病枝以及伤枝

新枝有更多结果潜力

已经挂果多年的老枝

更新修剪

更新修剪大型短枝整枝的果树时将年份较大的挂果枝短截至强健、向上生长（但非直立生长）的侧枝处，抑或修剪至位置恰当的侧芽处。枝梢结果的品种可以定期进行更新修剪，促进更多结果的延长枝形成。

短枝修剪

仔细管理短枝和顶枝可保持果树的挂果位置尽量靠近主枝，这一修剪方式对枝条拥挤、长势较弱的植株十分有效。每年将侧枝短截，使其形成曲折的短枝——花朵和果实都主要在这些短枝上产生（见第109页）。长势最为强健的顶枝则需避免修剪，否则将刺激植株长出更多强势的延长枝。枝梢结果或半枝梢结果的品种对短枝修剪反应不佳，因此最好使用上述的调理修剪法。

短枝逐渐变得拥挤，需要进行疏枝

羸弱的短枝丛被完全移除

夏季修剪

轴型、扇形和篱墙型等偏规则式整枝形态的苹果树必须在夏季进行修剪，限制枝条的生长，同时促进果芽形成；夏季修剪通常采用洛雷特修剪系统（Lorette System）。整套洛雷特修剪系统在温和气候区都可适用。新枝基部开始木质化时，将所有长度为15至22厘米的枝条都短截至5厘米。修剪应该持续整个夏季，不仅要修剪生长季第一批新枝，对受修剪刺激而生出的第二批枝条（次生枝）也应进行修剪，短截至2厘米。

不过，在诸如北欧的冷凉气候区，洛雷特修剪系统也需要做出改变，避免次生枝产生，否则冬季到来时娇嫩的次生枝很可能冻伤。只有枝条底部三分之一完全木质化且生长减缓时才可以开始修剪，修剪的时机需要根据天气决定。通常新生枝条需要2至3周时间的生长才可以进行修剪，如枝条长度小于22厘米则不修剪。为了进一步防止植株产生次生枝，可以保留一些长势较强的徒长枝不进行修剪，让这些枝条吸收生长季末仍向植株顶部运输的养分，防止这些营养供给叶芽形成新枝。等春季到来时，再对保留的徒长枝进行短截。如果上述操作后仍有次生枝产生，可在秋季中旬将其短截至最接近基部的芽点处。

除此之外，在生长期也可以采取疏花的手段抵消大小年的影响，或者进行疏果，防止果实产量过多对植株造成负担。偶尔有植株出现夏季生长过盛的问题，使得本应供给花朵和果实的养分全部流向新生枝条。对付此类顽固的问题，可以在春季中旬使用环剥作为最终手段进行调节。环剥必须使用正确的方法完成，否则植株会严重受损甚至死亡。如果仍有需要进行环剥，务必间隔几年再重复操作。

夏季修剪

修剪前 这株篱墙型苹果树上的新枝生长十分迅速，且在当前阶段枝条正在自下而上逐渐成熟。若新枝不及时短截，植株很快就会生长过大并超出种植范围，精心整枝获得的造型也会被破坏。此外，新枝的叶片也会遮蔽阳光，使正在成熟的果实无法获得充足的光照。

1 从基部叶丛以上3片叶的位置短截树干或主枝直接长出的新枝。

2 将侧枝或短枝上新生的枝条短截至基部叶丛以上一个芽点处。

基部叶丛

修剪后 篱墙型植株的枝条轮廓清晰可见，正在成熟的果实也可以获得更多光照。夏季修剪能够刺激植株未来长出更多芽苗。

环剥

用胶带作为辅助

1 使用锋利的小刀环绕树干刻下两道距离6至12毫米的平行刻痕（用胶带作为辅助）。切口应穿过形成层，深入木质部。

2 用修枝刀的刀背小心仔细地将刻痕间的树皮挑出。移除整圈树皮能够阻止营养流向树冠，由此限制植株的生长。

3 使用绝缘胶带环绕伤口，防止伤口干燥，同时辅助愈合。胶带需要完全封闭伤口，但切勿挤压胶带，以免胶带粘上切口。等愈伤组织开始形成时，就可以将胶带移除。

成形整枝

预整枝苹果树苗很容易买到，但自己为苹果树苗整枝造型也并非难事（见第108页）。举例来说，如果需要成排的轴型果树，直接购买普通树苗自己整枝要便宜得多。此外，一年至两年生的树苗能更快适应新环境，受到的移植刺激也更少。

购买独本苗

购买一年生树苗是最经济的做法，如果能亲自到专业苗圃选购就更好了。一般，枝干分明的羽形独本苗（已经长出强健的侧枝）是很好的初始选择，不过如果要购买独本苗（只有单支主茎），则应选择状态良好、主干挺拔的植株；即使高度不足，粗壮而多芽的植株也仍然是最佳选择。从独本苗开始种植，就可以在果树生长的最初阶段就使用专业的整枝技术影响侧枝的生长位置和方向，从而适应理想的整枝造型。

种植第1年，通常会通过短截独本苗主茎的方式增加树干的围度，如果目标造型是具有中心主干的树形造型（如金字塔形），可以通过整枝的方式使合适的侧枝成为新的顶枝。不过，大多数造型都不需要中心主干，相较之下更为重要的是位置适当、苗壮强健的低枝。然而，短截独本苗导致植株上端的侧芽自然而然地发展成长势强劲的直立枝，竞争新顶枝的地位。这种情形实际上不利于骨干枝的发展，因为直立侧枝易与主茎形成狭窄的V形夹角；待到植株成熟，日渐粗重的树枝很容易断裂。面对这一不良生长

刻芽（目伤）

在芽点下方刻出新月状的小型缺口

芽后刻芽 在芽点下方移除小块楔形树皮能够切断从下方输送至芽点的养分，从而削弱其长势；最终这一芽点会发展为果芽或较小的侧枝。被阻碍的营养无法抵达芽点，于是转而供给其他位置更佳的侧枝。

在芽点上方刻出新月状的小型缺口

芽前刻芽 在芽点上方下刀能够刺激侧芽的生长。这一技术主要用于刺激主茎低处的侧枝生长，抑或是在成形整枝的过程中使特定位置的侧芽抽枝。

趋势，果农采取刻芽的方式来进行改变：在顶枝短截后，使用小刀在最上方两个侧芽下方刻出小缺口，削弱其长势；相对地，低处侧芽的长势增强，而由于上方枝条遮挡阳光，这些枝条不得不以较大的树权角度向外生长。如两个顶芽有生长迹象，将抽出的枝条摘心即可。等到当年冬季，就可以将主茎位于最上方侧枝以上的残余部分切除了。

上述的修剪方式能够使植株获得主干短、侧枝间隔均匀、长势相近且与主干宽角度相交的理想骨干枝，能够进一步塑造成多种树形。刻芽的位置不同，其效果也大相径庭。当刻伤位于芽点上方，芽点就会打破休眠开始生长——需要侧枝填补羽形植株的叶丛空缺时便可以采用这一方法。除刻芽以外，若要在特定位置限制枝条的生长，也可

以通过不断将枝条短截至底部两片叶的位置来达成相近的效果。

购买羽形树

与独本苗相比，购买羽形独本苗或两年生羽形树苗能够省下一年的栽培时间。进行选购时，最佳的选择是主茎强健笔直、侧枝多且树权夹角大的植株，为后期的整枝留下充足的发挥空间。若未购得理想植株，则需通过修剪纠正枝干的生长不均：重剪弱枝，轻剪强枝；如发现枝条异常强势，须将其完全移除，防止其干扰植株未来生长平衡。假如购得的植株仅有1至2根侧枝，侧枝纤弱，抑或侧枝大小差异较大，最好将其重剪保留1至2个基部芽点，而后根据独本苗的管理方式处理植株。

在扇形整枝中，利用刻芽技术使植株产生树权夹角大的低枝（苹果树）

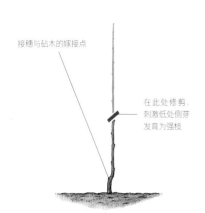

接穗与砧木的嫁接点

在此处修剪，刺激低处侧芽发育为强枝

修剪独本苗 苹果树苗最初从嫁接点开始生长，成为单支主茎独本苗。大部分树形都可以将其短截，使主茎更粗，同时促进低处侧芽抽枝。

侧芽竖直生长，为成为新的顶枝而竞争

顶部的侧芽抽枝，成为新顶枝

侧枝与主茎的较小夹角会留下骨干枝隐患

未刻芽的两年生树苗 次年春季及夏季，植株逐渐生出侧枝，但新枝倾向于遵循竖直、强健的生长习性，这不仅对植株骨干枝的稳定不利，也不利于整枝造型。

修剪留下的残枝遮挡阳光，使低处侧芽形成接近平行生长的侧枝。枝条长出后，就可以将残枝短截至最顶端侧枝的位置了

顶端经过刻芽处理的侧芽在生长季若有生长则将其摘去

侧枝与主茎的夹角大

低处侧芽未经刻芽

经过刻芽的两年生树苗 移除顶枝，对顶部的两个侧芽进行刻芽处理后，树苗发展出位置适宜、树权夹角较大的侧枝，十分适合作为扇形等造型的结构枝。

灌木型苹果

灌木型是一种十分高效且易于整枝维护的苹果树形。市面上有各种品种的砧木，使嫁接植株达到不同的高度。不过在种植时也要注意植株的冠幅：就算使用矮化效果最强的砧木，嫁接植株也要保持至少2米的间隔。

成形整枝

成形整枝的目的是为植株创造出60至75厘米的矮壮主干，8至10根向四周伸展的结构枝，以及枝叶繁盛的开心树冠。整枝应在冬季开始，采用拥有3至4根强健且树杈夹角较大的侧枝的羽形树苗（见第107页）。侧枝生长高度应距地面60至90厘米。理想的侧枝应间隔适当地环绕分布在主干上，以保持植株的结构强度与对称性。

树苗的顶枝及侧枝在整枝中需进行短截，促进分支。次年冬季，选择长势、位置最佳的枝条进行短截，使植株形成主要骨干枝。短截时，将枝条修剪至外向芽点处，使树冠呈现开心态势。

第3年冬季，再次进行顶枝打顶促进分支，使树冠更加茂盛。其他枝条的修剪需要根据果树品种是短枝结果或是枝梢结果（见第104页）进行调整。若采用调理修剪法后植株仍旧长势较弱，或许通过修剪短枝促进植株形成粗壮的挂果短枝效果更佳（见第109页）。

成形后修剪

在植株初具锥形并开始挂果后，只需进行冬季修剪。修剪时注意参照果树的结果习性（短枝结果或枝梢结果）。部分品种果树可能会兼具两种结果习性，这种情况需要通过实验找出最佳方式或最佳组合修剪方式。

这一阶段，开心的态势对树冠仍十分重要，因为开放的中心可以使空气、光线和阳光进入树冠内部。然而，随着植株的成熟后挂果，树枝会由于果实的重量而呈现更加低垂、向外伸展的生长趋势。这些枝条随着岁月增长将逐渐开叉，最终断裂。所以在枝条显示出这一趋势时，就应开始通过修剪的方式促进植株长出一些较为直立的强健枝条，用于代替老化枝。

灌木型苹果，定植修剪，冬季

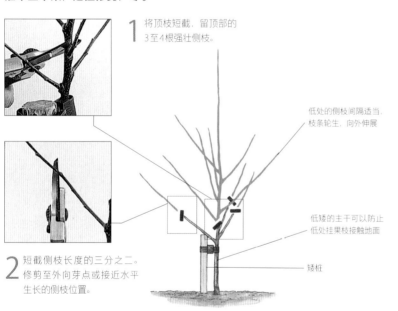

1 将顶枝短截，留顶部的3至4根强壮侧枝。

2 短截侧枝长度的三分之二。修剪至外向芽点或接近水平生长的侧枝位置。

低处的侧枝间隔适当，枝条轮生，向外伸展

低矮的主干可以防止低处挂果枝接触地面

矮桩

第2年，冬季

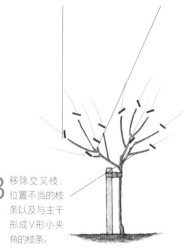

1 选择合适的侧枝作为主要结构枝，将枝条短截一半长度。

2 修剪非主要结构枝时，保留4至5个芽点即可。

3 移除交叉枝、位置不当的枝条以及与主干形成V形小夹角的枝条。

第3年，冬季（短枝结果型）

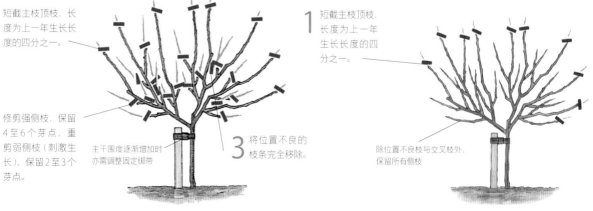

1 短截主枝顶枝，长度为上一年生长长度的四分之一。

2 修剪强侧枝，保留4至6个芽点，重剪弱侧枝（刺激生长），保留2至3个芽点。

主干围度逐渐增加时亦需调整固定绑带

3 将位置不良的枝条完全移除。

第3年，冬季（枝梢结果型）

1 短截主枝顶枝，长度为上一年生长长度的四分之一。

除位置不良枝与交叉枝外，保留所有侧枝

灌木型苹果树成形后修剪，冬季短枝修剪（针对短枝结果型）

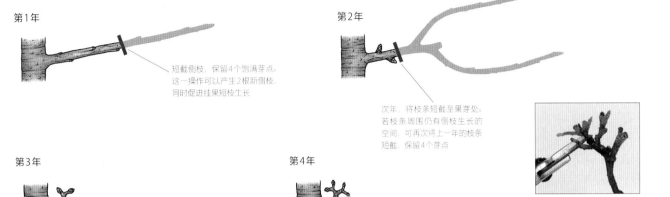

第1年

短截侧枝，保留4个饱满芽点。这一操作可以产生2根新侧枝，同时促进挂果短枝生长

第2年

次年，将枝条短截至果芽处。若枝条周围仍有侧枝生长的空间，可再次将上一年的枝条短截，保留4个芽点

第3年

第3年，挂果的短枝已经形成

第4年

从第4年开始，挂果短枝逐渐曲折复杂，此时需要进行疏枝（见右图）

短枝疏枝

植株成熟后，将赢弱或过于拥挤的短枝短截或移除（另见第105页）。

灌木型苹果树成形后修剪，冬季短枝修剪（针对枝梢结果型）

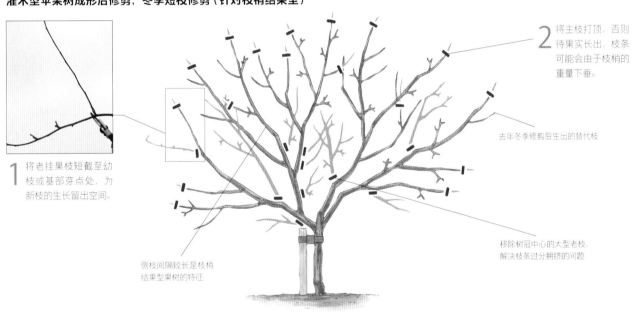

1 将老挂果枝短截至幼枝或基部芽点处，为新枝的生长留出空间。

侧枝间隔较长是枝梢结果型果树的特征

去年冬季修剪后生出的替代枝

2 将主枝打顶，否则待果实长出，枝条可能会由于枝梢的重量下垂。

移除树冠中心的大型老枝，解决枝条过分拥挤的问题

标准型苹果树

标准型和半标准型苹果树的高度、冠幅及其相对复杂的修剪、施药、采摘要求都意味着它们并不是适合家庭花园种植的果树。部分较老的果园偶尔会种植标准型果树，用于填补果园中的空隙。由于采用长势较强的砧木，植株有可能要花上8年才能开始挂果；仅清理出主干高度就要花上2年。

标准型树的栽培可以从种植羽形树苗（见第107页）开始，整枝时不修剪主枝，增加支柱即可，待植株逐渐生长，分批清理侧

枝，提高主干高度，具体操作同观赏标准树（见第26页）。标准型树（左上图）需要枝梢2米的主干高度，半标准型（右上图）则需1.35米。

主干高度达到理想数值后，就可以将顶枝短截，而后参照灌木型树（见第108页）

的方式对树冠结构进行修剪。受砧木强劲长势的影响，标准型苹果树的冠幅与高度相称。随着植株的生长，树枝的重量与大小亦与日俱增，保证树枝与主干夹角的大小对骨干枝的安全至关重要，因此在幼苗阶段选择作为主要结构枝的侧枝极为关键。

标准型树的生长十分旺盛，因此一旦植株适应定植环境，移除大量枝条的调理修剪法（见第105页）比短枝修剪或更新修剪法更加有效。然而，如果植株长势滞缓，那么则应使用管理灌木型果树的短枝修剪或更新修剪法。

纺锤形苹果树

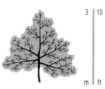

纺锤形是源自荷兰的小型树状造型，其主要目的是在最小化人力成本的同时获得最大的果实产出。尽管这种树形备受商业种植者欢迎，但由于其造型稍欠美观，因此这一树形在花园中并不常见。纺锤形需要仔细的成形整枝，在植株适应定植环境后还需要冬季的更新修剪和夏季的少量修剪工作。与繁多的栽培要求相应的是其极小的空间需求和大量、早熟且易收获的果实。

纺锤形果树的基本骨干枝由2至2.2米的中心主干和位于树干高度三分之一以上的4支主枝组成。树枝从主干辐射状向外伸展，仿佛风向标。植株的整体轮廓呈宽大的圆锥形，形似旧式纺锤。

中心主干位于主枝上方的部分每隔1至2个收获期就需进行重剪，防止过大的叶丛形成，影响下方果实的生长和成熟。

植株包括主枝、主枝侧枝以及主干侧枝在内的枝条都需经过修剪与整枝，确保其近似水平的生长姿态。

成形整枝

由于市面上几乎无法见到纺锤形树苗，因此如果想要种植纺锤形果树恐怕只能自己进行整枝工作。整枝工作可以从羽形独本苗（见第107页）开始，理想的羽形独本苗应有4支强健且长势相当的侧枝（3根主枝一样可以整枝成纺锤形树，但这样并不能完全发挥本树形的生产潜力），侧枝位置应在地面60厘米或90厘米以上，与主茎的夹角越大越好。此外，植株需要长度在2米左右的结实支柱永久支撑。

整枝初期重点集中在主枝的形成：若树苗侧枝姿态不甚理想，可以通过短截至下向芽点的方式促使枝条呈现出近乎平行的生长态势。夏季的拉枝（见第99页）工作也能起到重要的纠形作用。在进行拉枝作业时谨记使用粗绳或塑料网带等不会拉伤娇嫩树皮的材料。在拉枝过程中可以通过放松拉力的方式检验效果，若放松后枝条无回弹迹象，就可以解开绳子了。

植株生长的每个冬季都需将中心主干短截，每次短截时注意交替目标芽点或侧枝的方向，这样就可以确保植株主干的挺直。在短截中心主干后，选择合适的侧枝与植株绑

纺锤形苹果树，定植冬季修剪

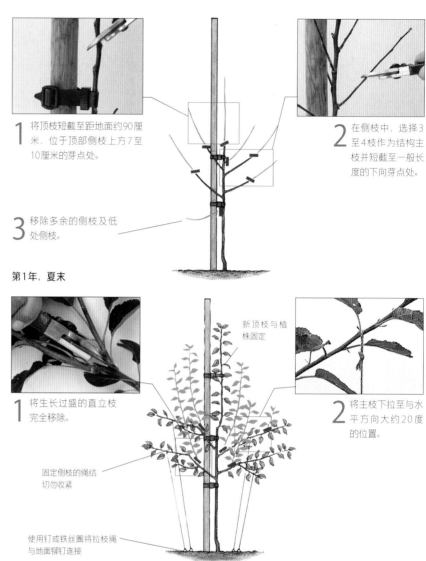

1 将顶枝短截至距地面约90厘米，位于顶部侧枝上方7至10厘米的芽点处。

2 在侧枝中，选择3至4枝作为结构主枝并短截至一般长度的下向芽点处。

3 移除多余的侧枝及低处侧枝。

第1年，夏末

1 将生长过盛的直立枝完全移除。

2 将主枝下拉至与水平方向大约20度的位置。

新顶枝与植株固定

固定侧枝的绳结切勿收紧

使用钉或铁丝圈将拉枝绳与地面铆钉连接

第2年及以后，夏末

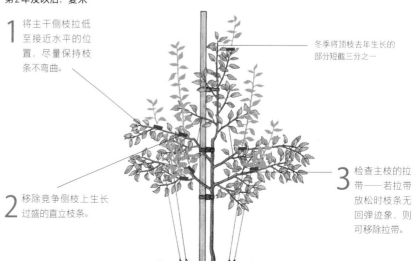

1 将主干侧枝拉低至接近水平的位置，尽量保持枝条不弯曲。

冬季将顶枝去年生长的部分短截三分之一

2 移除竞争侧枝上生长过盛的直立枝条。

3 检查主枝的拉带——若拉带放松时枝条无回弹迹象，则可移除拉带。

定, 使其成为新的顶枝, 重复这一操作直至植株高度抵达2至2.2米。在植株达到理想高度后, 将截顶工作移至春末进行, 避免新枝产生。

成形后修剪与整枝

夏季对主干与主枝底部的枝条进行拉枝, 使其呈现水平的生长姿态。在支柱上钉入订书钉作为固定点, 直接将拉绳绑在低处的枝干上亦可。若有生长过盛的直立枝可直接移除, 避免枝叶遮挡阳光, 影响果实成熟及植株树形。

一旦植株开始挂果, 就可以开始对主干上部的挂果枝进行冬季修剪, 修剪时采用更新修剪系统, 同枝梢结果型苹果树 (见第105页)。挂果枝切忌过长, 每根挂果枝的理想寿命应为3至4年。植株下部永久结构枝上的侧枝需在冬天进行管理, 修剪方式结合更新修剪与短枝修剪。为了维持植株的高度, 每年需将顶枝短截, 保留1至2个芽点。

纺锤形苹果树成形, 冬季修剪

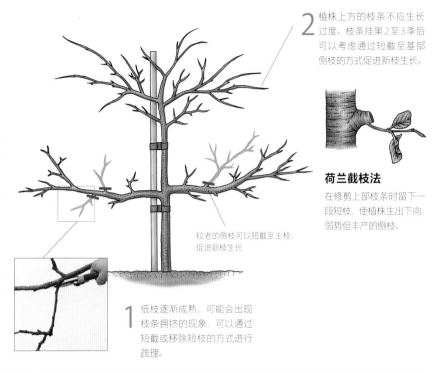

2 植株上方的枝条不应生长过度。枝条挂果2至3季后可以考虑通过短截至基部侧枝的方式促进新枝生长。

荷兰截枝法

在修剪上部枝条时留下一段短枝, 使植株生出下向、弱势但丰产的侧枝。

较老的侧枝可以短截至主枝, 促进新枝生长

1 低枝逐渐成熟, 可能会出现枝条拥挤的现象, 可以通过短截或移除短枝的方式进行疏理。

矮金字塔形苹果树

矮金字塔形果树的紧凑造型归功于砧木的矮化效果, 植株的造型需要夏季的大量例行修剪进行维护。植株的侧

枝从中心主干辐射状伸出, 从下至上逐渐缩短, 形成窄金字塔形。由于这一造型需要大量短截修剪来维护树形并防止树冠拥挤, 因此矮金字塔形较适用于短枝结果型 (见第104页) 品种。另外, 这一小空间造型同样适用于梨树。

成形整枝

同矮金字塔形梨树 (见第118页), 使用羽形树苗 (见第107页) 开始整枝。

成形后修剪

同矮金字塔形梨树 (见第118页)。进行夏季修剪时, 使用洛雷特修剪系统。这一造型需要特别注意检查中心主干高处的徒长枝。冬季修剪的内容较为简单, 主要是短截植株的顶枝以及短截或移除老枝、拥挤枝。

矮金字塔形苹果树

若维护得当, 矮金字塔形可以按照1.2至1.5米的间隔种植, 植株密度几乎与树篱相同。此造型的果树需要永久支柱支撑, 若成行种植则需要使用牢固的木桩铁丝支架。

轴型苹果树

轴型果树仅由单独的主干构成，主干上的侧枝通过夏季及冬季修剪形成挂果的短枝丛。这一造型适用于短枝结果型品种。轴型是小型花园果树的理想造型，果树间的距离可以近至75厘米，成行种植时行距为2米。

果树的倾斜角度越低，果实的分布也会越均匀。若偏好垂直种植，可以考虑采用双轴型造型（见第113页）。市面上常有出售单主干柱状造型的植株作为庭院或盆栽果树出售，其商品名各异，且商家常宣称其"无需修剪"。然而事实上，这些果树若不经修剪可以长到5米的高度，侧枝生长旺盛。这类果树的的修剪需求与传统的轴型果树无异，且品种选择更少。

成形整枝

轴型果树需要牢固的水平支撑：若靠墙或木篱种植，可以在墙或木篱上钉木条，或使用羊眼钉配合牵引线作为支撑，注意在种植和墙面间留出10至15厘米的空隙。如果使用水泥柱与吊环螺丝固定牵引线，则可每隔2.2米立一根水泥柱。轴型果树的成

轴型苹果树，定植修剪，冬季

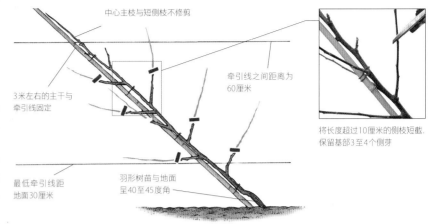

中心主枝与短侧枝不修剪

牵引线之间距离为60厘米

3米左右的主干与牵引线固定

最低牵引线距地面30厘米

羽形树苗与地面呈40至45度角

将长度超过10厘米的侧枝短截，保留基部3至4个侧芽

第1年，夏季（修改版洛雷特修剪法）

枝条底部三分之一已木质化

1 主茎新生侧枝成熟后进行短截，保留基部叶丛以上3片叶即可。

2 将主茎侧枝上的次侧枝短截，保留一片叶，刺激挂果短枝形成。

轴型苹果树成形后修剪，夏季（修改版洛雷特修剪法）

1 将新生侧枝短截，保留基部叶丛上方3片叶。

主枝已达到最大高度，春末将其短截至选定弱枝处

枝条底部三分之一已木质化

修剪前

修剪后

2 修剪主干侧枝和短枝上生出的侧枝，保留基部叶丛上方一片叶即可。

形整枝可以从羽形独本苗或侧枝充足、间隔适当的两年生树苗开始。种植时将主干倾斜至45度角，使用竹竿固定主茎，再将竹竿与牵引线固定，避免细丝与树干直接接触划伤树皮。整枝的第一步骤是通过短截长侧枝促进挂果短枝形成，这一步骤需要重复多次，分多年在夏季进行。中心主干抵达顶部牵引线的高度前不修剪。达到目标高度后将其短截至弱侧枝处，修剪最好在春末进行，避免新枝产生。

成形后修剪

　　夏季将包括顶枝在内的侧枝一并参照洛雷特修剪法进行修剪，具体修剪方法可根据种植地气候自行调整。随着植株的成熟，短枝丛也会逐渐生长拥挤，需要在冬季进行疏理。相反，若植株到春末仍生长滞缓，可采用芽上刻芽的方式刺激侧芽生长。

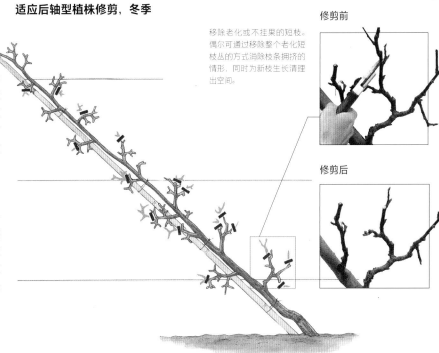

适应后轴型植株修剪，冬季

移除老化或不挂果的短枝。偶尔可通过移除整个老化短枝丛的方式消除枝条拥挤的情形，同时为新枝生长清理出空间。

修剪前

修剪后

多轴型苹果树

　　双轴型（U型）和四轴型（双U型）果树对整枝要求较高，但观赏价值高，且十分丰产。三轴型造型较不适用于苹果树：3根主枝中间的1支长势常远超其余2支，使株型难以维持。多轴型果树的造型重点在于控制侧枝的生长位置，因此购买独本苗并通过刻芽的方式在特定位置刺激侧枝生长是最便捷的整枝方式。所有多轴型果树都需要水平的

牵引线和与固定在牵引线上的竹竿（斜向或竖向）支撑。此外，多轴型果树由于更大的体积也需要长势比单轴型果树更强的砧木。

整枝与修剪

　　双轴型植株的具体培育方式见下图。从定植后第3个夏天起造型基本完成，垂直主枝上的侧枝可以参照单轴型果树的修剪方式进行修剪。

　　四轴型植株的造型工作与双轴型相仿，唯一不同的是需要在主干侧枝长度达到60至75厘米后才开始竖向整枝。当年冬季，将2根主枝直立部分短截至底部1对分别朝向左右的侧芽处；2对侧芽生出的侧枝同样依照双轴型植株的方式进行造型管理。

双轴型苹果树，成形整枝

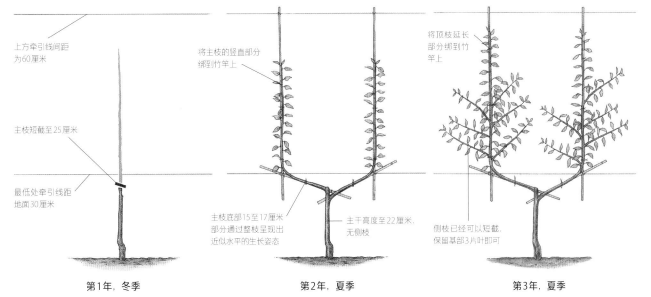

上方牵引线间距为60厘米

主枝短截至25厘米

最低处牵引线距地面30厘米

第1年，冬季

将主枝的竖直部分绑到竹竿上

主枝底部15至17厘米部分通过整枝呈现出近似水平的生长姿态

主干高度至22厘米，无侧枝

第2年，夏季

将顶枝延长部分绑到竹竿上

侧枝已经可以短截，保留基部3片叶即可

第3年，夏季

篱墙型苹果树（苹果树墙）

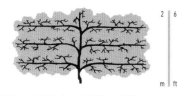

篱墙型果树需要牢固的支撑辅助：可以是一面墙、围栏，或者通过水泥柱配合距离45至60厘米的横向铁丝组成的支架。由于篱墙型树的魅力很大程度源于其规则、对称的枝叶结构，因此在整枝与维护工作中必须更加用心。此外，篱墙型苹果树仅适用于短枝结果型品种。

两层主枝的篱墙型植株既能收获果实，又可以充当矮篱。超过3层主枝的植株则必须使用长势较强的砧木。

成形整枝

篱墙型果树的初期整枝从独本苗开始最为简单，但若选用已有1对甚至2对近对生侧枝的羽形树苗则可以节省许多时间（如果树苗上部有长势较强的侧枝，可以将顶枝短截，并通过整枝令其成为新的顶枝）。定植后的每个冬季，将顶枝短截至下一层主枝的位置，引导营养供给切点下方的侧芽发育，

形成侧枝。新枝产生后，通过固定带使最上方的侧枝成为新的顶枝。下两根侧枝则与竹竿固定，暂时保持斜向姿态以维持苗壮生长（选定成为下一层主枝的侧枝需要用更长的竹竿固定，将主干一端与较低的铁丝固定，另一端指向斜上方，高过最上层的铁丝）。当生长季结束后，降低竹竿与侧枝的位置，使其接近水平生长。若一对侧枝中的一支长势弱于另一支，可暂时将其再次抬高，或将其短截，刺激生长。

待篱墙型果树的枝条填满种植空间后，在晚春或夏季将中心顶枝及主枝顶枝短截至芽点处，阻止枝条继续生长。

苹果树墙，第1年，冬季

将顶枝短截至高于最上方铁丝5至7厘米的饱满芽点处。这一芽点抽枝后将会形成新的顶枝。

斜角切口

低于最下方铁丝的芽点抽出的侧枝将会形成第一层主枝。

第1年，夏季

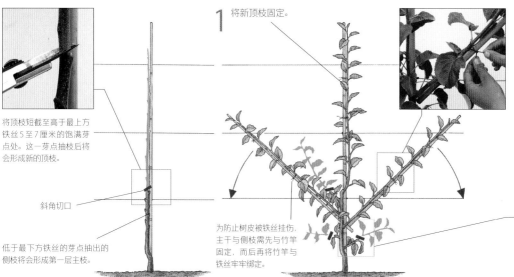

1 将新顶枝固定。

为防止树皮被铁丝挂伤，主干与侧枝需先与竹竿固定，而后再将竹竿与铁丝牢牢绑定。

2 选择两根位于竹竿两侧、长势相当的健康主枝进行整枝，将枝条固定到与铁丝绑定、同地面成40度角的竹竿上。夏末，将竹竿调低至水平位置，而后再次与铁丝固定。

3 将其余侧枝短截，保留2至3片叶。

第2年及主枝抵达目标层数前，冬季

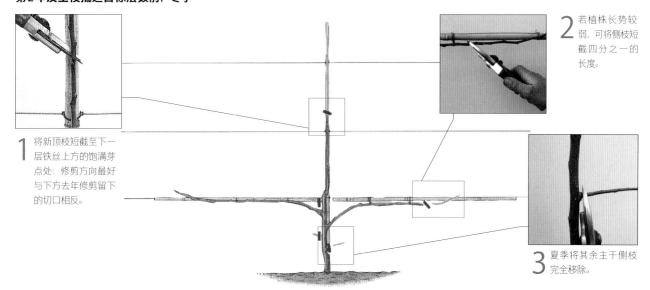

1 将新顶枝短截至下一层铁丝上方的饱满芽点处；修剪方向最好与下方去年修剪留下的切口相反。

2 若植株长势较弱，可将侧枝短截四分之一的长度。

3 夏季将其余主干侧枝完全移除。

成形后修剪

篱墙型果树的成形是一个循序渐进的过程：有着3层或4层主枝的植株，在顶端的主枝尚未完全成形前，低层的枝条可能已经开始挂果。在每层主枝形成的过程中，底层的枝条都会长出侧枝，在夏季修剪后，这些侧枝就会形成挂果短枝。待短枝逐渐生长交错，使用冬季修剪为其疏理拥挤的状况。夏季的例行修剪对植株十分重要，否则中心主干会将营养供给长势更强的上方枝条，牺牲下方枝条的生长。若顶层主枝在经过夏季修剪后仍呈现出更强的长势，可以待植株再次进入生长期时进行疏枝，恢复枝条间的生长平衡。

第2年及成形前，夏季

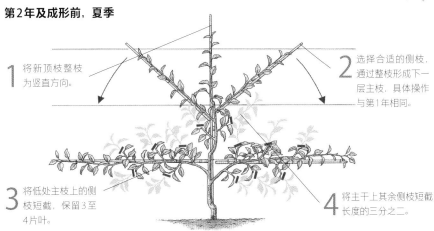

1 将新顶枝整枝为竖直方向。

2 选择合适的侧枝，通过整枝形成下一层主枝。具体操作与第1年相同。

3 将低处主枝上的侧枝短截，保留3至4片叶。

4 将主干上其余侧枝短截长度的三分之二。

成形篱墙型苹果树，夏季（修改版洛雷特修剪法）

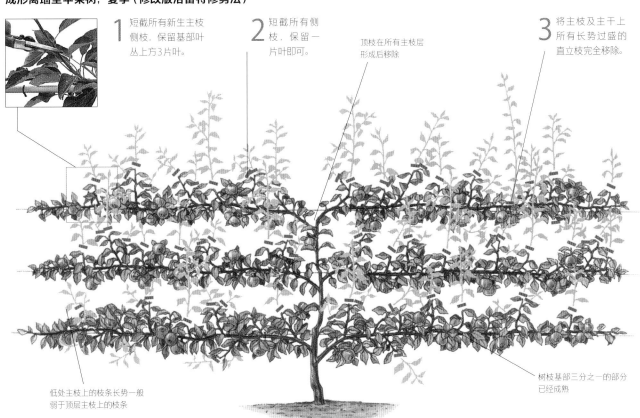

1 短截所有新生主枝侧枝，保留基部叶丛上方3片叶。

2 短截所有侧枝，保留一片叶即可。

3 将主枝及主干上所有长势过盛的直立枝完全移除。

顶枝在所有主枝层形成后移除

树枝基部三分之一的部分已经成熟

低处主枝上的枝条长势一般弱于顶层主枝上的枝条

成形篱墙型苹果树，冬季

在树墙顶层主枝完全成形后，低处的主枝也要开始接受冬季修剪（另见第105页），对受短枝修剪影响而逐渐拥挤的短枝丛进行疏理。此后每年都应进行检查，为过分拥挤的短枝丛疏枝。

将过分拥挤的短枝丛中老化或生产力退化的部分移除。若短枝丛之间相距过近，可将1至2丛完全移除。

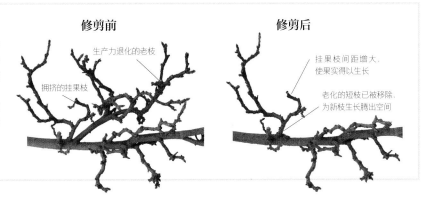

修剪前

生产力退化的老枝

拥挤的挂果枝

修剪后

挂果枝间距增大，使果实得以生长

老化的短枝已被移除，为新枝生长腾出空间

扇形苹果树

扇形是李及其他核果的传统墙式整枝造型。核果由于习性所限，无法适应篱墙式整枝造型。不过，苹果也十分适应扇形等略显非规则式的造型，且如果造型形成良好，其修剪需求要低于篱墙型果树，甚至也可比后者更丰产。市面偶尔可见现成的扇形植株，但购买时要注意避免购买仅有一根中心主枝的植株：标准的扇形植株应有两根低位的主枝，侧枝从两根主枝向外延伸；只有一根中心主枝时，果树的营养会集中供给中心主枝，导致植株中心部分的长势远超其余部分。

成形整枝

同扇形桃树（见第134页），不过苹果不受核果易患的银叶病困扰，因此在冬季亦可修剪，具体方式同篱墙型苹果树。在牵引线之间绑上线绳，可以为枝条提供更多支点。

扇形整枝的苹果树
扇形植株在支柱和铁丝组合支架的支撑下可以做到独立种植，但支架的强度需要能够承受这样大型、平展的果树所带来的大量风阻力。

成形后修剪

造型的骨干枝成形后，就可以开始例行的夏季和冬季修剪，修剪时将每根主枝或主侧枝作为单独的轴型植株管理（见第112页）。移除夏季抽出的生长过盛枝，但若枝条附近有老化枝需移除，则可保留该枝条，在冬季移除老枝后作为替代枝。生长过盛的短枝丛需疏枝，同轴型植株（见第112页）。

扇形果树时有挂果过量的情形，及时有效的疏果（见第101页）对防止大小年现象尤为关键。

低跨型

这种低矮、水平的轴型植株通常成组种植（一般种植在花境或步径边），植株的顶部与另一株的主干相接。短枝结果型品种（见第104页）可以适应造型维护所需的夏季和冬季修剪的管理体系，因此较适合此造型。低跨型果树的整枝要点是使用低龄的独本苗，幼苗柔韧的主茎才可以安全进行造型所需的弯曲操作。然而，弯曲主茎的过程必须循序渐进，将桩钉入地面作为固定点，使用线绳将主茎逐步拉低——这一过程需要分散至整个生长季，分多个阶段进行。

侧枝生出后，将其短截至基部叶丛上方3片叶处，使其形成挂果短枝丛；而顶枝抵达目标长度后也应短截至侧芽处，随后生出的新枝依照侧枝管理即可。

低跨型果树成形后，参照斜轴型果树（见第112页）进行夏季、冬季修剪即可。主干拐点处的枝条生长较其余部分更加旺盛，需要在冬季进行疏枝。

低跨型苹果树
低跨型苹果树需要支架支撑：将60厘米长的牢固木桩钉入地面，木桩间距离约1.5米。固定好木桩后，将牵引线固定在木桩之间并绷紧，牵引线水平高度应在木桩顶部向下5厘米处。

掌状苹果树

掌状造型是篱墙型的一种变形，植株的侧枝按与地面40度夹角的方向左右伸展。这种造型常见于欧洲南部的商业果园，成形后管理需求相对较少。然而在冷凉气候区，植株需要进行夏季修剪，使植株低处枝条获得充足的光照。

掌状果树在市面上极其少见，但果树的整枝十分容易。其成形与成形后修剪与篱墙型大部分相同（见第114页），但有一个关键点完全不同：作为主枝保留的侧枝在固定成形后不再拉低，而是永久保持40度的生长角度。在种植期间，注意检查绑带松紧程度，避免疏枝长粗后被固定带勒伤。掌状果树需要外部支撑，若靠墙或围栏种植可配合水平牵引线提供支撑，或在空地使用支柱及牵引线制成支架。

西洋梨（PYRUS COMMUNIS）

尽管梨是需要冬季低温的冷气候水果，但它们对温暖、挡风的种植环境的需求比苹果更高。由于梨的开花时间比苹果早，花期内恶劣的天气条件会造成授粉困难，进而导致果实减产。

轴型、扇形、篱墙型等墙式整枝造型是梨树常用的造型，墙面可以为植株提供保护。现成的造型梨树苗在市面上十分常见，不过梨树的整枝也非常容易，且方法与苹果树的造型整枝相同。轴型梨树极受欢迎，因为这一造型使种植者可以在小空间中种植多种品种——这对梨树的授粉尤为重要。此外，墙式整枝同样可以更好地展现梨树本身的观赏价值——嶙峋的树皮、盘虬的老枝、成片的花朵、斑驳的秋叶以及色彩、形状、风味各异的果实。除上述造型外，灌木型和矮金字塔形这类适宜避风地点种植的造型也颇为流行。

砧木与嫁接

与苹果树相似，梨树的实生植株不会继承品种特性，故而采用嫁接繁殖。部分品种的榲桲是最常用的嫁接梨树砧木，嫁接的植株小型且易管理，同时可以提早挂果树龄。"榲桲A"长势适中，"榲桲C"则长势较弱；嫁接长势强劲的梨树品种时后者较为适宜。不过，榲桲砧木也有与部分品种的梨不相融的缺点，这一问题可以通过"二重嫁接"（另见第95页）的方式解决：在嫁接时，选用一

挂果的梨树

梨树是极具魅力的果树：花季大量的白色花朵，成熟后泛黄或泛红的美味果实，其叶片也有明艳醉人的秋色。即使果实的外形并不十分美观，但梨树岁月渐长后的嶙峋树皮和盘虬枝干让它极具观赏性。

梨砧木

梨砧木　　　　榲桲A

段与砧木、接穗品种都兼容的品种枝条作为中间砧，连结砧木与接穗。

矮化梨树（Pyrodwarf）砧木长势介于"榲桲A"和"榲桲C"之间，嫁接植株小而

齐整，兼具观赏与果实价值。"Kirchensaller"则是一种十分强健的乔化梨树砧木，适合用于佩里（Perry）酿酒梨等大型梨树的嫁接栽培。与榲桲砧木不同，这两种梨树砧木皆可适应白垩土，且不存在嫁接排斥的问题。

生长与结果习性

西洋梨的生长与苹果十分相似，且同样在两年及以上枝条挂果；不过，典型的梨树与苹果树相比更具直立生长的特性。梨树植株有产生短枝丛的自然倾向，但若不定期修剪，这些短枝丛很容易生长得过度拥挤。"早红考密斯"（Doyenne du Comice）和"黄油哈蒂"（Beurré Hardy）等品种长势较强，在生长早期（至少在挂果前）仅需轻剪。若植株生长不良，只产生拥挤短枝，一般是因为栽培不当（常因缺氮引起）。

梨树大多为短枝结果，枝梢结果的品种极少（见第104页）。若碰巧种植了枝梢结果的梨树品种，可参考枝梢结果型苹果（见第105页）的修剪建议。

修剪时机

所有梨树都需要冬季修剪。若采用了整枝程度较高的造型，夏季修剪对限制植株生长与维持植株造型也十分关键。冬季修剪的工作十分简单，大部分为短截树枝，偶尔需要移除部分枝条，促进新枝生长（见第105

火疫病

火疫病是梨属的易患病，梨树罹患火疫病后有死亡的风险，若有发现需要进行额外的修剪。夏季需要检查植株是否有火疫病症状，患病枝条应进行短截，短截处至少位于呈现病征的枝叶下方60厘米的位置，修剪后切记消毒工具。花萎病的症状与火疫病相似，注意加以区分。

罹患火疫病的梨树

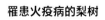

似被火焚烧过，焦黑、枯槁的叶片是火疫病的主要症状。一旦发现必须尽快完全切除患病枝叶。

页，调理修剪）。梨树时常挂果过量，因此建议进行疏花及疏果。整枝造型植株的夏季修剪与苹果相同，但一般修剪时间比苹果早一至两周，可以根据气候条件完全施行洛雷特修剪法（见第106页）或使用修改版本。

短枝疏枝

通过修剪与自然形成的短枝丛随着植株年岁增长逐渐变得复杂交错。若不进行例行疏枝，这些短枝丛会越发拥堵，影响到周边的枝条和果实。老树如果出现短枝拥挤的问题，可以使用园艺锯或长柄修枝剪移除整丛短枝，而后再使用修枝剪为剩余的短枝丛疏枝。

梨树的氮素求较苹果更多，因此春季修剪后应施氮肥。

短枝疏枝，梨树

疏枝前 首先将明显的枯枝、弱枝、老化枝以及无芽的短枝移除，而后为拥挤的部分疏枝。

疏枝后 通过短枝修剪进行短截和疏枝，直至最终仅剩强健、多产的短枝，为果实的生长提供空间，同时确保果实可以获得成熟所需的阳光。

矮金字塔形梨树

梨树的结果习性（自然形成挂果短枝）使其尤其适合这一规整的小型造型。与苹果树相同，矮金字塔形梨树的种植间距较小，植株间仅需相隔2米。植株紧邻栽培时就需要正确的成形整枝与调整修剪，防止树形紧凑的植株生长过盛。长势较强的品种应使用"榅桲A"和"榅桲C"矮化砧木。

成形修剪

在塑形阶段，修剪的主要目的是改变枝条直立生长的习性，使其生长速度减缓，同时令植株形成强壮的中心主枝和开心的骨干枝结构。种植矮金字塔形梨树需从羽形树苗开始（见第107页，苹果），树苗可通过购买或自行整枝获得，侧枝与主茎夹角以大为佳，将枝条短截至位于下方的外向芽点可以进一步加强这一生长习性。令植株形成强健的低处枝条最为重要，枝条上部长势强劲的徒长枝应尽数移除。

金字塔形上窄下宽的形态使得植株每个部分都可以获得充足的阳光和空气，不被其余部分遮蔽。

成形后修剪

夏季修剪遵循完整或修改版本的洛雷特修剪法，同苹果（见第106页），但修剪时间通常略早。冬季修剪工作包括短枝疏枝（见上文及第105页）及偶尔的顶枝短截。

矮金字塔形梨树
密植能够通过根系竞争使植株保持较小的尺寸。树篱状的造型十分美观，但梨树不适宜用作防风植物，否则将影响产果。

矮金字塔形梨树，第1年，冬季

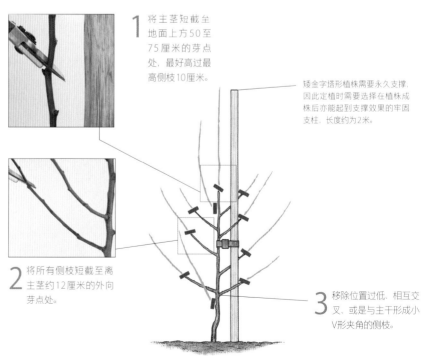

1 将主茎短截至地面上方50至75厘米的芽点处，最好高过最高侧枝10厘米。

矮金字塔形植株需要永久支撑，因此定植时需要选择在植株成株后亦能起到支撑效果的牢固支柱，长度约为2米。

2 将所有侧枝短截至离主茎约12厘米的外向芽点处。

3 移除位置过低、相互交叉，或是与主干形成小V形夹角的侧枝。

第1年，夏季

将生长强盛的直立枝短截，保留一个芽点（尤其是在植株上部）

若新顶枝姿态不挺直，可将其与支柱绑定

第2年，冬季

1 将中心顶枝短截至页点处，保留约25厘米的新生部分。每年重复这一操作，直至植株达到理想高度。

每年短截顶枝时应保留与上一年相反方向的芽点，以此维持树干挺直。

2 将新生侧枝短截至枝条下方的外向芽点处，保留15至20厘米长度，创造出开放的骨干枝结构。

3 短截侧枝，保留2至3个芽点，使植株开始形成挂果短枝丛。

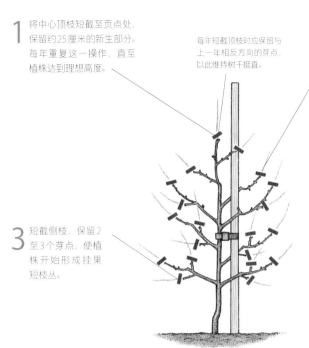

第2年及以后，夏季（修改版洛雷特修剪法）

1 将侧枝枝梢的新生部分短截，保留5至6片叶。

不修剪顶枝

2 将主干或主枝直接生出的新枝短截至基部叶丛上方3片叶处。

2至3片叶组成的基部叶丛

3 将冬季修剪的侧枝生出的次侧枝短截，保留基部叶丛上方一片叶即可。

基部三分之一的枝条已经成熟

第3年及以后，冬季

1 为保持植株理想高度，将顶枝夏季生长部分短截，保留一个芽点。（这一操作可延迟至春季中旬，以避免刺激新枝产生。）

2 植株成株后，将生长过盛的短枝丛疏枝。

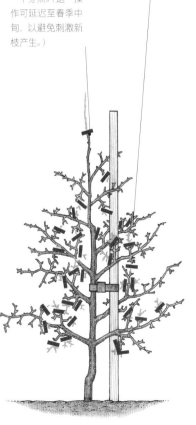

其他梨树造型

灌木型

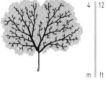

灌木型是梨树最为常见的自由树形（即不控制大小）。成形整枝方式同灌木型苹果。许多梨树品种的直立习性都比苹果更强，因此需要人为创造树冠开心的态势。将新枝短截至外向侧芽处，或使用钉入地面的牵引绳（另见第99页）进行拉枝，令枝条呈现接近水平的生长姿态，就可以使树冠整体较为开放。梨树整枝的要点是趁早，因为梨树的枝条会随枝龄增长而失去柔韧性。若选中的品种长势过于强劲，难以形成紧凑的灌木形态，可以减少修剪或完全不修剪以防止刺激新枝生长。

成形后的灌木将会自然生出短枝，但进行短枝修剪则可促进更多短枝形成。冬季时，需要进行大量的短枝疏枝（见第105页）与偶尔的调理修剪，移除阻碍新枝发展的老化枝干，为新枝腾出空间。

标准型

标准型梨树的整枝与标准型苹果树相同，但成形后需要更大量的短枝修剪。此外，标准型梨树也由于植株过大不适宜在家庭花园种植，一般见于较老的果园中，作为孤景树。标准型梨树所需的营养供给只有同为梨树的砧木才可以提供，专门的果树苗圃可以提供相关建议。

轴型

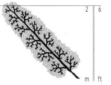

线形梨树在避风的种植地可以生长得很好，造型整枝与修剪方式与苹果树的轴型造型相同。梨树较难整枝为低跨型，因为梨树的枝干不如苹果树柔韧，无法进行90度弯曲。

篱墙型

篱墙型梨树的整枝与修剪方式与篱墙型苹果树相同，但冬季需要进行更多短枝疏枝工作。靠避风墙面种植的梨树极其丰产。植株有2至3层主枝时，使用"榅桲C"砧木；层数更多时则应使用"榅桲A"砧木。

扇形

扇形梨树的整枝与修剪方式同扇形苹果树，尽管较为少见，但生产及观赏效果极佳。扇形梨树需采用"榅桲A"砧木。

欧楂 (MESPILUS GERMANICA)

欧楂树不仅极为美观，其果实也极具实用价值，但只有经过"软化"或几近腐烂时才可食用。

欧楂树完全耐寒，且能够自花授粉，因此只需种植一株便可收获果实。欧楂由老枝生出的短枝结果：植株会自然生出短枝，且无需进行短枝修剪。

欧楂树是伸展型树，在某些情况下甚至还会显现垂枝习性，因此植株需要牢固的主干来支撑四面延展的树冠。植株的整枝方式与丛冠标准型观赏乔木相同（见第26页），至少需要1至1.2米的主干。若购买已经过部分整枝的标准型树苗或半标准型苗，可在定植时使用矮桩支撑主茎。若从独本苗开始种植，可在定植后3或4年使用高桩固定。此外，若经过部分整枝的树苗主干较弱，亦应使用高桩支撑。良好、坚固的骨干枝形成后，植株仅需在冬季移除部分老化拥挤的挂果枝等极少量修剪。欧楂不耐更新修剪：重剪会刺激植株产生大量直立枝条，反而会破坏树形。

欧楂树和果实

欧楂树的果实需要在树上完全成熟后方可采摘贮存，保存时应将果柄向上，置于阴凉、阴暗处，静待果肉变软呈黄棕色；这一处理果肉的过程不是"腐烂"，专门的术语称之为"软化"（bletted）。

榅桲 (CYDONIA OBLONGA)

榅桲的果实形状像苹果又似梨，果实覆茸毛，有浓厚的芳香。榅桲树一般是大型灌木，不过亦有通过整枝呈现的扇形或掌状植株（同苹果，见第116页），在寒冷地区需要挡风墙的保护。用作生产的果树一般为嫁接植株，使用嫁接梨树的砧木"榅桲A"和"榅桲C"（见第117页）。虽然普遍认为榅桲可以自花授粉，但关于这点并无确凿证据，因此种植两个品种或许是确保果实收获的更好选择。

榅桲的生长习性较为随意，且易生根蘖。植株的果实一般产生在自然形成的短枝和一年生枝条的枝梢。

灌木型榅桲

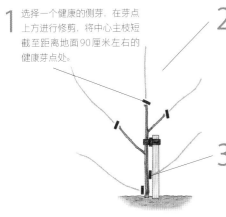

榅桲的植株自然形成多主干树形，其枝叶随生长愈发茂密，形成灌木丛般的外观。榅桲树需要持续疏枝方可保持产果。理想的灌木形态榅桲主干矮粗，主枝位置良好，间隔适当，属于相对易于管理的果树，仅需少量的定期检查。

灌木型榅桲可从羽形树苗开始培育，骨干枝的培养和管理方法与灌木型苹果树（见下图及第108页）。随着植株的成熟，树冠会逐渐显现出凌乱拥挤的生长状态。通过短截生长过盛的枝条（见下图）可以防止枝条更加拥挤，使用调理修剪移除部分老枝（另见第105页）亦可以缓解这一态势，同时保持灌丛树冠的开放。然而修剪切忌过度，否则会刺激更多生长旺盛的新枝产生。另外，如短枝丛过于拥挤则需进行疏枝，植株主干与基部生出的根蘖亦应移除。

灌木型榅桲，第1年，冬季

1 选择一个健康的侧芽，在芽点上方进行修剪，将中心主枝短截至距离地面90厘米左右的健康芽点处。

2 将植株上部的侧枝短截至位于枝条长度三分之二的外向芽点处。

3 移除主茎60厘米高度以下的所有侧枝。

第2年，冬季

1 将新中心顶枝短截至高度1.2米左右的健壮侧枝处。

移除外向芽

2 短截所有顶枝与侧枝，保留枝条长度的三分之二。

3 将所有直立生长的枝条短截至选定侧芽上方，侧芽以抽枝后不与其他枝条过近为佳。

第3年及成形前，冬季

榅桲的生长习性多变：若有交叉枝或生长方向不佳的枝条应予以移除。

挂果短枝开始自然形成

灌木型榅桲，冬季

1 为拥挤的短枝丛疏枝，移除老枝和生产力下降的枝条，为新枝生长留出空间。

2 对四分之一的老枝进行修剪，将其短截至基点或强健的替代枝处。

3 为树冠疏枝，移除枯枝、病枝、拥挤枝、交叉枝或生长过盛枝。

4 特别注意移除植株低处和树冠中的老枝，缓解树冠拥挤的态势。

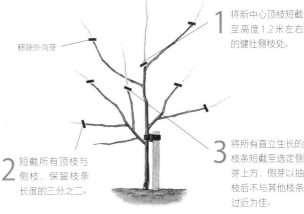

李（PRUNUS SPP.）

李树的品种众多，新鲜的李子有着绝妙的风味，而李树本身亦极富观赏性，是十分热门的花园果树。冷凉气候区可以种植欧洲李（European Plum）、西洋李（Gage）、野李（Bullaces）及乌荆子李（Damson，指 P. domestica 和 P. domestica subsp. Insititia），温和气候区则适合栽培早花的黄香李以及中国李（P. salicina，异名为 P. triflora）。

虽然李树的授粉要求较复杂，但也十分适宜作为小型果树种植，且李树的修剪要求较苹果树或梨树少。为满足授粉需求，可以在小花园中分散种植2至3种可相互授粉的李树品种。

李树的花期较早，且易受晚春霜冻损伤。早期的花芽对鸟类颇具吸引力，有时会造成严重的损害。因此，李树适宜作为小型果树，种植在阳光充足处，使用防鸟网保护时也更加简单。与苹果树相同，灌木型是梨树造型中最高产且最广为种植的形态，其次便是金字塔形。纺锤形是与之相似的紧凑造型，不过对修剪维护的需求较少。

靠墙或支架生长的扇形和紧凑的金字塔形等造型的植株较易安装防鸟网：在鸟类滋扰严重的地区，植株遭到来自鸟类的伤害，轻则移除伤枝，重则需要重新整理骨干枝。

另外，患病风险也是选择树形的考量因素之一。病菌容易从修剪切口进入李树植株，从而滋生严重的感染问题（见第123页，李树常见问题），这种情形在冬季尤其严重。灌木型、纺锤形等仅需轻剪的造型能够减少这类风险。

砧木和嫁接

所有能种植的李树都是嫁接植株，因此根蘖（见第30页）是李树的常见问题之一。小型花园种植的果树或较为紧凑的整枝造型适宜使用"圣朱利恩A"或矮化效果较强的

挂果的李树

以图中的什罗普郡李（'Shropshire Damson'）为例，李组（Plum Group）内的果树新枝全枝皆可挂果，因此无需苹果树或梨树所需的短枝修剪。金字塔形、扇形等较为规整的造型则需要通过适量的短截修剪（夏季修剪）来维持造型，同时让果实获得充足的光照。

李树砧木

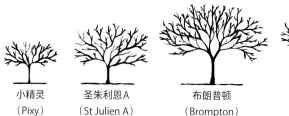

小精灵（Pixy）　圣朱利恩A（St Julien A）　布朗普顿（Brompton）　诃子B（Myrobalan B）

"小精灵"砧木，大型果树或宽大的扇形树则适合使用"诃子B"作为砧木嫁接。另外，不论使用何种砧木，乌荆子李的各种品种所培育的嫁接植株均比其他李树品种的嫁接植株小。

栽培伊始的1至2年，李树需要支柱支撑，使用"小精灵"砧木的植株则需永久支撑。在固定植株时，谨防擦伤树皮，以免病菌进入植株体。

结果习性

李子树一般在一年生枝条基部和两年生以上枝条的全枝挂果。长势最强的新枝可以产出高质的果实，因此李树的新枝无需像苹果树和梨树一样进行定期短截。植株形成牢

李树新枝摘心

修剪时留下的创口是潜在病菌进入的渠道，因此李树修剪时切口越小越好。不论何时，都应尽早通过摘心的方式将李树的嫩枝顶端移除，在枝条的生长早期施加控制。如果定期检查李树植株（一周一次，生长期一周两次）就可以及时扼制不需要的枝条继续生长，从而避免枝条木质化，需要用修剪剪进行处理。

固的骨干枝后，灌木型、纺锤形等自由生长的树形仅需极少量的修剪；整枝造型的植株则需要更多修剪以维持其形状。

李树可能出现挂果过量的情况，因此时常需要疏果（见第101页）。根据品种不同，一颗果实可能需要7至10厘米的枝条空间来充分成长。

修剪时机

冬季是李树修剪危险期，银叶病和溃疡病的病原体很可能通过修剪创口感染植株。因此，其他果树一般在冬季进行的修剪工作对李树而言需要向后推迟：处于整枝阶段的树苗需在早春修剪。树龄较大的植株则应在夏季中旬修剪。但总的来说，若发现病枝和受损枝应立刻移除。枯枝则可以在夏末或秋季植株未落叶时修剪，这样较易于分辨枯枝与健康枝。

刻芽技术可以用于苹果和梨树，但却不适用于核果果树，因为病菌容易从切口入侵植株。因此培育大部分树状造型的李树时不建议从独本苗开始培育，使用专业苗圃出售的经过整枝的羽形树苗效果更佳。

李树的定植应赶在植株恢复生长、即在冬季中旬前完成。植株发芽前切忌进行修剪。

李树常见问题

银叶病是李树的常见病，部分品种对其抗性稍佳，但没有任何品种能对其免疫。银叶病的症状一般呈片状分布（若整株李树都呈现银叶迹象，可能是由于营养不足）。一旦发现受感染的枝叶应立刻短截，直到切面呈现健康的组织。修剪下来的病枝应尽数烧毁，修剪工具亦应进行消毒。包括李树在内的所有核果树都易染流胶病。患病株的树干渗出胶状物质，有时亦见于果核。这种胶状物本身无害，只是植株由于疾病、损伤或各种土壤条件刺激产生的应激反应。单支树枝出现流胶迹象代表该枝条受感染，应予以移除。主干或主枝的树杈位置流胶则代表更严重的问题，最好向专业人士咨询治疗意见。若溃疡伤口长而扁平，渗出树胶，且伴随有枝叶变形的迹象，说明是细菌性溃疡病。此时应将病枝短截至健康枝条处，烧毁修剪下来的枝条，并消毒修剪工具。

银叶病患病叶片

图中为感染银叶病的李树叶。

灌木型李树

灌木型植株的培育可以从分支良好的羽形幼苗开始，初期整枝的目的是形成良好的骨干枝，主枝3至4根，树冠呈开心态势，主干高度至少75厘米。植株适应栽培环境后无春季或夏季例行修剪需求，取而代之的是初夏进行的弱枝、伤枝、交叉枝、拥挤枝或生产力退化枝的修剪工作。依照具体情况将目标枝条短截至替代枝或枝条基部。自然呈现伸展状态的品种（如维多利亚）应短截至朝上的芽点处；水平生长的枝条在挂果后可能会由于果实的重量下垂甚至折断。

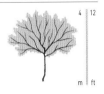

灌木型李树，第1年，早春

斜角修剪

1 将3至4根间隔适宜的侧枝短截至枝长三分之二处的外向芽点处。枝条生长更趋水平，则修剪至朝上的芽点处。

3 短截位置较低或树杈夹角狭小的侧枝，保留2个芽点即可。修剪后的生长季若有枝条长出应进行摘心，保留2片叶即可。

定期检查固定带，防止擦伤树皮

2 将顶枝短截至选中的侧枝中最高侧枝的位置，最好距离地面90厘米左右。

第2年，早春

1 选择2根侧枝或3根强健的次侧枝短截至枝条中间位置的外向芽点处，使未来树冠呈现开心态势。

2 完全移除弱枝、位置不良枝及树杈夹角狭小枝。

位置适当的短枝可不进行修剪

3 完全移除上一年修剪的低枝及其余进行摘心的枝条。

若主干萌发侧枝应及时抹除

60厘米的支柱不与位置最低的枝条碰触

第3年，春季至初夏

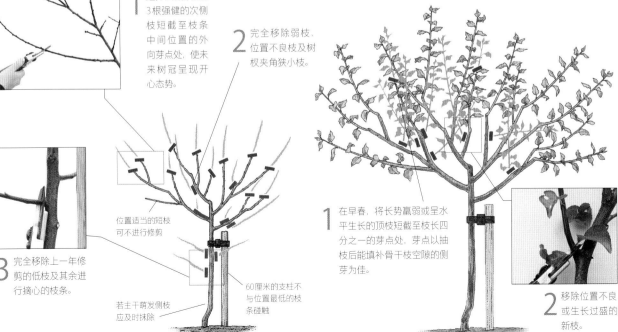

1 在早春，将长势赢弱或呈水平生长的顶枝短截至枝长四分之一的芽点处，芽点以抽枝后能填补骨干枝空隙的侧芽为佳。

2 移除位置不良或生长过盛的新枝。

金字塔形李树

金字塔形李树的高度一般低于2.5米（若使用矮化砧木"小精灵"则高度低于2米），是小型花园果树的理想造型。虽然植株需要通过例行修剪维持紧凑的造型，但总体来说，经过良好整枝的植株是十分易于维护的。金字塔形植株的侧枝众多，从主干辐射状伸出，适合各种李树。但金字塔形需要保持低处枝条的生长优势以保证充足的光照，因此枝条的直立性较

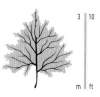

强的品种需要更多管理。如果紧邻种植多株李树，使用"小精灵"砧木的植株需要2.4至3米的间隔，使用"圣朱利恩A"砧木的植株则需间隔3至4米。

从独本苗开始培育

将独本苗短截至距地面1.5米左右的健壮侧芽处，使顶芽自行生长形成中心顶枝，顶芽下方的2至3个侧芽则应抹去，否则这些侧芽会生成树杈夹角较小且长势过盛的侧枝，与主枝竞争。至栽培第1年末，植株应已生出足够的侧枝，相当于羽形苗，抵达这一阶段后就可以进行成形整枝了。

成形整枝

虽然金字塔形植株可以通过培育独本苗获得，但一开始便使用羽形苗会使造型过程更加容易。除了低处的部分侧枝，羽形苗的所有枝条都可以直接用作初始造型枝条，而植株也可更快挂果。此外，由于保留了众多侧枝，植株无需通过短截和移除枝条的方式促进枝叶生长浓密。

培养骨干枝的目的是创造出"圣诞树"形状的植株，因此在修剪时应注意保留未来生长方向符合这一结构与轮廓的侧芽。造型过程中，可以在春季通过短截顶枝的方式促进分枝，直至植株达到理想的高度。

金字塔形李树，第1年，早春

1 选择一个主干顶枝地面高度1.5米左右的芽点，在芽点上方进行斜向短截。

2 选择作为植株主枝的侧枝并短截至枝条中间位置的芽点处：若枝条偏直立型，则短截至外向侧芽，若枝条偏伸展型，则短截至朝上侧芽。长度在22厘米以下的侧枝可不进行修剪。

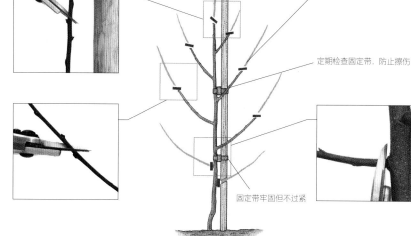

2米高度的牢固永久支柱

在外向芽点以上斜角修剪

定期检查固定带，防止擦伤

固定带牢固但不过紧

3 完全移除45厘米高度以下的所有侧枝。

第1年至成株，夏季

1 与主枝夹角过小的新侧枝应予以移除（最好在抽枝初期进行摘心）。

不修剪中心主枝

2 短截新顶枝，保留20厘米左右新枝即可。

3 短截强势侧枝，待其基部三分之一成熟后进行修剪，保留15厘米左右长度，修剪至叶片上方。

4 主干上若有新枝出现赢及时抹除或摘除。

第2年至成株，早春

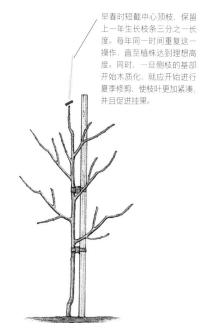

早春时短截中心顶枝，保留上一年生长枝条三分之一长度。每年同一时间重复这一操作，直至植株达到理想高度。同时，一旦侧枝的基部开始木质化，就应开始进行夏季修剪，使枝叶更加紧凑，并且促进挂果。

成形后修剪

植株抵达理想高度后，每年进行的顶枝修剪需要延迟至春末进行，以促进修剪后新枝的产生。短截顶枝时，保留2.5厘米的去年生枝条。

夏季修剪必须每年进行，否则植株的金字塔造型很快便会变形。对于日常维护而言，控制植株上半部分的生长十分关键，若上半部的枝叶过长，低处的果实便不能获得成熟所需的光照。上部枝条上生出的徒长枝最好完全移除。然而，每年进行的短截修剪必然会导致树冠内部的拥挤，因此需要将生产力较弱的枝条移除，缓解树冠内部拥挤的情况。

为防止挂果过量对植株造成损伤，栽培过程中时需疏果（见第101页），但即使经过疏果，金字塔形李树的挂果总量相对其大小可能仍然过重。若枝条因果实的重量出现下垂现象时，可使用Y形支棍或吊枝的方式为树枝提供支撑。收获果实后，将枝条短截至朝上侧芽处。

成形后金字塔形李树，夏季

1 新枝基部木质化后，将顶枝短截，保留约20厘米的长度，强健侧枝则短截至15厘米长度。

长势较弱的新顶枝已在春季进行短截

2 枝条拥挤时，移除部分老化、生产力衰退的枝丛，将其短截至生长旺盛的新枝处。

3 完全移除徒长枝。

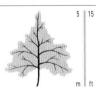

4 完全移除枯枝、弱枝，将其短截至健康的侧枝或基部。

纺锤形李树

纺锤形果树，尤其是李树，通常多见于商业果园，花园种植较少。纺锤形李树植株底宽顶窄，有3至4根永久低枝和中心主干，挂的枝条则不时更替，只要经过正确整枝造型，植株的日常维护便十分简单轻松。因此，纺锤形造型可谓是集金字塔形的紧凑体型（但需要的种植空间比金字塔形略大）和灌木型非规则式的修剪要求于一体。

成形整枝

纺锤形植株的成形整枝可以从羽形苗开始（使用"圣朱利恩A"砧木的树苗最佳），理想的树苗应有3至4根分布适当且树杈夹角大，分布在地面高度60至90厘米之间位置的侧枝。定植的第1年春季，这3至4根侧枝与中心顶枝都不进行修剪。除此之外，低于60厘米高度、树杈夹角小的侧枝、直立生长且长势强于选中侧枝及对选中侧枝造成拥挤的枝条都应予以移除。

在完成上述工作后，成形整枝的步骤与纺锤形苹果树的整枝方式相同（见第110页）。在李树修剪较为安全的夏季，修剪低处枝条，而后采用拉枝的方式使植株形成纺锤形的骨干枝结构。不过，苹果树的顶枝短截工作在夏季进行，而李树则需要延迟至春季进行修剪，从而减小植株感染银叶病的风险。

成形后修剪

纺锤形李树的例行修剪与拉枝作业大致与纺锤形苹果树相同（见第110页），不过李树只有在夏初才可以进行修剪。此外，李树的生长也更为旺盛，因此当植株趋近成株，移除大量枝丛（尤其是主干上部）的工作就成为了必要的维护工作。若这些通过整枝而呈现水平生长的枝条过长，在挂果后就很容易因为果实的重量而折断，因此将其短截至长势稍弱的替代枝处便更为安全。如果不使用这种方法，也可以采用吊枝的方式，通过钉在高桩上的吊绳或吊网为枝条分担果实的重量。

标准型与半标准型

标准型李树的高度使其维护较为困难，因此不推荐在家庭花园中种植。半标准型是最佳选择，标准型与半标准型李树都要求直径6米左右的种植空间。高大挺拔的标准型树需要使用"布朗普顿"和"诃子B"这样长势较强的砧木方可获得足够的营养；如果种植的土壤十分肥沃，"圣朱利恩A"也可以培育出半标准植株。

植株的主干需要参照观赏乔木的栽培方式进行侧枝的移除，不过李树的成形修剪必须待植株发芽后才能开始。在清理出理想的主干高度后（半标准型约1.2米，标准型为2米），便可以使用与灌木型李树相同的方式进行树冠的造型工作了。需要注意的是，第1年春季，选择作为结构枝的侧枝短截的长度应为枝长的三分之一，而非一半。其余后续维护亦与灌木型相同。

扇形李树

2.5 | 8

m | ft

在寒冷气候区，背靠阳光墙的扇形是生产高质量李子和西洋李的理想造型。扇形植株受晚春霜冻影响较少，果实在成熟过程中受各种气候条件的影响亦较少。支撑扇形植株的墙需要钉入上下间隔30厘米左右的羊眼钉，并且横向传入牵引线，提供枝条生长的框架。使用"圣朱利恩A"砧木的植株需要3.6米宽、2.5米高的种植空间，使用"小精灵"砧木的植株则在横纵方向都要少60厘米。在温暖气候区，扇形植株也可以依靠水泥柱和铁丝构成的围栏生长。适宜相互授粉的品种需要靠近种植。即使是自花授粉的品种也可以通过异花授粉提高挂果率。

成形整枝

采用枝梢有两根粗壮低枝的羽形树苗进行整枝；两根树枝最好长势相当，且生长在同一水平面。将竹竿以40至45度的斜角固定在横向铁丝上，而后再将侧枝与竹竿绑定。若一支侧枝长势明显强于另一支，可以通过改变竹竿角度的方式调节生长状态（见第98页）。作为植株初始主枝的两根枝条在完成上述步骤后即进行短截，刺激二者长出作为"扇骨"的新侧枝。在新生的侧枝中，不需要的枝条应修剪移除，即趁新枝柔嫩时进行摘心，保留1至2片叶。这些保留的部分可以供给植株养分，若选择作为结构枝的侧枝受损，也能够作为后备资源生长出替换枝。

选择作为扇骨的枝条时，需要尽量保持主枝两侧的枝条分布平衡。选择一支新枝作为主枝的延长枝，每根主枝上侧至少保留两根枝条，下侧则至少保留一根。保留主枝下侧的枝条对扇形植株的整体造型尤为关键：枝条向上生长，若不保留主枝下侧的枝条，叶丛便无法完全包覆整个骨干枝，影响造型效果。为了促进分支并尽快建立植株的骨干枝，在栽培的第2或第3年早春可以将结构侧枝短截，保留60至75厘米的去年生枝条。

成形后修剪

扇形骨干枝结构成型后，通过修剪控制枝条生长，防止枝条拥挤。植株成形初，徒手掐去尚且稚嫩的新枝。先移除面向或背向支撑墙生长的新枝，其余枝条则在春季疏枝，枝条间隔10厘米。季末时将枝条短截，果实收获后再进行第二次短截。树龄较大的植株可在春季或夏初进行疏枝。疏枝应在多年完成，以避免同一生长季内进行过多修剪。挂果量逐渐接近潜在饱和点时，则必须开始疏果。

独本苗的整枝

若树苗无侧枝或仅有长势弱、位置差的侧枝，可将其短截至距地面高45厘米左右的芽点处，刺激植株形成强健的侧枝。待新生的一对枝条长度达到45厘米，则依照右侧步骤进行操作。

扇形李树，第1年，早春

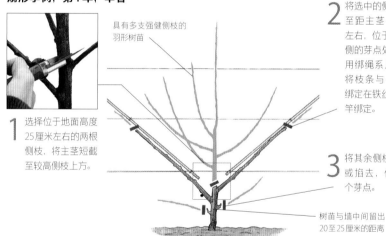

具有多支强健侧枝的羽形树苗

1 选择位于地面高度25厘米左右的两根侧枝，将主茎短截至较高侧枝上方。

2 将选中的侧枝短截至距主茎40厘米左右，位于枝条下侧的芽点处，并使用绑绳系八字结，将枝条与45度角绑定在铁丝上的竹竿绑定。

3 将其余侧枝修剪或掐去，保留2个芽点。

树苗与墙中间留出20至25厘米的距离

第1年，仲夏

1 将选中作为扇骨的结构枝与竹竿绑定，若有需要亦可将生长位置适宜的侧枝与铁丝绑定。

2 将其余侧枝短截或掐去，保留1片叶即可。

竹竿的长度需要考虑到主枝的后续生长

将新枝固定到竹竿上，使其生长方向与主枝方向一致，成为新顶枝

在间隔适当的侧枝与铁丝交叉处进行固定

3 将所有位于最低结构枝以下的侧枝完全移除。

成形扇形李树，春季

通过掐枝的方式为新枝疏枝，使枝条间保持10厘米的距离（另见134页，扇形桃树）。

树杈夹角小的新枝更有可能造成枝条拥挤

春末至夏季

新枝发芽时，将生长脱离结构平面，面向或背向支撑墙的位置不良枝条移除。若有枝条与它枝交叉，或超过限定生长范围，则将其短截至适宜的芽点处。

成形扇形李树，夏季

1 使用软绳系八字结牵引侧枝，填补骨干枝中的空余处。

2 侧枝具有9至12片叶时，将无助于填补骨干枝空隙的侧枝短截，保留5至6片叶，若随后有新枝生成则全部掐去。

3 移除受损枝、位置不良枝、不健康枝、生长过盛枝以及直立生长的新枝。

果后修剪

秋初收获果实后，将夏季短截保留5或6片叶的枝条再次短截，保留3片叶。

欧洲甜樱桃及其杂交品种（PRUNUS AVIUM HYBRIDS）

欧洲甜樱桃耐寒，但在寒冷气候下果实很难成熟——除非将果树通过墙式整枝依靠向阳墙种植。在温暖气候区适宜作灌木状种植，其造型和修剪方式与灌木型李树相同。大部分樱桃树都需要邻近其他可相融的品种授粉方可挂果。车厘子（或称公爵樱桃）一般是甜樱桃与酸樱桃的杂交品种，继承了甜樱桃的生长与结果习性，因而其整枝与修剪方式也与甜樱桃相同。

嫁接与砧木

"吉塞拉5"是一种半矮化砧木，可用于培育小型（3米以下）金字塔形、灌木型或紧凑的扇形植株，适宜有限空间种植，且较易设置防鸟网。"克雷姆斯克5"（Krymsk 5）

樱桃砧木

"吉塞拉5"（Gisela 5）　"考特"（Colt）

是与"吉塞拉5"相似的另一种半矮化砧木，对土壤湿度的耐受性更强。"考特"虽然不具矮化效果，但也可以用作家庭种植樱桃树的栽培。不过，使用此砧木培育的灌木型植株过大，设置防鸟网较困难，整枝为扇形植株也需要2.5米高、5米宽的篱墙空间。

生长与结果习性

樱桃的结果习性与李树相似，二者皆在去年生枝及老枝的基部挂果。樱桃树的枝干坚固，几乎不受果实重量的影响，因此无需疏果；树冠亦不会随树龄增大而逐渐向外岔开，所以在修剪时维持树冠开放是十分重要的工作。较重枝干若与树干形成小的V形夹角一样有折断的可能，若发现树杈夹角小的枝条应予以移除。

修剪时机

与其他核果相同，冬季修剪樱桃容易使植株感染银叶病（见第122页，李），因此整枝中的树苗需要推迟至春季发芽后修剪，成

形果树则需推迟至夏季修剪。若发现枯枝、病枝或受损枝则应立即移除。

扇形甜樱桃

背靠向阳墙的扇形樱桃树在寒冷气候区的表现最佳，亦最容易架设防鸟网。成形修剪需在春季植株发芽时进行。春末至夏初以及果后两个阶段进行的修剪可维持植株的形状。扇形樱桃树骨干枝的培养方式与扇形李树相同。寻常扇形植株一般从拥有2根侧枝的树苗开始培育，但有4根侧枝的羽形树苗也可以用于扇形植株的培育，且能够更快建立骨干枝。完成骨干枝的培养后，植株的修剪方式与李树相同。

扇形甜樱桃，夏初

1 通过将枝条与铁丝绑定的方式引导新枝填补骨干枝的空隙。将线绳垂直绑在铁丝之间可以为植株提供更多支撑点。

顶枝达到最终高度前不进行修剪

2 短截其余新枝：一旦新枝长出8至12片叶便可用手掐或修枝剪将其短截，保留6至7片叶。若该枝抽出侧枝则掐去大部分嫩枝，保留1片叶即可。果后，再次将上述枝条短截，保留3片叶（另见扇形李树，第126页）。

欧洲酸樱桃及其杂交品种（PRUNUS CERASUS HYBRIDS）

欧洲酸樱桃的修剪要求比甜樱桃更多且复杂。不过酸樱桃在寒冷气候与小型花园中都更易于栽培。酸樱桃树的长势稍弱，大部分品种可自花授粉，就算当年夏季气候条件欠佳，果实无法完全成熟，亦可用作烹饪及制作蜜饯果酱等。冷凉气候区可将灌木型植株栽种于具有全日照条件的位置，或靠墙整枝成扇形——即使墙面无全日照亦可。"莫雷洛"（Morello）是市面出售的酸樱桃中最受欢迎且可得的品种；但这一品种偶尔会出现较差的变异个体，因此最好到可信赖的专业果树苗圃购买。

砧木与嫁接

甜樱桃适用的"吉塞拉5"和"克雷姆斯克5"半矮化砧木同样可用于嫁接酸樱桃，二者皆可用于培育小型花园种植的酸樱桃嫁接植株；半乔化砧木"考特"同样可以用于嫁接酸樱桃：嫁接的灌木型植株高3至4米，较易于管理，扇形约为2.2米高、4米宽。其他更小型的造型则由于嫁接株的长势过强而

灌木型酸樱桃

理想的灌木型酸樱桃树的主干短，结构良好，树冠紧凑但中心开放。樱桃树是伸展型的果树，因此在修剪时需要顺应其生长态势。树冠冠幅以4至5米为佳。

成形修剪

同灌木型李树，修剪应在春季进行。修剪时需短截至叶芽或三重芽，切勿修剪至果芽。

成形后修剪

春季发芽后进行一次修剪，果后再进行二次修剪。树龄较大的植株每年需移除1至2根树枝或部分枝丛，促进新枝生长，否则植株将会呈现仅外围挂果的趋势。这一作业最好在春季进行：此时树冠尚未完全被枝叶覆盖，修剪者可较好地观察树冠内部的具体状况。然而，将其推迟到果后进行亦未尝不可，这一修剪阶段应同时选择四分之一的挂果枝，将其短截至新侧枝处。果后生长较多的枝条若非破坏树形则不修剪：这些新生部分会在来年挂果。

无法适用。虽然偶尔可见金字塔形的酸樱桃果树，但多为实验性质的栽培，且需要极多的维护工作。

生长与结果习性

与大部分果树不同，酸樱桃几乎只在去年生枝条上结果。因此每年需要进行一次修剪，移除结束挂果的枝条，为当年新枝提供空间，同时也刺激未来新枝生长。

酸樱桃一般在定植后3至4年即可挂果，进行整枝时需谨记这一特性。修剪时一定要截至尖头的叶芽而非饱满的果芽，如此方可使修剪后新生的枝条顺着原本枝条的生长方向延伸。若枝条上没有位置适宜的单个叶芽，也可以选择修剪至三重芽（即两侧有果芽的叶芽）。不过若选择后者则最好抹除两边的果芽，使营养集中供给新枝。

修剪时机

与其他核果相同，冬季修剪樱桃容易使植株感染银叶病，因此整枝中的树苗需要推

收获樱桃

收获樱桃时，不要直接用手采摘，而应使用剪刀剪断果柄。樱桃的果柄质地较硬，若在生长期末直接将其从枝条上扯下会在树皮上留下许多小伤口，秋季时病菌便会通过这些创口感染植株。

迟至春季发芽后修剪，成形果树则需推迟至春季或夏季修剪。若发现枯枝、病枝或受损枝则应立即移除。寒冷气候区种植的酸樱桃可能要到夏末才成熟。

初成形灌木型酸樱桃树，果后修剪

1 选择四分之一的挂果枝短截至基部附近的替代枝处。

2 将生长过盛、导致树冠中心拥挤的直立枝条短截至侧芽或叶片处，若不加以处理，这类枝条成熟后会增加伸展状主枝的负担。

选择需要修剪的枝条时，低枝上下向的枝条永远是最优的

主干较矮，一般为75至90厘米

扇形酸樱桃

2.5 | 8

m | ft

　　扇形酸樱桃树与扇形桃树是对成型培育和维护要求较高的果树造型。扇形酸樱桃树既可靠篱墙搭配横向铁丝种植，也可用支柱加铁丝作为支架种植。培育过程中要将枝条与铁丝绑定进行造型，因此辅助牵引的铁丝距离应设得近一些（15厘米左右为佳），或者也可在水平的铁丝间系上垂直的线绳，为枝条提供足够的固定点。种植扇形酸樱桃的地点以日照充足处为佳，但若通风条件较好，日照较次的场地亦可。然而若当年气候潮湿，后者则需面对更高的患病风险。冬末至植株发芽期间铺设防鸟网可防止鸟类损伤树芽，同时亦可为植株提供一定的霜冻防护。

成形整枝

　　为扇形酸樱桃树营造骨干枝的修剪与整枝方法与扇形桃树相同。

扇形酸樱桃树

倚靠向阳墙种植的酸樱桃树有足够的条件使果实达到生食的熟度。但即使果实由于当年夏季天气条件不足或种植地情况不理想等因素无法完全成熟，也可以作为极佳的烹饪或腌制原料。

成形后修剪

　　扇形酸樱桃植株与扇形桃树皆在当年生枝条挂果，因此成形后修剪可以采用相同方式。通过控制植株生长的方式维护植株的整体造型，同时尽量增加当年及未来的产果量。扇形植株应尽量在春末或夏初修剪，以利于挂果一年生枝条的生长。收获果实后应移除挂果结束的枝条，促进来年挂果枝生长。树龄较大的植株往往有部分较老的枝条生产力减退，可以在夏季将其移除，并使用线绳辅助引导修剪后生出的新枝填补叶丛的空隙。

成形扇形酸樱桃，夏初

1 移除与其他枝条交叉或朝墙面生长的枝条。

2 若有需要，可通过疏枝保持新枝间10厘米的间隔。挂果枝上保留最低果实上方的2根侧枝，作为移除挂果枝后的替代枝。

成形扇形酸樱桃，果后修剪

1 将挂果枝短截，若枝条周围空间足够固定2根枝条，则保留2根替代枝，否则短截至最低处替代枝。

2 使用绑绳牵引替代枝填补修剪扇形结构的空缺，注意枝条间保持均匀的距离。这些枝条将会成为来年的挂果枝。

3 将春季以来朝篱墙生长的枝条及与其他枝条交叉的枝条移除。

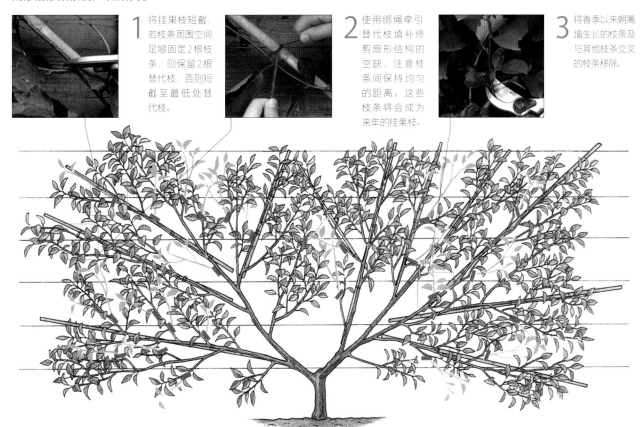

柿（DIOSPYROS KAKI）

柿树最低能耐零下10摄氏度的低温，植株需要冬季的低温刺激挂果，而果实成熟则需要漫长炎热的夏季。柿树在当年生枝条结果，因此在新枝生出后植株才可以挂果。种植品种一般是嫁接植株，因此根蘖是柿树的常见问题。柿树的大部分品种仅开雌花，若无授粉，结出的果实则尺寸较小且无籽。

整枝与修剪

食果柿树的整枝方式可以参考观赏乔木（见第62页，柿属），植株高度可达12米，树冠圆形，枝条直立。不过，作为果树种植的柿树一般整枝为主干高度60厘米，多主枝形态的小型树，同观赏乔木（见第52页，青榨槭）。矮化品种植株自然生长即可，不过在生长早期需移除位置不良或与主干夹角小的枝条。良好的成形整枝对柿树十分关键。柿树的枝条较脆，可能由于果实的重量折断，故而保证枝条与主干夹角较大是栽培过程中的重点：在选择枝条作为主枝时，务必挑选

最为强健、树权夹角最大的枝条；其余弱枝则要移除。

由于柿树结构枝的筛选条件极为严格，培养植株的骨干枝可能需要花费5年时间。植株成形后则一般无需定期修剪（并且柿树较不耐重剪）。柿树常产生大量细密的枝条，若树冠内部渐显拥挤，可在冬天进行疏枝，改善空气流通，同时使果实获得更多光照。

寒冷气候区需在夏季移除冻伤枝。温暖气候区则需要进行疏果确保出产果实的质量。在"大年"疏果一般可以解决挂果"大小年"的问题（见第101页）。

柿子

寒冷地区的柿子树适宜作为小型果树种植，其树形优美，叶色深而亮泽，秋色斑斓。尽管柿树不适合规则式的墙式整枝，但同样可以靠墙避风种植，使果实有更多成熟的机会。

桃与油桃（PRUNUS PERSICA）

桃子与油桃是不同形态的同一物种，前者果皮上有绒毛，后者则表皮光滑，且偏好更温暖的生长条件。温暖气候区桃树一般以灌木型种植；寒冷气候区栽培则一般需要向阳墙或温室的保护，因此扇形是最适宜的整枝造型。

寒冷气候种植桃树

桃树开春时节即开花，正确的修剪对果树授粉至关重要。早春活动的授粉昆虫种类有限，若枝条过于拥挤，可能会导致部分昆虫无法为花朵授粉。在寒冷潮湿的气候下，桃树也很容易患上桃树缩叶病，这是一种易发于潮湿条件的严重真菌疾病。喷施药物可以起到预防效果，但若已经发现感染迹象，则需将感染叶片摘除并焚毁（随后植株会产生新叶）。反复发病的枝条生产力长势将会受损，应将其移除。

扇形造型的桃树在冬季可以使用木框加透明塑料薄膜进行保护，使其免受霜冻和雨水侵袭：桃树缩叶病的孢子无法获得发育所需湿度便无法感染植株。此外，无论是否使用塑料薄膜保护植株，都需要为植株进行人工授粉以增进挂果。

嫁接与砧木

出于植株的品种、大小、抗病性［如尼美嘉德（Nemaguard）砧木］等因素的考量，

三重芽

桃树等果树时常生出两侧有果芽生长的叶芽。此类成丛芽点中的叶芽若不通过修剪刺激通常不会抽枝。

果芽　叶芽　果芽

桃树砧木

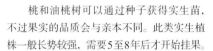

圣朱利恩A　布朗普顿

桃树的栽培大量使用嫁接技术。嫁接植株通常在定植后2至3年开始挂果。桃树也常使用李树砧木，实生桃树砧木则较少使用。桃树尚未培育出相融的矮化砧木，不过采用二重嫁接（见第95页）将植株嫁接到矮化砧木"小精灵"上有很大概率成功获得矮化植株。尽管缺乏可用的矮化砧木，但有部分桃树品种具有矮化基因，在阳光充足的温暖地带种植可以获得良好的收成。在冬天可以用透明塑料薄膜覆盖铁丝或木板架支撑的保护罩为这类小型桃树提供保护。

矮化桃树

"花园夫人"（Garden Lady）等矮化品种的桃树在无需嫁接的自然情况下便有较小的树形。尽管此类品种的果实与普通大小的品种无异，但其茎叶往往呈现拥挤的生长习性，可能影响观感。矮化桃树尤其需要进行疏果。

桃和油桃树可以通过种子获得实生苗，不过果实的品质会与亲本不同。此类实生植株一般长势较强，需要5至8年后才开始挂果。

结果习性

桃树与酸樱桃相同，均在去年生枝条挂果。因此，修剪的主要目标就是移除挂果结束的枝条，促进新枝产生。修剪时注意短截至尖端的叶芽，而非饱满的果芽。若无合适的叶芽，可以选择短截至三重芽（见上图）处，并移除两侧的果芽。桃树必须进行一定程度的疏果（见下图），除非花期天气条件恶劣导致花量减少。

修剪时机

桃树与李树相同，易受银叶病（见第122页）及溃疡病困扰，因此切忌在冬季修剪。成形修剪应待早春植株发芽时进行。成形后植株在夏季修剪。

疏果，桃与油桃树

1 挂果较多的部分可在仲春进行初步疏果，每丛果实保留1至2个果实。

2 若有必要，可在果实达到核桃大小时进行第二次疏果，此时令果实间保持15至22厘米的间距（油桃和温暖地区种植的桃树则距离较近）。

灌木型桃树

灌木型桃树的培育从秋季或冬季定植羽形苗开始，然而所有修剪作业都要推迟至早春进行。定植地点应留出4米的生长空间。实生桃树苗可以自然生长成非规则式灌木造型，但经整枝的嫁接植株则更好进行大小与造型的控制。

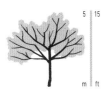

成形整枝

嫁接品种植株的灌木造型培育方式与李树相同，主要骨干枝由较短的主干和8至10根主枝组成的树冠构成。若使用实生苗栽培则应当尽量减少修剪，日常移除枯枝、病枝、受损枝及伤枝即可，开始挂果后则可以按照成形后灌木型桃树的修剪方法进行维护。

成形后修剪

桃树的灌木型造型成形后，每年需在夏初进行修剪。这一修剪的首要目的是保持植株的健康、强壮以及树冠的开心态势，而后则是通过移除老枝来促进新枝的生长，以提高植株的挂果率。在保持树冠中心开放的同时，可以保留部分朝上的新枝作为替代枝，未来如挂果枝由于果实重量而下垂时便可进行短截替代。

第2年，早春

1 在每根主枝上选择2至3根强健且位置适当的侧枝，将其短截至枝条中点附近的外向芽点处。

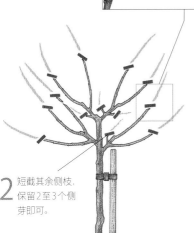

2 短截其余侧枝，保留2至3个侧芽即可。

灌木型桃树，第1年，早春

1 选择树苗的3至4根侧枝作为主枝，并将顶枝于最高侧枝上方短截。

2 将选作主旨的侧枝短截三分之二的长度，修剪枝外向侧芽处。

3 从贴近主干的位置移除选中侧枝下方的其余侧枝。

75至90厘米的主干高度

灌木型桃树，第1年，夏季

1 移除或摘除主干上生出的所有新枝。

2 移除树冠中心生出的内向或下向新枝。

成形灌木型桃树，初夏

1 选择去年挂果枝的四分之一，短截至替代枝处（朝上、朝外的枝条最佳）。首先移除由于挂果而弯垂的枝条。

2 夏季果实正在形成，此时可以较为容易地分辨老化枝及生产衰退的枝条。将此类枝条与其他拥挤枝、老化枝一同移除。

扇形桃树

桃树的扇形整枝造型由3根分置左右两侧的短主枝构成，主枝上分出的次级结构枝朝上向外辐射状生长。为了支撑这些结构枝，植株所倚靠的墙面需要设置横向牵引铁丝，具体细节可参照扇形李树（见第126页）。若在寒冷气候区种植，向阳的室外墙面对植株挂果的周期规律及成熟度有着至关重要的作用。若在玻璃温室内种植，则需在玻璃面与牵引铁丝间留出至少22厘米的空间，使空气得以正常流通，同时防止植株晒伤。扇形桃树的栽培可以从嫁接品种的羽形幼苗开始：将幼苗于秋季或冬季定植，与墙面距离15至22厘米。支撑墙体至少2米高，

若植株采用砧木为"圣朱利恩A"，则墙体需要4至5米的宽度，若使用砧木为"布朗普顿"，则需要5至6米的墙宽。

成形整枝

扇形的结构枝形成与李树相同（见第126页）。在整枝过程中，使用竹竿作为铁丝与嫩枝间的缓冲，固定新枝的生长方向。若枝条的长势相差较大，可以通过调整枝条角度的方式进行调节（见第98页），矫正生长不均的枝条。枝条成熟后就可以将竹竿移除，并将枝条直接固定在铁丝上。待扇形轮廓初步成形，将涂有焦油的麻绳或园艺绑绳竖向系在铁丝之间，为新枝提供固定点。在植株生长过程中，务必将枝条与支撑结构绑定，防止枝叶自由生长，遮挡果实生长所需的阳光。牵引绳被枝条完全遮挡后若再有新枝产生则可将其拾起，刺激植株产生新枝，填补叶丛中的空隙。

成形后修剪

植株的扇形结构成形后，仅保留叶丛空隙处的新枝，其余新枝则需进行修剪，防止造成拥挤。修剪工作从春季开始，将枝条短截，仅保留基部叶丛。

植株枝条的疏理工作需系统性进行。首先需要将朝向篱墙生长的枝条及生长过盛的枝条移除。然后，在每根挂果枝（花期中）基部选择一根强健的侧枝作为该挂果枝果后修剪的替代枝，而这根枝条上方的另一根侧枝则作为该枝的备选替代枝。除保留上述两根侧枝外（后期仍需打顶），其余枝条皆进行短截，仅保留一片叶。

新枝生出后，将与挂果枝重合且无法进行引导的枝条短截。收获果实后，将挂果枝短截至替代枝处——若挂果枝恰好位于骨干枝的空隙处，则将其固定，作为永久结构枝。枝条随着年龄增长可能呈现出衰退迹象，此时若附近有新枝生长，可将其移除，并引导新挂果枝替代其位置。

扇形桃树，第1年，早春

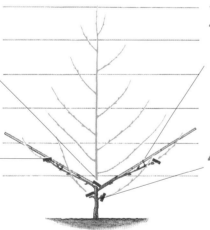

1 选择树苗的2根侧枝形成主枝：2根侧枝分别位于主干两侧，距离地面25至30厘米。将主茎于较高侧枝上方短截。

2 将两根主枝短截至朝上的健康侧芽处，保留38厘米左右的长度。

3 将2根主枝与竹竿绑定，竹竿则成约40度角固定在横向的铁丝上。

4 将主枝以下的其余侧枝短截，仅保留一个芽点。（若有主枝意外损伤，保留的芽点可以产生替代枝）。

第1年，夏季及第2年，春季

在两侧的主枝侧枝中选择"扇骨"：固定新顶枝，使其遵循主枝的生长方向，此外则于主枝上方保留2根，下方保留1根，注意枝条间保留适当的距离。其余侧枝进行短截，仅保留1片叶。次年早春，将扇骨枝条短截去年生长部分的四分之一，促进分支。修剪时，注意观察枝条周围是否有空隙需要填充，并将枝条短截至朝向枝丛空隙的侧芽处。

第2年，初夏

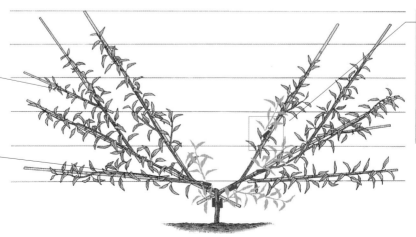

1 在新生侧枝中选择位置较好的枝条作为结构枝，并继续使用竹竿固定，使植株形成均匀的骨干枝。

2 将位置不佳、朝墙或背墙生长的枝条完全移除。

3 主枝结构已安全成形，将主枝下方保留的备用枝贴近主干完全移除。

第3年，早春

将主枝顶枝短截去年生长部分的四分之一，刺激枝条及骨干枝生长。

第3年，春季

对新侧枝进行疏枝，摘除部分不需要的新枝，重点移除面墙或背墙生长的枝条及交叉枝，使枝条间保持10至15厘米的空隙。

第3年，初夏

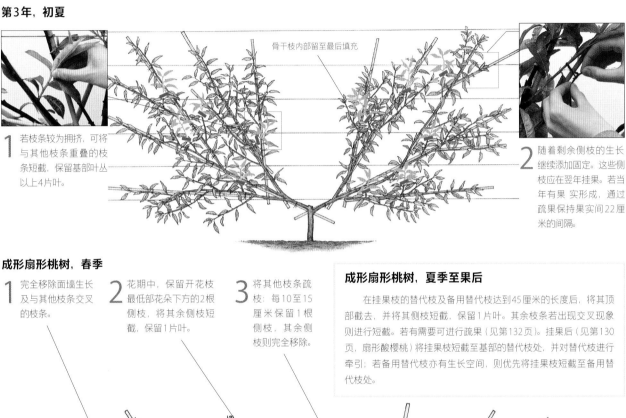

骨干枝内部留至最后填充

1 若枝条较为拥挤，可将与其他枝条重叠的枝条短截，保留基部叶丛以上4片叶。

2 随着剩余侧枝的生长继续添加固定。这些侧枝应在翌年挂果。若当年有果 实形成，通过疏果保持果实间22厘米的间隔。

成形扇形桃树，春季

1 完全移除面墙生长及与其他枝条交叉的枝条。

2 花期中，保留开花枝最低部花朵下方的2根侧枝，将其余侧枝短截，保留1片叶。

3 将其他枝条疏枝：每10至15厘米保留1根侧枝，其余侧枝则完全移除。

成形扇形桃树，夏季至果后

在挂果枝的替代枝及备用替代枝达到45厘米的长度后，将其顶部截去，并将其侧枝短截，保留1片叶。其余枝条若出现交叉现象则进行短截。若有需要可进行疏果（见第132页）。挂果后（见第130页，扇形酸樱桃）将挂果枝短截至基部的替代枝处，并对替代枝进行牵引；若备用替代枝亦有生长空间，则优先将挂果枝短截至备用替代枝处。

备用替代枝

最低处花朵

果后用于替代挂果枝的侧枝

杏 (PRUNUS ARMENIACA)

杏树在早春开花，花期较早，因此在温暖气候区适宜种植灌木状果树，易于管理（造型与管理方式与灌木型李树相同，见第123页），冷凉地区则最好依靠向阳墙整枝，为扇形植株或于玻璃温室内种植。杏树可自花授粉，但若在寒冷地区种植，可以进行人工授粉辅助坐果。

购买树苗前应当先向专业果树苗圃寻求建议。杏树是一种较难栽培的果树，栽培的失败原因可能是修剪、整枝或栽培方面的错误，但更可能是由于植株单纯地不适应某些种植条件或特定气候条件。上述因素可能会导致植株产生枯死病的症状：移除枯死部分也只是治标不治本。此外，挂果率也可能受不良天气或授粉时机的影响：若植株的果实稀少，植株便会将更多精力花费在枝叶的生长上。这一情况需要通过修剪改善，且需尽早完成，否则会导致枝条过度拥挤。

嫁接与砧木

商业化种植杏树的各个国家使用的砧木不尽相同，最适宜英国环境的砧木是"圣朱利恩A"；澳洲则一般使用桃树和杏树的实生砧木。杏树尚未有适宜的矮化砧木。

结果习性

杏树的结果习性与李树相似：果实一般形成于两年生以上的树枝，温暖气候区种植的杏树果实产量较大，因此需要进行疏果，使果实保持7厘米左右的间隔。

修剪时机

与所有核果相同，整枝中的杏树幼苗需在发芽后修剪，成形后则在夏季修剪。切忌在冬季修剪杏树，这是杏树最易感染疾病的时节。

成形后扇形杏树

春季疏枝 春季新枝生长时直接用手掐去部分嫩枝进行疏枝，使剩余枝条保持10至15厘米的间距。

扇形杏树

扇形杏树需要至少2.5米高、5米宽的篱墙立面生长空间。定植第1年的整枝方法可参照桃树（见第134页）。不过，在整枝过程中，杏树的枝条很容易出现各种问题，因此在短截其余侧枝时需要留下一小部分，在选择保留的枝条受损时可以生长出替代枝，替换受损枝条。

植株成形后，修剪方式同扇形李树（见下图及第126页）。若新枝恰好生长在骨干枝的空隙处，则可以保留填补空隙，若不然将其短截（而非完全移除），保存其基部完好，留作翌年挂果枝。老化枝丛的拥挤状况可以通过移除部分枝条的方式缓解，而后引导强健的新枝填补空隙。

初夏

1 为缓解枝条拥挤的状况，将弱枝及老枝短截至强健的新枝处。

2 若骨干枝间有空隙，可选择位置适当的新枝，利用线绳将其与铁丝固定，引导枝条填补空隙。

3 徒手或使用园艺剪完全移除朝下或面向篱墙生长的新枝。

4 使用相同方法短截其余新枝，保留5至6片叶。

果后修剪

将初夏已经短截至基部5或6片叶的枝条再次短截，保留3片叶即可。若枝条有侧枝产生，则将侧枝一同短截，保留1片叶。

桑（MORUS SPP.）

用作果树种植的桑树一般有黑桑（Morus nigra）、红果桑（M. rubra）与其杂交品种以及白桑（M. alba）（另见第76页，桑属）。桑树是一种长寿、缓生乔木。桑树需要冬季低温的刺激方可保证果实丰产，由于桑树的发芽时间较晚，因此花朵很少受冻伤。桑树可自花授粉，果实生长于两年生以上枝条。

桑树亦可进行盆栽，但盆栽桑树往往无法生长至能够大量挂果的大小。夏季将新枝短截，保留5片叶，可以使植株更加紧凑，此外亦可以使用拉枝的技巧（见第99页）增加果实产量。

何时修剪

修剪必须在初冬至隆冬期，植株完全休眠期间进行。然而，树龄较大的植株在修剪时可能导致伤流（传统处理方法是使用烧红的铁棒灼烧伤口），因此成形植株仅在必要情况下进行修剪（即移除病枝或伤枝）；夏季可移除枯枝。此外，桑树的根系同样会出现伤流的状况，因此切勿在定植时进行修根。

整枝与修剪

若植株的形态发育良好，便可以使后续修剪保持在最低程度。桑树可以从树苗（见右图）开始培育，树苗需有1.5米左右的主干高度，确保成形后四周伸展的枝干有足够的生长空间。在种植初年，主干上不需要的侧枝可进行短截，翌年完全移除。为了植株形成牢固的骨干枝，应尽量通过设置支柱、移除竞争顶枝的方式使主干达到6米高度，若无法保持主干顶枝的不间断生长，则应放任树冠自然生长。不过，如果希望桑树更易于维护和采摘，可以将其培育为更小、更紧凑的植株。在距离地面1.35至1.7米位置的3或4根侧枝最上方将顶枝短截，使植株形成8至10根主枝的骨干枝，同灌木型苹果（见第108页）。在骨干枝形成后，令树冠自然生长即可，尽量避免修剪。若产生无用的新枝，需及时将其移除。

桑树植株有倒斜的倾向，但不建议对植株进行提升树冠或重新造型。在条件允许的情况下，应避免移除低枝，转而使用支柱或支架提供支撑。将这一特点与桑树虬曲的生长习性相结合，便能够使植株增添观赏性。

成形桑树

桑树本身是长寿的树种，但其枝干虬曲蜿蜒的生长特性往往使植株的树龄看起来比实际年限要大，使植株增加了不少观赏价值。桑树的果实一般在初夏至仲夏成熟。

桑树苗整枝

桑树苗的整枝并不困难。桑树从独本苗发展为具有多根低侧枝的"羽形苗"需要较长时间，因此定干工作可能3至4年后方才开始，这点与标准型观赏乔木相同（见第26页）。完成定干工作后，可以选择让树冠自行生长，或者参考灌木型苹果树的造型方法，分2年修剪顶枝和高处侧枝（见右图），使树苗生长为更加紧凑的植株。

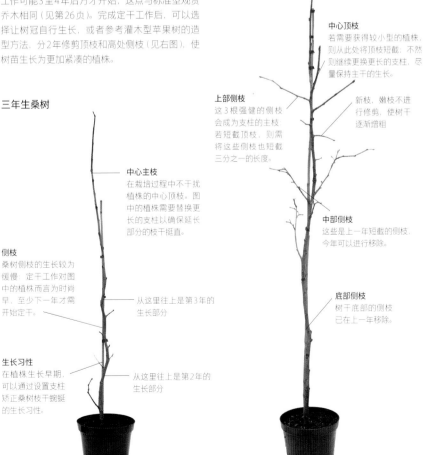

三年生桑树

中心主枝
在栽培过程中不干扰植株的中心顶枝。图中的植株需要替换更长的支柱以确保延长部分的枝干挺直。

侧枝
桑树侧枝的生长较为缓慢，定干工作对图中的植株而言为时尚早，至少下一年才需开始定干。

生长习性
在植株生长早期，可以通过设置支柱矫正桑树枝干蜿蜒的生长习性。

从这里往上是第3年的生长部分

从这里往上是第2年的生长部分

五年生桑树，整枝中

中心顶枝
若需要获得较小型的植株，则从此处将顶枝短截，不然则继续更换更长的支柱，尽量保持主干的生长。

上部侧枝
这3根强健的侧枝会成为支柱的主枝，若短截顶枝，则需将这些侧枝也短截三分之一的长度。

新枝、嫩枝不进行修剪，使树干逐渐增粗。

中部侧枝
这些是上一年短截的侧枝，今年可以进行移除。

底部侧枝
树木底部的侧枝已在上一年移除。

无花果（FICUS CARICA）

一般来说，无花果的丰产需要温暖的气候，漫长炎热的夏季。在温暖的国家地区，无花果一般呈非规则式灌木或半标准型乔木形态，主干高度为60至120厘米。在冷凉气候下，乔木或灌木状的无花果只有在种植条件极其适宜且植株通过修剪呈现开心态势（使阳光得以照入树冠内部）的情况下才可有较好的收成。温室种植无花果的难度较大，限制根系的生长是栽培重点。目前看来，冷凉气候区最常见的无花果树形是扇形，扇形无花果树可以在冬季使用稻草配合园艺网进行防护。尽管这样的举措也无法保证每年果实的丰产，但仍推荐种植者们使用。

夏季修剪
新枝具有5或6片叶时，将顶芽掐去。

限制根系

无花果的园艺品种植株一般通过扦插的方式培育，不进行嫁接，但通过限制根系的方法一样可以达到矮化的效果。可以将植株进行盆栽，或将其种植在边长60厘米、用砖或水泥内衬的方形种植坑内，再在坑底垫上一层碎砖。

结果习性

无花果有着奇特的挂果顺序，在同一株无花果树上有时可以同时发现处于3种不同阶段的果实。第一批成熟的无花果形成于上一年的生长季，以"胚"的形态度过冬季，而后开始发育；紧随其后的是春季新枝上生出的果实。在炎热气候区，最后也是数量最大的一批果实于夏末成熟，与此同时，翌年果实的胚也正在新枝末端附近形成。

在炎热气候下，这种周期的成因是漫长的挂果季。寒冷气候区的夏季相对较短且不够炎热，果实无法在当年完全发育完全并成熟——唯一能够完全成熟的只有去年形成并过冬的一批果实。在这种情况下，修剪应该着重于刺激无花果胚形成，并在来年为其提供最佳成熟条件。

修剪时机

每年初春，在霜冻危险期过后便可进行修剪。在寒冷气候区，初夏修剪也十分关键：将所有新枝打顶，保留5或6片叶。这

叶腋中无花果的胚正在形成

去年形成的果实，现在已然成熟

落叶的叶痕

本年的果实

果实发育，无花果

在这片未修剪的枝条上，底部去年越冬的无花果正在成熟。在它上面，只要夏天足够长、足够热，今年春天形成的无花果将下一个成熟。明年的胚胎果实也开始在芽尖处形成了。

一操作可以帮助植株获得更多光照，同时减少无用的第二批果实。然而，在夏季中旬之后便需要停止修剪，否则很可能将翌年果实的胚也一并移除。打顶修剪会抑制枝条的生长，使其减少挂果，并在恢复生长后从叶腋开始形成侧枝。如此一来，叶腋中的果实在生长季末只会处于胚胎状态，可以顺利过冬。主枝上所有体型大但仍呈绿色的果实皆无法存活，可以将其摘下，使植株可以将更多养分供给发育中的其他果实。

灌木型无花果树

灌木型无花果树可以从两年生树苗开始培育，理想的树苗在地面高度45至90厘米处有3或4根间隔适当、长势相当的侧枝。定植和修剪应在冬末或初春进行（寒冷气候区则在严寒期结束后），骨干枝的具体培育方式与灌木型苹果树相同（见108页），有8至10根主枝。

植株成形后可在春季修剪，冷凉气候区则也需在夏季也进行修剪。在冷凉气候区，春季修剪的目的（见右图）是尽量保持植株树冠伸展、开放的生长状态。温暖气候区的修剪要求则与之相反：将向外伸展的植株短截至直立枝条处，同时保留树冠中间的枝条，防止植株受烈日灼伤。冷凉气候区夏季需对新枝进行摘心。

成形灌木型无花果树，春季（冷凉气候）

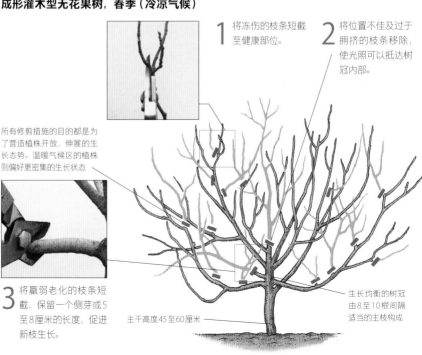

1 将冻伤的枝条短截至健康部位。

2 将位置不佳及过于拥挤的枝条移除，使光照可以抵达树冠内部。

所有修剪措施的目的都是为了营造植株开放、伸展的生长态势。温暖气候区的植株则偏好更密集的生长状态

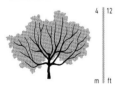

3 将羸弱老化的枝条短截，保留一个侧芽或5至8厘米的长度，促进新枝生长。

主干高度45至60厘米

生长均衡的树冠由8至10根间隔适当的主枝构成

扇形无花果树

扇形无花果树的骨干枝与其他扇形果树相同，但由于其叶片较大，因此主要结构枝之间也需要更多间隔。种植扇形无花果树的墙面需要至少2.2米高、4米宽，并设置横向铁丝。

成形整枝

扇形无花果树的造型工作可以从强健的两至三年生树苗开始。若树苗的侧枝势弱，位置不佳或有其他缺陷，最佳的处理方式是使植株重新生成侧芽：将所有侧枝移除，并将主茎短截至40厘米高度，刺激来年形成强健的侧枝。扇形骨干枝结构的培育方法与扇形桃树相同（见134页）。若侧枝较为粗壮，则进行轻剪。弱枝则进行重剪，截去约一半的枝长。在2至3个冬季的时间内，形成植株两侧各6根主枝的骨干枝，并通过引导固定侧枝的方式填补主枝间的空隙。在新生侧枝数量超过所需侧枝后，就可以开始夏季修剪，维持扇形植株平坦的叶丛并促进果实形成。

成形后修剪

扇形植株必须在春季例行修剪，冷凉气候区则在夏季。春季修剪时，需要移除部分老枝，并选择部分嫩枝短截，保留一个芽点，促进新枝生长。不过，任何生长过盛的侧枝以及冷凉气候区植株过于拥挤的侧枝都应进行移除。

成形扇形无花果树，春季

1 在霜冻危险期过后，将冻伤枝短截至基部。

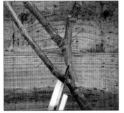

2 每根主要结构枝上选择2至3根嫩枝短截至最低侧芽处，促进产生果实胚胎的新枝苗壮生长。

3 对剩余位置适当的枝条进行牵引，使其均匀分布于扇形结构中。夏季将新枝摘心，留5至6片叶。

4 将面墙生长或与其他枝条交叉的枝条短截至基部或位置适当的侧枝处。

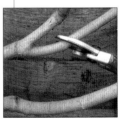

5 短截部分老枝（譬如扇形两侧各取一侧枝），保留1个芽点或节点，并引导新枝替代原本老枝的位置。

盆栽无花果

盆栽的无花果在冬天可以移到避风的位置过冬，植株同样可以培养成灌木型，不过主干高度则不应高于38厘米，否则容易失去平衡。盆栽无花果同样可以依照多主干型种植，此类植株则更为紧凑。多主干型植株可以通过平茬（即修剪至地面高度）两年生或三年生树苗获得，一旦植株适应并恢复生长，便可以选择最多10根长势最佳的枝条作为主干。

翌年春季，将3至4根主茎平茬（随后每年都移除最老或最弱的枝条），引导新枝替代，同时移除其余所有根蘖。这些主干生出的枝条可以依照普通无花果的修剪方式进行夏季修剪，仅需移除互相交叉或枝丛中心互相摩擦的枝条。盆栽的无花果需要在每个春季进行轻度的根系修剪（见第154页，修剪盆栽灌木的根系）。

盆栽无花果

将枝条修剪至基部以维持多主干形态。为所有侧枝施行夏季修剪。

不耐寒果树

许多不耐霜冻的果树需要完全无霜冻的生长气候，部分则可以忍受轻微的霜冻，但仍然会出现果实欠收甚至绝收的情况。所有不耐寒果树都需要初期整枝，但大部分品种都不太需要定期修剪（炎热潮湿气候区则推荐进行例行修剪）。与耐寒果树相比，不耐寒果树的生长形态更加自由随性。此类果树的整枝方式与观赏乔木较为相似，成株后的修剪工作仅限于移除枯枝、病枝、伤枝以及偶尔的挂果期或果后轻剪。另外，若植株需要更新复壮，则最好将整棵植株更换。

很多不耐寒果树都可以在冷凉气候区进行温室栽培；加温温室或玻璃房中果树可以正常开花，然而由于相对较短的夏季和光照时间的缩短，这些果树大多无法挂果。温室栽培效果最好的是柑橘类果树（见第142页），柑橘观赏价值极高，耐各类修剪，且若生长条件适宜，每年都可以产出少量果实。柑橘树也是极佳的盆栽果树，盆栽的柑橘树可以在夏天搬到户外，装点露台等户外空间。

番荔枝/释迦 (ANNONA SPP.)

秘鲁番荔枝（Annona Cherimola）、牛心番荔枝（A. reticulata）以及杂交的凤梨释迦有着相近的亲缘关系。凤梨释迦和秘鲁番荔枝生长于热带高低和亚热带地区，但也耐一定低温，在旱季或寒冷时期落叶。番荔枝（即释迦）偏好热带潮湿、冬季凉爽但无霜冻的气候条件。

不进行整枝的植株可以产出大量果实，但亦存在结构隐患。番荔枝树的老枝与新枝皆可挂果。

■ **何时修剪**　修剪需在植株休眠期或旱季进行；释迦树需在休眠期末，植株发芽时修剪。另外，生长季期间和果后可能也需要进行轻剪。

■ **整枝与修剪**　番荔枝属果树的最佳整枝形态为主干高度低的多主干型树（见第28页）。将树苗短截至1米左右的高度，使植株产生3至4根侧枝。当侧枝的长度达到60厘米左右时进行打顶，使每根枝条形成一根新定植和两根位置适宜的侧枝。这些果树叶片下方的侧芽只有在叶片脱落后才会开始生长，因此通过有计划地移除叶片并保留叶柄，便可以刺激植株在特定部位生长出间隔适当的侧枝。若有生长强势的直立枝条，应将其短截至外向侧芽或侧枝处。

植株成形后，仅进行伤枝、病枝、交叉枝与拥挤枝的移除修剪工作；若进行重剪，植株会受刺激产生大量新枝，这会导致开花枝不能获得足够的养分，无法生长。凤梨释迦和秘鲁番荔枝植株可能会生出强势、不开花的徒长枝；在生长期可将徒长枝短截最多三分之一的长度，从而刺激更多开花枝产生。

凤梨释迦

若不经整枝，植株便会形成不规则且脆弱的骨干枝，并大量产生细长的徒长枝，分支稀疏，容易由于果实的重量折断。

马来菠萝蜜

图中的马来菠萝蜜自然生长成高大的乔木，主干与主枝全段皆有挂果。经过整枝，体型较小的植株则更易于采摘。

面包树/菠萝蜜 (ARTOCARPUS SPP.)

面包树（Artocarpus Altilis）在潮湿的热带低地生长最佳，而马来菠萝蜜（Artocarpus Heterophylla）则可在更干燥，凉爽的气候区生长；马来菠萝蜜在南北回归线间的热带地区皆有不错的产果表现，但植株对土壤积水、寒冷和干旱等情况较为敏感。

面包树可达30米，自然形成分支良好的伸展型树冠。其树枝较为脆弱，易受损伤。马来菠萝蜜树高可达15至20米，树冠较茂密，有时呈不规则形状，随树龄增长呈现出向外伸展的态势。

无性繁殖的植株一般3至4年挂果。种植多个品种交叉授粉对上述两种果树的挂果皆有裨益。

■ **何时修剪**　植株适应生长环境后在果后修剪。

■ **整枝与修剪**　树苗适应定植环境后，将顶枝及作为主要骨干枝的3至4根侧枝短截，移除其余侧枝。将徒长枝和弱枝短截枝长约三分之一的长度。若种植的品种为枝干直立性较强的面包树品种，则可在枝条生长早期对侧枝进行拉枝，确保植株形成心的树冠。

骨干枝形成后，可在果后将挂果枝短截，刺激翌年开花的新枝生长。除此之外应尽量避免修剪。成株偶尔需要进行疏枝，防止枝叶过于密集，遮挡果实的阳光，拥挤的枝丛也会妨碍果实的采摘。

杨桃（AVERRHOA CARAMBOLA）

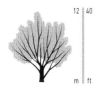

杨桃树在热带、亚热带地区生长良好，成株可耐短期的轻微霜冻。植株在热带地区常绿，亚热带地区则偶尔为半落叶，生长相对较缓慢，树干较短，在生长初期植株呈现金字塔形，随后则发展出灌木状、圆形的树冠；部分品种有垂直习性。种植时，最好选择有品种名的杂交品种，有时需要购买嫁接植株。树苗定植后一般2至3年内开花。杨桃的挂果期较为不规律，但是在部分地区有两轮挂果高峰期。植株一般需要不同品种进行异株授粉。

若能给予植株适宜的水肥条件，暖温带地区也可以在花盆或加温温室、玻璃房的全日照种植床中栽培杨桃，夏季最低温度不可低于22摄氏度。

■ **何时修剪** 果实采摘后。

■ **整枝与修剪** 依照多主干型（见第28页）整枝，将树苗短截至地面高度30至45厘米处，而后选择保留4至6根枝条作为主干。部分品种的枝条直立性较强，因此树杈夹角可能也较为狭窄；要改变这种生长状态，可以在生长季在地面立桩作为固定点，再使用线绳进行拉枝。在植株生长过程中，将长势过盛的植株短截三分之一，促进分枝。

除上述作业，杨桃的修剪需求较少。定期对植株进行检查，及时移除低垂枝、弱枝、交叉枝、伤枝及病枝即可。

杨桃树苗
杨桃树小型，缓生，多主干，大部分品种都需要邻近其他品种植株进行异株授粉。

木瓜（CARICA PAPAYA）

尽管人们称木瓜植株为木瓜树，但从植物学角度说，木瓜其实是一种高大细长的树状草本植物。木瓜的单支主干粗且通常不分枝，果实形成于主干。木瓜树的生产寿命仅有4至5年。木瓜树的种植范围遍布热带、亚热带地区。果实的形成一般需要雄株和雌株互相授粉，不过市面上亦有部分雌雄同株的品种可供选择。

木瓜需要种植在能够接受全日照（6至8小时）的避风处，生长期间降水充沛，同时也需要土壤具有良好的排水性。综上所述，热带区是种植木瓜的理想气候区，不过也有部分品种能够在最低16摄氏度的气温下生长：这些品种可以在暖温带地区的温室内种植。然而，温室种植的木瓜树并不能保证挂果的稳定性：果实的发育成熟需要夏季大量的阳光以及不低于20摄氏度的气温。即使是自花授粉的品种也需要进行人工授粉。木瓜树相当具有观赏性，若将顶枝短截，植株将会出现分支，且长势减弱。

木瓜树通常通过种子繁殖。幼苗的长势迅速，很快就能长到4至6米的高度，一般2年内即可挂果，且一年四季皆有可能挂果。

■ **何时修剪** 果实采摘后。

■ **整枝与修剪** 木瓜树的单支主干极少自然分枝，因此几乎无需进行初期整枝。在果后进行打顶，移除顶枝，便可以刺激植株分枝，限制植株的高度，也使采摘果实更加容易。若植株过高导致采摘工作困难或超出生长空间（如温室种植的情况），可以将其短截

木瓜花朵和果实
花在叶腋上生长。随着植株向上生长，果实逐渐增大，叶子和叶柄都会脱落。

至株高的一半，抑或进行更新作业，将其短截至80至90厘米的高度。木瓜对更新修剪一般反应较佳，修剪后会从基部的休眠芽长出多根强健的新枝。在新枝中选择长势最佳的一根增加支柱使其生长挺拔，而后移除其他基部生出的新枝（这些枝条可以用作扦插材料）。不过，采用这种方式修剪的雄株有可能会引发性转变，并开始产生雌花和果实。

星苹果（CHRYSOPHYLLUM CAINITO）

这种大型常绿乔木果树喜好全年高温潮湿、降水均匀的热带环境。若在佛罗里达州南部之类的亚热带地区种植，则需要在定植后2至3年内为植株提供保护，避免受冷风吹拂。

星苹果高度可达30米，形成茂密宽大的树冠。植株一般通过种子繁殖，但嫁接（采用特定星苹果砧木）和高压法（空中压条

法）的成功率也很高。星苹果可自花授粉，一般通过昆虫传粉。植株的整枝和修剪需求极少。自然条件下，星苹果树一般发展成为树干低矮（60至90厘米）的多主干树（见第28页）。在众多枝条中，选择保留3根作为主要结构枝，使阳光能够穿透树冠。若树冠较为密集可进行疏枝，防止植株成株后树冠拥堵。在植株成形后尽量减少修剪，移除交叉枝、弱枝、受损枝及病枝即可。若修剪创口周围生出徒长枝（见第30页）应及时移除。

柑橘类

柑橘属（Citrus）是和李属一样包含大量可食用果树物种的大属，其中最广为人知的便是橙子、柠檬、葡萄柚和青柠。柑橘类水果中也有来自其他属的物种，如金橘［Citrus Japonica，旧属金橘属（Fortunella）］和四季橘［C. microcarpa，旧属Citrofortunella）］，若给予适当的冬季防护，二者皆可在冷凉气候区进行温室栽培或盆栽。金橘和四季橘一般仅作为观赏植物栽培。

柑橘类水果几乎在任何无霜冻气候区都可以茁壮生长，在地中海诸国等拥有炎热夏季的地区，木质化的植株也可以承受轻微的霜冻。在冷凉气候区种植的柑橘果树需要在夏季移至避风处种植，夜间低温可以使果实呈色更佳。

生长及结果习性

在无霜冻气候区，若有适宜的生长条件，柑橘类果树每年可经历最多5个生长周期，每个周期持续4至6周。因此在同一株果树的枝头同时看到花朵和果实是十分正常的现象。当温度低于13摄氏度或环境进入干旱期会使植株进入休眠状态（若恢复降水或浇灌，植株通常会在4周内开花）。

修剪时机

在温暖无霜冻的气候区可以随时进行修剪。除此之外的地区可在春季至夏末修剪树苗，在春季修剪可以为新枝留下足够的时间，在寒冷气候来临前成熟木质化。植株成形后可在采摘期或果后进行修剪。

柠檬果实与花朵

尽管大部分果实有着分明的生长周期，柠檬的不同生长周期则时常相互重叠，因此同一植株上时常可以看到花朵和果实同时存在。

成形修剪

为了方便采摘，果用柑橘树一般培育成灌木造型（见第143页）：树冠开心，呈杯状，主干高度则在50厘米以上，防止果实接触地面。作为观赏果树种植，尤其是盆栽时，则更适合小型丛冠标准型树（见第144页），主干高1至1.5米。柑橘类果树的定干工作与观赏乔木相同（见第26页），应遵循植株的生长节奏逐步完成，尚未移除的枝叶可以产生养分供给植株的生长，同时也可以保护尚且幼嫩的树皮不受烈日晒伤。

在达成理想的主干高度后，就可以用类似的方式开始进行树冠造型。选择3至4根上部侧枝作为主枝，选作主枝的侧枝应有相近的枝长，且与主干的树杈夹角不得小于40度。

为了树冠的紧凑、对称，需在生长季初期的春季或植株进入半休眠状态的冬季将枝条顶枝再次短截。短截后，每根主枝应该会产生2至3根侧枝，这些侧枝也会各自生出2至3根次侧枝。持续短截顶枝，就可以促使植株形成这种齐整、灌木状的生长状态。若有需要，可以在生长期进行第二次轻剪，移

嫁接与砧木

许多柑橘类果树的实生植株都能够继承亲本的品种特性，且通过播种的方式培育柑橘类果树亦较为容易。总的来说，实生植株要比嫁接植株强壮，这一点在柠檬树上体现得尤其明显。实生植株对根腐病等疾病的抗性更强。然而，实生的柑橘类果树产果量要低于嫁接植株，且需要约6年才可开始挂果，而嫁接植株在嫁接后2至3年便会开始开花。大部分柑橘类物种和栽培品种可以通过芽

接各种砧木的方式改变植株的长势、果量、果实品质、抗病性以及耐寒性。有一些砧木可以兼具数种上述的优点：以特洛耶枳橙（Troyer Citrange）为例，使用这一品种作为砧木的植株不仅株型较小，更可以提升植株对根线虫侵扰的抗性。金橘树则通常嫁接到枳树（C. trifoliata）上，使植株更加矮小耐寒。另外，枳树作为葡萄柚的砧木还可以降低果实的酸度。

砧木的选择会影响植株的修剪需求——砧木具有矮化效果时更是如此，因此询问专家的建议极其重要。若选择盆栽植株，则应永远选择采用矮化砧木的嫁接植株。

砧木上抽出的新枝应予以移除

最新嫁接的柑橘

这株幼小的柑橘被嫁接到梅尔柠檬上，这是一种有用的砧木，可以承受较低的温度。

灌木型柑橘树整治

第1步

在独本苗达到90至120厘米高度时，将其在60厘米左右高度的叶片上方进行短截。

第2步

1 选择3至4根健壮的侧枝作为结构枝，将每根侧枝短截至30厘米。

2 将低于选中结构枝的侧枝掐去，保留一片叶。

除与其他枝条交叉或处于树冠中心的新枝。

成形后修剪

　　在柑橘类果树成株后应尽量避免修剪，采用乔化砧木嫁接的柠檬树则是其中的例外：这些品种有极强的直立性，成株后可能需要通过较高程度的重剪来刺激侧枝分支。

　　嫁接的柑橘类果树很容易从嫁接点下方形成蘖芽。所有柑橘树都能在主枝形成徒长枝，一旦发现应尽快移除。内向生长的枝条也应处理，可将其移除或短截至外向芽点处，若不进行处理，这些枝条会由于其他枝叶的遮挡无法产生花朵。柑橘树也应进行例行检查，移除病枝、枯枝以及可能导致树皮擦伤的交叉枝。

　　柑橘类果树很少需要疏果，加之生长周期重合的特性，使植株只有一部分枝条处于挂果期，其余则处于花期。盆栽时，可以将第一批形成的果实移除，促进植株自身的生长。柑橘的枝条仅能挂果一次，因此在采摘后就可以将挂果枝缩剪至下方的新枝处。采摘果实一定要使用修枝剪：若直接将果实摘下，果实的宿萼将会受损或留在树枝上，果实很快就会开始腐烂。徒手采摘也有可能导致果实外皮损伤。

更新复壮

　　柑橘类果树较耐重剪。树龄较大的植株可以移除生产力退化的枝条或枝丛。一年内切勿移除过多枝条。与其他果树不同的是，柑橘类果树一般仅在枝干细胞中储存有限的碳水化合物，因此过度修剪很可能影响枝条和果实的生长发育。若切口周围产生大量枝条，选择位置最佳的1或2根保留作为主枝。

第3步

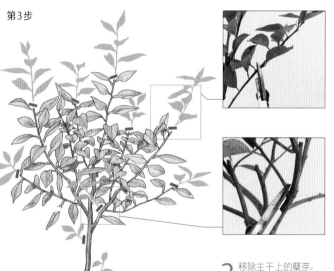

1 将新顶枝短截枝长的三分之一，同时为强壮的侧枝打顶，剪去顶部3至4片叶。

2 移除与其他枝条交叉或位于树冠中心的侧枝。

3 移除主干上的蘖芽。

初成形灌木型柑橘树

1 将长势较强的枝干顶枝打顶，保持树冠的平衡与紧凑。

2 移除植株，尤其是树冠内部的交叉枝，营造并维持开放的骨干枝结构。

3 采摘果实后，将挂果枝缩剪至未挂果的侧枝处。

冷凉气候区种植柑橘

福橘（Tangerine）、橘子（Mandarin）和温州蜜柑（Satsuma）整体来说比甜橙更耐寒耐旱。酸橙（Citrus aurantiifolia）的品种"大溪地"（Tahiti）比"墨西哥"（Mexican）耐寒。中国柠檬［即梅尔柠檬（Meyer lemon），现在认为是柠檬（C. limon）的一个品种］是一种体型较小、相对耐寒的果树，十分适合盆栽。金桔（Kumquats）也是一种优秀的盆栽植物。这些果树一般在秋冬季保持半休眠状态，春季和夏季则生长迅速。尽管上述果树都可以长成4米高的灌木状植株，

冻伤

将枝条的冻伤部分完全移除，短截至健康部位的叶片处，新枝会从腋芽生出。

但在冬季修剪大部分的去年生枝条可以有效地控制植株的大小。

盆栽柑橘

盆栽柑橘类果树时，需在生长季每月为幼株施肥（见第13页），这对增加枝干强度和健康十分关键。生长季出现的徒长枝或砧木上生出的蘖芽都应在发现后即可移除。

除上述修剪工作外，其余修剪作业应在年初进行。冬季植株处于半休眠状态，是最佳修剪时机。此时可将所有冻伤的枝条短截。植株成形后，应在每年夏初3至4周内尽量减少浇水频率，这一阶段相对干旱的情况可以促进花芽分化。

柑橘的栽培地点需要有良好的通风，在夏季的几个月尤其重要。良好的通风可以防止空气的过度潮湿，以免滋生病菌。阳光及光照条件不足则会导致果实减产。盆栽成株可以在夏天转移到日照充足、避风的户外空间。

为柑橘树换盆时需要格外小心。换盆最好在早春进行，防止干扰植株的生长周期。换盆后可以对植株进行轻剪。成形的植株最好使用大盆种植。

盆栽标准型柑橘树
图中的标准树型四季橘的主要用作观赏植株，不过其果实可做成蜜饯。

标准型柑橘树整枝

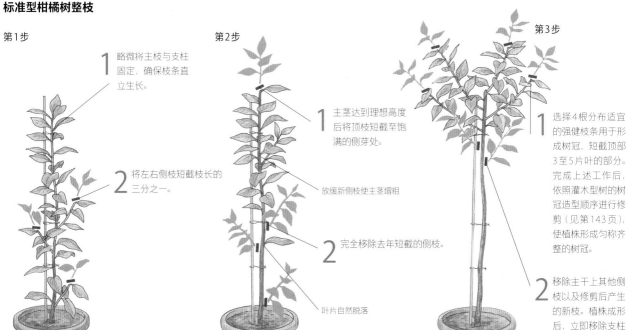

第1步

1 略微将主枝与支柱固定，确保枝条直立生长。

2 将左右侧枝短截枝长的三分之一。

第2步

1 主茎达到理想高度后将顶枝短截至饱满的侧芽处。

放缓新侧枝使主茎增粗

2 完全移除去年短截的侧枝。

叶片自然脱落

第3步

1 选择4根分布适宜的强健枝条用于形成树冠，短截顶部3至5片叶的部分。完成上述工作后，依照灌木型树的树冠造型顺序进行修剪（见第143页），使植株形成匀称齐整的树冠。

2 移除主干上其他侧枝以及修剪后产生的新枝。植株成形后，立即移除支柱及固定带。

榴莲（DURIO ZIBETHINUS）

榴莲主要种植于热带的东南亚地区，需要多雨高湿的气候以及分明的干湿季。榴莲的挂果需要不同品种异株授粉。实生植株树高可达30米，嫁接植株则最多达到实生植株一半的高度。幼株通常呈现金字塔形，但榴莲树的树形会随生长逐渐发展成不规则形态。栽培过程中应当让植株自然生长，定期移除或短截通常不结果的徒长枝即可。大部分花朵都集中形成于植株偏水平生长的枝条，因此需要对此类枝条进行疏枝，防止枝条拥挤或相互交叉的状况发生。若发现主枝或树干上有休眠芽（见第30页）抽枝应及时移除。植株成形后无需过多关注。花后4至6周时为幼果进行疏果，每丛幼果保留1至2个即可。若植株过大，可以进行树冠缩减（见第33页），将其降低到10米左右的高度，榴莲树对树冠缩剪反应良好。

挂果的榴莲树

榴莲以其臭味闻名。榴莲的果实长在水平生长的树枝上，全枝皆可挂果。

盛开的枇杷树

在合适的条件下，枇杷树会在当年生枝条开花，花朵簇生，主要集中在枝梢，一般定植后4年结果。为了方便采摘，可以选择树型更加紧凑的品种作为接穗，并采用矮化砧木培养嫁接植株。

枇杷（ERIOBOTRYA JAPONICA）

枇杷植株可耐寒，但冬季低温可能会导致花量减少。大部分品种的枇杷需要借助传粉动物授粉。枇杷树可以整枝为主干高度低矮的多主干型树（见第28页）。若有需要还可将枝条的顶枝短截长度的三分之一，促进分枝。修剪应在植株恢复生长前进行。成形植株无特殊修剪需求。收获时应成丛采摘果实，并将挂果枝短截至侧芽或侧枝处。采摘后修剪可能会刺激植株产生大量新枝：若树冠中，尤其是树冠中心的枝条出现拥挤现象，疏枝时可直接将整根枝条移除，不必短截。植株栽培过程中，需及时移除主干上的新生侧枝。若挂果过多，可通过修剪果丛末端的方式进行疏果。

山竹（GARCINIA MANGOSTANA）

山竹树喜好其原生地东南亚的气候条件。常见栽培的山竹树一般为实生植株。山竹树的高度较为多变，6至25米皆有。栽培过程中经常需要进行树冠缩减（见第33页）。

山竹树最好在果后即刻进行修剪，植株每年可以有两次花期。山竹的整枝或修剪需求较少，一般仅需移除幼株及成株的内向枝条及竖直生长的徒长枝，促进植株形成分层的生长形态。另外，与地面接触的低处枝条也应进行移除。若枝叶过于拥挤，植株只会在枝梢挂果，疏枝则可以使光线穿透树冠内部。疏枝的工作应分多个生长季进行：短时间内的重剪会对植株造成伤害，不推荐种植者进行。

山竹幼树

山竹幼期生长缓慢，植株主干挺直，枝条分布对称，形成金字塔形树冠。植株通常在定植8至10年后开始在老枝的枝梢挂果。

荔枝（LITCHI CHINENSIS）

荔枝是一种缓生常绿果树。植株的树冠对称，枝叶浓密，整体呈穹形。部分品种的枝条伸展性较强，且有半垂直习性。大多数荔枝的栽培品种树高在10米或12米以下。荔枝树需要冬季凉爽干燥、夏季湿度较高的亚热带气候。

■ **何时修剪**　采摘时。

■ **整枝与修剪**　植株自然从基部开始分枝，但仍推荐种植者进行整枝，确保植株形成结构稳定的多主干树。购买树苗时，选择地面高度30至60厘米处有3或4根分布适当、树杈夹角较大的侧枝，将顶枝短截至最高侧枝处。确保侧枝与主干形成宽V形树杈夹角是栽培树苗的要点，否则成株后，侧枝很可能从树干撕裂断开。地面高度30厘米以下的侧枝应全数移除。部分栽培品种的枝条长而具有半下垂习性，这类枝条应短截30厘米左右，促进挂果侧枝的形成。

荔枝树成株后极少修剪需求。在收获成丛的果实后，需将挂果枝短截30厘米左右，刺激下个生长季能够挂果的新侧枝生长。同时注意检查树冠内是否有枯枝、弱枝，并进行移除。

树龄较大，尤其是遭受冻伤的植株可以进行重剪，荔枝树对中间的反应良好。同时，重剪也能够增加果实的大小和产量。部分地区种植的植株若出现不结果现象，可以在果树已适应生长环境、长势强盛、植株健康的情况下进行树皮环剥，刺激挂果。在使用环剥技术前请务必向当地专家咨询。

杧果（MANGIFERA INDICA）

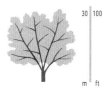

杧果树分枝习性良好，枝干挺直，植株常绿，有椭圆形穹状的开心树冠。杧果树的树形自然形成，不过人工整枝可以确保骨干枝结构的稳固。栽培杧果需要热带或亚热带地区的气候条件，潮湿且干湿或冷热季分明。土壤过湿会导致杧果树生长迅速，但挂果稀疏。实生植株需要7至8年方可挂果，而嫁接植株一般在定植后第3年便可开花。使用矮化砧木可以将植株的高度限制在7至10米，如此一来只要营造出温暖潮湿的环境，便可以在温室等保护结构下种植杧果树。

■ **何时修剪**　植株幼期，可在生长高峰期间进行修剪，植株成形后则在主要采摘期后修剪。

■ **整枝与修剪**　成形整枝对所有杧果品种皆有裨益。整枝的主要目的是使植株形成灌木型树形，同苹果树（见第106页）。理想植株的主干高度约为1米，由3至5根树杈交交宽大，分布适宜的主要结构枝形成树冠。若发现羸弱侧枝应及时移除。杧果的果实十分沉重，若树枝结构不牢，很可能会因果实的重量折断。植株开始开花的前2年应进行疏果，2年后则大多无此必要。

成形植株无例行修剪需求，移除低处或交叉枝条即可。将枝条顶枝短截三分之一的长度可以促进分枝，亦可限制部分长势较强品种的大小。树龄较大的植株可能出现生长减缓的迹象，此时可通过移除内向枝，疏剪拥挤枝和外部枝的方式使植株重新焕发活力。

杧果树的果实

杧果树的果实沉重，成串悬挂枝梢。植株的骨干枝必须足够牢固才能承受果实的重量。

红毛丹（NEPHELIUM LAPPACEUM）

红毛丹原生于马来西亚和印度尼西亚，在许多热带低地地区亦有栽培。红毛丹植株在气温低于10摄氏度时生长明显滞缓，且易受强风损伤。

实生植株树高可达12至20米，树冠宽度约为树高的三分之二。通过无性繁殖的植株挂果较早，一般通过修剪与整枝将植株控制在4至12米的高度。植株生长习性大多为伸展型，但亦有部分直立性较强。花朵主要集中产生于枝梢。

■ **何时修剪**　果实采摘后。

■ **整枝与修剪**　不经修剪的红毛丹植株易出现枝叶密集、拥挤的现象，因此植株的早期整枝对保持骨干枝的间距和通风透光十分重要。整枝的主要目的是使植株形成灌木型树形，同苹果树（见第106页）。将1至2年生的羽形苗在定植时短截至地面高度60至90厘米处，树杈夹角较大的3至4根侧枝上方。3个月后，将上述侧枝短截约三分之一的长度，促进侧枝形成。

骨干枝成形后，植株修剪需求极少。移除徒长枝（见第30页）、病枝、枯枝及与其他枝条交叉或与地面过近的枝条即可。采摘果实后，将挂果枝丛移除，促进新挂果枝形成。

油橄榄（OLEA EUROPAEA）

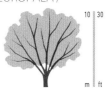

油橄榄为缓生常绿乔木，在地中海型气候区广为种植。果实的形成需要冬季低温，但低于零下10摄氏度的气温将导致植株冻伤。温带气候区的植株需要向阳墙的保护，且株高极少超过4米。若在冬季将其搬入保护设施内，油橄榄树也可以在冷凉气候区作为无果观赏植物栽培。油橄榄树较耐修剪，可通过修剪限制植株体型。部分栽培品种可自花授粉。油橄榄植株通常定植后4至5年挂果，产果年限可达100年以上。果实一般形成于一年生枝条，且通常位于树冠外围。植株生长需较大空间，栽培时亦需注意保持树冠透光。

■ **何时修剪**　早春。

■ **整枝与修剪**　定植时应进行支撑。地中海气候区，可将植株于1至1.2米定干。树干枝条一般通过植株自然生长形成：若需控制分枝高度，可将树苗于1.5米高度短截，选择3至4根分布适当的侧枝形成主要结构枝。选定结构枝后，尽量避免修剪，使植株自然形成细密的树冠。若植株晒伤或冻伤，可伤枝短截至健康部分，促进恢复。

植株成形后，仅需移除老枝及生产力减退枝条，促进翌年开花的新枝产生，或按照植株生长情况疏剪树冠内部枝条，改善透光条件。为方便采摘，可每年将顶枝短截至替换枝处，将植株维持在4至5米高度。盆栽植株可采用相同技术限制生长。油橄榄树对重剪反应较佳，可通过平茬进行植株更新。更新后可选择培养单根新主干（见第64页，桉属）或使其形成小型灌木状植株。

油橄榄树亦可进行墙式整枝，将间隔均匀的枝条固定（另见第74页，木兰）形成扇形骨干枝结构。将外向生长及位置不佳的枝条短截，修剪后生出的新枝细密，新叶观赏性更佳。

油橄榄树

通过修剪中心主干和主枝，可以使橄榄树形成株型更小、分枝更多的树冠，从而进行盆栽。

牛油果（PERSEA SPP.）

分布于墨西哥、危地马拉和印度西部的3种牛油果树各自偏好半热带、亚热带及热带气候。牛油果树皆需大量光照。大部分品种为大型乔木，部分品种株高5至6米。实生植株需至少5年后挂果，且挂果较稀疏。嫁接的栽培品种植株一般第3年开花，部分砧木亦可使植株耐抗根腐病及低温。

牛油果树一般呈伸展状生长，但亦有部分品种整体呈圆锥形轮廓。植株的枝条生长通过顶芽抽枝达成，在一个生长季中有两次生长高峰。顶芽可能会在休眠期脱落，使花朵聚集在枝梢。两棵以上丛种植的植株挂果率高于单棵植株。

墨西哥牛油果是各品种中耐寒性最强的品种，在温度不低于13摄氏度、阳光充足的开放地点便可以茁壮生长。温带地区可以在温室中种植牛油果，但光照条件可能仍无法满足植株的开花需求（若开花亦需要进行人工授粉）。另外，栽培过程中应避免打扰植株的根系。

■ **何时修剪** 果实采摘后。

■ **整枝与修剪** 初期整枝要求较少。根据植株生长状况可通过短截侧枝一半长度的方式促进分枝，尽量保留叶片以保护幼嫩的树皮不受烈日晒伤。植株成形后，仅移除伤枝、病枝、交叉枝及拥挤枝，或将生长旺盛的直立枝打顶，附近枝条伸展，多分枝的生长习惯。由于植株的枝条较为脆弱，芽点与新枝都易于受损，因此修剪时需要格外小心。采摘果实应使用锋利的园艺刀或修枝剪，将果柄在距离果实1厘米的位置截断。

牛油果

牛油果树一般先在现有枝条的枝梢开花结果，而后才从顶部长出新枝。

若植株体型过大，导致采摘困难，可以进行树冠缩减作业（见第33页，树冠缩减）。这一工作在果实收获后进行最佳。

番石榴（PSIDIUM GUAJAVA）

番石榴原生美洲的热带地区，现在在全球热带及亚热带地区皆有栽培。番石榴是一种多主干乔木，高度与冠幅相当，常在近地面处分蘖或分枝。嫁接品种果较实生植株稳定。番石榴树翌年可能开花2至3次。定植2至3年后开始挂果，果实一般在老枝形成的新侧枝上形成。小心仔细的定期修剪可以保证果树的高产。

■ **何时修剪** 主要采摘期后。

■ **整枝与修剪** 整枝的主要目的是使阳光得以穿透树冠内部。将植株整枝为多主干型树，拥有4至5根强健且分布适宜的主茎；若树苗达到1米后仍未分枝可将其短截至50厘米，促进底处侧枝形成（见第28页）。3个月后，将主茎短截至一半高度，并对内向生长的侧枝进行疏枝，防止过度拥挤。植株成形后，将砧木的蘖芽和主干上的侧枝移除。过后将枝条的顶芽及强势侧枝打顶，促进植株紧凑的生长习性，刺激未来开花枝形成。

石榴（PUNICA GRANATUM）

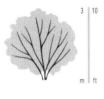

石榴树一般呈多主干或灌木型生长，原产地可能为伊朗，但植株适应多种无霜冻气候。石榴在夏季炎热、冬季凉爽的半干旱型气候区最为丰产。在这类气候区，植株落叶或半落叶，在潮湿的热带地区则常绿。

实生石榴树性状多变，在购买植株时最好使用扦插或根蘖繁殖的树苗。石榴树在定植4至5年后开始挂果，果实一般5至7个月成熟。植株一年有一至两次花期，具体情况

石榴

用整枝剪收获果实时要避免损伤侧枝，这样第2年还可以再次结果。

受气候影响。石榴树可以自花授粉，但邻近栽培两棵植株可以提高坐果率。石榴在短枝挂果，每根短枝大概有3至4年的丰产年限。每年可以移除部分老化，生产力减退的枝条，促进新挂果枝生长。不过，过度修剪很可能会导致果实减产。

在全日照温室种植的石榴可以茁壮生长且大量开花，不过不常挂果。可以通过修剪控制植株体型。

■ **何时修剪** 休眠期。

■ **整枝与修剪** 将植株整枝为分枝点较矮的多主干型树（见第28页）。若树苗不在较低位置分枝，可以将其短截至地面60至75厘米高，刺激侧枝形成。将20厘米高度以下的侧枝全部移除，在剩余枝条中选择4至5枝最强健且间距最宽的保留。在接下来的3年中，将枝条顶枝短截去年生长部分的三分之一，形成分枝较多的骨干枝结构。

植株成形后，每年的例行修剪仅需短截少量老枝，促进新枝产生。石榴树有较强的根蘖性。若发现根蘖应及时移除，但如主茎受损需要进行替换，则可以选择位置适当的根蘖进行整枝，形成新主茎。

坚果

大部分坚果树为乔木或灌木。胡桃、板栗、山核桃等部分坚果树体型极大，适合大型花园或公园作为景观树种植。灌木形态的欧榛和大果榛则更适合小型花园。坚果树与水果树相同，需要成功授粉才能结果，且有时需要不同品种植株交叉授粉。即使是雌雄同株的坚果树，也有可能不会同时开雄花和雌花。

坚果树中，只有欧榛和大果榛能在冷温带地区正常生长结果。欧洲栗、扁桃和胡桃虽然也能耐寒，但需要更合适的条件才能结果——即使如此，它们也无法规律挂果。夏季炎热的温暖气候区可以种植开心果和山核桃，但澳洲胡桃、巴西坚果和腰果则需要热带气候条件。

虽然定期修剪可以使欧榛和大果榛产量更佳，但坚果树整体来说修剪需求极少。初期整枝可以确保植株的形态良好，枝干牢固，但修剪后除了保持植株健康必备的例行修剪工作（见第29页）外，坚果树几乎无需任何关注。

腰果 (ANACARDIUM OCCIDENTALE)

腰果树生长在印度和东非等干湿季节明显的热带地区。腰果树常绿，树干宽阔，向外延展。低处的枝条近乎水平生长，枝长可达6米，容易被强风折断。腰果树的栽培既可使用实生植株，又可以使用更高产的无性繁殖嫁接苗。实生植株的生长更快，且长根系的形成时间更短。

腰果树的目标形态是树冠开心，主干高度1米的多主干型植株。将羽形苗短截至1.2米高度，选择4至5根侧枝形成主枝（另见第52页，青榨槭）。若有需求可将上述枝条打顶，促进分枝。植株成形后无特殊修剪需求。

此外，腰果树可在50至75厘米高度进

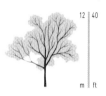

幼期腰果树
腰果树需要一段低矮的主干，为低处的外延枝条提供生长空间。

行截顶修剪。截顶树可在2至3年后再次挂果。在澳大利亚，商业腰果种植园采用篱墙形态成排种植腰果树，排与排之间几乎枝叶相连，隔排植株便会进行截顶修剪。

巴西坚果 (BERTHOLLETIA EXCELSA，异名 B. NOBILIS)

巴西坚果是亚马孙流域森林中的野生植物，在东南亚气候相似的低地热带雨林地区也有种植。巴西坚果树植株高大，顶部四分之一的枝叶最为茂密，整体形成窄柱形。植株在树龄达到10年甚至20年后才开始挂果，果实需要一年才能成熟。野生植株一般不进行修剪，但幼树可通过修剪时期在1至2米的较低高度分枝：将主干顶枝短截，并在随后定期短截主要结构枝。

美国山核桃 (CARYA ILLINOINENSIS)

山核桃属（Carya）大部分物种都可以作为冷凉气候区的观赏乔木种植（见第56页，观赏乔木词典）。然而，长势强劲，植株挺拔的山核桃树作为落叶乔木，需要在较为干燥的亚热带气候或夏季炎热、冬季凉爽无霜冻的暖温带气候下才可正常结果。

嫁接在实生砧木上的种植品种植株约在定植后5年开始挂果。山核桃树的直根长且生长迅速：购买时选择种植在深盆或种植带中的树苗，移栽时需要较为谨慎。切勿购买盆栽时间较长的植株，因为这些植株在移栽后也无法形成正常的根系结构。

■ 何时修剪 秋季至冬季中旬。若春季修剪会导致伤流。

■ 整枝与修剪 美国山核桃整枝为中心主干型时观赏效果最佳。不过，植株也可以作为羽形树种植。不论是整枝期还是成株后都不要将侧枝打顶。山核桃独立的雄花和雌花只有在上一年顶芽生出的枝条上才可生长。成形后，植株无特殊修剪需求，且不喜重剪。

欧洲栗 (CASTANEA SATIVA)

欧洲栗成株后形态优雅，观赏价值极高，是优良的景观树（见第57页，观赏乔木词典）。虽然欧洲栗完全耐寒，但若将植株种植在不列颠群岛等边缘耐寒区，便只有在南部才可获得果实，而植株也需要温暖的夏季才可正常挂果。购买时务必

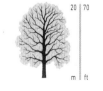

要选择专门用于生产坚果的品种。这类品种的树苗一般都是嫁接植株，且定植后4年才开始挂果。部分品种需要动物传粉。

整枝和修剪的方式与观赏乔木相同（见第57页）：依照中心主干型整枝，仅选择保留枝杈夹角呈宽V形的侧枝作为结构枝。老树上沉重的枝条可能形成安全隐患。

欧洲栗
多刺的外壳会在果实成熟时裂开，壳内的栗子呈深棕色，表皮光滑。

欧榛及大果榛 (CORYLUS AVELLANA, C.MAXIMA)

欧榛和大果榛是形态优美的大型观赏灌木（见第187页，观赏灌木词典），同时也是丰产的坚果树，即使在冷凉气候区也可以正常结果。只要给予正确的整枝和定期修剪，植株就会更加紧凑茂密，果实产量也会显著提升。栽培品种中有许多可自花授粉。欧榛和大果榛都可以通过种子繁殖。若有根蘖可以小心将其连根拔起，用作繁殖材料。

■ **何时修剪** 冬季。植株挂果的同时，其柔荑花序也正在产生花粉。修剪时晃动枝干，能够帮助植株为雌花授粉。成形后的植株需要在夏季进行"折枝"。

■ **整枝与修剪** 榛子树的整枝目标是使植株形成主干高度约45厘米的开心灌木型植株。因此，购买树苗时亦应选择在此高度有3至4根强健侧枝的树苗。将树苗的顶枝短截至上述侧枝最高者上方，同灌木型苹果树（见第108页），而后再将选中侧枝短截至22厘米的长度，其余侧枝全部移除。在后2年，选择10至12根位置适当的枝条作为主枝，若枝条分枝较慢可进行打顶。主枝以下的枝条应全部移除。

植株成形后，每逢夏末，将长势强盛的长枝在中间弯折但不完全折断（折枝）。剩余的细短枝通常开雌花，花后生长成果实。在当年冬季，将夏末折枝的枝条短截至基部3至4个芽点处。连年重复的折枝能够使植株形成短枝结构，不过短枝丛也需要不时修剪，使用园艺锯或长柄修枝剪将其短截至基部与主枝相连处，促进新枝形成。随着植株的生长，也需将一两根老化的枝条移除，用邻近的新枝进行替换。

折枝后的榛树树枝

长势强盛的长枝一般不会开雌花，因此也不会挂果。将这些枝条折而不断（见上图），枝条上的叶片仍会将生产的养分供给植株。这样植株便可有更多营养供给给短枝状枝条上形成的雌花。

胡桃 (JUGLANS REGIA)

胡桃树虽然是完全耐旱植物，但在冷温带地区只有在少数条件下才可结果。易发晚春霜冻的位置不宜种植胡桃树。实生植株需要10年以上才会开始挂果，且出产的坚果质量难以预测，因此购买时请认准使用黑胡桃或加州黑胡桃（J. hindsii）砧木，具有专有名称的栽培品种。加利福尼亚等地的商业种植者一般将核桃树整枝为灌木型植株（采用适合的品种），但主干高度1.2至2米的中心主干型植株更适合花园环境种植。整枝方式同观赏乔木（见第69页）。

澳洲核桃 (MACADAMIA SPP.)

澳洲核桃又名夏威夷果（果仁），原生于澳洲的热带雨林地区，植株可耐轻微的霜冻，但植株的健康生长需要炎热的生长季和充足的降水。澳洲核桃植株常绿，枝丛茂密，枝干竖直生长。通过整枝，将树苗培育为主干高度约1米、枝干分布适宜且呈伸展状的中心主干型植株。幼期澳洲核桃易生轮生枝叶，每节三叶轮生。若侧枝开始生长，需选择一支作为主枝，并将另外两支短截至1厘米长度。短截后，这些短枝上的芽点会形成水平生长的开花枝。南非的种植者在栽培过程中会在幼树的主干长度增长40至50厘米后进行短截并不断重复，使植株形成层叠的平行枝条。成形后的植株仅需少量修剪。

澳洲核桃树

植株自然形成的枝条树杈夹角较小，易受强风折断。

阿月浑子 (开心果，PISTACIA VERA)

落叶乔木，需要炎热的夏季和凉爽但无霜冻的冬季方可挂果。开放的种植地点对植株的栽培尤其重要，因为低处的枝条无法获得阳光便会枯死。嫁接的植株很容易进行整枝造型。栽培时应小心支撑顶枝，时期至少生长到1米的高度，而后可令其自然分支，形成树冠。树冠形成后尽量避免修剪。植株的修剪切口恢复较缓，且修剪会限制植株的生长。为控制植株枝干凌乱的生长习性，可进行疏枝或枝条短截。切忌同一年内移除过多枝条。

扁桃/巴旦杏 (PRUNUS DULCIS)

扁桃树形优美，植株可完全耐寒，但只有在地中海型气候才可正常挂果。培育维护方便的果用植株需要采用栽培品种的嫁接植株，并将其整枝为灌木型，或进行墙式整枝使植株呈扇形，同桃树或油桃树。栽培扁桃时必须选择适宜的授粉品种与之相邻种植。灌木型植株成形后需尽量避免修剪。夏季可将少量生长力减退的枝条移除。成形扇形植株的修剪同扇形桃树。

观赏灌木

正确、适时的修剪不仅能够增进灌木的开花和挂果表现，
更能保证枝叶的健康生长和优美形态，使植株更具观赏价值。

许多低维护种植方案的成功秘诀都在于灌木的选择，这些形态优美、生长茁壮的灌木装点着四季，为人们带来许多乐趣。观赏灌木的修剪需求十分简单，通过轻剪维护造型，定期移除枯枝、病枝或受损枝，便可以保持植株的健康美观。然而，许多热门品种的栽培不仅包括整枝与维护，更需要通过例行修剪提高植株的花朵、果实等观赏表现。例行修剪的目的是移除老化、生产力减退的枝条，使植株产生更多花朵或果实，同时促进健康新枝的生长，为植株未来的生长表现提前准备——有效地加速和控制植物的新陈代谢。

观赏灌木的数量庞大，花园中的任何地点、任何环境，都可以找到与之匹配的植物。它们的体型、长势和生长习性差异巨大，生产寿命也不尽相同——在栽培过程中遇到因各种原因需要更新复壮的植株时，一定要将其生产寿命作为参考指标之一来决定适合的更新方案。正是因为观赏

灌木的选择众多，因此栽培者一定能够找到既适宜当地气候环境，又满足自己种植环境和审美的植物。有时，人们会为灌木进行整枝造型，满足特殊的观赏需求，但总的来说，真正展示植株的自然习性和活力才能充分展现观赏灌木的魅力。此外，仔细选择植物的品种和种植地点才能确保修剪能够对植株起到积极作用，而非影响其生长。

常绿大戟（Euphorbia characias subsp. wulfenii）

常绿大戟的枝条较长，当年生枝条在翌年开花。尽管这种灌木无需修剪，但若将枯萎的开花旧枝移除，便可以在改善植株外观的同时促进根部长出新枝。

◀ **使用结构植物**

许多成排种植，用作镶边或屏障树篱的灌木也有着美观的叶片、花朵或果实。图中的柱状小檗（Berberis thunbergii 'Helmond Pillar'）枝干直立，叶片艳丽，可以在花园中组成有效而美观的树篱屏障。

基础技术

　　典型花园观赏灌木的例行修剪涵盖从嫩枝摘心到木质化老枝的移除等各种大小、各种阶段的枝条修剪工作。为了保证修剪作业的质量，必须使用质量较好的小刀、修枝剪、长柄修枝剪和修枝锯等园艺工具，并细心维护（见第14页）。

　　观赏灌木的主要修剪工作与其他植物并无不同：检查并及时移除枯枝、病枝、伤枝以及反向生长枝、蘖芽等（见第153页，日常工作）对植株可能有消极影响的枝条。成形修剪不但可以在植株生长早期进行，为其打下良好的基础，也可以在其他任意一个生长阶段

进行，改善植株的生长状态。理想状态下，灌木植株会形成协调、均匀的株型。然而疾病、外部损伤或单方向阳光不足、周围植物竞争、盛行风等因素都可能造成植物生长不均。在正确的位置进行修剪（若有可能最好移除生长不均的诱因）是恢复植株对称形态的关键。了解植物的开花和结果习性，懂得如何在保持植株健康与活力的同时提高其观赏性和生产表现，就能够为修剪赋予新的维度。若想通过修剪提升植株的花叶观赏表现，务必遵循植物的自然生长习性，在其基础之上加以改善。

修剪类型

　　一般情况下，对植株生长无益的枝条应尽早在生长幼期移除。然而，灌木的修剪时常涉及木质化枝条，在进行修剪时需要像修剪乔木一样小心，使植株尽快完成愈合步骤。修剪时务必保证切口的平整，撕伤或挤伤的植物组织在愈合时更加缓慢，且十分容易被病原体入侵，危害整棵植株。另外，修剪切口越小越好。大型切口的愈合时间更长，且在未愈合前始终是潜在疾病入侵的入口。

何时修剪

　　成形修剪和更新修剪一般在灌木休眠时进行，而绝大部分成株灌木的修剪时机则需根据其开花习性进行调整。在当年枝开花的灌木应在冬末春初、新枝尚未形成时修剪。在去年生枝条开花的灌木则应在花后修剪，使新枝有足够的时间生长成熟，从而安全过冬，在翌年开花。

选择修剪位置

　　在修剪对生叶序的灌木时，应将枝条垂直截断（见上图左）。修剪互生叶序的灌木时则应保持斜角修剪（见上图右）。将枝条短截修剪至替换枝或替换芽时，修剪方向则与新枝的生长方向一致。

　　修剪的位置应在不损伤邻近芽点或枝条的情况下尽量与其接近。不过，若距离过近，可能会导致邻近的芽点干枯死亡，若是侧枝也很有可能在强风情况下折断。而距离过远、残留的短枝没有活跃的侧芽，很快便会枯死，并且成为病菌入侵的阵地。有时，种植者可能需要将植株的主茎重剪至接近地面的高度，而植株的基部通常没有任何可见

修剪至对生芽
对生叶序的灌木时应在成对的侧芽或侧枝上方进行修剪。若修剪后仅需保留一个侧芽（为了达到形成中心主干或外向枝条等目的），可将另一端的侧芽揉去。

修剪至互生芽
选择修剪后新枝生长方向一侧的健康芽点作为修剪目标。在侧芽或侧枝与茎的连接点上方斜角将枝条截断。不过修剪角度切勿过陡：这样留下的伤口更大，植株需要更多时间愈合。

芽点。然而，修剪会刺激植株基部的休眠芽开始生长，形成新枝。若在新枝长出后，主茎尚有残枝遗留，可将其移除。

　　修剪前一定要了解不同的修剪行为会使灌木植株作出何种反应。与其他植物相同，重剪对植株造成的生长刺激要强于轻剪。进行灌木的形态矫正时，应将弱枝重剪、强枝轻剪。进行短截修剪前，必须规划好修剪后新枝的生长方向，否则便会导致植株产生大量交叉枝且树冠内部拥堵，造成不良形态。

在一片叶上方用一对叶上方用手将柔嫩的新枝掐断

新枝摘心
柔嫩的新枝用手指就可以干净利落地掐断。移除顶芽（见第11页）可以刺激枝条低处的侧芽生长，使植株形成茂密、均匀的外观。

日常工作

在植株的生长初期可能需要少量的修剪来纠正一些常见的生长问题。所有枯枝、病枝、伤枝以及交叉枝（见第154页）都应移除，反向生长的枝条和砧木上的蘖芽同理，不过移除上述枝条一般会使幼株看起来较为稀疏。这些日常修剪应在发现问题后立刻进行。

去除枯花

去除枯花（见右图）并非所有灌木植物的必须工作，但及时摘除枯花不仅能够改善植物的外观，也能阻止植株结种消耗养分，同时促进未来新枝和花朵的生长。

退化

花叶品种偶尔会出现生长纯绿叶片的枝条。这有可能是植株受外界刺激或重剪后的反应。花叶枝条一般长势较弱，因为这些枝条的叶片叶绿素含量（对植物的能量生产十分关键）较低。若不及时将绿叶枝条移除，绿色的枝叶很快就会主导整株植物。

根蘖

许多灌木都有生根蘖的天然习性：根蘖是从植株地面位置生出的新枝，根蘖的生长会使植株的整体体型和冠幅增长，同时也会替代老化、枯死的枝干。若植株过于拥挤或体型过大，应首先移除老化的茎干，而非这些活跃的新枝（除非植株为单主干整枝造型）。不过，嫁接植株生成的蘖芽可能位于嫁接点以下，可能生长于树干，也可能从根

去除观花灌木的枯花

未开花枝条
开败的花序

单生花 杜鹃等灌木的新枝丛花朵下方的侧芽生出，因此在去除枯花时只需将开败的花朵移除即可，切勿损伤下方的枝条。

簇生花 去除醉鱼草和丁香（Syringa）等灌木的枯花时，使用修枝剪将开花的枝条短截至侧芽或侧枝处；根据修剪时间不同，新枝将会在生长季末或下一年开花。

移除返祖枝条

若发现花叶植株生出绿色的返祖枝条应立刻移除。若不及时移除，绿色的枝条便会凭借其更强劲的长势占据整株植物。修剪时应将整根返祖枝条短截至基部。

蘖芽的辨别与移除

中绿色的宽大椭圆形叶片，符合种植品种的特性

蘖芽的叶片呈浅绿色，叶缘不规则，且整体较小

普通枝条　　　蘖芽

辨认蘖芽（见左图） 图中，作为接穗的金缕梅（Hamamelis Mollis）的枝条和作为砧木的弗吉尼亚金缕梅（Hamamelis Virginiana）上生出的蘖芽区别明显，前者枝叶更具观赏性，后者长势强劲，但略欠美感。

移除蘖芽（见右图） 理想情况下，应在蘖芽初抽枝、尚且幼嫩柔软时将其揉除。然而，若枝条已经成形且木质化，需将其从基部切除，若是根系生出的根蘖，则应小心将根系周围的土清出，以确保能够将其完全移除。进行移除工作时，尽量一次性将整根枝条拔出。如果有部分残留，可使用锋利的小刀进行清理，切忌扩大修剪切口。

系直接抽出。这些枝条来自砧木，而非更有观赏性的接穗品种。由于接穗的长势通常弱于砧木，因此砧木抽枝时应立刻移除，防止其与接穗竞争，甚至取而代之。

拥挤枝与交叉枝

枝叶的密集繁茂对小檗（Berberis）等常用于围挡树篱或造型树篱的灌木品种来说是一大优点，对其他植物则不然。当植株出现枝条拥堵的现象时，需要通过移除部分枝条或枝丛防止灌丛内形成黑暗潮湿的环境，吸引病虫害入侵。

在植株生长过程中，注意防止枝条之间相互交叉或摩擦。任何擦伤都可能成为疾病进入的潜在入口，且伤口也会在枝条逐渐生长增粗的过程中留下结构隐患（见右图）。

枯枝、病枝与伤枝

若枝条的枯死部分与健康部分之间有明显的差别，那么便在邻近分界面上方的位置修剪。若健康部分与不健康部分之间并无明显分界，则应将枝条短截至健康部分适当位置的侧芽或侧枝处，确保完全将不健康的组织移除。如枝条前面变色，则应继续向下修剪，直至切面呈现正常的颜色。

若枝条由于风暴或其他原因损伤，留下不规则的残端，应将其短截至侧芽或侧枝处，并确保切面呈现健康的组织。若植株的损伤较大，或许需要重新进行造型修剪或更新复壮。冻伤的枝条应待天气无晚春霜冻风险后进行——这些冻伤的部分可保护下方尚未受损的枝条。

交叉枝

图中的金缕梅植株整体生长状态整体较好，但通过观察不难发现，枝条相互交叉所导致的安全隐患。在这种情况下，交叉枝中的一方承载着另一根枝条的重量，导致主干与枝条的连接部位逐渐撕裂。若承重枝断裂，另一根枝条也会相继折断，导致植株大受损伤。在植物的种植过程中千万不可让交叉枝发展到图中这一阶段，若不幸发现这一问题已经产生，进行更新复壮（见第160页），或为承重枝添加支架或支柱，或许能够帮助植株克服危机。

枝条相互交叉碰触，上方的枝条将重量压在下方的枝条上

主枝与承重枝树杈处日益严重的裂痕

移除枯枝
若植株已经形成枯枝与健康部分之间的天然屏障（见第9页），那么植株的安全便有了保障。在屏障面上方下手，将枯枝移除。

短截至完全健康的部分

冻伤
图中的植株不久前遭受冻伤，因而枝条的受损部分和健康部分之间差别并不明显。枝条应修剪到完全健康的部分，短截至侧芽、叶片或侧枝处。

盆栽灌木

许多灌木都可在盆栽状态下健康生长。在冷凉气候区，盆栽的不耐寒灌木可以在天气转冷时搬到保护设施内过冬。盆栽植物应随着生长在春季进行换盆，直至没有更大的花盆可以容纳为止。在换盆后应当在旧土表面覆盖新土或堆肥。然而，植株在盆栽几年后可能呈现长势减缓的迹象。若发现植株的长势出现明显变化，应将整个根团提出花盆，检查根系是否过于拥挤。若根系呈现拥挤状态，则应进行根系修剪。在修剪根系的同时对植株的地上部分进行缩剪可以减少其整体营养需求，帮助植株发展出新的营养须根。

修剪盆栽灌木的根系

1 若植株出现盆缚现象（见上图小图），可使用小园艺叉将紧密纠缠的根系松开，深入根团深处，尽量将旧土全部移除。

2 将主根与受损根短截最多三分之二的长度，并使用新土重新装盆。修剪后应将植株的枝叶亦减少三分之一的体积，整体进行短截或移除部分枝叶皆可。

初期整枝

市面上的绝大多树灌木植株都是经过苗圃或园艺中心部分整枝的幼苗（见第156页）。苗圃和园艺中心采用许多不同的方式培育幼苗。大部分园艺爱好者都会采用扦插或压条等简单的无性繁殖技术自行培育灌木植物。为了成株的健康美观，灌木植物应该尽早进行整枝。

扦插

嫩枝和半木质化枝扦插获得的灌木苗一般和实生植株一样呈单主茎生长。有些灌木的主茎会自然分支，其余的则始终保持顶端优势，因此必须通过修剪主茎的方式刺激侧芽生长抽枝（见下图）。

扦插木质化枝条时情况则有所不同，扦插枝成活后，侧芽会开始生长，形成多根新枝。进行根插时，根系材料上的不定芽也大多会形成多根新枝。若需将灌木植株种植成具有单根中心主茎、圆锥形态的植株［如葡萄叶苘麻（Abutilon Vitifolium）］，可用细支柱固定最高处的嫩枝，并将其余嫩枝移除：若嫩枝较小，可将其揉去；若已生长得较长则可将其短截。然而，如果需要培育多主茎形态的造型，则可保留所有位置适当的嫩枝。

压条

有些灌木植物的茎会在接触地面后自然生根，其他植物则可将枝条进行刻芽处理后再埋入土壤，刺激根系在刻伤周围形成。若采用第2种方法，应使用细竹竿稍微固定用于压条的枝条，这样待其生长为新植株时便可确保其主干挺直。与之相对，自然压条获得的植株大多只能拥有倾斜的主干。不过通过调整种植角度和设置支柱，主干的倾斜仍有纠正的空间。倘若纠正失败，可以将植株短截至朝上的芽点处，待新枝生出后再通过整枝确保其直立生长。

嫁接

使用其他方式仍难以繁殖的灌木或许可以尝试使用嫁接繁殖。采用芽接技术的植株呈单主干生长，枝接的植株则会从接穗的侧芽发展出多根枝条。嫁接植株的栽培方式与扦插植株相同。不过，若发现嫁接点以下有芽点产生，必须立即抹除。

修剪灌木幼苗

通过修剪生长中的灌木幼苗可以影响其未来的株型。使用摘心技巧处理柔嫩的顶芽，或将顶枝短截三分之一以下的长度进行打顶，可以促进枝条分枝，使植株生长更加茂密。

需要注意的是，修剪过后应避免将恢复中的植株放置在烈日直射的位置，因为修剪后暴露在外的柔嫩树皮很容易被晒伤。

在冷凉气候区，夏季中旬之后就应停止修剪户外种植的植物。修剪后长出的新枝如果没有足够的时间成熟硬化，冬季来临时很容易被冻伤。

扦插落叶灌木

图中的连翘（下图左）幼苗生长苗壮，具有单根主茎，且需要一段时间后才会开始分枝，适宜培育成直立生长的高大植株。然而，如果在生长季早期将顶芽移除，幼苗则会呈现出另一种生长状态（下图右）：植株有两根强壮的侧枝，为未来多分枝且枝叶茂密的生长习性打下基础。由于2根侧枝都没有绝对的顶端优势，因此在低处的侧芽也会受刺激开始抽枝，促进未来底部枝条的生长。

扦插常绿灌木

常绿灌木，如图中的美洲茶（Ceanothus），更容易在植株低处自然分枝，从而形成较为均匀对称的生长形状（如图中的圆锥形）。这些植物在种植第一年几乎无需修剪。

扦插苗通常会在修剪位置下方分枝

低处的侧芽也开始生长

未修剪的单主枝植株　　　通过修剪单主枝植株促进分枝　　　自然分枝的扦插苗

购买灌木树苗

如今市面上越来越多灌木苗以盆栽的形式进行销售，不过若需要裸根或土球苗亦可购得。在选购灌木苗时，需要关注植株的长势和健康状况，若购买嫁接植株，则需要注意嫁接点是否牢固、平整（见右图）。植株需要足够强大的根系才能供给枝叶的正常生长。根系和枝丛的比例失衡是定植后生长滞缓的主要原因之一。盆栽灌木的枝叶很容易就生长得超过根系的承受能力。有时商家会通过促使植株大量开花，将其作为销售策略，在购买时应避免选择这些植株，或在购买后尽快进行枯花的摘除工作。

裸根与根球灌木苗

这类植株必须在休眠期才可以进行种植。秋季是最佳季节，可以至少在下一个生长期到来前给根系足够的时间适应生长。裸根与根球灌木苗必须在购买后及时定植。种植前首先检查根系整体状况，若有受损部分需要移除干净。根系的检查和修剪应在阴凉避风处进行，防止细嫩的须根脱水迅速死亡。

盆栽灌木苗

盆栽灌木苗任何时候均可定植。然而，种植时需要确保灌木苗并非临时套盆销售的植株，因为这样的植株同样只能在休眠期才能种植。

优质的盆栽灌木苗一般无需修剪根系，不过若根系受损则应进行短截。苗圃或花园中心栽培灌木苗时一般将盆栽灌木苗大量紧邻种植，因此植株的茎通常都长而挺拔。不过在单独出售后，植株就会失去周围植株的支撑，容易倒伏，因此在生长初期需要设置支柱稍微提供支撑。

定植修剪

不要购买整体状况较差的植株（见右下图）。

健康的灌木苗（见左下图）无需修剪，但可以通过摘心或打顶长枝促进植株形成整体较为均匀的生长形态，这一方面与其他植物的苗期栽培方式相同（见第155页）。不过，如果使用的灌木苗只有一两处小毛病，可以在定植时通过修剪解决。

移除伤枝、弱枝、枝梢死亡的枝条，若支柱与绑带已经没有作用，也可一并移除。枝条开花后即刻进行修剪，使原本用于形成种子的营养供给新枝生长。若植株的枝叶体积超过根系体积过多，可将其缩剪至原体积的一半。缩剪有两种方式：第一种是将所有枝条一并短截，修剪后植株会更加茂盛；第二种是将部分枝丛从基部移除，使枝条更高大直立。

嫁接点
嫁接点是砧木和接穗结合的位置

嫁接灌木

购买金缕梅等嫁接灌木植株时，需要检查嫁接点是否结合稳固；接穗和砧木的连结处应该牢固而平整，不在枝干上形成明显扭曲的疤状隆起。

与体积较小的根系相比，植株的地上部分体积过大且长势过盛

纠正根枝比

如果将图中植株的地上部分缩剪，植株将会更快适应定植环境。可以将所有枝条对半短截，或将左侧的两根枝条移除。

选购灌木

枝梢健康，没有晒伤或枯死的迹象

新叶多且健壮

旧叶仍保留在茎上，光泽健康

优良灌木苗 图中的山茶具备形成健康成株的所有先决条件：健康的、长势良好的根枝比以及优雅、均衡的形态。

光秃细长的茎

枯枝

不良灌木苗 图中的木薄荷（Prostanthera）盆栽时间过久，已经出现根缚现象，定植后无法良好适应种植环境。植株生长的旧土已经没有营养剩余，不能支持枝条正常健康的生长。

枯黄的叶片

拥挤的根团

初期修剪

随着树苗的生长，移除枯枝、病枝、伤枝之类的例行修剪任务也应根据植株生长状况逐渐开始（见第153—154页）。在定植并度过一个生长季后，植株应该已经大致适应了新的生长环境，在当年的休眠期就可以开始植株的造型修剪，为其发展观赏潜力了。独立的植株可进行轻度纠形修剪，若重剪植株则会形成较低的骨干枝，轻剪植株梢则可以使植株更加茂密。有特殊观赏需求的灌木同样也有特殊的整枝要求：墙式整枝、矮林作业及树形整枝见第162—165页，造型修剪见第48页，树篱见第44页。

落叶灌木

与常绿灌木相比，成形修剪对落叶灌木更加有效，使植株自然形成均匀、紧凑的形状（见下图）。在修剪灌木幼株时就应该考虑植株成株后的修剪需求。作为景观重点的灌木一般植株较高［通常为锦带花（Weigela）、山梅花（Philadelphus）这类2年生以上枝开花的观花灌木］。对这类灌木而言，植株枝丛中心的开放十分重要。枝叶的过度拥挤会阻碍光线进入及空气流通。若发现拥挤枝或交叉枝，可将其短截至侧芽或生长方向适宜的侧枝处。

许多灌木在当年枝开花，它们的枝条每年都会被短截至主要骨干枝，冷凉气候区尤其如此。这类灌木［如莸（Caryopteris），大叶醉鱼草（Buddleja Davidii）和落叶的美洲茶］应在种植早期就开始重剪，使植株形成粗壮、木质化的结构枝，这样才能供给每年长势旺盛的新枝（另见第200页，圆锥绣球）。不过，用这样的方法形成的骨干枝一般较矮，若需要提升其高度，可稍微减轻修剪程度。

常绿灌木

常绿灌木的成形修剪主要是为了用最少量的修剪工作确保植株健康、形态对称，或者为植株塑造整体轮廓。

成形修剪的第一步是清除冻伤枝以及位置不良的枝条。而后将弱枝及生长凌乱的枝条移除，若有需要，还可以通过轻剪过长枝条来平衡植株的整体轮廓。

常绿灌木苗

图中的木薄荷幼苗生长状态十分健康。尽管修剪在植株这一生长阶段并非必须的工作，但对较长的枝条摘心可以促进植株的均衡生长。若植株下方需为其他植物留出生长空间，可将低处伸展型的枝条移除。

培养低矮的骨干枝，落叶灌木

图中的避日花（Phygelius）每年都会进行重剪，因此在栽培初期培养出健壮且木质化的骨干枝非常重要。首先，需要移除弱枝或位置不良枝，而后再将所有枝条短截，可如图中进行重剪，如需要更高的骨干枝，可减少修剪的长度，但至少要将枝条短截至粗壮、木质化的部分（若植株的木质化枝干高度不足，可以在翌年继续这一工作）。尝试培育出像棕榈树一样直立、顶部开放的骨干枝结构，确保未来生长出间隔适当的枝条。

将所有枝条短截至外向芽点处

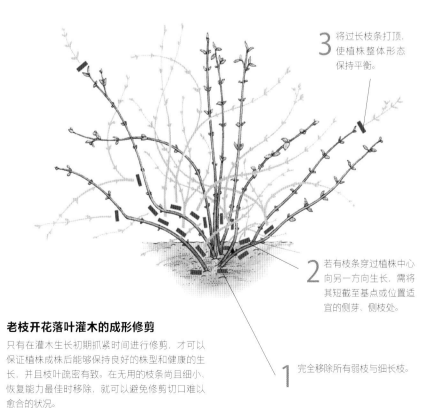

3 将过长枝条打顶，使植株整体形态保持平衡。

2 若有枝条穿过植株中心向另一方向生长，需将其短截至基点或位置适宜的侧芽、侧枝处。

1 完全移除所有弱枝与细长枝。

老枝开花落叶灌木的成形修剪

只有在灌木生长初期抓紧时间进行修剪，才可以保证植株成株后能够保持良好的株型和健康的生长，并且枝叶疏密有致。在无用的枝条尚且细小、恢复能力最佳时移除，就可以避免修剪切口难以愈合的状况。

修剪成形灌木

若不进行修剪，灌木植株会随着生长逐渐变得蓬乱无章，枯枝逐渐累积，枝条愈发拥堵，助长疾病滋生，而杂乱的枝条最终也会导致植株畸形，留下结构隐患。如果植株发展到这一步，就必须进行大规模的更新修剪（见第160页），然而若及时进行日常修剪（见第153页），便可以避免费时费力的更新作业。日常修剪包括移除枯枝、病枝、伤枝以及交叉枝、反向枝和蘖芽。

无特殊修剪需求的灌木

瑞香等部分灌木不需要也无法承受任何超过最低限度的修剪维护，包括许多常绿灌木在内的其他灌木植物则可以在枝叶阻挡花园步径或需要更新复壮（见第160页）的情况下进行一定量的修剪，但不能承受重剪。至于其他一些灌木，若以"自然"的独立形态种植，仅需最基础的修剪即可。不过若要植

株呈现特殊造型，则需要每年采取更多具体的修剪措施。举例来说，若仅施以最基本的修剪，红瑞木（Cornus Alba）会成长为造型优美、分枝较多的高大灌木。然而，若要突出其新枝在冬季呈现鲜红色的观赏特性（见第164页，茎与叶的特殊修剪效果），则需每年进行重剪，创造出生长习性迥异，拥有大量强健、直立、不分支枝条的灌木植株。

了解植株老化期对修剪工作亦十分重要。包括小檗在内的许多灌木可以在最低程度的修剪维护下健康生长多年，但当植株抵达某个生长阶段时长势便会衰退，此时进行重剪能重新激发植株的活力。除此之外，也有部分灌木植物进入老化期后无法通过任何形式的修剪更新复壮。这些植物实际上已经抵达生命的终点，只能进行替换。另外一定要牢记，当植株无法适应当地的气候和土壤条件时，再怎么修剪也无法改善植株的生长状况。

不过，即使有这么多的限制，大多数的灌木植物除了需要基础的日常维护外也可通过移除部分老枝刺激新枝的生长。这些强健的新枝上往往也会长出最美的叶片和花朵。

尽管有一些基础修剪原则适用于广义的灌木植物（见下图及第159页），大部分植物的维护需求还是由其自身的生长特性决定（且植株个体的具体需求可能也与该物种的一般需求有异）。这些具体需求在观赏灌木词典中有具体描述（见第172—223页）。在修剪时需要记住，每一次修剪都会决定枝条未来的生长方向及长势。每次年度修剪都是纠正植株生长问题的好机会，可以借助修剪的时机恢复植株骨干枝的结构均衡和叶丛中心开放的生长态势。

修剪老枝开花的成形落叶灌木

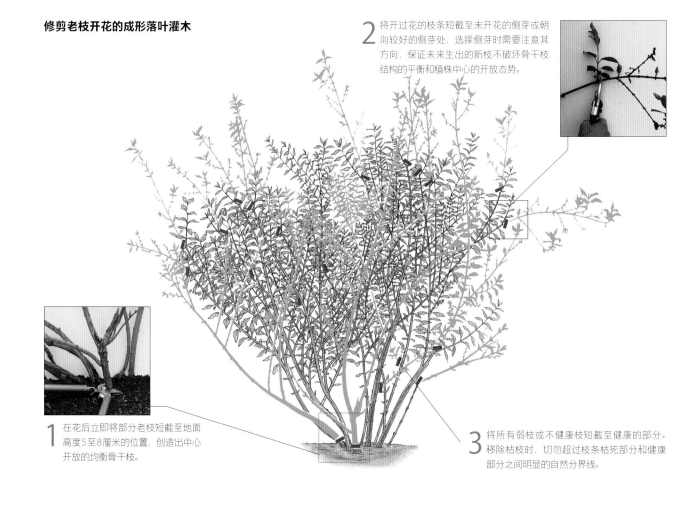

2 将开过花的枝条短截至未开花的侧芽或朝向较好的侧芽处，选择侧芽时需要注意其方向，保证未来生出的新枝不破坏骨干枝结构的平衡和植株中心的开放态势。

1 在花后立即将部分老枝短截至地面高度5至8厘米的位置，创造出中心开放的均衡骨干枝。

3 将所有弱枝或不健康枝短截至健康的部分。移除枯枝时，切忌超过枝条枯死部分和健康部分之间明显的自然分界线。

何时修剪

移除伤枝等日常修剪工作应当在发现问题时尽快完成，但对于提高植株观赏特性的修剪工作而言，时机的选择便极为关键。如果修剪的时机错误，哪怕修剪方式完全正确，可能还是会出现意外移除当年开花枝的情况。

如果灌木在新枝开花（大部分为落叶物种，不过也包括薰衣草等银叶常绿灌木），可以在春季进行修剪，使更多营养供给修剪后剩余的芽点，这样虽然花的总量减少，但其质量则会大大提升。去年生枝条开花的落叶灌木则应在花后修剪，这样来年就可以获得更加强健的开花枝。

常绿灌木一般应在春季霜冻危险期过后进行修剪。修剪的切口很快就会被发芽的枝叶遮掩，容易出现伤流的植物则需将修剪推迟至夏季。除此之外，观花常绿灌木也可以在花后进行一轮轻剪，维护造型。若种植地冬季降雪较多，这一轮修剪也可以起到疏枝作用，防止冬季积累的冰雪压断枝叶。

修剪成形的新枝开花灌木

将所有枝条短截至较低高度的骨干枝。注意修剪过程中避免损伤基部的新芽。图中的银香菊已经在秋季进行过一轮修剪，移除了一些生长凌乱的枝条。这些枝条易受风雪影响折断，从而导致植株中心枝干的损伤。

基部新芽

在接近植株木质化基部的位置直接将茎剪短

修剪成形常绿灌木

1 在花后立即将所有开花枝短截，修剪至健康的外向芽点或未开花的侧枝处。

2 将所有病枝、伤枝、枯枝或生长凌乱的枝条用锋利的修枝剪，长柄修枝剪或修枝锯移除。

3 在枝条较为拥挤处进行疏枝，移除破坏灌木形态平衡的位置不良枝。

更新复壮

灌木若缺乏管理维护便会肆意生长，最终导致花量逐渐减少，植株也会累积越来越多的枯枝，变得拥挤不堪，这种情况下进行重剪可以有效地解决问题。只要植株的生长尚且健康，重剪便能令植株重焕生机。丁香、葡萄牙桂樱（Prunus Lusitanica）等灌木植物长势较强，即使进行例行修剪仍然会生长走形，通过一定程度的重剪才能够使其恢复原本的造型。

植物中有极大量能够承受大幅更新修剪的物种，即使进行平茬或修剪至低矮的骨干枝处（见第161页），植株也一样能迅速长出健壮的新枝。像小檗这样多刺且枝密的灌木的修剪难度大，疏枝更是充满困难，因此重剪便成了管理此类灌木植物最简单的方法。然而，也有一些灌木植物的新枝生长较慢，因此更新工作最好分成多个阶段循序渐进地进行。嫁接植物则有更多特殊需求，如果不小心将植株于嫁接点下方截断，那么植株便会完全损失接穗的部分，失去原本的观赏特点。即使仍有少量接穗剩余，重剪仍会对砧木形成较大的刺激，使其生出大量健壮的新枝，若不加以控制，很快便会将接穗取而代之。

更新或替换

考虑花园中的植物是否需要替换是花园整体更新工作的一部分。有时或许需要将整棵灌木挖出，或将周围生长的多年生杂草移除，或进行土壤改良工作，又或者将植株移栽到其他位置。上述工作最好在休眠期初始完成，并且将整棵植株重剪后再进行，可以大大降低操作难度。

若植株患病严重，可能就不值得进行更新工作了。无法治愈的患病植株最好直接整株替换。另外，种植者也必须明白，所有植物都有其寿命。耐重剪的植物在老去后或重剪后恢复年轻时的活力。综上所述，提前繁殖自己喜欢的植物作为意外储备实为明智之举。

稀有植物及优良的主景植物总是值得尝试挽救的，而对普通、速生的灌木，与其花费时间和精力进行更新复壮，不如直接替换更加合理。

何时更新

落叶植物一般适宜在秋季至初春之间的休眠期进行更新作业，常绿植物则应在春季发芽时进行。尽管更新修剪可能会影响植物当年的观赏表现，但更新作业带来的强劲长势足以将其弥补。不过，灌木的修剪其实也可以在平时进行。春季至夏初开花的灌木，如山梅花，就可以在花后立刻进行更新修剪。

分阶段更新作业

如果确定更新修剪后植株会大量抽枝，那么应当将更新工作分成2至3个阶段进行。分段作业对常绿灌木而言尤其重要，若在单次修剪作业中移除大部分或全部叶片，随后生长出的枝条几乎只会是弱枝。相反，若将整体更新工作分至多年进行，植株则会有极佳的生长反应。即使能够承受一次性重剪的植物，也可以通过2至3年的分阶段更新作业，从而避免一次性修剪留下观感不佳的光秃枝干。保留适量的枝叶可以在更新作业的过程中使花园看起来较为得体。

在第1年，将半数左右的茎自地面以上移除，或短截至主要结构枝处，首先需要移除枯枝、伤枝、病枝以及相互交叉摩擦的枝

使遭受忽略或生长过度的灌木重现活力（山梅花）

3 将任何朝向植株中心生长以及与其他枝条交叉摩擦的主茎侧枝短截至侧芽处。

1 首先将枯枝、伤枝、病枝完全移除，将年龄最大的一批枝条中的一半短截至地面5至8厘米处。

2 将剩余枝条短截至枝长一半处的健康侧芽或强健侧枝，使植株整体呈现开心的态势。

条，而后则寻找老化、长势减退的枝条。剩余的老枝可以短截一半的长度，注意在位置适当的侧芽或向外生长的健康侧枝上方修剪。在生长期，灌木植株通常会在大型切口下方产生多根健壮的新枝，需要进行疏枝。在第2年，将剩余老枝中的一半也进行短截，移除全部地上部分或短截至结构枝处，另一半则视情况进行短截。这次修剪工作中剩余的老枝应于翌年进行修剪。完成整轮更新作业后，就可以恢复植株的正常修剪了。

大幅更新作业

部分以落叶灌木为主的灌木植物可以良好地适应一次性完成的大幅更新修剪，这种修剪有别于提升观赏灌木（见第164页）和乔木（见第34页）观赏效果的重剪。后者的目标是持续更新新生枝条，而前者则是为了重新培养出主要骨干枝，因此只能小心选择粗壮强健的枝条。

如果将侧枝提前移除，主枝的修剪难度就可以大大降低。主枝应该在地面高度30至60厘米的位置直接截平，且需确保修剪位置位于嫁接点以上（嫁接点一般略微隆起，位于地面以上15厘米左右的位置）。为了防止在修剪过程中掉落的枝条撕裂树皮、损伤植株，修剪时应先在最终切口上方30厘米处先留下一道切口（见第20页，切除树枝）。请勿在切口涂防腐剂或伤口愈合剂，现在不推荐这种切口处理方式（另见第29页）。在修

常绿灌木［杜鹃（Rhododendron）］分阶段更新作业（第2年）

第1年平茬的干枝

1 与第1年相同，移除部分老主枝，剩余的枝条中选择一半短截至地面高度或嫁接点上方。第3年重复这一步骤，使所有主枝皆获得更新。

2 待上一阶段修剪留下切口周围抽出新枝后需进行疏枝，仅保留2至3根位置最佳的强枝。

剪后应当进行施肥并添加覆根物，确保植株的长势。

大幅修剪后，健康的植株会在枝桩上形成许多芽点，尽管在修剪时并不可见，但生长季到来时便会形成大量新枝。待第2个休眠期，将这些新枝疏枝，每条枝桩保留2至3根位置适当的强枝即可。植株基部生出的其他枝条或嫁接植株砧木产生的蘖芽均可移除。

落叶灌木（丁香）的大幅更新作业

1 更新修剪枝条众多的大型灌木时，需要在短截主枝前先将主枝上生出的侧枝移除。

2 将所有主枝短截，留下地面高度30至60厘米的低矮骨干枝，修剪时保持刃口水平。

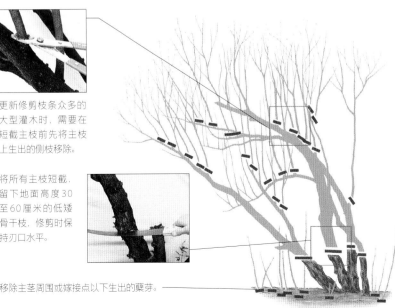

3 移除主茎周围或嫁接点以下生出的蘖芽。

重剪后的新枝

大幅修剪后的第1个生长期，长势旺盛的健康灌木植株会在枝桩上生出许多新枝。休眠期到来后需要进行疏枝，每条枝桩保留2至3根位置适当的强枝，形成新的骨干枝。

墙式整枝

除了本身具有攀缘特性的攀缘植物，有许多灌木也可以倚靠墙或篱生长种植。这一生长习性不仅能够为灌木多加一种观赏形式，更能扩大花园中可种植物的范围。举例来说，部分灌木若作为独立的乔木形态，则需要较大的生长空间，但通过墙式整枝便可以利用垂直空间将其种于小型花园内。而在冷凉气候区，有许多不够耐寒的灌木植物通过倚靠向阳挡风墙种植也可以茁壮生长。

非规则式与规则式墙式整枝

包括许多略不耐霜冻植物在内的灌木最适宜临墙种植，与墙体间留出一段距离，令植株自然生长，而后通过固定长枝的方式控制植株的形态。这种非规则式的支撑方式能够使天生枝干开放松散的灌木形成层次丰富的花朵和枝叶，为其增添魅力。其他灌木则更适合偏规则式的整枝与修剪方式，培育出结构清晰的骨干枝，有的呈扇形，有的层次分明，开花枝或挂果枝相互平行展开。然而，为了呈现特殊的效果，栽培者必须了解植物本身的自然生长习性，修剪方式也必须与其具体需求对应。不同灌木的具体修剪需

墙式整枝的火棘（Pyracantha）
火棘主枝弯拱的特性使其能够适应墙式整枝，从而最大程度地展示植株色彩艳丽的浆果。

求在观赏灌木词典（见第172—223页）中有详细描述。

靠篱墙整枝的灌木需要与攀缘植物（见第246页）相似的支撑系统。然而，攀缘植物的枝条十分柔韧，若需要对植株攀附的篱墙进行维护，仅需将植株与墙体暂时分离即可，但灌木植株生长多年后便逐渐定型，难以移动。因此，进行灌木的墙式整枝前务必确认支撑篱或墙体的状态，避免将来不必要的麻烦。另外，植株的支撑应使用耐久的材料制成，如可用于固定枝条的格架或铁丝网，使植株与墙体间保持一定的距离，允许空气流通。

灌木的初期墙式整枝（美洲茶）

1 将购买植株时附带的支柱或绑带移除，并将植株固定到备好的支架上。首先固定主茎，而后固定位置较佳的侧枝。

2 将生长方向与墙面垂直、难以固定的枝条移除或短截至1至2个芽点处。

3 将新生的朝前生长的枝条摘去，促进侧面枝条的生长。

4 将最长的侧枝短截，保留几个侧芽，重点修剪枝条距离较大的位置，促进新枝叶生长填充空隙。

定植修剪

在距离墙根至少30厘米处种植植株，避免将植株种植在墙体的挡雨区内。若墙体结构较老，墙体的石灰砂浆成分可能已经渗入土壤中，使土壤偏碱性，不适宜种植喜酸植物。若购买的灌木植株是裸根苗或根团苗，可稍微调整植株（避免过于用力损伤植株），使其根系远离墙体而向外延伸。盆栽的灌木苗在定植时可通过转动植株，寻找最便于固定的种植方位。

植株的初期修剪需由灌木本身的具体要求和目标修剪效果决定。为吊钟茶藨子（Ribes Speciosum）等枝条生长较松散的植株培养非规则式扇形造型时，仅需移除弱枝及位置不良枝，而后固定剩余的枝条进行造型。但重瓣榆叶梅（Prunus Triloba 'Multiplex'）这类扇形整枝造型偏规则式的植株，最好在植株生长初期整理出一根主茎和3至5根间隔均匀、向外伸展的骨干枝。单茎植株需要在定植时重剪刺激分枝，而后将枝条固定到爬架上，或者将枝条先与主干

固定，而后再以斜角与铁丝绑定。单主茎灌木植株也可以整枝成篱墙型或掌状，有一根直立的主茎，侧枝从主枝向两边水平或斜角生长。

成形墙式灌木

部分灌木在成株后有不同的修剪需求，但有一些要求则适用于所有培育成树墙的植物。在栽培过程中，需要及时固定植株生出的新枝，定期检查绑带是否紧并进行调整。面朝或背朝墙体、无法进行固定的枝条应移除或短截。通过牵引侧枝填补枝叶的空隙，在必要情况下也可以进行修剪刺激生长。当枝条老化时，需要培养健壮的新枝进行代替。除此之外，还有可能需要用修剪来满足植株枝叶茂密、与墙面贴合或增加花量的需求（见第172—223页，观赏灌木词典）。木瓜海棠（Chaenomeles）、火棘等灌木可以通过使用管理苹果树和梨树的短枝修剪法（见第105页，苹果）使植株呈现紧凑的生长状态。

绯红茶藨子
（Ribes Sanguineum）

适宜墙式整枝的灌木植物

皱叶醉鱼草（B. crispa）；紫花醉鱼草（B. fallowiana）；浆果醉鱼草（B. madagascariensis）；美洲茶属（常绿）；毛茎夜香树（Cestrum Elegans）；木瓜海棠属；腊梅（Chimonanthus Praecox）；平枝栒子；摩洛哥金雀儿（Cytisus Battandieri）；连翘；棉绒树属（Fremontodendron）；粗茎倒挂金钟（Fuchsia Arborescens）；尼泊尔黄花木（Piptanthus Nepalensis）；梅（Prunus Mume）；榆叶梅；火棘；绯红茶藨子；吊钟茶藨子；穗花牡荆（Vitex Agnus-Castus）；黄荆（V. negundo）。

修剪成形墙式灌木（美洲茶）

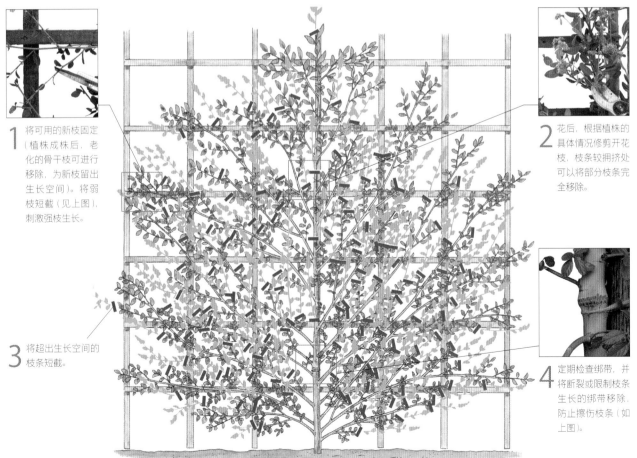

1　将可用的新枝固定（植株成株后，老化的骨干枝可进行移除，为新枝留出生长空间）。将弱枝短截（见上图），刺激强枝生长。

2　花后，根据植株的具体情况修剪开花枝，枝条较拥挤处可以将部分枝条完全移除。

3　将超出生长空间的枝条短截。

4　定期检查绑带，并将断裂或限制枝条生长的绑带移除，防止擦伤枝条（如上图）。

茎与叶的特殊修剪效果

以柳树和榛子树为代表的部分灌木和乔木在传统的种植方法中，常通过定期重剪的方式使植株不断产生柔韧的新枝，用作编织材料或用于建造篱笆。矮林作业是定期将植株平茬的修剪方式，截顶作业则是将植株短截至单根骨干枝桩的修剪方式，这两种修剪方法是传统的林地管理技术，但也可以将其应用在一些乔木（见第34页）和灌木植物的栽培上，创造出特殊的观赏效果。定期将植株平茬（同山茱萸属，见左下图），或修剪至低处的枝头或骨干枝（同桉树，见右下图）可以使植株生长出比老枝色彩更鲜艳、更具观赏性的新枝。这种方式亦可使植株长期有新叶生长，或促进植株长出大型叶片（同山茱萸，见右上图）。

上述技巧只有适宜重剪的灌木植物才可使用（见第172—223页，观赏灌木词典）。如果需要使整棵植株呈现特殊的修剪效果，需从植株苗期开始每年将其重剪，形成强健的木质化基干。如需提升植株高度，具有中心主干或多根主干，可以参照标准型（见第165页）的方式培养植株，并在理想高度进行修剪，为植株培养出树冠或粗壮的骨干枝结构。一旦基干或骨干枝成形，幼株就可以按照1至5年的间隔定期短截，具体时

通过修剪黄栌（Cotinus）使植株产生更大的叶片

黄栌（Cotinus coggygria）与美国黄栌（C. obovatus）的紫叶品种在重剪后会产生更大的叶片，在秋季呈现鲜艳的橙红色时格外惊艳。

间视物种而定。许多可耐重剪的灌木在老枝开花，因此若每年都进行短截，便无法欣赏花朵。不过，获得的茎或叶的特殊效果也足够代替花朵的观赏价值。蓝茎柳（Salix Irrorata）等植物的新枝的观赏效果可以持续数年，因此可以待枝条成熟并开花后再进行下一次修剪。另外，也可通过每年短截二分之一或三分之一的枝条的方式修剪，使植株同时具有不同年龄的枝条。

具特殊修剪效果的灌木品种

小蘖属（Berberis）属内以刺红珠（B. dictyophylla）为代表的部分物种开白色或略带紫色的花，十分美观。山茱萸属（Cornus）新枝呈红、黄或亮绿色；西伯利亚红瑞木（C. alba Sibirica）的红色茎格外鲜艳。黄栌属 修剪后叶片更大。山梅花属 修剪后金叶欧洲山梅花（P. coronarius aureus）花朵表现更佳。悬钩子属（Rubus）；西藏悬钩子（R. thibetanus）的新枝为白色，冬季叶落后极富观赏价值。柳属新枝颜色明艳，蓝枝柳等品种的新枝覆霜，十分特别。接骨木属（Sambucus）重剪后叶形更加分明，叶色更亮，如金叶接骨木（Sambucus Racemosa Plumosa Aurea）。

通过修剪山茱萸使植株产生彩色新茎

早春在生长恢复前，用锋利的修枝剪或长柄修枝剪将所有枝条短截至地面高度5至8厘米的位置［图中为金枝梾木（Cornus stolonifera 'Flaviramea'）］。

桉树，幼叶

许多桉树（见第64页，观赏乔木词典）都可以通过定期重剪培养成魅力十足的灌木植株。

灌木的标准树形整枝

将灌木培养为具有一定主干高度的标准树形可以将其观赏特征抬升到更加显眼的视线水平，并且通常使其更具规则式美感。这样的灌木植株是热门的盆栽植物，也十分适合小型花境栽培，在赋予花境高度变化的同时，树冠下亦可栽培其他植物。虽然只有特定灌木植物才适合这种造型方式（见第172—223页，观赏灌木词典），但通过嫁接技术，将无法整枝为标准树形的植株作为接穗枝接至主茎较高的砧木上，就可以获得同样的效果。整枝植株与嫁接植株树冠的培养和维护方式完全相同。

枝接是对技术有较高要求的工作，一般由植物苗圃进行，售卖的嫁接标准型植株一般已经完成造型。不过，通过整枝培育标准型植株则可以自行完成，依照观赏乔木（见第26页）的整枝原则，在植株苗期选择培育一根枝条作为中心主枝进行定干即可。

标准树形的植株需要进行支撑，部分情况需要永久支撑。在种植初期，使用竹竿即可。植株成株后则需要高达树冠的木制支柱作为支撑。使用垫片（见第21页）防止支柱擦伤枝干。

整枝定干

选择一根强枝作为中心主枝（见下图），设置支柱，确保该枝笔直生长。与乔木的栽培过程相同，植株中心主枝的培养工作需要分步进行：首先将其短截，而后移除侧枝。分阶段进行定干可以确保植株始终留有一定量的叶片，植株上的叶片可以制造养分，帮助植株形成强健的中心主枝。待主枝生长到理想高度（一般为1至1.7米），且有3根以上侧枝在此高度以上形成后将顶芽摘除。移除主枝的顶芽会刺激下方的侧芽抽枝，从而形成树冠的主要骨干枝。

树冠的培养和修剪

在整枝植株的第一个生长季后，或购得初嫁接的灌木植株时，应将植株侧枝短截至枝长的一半。植株长出新枝后，将枝条短截至位置较佳的侧芽处，重剪弱枝，刺激强枝生长。这些后续修剪的目标是使植株形成茂密、均衡的树冠。若发现位置不良枝（部分交叉枝的出现不可避免）或主干及植株基部生出的蘖芽应进行移除。这一点对于枝接的植株而言尤其重要，因为这些蘖芽多半来自长势更旺的砧木部分。在修剪这类枝接植株时切勿移除过多枝条，否则将刺激砧木形成更多蘖芽。

所有灌木植物在栽培过程中发现弱枝、枯枝或病枝都应立即移除。除上述修剪维护工作外，标准型灌木的其余修剪维护时间及方式皆与灌木形态的灌木相同。若有需要，可通过重剪维持树冠的齐整与均衡。

标准型火棘

初期整枝与修剪

1 选择一根枝条作为中心主枝，移除其余竞争枝或强健侧枝，使营养集中供给中心主枝的生长。

2 短截弱枝，并将其分别在接下来的几年间移除，使暂时保留的侧枝生产养分，供给中心主枝使其茁壮生长。

培养茂密的树冠

1 保留侧枝，为新枝摘心，促进植株形成分枝众多的茂密枝丛。

主干达到一定高度后顶芽就被摘除了

2 将主干上生出的侧枝摘除。摘除侧枝时可以留下底部的一片叶，生长养分供给植株。植株成熟后这些叶片会自然脱落。

通过修剪维持树冠的紧凑茂密

主茎无任何侧枝

成形的标准型灌木

火棘在夏季会产生大量生长旺盛的新枝，在老枝开花后便可以将新枝短截，从而露出生长中的浆果增加植株观赏性，同时维持树冠的紧凑形态。果后，若植株需要进行树冠造型可再事修剪，如枝条出现拥挤、老化的现象可进行疏枝。

竹子、观赏草及宿根植物

总体而言，竹子、观赏草、灯心草以及苔草无法通过整枝和修剪来控制植株的造型、高度或冠幅。此类植物的修剪一般是直接将茎与叶在基部或接近基部的位置移除。短截修剪只会破坏植株直立或弯垂的生长形态，而观赏草的整体形态便是其作为花园植物的价值所在。

竹子

作为花园植物，竹子的魅力在于优雅的枝叶以及色彩缤纷且多节的茎——人们一般称之为竹竿。竹子可作为主景植物，亦可作为隔断植物或挡风植物，而部分物种则适宜作为树篱或进行盆栽。

除部分矮小的品种外，竹子的修剪需求一般很少。春季，使用长柄修枝剪或园艺锯将所有折断、严重冻伤或变色的竹竿从基部移除。进行修剪工作时切记要穿着厚实的衣物，做好防护。

更新修剪

若竹丛变得十分拥挤或超出花园中的生长区域，可以在春季或夏末进行更新修剪（见左下图）。将老竿或长势较弱的新竿短截至基部，改善竹丛中心的光照和通风。疏枝亦可更好地展示彩竿品种的新竿。大部分竹子也可以通过冬末春初将所有竹竿平茬的方式进行更新。

修剪观赏草

将整丛观赏草在靠近地面的高度剪去，清除残余杂物，使光和空气能够进入植株基部。大部分观赏草物种的叶缘十分锋利，因此修剪时需佩戴厚手套。

矮生竹

辛巴箭竹（Fargesia Murielae 'Simba'）和翠竹（Pleioblastus Pygmaeus）等大部分矮生竹可以在春季将植株修剪至15厘米高度，促进新枝生长。

竹子的根系

竹子通过根状茎（又称竹鞭）扩张生长，从生长习性上分类，主要有以簕竹属（Bambusa）、箭竹属（Fargesia）以及以筱竹属（Thamnocalamus）为代表的紧凑丛状生长的丛生竹，以及以刚竹属（Phyllostachys）和赤竹属（Sasa）为代表的竹鞭较长、扩张较广的散生竹。除此之外的其他竹子，如玉山竹属（Yushania）的物种，便大致上介于二者之间，且竹鞭较短。

防止植株蔓延

为了防止作为树篱或屏风种植的竹子过度蔓延，应当在植株周围设置障碍物（见右下图），防止部分竹子极具侵略性的根茎向外生长。障碍物的设置应当尽量在种植时进行，有时花园种植的丛生竹成丛后也需要安装障碍物，防止植株超出既定的生长空间。

为成丛的竹子疏枝

疏枝前 修剪时佩戴厚园艺手套，使用长柄修枝剪，从基部首先移除枯死或受损的竹竿，而后移除老化的竹竿，直至达到满意的效果。

疏枝后 在不损伤新竿的情况下，清除竹丛地面的垃圾，进一步缓解竹丛底部拥挤的现象，改善光照和通风条件，使新竹竿自由生长。

限制竹子的生长范围

在竹丛的周围挖一道坑，深度需要低于竹子的根系，挖掘时将外围的根茎铲断。在坑中插入石板、硬塑料板等障碍物。

黄槽竹
（Phyllostachys
Aureosulcata f.
aureocaulis）

许多竹子的竿呈彩色。图中这株黄槽竹的竿一般为金黄色，不过常泛深红。

出并进行分株。分出的草丛可以作为繁殖材料。从一个明显的中心向外生长的丛生草是入侵性最弱的一类观赏草。

宿根植物

草本宿根植物（即多年生植物）的地上部分会在生长期和花期过后枯死，留下多年生的根茎，待春季来临又再度生出新的枝叶。宿根植物的枯死花茎和叶片应该在基部移除并扔进堆肥处。

通过修剪延长花期

在晚春或初夏将同种的一丛植物短截一部分，就可以延长部分宿根植物的花期。这一操作的原理是通过修剪刺激低处叶腋的侧芽生长，这些侧芽会形成开花枝，在第一轮花盛开后再开放，故而延长该植物的花期。松果菊（Echinacea Purpurea）、堆心菊（Helenium spp.）、福禄考（Phlox Paniculata）以及一枝黄花（Solidago spp.）等宿根植物都可以使用这一技巧。

摘心

摘心的技巧可以用于部分宿根植物，使其生长更加茂密。摘心后，截断茎下方的侧枝随之长出。某些情况下，可以在春季重复摘心工作，使植株的枝叶更加紧凑，或使其呈现更具观赏性的形状。更多细节见第168—171页。

障碍物可以使用石板或较硬的塑料板。另外市面也有专门用于控制竹子根系的、更柔韧的材料可以购买。障碍物应覆盖约1.3米的深度，边缘60厘米左右的部分应重叠，防止根系从缝隙长出。顶部至少高出地面10厘米，以阻挡春季竹笋生长超出限制范围。

竹子的花

与大部分花园植物不同，几乎所有竹子都不会年年开花。即使开花，也只有少量出现。有说法认为竹子会在开花后死去，不过这一说法仍存在争议。若只有一根或几根竹株开花，可以继续浇水、施肥，并添加腐叶土覆根，促进竹丛生长。也有人认为若仅有一根竹株开花，应立即将其移除，防止其他竹株开花，消耗竹丛的养分，不过这一理论目前没有任何研究可以追溯。

观赏草、灯心草和苔草

年度修剪对观赏草十分有益，通过修剪移除受天气影响的老叶和花茎可以刺激强壮的新枝叶生长。一年生观赏草的花茎可以剪去，防止植株结种自播，但多年生观赏草花谢后也无需移除花茎，使其成为冬季景观。若有枝叶枯死或被冬季的强风折断，可以将其剪去，保持植株齐整。春季到来后将整丛观赏草在略高于地面的高度剪去。这一工作最好使用修篱剪完成。在冷凉气候区种植

并不完全耐寒的品种时，则应将这一工作推迟到春季中末期进行，这样植株枯死的死伤部分可以保护新生枝叶免受晚霜的损伤。然而，修剪时必须加倍小心，避免损伤新叶的叶尖。先在地面30厘米左右的高度下剪，清除剪下的枯枝、枯叶，这样就可以观察到植株内部的状况，进行最终修剪。

为了防止植株过度蔓延，当观赏草丛超过既定生长空间时，需要在春季将草丛挖

霜降残花

景天、刺芹（Eryngium）等宿根植物的花干枯后也极具美感，可以让了无生机的冬季也变得意趣盎然，因此最好在初春再进行修剪。

摘心修剪

摘心是一种适用范围广的修剪技巧，通过摘除新枝的顶芽促进枝条分枝，使植株生长得更加茂密。对适合的植株反复使用摘心，便可以创造出更美观、更能衬托出花朵与叶片观赏效果的造型，如果与墙式整枝搭配则效果更佳。管理观花植物时，摘心能够在花苞形成前移除顶芽，从而有效地推迟花期。原本供给花苞形成的营养转而供给侧芽，使植株形成更多侧枝。摘心工作停止时（通常为理想开花时间的前2个月），由于"最后"一波新枝在同一时间开始生长，因此也会在同一时间尽数盛开，展现出惊艳的效果。适用摘心技巧的一般属于亚灌木（Subshrub）类植物——如倒挂金钟、鞘蕊花［即彩叶草（Solenostemon）］以及某些种类的菊花，这些植物寿命较短，底部枝条木质化，但上部枝条则为草质茎。

基础技巧

参加花卉展会，需要在特定时间使菊花呈现最佳花朵效果的种植者应该对摘心修剪十分熟悉（见下图）。摘心修剪不需要任何工具，不过在处理蜡菊等茎被绒毛的植物时，使用修剪刀可将切口处理得更干净利落。

维护和栽培

总体来说，在选购植物时，最好选择命名的栽培品种，有的栽培品种格外强健，花朵亦更具特点，如"摇摆时刻"倒挂金钟（Fuchsia Swingtime）；有的则有特殊的叶色，如菠萝美人彩叶草（Solenostemon 'Pineapple Beauty'）或石灰灯蜡菊（Helichrysum Petiolare 'Limelight'）。在繁殖命名栽培品种时务必使用扦插法，以确保繁殖植株可以继承栽培品种的特性。繁殖蜡菊时，扦插的植株便能比实生植株更少开花。在栽培过程中应定期为幼苗换盆，从最初的直径为7至12厘米盆，到成株后至少直径为22厘米的花盆，为植株提供更多稳定性。在换盆前后一周内请勿进行摘心，为根系留出恢复生长的时间。

玻璃温室中种植时，植株应该放置在光线充足、通风良好的位置，因为枝叶茂密的植株在空气滞浊的环境中极易患霉霜病。发现变色的叶片时应予以摘除。幼期植株可以施高氮肥刺激生长，在摘心工作停止后再转而施用高钾肥，促进花朵形成，对彩叶草而言则是促进叶片完全显色。植物过冬时切忌施肥。

骨干枝整枝与支撑

竹竿、铁丝、各种规格的铁丝网以及各种材质的柔软线绳最适合用于设置幼枝支撑系统。通过摘心修剪培养出的标准型植株的叶丛无需支架辅助，植株完全由灌木状的枝条构成，通过摘心创造和维护整体形态的平衡。然而，所有亚灌木植物都无法在单个生长季便形成足够支撑顶部叶丛的茎，需要用竹竿支撑。

摘心修剪

移除枝条的顶部可以打破其顶端优势（见第11页），通常位于叶腋的侧芽在顶端优势解除后便会开始生长，形成新枝。若继续将这些新枝摘心，以此类推，就可以使植株大量分枝。

摘心刺激该茎顶部及低处的侧芽开始抽枝

1 将枝条顶部在一对叶上方摘去。只将枝条最顶部移除可以最大限度地刺激侧芽生长。

2 侧芽会打破休眠状态，并且生长成侧枝。侧枝生出2至4片叶（或两对叶）时，便可再次重复上述步骤。

3 未来的侧枝会从主茎及侧枝上长出。植株逐渐茂盛。在停止摘心，使枝条自然生长前，植株不会开花。枝条一般需要8—12个星期的自然生长才能形成顶部的花芽。

第2次摘心的位置

下一批新枝在长出2至4片叶时进行摘心

第1次摘心的位置

原扦插枝的单茎

菊花的花朵展示

为了获得图中这样高质量的花朵观赏效果，种植者需要将幼苗摘心，而后再让枝条自然生长发育，形成花苞。单花菊需移除所有侧芽，多花菊则需将强壮的中心芽摘心，使其他侧芽均衡生长。

摘心修剪标准型

许多亚灌木都可以通过整枝形成标准型植株，其中也包括自然呈现多茎生长的植物。彩叶草（见下图）就是一种非常易于整枝的植物，而层次较多的菊花和倒挂金钟也是较受欢迎的品种。后者的幼苗叶序三叶轮生而非对生，整枝修剪后的效果也更好，在进行标准型造型时应尽量使用幼株。除此之外，种植者还可尝试为其他植物进行标准型整枝，发掘更多趣味。不过整枝前，最好查询是否有先例可以参考。盾叶天竺葵（Pelargoniums）等较为少见的标准型植株可能是通过枝接而非整枝培养的。

标准型植株的主干和叶丛的高度会根据选用的植物不同而改变，而且一定程度上也由种植者的个人喜好决定。总体来说，植株的最佳比例是叶丛高度占总株高的三分之一。叶丛的密度根据摘心间隔不同而变化，此外植物本身叶片与节间距离的比例也会影响叶丛的密度。举例来说，叶片大而紧凑的彩叶草品种可以形成一个"棒棒糖"型的茂密叶丛，而天芥菜（香水草）则由于自身条件只能形成松散且较不规整的叶丛。

在整枝早期阶段，植株只能有一根直立的强枝生长。若枝条在生长至目标高度前折断，形成花苞（十分少见），抑或由于各种其他原因造成失败，可短截或摘截至健康的叶片处，并使用修剪后生出的新枝继续整枝工作（如此一来，茎上会不可避免地留下一个小疙瘩）。植株达到理想高度后进行摘心，促进茎顶部分枝，形成叶丛。

第1步

选择一株单茎的健康植株，植入直径为25厘米的盆中，插入固定杆，使用柔软的线绳将幼枝垂直固定在固定杆上。在固定时应小心避免损伤茎或叶。定植后应施肥，但需要等待一周，植株恢复正常生长后再开始移除枝叶。

第2步

植株达到理想高度后，保留较大的叶片，但移除所有从叶腋中生出的侧枝。这些叶片会为植株生产养分，使其随生长增粗。随植株生长应定期进行检查，主茎生长到一定高度后需要再将延长部分固定。

第3步

顶枝长度超过理想主干高度20厘米后，将顶芽摘除。

第4步

植株顶部新枝长出2至4片叶时进行摘心，直至形成茂密的叶丛。主茎上若有侧枝长出则需摘除。

主茎上的叶片自然掉落，若主茎上叶片未落，可小心地将其摘除

完成标准型树形植株

观花植物应在理想的花期前8至12周停止摘心工作。彩叶草等观叶植物则可以持续摘心，维持整体形状的线条。当植株开始老化，可以将枝条剪下作为扦插材料，繁殖来年的植株。

柱形与锥形

天竺葵、倒挂金钟，甚至蜡菊这种自然呈现伸展型生长习性的植物都可以通过整枝和摘心修剪培养成枝叶茂密、直立生长的柱形、锥形植株。若栽培得当，可以持续生长多年。单株植物通过摘心修剪可以在一个生长季内长成一株小型锥形植株，若将3棵植物一同栽培，则可以培养出1.2至1.5米高的壮观植株。大小相同的柱形植株则需要更多维护，以确保侧面的垂直，并且可能需要两个以上生长季的持续摘心修剪来达到植株顶部所需的枝叶密度。在冷凉气候区，柱形与圆锥形植株可以在霜冻危险期过后搬到户外，既可以作为露台装饰植物，又可以作为夏季花境植物移栽，等到冬季来临再搬回玻璃温室内过冬。春季植株发芽后，修剪和摘心也要重新开始。

第1步，初春

从生根的扦插苗或单茎苗开始培育，将定植纵向固定，让侧枝自然生长。

蔓生蜡菊的茎必须小心地直立固定

第2步，6至8周后

1 将散珠幼苗定植到直径22厘米的花盆中，将枝条重新固定到新的固定杆上。

2 将侧枝摘除或短截，保留1个芽点或叶片，将枝叶保持在花盆的范围内。

第3步，整个夏季

1 培养锥形枝条需要将固定杆的顶部扎在一起，形成一个"帐篷"，持续将顶枝固定。如顶枝折断，可选择下方的健康芽点，将其与固定杆绑定。若需要增加高度，可以插入更长的固定杆，对锥形植株而言可以在中间插入一根长杆。

2 每周将所有侧枝摘心，发展出圆锥形或圆柱形的植株轮廓。圆柱形植株的上半部分需要比下半部分更频繁的摘心（每2至3天一次）。

这一侧的侧枝尚未摘心

这一侧的侧枝已经过摘心

第4步

植株达到理想高度和形态时，将顶枝摘心。而后应停止观花植物的摘心工作，除非有直立生长的枝条从顶部抽出，这样植株的开花枝才可以正常生长。

现在所有顶枝都固定至这根中心固定杆上

完成造型的圆锥形植株

图中的圆锥形蜡菊已经自由生长一段时间，呈现出不规则的形态，且即将迎来花期。不过蜡菊的叶片其实比花朵更具观赏性，因此这株蜡菊可以使用摘心技巧或修园艺剪继续修剪，创造出"造型树篱"的效果。

底部褪色的枝叶应该摘除

原本的花盆外套上了直径30厘米的陶盆，在增添装饰性的同时为植株提供稳定性

球形菊花

菊花的枝叶层次众多，花量也极大。大型球形铁丝架一般用于攀缘植物的整枝造型（见第246页），而菊花则是球形铁丝架整枝常用的亚灌木植物之一。在盛花期，一株大型球形植株可以达到2米的直径。

球形植株需要较大的花盆提供稳定性。最好在植株幼期就设置好球形支架。支架有许多制作方式：最简单的方法便是用边长20厘米的正方形大格铁丝网制作。首先，剪出8条一格宽、6格长的铁丝网。随后，在网条的两端留下一段铁丝，使网条呈"梯子"

状。"梯子"上方的两根铁丝可以插入盆边缘的土中，将整根网条弯曲，形成拱形。网条上方的铁丝可以互相缠在一起并固定到插在盆中央的竹竿上。

最难的步骤是将植株的茎牵引到支架上，均匀地覆盖支架。这些茎高度肉质化，十分容易折断。植株的主茎向上牵引，而侧枝则需要进行摘心，促进植株产生更多侧枝，这样在夏末，植株的枝叶应该就可以完全覆盖整个球形支架，随后便可以任由枝条生长、开花。

第1步，春末

将4株12个星期大小、有数根主茎的扦插苗稍微向外倾斜，栽入直径45厘米的盆中。

第2步

1 用断线钳或配有切线凹槽的修枝剪从大格铁丝网裁出8条"梯子"。

3 移除植物原本的固定杆，小心地将主茎按照相同间隔固定到球形框架上。

2 在花盆中央垂直插入4根竹竿，竹竿呈正方形排列。将网格梯插入花盆周围，并将其向内弯曲，将梯条顶部的铁丝围绕竹竿互相缠绕。

4 小心地将其他枝条穿过球形支架，将其固定在球形框架的外部。

第3步

完成球形植株
球形植株会在约8周内开花，花期将会持续6周左右。

持续固定主茎，当主茎长度达到框架顶端时进行摘心。其余枝条一旦长出2片叶即可摘心，将枝条横向固定到框架上，直至整个框架布满枝叶。初秋应停止摘心，让开花枝形成。冷凉气候区若露天种植应在此时搬至温室内。

观赏灌木词典

A

六道木属 (ABELIA)

属内物种主要为常绿植物，在冷凉气候则为落叶灌木，植株枝条弯拱，细而多分枝，若置于温暖、避风处则可耐寒。大部分物种花期夏季，在去年生老枝开花，在季末有可能有第二轮花从最早抽枝的当年生枝条开出。常从基部生出新枝，因此适当的替换修剪对植株生长有益。除矮生品种外皆适宜进行墙式整枝，其中大花六道木（A. grandiflora）效果最佳。

■ 何时修剪　春季，晚霜危险期过后，夏季，花后。

■ 整枝与修剪　若进行墙式整枝，需要赶在枝条弯曲前固定。春季修剪主要工作为移除枯枝、伤枝。花后，移除部分老枝［三花六道木（A. trifloral）可略过这一步］，并将四分之一以内的开花茎短截至强健新枝或近地面位置。若需更新作业，可于春初平茬。

翅果连翘属 (ABELIOPHYLLUM)

翅果连翘（Abeliophyllum Distichum）为落叶灌木，枝干松散，结构开放，早春开白色花朵，去年生老枝开花。茎与土壤接触即生根。冷凉气候区应选择避风处种植。背靠向阳墙整枝可促进开花。

■ 何时修剪　春季花后。固定墙式整枝的植株，并在整个生长季持续进行修剪造型。

■ 整枝与修剪　独立灌木植株的修剪方式参照连翘，将部分老枝短截至基部的活跃新枝。更新修剪时，将枝条回缩至低处的骨干枝。墙式整枝则需选择强健的枝条作为非规则式扇形骨干枝。成形后，将二分之一至三分之一的花后枝条短截至低处的替代枝或芽处。随植株成熟，将侧枝较少的老枝完全移除，并牵引替代枝取代其位置。

苘麻属 (ABUTILON)

常绿、半常绿及落叶灌木，冷凉气候区种植时需要避风及霜冻防护。少数物种最好进行温室栽培。部分物种可种植为标准型。苘麻在当年枝开花。花期较长，但花朵寿命较短。

红萼苘麻 (A. megapotamicum)

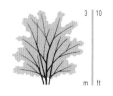

常绿，半耐寒灌木，春季至秋季皆可开花。栽培品种"斑叶"（Variegatum）的叶片有黄斑点缀。红萼苘麻的茎长而纤细，基部随时可产生新枝，十分适宜墙式整枝。

■ 何时修剪　初春至仲春。

■ 整枝与修剪　独立灌木植株需将去年枝条短截三分之一。在叶片尚未发芽时将枝条短截至基部附近的强健侧枝或侧芽处。若欲使斑叶植株产生更大的叶片，可每年重剪。健康的幼株对重度回缩修剪反应良好。可通过墙式整枝培养成非规则式扇形植株，将幼枝与竹竿绑定，而后再固定到铁丝上。骨干枝形成后，仅需偶尔移除老枝以促进新替代枝生长。替代枝长出后应进行牵引，利用替代枝填补枝干结构的空隙。

"波恩的回忆" 苘麻 (A. × hybridum 'souvenir de bonn')

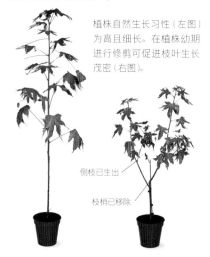

植株自然生长习性（左图）为高且细长。在植株幼期进行修剪可促进枝叶生长茂密（右图）。

侧枝已生出

枝梢已移除

"肯蒂什贝尔" 苘麻 (Abutilon 'Kentish Belle')

这一杂交品种的栽培方式可以参照红萼苘麻。墙式整枝可提升植株的花朵观赏表现。植株倚靠的墙体亦可为纤细的枝条提供庇护、温暖及支撑。

葡萄叶苘麻 (A. VITIFOLIUM)

速生常绿灌木，晚春至初夏开大量花，花色白色或蓝紫色。寒冷气候区植株可能受严重霜冻损伤。葡萄叶苘麻可培养成多主茎灌木，但具有中心主枝的造型可以凸显其金字塔形的植株轮廓，并增加树高。

■ 何时修剪　夏季，花后。

■ 整枝与修剪　种植初期培养出一根中心主茎（见第155页）。若主茎折断，牵引替代枝（见第24页）进行代替，并将侧芽短截枝长的三分之二。植株成形后请勿修剪，除非移除枯枝、病枝或伤枝。重剪会刺激过多侧枝生长，破坏植株的自然形态，因此应当避免。摘除枯花可使植株长势更盛。

其他苘麻属植物

美丽苘麻/杂交苘麻（A. × hybridum）同金铃花。多在春季重剪，大部分种植品种会在基部产生新枝。米勒苘麻（A. × milleri）同红萼苘麻。金铃花（A. pictum，异名A. striatum）冷凉气候区适宜作为温室植株或夏季花境植物种植。可培育成具有中心主枝的直立植株，若进行定干可形成标准型植株。亦可种植为茂密的灌木型植株。春季中旬进行修剪，将主茎从重剪短截，侧枝则短截至8到10厘米。尚特苘麻（A. × suntense）同葡萄叶苘麻。

铁苋菜属（ACALYPHA）

常绿灌木或宿根植物，叶片美观，部分物种花朵亦颇具特色。在热带地区可作为独立性灌木或非规则式树篱在室外种植。冷凉气候区栽培需要无霜冻环境，最好在温室中盆栽。铁苋菜属植物修剪需求较少，仅需移除姿态不良枝条，但若需限制植株的生长，可在春季中旬进行回缩修剪，最多修剪长度为枝长的三分之一。这一修剪将使植株产生更大的叶片。修剪切忌超过上述强度。

黄蝉属（ALLAMANDA）

黄蝉（Allamanda Schottii，异名A.neriifolia）为常绿灌木，枝叶茂密，花期夏季至秋季，花黄色、喇叭状，花后结蒴果，表皮带刺。植株的健康生长需要亚热带气候条件。对修剪反应良好。可通过摘心（见第168页）促进幼株分枝。植株成形后在冬末至春季进行修剪，将茎短截5至12厘米或以上长度。生长季中，可通过短截长枝以平衡植株枝干结构。属内其他植物见第262页，攀缘植物词典。

橙香木属（ALOYSIA）

橙香木（Aloysia Triphylla，异名Lippia Citriodora），中型常绿灌木，主要栽培价值在于柠檬香味的叶片，剩余当年枝的白色花朵则不甚重要。冷凉气候需要种植于向阳处，冬季应施加覆根物保护植株。

■ **何时修剪** 仲春，晚霜危险期过后。

■ **整枝与修剪** 冷凉气候区将主茎短截至地面高度30厘米左右的饱满芽点处。温暖气候则可令植株自然形成木质化骨干枝，而后将枝条短截至距老枝5至10厘米的芽点处。春季至初夏进行摘心，促进枝叶茂密生长。此外，亦可进行非规则墙式整枝（见第162页）或培养成标准型植株。

唐棣属（AMELANCHIER）

大型落叶灌木或小型乔木，完全耐寒。春季中下旬开花，花白色，秋季叶色尤其艳丽。加拿大唐棣（A. canadensis）结可食用浆果。唐棣可种植为多主茎灌木（大部分物种的自生长形态）或通过整枝培养成小型乔木状植株。穗序唐棣（A. stolonifera）等长势旺盛，伸展性与根蘖性较强的品种则一般呈茂密的灌木丛状。

拉马克唐棣（A. LAMARCKII）

落叶灌木，多主茎型植株，直立性较强，可放任植株自然生长，仅需微量修剪。亦可进行定干，获得矮短的竹竿，呈现小型丛冠标准型植株。

■ **何时修剪** 冬季植株休眠时或晚春花后。

■ **整枝与修剪** 拉马克唐棣可作为多主茎灌木种植。将幼株略微疏枝，创造出开放自然的花瓶形状；若不加干预，主茎在成株后可能会由于距离过近而互相纠缠。若植株遭忽略已久或枝叶过于拥挤，需要进行更新，可将拥挤、缠绕的枝条短截至地面。若欲使植株呈现树状造型，可选择最强健笔直的茎，将0.6—1.5米以下的侧枝全部清理，具体参照中心主干树（见第26页），而后任分枝众

穗序唐棣

冬天，如果生长拥挤，就修剪移除三分之一的茎。

拉马克唐棣

轻盈、开放的形态增强了多茎标本树的秋色表现。

多的树冠自然形成。选择侧枝保留，作为中心开放、间距均匀的骨干枝。在植株的休眠期，将主干上生出的所有新枝移除。

穗序唐棣（A. STOLONIFERA）

根蘖性较强的林地灌木，适合在花园中大型花境或野趣区域种植。若不进行修剪，植株将向外扩张，逐渐形成密集的灌木丛。

■ **何时修剪** 冬季，植株休眠时。

■ **整枝与修剪** 无需定期修剪。若成形植株枝干较为拥挤，可将最多三分之一的枝条从基部移除（见左图），每2至3年重复一次。若植株需进行更新复壮，可加重疏枝程度，仅保留最苗壮的新枝。

其他唐棣属植物

东亚唐棣（A. asiatica）同拉马克唐棣，整枝为树状植株。加拿大唐棣 同拉马克唐棣。若欲收获浆果则仅需进行冬季修剪。

大花唐棣（A. confusa，异名为A. × grandiflora）同拉马克唐棣。

其他观赏灌木

相思树属见第52页，观赏乔木词典。野凤榴属（Acca，异名Feijoa）无特殊需求。若需突出植株观赏性，可在花后修剪。作为果树种植则冬季修剪。瓷芸木属（Adenandra）无特殊修剪需求，花后可进行造型修剪。龙舌兰属 见第43页，棕榈及类似植物。八角枫属（Alangium）无特殊修剪需求。若重剪老枝可生新芽。芦荟属 见第43页。合柱槿属（Alyogyne）不耐霜冻。幼株可摘心，促进分枝。春季将主茎和侧枝短截枝长三分之一，保留木质化骨干枝。紫葵（A. huegelii）可重剪至老枝。青姬木属（Andromeda）同欧石南（见第191页）。南非葵属（Anisodontea）不耐霜冻。定期摘心可保持植株茂密紧凑。耐重剪，可进行更新修剪。

楤木属（ARALIA）

　　耐寒落叶灌木，茎多刺，植株有美观的羽状复叶及白花组成的圆锥花序，盛开时十分壮观。楤木通常株型较大，惯生根蘖，茎直立、侧枝短，但有时亦会自然形成小型疏枝乔木。修剪应在春季植株发芽前进行。幼株栽培时应尽量让植株自然生长，仅需移除枯枝、病枝、伤枝或位置不良枝。植株成形后保持最低程度的修剪即可。植株发芽较晚，因而在春末以前可能看起来了无生机，切勿将这一状态误认为冻伤。不过，若植株的确因晚霜导致枝梢受损，可将其短截至生长状态健康的短粗侧枝处。作为单主干树种植时应及时移除植株出现的蘖芽（见第153页）。斑叶植株的返祖枝（可能亦为蘖芽形态）应及时移除。树龄较大的植株不耐重剪。

"斑叶"楤木（Aralia Elata 'Variegata'）
绿叶的返祖枝可能以蘖芽的形式生出。若有发现应立即移除。

木茼蒿属（ARGYRANTHEMUM）

　　木茼蒿（Argyranthemum Frutescens，异名为Chrysanthemum Frutescens），常绿亚灌木，开白、黄或粉色的雏菊状花，持续整个夏季，花形美观。木茼蒿在冷温带气候区不耐寒，常盆栽作为夏季花境植物种植，幼株在温室内过冬。春季摘心2至3次（见第155页），搭配定期摘除枯花可以增加植株的花量，并使植株形成规则的圆形。木茼蒿亦可通过摘心修剪培养成标准型植株（见第169页）。选择一根茎进行整枝定干，而后通过重复摘心侧枝培养出茂密的顶部叶丛。

涩石楠属（ARONIA）

　　属内包含两个物种（以及一个两种的杂交种），为中型耐寒落叶灌木，惯生根蘖，与梨属及花楸属有亲缘关系。花期春季，花白色，聚生于去年生枝，秋季较早变色，叶色艳丽，花后结黑色或红色浆果，具体视物种决定。浆果垂挂枝头，直至隆冬。若不进行修剪，植株中心较少生新枝，整体保持自然的圆形轮廓，且植株将通过根蘖自然向外扩张。成形后，每年应移除三分之一的老茎，冬季至晚春修剪。若需控制植株冠幅，可将植株周围根蘖平茬。此外，亦可将根蘖挖出移栽，用作繁殖材料。尽管老化植株更新修剪后可生出健壮新枝，但一般不推荐花费时间与精力进行更新。

蒿属（ARTEMISIA）

　　属内包括数种半耐寒灌木及亚灌木，主要作观叶植物，叶片有香味。植株喜光照充足、排水良好的种植环境。需定期修剪，防止植株底部枝叶稀疏细长，同时促进植株茂密生长。大部分物种可进行短截，修剪至嫩枝。黄色的花朵较不显眼。在花序形成时可将其摘除，保持叶片的观赏性。

欧亚碱蒿（A. ABROTANUM）

　　落叶亚灌木，气味香甜，叶色灰绿。植株易显蓬乱。修剪可促进植株茂密生长。基部枝叶稀疏细长的植株可通过重剪更新复壮。

■ 何时修剪　初春，严重霜冻危险期过后。

"城堡"蒿
每年重剪至骨干枝低处，促进新枝叶生长。

■ 整枝与修剪　定植后第一个春季，将所有枝条短截至地面2.5至5厘米高度，刺激植株形成新强枝。定期摘心可促进植株生长茂密。成形植株每年需将去年生枝条短截一半。将所有枝条重剪进行更新复壮。

"城堡"蒿（A. 'POWIS CASTLE'）

　　丘状常绿灌木，叶片银灰色，叶形精致。植株的新枝叶观赏效果最佳，因此每年需进行修剪，凸显其观赏效果。由于该种枝叶易从老枝以上枯死，留下枝叶稀疏的茎，因此修剪需求较欧亚碱蒿更重。

■ 何时修剪　早春，严重霜冻危险期过后。温暖气候区可在秋季修剪。

■ 整枝与修剪　幼株可进行摘心促进植株茂密生长。每年将植株短截至主茎骨干枝低处，同其余银叶灌木（见第158页）。植株老化，不再长出健壮新枝后应丢弃。该种更新修剪效果不佳，最好直接替换。

其他蒿属植物

　　乔蒿（A. arborescens）；银叶艾（A. ludoviciana）；匍匐蒿（A. nutans，异名为Seriphidium nutans），三齿蒿（A. tridentata，异名为Seriphidium Tridentata）同欧亚碱蒿。

滨藜属（ATRIPLEX）

极具魅力的观叶植物，属中含一年生及多年生宿根植物，亦有数种耐寒常绿或半常绿灌木，叶灰绿色，耐海岸气候条件。植株随年龄增加易形成蓬乱开放的灌木。每年春季修剪可以保持植株的紧凑。修剪可使用修篱剪进行整体修剪，或将去年枝移除三分之一。若欲使植株造型更自然，可使用修枝剪修剪。缩剪可使滨海藜（A. halimus）维持紧凑的枝叶，从而作为树篱种植。

桃叶珊瑚属（AUCUBA）

耐寒常绿灌木，植株圆形，属内有部分斑叶品种。雌株秋季结浆果，十分亮眼。最广为种植的物种为青木（A. japonica），其所有栽培品种的生长习性皆十分接近，常作灌木花境植物或盆栽孤景植物。桃叶珊瑚亦因耐阴特性成为备受欢迎的半规则式树篱植物。若自然生长，植株可形成茂密的圆形植株，但易受枯枝病影响，且基部易形成稀疏的生长状态。

■ **何时修剪** 仲春，冬季浆果观赏期过后。雄株或不需结果的植株可在冬季修剪。

■ **整枝与修剪** 定植后第一个春季将去年生枝条短截枝长的三分之一，促进植株茂密生长。植株成形后，仅需移除破坏株形的徒长枝。若枝条出现枯枝症状（可能由缺水引起），需将其短截至完全健康的芽点，或直接短截至主茎。树篱应使用修枝剪修剪（见第46页），切勿使用修篱剪整体修剪，以免损伤植株光滑的大型叶片。树篱成形前可使用修枝剪短截去年生枝条的枝长三分之一，成形后则每年短截枝条保持叶丛的紧凑及理想高度。基部枝叶稀疏的桃叶珊瑚可以通过分阶段重剪（见第161页）进行更新，每年将三分之一的主茎短截至基部。

青木
将姿态不良枝于叶丛内部移除，如此一来外部的叶层就可以遮掩切口。

金柞属（AZARA）

常绿灌木和乔木，叶片与密集、浓密的黄花皆具看点。温暖气候区，植株可作为独立灌木栽培，仅需少量修剪。有时可作为树篱，每年秋季修剪（较寒冷的地区则可在春季中旬修剪），具体方式同南鼠刺（见第192页）。冷凉气候区，植株需要向阳墙的保护方可安全过冬。墙式整枝（见第162页）植株，在春末修剪，移除冻伤部分。小叶金柞（A. microphylla）等小叶物种可进行造型修剪，创造出各种几何造型（见48页），但是造型之便便无法获得花朵。金柞成株对晚春重剪反应良好，老枝易生新枝。

B

佛塔树属（BANKSIA）

原生澳洲热带、亚热带地区，常绿灌木或小型乔木，花序圆柱形或球形。需要无霜冻的生长条件，冷凉气候区可作温室盆栽植物。修剪需求较小，可略加修剪控制植株大小。与桉树相似，佛塔树有时会产生木块茎，若进行重剪，木块茎能够生出新枝。

■ **何时修剪** 花后。

■ **整枝与修剪** 成形后应尽量避免修剪，如需限制植株大小则可短截去年生枝条。变叶佛塔树（B. integrifolia）、孟席斯佛塔树（B. menziesii）及多刺佛塔树（B. spinulosa）重剪至老枝后可重新抽枝，若将绯红佛塔树（B. coccinea）和小叶佛塔树重剪至绿叶部位以下，植株将难以恢复。因此，若植株枝叶细长稀疏或生长过盛，可直接替换整棵植株。

小叶佛塔树（Banksia Ericifolia）
植株的穗状花序和针状叶片是备受欢迎的花艺材料。

假杜鹃属（BARLERIA）

假杜鹃（Barleria cristata）是一种中型热带常绿乔木，花管状、淡紫色或白色，花期长。幼株可进行摘心，促进枝条分枝。将长开花枝短截三分之一长度可促进花朵形成。本种可作树篱（见第44页）种植，但花后需进行修剪。

其他观赏灌木

熊果属（Arctostaphylos）无特殊修剪需求。匍匐生长，可在夏季花后修剪，但修剪后无法获得果实。紫金牛属（Ardisia）常绿植物（见第159页），如有需求可在春季轻剪。酒果属（Aristotelia）无特殊修剪需求。可进行墙式整枝，春季修剪。巴婆果属（Asimina）无特殊修剪需求。束蕊梅属（Astartea）无特殊修剪需求。若需造型修剪可在花后进行。柳菀属（Baccharis）同滨藜。车叶梅属（Bauera）无特殊修剪需求。若有需要可在花后轻剪。缨刷树属（Beaufortia）无特殊修剪需求。

小蘗属（BERBERIS）

耐寒灌木，植株体型多变，矮生至大型皆有。部分物种有半俯卧或丘状生长习性，其余物种则具直立或拱形枝条。花期春季，花黄色或橙色，花后结红或黑色果实。大部分落叶物种有艳丽的秋叶。小蘗枝叶浓密，适应大部分生长条件及土壤。属中带刺的常绿物种是热门的屏障树篱及规则式或非规则式树篱植物。由于枝条带刺，因此用修剪剪修剪最为容易，但若使用修枝剪选择性修剪可使植株外形更佳。包括渥太华小蘗（B. × ottawensis）和日本小蘗（B. thunbergii）及其栽培品种在内的少数落叶小蘗可进行规律的矮林作业或短截至低矮的永久主干枝，使叶片呈色更佳，并且获得颜色鲜艳的新枝。但这一修剪方式不适宜主要为获得秋季叶色种植的植株，因为通常老枝的叶片秋季叶色表现更佳。

小蘗对更新修剪反应良好，即使是维护良好且未生长过盛的植株也可每7年左右进行一次重剪，促进生长。修剪时务必穿防刺衣物和戴手套。

达尔文小蘗（B. DARWINII）

常绿灌木，具拱形枝，常作非规则式树篱种植或用于混合灌木花境。花色为深橘黄色，花后结蓝紫色浆果。植株的拱形枝条自然形成茂密的枝丛，应尽量避免修剪。然而，植株体型可能随生长增大，逐渐只在外围开花挂果。植株对大幅度重剪反应良好。

■ 何时修剪　若无需结果，可在初夏花后修剪。否则在秋季或冬季，果后再修剪。

■ 整枝与修剪　灌木花境中的孤植树仅需少量修剪。欲更新植株，可在冬末将所有枝条短截至地面30厘米以下位置，但将损失翌年的花朵。若作为非规则式树篱种植，应避免修剪，否则将损失浆果。挂果后枝条可在冬季进行短截，保持植株相对紧凑。

日本小蘗（B. THUNBERGII）

落叶灌木，栽培品种习性多变，观赏价值主要在于秋季转变为亮橙红色的叶片。日

达尔文小蘗
超出生长范围的小蘗植株若进行重剪可能会导致生长更加旺盛。

本小蘗常作为树篱植物种植，但修剪将使植株无法开花。每年移除部分基部枝条进行疏枝有助于植株生长，同样可以提升叶片的观赏效果。"金叶"（Aurea），"玫红光辉"（Rose Glow）等栽培品种可每年重剪，增强春季叶片的观赏表现。

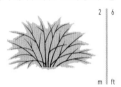

■ 何时修剪　冬季中下旬。夏季中旬，待枯枝与其他枝条区别明显时进行移除。

■ 整枝与修剪　为植株进行疏枝，每年将五分之一的枝条短截至基部或低处的强侧枝处，刺激新枝生长。定期修剪促进叶片观赏表现见第164页。更新方式同达尔文小蘗。

其他小蘗属植物

黄杨叶小蘗（B. buxifolia）同达尔文小蘗。深红小蘗（B. × carminea）同日本小蘗。胡克小蘗（B. hookeri）同达尔文小蘗。植株茂密齐整，枝条直立。线叶小蘗（B. linearifolia）同达尔文小蘗。渥太华小蘗（B. × ottawensis）同日本小蘗。若欲定期重剪植株，可选择种植长势较强的栽培品种"美丽"（Superba）。狭叶小蘗（B. × stenophylla）同达尔文小蘗。作非规则式树篱种植可在初夏花后重剪。林芝小蘗（B. temolaica）同日本小蘗。重剪可提升枝条观赏表现。金花小蘗（B. wilsoniae）同日本小蘗。

石南香属（BORONIA）

大部分为小型常绿灌木，枝条木质，叶片芳香，花美观。部分物种成株后可耐轻微霜冻，但冷凉气候区最好于温室中种植。修剪有助于维持植株苗壮生长，促进枝叶茂密，并可增加花量。石南香植株一般寿命较短。

大柱石南香（B. MEGASTIGMA）

纤细的常绿灌木，具浓烈芳香，花棕色、钟状，花期冬末至春季，全枝开花。市面可购买其他花色的命名栽培品种。

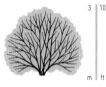

■ 何时修剪　花后，春末。

■ 整枝与修剪　定植时进行摘心，促进枝条茂密生长，刺激开花枝形成。定植后第一个花期过后，重剪开花枝，但切忌移除全部叶片。下一年花后则将开花枝短截枝长三分之一长度。可在晚春更新修剪，将所有枝条短截一半。植株恢复效果视具体情况决定。

其他石南香属植物

齿叶石南香（B. denticulata）不耐重剪，花后可进行轻剪维持生长活力。多花石南香（B. floribunda）同大柱石南香：成形植株需将细长开花枝短截一半。异叶石南香（B. heterophylla）同大柱石南香。毛叶石南香（B. mollis）仅需少量修剪。细齿石南香（B. serrulata）同大柱石南香，但植株成形后需年龄最大一批枝条移除一半。短截其他枝条时切忌修剪至没有叶片的部分。

寒丁子属（BOUVARDIA）

落叶、半常绿或常绿灌木，主要作观花植物种植，新枝末梢开花，聚伞花序。属内植物不耐霜冻，冷凉气候区冬季应在温室内种植。冬末修剪，移除枯枝、弱枝，并将花后枝短截枝长一半至四分之三的长度。夏季中旬将修剪后生出的新枝摘心修剪，促进植株茂密生长。将老化枝短截至近地面高度。

长春菊属（BRACHYGLOTTIS）

常绿灌木，大部分物种耐寒，常呈丘状生长，曾归于千里光属（Senecio）。属内物种绝大多数具银灰色叶片，花期夏季，去年生枝条开花，花黄色、雏菊状，聚生于枝末。长春菊多喜光，可耐强风的海岸环境。种植于阴凉或潮湿处的植株易长得细长稀疏。冷凉气候区植株易受冻伤，脆弱的枝条亦容易被厚重的积雪压断。

"阳光" 长春菊（B. 'SUNSHINE'）

耐寒伸展型灌木，叶灰色，叶背白色，夏季开黄色花。

■ **何时修剪** 春季中旬，严重霜冻危险期过后，新叶发芽时修剪。

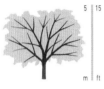

■ **整枝与修剪** 海岸环境和温暖气候种植的植株在无规律修剪的情况下一般发展成圆形植株。冷凉气候区植株一般呈伸展型，可将姿态不良或冻伤的枝条短截。成形植株亦可在花后修剪，维持形状。损伤植株可通过重剪至老枝的健康芽点进行更新。植株需处于健康状态方可在更新修剪后成功恢复，老化植株最好直接替换。

更新 "阳光" 长春菊

'阳光' 长春菊可耐大幅修剪，但老枝生出的新枝生长速度较慢，如图中植株；该植株于春季重剪，图中季节为仲夏。综上所述，老化植株最好用更新后恢复更加迅速的新植株替换。

其他长春菊属植物

所有其他杂交长春菊的修剪方式同 "阳光" 长春菊。胡颓子叶长春菊（B. elaeagnifolia）仅需少量修剪。亨特长春菊（B. huntii）仅需少量修剪。疏叶长春菊（B. laxifolia）同 "阳光" 长春菊。

木曼陀罗属（BRUGMANSIA）

半常绿或常绿植物，呈灌木或小型乔木，曾归于曼陀罗属（Datura）。花期夏季至秋季，花极大，呈小号状，有芳香，极富观赏价值。植株需要无霜冻生长环境。温暖气候区需要适中的修剪促进植株开花。木曼陀罗在冷凉气候区的温室中生长良好，可作为灌木或标准型树形植株种植（见第165页）。植株需要定期修剪控制大小，同时刺激开花枝形成。冬季枝条较嫩的部分可能枯死，但一般可在春季重新抽枝。由于植株叶片和花朵含有毒碱类物质，因此修剪时需戴手套。

■ **何时修剪** 冬末，植株发芽前。

■ **整枝与修剪** 将去年生枝条短截至距地面15厘米或骨干枝处，骨干枝一般由主干与粗壮的枝条组成（见上图）。夏季需摘除枯花。

重剪的木曼陀罗

木曼陀罗在重剪后的春季会生出茁壮的新枝，这样便可以限制植株的大小。

木曼陀罗对更新修剪反应良好，超出生长空间的植株可在春季发芽前进行重剪。

鸳鸯茉莉属（BRUNFELSIA）

常绿灌木或小型乔木，叶片光泽，主要作观花植物种植，花朵生于去年生枝条，有时有芳香。花色蓝色，有时褪成淡紫色，而后变为白色（有时为黄色），因此同一植株可见多种颜色的花朵。鸳鸯茉莉仅可在无霜冻花园中露天栽培，但温室中生长更好。

大花鸳鸯茉莉（B. PAUCIFLORA）

花期春季，伸展习性，若种植于阴凉处则延展性更明显。适宜墙式整枝。

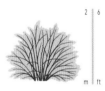

■ **何时修剪** 春季，花后。

■ **整枝与修剪** 摘心修剪枝梢与新枝可促进幼株分枝，生长更加茂密。用轻剪维持枝叶茂密，过长枝条进行短截，保持植株造型。墙式整枝见第162页。

其他观赏灌木

石椒草属（Boenninghausenia）亚灌木，可能由于霜冻导致地面部分死亡。春季将植株平茬。笼袋木属（Bowkeria）无特殊修剪需求。彤牙豆属（Brachysema）无特殊修剪需求。黑面神属（Breynia）无特殊修剪需求。刺叶石楠属（Bruckenthalia）与帚石南及欧石南（Erica）有亲缘关系，但长势较弱。定植后第一个春季，将所有新枝短截枝长三分之一长度，促进植株茂密生长。植株成形后则在晚春花后短截修剪，同欧石南（见第191页）。

其他鸳鸯茉莉属植物

叶香花（B. americana）不喜修剪，需自然生长，可能形成小型乔木。若有修剪需要，可在夏季花后进行。长叶鸳鸯茉莉（B. latifolia）同大花鸳鸯茉莉。生长习性更加开放。

醉鱼草属（BUDDLEJA）

主要为落叶灌木，适应力强，花形优美，有芳香，常具弯拱习性。一般作独立灌木种植，但部分物种及栽培品种作为标准型树形或墙式整枝造型观赏表现更佳。大部分物种耐寒。部分醉鱼草在新枝开花，其余则在老枝生出的新枝开花，开花习性亦决定其修剪需求：前者需每年重剪，后者则需培养出永久骨干枝（如靠墙进行扇形整枝的植株）。

互叶醉鱼草（B. ALTERNIFOLIA）

优雅的落叶灌木，茎下垂，呈拱状。初夏开花，花簇生，淡紫色，全枝分布，去年生枝条开花。

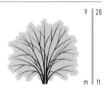

■ **何时修剪**　仲夏，花后立即修剪。

■ **整枝与修剪**　任植株自然生长，或整枝为标准型（见下图及第179页）植株或进行墙式整枝（见第162页）。不论具体情况如何，栽培的目的是维持植株形态平衡及更新开花枝。将花后枝条短截至健康侧芽或未开花侧枝，因忽视而走形的健康植株可进行重剪。

大叶醉鱼草（B. DAVIDII）

灌木，长势强盛，花期夏季，当年生枝开花，总状花序顶生。若不修剪，植株出现枝条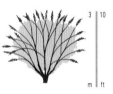细长、枯枝、活枝互相交错，花量减少的情况。每年重剪能够长出强健新枝，一个生长季便可达到2至2.5米高度，花朵表现最佳。由于植株易自播，花后最好及时摘除枯花（见第153页）。摘除枯花一般会使植株在夏末带来第二轮规模较小的花期。

■ **何时修剪**　早春，严重霜冻危险期过后，植株发芽时。

■ **整枝与修剪**　定植后第一个春天，将弱枝移除，短截主枝，开始培养15至45厘米高的低矮骨干枝（另见第157页）。种植于花境

成形大叶醉鱼草，早春（发芽初始）

去年开花过的枝条

1 将拥挤枝及老化骨干枝疏枝，并将产生位置不良枝的骨干枝移除。

2 将所有剩余枝条短截至木质化骨干枝处，保留2至3对健康芽点。

后方或其余需要额外株高的位置，骨干枝可提升至1.2米高度。翌年春季，将枝条短截至孤单枝处，同时短截枝条去年生长部分，仅保留2至3个芽点（见上图）。将基部生出的新枝短截四分之三枝长，若新枝较拥挤，则可整枝移除。植株成株后，使用长柄修剪或园艺锯将枯死或老化骨干枝部分移除。花谢后使用修剪剪移除枯花，将开花枝短截至一对饱满芽点处。若种植位置多风，可在秋季将顶部枝条短截约三分之一。走形植株一般可通过重剪恢复。

标准型互叶醉鱼草初期整枝

购买时，大部分植物已经过修剪，呈现灌木状形态（左下图）。移除四分之三以内的顶部枝条（右下图），保留一根茎以及茎上侧枝，该茎的顶枝会在向上生长的同时逐渐增强。依照标准型整枝（见第165页）。

球花醉鱼草（B. GLOBOSA）

中型至大型半常绿乔木，花顶生、橙色、成簇、去年生枝条开花。植株叶形较佳，冬季一般不落叶。

球花醉鱼草基部易秃，因此最好种在花境后方，在植株前再种植小型植物遮挡。植株鲜有修剪需求，但其凌乱的生长习性可以通过选择性修剪缓解，切勿修剪过度，否则将损失来年花朵。

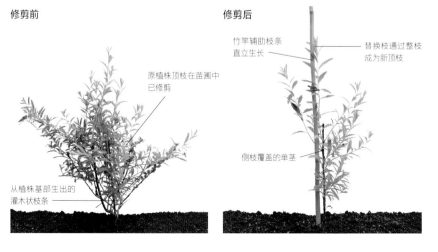

修剪前

修剪后

原植株顶枝在苗圃中已修剪

竹竿辅助枝条直立生长

替换枝通过整枝成为新顶枝

侧枝覆盖的单茎

从植株基部生出的灌木状枝条

■ **何时修剪** 冬末，植株发芽前。

■ **整枝与修剪** 移除枯枝或生长不良枝。姿态较差的枝条可短截约三分之一（但也会移除开花的顶枝）。较大的枝条可能仅在顶部开花，可将其短截至老枝处。尽管这样会损失下一季花，但植株会很快恢复，并形成强健的新枝，在后年开花。

浆果醉鱼草

不耐霜冻，长势较强，有攀缘习性的常绿灌木。冷凉气候区种植最好选择向阳、避风处进行墙式整枝或在温室中栽培。蔓生叶片背面银色，冬季有小型黄花组成的圆锥花序，花芳香。

■ **何时修剪** 春季，花后立即修剪。

■ **整枝与修剪** 若作为独立植株种植，浆果醉鱼草（B.

madagascariensis）一般会形成枝条凌乱、四处伸展的大型丘状叶丛，因此即使在温暖地区花园中也常进行墙式整枝（见第162页）。春季上中旬，将开过花的枝条短截至侧芽或健壮的新侧枝处。

其他醉鱼草属植物

耳叶醉鱼草（B. auriculata）常绿。冷凉气候区进行墙式整枝更益于生长，同浆果酢浆草。若种植为独立性灌木，修剪方法同互叶醉鱼草。大花醉鱼草（B. colvilei）花后修剪，同互叶醉鱼草，但修剪程度较轻。皱叶醉鱼草 同大叶醉鱼草。与短截至近地面相比，保留较高骨干枝观赏效果更佳。植株适宜墙式整枝（见第162页）。紫花醉鱼草 同大叶醉鱼草。冷凉气候区适宜近避风向阳墙种植，或进行墙式整枝形成非规则树墙。鼠尾草叶醉鱼草（B. salviifolia）同大叶醉鱼草。

黄杨属（BUXUS）

强健、常绿灌木或小型乔木，叶片小而优美、圆形，是理想的规则式树篱（见第44页）或造型树篱（见第48页）植物。植株对轻剪反应良好，老枝易抽新枝。全属植物耐寒，但巴利阿里黄杨（B. balearica）易受严重霜冻损伤。若冬季冰雪堆积严重，可能导致枝叶茂密的大型品种受损。锦熟黄杨（B. sempervirens）及栽培品种的修剪应严格遵循其生长习性，针对植株匍匐矮生或大型直立的生长习性使用不同修剪方法。巴利阿里黄杨体型较大，枝干结构较开放，但通过定期修剪仍可以保持相对紧凑的株型。

■ **何时修剪** 夏季中下旬。春末更新修剪。

■ **整枝与修剪** 作为非规则式灌木种植的黄杨植株仅需少量修剪，短截过长枝条时应在叶丛内部下剪，使表层枝叶遮掩切口。植株的理想高度可以通过修剪长枝维持。若需培养树篱或造型树篱，可在植株苗期进行重剪，促进植株生长茂密。成株应时常进行轻剪。老化或积雪压伤的植株可修剪至距地面15至30厘米的高度，刺激植株产生强健的新枝。移除接触地面并生根的枝条。

锦熟黄杨
若将黄杨用于造型树篱或规则式树篱，可使植株种植略深于树苗原本的种植深度，这一操作可以刺激植株基部抽枝。

其他观赏灌木

柴胡属（Bupleurum）无特殊修剪需求，耐修剪，且宜作非规则式树篱。春末轻剪。若成株枝丛过密，枝条较弱，可进行重剪刺激生长。

成形标准型互叶醉鱼草，花后修剪

1 移除老枝或弱枝、老化枝，着重检查枝丛中心位置。

2 将长开花枝短截至未开花侧枝处，侧枝最好朝上或向外生长，否则短截至健康侧芽即可。

主干将垂悬的开花枝抬升

C

小凤花属 (CAESALPINIA)

灌木及攀缘植物，花叶皆具观赏性，冷凉气候区最好进行墙式整枝或温室种植。将幼株主枝摘心有助于促进植株茂密生长。独立性孤植植株仅需在花后修剪，控制大小。成形墙式整株植株在春季修剪，将去年生长部分短截入骨干枝内5至8厘米处。

紫珠属 (CALLICARPA)

中型落叶灌木，主要作观果植物，亮紫色浆果秋季全枝挂果，果实成簇，观赏期可持续至冬末。有时新枝与两年生枝皆可开花。部分物种耐寒，但红紫珠（C. rubella）等其他物种需无霜冻生长条件。植株较为茂密，基部生大量枝条，需定期疏枝，从基部移除老枝，防止枝丛过于拥挤。

老鸦糊 (C. BODINIERI VAR. GIRALDII)

耐寒灌木，枝叶茂密，夏季开淡紫色小花，花后结

红千层属 (CALLISTEMON)

常绿灌木，枝条生长茂密或松散弯垂，新枝开红色或黄色花，花型特别，形似杯刷。温暖气候区可种植于开阔位置；冷凉气候区需临向阳墙种植（垂枝品种可稍微与墙体固定，但无法进行墙式整枝），或在冬季时转入温室种植。

美花红千层 (C. CITRINUS)

常绿垂枝灌木，花期夏季，新枝枝梢开花，花红色，花序长。

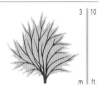

■ **何时修剪** 夏季，花后立刻修剪。

■ **整枝与修剪** 为幼株打顶修剪促进枝条生

夏蜡梅属 (CALYCANTHUS)

完全耐寒落叶乔木，花期夏季，叶片有芳香，花棕红色或泛紫色，花瓣带状。属内植物皆无定期修剪需求，及时移除不健康枝、弱枝及姿态不良枝即可。夏蜡梅基部易生新枝。若需疏枝，可在春季植株恢复生长前将三分之一的老枝从基部移除。走形植株可在春季进行更新复壮，仅保留最新枝。

大量成簇紫色果实。

■ **何时修剪** 早春，霜冻危险期过后，植株发芽前。

■ **整枝与修剪** 每年需将最多五分之一的枝条从基部修剪，完全移除。若有枝条因果实重量折断应立刻处理，将其短截至枝条的健壮侧枝或未折断位置，抑或直接短截至植株基部新枝处。若植株遭受霜冻、无生命迹象，可在早春将其平茬，随后可能会重新发芽。

其他紫珠属植物

红紫珠（C. rubella）同老鸦糊。

长茂密。若植株邻近挡风墙种植则无特殊修剪或整枝需求。简单地将植株长枝固定至合适的位置，而后任植株自然向上向外生长。成株需要进行少量修剪，防止植株趋向蓬乱。将老枝短截至新侧枝处，这些侧枝一般向上或向外生长，这一修剪操作是为了改善植株枝条自然弯垂的习性。红千层对移除部分老枝的修剪反应较好，但这样的修剪工作应分成2至3年完成，且一年切忌短截超过一半的枝条。

其他红千层属植物

"哈克尼斯"红千层（C. 'Harkness'），"紫雾"红千层（C. 'Mauve Mist'），细叶红千层（C. phoeniceus），红千层（C. rigidus）同美花红千层。西贝里红千层（C. sieberi）仅需少量修剪。垂枝红千层（C. viminalis）大型垂枝灌木，需要少量修剪。将植株略微固定到墙面亦有良好的观赏效果。

滇山茶（Camellia Reticulata）栽培品种
这种美丽的单花山茶在冷凉气候区必须种植于温室中。

山茶属 (CAMELLIA)

长寿的常绿灌木，晚冬至早春开花，花朵一般较大，形似月季。许多山茶可耐寒，可以适应各种气候，不过其花朵易受严重霜冻损伤；其他不耐寒的山茶在冷凉气候区则最好进行温室种植。山茶同样可作为树墙植，但选择种植地点时需避免晨间有太阳直射的位置，因为早上阳光的温度可能会损伤夜间结霜的芽和花朵。成形修剪对大多数山茶皆有裨益，因为植株在生长早期常形成细长的枝条，植株成形后进行修剪可以促进植株生长更加茂密。部分山茶栽培品种的性状不稳定，可能会出现返祖枝条，开出不同色的花朵。新返祖枝应在春季移除，用作繁殖材料，较大型的老枝（如继承植物上的枝条）则可保留。

山茶 (C. JAPONICA)

原种少有栽培，但栽培品种众多，习性各异。大部分品种仅需少量关注。

锦鸡儿属 (CARAGANA)

落叶灌木，羽状复叶及黄色豌豆状花，一般在两年生枝的短枝开花。轻剪幼株可促进植株枝叶茂密。树锦鸡儿（C. arborescens）可整枝为标准型（见第165页）植株；其垂枝栽培品种一般为枝接植株。

山茶幼株

幼苗的生长形态众多，定植时进行中等程度的修剪能够帮助植株形成均衡的形态。

茂密的植株会发展出紧凑的造型

植株较高，具有中心主茎，适宜进行墙式整枝

移除位置不佳的第二顶枝

短截长势较强的主枝以平衡株型

打顶长枝，促进植株茂密生长

将过长侧枝短截至朝上生长的侧芽处

摘心修剪促进基部枝条分枝

■ **何时修剪**　春季，花后，植株发芽前。

■ **整枝与修剪**　修剪幼株（见上图）以改善植株造型，促进枝条茂密生长。减少细长枝条数量，将其短截至基部2至3个芽点处或完全移除。成形植株仅需少量修剪，去年生枝条可直接短截至老枝上方。这一修剪操作可促使植株形成茂密多花的习性，同时能够控制植株大小，适宜温室种植的植株使用。花后应摘除枯花：山茶花枯萎后仍留在植株上，影响美观。

　　山茶植株一般通过重剪进行更新。早春将大型植株短截至距地面60厘米位置（若植株健康状况良好可修剪更多）。重剪工作应分3年完成，每年短截约三分之一的主枝。

修剪后的桩头在仲夏以前可能不会显现生长迹象，但仲夏过后一般便会大量抽枝（见右下图），应对这些枝条进行疏枝，培养新的骨干枝（另见第30页）。

茶梅（C. SASANQUA）

　　灌木，花朵芬芳，冷凉气候种植时需要预防霜冻（最好温室种植）。植株枝干结构可能较为松散，可大致进行墙式整枝，培养成轴型植株。

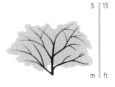

5　15

m　ft

其他山茶属植物

　　金花茶（C. chrysantha，异名C. nitidissima）同茶梅。

　　冬红短柱茶（C. × hiemalis）同山茶。这一杂交品种可用于种植树篱（见44页）。

　　台湾连蕊茶（C. lutchuensis）同茶梅。

　　滇山茶（C. reticulata）同山茶。易生细长枝，故进行成形修剪对植株生长大有益处。

　　威廉斯山茶（C. × williamsii）同山茶。枯花自然掉落，因此不必人工摘除枯花。

■ **何时修剪**　春季，植株发芽前。

■ **整枝与修剪**　利用吊枝（见第99页）或靠墙种植（见第162页）的方式可以为茶梅提供支撑，有利于植株生长；但如需使植株覆盖斜坡或靠矮墙生长时则无需进行支撑。关于规则式轴型植株的骨干枝培养，见第74页的荷兰木兰。轴型枝干结构成形后，植株仅需少量关注。将姿态不良、可能破坏株型平衡的枝条短截至健康侧枝处。停止开花的老枝应整根移除。若需更新复壮，参照山茶的处理方式。

山茶的更新作业

尽管山茶重剪后恢复较慢，但整体而言山茶的重剪效果较好。

花后所有茎均进行重剪

夏末，重剪的枝条已经生出新枝

茶梅

这一速生品种的枝条生长可能较为稀疏，需要进行支撑。图中植株与一根中心支柱固定，通过牵引线将枝条提升，提升花朵观赏性。

其他观赏灌木

　　荷包花属（Calceolaria）春季将全缘叶荷包花（C. integrifolia）的新枝摘心可促进植株茂密生长。成形植株枝干结构可能呈现开心、蓬乱的趋势。若需更新老化植株，可进行重剪。全缘叶荷包花对重剪反应良好，易从老枝抽枝。然而，这类植株最好直接进行替换。朱缨花属（Calliandra）

植株枝条伸展习性较强，可在花后将开花枝短截枝长三分之二以内长度，控制冠幅扩张。盆栽效果良好。帚石南属（Calluna）属内仅帚石南（Calluna Vulgaris）一种，常绿灌木。帚石南有多种栽培品种，大部分修剪方式与紫花欧石南（Erica Cinerea）相同（见第191页）。"狐狸娜娜"

（Foxii Nana）矮生品种应避免修剪，但若发现过长枝可从基部剪去。网刷树属（Calothamnus）无特殊修剪需求。星蜡花属（Calytrix）幼株需打顶。花后轻剪开花枝。南洋石韦属（Candollea）见198页，纽herb扣花属。魔力花属（Cantua）魔力花见第267页，攀缘植物词典。

假虎刺属（CARISSA）

中型至大型常绿灌木，通常枝叶较密，花期夏季，花有芳香。大花假虎刺（C. macrocarpa，异名为C. grandiflora）的果实可食用。假虎刺在无霜冻的花园中可露天栽培，带刺物种常用作种植屏障树篱，花后可频繁进行轻剪，恢复迅速。大花假虎刺及其栽培品种可在冷凉气候区进行温室盆栽。早春移除弱枝及细长枝。独立型灌木植株的姿态不良枝可在生长季期间进行修剪，同桃叶珊瑚属（见第175页）。

木银莲属（CARPENTERIA）

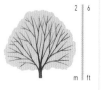

木银莲（Carpenteria Californica）为常绿灌木，夏季于去年生枝条开花，花白色。尽管植株可耐寒，但冷凉气候区种植时提供一定保护可使植株生长更佳。植株枝条直立细长，需要选择性地进行重剪，移除老化枝。

■ 何时修剪　春季，花后立即修剪。

■ 整枝与修剪　植株成株后，将花后逐渐衰弱的枝条移除（一次勿超过枝条总量的三分之一），将枝条从基部截去。植株可以承受更大幅度的修剪，但需要更长时间方可恢复，因此老化植株最好直接替换。

木银莲　冷凉气候区最好将木银莲植株靠墙种植，但木银莲不适宜规则式的墙式整枝，将植株与墙面略微固定即可。

莸属（CARYOPTERIS）

落叶耐寒灌木，叶片偏灰，夏末至秋季在当年生枝条开蓝色花。植株最好每年短截至低处骨干枝，防止基部枝条变秃，同时促进开花枝形成。大部分去年生枝条在寒冷的冬季一般会枯死。

蓝花莸（C. × CLANDONENSIS）

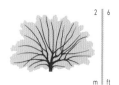

灌木，枝条茂密、直立，在枝梢与叶腋开花。该种有许多栽培品种，但修剪方式相同。

春季修剪莸属植物
将绝大部分去年生枝条短截，但切勿剪到老枝。

腊肠树属（CASSIA）

中型落叶或常绿灌木（部分物种现在已经归入决明属），黄色豌豆状花和叶富观赏价值。部分物种可耐霜冻，冷凉气候区应温室种植。

伞房决明（C. CORYMBOSA 正名SENNA CORYMBOSA）

半常绿或常绿植物，灌木或小型乔木，需温暖、无霜冻生长环境。夏末在当年生枝条开大量黄色花。冷凉气候需要邻近

■ 何时修剪　春季中下旬，植株发芽（此时枯枝较为明显），严重霜冻危险期过后。

■ 整枝与修剪　在定植后第一个春天重剪幼苗，培养出较低的骨干枝（另见第157页）。翌年将所有去年生枝条短截枝梢四分之三，剪入老枝2.5厘米。修剪时切勿损伤成形骨干枝，因为植株老枝一般不发芽。疏于管理的走形植株可以在春季发芽时将枝条短截至最低芽点处，进行更新复壮。

其他莸属植物

兰香草（C. incana），蒙古莸（C. mongholica）同蓝花莸

夏季开花
植株强健，弯拱的枝条当年即可长出顶生花序。

避风向阳墙种植或温室种植。

■ 何时修剪　春季，植株恢复生长时。

■ 整枝与修剪　温暖气候仅需少量修剪。冷凉气候区栽培时，需要首先培养强健的骨干枝，具体方式参考莸属（见上文），而后每年将枝条短截至骨干枝2至3个芽点处，促进开花枝形成。墙式整枝植株亦可通过此方法修剪（见第162页），将当年枝条短截至永久骨干枝的2或3个芽点处。

其他腊肠树属植物

见第56页观赏乔木词典。

美洲茶属 (CEANOTHUS)

落叶，花成簇密集，大多为蓝色。人们常称该属植物"加州丁香"。新枝开花的美洲茶较为耐寒，在冷凉气候区亦可种植于开放位置，常绿植株则最好进行墙式整枝。修剪的方式需要根据该种枝条开花年龄进行调整。匍匐品种仅需少量修剪。

"秋蓝"美洲茶（C. 'AUTUMNAL BLUE'）

茂密常绿灌木，去年生枝条春末开花，当年生枝秋季开花，花蓝色。冬季较冷地区应靠墙种植。

■ 何时修剪　春季。

■ 整枝与修剪　幼株需打顶。植株成形后，独立型植株需轻剪去年生枝条。可进行非规则式墙式整枝，需及时将枝条与墙面固定。修剪时将去年生枝条短截三分之一至一半长度，并将向墙或背墙生长的枝条短截或移除。老化或因疏于管理而走形的独立型植株最好整株替换。墙式整枝灌木植株上的老化枝修剪后可逐渐牵引新枝替代，将替代枝上的侧枝短截枝长三分一至一半的长度。

"凡尔赛的荣耀"美洲茶（C. 'GLOIRE DE VERSAILLES'）

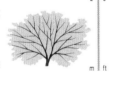

落叶灌木，仲夏至初秋在当年生枝条开淡蓝色花。

■ 何时修剪　春季上旬至中旬。

■ 整枝与修剪　每年短截去年枝条生长部分，先培养出骨干枝，再将这些骨干枝短截，确保高质量的花朵效果。将所有枝条短截至近地面高度进行更新修剪。

落叶美洲茶的整枝与修剪

第1年，早春

将所有枝条短截至多枝长三分之二的长度，修剪至外向芽点处。

第2年，早春

1　将主枝去年生长部分短截至多三分之二的长度。

2　将所有侧枝短截至距主要骨干枝10至5厘米的侧芽处。

成形植株，早春

1　将花后主枝短截一半，弱侧枝短截至基部1至2个芽点的位置（最低）。

2　枝条拥挤处可将弱枝完全移除，进行疏枝。

3　移除植株中心的老枝及长势减退枝，防止枝叶拥挤。

"崔尔维森蓝"乔木美洲茶（C. ARBOREUS 'TREWITHEN BLUE'）

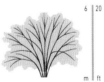

强健常绿灌木，春季至初夏在去年生枝条开大量蓝色花。

■ 何时修剪　仲夏，花后。

■ 整枝与修剪　初期栽培方式与"秋蓝"美洲茶相同。成形后，在花后将较长开花枝短截三分之一至一半长度。夏末再次轻剪植株使枝叶茂密。采用墙式整枝。本种老枝不长新芽，缺失维护而走形的植株较难进行更新。

其他美洲茶属植物

"布尔克伍迪"美洲茶（C. burkwoodii）同"秋蓝"美洲茶。"贝壳"美洲茶（C. concha）同"崔尔维森蓝"美洲茶。德莱尔美洲茶（C. × delileanus）及其栽培品种[包括玛丽西蒙（Marie Simon）、利德弗斯（Henri Desfusse）、珀尔·罗斯（Perle Rose）]同"凡尔赛的荣耀"美洲茶。齿叶美洲茶（C. dentatus）及多花齿叶美洲茶（C. dentatus var. floribundus）同"崔尔维森蓝"美洲茶。深脉美洲茶（C. impressus）同"崔尔维森蓝"美洲茶。墙式整枝的热门品种，靠墙向外生长的植株可以营造出壮观的瀑布效果（切勿过度修剪外向生长的树枝，否则会破坏造型）。不过，用这种方式栽培植株需要设置牢固的支架。"云雀"聚花美洲茶（C. thyrsiflorus skylark）同"崔尔维森蓝"美洲茶。

其他观赏灌木

扁枝豆属（Carmichaelia）无特殊修剪需求。冷凉气候区靠向阳墙种植。滨篱菊属（Cassinia）无特殊修剪需求。岩须属（Cassiope）同欧石南（见第191页）。锥属（Castanopsis）无特殊需求，若有需求可进行重剪，修剪后老枝可抽新枝。距药花属（Centradenia）幼株需摘心。花后轻剪，维持株型。风箱树属（Cephalanthus）无特殊需求。朱萼梅属（Ceratopetalum）若需控制植株生长，可在夏季中下旬修剪朱萼梅（C. gummiferum）。

蓝雪花属 (CERATOSTIGMA)

落叶，半常绿或常绿灌木（部分物种为宿根植物），主要作观花植物，花期夏末至秋季，花呈蓝色，十分惊艳，簇生于当年枝顶端。属内大部分物种不完全耐寒，冷凉气候区需种植于避风处。冬季植株根据寒冷程度不同，可能呈现枯梢或地上部分全部枯萎的状态。翌年仲春进行修剪：移除枯死枝条，将其余枝条短截至距地面2.5至5厘米的位置。

夜香树属 (CESTRUM)

落叶或常绿灌木，花朵十分美观，当年枝开花，有时在去年生长侧枝开花。属内有少数植物［如大夜丁香（C. parqui）］较耐寒，可在冷凉气候区种植于户外避风处，其余则需温室盆栽。夜香树生长习性一般较松散，因此在植株幼期对较长枝条进行打顶修剪（见第155页）可使植株生长更加茂盛。植株可进行墙式整枝（见第162页）。早春将两至三年龄枝从基部移除，为植株疏枝。冷凉气候区栽培的露天植株冬季可能出现上半部枯死的情况，可待早春进行重剪，植株会从基部生出新枝。

木瓜海棠 (CHAENOMELES)

耐寒落叶灌木，枝条纤细，早春开花，秋季结榅桲状果实。木瓜海棠可作独立型灌木种植，但进行墙式整枝并使用短枝修剪法的规则或非规则式扇形植株一般观花表现更佳。夏季修剪可以移除感染蚜虫或烟煤病的新叶，帮助控制二者造成的损伤。所有木瓜海棠属植物皆适用相同的修剪方式。皱皮木瓜（C. speciose）枝叶生长较为茂密，适宜作非规则式树篱，轻剪可使植株形成更多开花短枝。部分物种带刺。

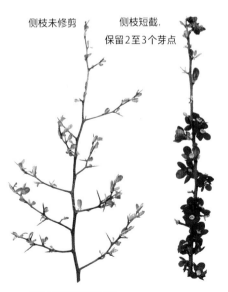

侧枝未修剪　　**侧枝短截，保留2至3个芽点**

通过修剪促进开花

未修剪的木瓜海棠枝条（左上图）花量稀少，短枝修剪法可促进枝条大量开花（右上图）。

华丽木瓜（C. × SUPERBA）

伸展型落叶灌木，枝条直立，栽培品种众多。花期春季，花有红、粉、橙或白色，花后结黄色果实。

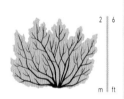

■ **何时修剪**　春末至初夏，花后。

■ **整枝与修剪**　独立的灌木型植株成株后修剪需求较少，仅需疏枝，但在夏季将新枝短截，留5至6片叶可以提升植株观花表现。若进行墙式整枝，可选择5至6根枝条进行固定，形成主要骨干枝（见第162页）。夏季将篱墙型植株的胸枝短截，移除交叉枝与位置不良枝。植株成形后，在春末至夏季短截多余枝条及所有侧枝，保留2至3片叶，促进植株形成开花短枝（见左图）。晚生枝应在冬季短截，留2至3个芽。随植株生长，其短枝丛将渐显拥挤，需要理疏，具体方式同苹果树（见第105页）。春季重剪进行更新。幅度较大的短截修剪最好分2至3年完成。

其他木瓜海棠属植物

毛叶木瓜（C. cathayensis）长势强盛，枝干生长一般较为凌乱。同华丽木瓜。日本木瓜（C. japonica）、皱皮木瓜（C. speciose）同华丽木瓜。

腊梅属 (CHIMONANTHUS)

腊梅（Chimonanthus Praecox），落叶灌木，温暖气候区则为半常绿灌木，植株树龄5年开始便可开花，花期冬季，花甜香。寒冷地区推荐靠暖墙种植或进行墙式整枝，保护花朵不受霜冻影响。

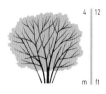

■ **何时修剪**　冬末，花后。

■ **整枝与修剪**　腊梅幼株时应避免修剪，给予开花枝条充足的时间形成生长。植株成形后，独立型灌木植株需要少量修剪，有的则无需修剪。如枝条较为拥挤，可进行疏枝，将老枝短截15至30厘米。

墙式整枝植株（见第162页）可在花后将开花侧枝短截，留2至3片叶。冬季或早春将老枝、弱枝或位置不良枝修剪至地面高度。更新植株可将所有茎短截至基部60厘米高度。腊梅重剪更新后恢复较慢，可能需数年后方可再开花。

墨西哥橘属 (CHOISYA)

中型常绿灌木，枝叶茂密，叶片芬芳，花期春季，白色的花朵成簇盛开，香气浓郁。墨西哥橘通常耐寒，种植于空旷位置亦可存活，但

墨西哥橘（Choisya Ternata）

将花期结束的开花枝短截可以促使植株产生第二波规模较小的花期。

岩蔷薇属（CISTUS）

小型至中型常绿灌木，花期盛夏，花色繁多。植株幼期过后应保持最低修剪量。

■ **何时修剪** 春季。

■ **整枝与修剪** 修剪幼株（见下图）可促进植株枝叶茂密。成形植株无特殊维护需求。春季移除植株的枯枝与冻伤枝。老枝与蓬乱枝短截后恢复不佳，应直接用新枝替换。

修剪前

修剪后

紫花岩蔷薇（Cistus × purpureus）幼株
将顶枝与强健侧枝短截三分之二长度可使植株枝叶更加茂盛。

易受冻伤。墨西哥橘耐寒性极强，虽然冬季可能有枯梢迹象，但开春后将很快恢复。属内抗霜冻能力较弱的物种在寒冷地区最好在温室盆栽。墨西哥橘的长势较快，无需修剪即可自然形成良好的灌木株型。成形植株仅需少量关注，不过花后将开花枝短截（见第184页右下图）可促使植株在秋季形成第二波花期。冬季较温和的年份，第二波花可以一直持续到冬季。不过，随着植株的生长，墨西哥橘的枝条会渐显杂乱，如果冠幅受限，植株便会出现上半部分过重的状态。可在春季进行重剪，修剪后恢复良好。

■ **何时修剪** 春季，花后立即修剪。

■ **整枝与修剪** 植株成形后，若欲使植株形成第二波花（见左图）可将花后开花枝短截25至30厘米。冻伤枝应整枝移除。若植株老化、走形或严重冻伤，应将整株重剪。

大青属（CLERODENDRUM）

属内既有攀缘植物，亦有花朵艳丽、高大茂密的落叶或常绿灌木，部分品种不耐寒。

臭牡丹（C. BUNGEI）

常绿或落叶灌木，枝直立，易生根蘗。植株耐霜冻，叶心形，有臭味，夏末至初秋开粉色花。冷凉气候区植株冬季地上部分枯死，故修剪时应进行重剪，防止枯枝堆积，藏匿珊瑚斑病病菌。

■ **何时修剪** 春季，植株发芽时。

■ **整枝与修剪** 无霜冻地区每年将植株短截至60至90厘米左右的木质化骨干枝。冷凉气候区移除所有冻伤或冻死的枝条，并将最老的一批枝条完全移除。

海洲常山（C. TRICHOTOMUM）

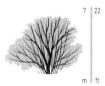

落叶灌木，完全耐寒，叶心形，花白色，有芳香，花后结蓝色浆果。具矮主干的株型更易发现及移除蘗芽，是海洲常山的最佳造型。每年修剪将减少花与果实的产量，但能增加其质量。

海洲常山
该种植株周围常有根蘗滋生，应将其移除或作为新植株移栽。

■ **何时修剪** 早春，植株发芽前。

■ **整枝与修剪** 为幼株整枝定干（见第26页），将顶枝短截至在60至180厘米高度。选择5至6根侧枝形成植株的丛冠。除上述各项外修剪需求较少。植株根系损伤可能导致基部形成蘗芽。为植株添加覆根物并尽量避免在植株周围挖铲可以防止蘗芽产生。蘗芽可移除（见第153页）或移栽用作繁殖材料。

其他大青属植物

美丽桢桐（C. speciosissimum），紫蝶花（C. ugandense）茂密常绿灌木，仅需少量修剪。
其他物种见第269页，攀缘植物词典。

其他观赏灌木

山红木属（Cercocarpus）无特殊需求。
蕾叶梅属（Chamaebatiaria）无特殊需求。
风蜡花属（Chamelaucium）如需限制钩状风蜡花（C. uncinatum）的株型，可在花后进行修剪，将开花枝短截一半长度。
桂竹香属（Cheiranthus）见糖芥属（见第191页）。
北美流苏树属（Chionanthus）无特殊需求。
垂扁枝豆属（Chordospartium）无特殊需求，春季需移除枯枝。
橙花豆属（Chorizema）幼株需摘心（见第168页）。花后轻剪。
金鳞栗属（Chrysolepis）无特殊需求。
四季橘属（× Citrofortunella）同金桔；或见第142页，柑橘类水果。
桤叶树属（Clethra）根蘗性物种，修剪方式同穗序唐棣（见第173页）。其他物种自然生长即可，将势弱、生长减退的老枝移除，促进新枝生长。
红淡比属（Cleyera）无特殊需求。
鹦喙花属（Clianthus）见第270页，攀缘植物词典。
变叶木属（Codiaeum）新枝摘心可促进植株生长茂密。可耐短截修剪。
石南芸木属（Coleonema）与帚石南相似。夏季花后轻剪。
锚刺棘属（Colletia）带刺灌木，无特殊修剪需求。耐重剪，可进行更新。

火把花属（COLQUHOUNIA）

中型常绿或半常绿灌木，叶片芳香，夏末于当年枝开花，花穗状、花红、橙或黄色。植株耐霜冻，但冬季天气严峻时枝条常枯死，因此寒冷地区最好种植于避风位置。植株生长习性接近大叶醉鱼草，故冷凉气候种植应采用与之相同的修剪方式（见第178页）。可以进行墙式整枝（见第162页），将花后枝条短截至骨干枝。若欲使植株生长更加茂密，可将春季新枝摘心。

鱼鳔槐属（COLUTEA）

小型至中型耐寒落叶乔木，植株速生，枝叶茂密，夏季当年枝开豌豆状花。植株仅需少量修剪，如需限制植株大小，可每年春季短截长枝。鱼鳔槐可整枝为具低矮主干的标准型植株（见第165页），或参照红瑞木（见右下图）的修剪方式，在植株生长高峰期定期重剪，将其花期推至夏末。

旋花属（CONVOLVULUS）

银旋花（Convolvulus Cneorum），极具魅力的常绿亚灌木，植株整体轮廓呈圆形，叶片银灰色，花期春季至夏季，粉苞白花。旋花属包括多种一年生植物、宿根植物及攀缘植物，银旋花是属内唯一常见的灌木植物。该种耐霜冻，但需要温暖避风的生长环境以确保植株的苗壮生长。植株自然形成丘状，仅需少量修剪。若偶尔出现异常长枝，最好将其移除。易患枯枝病。

■ **何时修剪** 早春，植株发芽前。

■ **整枝与修剪** 保持最低修剪量，使植株自然生长。修剪过长枝，将其短截至基部或健康侧枝。一旦发现感染枯枝病的枝条应立刻从基部移除。银旋花寿命较短，且不耐重剪，因此老化或走形植株最好用新苗代替。

山茱萸属（CORNUS）

属内灌木主要为耐寒落叶植物，其观赏价值主要在于枝条红、黄或绿色的冬季色彩，有时花朵、果实或斑叶亦具观赏性。

红瑞木（C. ALBA）

完全耐寒灌木，长势旺盛，枝杈众多。晚春开花，花顶生，星形，花后结白色或淡蓝色果实。植株的新枝冬季呈鲜红色。每年重剪可保证枝条冬季显色最佳，但无法获得花朵。

■ **何时修剪** 早春，植株发芽前。

■ **整枝与修剪** 若栽培目的为观花、观果或斑叶，则应避免修剪。如需控制植株大小，可每年将四分之一的新枝移除。这一修剪方式会促进植株从基部抽出新枝。缺乏管理走形的植株可将枝丛中心部分的老枝移除，进行更新。种植彩枝（见第164页）品种时，定植第1年不修剪，翌年将所有枝条短截至距地面5厘米处。随后每年将所有枝条短截，保留去年枝基部2个侧芽。

欧洲山茱萸（C. MAS）

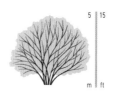

大型落叶灌木，完全耐寒，常具多主干，亦可作为小型标准型植株种植。花期冬季至早春，先花后叶，花黄色。秋季叶色鲜艳，植株挂亮红色果实。

交错修剪，红瑞木
将相邻的植株短截至不同高度可以避免新枝长成密集的一团，营造出坡度效果。

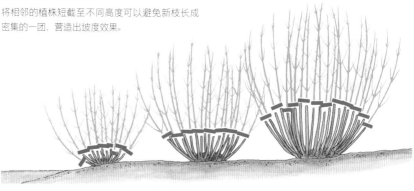

偃伏梾木（Cornus Stolonifera）
新枝的亮黄色在秋季叶片凋落的时节十分惊艳。

■ **何时修剪** 初夏。

■ **整枝与修剪** 多主干植株保持少量修剪即可。疏枝可保持植株开放的生长状态，改善观花效果。斑叶品种可进行少量更新修剪，促进植株形成苗壮的新枝。若植株生长过盛，可将枝条短截，保留骨干枝的2个侧芽，进行更新复壮。标准型植株需要通过整枝在60至150厘米的位置定干（见第165页）。顶枝竞争常于主茎低部形成，此类枝条需短截，留4至6个芽。

其他山茱萸属植物

川鄂山茱萸（C. chinensis）同欧洲山茱萸。山茱萸（C. officinalis）同欧洲山茱萸。欧洲红瑞木（C. sanguinea）、偃伏梾木同红瑞木。其他物种见第60页，观赏乔木词典。

冠花豆属（CORONILLA）

小型落叶或常绿灌木及宿根植物，叶形优美，有时呈蓝绿色，通常开黄花。花期春季或晚秋至晚春。部分品种不完全耐寒，但若于避风处种植亦可在冷凉气候区进行栽培。植株仅需修剪基部的老枝及长势减退枝。耐寒性较强物种可在早春修剪，粉绿冠花豆（Coronilla valentina subsp. glauca）等耐寒性较差的物种在冷凉气候区种植时则应将所有修剪工作推迟至花后进行，将冻伤枝短截至健康部分。冠花豆不耐大幅更新修剪，否则可能导致植株死亡。

蜡瓣花属（CORYLOPSIS）

完全耐寒落叶灌木，枝条纤细，冬季至早春在去年生枝开柳絮状黄花，花序下垂。蜡瓣花自然形成美观的株型，修剪反而容易破坏植株形态。如需控制植株大小，可在春季花后将老枝从基部移除。墙式植株可在同一时间轻剪花后开花枝。除上述情况外，植株仅需通过修剪移除枯枝。

榛属（CORYLUS）

耐寒落叶灌木，惯生根蘖。部分榛树作观叶植物，扭枝欧榛（C. avellana 'Contorta'）等其他品种的观赏价值则主要在于扭曲的奇异枝条。全属植物皆在冬末至初春开花，花黄色，柔荑花序。榛树可收获坚果。

欧榛

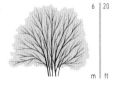

大型多主茎灌木，果实可食用，若定期修剪亦可作观赏灌木，黄叶或紫叶品种尤其美观。

■ **何时修剪** 冬末。

黄栌属（COTINUS）

落叶灌木或小型乔木，叶形优美，夏季花朵如缕缕轻烟飘浮枝头，秋季亦叶色斑斓。植株仅两至三年生枝条开花，仅在炎热的夏季大量盛开，因此冷凉气候区一般主要作观叶植物。每年短截至骨干枝的植株能够生长出最大的叶片。部分紫叶栽培品种可每年重剪，这样修剪植株叶片可以获得比未修剪植株更大。

黄栌（C．COGGYGRIA）

灌木，枝叶浓密，栽培品种众多，秋季叶片色彩十分惊艳，花序朦胧如烟。本种绿叶，常泛粉色。"皇家紫"（Royal Purple）等品种则具紫叶，花呈粉色。

■ **何时修剪** 春季，植株发芽前。

■ **整枝与修剪** 作开花灌木种植，维持少量修剪即可。若需培育叶片更大的植株（见第

黄栌花

如果不修剪，黄栌会大量开花；每年修剪一次，它们会产生更大的叶子。

164页），需在栽培第1年选择3至5根强枝作为主要骨干枝，将其短截至60至90厘米。随后每年将去年枝条生长部分短截约四分之三长度，至少留2个壮芽。超过此修剪程度可能会导致植株产生弱势新枝。

其他黄栌属植物

美国黄栌 需少量修剪。美国黄栌和黄栌的杂交种，如"火焰"（Flame）可重剪。

欧榛

重剪后的再生能力很强：榛属植物的矮林作业（见第34页）传统上按7年为一个周期进行。右图中最右边是第1年作业后的植物生长，中间的是第2年，最左边的是第3年。

■ **整枝与修剪** 种植初期应任植株自然形成多主干形态。若需维持植株的长势，平衡老枝与新枝的比例均衡，可每年移除部分老枝，并偶尔选择主茎从基部移除。更新修剪可在冬末将植株平茬。作为果树栽培请见第149页。扭枝欧榛的修剪方式见第28页。

其他榛属植物

大果榛（C. maxima）紫叶品种最好定期重剪（见第164页），同欧榛。另见第148页，坚果。

其他物种见第60页，观赏乔木词典。

其他观赏灌木

臭叶木属（Coprosma）常绿灌木，无特殊需求。仲春移除冻伤枝条。

马桑属（Coriaria）冷凉气候区植株冬季可能

仅有基部木质化骨干枝存活，可待春季将枯枝短截至近地面高度。

秋叶果属（Corokia）若枝条冻伤，可在春季

短截至老枝。

钟南香属（Correa）无特殊需求。

枸子属（COTONEASTER）

常绿及落叶灌木，花朵与红色的果实具观赏性。落叶种一般亦可欣赏秋叶。属内植物习性各异，完全耐寒至耐霜冻皆有，部分匍匐生长，其余则为大型垂枝灌木。植株对修剪反应良好，但一般仅需基础维护。

平枝枸子（C. HORIZONTALIS）

落叶伸展型灌木，完全耐寒。枝条质地坚硬，人字形的侧枝排列方式极具特色，冬季挂满红色浆果。种植于开阔位置的植株呈丘状灌木，枝叶分层，稍有坡度的位置亦生长良好。墙式整枝亦有极佳的观赏效果。

■ 何时修剪　冬末。

■ 整枝与修剪　独立型植株仅需移除拥挤、老化及侧枝稀疏的枝条，将其直接修剪至主茎。墙式整枝（见第162页）需选用枝条柔韧的幼株，并且在整枝初期设置支撑。随后枝条便可靠墙面扁平生长。背墙生长的枝条需及时移除，以维持植株的扁平形态。平枝枸子对重剪反应不佳。

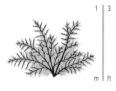

华氏枸子（C. × WATERERI）

常绿、半常绿灌木或小型乔木。枝条直立，侧枝垂拱。花小型、白色，花后结成串的红色球形果实。

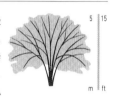

■ 何时修剪　冬季至仲春。

■ 整枝与修剪　多主干植株需培育4至8根主枝，移除内向生长的侧枝以避免未来枝丛拥堵。此后保持少量修剪即可。走形植株的更新方式有两种，可将无用枝短截至主枝，或直接整株平茬。

平枝枸子

本种尤其适合墙式整枝。植株侧枝规律地排列在主茎两旁，花朵和秋季的浆果在扁平的枝条上更添美感。平枝枸子的英文俗名"鱼骨枸子"（Fishbone Contoneaster）便是取自植株特殊的枝干排列形式。

其他荀子属植物

矮生枸子（C. dammeri）小型匍匐灌木。早春修剪姿态不良枝，耐重剪。散生枸子（C. divaricatus）保持少量修剪，宜作非规则式树篱。西南枸子（C. franchetii）保持少量修剪。耐寒枸子（C. frigidus）同华氏枸子。"康努比亚"耐寒枸子（C. frigidus Cornubia）同华氏枸子。垂枝枸子（C. hybridus pendulus）需少量修剪。枝接标准型植株维护方法同其余垂枝标准型植株。厚叶枸子（C. lacteus）保持少量修剪。非规则式树篱可进行轻剪。小叶枸子（C. microphyllus）同矮生枸子。柳叶枸子（C. salicifolius）同华氏枸子。西蒙氏枸子（C. simonsii）宜作树篱。可进行修剪，培养半规则式造型且植株在造型后仍可结果，否则保持少量修剪即可。硬枝枸子（C. sternianus）。白毛枸子（C. wardii）保持少量修剪。

金雀儿属（CYTISUS）

属内主要为落叶灌木，春季或夏季开黄花。植株速生，但寿命较短，喜爱炎热干燥的生长条件。

总序金雀花（C. BATTANDIERI）

半常绿灌木，耐霜冻，夏季上中旬于当年枝开花。植株基部易生新芽。需要温暖避风的种植地点，可进行墙式整枝。

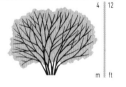

■ 何时修剪　夏季，花后。

■ 整枝与修剪　独立型植株修剪需求较少，可移除老枝。墙式整枝植株（见第162页）需偶尔移除老主干枝并牵引新枝代替。

金雀儿（C. SCOPARIUS）

灌木，枝条弯拱，春末在去年生枝开花。植株寿命短，但可每年修剪，防止植株因结籽而长势衰退。

■ 何时修剪　初夏至盛夏，花后立即修剪。

■ 整枝与修剪　新枝摘心可促进植株茂密生长。植株成形后，将花后开花枝短截约上一季生长长度的三分之二，修剪至残花下方侧芽或侧枝处。植株木质化枝条不生新枝，老化植株最好直接用新株替换。

其他金雀儿属植物

比恩氏金雀儿（C. beanie），邱园金雀儿（C. × kewensis）无修剪需求，耐轻剪。变黑金雀儿（C. nigricans）春季将所有花后开花枝短截约三分之二长度。早生金雀（C. × praecox），同金雀儿。

金雀儿

定期修剪可防止植株枝条过于细长。

修剪后

D

瑞香属（DAPHNE）

常绿、半常绿或落叶灌木，完全耐寒至耐霜冻，早春开花，花有芬芳。属内大部分物种应避免修剪：瑞香属植物易染枯枝病，修剪则会增加植株罹患枯枝病的概率。瑞香（D. odora）和欧洲瑞香（D. cneorum）耐轻剪，可稍加修剪以维持植株紧凑的生长习性。二月瑞香（D. mezereum）则可以承受轻微修剪，移除姿态不良枝条。总的来说，匍匐型瑞香植株若出现姿态不良枝条，最好进行短截而非完全移除。然而，若出现感染枯枝病的枝条则无论如何都应整棵移除。感染枝应从基部整根截去，并为植株喷洒杀菌剂。北海道瑞香（D. jezoensis）等少数品种夏季落叶，切勿将落叶枝条当作病枝处理。

猫儿屎属（DECAISNEA）

粘连子（Decaisnea Fargesii）是落叶灌木，植株直立，夏季开花，花绿白色，总状花序，花后结果，形似香肠。植株完全耐寒，但在冬季极其严峻的地区需要种植于避风位置。幼株无需修剪。植株成形后，在春季短截老枝及弱枝，将其修剪至健康侧芽，若无合适的侧芽，则可直接修剪至地面。此外无修剪需求。晚霜冻伤的新枝应于夏季短截至枝条低部的健壮侧枝处。

罂粟木属（DENDROMECON）

耐霜冻至半耐寒常绿灌木，植株结构松散，枝条直立或伸展，叶灰绿色。夏季，植株主茎侧枝开花，花黄色、罂粟状，有芳香。灌木罂粟（D. rigida）为半耐寒植物，冷凉气候区只有在温暖避风的位置种植才可存活。其枝条弯拱生长，适宜进行规则式或非规则式墙式整枝。

■ **何时修剪** 早春，植株发芽时，墙式整枝植株应在夏季花后修剪。

■ **整枝与修剪** 定植后，选择新枝短截，促

进植株生长旺盛。植株成形后，仅需移除冻伤枝或短截弱枝、秃枝，将其短截至健康饱满的外向侧芽。墙式整株植株应在花后修剪，将新枝固定，形成骨干枝。罂粟木可整株平茬，进行更新复壮。

山蚂蝗属（DESMODIUM）

小型落叶灌木（部分宿根植物），叶形独特，当年枝开淡紫色或深粉色花，总状花序。冷凉气候区，植株的地上部分常在冬季由于严重的霜冻而枯死，如移栽至避风处（最好邻近向阳墙），植株一般能很快恢复。春季，将植株平茬，同异花木蓝（Indigofera Heterantha，见第202页）。因缺乏管理而走形的植株通常亦可用这种方式进行处理。

溲疏属（DEUTZIA）

中型落叶灌木，夏季在去年生枝条的新枝开白色或粉色花。与连翘相似，植株可从基部抽新枝，形成坚固的茎支撑顶端细密的枝丛。修剪可以促进植株茂密的生长习性并保持植株枝叶繁茂。细梗溲疏（D. gracilis）和莱莫恩溲疏（D.× lemoinei）等品种应在春末进行检查，移除受晚春霜冻受损的枝条。冻伤的花苞无法正常开放，仅能产生小而皱褶的花，且未来亦无法正常恢复，因此需直接移除。

溲疏（D. SCABRA）

落叶灌木，枝条直立，夏季开白色花。树皮随植株生长而显现粗糙肌理，增加观赏性。

■ **何时修剪** 花后。

■ **整枝与修剪** 定植时应进行打顶修剪（见第155页）。定植后几年将花后开花枝短截至残花下方新枝处。植株成株后将老枝短截至地面或健壮的低枝。更新修剪可将老化主茎短截至基部，并将其余主茎短截至位置适当的侧枝。更新后植株需1至2年恢复开花。

溲疏
植株成株后，将部分老枝完全移除，促进新枝生长。

其他溲疏属灌木

齿叶溲疏（D. crenata），细梗溲疏，杂种溲疏（D. × hybrida），莱莫恩溲疏，美丽溲疏（D. pulchra）紫花溲疏（D. purpurascens）同溲疏。维西溲疏（D. monbeigii），四川溲疏（D. setchuenensis）长势较弱，植株更紧凑，需要温和的修剪方式。花后，将开花侧枝短截，留1至2个芽。可进行墙式整枝。

其他观赏灌木

百合木属（Crinodendron）无特殊需求。十字爵床属（Crossandra）无特殊需求。冬末将开花过的枝条短截一半，促进新开花枝形成。猪屎豆属（Crotalaria）春季平茬。柳南香属（Crowea）花后轻剪。萼距花属（Cuphea）幼株进行摘心，促进植株茂密生长，之后每年春季轻剪，移除花后枝条。榅桲属（Cydonia）见第121页，榅桲。鞣木属（Cyrilla）无特殊需求。大宝石南属（Daboecia）春季轻剪，移除枯枝。菊瑞香属（Dais）秋季轻剪，维护株型。青鸾花属（Dampiera）花后轻剪。大王桂属（Danae，正名Danaidia）植株成形后方可修剪，同棠棣（见第202页）。虎皮楠属（Daphniphyllum）为幼株主茎摘心，促使植株低处分枝。植株耐重剪。铃蜡花属（Darwinia）花后摘心，保持株型紧凑。曼陀罗属见第177页，木曼陀罗属。骑师木属（Dermatobotrys）无特殊修剪需求。枸骨黄属（Desfontainia）切勿修剪。牛筋条属（Dichotomanthes）同栒子属。

黄锦带属（DIERVILLA）

耐寒落叶灌木，惯生根蘖，形似锦带花，夏季当年枝开黄色小花。植株最好每年早春重剪，将枝条短截至基部30厘米左右的一堆侧芽处，刺激叶片铜棕色的健壮新枝生长。走形或生长过盛的植株通常对重剪反应较佳，但老化植株最好挖出分株，并将长势较佳的较新一侧栽回。

双盾木属（DIPELTA）

大型耐寒落叶灌木，花期初夏，花十分美观，成株树皮剥落，富观赏性。植株枝条直立生长或弯拱，基部常生强健新枝。花后修剪，将五分之一的茎短截至基部，修剪时首先选择年龄最长、有枯梢迹象的枝条。

车桑子属（DODONAEA）

小型至中型常绿灌木，主要作观叶植物种植。仅温暖气候可露天种植，但亦可作温室盆栽植物。将幼株枝条摘心，促进植株形成密布新叶的茂密枝条。成形植株可在夏末及春季修剪，维护植株造型。车桑子是温暖气候区的良好树篱品种，耐多风环境。

假连翘属（DURANTA）

常绿灌木，枝条弯拱，部分具刺。春季至秋季开大量淡紫色、蓝紫色或白色花，花后结黄色有毒浆果。属内植物不耐霜冻，但假连翘（D. erecta）可耐轻微霜冻。假连翘通常作开放型多主干灌木种植，是良好的非规则式树篱植物。可整枝为标准型植株。

■ **何时修剪** 春季。

■ **整枝与修剪** 若不将植株整枝为标准型树，应避免修剪幼株。植株成形后，若需控制植株大小可选择枝条整枝移除。切忌短截修剪，短截修剪会导致植株大量分枝，破坏植株的生长习惯。移除标准型植株的所有主干侧枝。

E–F

结香属（EDGEWORTHIA）

小型落叶灌木，耐霜冻，但由于其芳香白或黄花易受冻伤，因此冷凉气候区最好临暖墙种植。植株纸状的树皮极具观赏性。植株秋季形成花序，冬末至春季开放。结香的基部易生新枝，新枝十分柔软，甚至可打结。植株日常需少量修剪。成株花后可将部分老化枝及生长滞缓枝短截至基部。

胡颓子属（ELAEAGNUS）

大型常绿落叶灌木，完全耐寒，长势强劲，属内部分物种花具浓烈香味。植株可作孤景植物，亦可作树篱或屏障树篱植物。

沙枣（E. ANGUSTIFOLIA）

大型落叶灌木或小型乔木，枝条伸展，叶银灰色。植株初夏开花，花有芬芳，花后秋季结琥珀色果实。

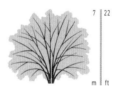

■ **何时修剪** 盛夏，花后。

■ **整枝与修剪** 植株自然形成多主干型灌木，或通过整枝培养成标准型（见第165页）植株，定干高度1.2至1.5米。耐重剪，植株丛冠可通过修剪维持紧凑均匀的形状。

花叶胡颓子
移除花叶植株上的绿叶枝条。

香薷属（ELSHOLTZIA）

小型半常绿落叶灌木或亚灌木，叶常具芳香，花期一般为秋季，当年枝开管状花，冠檐二唇形，花序细长，呈圆锥状或总状。温暖气候区可在每年早春选择1至2根老枝从基部移除，其余则短截至30厘米左右高度。冷凉气候区最好种植于避风处。冬季气温严峻时植株地上部分通常死亡。植株应在每年春季修剪，短截至低处木质化骨干枝处，同分药花（见第209页）。

中叶胡颓子

这种常绿植株的新叶上有自然的银霜，常被错认为是病征，请勿擦除叶片的银霜。

中叶胡颓子（E. × EBBINGEI）

常绿灌木，完全耐寒，叶银色，覆鳞片，秋季开花，花有香味。植株无需每年修剪，但作为非规则式树篱（见第44页）时可轻剪进行维护。耐沿海气候条件。

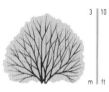

■ **何时修剪** 夏末。

■ **整枝与修剪** 独立型植株仅需少量修剪。若作树篱种植，可用修枝剪将长枝短截至侧芽。若需更新植株可将枝条重剪至老枝。

其他胡颓子属灌木

银果胡颓子（E. commutata）生长较缓，惯生根蘖，仅需修剪无用枝或多余蘖芽。
蔓胡颓子（E. glabra）同中叶胡颓子；植株常生长且姿态蓬乱的枝条，幼株尤是。
大叶胡颓子（E. macrophylla）同中叶胡颓子。花叶胡颓子（E. pungens 'Maculata'）同中叶胡颓子，另需移除返祖枝（见左图）。
牛奶子（E. umbellata）同沙枣。

欧石南属（ERICA）

包含大量常绿植物的大属，属内植物习性各异，有适宜作为地被植物种植的矮生物种，也有乔木状的大型植物。绝大部分（并非所有）完全耐寒。花期不定，全年皆有可能开花。大部分物种老枝不生新芽，故通常仅修剪去年生枝。植株较高的物种（如烟斗石南）可能需要进行重剪，促进植株茂密生长。

烟斗石南（E. ARBOREA）

常绿灌木，耐霜冻，枝条直立，植株可能呈树状。进行成形修剪可以为植株培育出良好的株型，植株成形后修剪需求极少。如在寒冷地区种植，体型较大的植株易受大雪损伤。定期修剪可使植株更茂密，且抗性更好。受损或生长过盛的植株对更新修剪反应较好。

■ 何时修剪　早春，直至植株成形。此后转至春末至夏初，花后修剪。

烟斗石南
与大部分欧石南不同，烟斗石南对老枝重剪反应极佳。

■ 整枝与修剪　在栽培初期的2至3年，将植株枝条短截最多枝长三分之二的长度，促进植株茂密生长。此后植株大多无需修剪。可通过移除部分枝条的方式控制植株大小，但修剪后可能会生出密集的新枝。在降雪较多的地区，花后将枝条短截约三分之一，促进植株形成新枝，保持植株紧凑。烟斗石南成株后老枝重剪后可生出新枝（见左下图）。植株的更新工作最好分2至3年完成（见第160页）。

欧石南（E. CARNEA）

矮生常绿灌木，耐寒，花钟状，花色多变，从白、粉至紫红皆有。花期冬末至春季。许多栽培品种在冬季有鲜艳的叶色。由于花朵颜色往往与叶色不协调，部分栽培者喜欢在冬季中下旬将植株花苞剪去。欧石南老枝不生新芽，因此仅短截枝条去年生部分。

■ 何时修剪　春季，最后一波花凋谢、新枝开始生长时。

■ 整枝与修剪　将枝条短截至枯花花穗下方，移除大部分去年生长部分。单独栽培时，使用修枝剪选择性修剪可呈现最佳株型，但欧石南花境成片种植时用整篱剪更加实际。不过，修剪后注意移除短枝。老化植株易显蓬乱，最好整株替换。

"维斯特伍德黄"欧石南（Erica carnea 'Westwood Yellow'）
该品种的叶片呈现金黄色，具备全年观赏价值，冬季沉闷的日子里亦有深粉色的花朵装点枝叶。

其他欧石南属灌木

西班牙欧石南（E. australis）同烟斗石南，但更新修剪一般只有温和气候区可能成功。隧毛欧石南（E. ciliaris）同紫花欧石南。紫花欧石南（E. cinerea）早春轻修或轻剪枝条，将枝条短截至花穗下方的健康新枝处。达尔利欧石南（E. × darleyensis）同欧石南。爱尔兰欧石南（E. erigena）春季移除冻伤枝，将其短截至新枝。花后将开花枝短截三分之一，修剪至新枝处。若保留部分基部枝条，植株可承受重剪。葡石南（E. lusitanica）若有需要可在春季进行少量修剪，同西班牙欧石南。白背叶欧石南（E. mackaiana）；四叶欧石南（E. tetralix）；散枝欧石南（E. vagans）同紫花欧石南。长穗石南（E. scoparia）仅需少量修剪。顶花欧石南（E. terminalis）同烟斗石南。维奇氏石南（E. × veitchii）同西班牙欧石南。

其他观赏灌木

鹦鹉豆属（Dillwynia）春季花后轻剪。逸香木属（Diosma）同香芸木属（见第173页）。金钱槭属（Dipteronia）无特殊需求。春季移除无用枝条。双花木属（Disanthus）无特殊修剪需求。连叶棘属（Discaria）无特殊需求。春季移除无用枝。蚊母树属（Distylium）同金缕梅属（见第196页）。矛豆属（Dorycnium）硬毛百脉根（D. hirsutum 异名为 Lotus hirsutus）为亚灌木，春季移除枯枝可冻伤枝。林仙属（Drimys，异名为Tasmannia）春季移除无用枝。蓟序木属（Dryandra）同佛塔树属（见第175页）。切勿修剪至老枝。蓝蓟属（Echium）花后修剪，移除枯花花穗。夏羽属（Elliottia）无特殊修剪需求。简瓣花属见第63页，观赏乔木词典。岩高兰属（Empetrum）、澳石南属（Epacris）同欧石南。吊钟花属（Enkianthus）无特殊修剪需求。对重剪反应良好，同杜鹃属（见第214页）。喜花草属（Eranthemum）；喜沙木属（Eremophila）无特殊修剪需求。猬豆属（Erinacea）仅需少量修剪。枇杷属（Eriobotrya）见第145页，枇杷。野迷菊属（Eriocephalus）、苞蓼属（Eriogonum）无特殊修剪需求。蜡南香属（Eriostemon）可轻剪塑形。糖芥属（Erysimum）为淡紫鲍尔斯糖芥（Erysimum Bowles Mauve）新枝摘心，促进幼株茂密生长，成形后每年花后轻剪植株，将花后枝条短截至未开花侧枝处。

南鼠刺属（ESCALLONIA）

中型至大型常绿（除帚状南鼠刺）灌木，枝条弯垂，花期夏季至秋季，主要在一年生枝开花，花白色、粉色或红色。冷凉气候区植株易受冻伤，但伤后恢复良好。属内大部分植物宜作树篱，规则式树篱的修剪方式将导致花量减少。少数物种可成功墙式整枝。

"朗格利希斯"南鼠刺（E 'LANGLEYENSIS'）

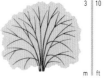

杂交品种，株型优雅，枝条垂拱，可作独立型孤景植株栽培，亦可靠向阳墙进行墙式整枝。夏季开大量深粉色花。

■ **何时修剪** 夏季，花后。春季中下旬进行更新复壮。

■ **整枝与修剪** 需少量成形修剪。若进行墙式整枝，需将足量枝条与墙面固定，形成主要骨干枝结构，移除其余枝条。每年花后，将墙式整枝开花枝短截至新侧枝处。独立型植株修剪要求相对较少，通过移除部分花后开花枝可防止植株冠幅过大。重剪通常可产生大量苗壮新枝。

粉红南鼠刺（E. RUBRA）

中型夏季开花灌木。"深红尖塔"（Crimson Spire）等栽培品种是优秀的树篱植物。

■ **何时修剪** 花后。若花期结束较晚，应待翌年春季修剪。春季进行更新修剪。

■ **整枝与修剪** 无需或仅需少量修剪，可耐重剪。非规则式树篱可通过选择部分枝条短截至强健侧枝维护株型。

"朗格利希斯"南鼠刺
移除部分枝条以保持植株整体轮廓；短截修剪会影响植株的垂枝习性。

其他南鼠刺属

高山南鼠刺（E. alpina）；双裂南鼠刺（E. bifida）；粘南鼠刺（E. illinata）；"艾维"南鼠刺（E. Iveyi）、大花南鼠刺（E. rubra var. macrantha）同粉红南鼠刺。帚状南鼠刺（E. virgata）保持少量修剪。"苹果花"（Apple Blossom）；"唐纳德美人"（Donard Beauty）等杂交品种的栽培方式同"朗格利希斯"南鼠刺，但植株枝条过硬，无法进行墙式整枝。

卫矛属（EUONYMUS）

常绿落叶灌木。部分常绿物种可在沿海环境作为树篱植物，主要观叶。落叶卫矛则由于艳丽的秋色及果实而广受欢迎。绝大部分物种完全耐寒，但严重的霜冻可能导致植株损伤。不同物种的整枝与修剪方式不同，此外独立植株与树篱的栽培方式亦有所不同。扶芳藤的部分栽培品种可作地被植物，若有支撑物可攀缘生长。其他品种则作为邻墙灌木种植。花叶品种植株一旦发现绿叶枝需及时将其短截至基点。

常绿物种最常作为树篱栽培。卫矛树篱的修剪应使用修枝剪而非整篱剪，维持非规则式的美观线条，同时亦可避免剪断叶片，断叶将转为棕色，影响美观。

欧洲卫矛（E. EUROPAEUS）

灌木或小型乔木，秋季叶色鲜艳，果皮粉色，果实橙色。

■ **何时修剪** 冬末至春初。

■ **整枝与修剪** 需基础成形修剪。植株成形后仅需疏理拥挤枝，定期修剪植株中心老枝，将其从基部移除，保持植株枝干结构开放。

冬青卫矛（E. JAPONICUS）

枝叶浓密的常绿灌木。尽管植株耐寒，但柔软的新枝时常受霜冻损伤。可进行墙式整枝。

■ **何时修剪** 春季中下旬。

■ **整枝与修剪** 需少量成形修剪，树篱植株可进行打顶，促进枝叶浓密。修剪树篱时，应使用修枝剪短截整枝枝条，避免整体整平（见第45页）。墙式整枝植株仅需稍微固定部分枝条。若有修剪需求，可移除老枝，牵引新枝代替。

欧洲卫矛（Euonymus Europaeus）
观赏表现稳定，仅需修剪防止植株中心枝条拥挤。

其他卫矛属灌木

卫矛（E. alatus）同欧洲卫矛。扶芳藤（E. fortunei）整体轻剪地被植株可促进枝叶生长浓密，墙式整枝植株（见第162页）轻剪亦可充分发展植株的蔓生、攀缘特性。西南卫矛（E. hamiltonianus）同欧洲卫矛。矮卫矛（E. nanus）、小卫矛（E. oresbius）需少量修剪。栓翅卫矛（E. phellomanus）同欧洲卫矛。东北卫矛（E. planipes）同欧洲卫矛。

大戟属（EUPHORBIA）

包含一年生、多年生多肉植物及部分灌木植物的大属，大部分物种观赏价值主要集中于叶片与苞片。部分物种耐寒，其他物种在冷凉气候区种植时需冬季保护。修剪需求根据物种不同而不同，但修剪时均需佩戴手套，因为大戟属的茎在折断时会分泌刺激性乳汁。

地中海大戟（E. CHARACIAS SUBSP. CHARACIAS)

常绿耐霜冻灌木，春季至初夏开花，大型圆锥花序，苞片黄绿色。植株茎两年生，第一年生长发育，翌年开花。花顶生，因此切忌短截枝条。枝条开花后不会再次开花，将其移除可加速植株的自然更新循环。

■ 何时修剪　盛夏，花后。

地中海大戟
花后将枝条修剪枝底部强枝处。

■ 整枝与修剪　花后将开花枝短截至底部强壮新枝或侧芽，抑或直接短截至植株基部。避免修剪生长中尚未开花的强健当年枝。植株大部分情况下无需大幅修剪，但若有需要可在冬末至春初进行平茬，平茬后恢复迅速。尽管平茬将导致当季无花，但下一生长季植株便会恢复开花。

一品红（E. PULCHERRIMA）

落叶或常绿灌木，苞片十分鲜艳，呈红、粉或白色。在热带地区植株可生长至较大体型，但在冷凉气候区（长势较弱）则作为家庭植物而广为种植。

■ 何时修剪　春季，花后。

■ 整枝与修剪　露天或室内栽培皆可通过重剪，移除花后开花枝的方式促进新枝生长。

其他大戟属灌木

美杜莎大戟（E. caput-medusae）无需修剪。树状大戟（E. dendroides）夏季休眠。仅需少量修剪。冲天阁（E. ingens）少量修剪。蜜腺大戟（E. mellifera）冷凉气候区栽培最好保持最低修剪量。铁海棠（E. milii）温暖气候区需少量修剪。若作为非规则式树篱种植，需打顶修剪所有主茎及侧枝，促进枝条分支。铁仔大戟（E. myrsinites）同地中海大戟。

白鹃梅属（EXOCHORDA）

中型耐寒落叶灌木，枝条垂拱，形态优雅，春末至夏初在去年生枝开艳丽的白色花，总状花序。幼株需少量成形修剪。植株可能产生大量基部枝条。成形植株每年春末花后修剪，移除弱枝，缓解枝条拥挤。将基部最多三分之一老枝及不可作替代枝的无用新枝移除。剩余枝条可在冬季移除。更新修剪需在春季完成，将所有老枝短截即可。

熊掌木属（× FATSHEDERA）

中型常绿灌木，伸展生长，叶大且形状美观，主要作观叶植物。植株耐寒，但冷凉气候区若提供避风环境有益于植株生长。该属为八角金盘属（Fatsia）与常春藤属（Hedera）的杂交属，兼具灌木与攀缘植物的特性。若作为独立型植株种植，需在幼期提供支撑，可培养成优良的标准型植株。然而，熊掌木更常依照邻墙灌木（见第162页）栽培，但植株不如常春藤具备攀附能力，因此需要绑定枝条提供支撑。植株攀附圆柱生长效果极佳。此外，由于植株具伸展性，亦可作为地被灌木种植。夏末对直立枝条短截，保持植株的整体轮廓。熊掌木亦可作为家庭植物种植，可使用栽培洋常春藤（Hedera Helix）品种的支柱进行种植。

八角金盘属（FATSIA）

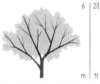

全属仅八角金盘（F. japonica）1种（译者注：目前已有3种），中型常绿灌木，植株枝叶伸展，枝干结构具建筑美感，叶片大、呈棕榈状，秋季成簇开白花，自然形成圆锥形花序。八角金盘耐蔽荫条件（海洋性气候区花园可全日照种植），冷凉气候区最好于避风处种植。植株可进行墙式整枝。若普通方式种植则仅需修剪控制植株大小。八角金盘也是热门的家庭植物。

■ 何时修剪　仲春。

■ 整枝与修剪　通常无需成形修剪，植株成形后亦仅需少量关注。弱枝及无用枝最好完全移除：短截修剪会破坏植株优雅的自然生长习性，且植株基部可自然抽枝。若作为邻墙灌木，需将生长离主枝过远的外向枝条移除。更新植株时，将老枝完全移除，保留位置适当的新枝。

其他观赏灌木

番樱桃属（Eugenia）常绿，少量修剪。
泽兰属（Eupatorium，异名Ageratina Bartlettina）冷凉气候区春季平茬。否则仅需少量修剪。黄蓉菊属（Euryops）幼苗需摘心。成形后仅花后轻剪。凤榴属（Feijoa）见第173页，野凤榴属。蓝菊属（Felicia）摘心修剪可促进植株茂密生长，形成圆形株型。标准型等造型亦可通过摘心修剪的方式培养。榕属（Ficus）见第66页观赏乔木词典及第271页攀缘植物词典。雪柳属（Fontanesia）同女贞（见第204页）。

连翘属（FORSYTHIA）

中型落叶乔木，亮黄色的花朵极富观赏价值。花期早春，成熟枝花量最盛，老枝则不然。金钟连翘（F. × intermedia 'Spectabilis'）等较为茂密的物种宜作非规则式观花树篱。连翘（F. suspensa）等其他种类的枝干较为松散，开放的物种则适宜进行墙式整枝。大型花园可密植连翘，植株的枝条可以互相提供支撑。

连翘属植物耐寒性与适应性极佳，但若不定期修剪，植株易走形，顶端生较长徒长枝，枝丛中心拥堵，植株底部则光秃，观花表现同样受损。

修剪花后枝条

植株成形后，将部分老化开花枝短截至强健的直立或外向侧枝。

■ **何时修剪** 仲春，花后。更新修剪在冬季或早春进行。

■ **整枝与修剪** 定植后3年内保持最低修剪量，使植株自然生长。3年后，每年将植株中心疏枝，将部分花后老枝短截至壮侧枝（见左图）。另外，选择1至2根老主茎从基部移除。墙式整枝（见第162页）需先培养骨干枝，再将骨干枝上的花后枝条短截，留1至2个芽。偶尔牵引新枝替换老化骨干枝。老化、走形的植株可通过重剪分2年进行更新（见第160页）。

棉绒树属（FREMONTODENDRON）

大型常绿灌木，花期夏季至秋季，当年枝开花，花黄色，开放时十分壮观。冷凉气候区需邻墙种植于阳光充足处。植株茎与叶覆有绒毛，具刺激性。

■ **何时修剪** 盛夏第一波花后。

■ **整枝与修剪** 种植具中心主干的标准型树时需进行支撑。成形植株仅需少量修剪。墙式整枝（见第162页）需固定主茎，形成骨干枝。而后将外向生长枝条短截至与墙面平行生长的侧枝处。植株寿命较短，且不耐重剪。

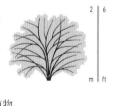

"加州荣光"棉绒树
（Fremontodendron 'California Glory'）
花后将枝条短截至强健侧枝处，进行替换。

倒挂金钟属（FUCHSIA）

多为小型落叶或常绿灌木，主要作观花植物，花形奇特，夏季至秋季于当年枝开花。多数物种具弯枝或垂枝习性。植株可适应大部分土壤及生长条件，部分物种及许多杂交品种不耐寒，但可在温室内盆栽。倒挂金钟属植物的园艺用途众多：既有美观的花境植物，又有可作为非规则式观花树篱的物种；有的可以进行墙式整枝，其他的则可以通过摘心修剪培养出各种观赏造型。

短筒倒挂金钟（F. MAGELLANICA）

落叶灌木，直立生长，花红色或紫色，花后结黑色果实。作孤景植物时一般每年重剪，但本种亦是优秀的非规则式观花树篱植物。

■ **何时修剪** 早春，植株发芽后。寒冷、开阔位置种植的植株可在秋季轻剪（短截枝条的三分之一），降低强风损伤的风险。

■ **整枝与修剪** 为幼株摘心可促进植株茂密生长。春季若地上部分因霜冻枯死，可将老枝短截至光秃的基部，注意修剪时不要损伤基部新芽。若枝条仍然存活，则将侧枝短截，保留最底部侧芽。

修剪树篱时，将侧枝短截至低处的健康侧芽处。蓬乱或空隙多的树篱植株可在春季

杂交倒挂金钟，整枝为标准型
春季植株主茎抽新枝时开始移除枯枝。

短截进行更新（见第47页）。若整排树篱都需要更新，可将植株错开修剪，隔一株进行重剪，将一半植株留至翌年修剪。

杂交倒挂金钟

名称众多的倒挂金钟杂交品种耐寒性亦不尽相同。在花园露天种植时，栽培方式可参考短筒倒挂金钟。其他耐寒性较差的植株则一般在温室中种植。许多品种的枝丛十分茂盛，可以通过摘心修剪进一步提高枝叶密度。然而杂交品种中也有"金色玛琳卡"

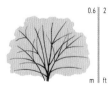

迷你金连翘（Forsythia Mini Gold）

许多栽培品种都拥有庞大的花量。植株先花后叶。

（Golden Marinka）和"摇摆时刻"等枝条较为松散的品种，这些品种较适合盆栽或吊盆种植。"田纳西华尔兹"（Tennessee Waltz）等长势强盛的品种可以采用摘心技巧整枝成标准型或扇形植株（见第168—171页）。

■ **何时修剪**　生长季皆可摘心修剪。

■ **整枝与修剪**　垂盆品种维护需求较少，一般仅需摘除突出枝条。灌木型植株需定期摘心（见第168页），促进植株均匀茂密的生长。标准型植株的整枝细则见第169页。灌木及垂盆（hanging-basket）倒挂金钟植株花后常被丢弃，但可以收集枝条作为扦插材料。扇形及标准型植株一般可栽培数年。冷凉气候区栽培时，冬季需将植株搬至室内。花后将植株轻剪，移除花后枝条，而后需待春季植株再次生长方可进行下一次修剪。

其他倒挂金钟属灌木

　　粗茎倒挂金钟（F. arborescens）大型常绿灌木，不耐霜冻。同短筒倒挂金钟。需要少量修剪，但可耐重剪。大红倒挂金钟（F. boliviana）少量修剪。新枝勿摘心。

　　树倒挂金钟（F. excortica）大型灌木或小型乔木，需少量修剪。可进行墙式整枝（见第162页），展示植株质感特殊的树皮。

　　长筒倒挂金钟（F. fulgens）同短筒倒挂金钟。

G

丝缨花属（GARRYA）

　　中型至大型常绿灌木，耐寒，叶革质，花期冬季至春季，垂悬的柔荑花序极具魅力（雄株花朵更壮观）。植株可作独立型孤景植物，非规则式或防风树篱，亦可靠任意方向的墙体，进行非规则墙式整枝（但霜冻可能会影响花朵表现，故向阳墙为佳）。

丝缨花（G. ELLIPTICA）

　　灌木植株，枝叶茂密，具灰绿色的柔荑花序。栽培品种"詹姆斯鲁夫"（James Roof）的花序最长。

■ **何时修剪**　早春，花谢后，发芽前。

■ **整枝与修剪**　若作为独立型灌木种植，无需修剪。墙式整枝（见第162页）需在定植时进行修剪，将植株短截至1至2根骨干枝，同时短截背墙生长的侧枝。成形后，将位置不良枝短截。生长过盛的植株可分3至4年将植株短截至骨干枝进行更新。

染料木属（GENISTA）

　　落叶灌木，春季或夏季在两年生枝条开豌豆状花朵。大部分物种耐寒，部分需避风种植环境，但全属植物皆需全日照条件。幼株应尽早种植，花后轻剪，保持植株茂密紧凑。偃山小金雀（G. aetnensis）最适宜标准型（见第165页），主干需设支撑。西班牙小金雀（G. hispanica）等丘状品种可在夏末花后整株轻剪。矮丛小金雀（G. lydia）不喜修剪。大部分染料木属植物重剪至老枝后不生新枝，故最好直接替换。

丝缨花（Garrya Elliptica）

栽培品种"詹姆斯鲁夫"（James Roof）。图中的独立型孤景植株正展示着其纤长的柔荑花序。

其他丝缨花属灌木

　　弗里蒙特丝缨花（G. fremontii）；伊瑟阔丝缨花（G. × issaquahensis）同丝缨花。香丝缨花（G. × thuretii）作为独立型灌木种植无需修剪。若作为非规则式树篱种植，可在夏末用修枝剪修剪。

银桦属（GREVILLEA）

　　常绿灌木及乔木（见第67页），夏季开花，花黄色或红色，十分美观，花期较长。"堪培拉宝石"（Canberra Gem）等部分品种耐寒，若种植于挡风向阳墙旁可在冷凉气候区露天栽培。温和气候区植株可作孤景植物，部分物种宜作非规则式树篱。幼株新枝摘心（见第155页）可促进枝丛茂密。寒冷地区可在仲春移除冻伤枝。如需限制植株大小或修剪树篱，可在夏末花后将枝条从基部移除。

其他观赏灌木

　　牛鼻栓属（Fortunearia）同金缕梅属（见第196页）。银刷树属（Fothergilla）同金缕梅属（见第196页）。巨麻属（Furcraea）见第41页，棕榈及类似植物。栀子属（Gardenia）同山茶属（见第180页）。帽珠树属（× Gaulnettya）；佳露果属（Gaylussacia）见白珠属。白珠属（Gaultheria）需少量修剪。移除蘖芽（见第153页以限制植株扩张）。若枝条渐显细长可将其短截至老枝。智利榛属（Gevuina），无特殊修剪需求。彩叶木属（Graptophyllum）无特殊修剪需求。扁担杆属（Grewia）无特殊修剪需求。红鹃木属（Greyia）无特殊修剪需求。

胶菀属 (GRINDELIA)

属内植物夏季开花，少量灌木物种耐寒性较强，可在冷凉气候区避风位置露天栽培。严重霜冻常导致枝条枯死，但植株春季会产生新枝。温暖气候区栽培时，植株易生细长茎，易倒伏。在幼期勤摘心可以促进植株生长更加茂密紧凑。定植后第一个春季将幼株新枝短截三分之一。此后若在温暖地区仅需保持少量修剪。寒冷地区则需在春季进行修剪，将枝条短截至基部或健康部分。

南茱萸属 (GRISELINIA)

中型至大型常绿灌木，适应沿海气候条件，耐寒，在沿海地区生长良好，常作挡风树篱或非规则式树篱。内陆寒冷地区种植易受冻伤。植株枝条及基部皆可生新枝，自然形成圆形，无需成形修剪。孤植灌木可在春季移除冻伤枝，除此之外应尽量避免修剪。树篱可在夏季使用修枝剪进行轻剪，避免损伤叶片（另见第44页，树篱）。植株重剪后形成大量强健新枝。

菊三七属 (GYNURA)

热带常绿亚灌木及垂吊植物（见第271页），主要作观叶、观花植物，花期冬季。冷凉气候区可温室栽培，需较高湿度及夏季遮阴。幼株新枝摘心可促进植株生长茂密。仲春将所有枝条短截至距地面高度8厘米以下。

菊三七幼株叶片
将新枝摘心可以促使植株生长出茂密美观的新叶。

H

金缕梅属 (HAMAMELIS)

耐寒落叶大型灌木或小型乔木，大部分物种有艳丽的秋叶，冬季开红或黄色花。属内植物生长习性相近，不过部分物种惯生根蘖，其他则不生根蘖。许多命名栽培品种都通过嫁接繁殖，一般采用具根蘖性的弗吉尼亚金缕梅作为砧木。不过，该种的落叶时间较晚，因此易于甄别。金缕梅一般生长较缓，修剪后亦需较长时间恢复，因此仅应在成株超出其设计生长空间时进行修剪。

金缕梅

伸展型灌木，秋季叶片呈黄色。冬季开芳香的黄色花。

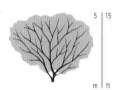

■ **何时修剪**　早春，花后，发芽前。

■ **整枝与修剪**　保持最低修剪量。如需移除

修剪金缕梅

1 修剪交叉枝，防止枝条相互摩擦损伤；将枝条短截至位置适当的侧枝处。

枝条，可将其短截至健康新枝处。植株一般为嫁接株，且易生根蘖。根蘖的移除方式见第153页。植株重剪后恢复缓慢，且重剪嫁接植株可能会导致砧木占据生长优势。

春金缕梅 (H. VERNALIS)

根蘖性灌木，冬春开花，秋季叶色斑斓。

■ **何时修剪**　同金缕梅。

■ **整枝与修剪**　保持最低修剪量。可移除植株根部生长的蘖芽缓解拥挤状况或用于繁殖。植株可通过移除两年生以上枝条进行更新。

> **其他金缕梅属灌木**
>
> 间型金缕梅（H. × intermedia）及栽培品种，日本金缕梅（H. japonica）同金缕梅。弗吉尼亚金缕梅 秋季开花，栽培方式同春金缕梅。

2 将弱枝或不健康枝整根移除。

长阶花属（HEBE）

小型匍匐或大型常绿灌木，花叶皆具观赏价值。部分物种适宜在岩石花园内种植。属内物种耐寒性差异较大，大叶型较易受冻伤。不过绝大多数长阶花可从老枝发芽，且较耐重剪、平茬，用以移除冻伤或风伤枝条。短截细长枝可保持植株相对齐整。多数种通过移除开败花穗可增进植株长势。斑叶品种常生绿叶枝，如不尽早移除可能导致返祖枝占据优势。

柏叶长阶花（H. CUPRESSOIDES）

常绿灌木，花淡紫色，量少，主要作观叶植物，"巴顿之穹"（Boughton Dome）等栽培品种植株整体圆形，颇为美观。

■ **何时修剪**　春季。

■ **整枝与修剪**　柏叶长阶花的花多不甚惹眼，因而可以每年进行整体轻剪，牺牲花朵

冻伤的"佩吉"厚叶长阶花

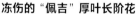
将植株的枯死部分和冻伤枝（左上图）完全移除，而后整体轻剪整株植物（右上图）刺激植株产生新枝。

换来齐整的株型。春季若有新芽产生可进行重剪。若将植株重剪至老枝可能无法恢复。

厚叶长阶花（H. PINGUIFOLIA）

匍匐型灌木，是较受欢迎的地被植物，叶片小，呈绿灰色，春末至夏季开花。白花品种"佩吉"（Pagei）最广为人知。

■ **何时修剪**　春季及夏季花后。

■ **整枝与修剪**　春季中下旬将冬季冻伤或回枯的枝条移除。夏季使用整篱剪修剪植株，移除枯花，维持植株紧凑生长。

美丽长阶花（H. SPECIOSA）

中型灌木，叶片大而光泽，夏季与秋季开紫色穗状花。寒冷气候区植株常受冻伤。本种是许多杂交品种的亲本，这些品种的修剪需求大多与本种相似。

"伟大奥姆"长阶花（Hebe 'Great Orme'）
同美丽长阶花，春季修剪，为枝条留下充足的时间在夏季中旬至秋季中旬生长开花。

■ **何时修剪**　春季中下旬，植株开始旺盛生长时。

■ **整枝与修剪**　除确保株型发育均匀外（见第157页）仅需少量成形修剪。成形植株需修剪移除冻伤枝，并维持植株整体株型，若有需要可重剪枝条。不过，由于植株对重剪耐受程度不佳，因此若老株需要大幅修剪方可更新复壮，最好直接使用新株代替。

半日花属（HELIANTHEMUM）

匍匐型常绿灌木，适宜岩石花园或阳光充沛的花境种植，夏季开杯状花。半日花有许多花色不同的命名栽培品种可供选择。如不修剪，植株将会渐显蓬乱，不断累积老枝。

■ **何时修剪**　夏季中旬至下旬，花后。

■ **整枝与修剪**　摘心修剪幼株（见第168页）使植株形成紧凑的生长习惯。轻剪可保持植株造型齐整，促进复花。与整篱剪的整体修剪相比，使用修枝剪单独修剪枝条效果更佳。

蜡菊属（HELICHRYSUM）

常绿灌木及亚灌木，主要作观叶植物。冷凉气候区有数种足够耐寒，可露天种植，但易受冻伤。半耐寒的蔓生蜡菊（H. petiolare）常作夏季花境或盆栽植物，冬季取枝条作为扦插材料用于温室栽培。所有蜡菊属植物皆耐轻剪，修剪主要目的为改善叶片观赏表现，不过蜡菊老枝不生新芽。

意大利蜡菊（H. ITALICUM）

耐寒灌木，枝叶茂密，叶银灰色，具有独特的方向，夏季开黄色头状花。其亚种晚花意大利蜡菊（H. italicum subsp. serotinum）的叶片密布茸毛。

■ **何时修剪** 春季。

■ **整枝与修剪** 移除冻伤枝，将细长枝短截至老枝。除此之外一般修剪需求较少。走形植株可于春季重剪，修剪后可生出大量新枝。

蔓生蜡菊

半耐寒灌木，茎银灰色，蔓生叶灰色，覆茸毛。

蔓生蜡菊

尽管蔓生蜡菊一般作为蔓生植物种植，但亦可通过整枝呈现标准型等造型。夏季定期摘心，使植株保持茂密紧凑的生长形态。

夏季开奶白色花，但一般作观叶植物种植。植株可自然蔓生，或使用摘心修剪培养成标准型、圆锥形或圆柱形等观赏造型。

■ **何时修剪** 春季。生长期需定期掐除长枝，保持植株茂密生长。

■ **整枝与修剪** 定期摘心，促进植株茂密生长，若植株形成无用的花苞可将其移除。标准型等特殊造型的整枝见第168—171页，摘心修剪。不推荐更新修剪。

其他蜡菊属灌木

闪亮蜡菊（H. splendidum）同意大利蜡菊。深脉蜡菊（H. plicatum），耶尔群岛蜡菊（H. stoechas）同意大利蜡菊，但重剪后恢复较差。

天芥菜属（HELIOTROPIUM）

南美天芥菜（Heliotropium Arborescens）及其杂交品种为常绿灌木，植株在当年枝开花，花有芬芳，且花期持续整个生长季。天芥菜属植物不耐寒，但宜作夏季花境植物、户外盆栽植物，或进行温室栽培。单棵植株栽培1至2年后一般进行替换。温暖气候区保持少量修剪即可。幼株进行摘心修剪可促进植株茂密生长。大型植株需进行支撑。天芥菜可使用摘心修剪技术培养为标准型（见第169页）植株，为幼株添设支柱并进行定干，移除所有主干侧枝。在主干高度上方的3片叶片处将顶枝截断。生出新枝后重复摘心可促进植株茂密生长。若欲将标准型植株保留至翌年，可在秋季轻剪叶丛。

通过摘心修剪培养出茂密的叶丛

主干

杂交天芥菜

尽管天芥菜常作为一年生花境植物栽培，但亦可整枝为标准型植株。

冬青楠属（HETEROMELES）

属内仅一种柳叶冬青楠［H. arbutifolia异名为柳叶石楠（Photinia arbutifolia）］，大型耐寒常绿灌木或乔木，夏末开白花，花后结红色果实。植株耐霜冻，寒冷地区需避风种植。冬青楠枝叶茂密，伸展性较强，植株极耐修剪，可作多主干或单主干型植株种植。修剪工作于冬末至春初进行。摘心修剪幼株可促进植株生长茂密。植株成形后需略微疏枝，如需进行造型或控制植株大小，可将枝条短截至适宜的替代枝处。老株更新可在冬末或早春进行，在植株发芽前将枝条短截至主要骨干枝处。冬青楠亦是良好的非规则式树篱植物（见第44页）。

柳叶冬青楠

开花灌木，适应力强，可修剪成各种造型。

纽扣花属（HIBBERTIA）

小型至中型常绿灌木，花朵美观，黄色或橙色，通常春季及夏季开花（部分物种可在全年大部分时间开花）。部分物种耐轻微霜冻，其余则需无霜冻气候。匍匐或半匍匐型物种（适宜盆栽）需少量修剪。其他物种可在幼期摘心修剪，促进茂密生长。不过，若需维持植株株型的紧凑，还应在花后或盛花期之间进行打顶修剪，移除枯花。春季对拥挤的枝条进行疏枝。纽扣花属种亦有几种攀缘植物（见第273页）。

木槿属（HIBISCUS）

属内包括一年生植物与多年生宿根植物，此外还有数种落叶、常绿灌木与小型乔木。木槿为观花植物，夏末在当年枝开花，花较大，形似锦葵。木槿需要温暖避风的种植地点，同时还需全光照条件方可保证花期表现。不耐寒物种无法在寒冷气候区露天种植，但可在温室中种植。

朱槿（H. ROSA-SINENSIS）

常绿灌木，植株呈圆形，有数种命名栽培选育品种，花多艳丽，花期持续整个生长季。朱槿需要温暖、无霜冻的户外生长环境，可作为树篱或屏障树篱。植株在冷凉气候区则可作为温室盆栽植物种植。盆栽植株可以通过修剪控制大小，同时促进开花。

■ 何时修剪　晚春。

■ 整枝与修剪　在必要情况下可轻剪幼株（见第175页），确保枝干结构的均衡发展。成形植株修剪可将主枝短截最多三分之一长度，同时短截侧枝，留2至3个侧芽。枯枝易染珊瑚斑病菌，故应及时移除。完全更新植株需将较老枝条完全移除，剩余重剪。植株修剪后通常反应较佳，但若大部分枝条出现回枯迹象则最好将植株替换。

更新株型不良的木槿植株

2 轻剪剩余部分枝条，移除弱枝或不健康枝。

1 移除位置不良及倒伏枝条，可从基部截除，或短截至竖直生长的强枝处。

木槿（H. SYRIACUS）

落叶灌木，完全耐寒，花色较多。木槿易患枯枝病，适宜在开放位置种植。植株偶尔出现根系不牢的情况，可能导致整体倾斜或倒伏。

■ 何时修剪　晚春。

■ 整枝与修剪　修剪幼株，促进基部分枝。

成形植株需保持最低修剪量，但如有枝条出现枯枝病症状应立刻修剪至健康部分。更新修剪方式同朱槿。倾斜植株在重新造型（见上图）后若移栽至避盛行风处便可很快恢复，否则倾斜倒伏问题会再次发生。

其他木槿属灌木

沼泽木槿（H. diversifolius），异叶木槿（H. heterophyllus），木芙蓉（H. mutabilis）同朱槿。华木槿（H. sinosyriacus）同木槿。黄槿（H. tiliaceus），考艾岛木槿（H. waimeae）同朱槿。

沙棘属（HIPPOPHAE）

完全耐寒落叶乔木及灌木，雌雄异株。雌株的叶片与果实较具观赏价值，最好种植于开阔位置。植株惯生根蘖，常形成树丛，但可以整枝为标准型。沙棘亦可作树篱（见第44页），在沿海地区表现优异。植株对海风的耐受性较强。

■ 何时修剪　夏季，此时最易区分枯枝与活枝。

■ 整枝与修剪　修剪需求在成形阶段或成形后阶段皆较少。成株扭曲枝条较多，若枝丛较为拥挤，可将部分枝条短截至地面，同时移除植株周围的多余根蘖。不过，大幅度修剪很可能刺激植株产生大量根蘖。尽管植株可整枝为标准型（见第165页），植株的树冠一般呈不规则造型，需要花费较多精力进行塑形。树篱若需修剪可在夏末进行。

其他观赏灌木

青荚叶属（Helwingia）少量修剪。
七子花属（Heptacodium）若有需要可在夏季进行少量修剪。
密钟木属（Hermannia）无特殊需求。可耐修剪。
绥带木属（Hoheria）温暖气候区可在花后轻剪。冷凉气候区则应将修剪时间延迟至春季，且仅应修剪冻伤枝。
绣珠梅属（Holodiscus）无特殊需求。若需更新，可移除三分之一的枝条，同尖绣线菊（见第219页）。紫彗豆属（Hovea）摘心修剪幼株，花后为开过花的细长枝轻剪或疏枝。

绣球属 (HYDRANGEA)

中型至大型落叶灌木，完全耐寒至耐霜冻，夏末至秋季开花。全属皆耐修剪。部分物种为林地植物，需要较多关注。园艺品种则可不修剪，但修剪后花朵表现更佳。部分物种可进行墙式整枝，但直接选择藤本物种（见第273页）则更加简单。

大花绣球 (H. MACROPHYLLA)

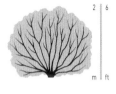

灌木，枝叶茂密，栽培品种众多，夏季枝梢开花。部分品种开圆形头状花序，大部分为无性花（又称奥尔坦丝绣球或拖把头绣球）。其余则开平顶头状花序，花序外围为较大的无性花，内侧则为较小的有性花（又称花边绣球）。植株一般在去年生枝条开花，通常仅需稍加关注即可，但若定期修剪可以提高花朵表现。

■ 何时修剪　温暖气候区可在花后修剪。冷凉气候区冬季应保留枯花以保护植株下方新枝，待仲春再行修剪。

■ 整枝与修剪　植株仅需少量成形修剪。植株成形后（见右上图）将细弱枝条及1至2根老枝短截至植株基部。将去年开花过的枝条短截最多30厘米，修剪至扁平的侧芽处。这些侧芽将会形成开花枝。疏于管理的走形植株或冻伤植株可在春季平茬，但当年夏季植株无法开花。

大花绣球的春季修剪

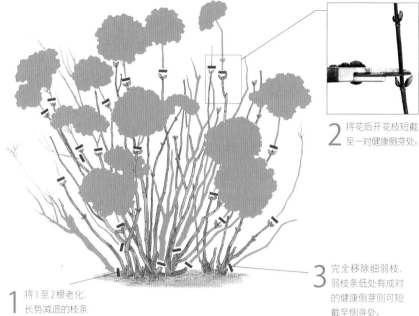

1 将1至2根老化、长势减退的枝条短截至地面。

2 将花后开花枝短截至一对健康侧芽处。

3 完全移除细弱枝，弱枝条低处有成对的健康侧芽则可短截至侧芽处。

圆锥绣球 (H. PANICULATA)

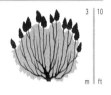

直立型灌木，夏末在当年生枝开大型圆锥形花。

■ 何时修剪　早春，植株开始生长前。

■ 整枝与修剪　植株并无修剪必要，但每年将枝条短截至木质化骨干枝处（见下图）可使植株花朵表现更佳。植株最低可短截至25厘米高度的秃枝处，如种植于花境后方则将修剪高度提升至60厘米以上。翌年春季将所有枝条短截至骨干枝上方位置最低的一对侧芽。疏于管理的走形植株可通过重剪培养出位置较低的骨干枝，修剪后通常恢复较佳。

其他绣球属植物

树状绣球 (H. arborescens) 少量修剪，或参照圆锥绣球进行修剪。马桑绣球 (H. aspera)，微绒绣球 (H. heteromalla)，栎叶绣球 (H. quercifolia)，紫彩绣球 (H. sargentiana)，柔毛绣球 (H. villosa) 春季若有需求可进行少量修剪。锐齿绣球 (H. serrata) 同大花绣球。

其他见第273页，攀缘植物词典。

将圆锥绣球修剪至低矮枝干结构

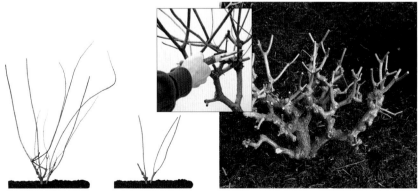

定植后第一个春季　选择3至4根强枝短截至25至60厘米，移除其余枝条。

成形植株　每年将枝条去年生长部分短截至最低处一对侧芽。移除枯死枝。

花期成形植株　每年重剪将会减少花量，但每簇花的体型也更大。

金丝桃属（HYPERICUM）

物种多样的大属，大部分物种为长势强盛的耐寒落叶、常绿灌木，大小各异，花亮黄色，花期较长，从夏末延伸至秋季。部分物种宜作地被植物，体型较大的金丝桃属植物可作非规则式观花树篱。修剪方式需要根据栽培物种与栽培目的决定。

冬绿金丝桃（H. CALYCINUM）

矮生常绿灌木，其地下茎位于土表浅下方，向四周蔓延，同时产生新植株，借此从单棵植株向外扩张。本种宜作干燥、树荫环境的地被植物种植，但需要注意控制植株扩散。植株在当年枝开花，在阳光充沛处种植的植株花量最大。每年修剪可以使植株产生新叶，同时将其控制在生长范围内。

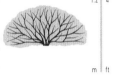

■ **何时修剪** 早春。

■ **整枝与修剪** 将所有枝条的去年生长部分短截，修剪可使用整篱剪，如作为地被植物大范围种植，则可以用调整到最高修剪高度的割草机或尼龙线打边机进行整体修剪。若需控制植株的扩散，可将植株外缘根系切断，但是这一操作可能会刺激植株产生新株。

川滇金丝桃

通过移除部分老枝（见下图）使植株形成开放整齐的结构。

川滇金丝桃（H. FORRESTII）

常绿或半常绿灌木，枝叶茂密，枝条生长初期直立，后期弯垂。每年修剪可以增加植株花量，且隔数年重剪有利于植株生长。本种及其他习性相近的金丝桃属植物可作为树篱种植。

■ **何时修剪** 春季。

■ **整枝与修剪** 独立型植株需先移除老枝或细弱枝，而后将剩余枝条短截至基部或强侧枝处，保持植株生长紧凑。作为树篱栽培见第44页。如需更新老化或疏于管理的植株，可在春季将植株平茬，平茬后植株一般产生大量强健新枝。

其他金丝桃属植物

埃及金丝桃（H. aegypticum）；群岛金丝桃（H. balearicum）习性强健，无需修剪。浆果金丝桃（H. androsaemum）同冬绿金丝桃，但仅需每2至3年短截一次。栽秧花（H. beanii）；美丽金丝桃（H. bellum）；"希德科特"金丝桃（H. hidcote）同川滇金丝桃。无味金丝桃（H.×inodorum）同浆果金丝桃。贵州金丝桃（H. kouytchense）；莫斯金丝桃（H.×moserianum）同川滇金丝桃。"罗瓦兰"金丝桃（H. Rowallane）同川滇金丝桃，但若植株冻伤应进行平茬。

其他观赏灌木

澳董木属（Hymenanthera）少量修剪。桃花岗松属（Hypocalymma）仅在必须情况下进行轻剪；重剪会破坏植株生长习惯。神香草属（Hyssopus）早春将植株平茬。树篱植株在春季上中旬轻剪。疏于管理的走形植株可进行重剪，修剪后恢复良好。八角属（Illicium）少量修剪，夏季花后可耐短截修剪。

I – K

冬青属（ILEX）

绝大部分为常绿乔木（见第68页）及灌木，完全耐寒至半耐寒，雌雄异株。一般作观叶、观果植物，秋冬季为雌株浆果观赏期。冬青一般耐污染及海洋气候条件，向阳和树荫处皆可栽培。冬青长势较缓，无需修剪亦可长成优良的景观树，但植株对修剪反应良好，且可以通过修剪呈现更规则式的造型。部分品种可用于种植规则式或非规则式树篱。

北美齿叶冬青（I. OPACA）

挺拔的常绿灌木或小型乔木，浆果红色［其黄果变型种（I. opaca f. xanthocarpa）的果实为黄色］，叶片椭圆形，浅绿色，有光泽，带些许刺。植株完全耐寒，但在大陆性气候下生长最佳。温带气候区植株若作树篱表现不佳，挂果率亦较低。

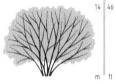

■ **何时修剪** 夏末，新枝成熟但尚未木质化时。

■ **整枝与修剪** 植株生长初期需促进单一主茎生长，除此之外较少成形修剪需求。植株成形后耐修剪，但如作为非规则式景观树种植仅需少量修剪。规则式树篱需从种植早期使用整篱剪修剪（这意味着无法获得浆果）。独立型植株和树篱可通过大幅重剪更新复壮（见第160页）。重剪需分2至3年进行。

其他冬青属灌木

齿叶冬青（I. crenata）枝叶茂密的耐寒灌木，果实黑色。作为孤植灌木时仅需少量修剪，但植株亦可作造型灌木或树篱，管理方式同北美齿叶冬青。蓝冬青（I.×meserveae）叶片较深，略泛蓝；新叶观赏效果最佳，因此作为树篱并使用轻剪维护效果最佳。修剪方式同北美齿叶冬青。猫儿刺（I. pernyi）作为孤植灌木或小型羽形树栽培最佳（见第25页），且仅需少量修剪。轮生冬青（I. verticillata）落叶植物，需少量修剪。

其他冬青属植物见第68页，观赏乔木词典。

木蓝属（INDIGOFERA）

小型至中型落叶多主枝灌木，夏季至初秋在当年只开豌豆状花。

异花木蓝（I. HETERANTHA，异名为I. GERARDIANA）

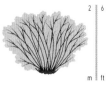

中型灌木，枝条弯拱，夏季开紫红色花，总状花序。尽管植株耐寒，但仅在温暖气候区才可达到最高株高。冷凉气候区植株易受冻伤，且最好每年春季重剪，促进健壮新枝生长。

■ **何时修剪** 春季上旬至中旬，植株发芽前。

■ **整枝与修剪** 温暖气候区保持最低修剪量。寒冷地区种植时，将弱枝移除，并将其他枝条短截至邻近地面的高度。疏于管理的走形植株可在春季大幅重剪，修剪后植株会产生大量健壮新枝。

其他木蓝属植物

多花木蓝（I. amblyantha）可将植株基部木质化枝条培养为低矮的骨干枝，增加植株高度。澳洲木蓝（I. australis），庭藤（I. decora）、花木蓝（I. kirilowii）小型灌木。

异花木蓝
与其他木蓝属植物相同，若在冷凉气候区种植，最好在春季将植株平茬。

龙船花属（IXORA）

小型不耐寒常绿灌木，需要温暖、无霜冻的气候条件。当年枝开花。龙船花的枝条纤细，定期修剪可使植株枝叶生长更加茂密。新枝长达15厘米时，进行摘心。花后将枝条当年生部分短截约一半，为植株塑形。老化植株可在冬末或初春进行疏枝，而后将剩余枝条短截至约30厘米高度，完成更新复壮。

素馨属（JASMINUM）

小型至中心落叶或常绿灌木，枝条弯拱，长势强盛。矮探春（J. humile）、细叶黄馨（J. parkeri）等灌木物种在夏季于去年生枝开花。花黄色，顶生，星状，成簇。需要修剪以防止老枝堆积。冷凉气候区将耐寒性较弱的物种靠墙种植有利于植株生长。素馨幼株需要少量修剪。成形植株可在花后移除1至2根老枝。若需对疏于管理的植株进行幅度较大的修剪，最好在春季进行。但与之相对，当年夏季的花量将大幅度较少。

山月桂属（KALMIA）

小型至大型常绿灌木，若种植于光照充足处，可开出惊艳的花朵，花期主要集中于初夏。仅需极少量修剪，但在条件允许的情况下可移除残花。超过指定生长范围的植株可进行短截修剪，重剪工作分2至3年进行。

棣棠属（KERRIA）

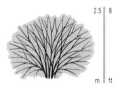

完全耐寒落叶灌木，株高中等，长势强盛，惯生根蘖，枝条拱垂，花期春季。属内仅一种棣棠花（K. japonica），重瓣形态一般长势更强。植株每年从地面生出竿状新枝，这些新枝将在翌年开花。修剪一般用于防止老枝堆积以及移除不美观的残花枝条。

■ **何时修剪** 春末，花后。

■ **整枝与修剪** 花后将开花枝短截至强侧枝或地面，使株型均衡、开放。将枝条短截至不同高度可以促进植株在不同高度形成开花枝，若植株冠幅过宽，可用铲子将外围枝移除；铲出的根蘖可作为繁殖材料。欲更新植株，可在春季将植株平茬。

猬实属（KOLKWITZIA）

属内仅猬实（K. amabilis）一种。美丽的中型落叶灌木，花粉色，两年生木枝会在春末或夏初开花。

修剪棣棠花

1 为了维持植株的长势，可在每年春季将三分之一以下的枝条短截至地面高度。

2 将其余花后枝条短截至强健的新侧枝处。

■ **何时修剪** 盛夏，花后。

■ **整枝与修剪** 幼株应保持最低修剪量，让植株自行发展垂拱的生长习性。成形植株可能产生根蘖，且基部易生新枝。每年需为植株疏枝：从最老枝开始，选择植株四分之一至三分之一的枝条进行修剪，将其短截至低处侧枝或基部。若需更新植株，可将老枝重剪至近地面高度，保留5至7根强壮直立的新枝。

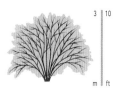

L

马缨丹属（LANTANA）

常绿灌木，开管状花，头状花序。属内最为知名的物种马缨丹（L. camara）在部分热带及亚热带地区属于杂草，但马缨丹及其他属内植物在温带地区却作为花境和温室植物而为人所知。可整枝为标准型。

■ **何时修剪** 春季，温室栽培的标准型植株需在秋季轻剪。

■ **整枝与修剪** 使用摘心修剪法将植株整枝成标准型（见第169页）。首先培育出一根单独主枝，并在理想主干高度上方将枝条顶芽掐去，随后重复摘心修剪侧枝，形成茂密的叶丛。植株通常栽培满一年后丢弃。若需保留标准型植株过冬，可在秋季将叶丛侧枝短截至约8厘米。

薰衣草属（LAVANDULA）

小型常绿灌木，完全耐寒至半耐寒，常具灰绿色叶片和芳香花朵，花色多为淡紫色或紫色，亦有白色或粉色花，花期夏季。薰衣草最好种植于光照充足处，适宜成排种植。作为树篱或镶边植物时，可按照23至30厘米的间距种植。每年修剪可以保持植株的紧凑，并且防止植株底部光秃。

花葵属（LAVATERA）

落叶灌木，长势强盛，花期极长，从夏季一直延续到秋季，当年枝开花。花葵属内植物耐寒性从完全耐寒至耐霜冻不等，但偏好温暖、光照充足的种植环境。植株枝条较脆，沉重的老枝可能断裂。因此，花葵属植物易受霜冻及强风损伤；全属植物皆耐重剪，可通过修剪维持枝丛齐整，改善花朵表现。

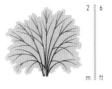

"巴恩斯利"花葵（Lavatera 'Barnsley'）

每年新枝开始生长后将植株重剪至基部。

薰衣草（L. ANGUSTIFOLIA，英国薰衣草）

枝叶浓密，花期夏季，花穗状，有芳香。有许多栽培品种及杂交品种，其中包括"希德科特"（Hidcote）及矮生品种"孟士德"（Munstead）。

薰衣草

冷凉气候区，可在秋季移除枯花，清理植株（或收获最后一波花），而后在春季霜冻风险期过后进行重剪。

■ **何时修剪** 春季，植株发芽，且晚春严重霜冻期过后。开阔地点种植的植株需在秋季短截枝条。生长期间，可移除伤枝。

■ **整枝与修剪** 春季移除弱枝，将其他枝条短截至地面30厘米高度以下（见下图）。生长季期间，移除所有受损枝。若植株种植于强风较多的位置，需在秋季将枝条短截，修剪长度最多可到该枝长度的一半。由于花葵的寿命不长，因此老化植株或疏于管理的走形植株最好直接替换。

■ **何时修剪** 温暖气候区可在秋季修剪，但在寒冷气候区仅应在秋季移除枯花，清理植株，修剪工作则应延迟至翌年春季。

■ **整枝与修剪** 重剪幼株，促进植株茂密生长。成形植株可进行轻剪，移除去年生长部分。如在秋季进行枯花移除工作，简单地移除长而光秃的花穗即可。植株的叶片应予以保留，使其在冬季保护嫩芽。树篱植株采用相同方式修剪。植株重剪至老枝时不生新芽。老化植株或疏于管理的走形植株最好直接替换。

其他薰衣草属植物

齿叶薰衣草（L.dentata），窄叶薰衣草（L. × intermedia）同英国薰衣草。法国薰衣草（L. stoechas），蝴蝶薰衣草（L. stoechas subsp. Pedunculata）同英国薰衣草，但耐寒性稍次。

其他观赏灌木

紫玲花属（Iochroma）长筒蓝曼陀罗（I. cyaneum）不耐寒，但耐轻微霜冻。冬末或春初修剪，修剪至老枝。短截三分之一到一半的长度。棒槌木属（Isopogon）同山月桂属，但切勿摘除枯花。鼠刺属（Itea）温暖气候区，北美鼠

刺（I. virginica）需轻剪。冷凉气候区则进行非规则式墙式整枝，同"朗格利希斯"南鼠刺（见192页）。岩绣梅属（Jamesia）无修剪需求。棱瓶花属（Juanulloa）蔓生灌木。温暖气候区可进行墙式整枝，或设置支撑后可独立种植。盆栽时，

栽培方式同黑爵床属。黑爵床属（Justicia）冬末移除枯花或短截花后开花枝。温暖地区，若枝叶无冻伤，可每2至3年将所有枝条短截一半。缨柳梅属（Kunzea）花后轻剪。杜香属（Ledum）少量修剪即可。

狮耳花属（LEONOTIS）

狮耳花（Leonotis Leonurus），常绿亚灌木，叶片有芳香，亮橘红色的花朵轮生，夏季与秋季开花。在良好生长条件下，植株一年可生长2米。狮耳花不完全耐寒，但加以保护便可在冷凉气候区度过温和的冬天。另外，狮耳花也适合在温室中全日照种植，但冬季需保持种植环境凉爽。

■ **何时修剪** 温暖气候区秋季修剪；冷凉气候区春季花后修剪。

■ **整枝与修剪** 打顶修剪新枝促进枝条分枝。温暖气候区可将枝条去年生长部分短截至低矮的永久骨干枝。冷凉气候区可将所有枝条短截至距地面高度15厘米以内。疏于管理的走形植株亦可用这一方式更新。

胡枝子属（LESPEDEZA）

小型至中型灌木，部分物种在温和气候区为常绿植物。胡枝子期夏末或秋季，于当年枝开白色至紫色的豌豆状花。温暖气候区可在每年春季移除部分老枝。冷凉气候区植株易受严重霜冻影响导致地上部分死亡，即使有暖墙保护亦然。可用干草或类似的覆根物在冬季保护植株根系，并在霜冻危险期过后将老枝平茬。

女贞属（LIGUSTRUM）

中型至大型常绿及落叶灌木，完全耐寒至耐霜冻，一般作观叶、观花植物。植株长势强健，耐污染，耐修剪，适应多种生长条件的特性使其成为备受欢迎的规则式树篱植物。散生女贞（L. confusum）及落叶或半常绿品种小蜡［或称中国女贞（L. sinense）］等品种观赏性较强，可作为独立型灌木种植。女贞属植物同样可以用于造型灌木（见第48页）或种植为标准型植株。

卵叶女贞（L. OVALIFOLIUM）

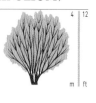

大型常绿或半常绿灌木，完全耐寒，长势旺盛，叶片有光泽，夏季开白花，花后结黑色果实。部分栽培品种有缤纷的斑叶。

■ **何时修剪** 春季。

■ **整枝与修剪** 独立型灌木仅需最低程度修剪，定植时无需修剪。斑叶植株需定期检查是否有返祖枝形成，若有发现需立即移除（见第153页）。树篱植株应在定植幼株时将植株短截至30厘米高度，并在随后2至3年内每年将新枝短截一半，以确保树篱基部的茂密生长。标准型植株的整枝见第165页。

垂枝小蜡（Ligustrum Sinense 'Pendulum'）

垂枝小蜡为落叶灌木，枝条浓密，叶片椭圆形，色浅，植株夏季形成大型圆锥花序，花白色，有芳香。

树篱与造型灌木应在晚春至晚夏期间修剪2至3次。老化及疏于管理的走形植株或树篱可在春季重剪进行更新复壮，但这一操作可能导致斑叶植株退化。

其他女贞属植物

紫药女贞（L. delavayanum）；日本女贞（L. japonicum）；女贞（L. lucidum）同卵叶女贞。水蜡树（L. obtusifolium）同卵叶女贞，或种植为矮主干标准型植株（见第165页），主干须低于60厘米。小蜡（L. sinense）；欧洲女贞（L. vulgare）同卵叶女贞。

鬼吹箫属（LEYCESTERIA）

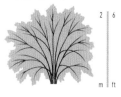

耐霜冻至半耐寒成丛落叶灌木。新枝当季即可开花。鬼吹箫（L. formosa）的茎翠绿色，中空如竹子，冬季极具观赏性。植株需要光照充足、避风的种植环境。植株中空的茎常因强风折断。缺乏修剪易造成植株拥挤。

■ **何时修剪** 春季。

■ **整枝与修剪** 每年将枝丛疏枝，将弱枝修剪至近地面高度。疏于管理的植株可通过大幅度修剪进行更新，将所有枝条短截至基部5至8厘米处。修剪后施肥，帮助植株恢复。

鬼吹箫

鬼吹箫属植株可以形成美观、弯拱的枝丛。由于缺乏修剪的植株易逐渐拥挤并开始形成弱枝，因此春季需将部分枝条短截至地面。

忍冬属 (LONICERA)

完全耐寒至不耐霜冻落叶及常绿灌木，部分株型较大，其余则匍匐生长。忍冬一般在两年生枝条开花，香气浓郁，部分品种花后结美观的果实。忍冬长势及适应性极强，通常较耐修剪，属内许多植物质感垂拱，若不加以修剪植株易渐生蓬乱。亮叶忍冬（L. nitida）、硬骨忍冬（L. xylosteum）等其他物种则更加紧凑，宜作树篱。修剪的时机需要根据具体物种的花期及栽培目的决定。属内亦有部分观赏攀缘植物（见第276页）。

亮叶忍冬 (L. NITIDA)

常绿灌木，完全耐寒，生长茂密，花奶白色，较小型。植株茂密的生长习性使其成为种植低矮规则式树篱的良好选择。亮叶忍冬有"金叶"（Aurea）和"巴格森金"等叶色各异、较受欢迎的栽培品种。

■ 何时修剪　春季至秋季需至少轻剪树篱3次。

■ 整枝与修剪　孤景灌木仅需少量修剪。树篱植株需至少在生长期过半时短截修剪一次，种植后第一个生长季应修剪2至3次。而后仅需每年修剪一次，短截枝条一半长度，直至树篱达到理想高度。底部光秃的植株可在早春短截至15厘米高度进行更新。

新疆忍冬 (L. TATARICA)

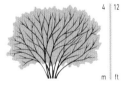

完全耐寒落叶灌木，长势强劲，枝条垂拱，夏初在去年生枝条开芳香的白色至粉色花。花后结彩色浆果。

硬骨忍冬 (Lonicera Xylosteum)

硬骨忍冬较鲜为人知，但其株型齐整，且极富魅力。植株作为非规则式屏障树篱或树篱种植时维护十分简单。

■ 何时修剪　盛夏，花后。

■ 整枝与修剪　将老枝及弱枝短截至植株基部，促进植株基部分支。剩余枝条选择至多三分之一进行修剪，短截至直立生长的新枝处，保持植株枝干结构均衡；修剪时尽量不要破坏植株的自然轮廓。老化或疏于管理的植株可在冬季或早春短截至低矮骨干枝进行更新。

其他忍冬属灌木

郁香忍冬（L. fragrantissima）修剪方式同新疆忍冬，但修剪需在晚春花后进行。可进行墙式整枝。蓝叶忍冬（L. korolkowii）同新疆忍冬。金银忍冬（L. maackii）、蕊帽忍冬（L. pileata）少量修剪即可。桂花忍冬（L. × purpusii）同新疆忍冬，但修剪需在晚春花后进行。红花忍冬（L. syringantha，异名为L. rupicola var. syringantha）同新疆忍冬。硬骨忍冬同新疆忍冬。

其他忍冬属植物见第276页，攀缘植物词典。

百脉根属 (LOTUS)

属内包括数种亚灌木，其中矮生的鹦鹉嘴百脉根（L. berthelotii）较为人所知。植株枝条呈银色，蔓生，夏季开惊艳的红花。鹦鹉嘴百脉根不耐寒，需无霜冻生长条件，但在冷凉气候区亦广为种植，作为夏季户外盆栽植物。植株可在温室内过冬。温暖气候区，百脉根常种植于岩石花园或用于覆盖斜坡。幼株新枝需摘心。若需促进成形植株形成新枝并保持植株齐整，可在夏季花后将部分老枝移除。温室中过冬的植株春季可进行重剪。

滇丁香属 (LUCULIA)

中型至大型常绿灌木，不耐寒，冬季开白色或粉色花，花型似福禄考。重剪可促进植株开花。花谢后应立即将开花枝短截至主要骨干枝8厘米内。更新复壮可在春季重剪。

枸杞属 (LYCIUM)

中型落叶及常绿光木，耐寒，植株枝条较凌乱，浆果具观赏性。此类物种常具刺，一般用作规则式及非规则式树篱。非洲枸杞（Lycium Ferocissimum）在部分国家是入侵物种。

■ 何时修剪　冬季。树篱在春季和夏季修剪。

■ 整枝与修剪　每年移除枯枝，短截过长枝，将其修剪至竖直新枝处。作为非规则式树篱种植的植株需要少量修剪。规则式树篱（见第45页）需在定植时将植株短截至15至30厘米高度，随后每年夏季中下旬将当年生长枝条短截一半，直至树篱达到理想高度。每3至4年需进行一次较大幅度的重剪。更新修剪可在冬季进行，将植株整株平茬。

其他观赏灌木

松红梅属（Leptospermum）少量修剪。春季轻剪新枝，促进植株茂密生长，切忌修剪至老枝。木百合属（Leucadendron）若有修剪需要可在花后进行中度修剪。银合欢属（Leucaena）无特殊需求，可耐修剪。须石南属（Leucopogon）少量修剪。针垫花属（Leucospermum）同木百合属。木藜芦属（Leucothoe）少量修剪。若有需要，可在晚春花后将1至2根老枝短截至基部。扭瓣花属（Lomatia）少量修剪，但春季可移除老枝。檵木属（Loropetalum）无修剪需求，但若需植株生长较为茂密，可将新枝摘心，并在花后轻剪植株。羽扇豆属（Lupinus）将树羽扇豆（L. arboreus）的种荚移除，防止自播，同时保持植株紧凑。珍珠花属（Lyonia）若有需要可在花后轻剪。

M

木兰属（MAGNOLIA）

属内主要为乔木品种，但亦有数个大型落叶或常绿灌木。灌木物种完全耐寒至耐霜冻，花朵蜡质，常具芬芳，植株姿态优雅，且无需大量修剪。木兰在阳光充足或半蔽荫位置皆可种植，但需要注意避免强风。

二乔木兰（M. × SOULANGEANA）

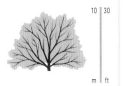

大型落叶灌木，因其白色至紫色的花朵而广受欢迎，花期为仲春至初夏。

■ 何时修剪　仲夏，植株全叶时。修剪应避开正值伤流期的春季或初夏。另外休眠期亦不应修剪，否则枯枝病菌极易从切口入侵。

■ 整枝与修剪　植株需要轻度成形修剪（见第157页），此后修剪需求较少，但若枝条因强风折断需将断枝部分移除。大量花后植株开始形成种子，这会消耗大量营养，若条件允许可将枯花移除。株型不佳的植株可通过重剪更新，修剪工作应分2至3年（见第160页）。

其他木兰属灌木

毛叶玉兰（M. globosa）、圆叶玉兰（M. sieboldii subsp. Sinensis）、西康玉兰（M. wilsonii）仅需少量修剪。木兰（M. liliiflora）同二乔木兰。重华辛夷（M. stellata）幼株自然生长即可。更新方式同二乔木兰，但植株重剪后恢复较慢。
其他见第74页，观赏乔木词典。

二乔木兰

木兰的花朵十分脆弱，需要防止强风损伤。

十大功劳属（MAHONIA）

中型至大型常绿灌木，完全耐寒至半耐寒。部分矮生，伸展型植株可作地被植物。植株较高的物种则是优良的结构植物。大部分十大功劳喜阴凉环境。

北美十大功劳（M. AQUIFOLIUM）

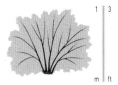

矮生根蘖性灌木，长势强盛。植株开黄花，花后结蓝黑色浆果。

■ 何时修剪　春季，开花后。

■ 整枝与修剪　本种通过根蘖扩张植株，如不希望植株扩张应及时移除其边缘的蘖芽。作为地被植物种植时应每年或每两年将植株平茬，保持枝叶茂密。较高植株仅需移除根蘖，此外修剪需求较少。疏于照顾的走形植株可将老枝短截至地面，保留新枝，从而更新植株。

间型十大功劳（M. × MEDIA）

包含多种杂交品种，植株直立，叶片深色、多刺、轮生，秋冬季开

间型十大功劳

若枝条过长，可在花后将其短截至侧枝或轮生叶处。

黄色花。植株体型较大，可耐重剪。

■ 何时修剪　春季，花后。

■ 整枝与修剪　无需定期修剪，但可将底部光秃的老枝短截至低处的强枝处。老化、走形的植株可重剪至30至60厘米高度的骨干枝处，重剪后植株恢复缓慢，但整体恢复状况良好。

其他十大功劳属灌木

台湾十大功劳（M. japonica）；长小叶十大功劳（M. lomariifolia）同间型十大功劳。波叶十大功劳（M. pinnata）；瓦格纳十大功劳（M. × wagneri）同北美十大功劳。

悬铃花属（MALVAVISCUS）

不耐寒常绿灌木，有时呈匍匐状生长，当年枝开花。小悬铃花（M. arboreus）开红色管状花。冷凉气候区可在温室中盆栽种植。冬末或早春可将去年生枝条短截其长度的一半或三分之二。若植株枝丛较为拥挤，可移除部分细弱枝、老枝或长势衰退枝，但注意保持植株的自然圆形株型。植株可耐重剪。温暖气候区可进行墙式整枝（见第162页）或作为非规则式、规则式树篱（见第44页）。

野牡丹属（MELASTOMA）

中型不耐寒常绿灌木及乔木，叶形优美，开白色、粉色火紫色花。部分物种结可食用果实。多花野牡丹（M. affine）在部分热带地区属于杂草。修剪可以改善植株整体观赏表现，同时保持植株为新枝所覆盖。如无需收获果实，可在晚冬轻度成形植株。移除部分老枝可促进植株产生强健的新枝。

含羞草属（MIMOSA）

属内物种差异较大，包含众多小型至中型常绿观叶灌木，不耐霜冻，含羞草（M. pudica）等物种可在冷凉气候区作为一年生植物种植；此外含羞草亦适合盆栽。属内植物生长习性各异：匍匐生长的物种无需修剪，灌木类型的物种则可在幼期进行摘心修剪（见第168页），促进植株生长茂密，此外亦可通过整枝将植株培养为标准型（见第165页）。

狗面花属 (MIMULUS)

常绿灌木，花形似锦鱼草，花色多变，春季至秋季在新枝开花。植株不耐寒，但若靠暖墙种植或温室栽培一般亦可在冷凉气候区成功过冬。将幼株新枝摘心可促进植株分枝。第一波盛花期后，将开花枝短截10至20厘米，促进未来花苞形成。晚春将墙式整枝植株的所有枝条短截一半，修剪至骨干枝（见第165页）。

玉叶金花属 (MUSSAENDA)

常绿灌木及攀缘植物，不耐寒，花期春季至秋季，花朵苞片彩色，十分惊艳。植株需要无霜冻种植条件，但在冷凉气候区可进行温室盆栽。修剪可使植株持续产生新枝及花朵。花期期间需要持续为植株摘除枯花。冬季或春季花期结束后，采用重剪移除大部分上季度生长枝条。温暖气候区，玉叶金花常作大范围种植或非规则式树篱。

香杨梅属 (MYRICA)

落叶或常绿灌木，叶片芬芳，部分物种有浆果。香杨梅（M. gale）是一种耐寒落叶灌木，株型紧凑，惯生根蘖。该种无需或需少量修剪，但春季可将细长茎短截至地面，同时轻剪植株。加州杨梅（M. californica）为常绿灌木，株型紧凑，果实紫色，覆蜡质霜，叶片带有芳香。加州杨梅无需定期修剪，但较怕冷，易受严重冻伤。春季可将冻伤枝条短截至活枝部分或直接短截至地面。

N

南天竹属 (NANDINA)

中型常绿灌木，耐霜冻，植株姿态优雅，生长习性与竹子相近。南天竹（N. domestica）夏季开小型白色星形花，在温暖气候区或温室中还可在花后结红色浆果。

夹竹桃属 (NERIUM)

4 | 12

m | ft

夹竹桃（Nerium Oleander），大型常绿灌木，花形似长春花，是本属最广为种植的物种。市面有多重花色不同的栽培品种，部分花重瓣。夹竹桃不耐寒，若在冷凉气候区需要条件完美的种植环境方可存活，但温室栽培则较为容易。植株整体直立，但株型可能较为杂乱。夹竹桃可培养成优良的标准型植株，亦可进行墙式整枝，或作为非规则式树篱种植。植株的树液有毒，因此修剪时需佩戴手套。

辫型茎

夹竹桃在冷凉气候区适宜作为温室植物种植，且可以通过整枝培养成具有高度观赏性的标准型植株（见第165页）。植株的茎可以在幼嫩时进行编织，使其形成"辫型"（见第51页）。

"火力"（Firepower）等栽培品种在春季和秋季有着靓丽的叶色，长势较强的植株可从基部生出大量新枝。若幼株整体较细长，可在定植时进行短截，刺激生长。此外仅需通过修剪保持株型齐整即可。

■ 何时修剪　夏末至秋季。

■ 整枝与修剪　摘心修剪幼株新枝。温暖气候区栽培植株仅需少量修剪。花后若需修剪可轻剪植株，维持株型。盆栽植株或整枝造型植株需每年修剪，将花后开花枝短截至长一半，侧枝则短截至10厘米长度。植株耐重剪，但重剪后需2年时间方可恢复正常花量。

夹竹桃

冷凉气候区，若将夹竹桃紧邻向阳避风墙种植亦可得到较好的花朵表现。

其他观赏灌木

号角花属（Mackaya）冬季花后轻剪。可耐重剪。两型小檗属（×mahoberberis）晚春花后将蓬乱枝短截至强健侧枝处。金虎尾属（Malpighia）花后轻剪。赛葵属（Malvastrum）同南非葵属（见第173页）。苜蓿属（Medicago）少量修剪。美丁花属（Medinilla）粉苞酸脚杆（M. magnifica）可在花后进行造型修剪。气候适宜时可作树篱。蜜花属（Melianthus）温暖气候区在秋季将花后枝条移除。冷凉气候区可在

春季短截老枝。蜜花堇属（Melicytus）少量修剪。璎珞杜鹃属（Menziesia）少量修剪。指橙属（Microcitrus）同柑橘类。蔓岩桐属（Mitraria）；阳菊木属（Montanoa）少量修剪。九里香属（Murraya）花后轻剪，移除枯花枝条。柳番樱属（Myrceugenia）如需控制植株大小可在春季修剪。水柏枝属（Myricaria）花后将开花枝短截至5厘米。铁仔属（Myrsine）；香桃木属（Myrtus Communis）少量修剪。绣线梅属（Neillia）见

第220页，野珠兰属。袋鼠花属（Nematanthus）同黑爵床属。栒冬青属（Nemopanthus）同冬青属（见第201页）。雪棠属（Neviusia）夏季花后将老枝移除。烟草属（Nicotiana）花后将植株平茬或短截至低矮的骨干枝。澳榉榄属（Notelaea）耐造型修剪。大扁枝豆属（Notospartium）耐更新修剪。

O–P

金莲木属 (OCHNA)

中型常绿或半常绿灌木及乔木，不耐寒，作观花、观果植物种植。鼠眼木 (O. serrulata) 是本属最为人所知的物种，花期春季和夏季，花黄色，花后结果，花萼转为红色，托衬果实，果实表皮亮泽，成圈排列。挂果枝可作扦插材料。金莲木需要全日照、无霜冻的生长条件（但成形植株可耐轻微霜冻），条件适当时植株可作孤景植物，亦可作为温室盆栽植物栽培。摘心修剪幼株新枝可以促进植株生长茂密。早春轻剪成形植株，将花后枝条短截至强壮侧枝处，同时移除枯枝、伤枝、生长衰退枝、弱枝以及细枝。温暖气候区，金莲木植株可整枝为树墙（见第162页），或种植成非规则式树篱（见第45页）。

榄叶菊属 (OLEARIA)

常绿灌木，大小不一，叶形美观，花序头状，花锥菊状，主要集中于夏季。尽管榄叶菊属植物原生于澳洲大陆，但大部分品种耐寒性较强，可在冷凉气候区栽培，常靠向阳墙种植（但植株不适宜墙式整枝）。植株可在多风的沿海地区种植，植株在该环境下一般呈现紧凑的灌木状生长形态。榄叶菊仅需移除冻伤枝或通过修剪限制植株大小，但植株可耐重剪，修剪后可生出大量新枝。大齿榄叶菊 (O. macrodonta) 和哈氏榄叶菊 (O. × haastii) 宜作非规则式树篱。

■ **何时修剪** 春季，植株发芽后。

■ **整枝与修剪** 短截幼株最长枝，促进植株生长茂密。重剪树篱幼株（见第44页），促进枝叶浓密生长。植株成形后，独立型植株无需修剪，但若枝条冻伤，可将其修剪至健康、外向的侧芽处。若需控制植株大小，可将枝条去年生长部分短截三分之一至一半长度，修剪至外向侧芽。如需移除体量较大的枝丛，应在枝丛内部修剪，用外层枝叶遮挡切口。树篱修剪见第45页。

欲更新植株，可将枝条重剪，短截至老枝。修剪后一般恢复良好。

木樨属 (OSMANTHUS)

大型常绿灌木，叶形优美，花小而芬芳。大部分物种耐寒。独立型植株无需定期修剪，但随植株生长可能需要通过修剪防止植株体型过大。属内物种皆耐重剪，可修剪至老枝，但修剪时机需要根据花期调整。部分木樨属植株宜作树篱，但树篱的整体修剪会导致花量减少。

管花木樨 (O. DELAVAYI)

灌木，生长茂密，叶片具光泽，花白色，香气浓郁，春季中下旬于去年枝开花。冷凉气候区易受冻伤。邻暖墙种植对植株生长有益，但植株枝条质地较硬，生长较缓，不适宜规则式整枝。

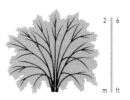

■ **何时修剪** 春末，花后。树篱可在夏季进行多次轻剪，但冷凉气候区则应在盛夏后避免修剪，否则修剪后生出的新枝在冬季易受冻伤。

■ **整枝与修剪** 需要少量成形修剪（见第157页，常绿灌木）。成新植株仅需通过修剪控制植株大小及改善株型，过长枝应在枝丛内短截，利用外层枝叶遮盖切口。邻近暖墙种植的植株可自然生长，如有需要可略微固定枝条进行引导。规则式树篱需每季轻剪一至两次（见第46页，树篱）。老化、走形的植株可重剪至老枝进行更新。修剪后一般恢复良好。

其他木樨属灌木

红柄木樨 (O. armatus)；丹桂 (O. fragrans var. aurantiacus)；刺叶儿 (O. × fortunei) 春末修剪，同管花木樨。大木樨 (O. × burkwoodii) 同管花木樨。树篱可在盛夏修剪。华丽木樨 (O. decorus)；野桂花 (O. yunnanensis) 同管花木樨。柊树 (O. heterophyllus) 春末修剪。不适宜墙式整枝。

芍药属 (PAEONIA)

芍药属植物主要可分为两组，其中一组为草本宿根植物，即芍药；另一组为中型落叶灌木，即牡丹。两组植物花朵相似。牡丹包括丹皮 (P. delavayi var. lutea) 和牡丹 (P. suffruticosa)。前者株型大于属内其他植物，叶形优美，枝叶茂密；后者则有众多优良的栽培品种。牡丹寿命较长，但需较久时间成形，其枝条直立，但老枝可能渐显瘦长。芍药修剪需求较少，但适当地移除老枝可促进植株生长茂密。命名栽培品种一般为嫁接植株。

■ **何时修剪** 夏季花后，或秋季落叶后。

■ **整枝与修剪** 植株需要少量成形修剪（见第157页）。夏季移除枯花，若需植株结种则可保留枯花，在秋季摘果。植株成株后可偶

丹皮

挂果后，开花枝花后会回枯至新枝附近。秋季可将枯枝移除。

尔将瘦长的老枝短截至地面。栽培时应避免大幅修剪，嫁接植株尤其需要注意。

孔雀葵属 (PAVONIA)

常绿灌木，主要作观花植物。部分物种需热带或亚热带生长条件，但其余物种可耐轻微霜冻。植株自然枝干结构较开放，向四周伸展，因此打顶修剪幼株（见第155页）可使植株生长更加茂密。成形植株需在早春轻剪，短截部分蔓生枝条。欲更新老化、走形植株，可移除部分老枝，并将剩余枝条短截最多一半长度，修剪至位置适当的新侧枝处。

钓钟柳（PENSTEMON）

属内部分灌木物种为矮生或匍匐的岩石花园植物，仅需少量修剪。较广为种植的物种［部分归属于岩钟柳属（Keckiella）］为半木本亚灌木，夏季开花，花朵优美，最好每年重剪，促进枝条直立生长。属内大部分物种耐寒，但冷凉气候区易受冻伤。

分药花属（PEROVSKIA）

完全耐寒落叶灌木，叶片灰绿色，有芳香，花穗状、蓝色，暮夏至盛秋于新枝顶端开花。植株上部枝叶一般冬季死亡，但翌年春季可以从木质化基部生出新枝。在冷凉气候区，枯死的枝叶可在冬季为植株提供保护。每年重剪可保持植株齐整，尽管会减少花量，但可使单支花穗更大。若不进行修剪，植株可能渐生细长，且老枝、枯枝堆积。

■ **何时修剪** 仲春，新枝发芽时。

■ **整枝与修剪** 栽培第一年将所有去年生枝条重剪至5至10厘米高度以内，而后每年

修剪成形分药花

1 将所有开花枝短截，留老枝3至4个侧芽，修剪时注意调整修剪高度。

2 将去年无新枝形成的骨干枝移除。

■ **何时修剪** 春季，严重霜冻危险期过后及花期后。

■ **整枝与修剪** 春季将冬季冻伤枝重剪，促进植株基部形成新枝。花后将开花枝条短截一半，避免结种，同时促进植株形成更多花苞。显示枯枝病症状的枝条应立即短截至基部；若枯死部分扩张，最好将整棵植株替换，因为钓钟柳属植物更新修剪效果不佳。

滨藜叶分药花（Perovskia Atriplicifolia）
如定期修剪，分药花可从基部骨干枝生出强健的开花枝，持续数年。

将去年生枝短截至逐渐形成的木质化骨干枝（见下图）。老化、走形植株同样可以用这一方式处理。

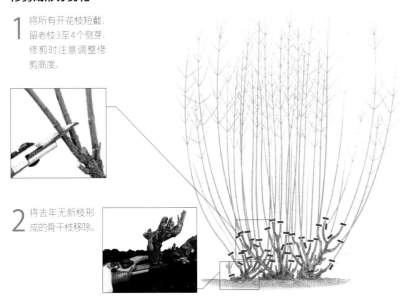

金钗木属（PERSOONIA）

大型常绿灌木，原生于澳洲，叶片似松针，夏季开藏红色花，花穗状、顶生，冬季挂果，果实成簇垂悬，呈绿色至紫色。植株若种植于阳光充足且排水通畅处则可耐轻微霜冻。通过整枝具中心主枝的幼株，可以将金钗木培养成小型乔木。

■ **何时修剪** 秋季，果后。

■ **整枝与修剪** 植株幼期勿修剪，使其按照自然习性生长。植株成形后可进行轻剪，促进枝叶茂密。可短截姿态不良枝，改善株型。如无需植株挂果，可在花后移除残花，否则可在果后修剪。如需培育标准型金钗木，可选择一根强枝作为主干，移除竞争枝，而后将侧枝短截，形成丛冠（见第165页）。

其他观赏灌木

印第安李属（Oemleria，异名为Osmaronia）印第安李（O. cerasiformis）具根蘖性，花后将开花枝短截，如需限制植株扩张可环绕植株铲断地下茎。刺人参属（Oplopanax）植株具刺。如需修剪可在春季进行少量修剪。金锦香属（Osbeckia）春季将去年夏季开花的枝条短截至枝长一半。木樨桂属（× osmarea）见大花木樨。小石积属（Osteomeles）独立型植株仅需少量修剪。墙式整株植株应在盛夏修剪，可逐渐牵引新枝代替老枝。锦蒙豆属（Oxylobium）无特殊需求。花期过后可轻剪开花枝。偶尔移除部分老枝。米花菊属（Ozothamnus）需少量修剪，春季移除冻伤枝。耐重剪。金苞花属（Pachystachys）同黑爵床属。厚冠菊属（Pachystegia）少量修剪需求，同木樨属。马甲子属（Paliurus）独立型灌木植株仅需少量修剪。可作为标准型植株种植，耐重剪，春季修剪。拟长阶花属（Parahebe）需少量修剪，夏季花后轻剪整棵植株。白缕梅属（Parrotiopsis）少量修剪。如有需要可在初夏轻剪。大沙叶属（Pavetta）需少量修剪，花后或果后移除少量老枝。五星花属（Pentas）春季摘除枯枝或轻剪。可耐重剪。南白珠属（Pernettya）见白珠属。罗樾木属（Petrophila）无特殊需求。

山梅花属（PHILADELPHUS）

中型至大型耐寒落叶灌木，花朵洁白，馥郁芬芳，一般在盛夏于去年枝开花。植株在基部形成新枝，新枝分枝旺盛，生长约4年后便渐显拥挤，花量亦会下降。大部分山梅花属植物耐修剪，且需要定期修剪确保良好的花朵表现。属内观花植物亦可采用相同方式修剪，但金叶欧洲山梅花（P. coronarius 'Aureus'）等观叶价值较高的品种则需要额外提升叶片观赏表现的修剪方法，且往往需要牺牲花朵。将植株种植深度降低5厘米可促进幼株基部生出更多新枝。

欧洲山梅花（P. CORONARIUS）

中型灌木。原种栽培较少，但有数种新叶较具观赏性的栽培品种。该种可用多种方式修剪，根据修剪方式不同可提升花期表现或延长新叶观赏期，后者对金叶等叶片在盛夏转变为绿色的观叶品种十分有效。

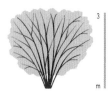

■ **何时修剪** 夏末，花后。若需突出观叶表现，则于春末花后立刻修剪。冬季或初春进行更新修剪。

■ **整枝与修剪** 观花灌木修剪方式同"洁白"山梅花。如需突出、延长观叶表现（但会妨碍植株开花），可进行轻剪移除花苞，促进叶片形成。植株亦可在初春短截至骨干枝，同圆锥绣球（见第200页），修剪后施足量肥，保持生长旺盛。更新修剪同"洁白"山梅花。

小叶山梅花（P. MICROPHYLLUS）

小型灌木，枝条细长，夏初开白花。通常仅需少量修剪。

■ **何时修剪** 夏季，花后。春季进行更新修剪。

■ **整枝与修剪** 每年大幅度修剪不利于植株生长，将姿态不良枝短截至健康低处侧芽即可。若灌木

"洁白"山梅花

每年选择数根枝条短截至地面，促进花量较大的新枝生长。

植株较为拥挤，可将部分枝条短截至基部进行疏枝。更新修剪可在春季进行，将枝条重剪至低矮骨干枝。

"洁白"山梅花（P. 'VIRGINAL'）

中型灌木，初夏开大量重瓣白花。修剪时疏理拥挤枝丛，保持植株最佳花朵表现。

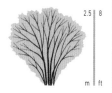

■ **何时修剪** 夏末，花后立即修剪。冬季或初春更新修剪。

■ **整枝与修剪** 修剪的主要目标是在保持灌丛生长均衡的同时刺激植株产生开花新枝。将四分之一的枝条（优先选择老枝）短截至地面或低处侧枝。更新修剪时，将所有老枝短截至地面，将新枝短截四分之一至一半枝长。若修剪后植株不生新枝，则用新株将其代替。

其他山梅花属灌木

"雪崩"山梅花（P. avalanche）；"美丽星辰"山梅花（P. belle etoile）；云南山梅花（P. delavayi）同"洁白"山梅花。墨西哥山梅花（P. mexicanus）同"洁白"山梅花，但寒冷地区最好邻近避风暖墙种植（请勿进行墙式整枝）。

糙苏属（PHLOMIS）

小型常绿灌木及宿根植物，原生于地中海地区，叶片灰绿色，形似鼠尾草，花轮生，有帽状花萼，呈黄色或淡紫色，夏季开花。橙花糙苏（P. fruticosa）为伸展型植株。意大利糙苏（P. italica）植株则较为直立，开粉色花。大部分物种都较为耐寒。尽管植株仍会遭受冻伤，但冬季过后通常恢复良好，从基部生出新枝。定期检查植株，移除伤枝及姿态不良枝可帮助植株保持齐整紧凑。生长旺盛的幼株可耐重剪。

■ **何时修剪** 仲春，灌木活跃生长时。

■ **整枝与修剪** 植株仅需少量成形修剪，移除弱枝，短截细长枝。成形植株无需年度修剪，但偶尔进行塑形修剪有益于植株生长。修剪冻伤枝，将其短截至健康嫩芽。弱枝与老化枝则应完全移除。若植株枝条变得细长、蓬乱，可将其短截至枝丛内的侧枝或侧芽处。如定期进行检查并完成上述工作，便可维持植株的茁壮生长。

疏于管理的走形植株可进行更新修剪：将老枝重剪至8至10厘米高度，如需较高植株则可将老枝短截至稍高的骨干枝处。植株修剪后一般恢复良好，但糙苏寿命相对较短：年龄较大的植株最好进行替换。

意大利糙苏

仅需轻剪，移除受损枝或姿态不良枝。

石楠属 [PHOTINIA，包括红果树属 (STRANVAESIA)]

中型至大型落叶、常绿灌木及乔木，完全耐寒至耐霜冻，植株枝条通常竖直生长，较为浓密，春季或夏季开白色花。部分常绿石楠春季有鲜艳的新叶。落叶石楠较不耐黏石灰土，其秋叶色彩鲜艳，果实十分醒目。石楠无需定期修剪，但可通过整枝形成标准型植株，修剪亦可提升部分常绿品种春季新叶的观赏表现。

红叶石楠

红叶石楠（P. × FRASERI）

具有鲜亮红色新叶的一组常绿杂交品种，叶片的观赏表现可以通过修剪进一步提升。该种可用于规则式或非规则式树篱。

■ **何时修剪** 春季。树篱可于春季及夏季修剪。

■ **整枝与修剪** 仅需少量成形修剪。成形后，将枝条短截最多15厘米，修剪至外向侧芽处，以促进植株产生更多新叶。栽培树篱时，打顶修剪新株可以促进枝叶生长茂密。每年修剪树篱2至3次。植株可通过短截至老枝进行更新。修剪后植株通常恢复良好。

毛叶石楠（P. VILLOSA）

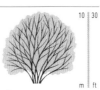

春末或夏初开花，秋季叶片呈橙红色，并有红色果实。

■ **何时修剪** 冬季植株休眠时。

■ **整枝与修剪** 培养多主干灌木时仅需少量修剪。若枝条渐显拥挤，可将其短截至合适的低枝处。采用标准型整枝方式。过于拥堵的植株可将整株短截至低处骨干枝进行更新复壮。若修剪后新枝较为密集，需进行疏枝。

其他石楠树灌木

柳叶石楠（P. arbutifolia）见第198页，冬青楠属。中华石楠（P. beauverdiana）同毛叶石楠。红果树（P. davidiana）少量修剪。光叶石楠（P.glabra），石楠（P.serratifolia）同红叶石楠。

避日花属（PHYGELIUS）

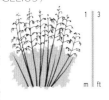

常绿、半常绿灌木或亚灌木，夏季至秋季在当年生枝开管状花。冷凉气候区，植株枝叶常因严重霜冻枯死，但春季一般能恢复生长。需种植于避风处，或倚靠暖墙进行整枝。

■ **何时修剪** 春季，霜冻危险期过后。

■ **整枝与修剪** 温暖气候区仅需春季轻剪。冷凉气候区需将冻伤枝短截至鲜活部分的健康侧芽处，或直接短截至基部。将植株枝条略微与暖墙固定可增加枝条的存活机会。春季可将植株平茬进行更新。

"温切斯特的狂热"避日花（Phygelius 'Winchester Fanfare'）

在冷凉气候区将老枝短截可促进基部新芽生长。

马醉木属（PIERIS）

小型至中型常绿灌木，完全耐寒至耐霜冻，植株整体轮廓较圆，春季开粉色或白色花，部分物种的新叶颜色鲜艳。

马醉木（P. JAPONICA）

春花灌木，有许多新叶色彩鲜丽的栽培品种，可盆栽。

■ **何时修剪** 春季，花后。

■ **整枝与修剪** 马醉木与许多常绿植物相似，仅需少量成形修剪（见第157页）。每年摘除枯枝，并及时移除冻伤枝。如植株生长不均，可将过长枝短截至直立侧枝处，并重剪长势较弱一侧枝条。疏于管理的走形植株可将枝条短截至低处骨干枝进行更新。植株耐重剪，即使短截至老枝亦可恢复。

其他马醉木属灌木

多花马醉木（P. floribunda）、美丽马醉木（P. formosa）同马醉木。

福氏马醉木（P. formosa var. forrestii）及其栽培品种同马醉木。

其他观赏灌木

金钟木属（Philesia）无修剪需求。总序桂属（Phillyrea）普通植株自然生长即可，如需进行造型修剪，可参照锦熟黄杨（见第179页），但应在夏季花后修剪。喜林芋属（Philodendron）仅需通过修剪限制植株大小（如温室栽培情况下）。另见第280页，攀缘植物词典。麻兰属（Phormium）见第41页，棕榈及类似植物。桃花翠属（× Phylliopsis）少量修剪，同紫花欧石南（见第191页）。松毛翠属（Phyllodoce）少量修剪，同紫花欧石南（见第191页）。松叶钟属（× Phyllothamnus）少量修剪，同紫花欧石南（见第191页）。风箱果属（Physocarpus）夏季花后移除四分之一老枝，同"洁白"山梅花（见第210页）。米瑞香属（Pimelea）少量修剪，如有需要可在春季进行。黄花木属（Piptanthus）春季移除冻伤枝，夏季花后移除至多四分之一老枝。可进行墙式整枝（见第163页）。避霜花属（Pisonia）耐修剪，但通常仅需少量修剪。

海桐属（PITTOSPORUM）

中型至大型常绿灌木及乔木，叶形优美，春季或夏季开花，花朵芬芳。植株通常呈圆形，株型齐整，枝条直立，仅需少量修剪，且适应沿海气候。沿海地区植株更加紧凑茂密。大部分海桐属植物仅适合在温暖气候区栽培，不过不耐寒物种可进行温室栽培。薄叶海桐（P. tenuifolium）和拉尔夫海桐（P. ralphii）耐寒性较强，宜作树篱或屏障树篱。此外，薄叶海桐亦有多种栽培品种可以选择。

薄叶海桐（P. TENUIFOLIUM）

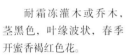

耐霜冻灌木或乔木，茎黑色，叶缘波状，春季开蜜香褐红色花。

■ 何时修剪　仲春，植株开始生长时。树篱需在盛夏再次修剪（第44页）。

■ 整枝与修剪　保持单根主茎。仅需少量修剪，在必要时轻剪或疏枝。仲春可进行重剪。

其他海桐属灌木

厚叶海桐（P. crassifolium）；橙香海桐（P. eugenioides）；海岛桐（P. undulatum）同薄叶海桐。拉尔夫海桐同薄叶海桐，但需更多定期修剪保持植株紧凑。海桐（P. tobira）同薄叶海桐，但更新修剪后恢复较缓。可整枝为标准型植株。

整枝为标准型的海桐植株

大部分海桐属植物均自然形成单根主茎，或称中心主枝，因此适宜整枝为标准型植株（见第165页）。

委陵菜属（POTENTILLA）

小型至中型落叶灌木，完全耐寒，株型较圆，枝叶茂密。夏季，植株的当年生细枝被野玫瑰状的花朵所覆盖，且花期较长。金露梅（P. fruticosa）有许多花色不同的栽培品种及杂交种。部分品种适宜种植于岩石花园，其他的则可作低矮的非规则式树篱。委陵菜植株内易累积细杂的老枝，修剪可以保持植株整洁，同时维持其观花表现。

帝王花属（PROTEA）

常绿灌木及乔木，不耐霜冻，原生非洲，头状花序大且惊艳。冷凉气候区植株可作盆栽植株或温室种植。如需限制植株大小（如温室栽培时），可在早春进行短截修剪，此外修剪需求较少。

帝王花（Protea Cynaroides）

帝王花植株成形后可耐轻微霜冻。

李属（PRUNUS）

小型至大型耐寒灌木，一般作观花植物，部分物种秋叶与果实亦具观赏性。常绿灌木宜作树篱。属内植物易染银叶病等多种疾病，病原可通过修剪切口进入植株（另见第123页，李树常见问题）。除少数特殊物种外，需尽量避免修剪植株。李属植物在初夏全叶抗性最佳。属内包括多种乔木（见第82页）。

麦李（P. GLANDULOSA）

小型落叶灌木，枝条直立，冬末至春初于去年生枝条开粉色或白色花。本种的重瓣品种较为人所知。植株需种植于阳光充足位置，以便开花枝充分成熟，否则冬季天气转冷时枝条易回枯。定期修剪对维持植株花朵表现十分重要。独立型植株应每年短截至低处骨干枝。可进行墙式整枝。

■ 何时修剪　仲春。秋季整体修剪。

■ 整枝与修剪　修剪长势强盛的幼枝，至多短截一半。花后将植株整体轻剪，保持植株整洁。移除基部老枝及弱枝、细枝。树篱修剪方式相同。老化植株有时可通过重剪至低处骨干枝进行跟新，但最好用新株替代。

■ 何时修剪　早春，花后立刻修剪。

■ 整枝与修剪　定植后第一年，将枝条短截至近地面高度。此后每年重剪所有枝条。墙式整枝（见第162页）需培养出扇形的骨干枝。花后需立刻将开花枝移除，牵引新枝替代。每年盛夏移除外向生长枝条。更新工作需在早春进行，将所有枝条短截至地面。然而，老株对修剪可能反应不佳，此时最好直接用新株替换。

葡萄牙桂樱（P. LUSITANICA）

大型常绿灌木，如不修剪可能形成树状植株。夏季，白色小花组成的细长花穗装点于具光泽的深绿色叶片间，芳香四溢。葡萄牙桂樱宜作屏障植物或非规则式树篱，亦可栽培成具矮短主干的标准型植株。

■ 何时修剪　春末至夏初。

■ 整枝与修剪　无特殊修剪要求，如需控制

委陵菜树篱

修剪过的植株呈现出整齐、茂密的生长状态。

榆橘属（PTELEA）

大型落叶灌木及乔木、完全耐寒、叶形优美、翅果造型独特。榆橘一般需少量修剪，但如有需要可耐重剪。植株应在春季上中旬修剪。由于植株根系较弱，因此种植早期推荐设置支撑。榆橘（P. trifoliata）是一种矮生伸展型植物，可通过整枝形成小型标准型植株，主干高度60至90厘米。

植株大小可进行修剪：将过长枝短截至主干或主茎。标准型植株（见第165页）的树冠常修剪成偏圆形状。植株易从老枝生芽，因此生长过盛植株可直接重剪至骨干枝或接近地面位置。通常修剪切口一季后就可以被枝叶掩盖。

火棘属（PYRACANTHA）

中型至大型常绿灌木、完全耐寒至耐霜冻，夏初在老枝短枝开白色小花，花后结鲜艳的白、橙或黄色果实。可作花境孤景植物，亦可进行墙式整枝，培养成扇形或篱墙型树墙。植株枝叶茂密、带刺，宜作规则式、非规则式树篱或屏障树篱。维护墙式整枝灌木所需的修剪方式同样适用于其他规则式造型植株的维护。火棘易染火疫病（见第117页），染病枝应立即切除；部分栽培品种具有抗病性。由于植株具长刺，修剪时应佩戴手套。

■ **何时修剪**　仲春。墙式整枝植株可在夏末修剪，将部分新枝短截，露出枝叶下的浆果。规则式树篱于春季修剪，而后在生长季再轻剪2至3次。

■ **整枝与修剪**　孤景灌木在成形前后皆无需过多修剪。如有姿态不良枝或徒长枝破坏株型，可将其完全移除。墙式整枝的篱墙型或扇形植株需要培养出永久骨干枝（见第162页）。春季重剪外向生长的枝条，并短截其余枝条，但这一修剪方式会导致植株损失部分花朵和浆果。夏末，将非结构枝短截，留2至3片叶，露出成熟中的浆果。规则式树篱需要在春季和夏季修剪2至3次。重剪可用于更新植株，但也会导致植株更易受火疫病侵袭。

修剪墙式整枝的火棘，夏季

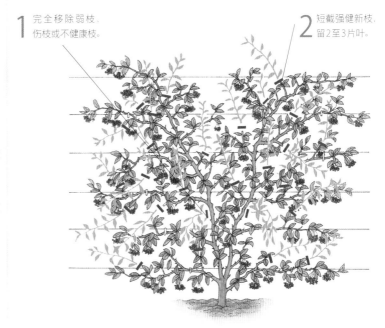

1 完全移除弱枝、伤枝或不健康枝。

2 短截强健新枝，留2至3片叶。

其他李属灌木

桂樱（P. laurocerasus）同葡萄牙桂樱。梅（P. mume）仅需少量修剪，使植株自然形成大型灌木或小型乔木。如发现回枯枝条需即刻移除。矮樱桃（P. pumila）仅需少量修剪。

P. sinensis 即麦李（P. sinensis没有翻译，因为只有学名）。矮扁桃（P. tenella）除控制根蘖外仅需少量修剪。若花量减少可重剪植株，一般恢复良好。榆叶梅（P. triloba）仅需少量修剪。墙式整株植株需将侧枝短截至骨干枝。

其他李属植物见第82页，观赏乔木词典及第122—136页，果树。

其他观赏灌木

延命草属（Plectranthus）温暖气候区种植的艾氏香茶菜（P. ecklonii）可在早春重剪，但植株无需修剪。水花槐属（Podalyria）夏季花后修剪，仅在必要情况下修剪。远志属（Polygala）如有必要，可在冬末短截长枝。南洋参属（Polyscias）无特殊需求。牛筋茶属（Pomaderris）打顶修剪幼株。成形后如有需要可在花后轻剪。枳属（Poncirus）短截幼株，促进茂密生长。成形后应避免修剪。树篱应在夏季修剪两次。马齿

觅树属（Portulacaria）无特殊需求。木薄荷属（Prostanthera）打顶修剪幼株。成形植株如有必要可在花后修剪，切忌修剪至老枝。山壳骨属（Pseuderanthemum）如有必要可在夏季花后修剪。矛木属（Pseudopanax）无特殊需求。含笑林仙属（Pseudowintera）耐修剪，但通常无需修剪。松豆属（Psoralea）打顶修剪幼株。成形植株花后将开花枝短截一半。切勿修剪至老枝。白辛树属（Pterostyrax）如有必要可在夏季花后修剪。

R–S

杜鹃花属（RHODODENDRON）

小型至大型常绿、半常绿落叶灌木，包括小叶常绿杜鹃（Azalea）。杜鹃花期一般为春季，花朵十分惊艳。落叶杜鹃也常具缤纷秋叶。矮生杜鹃适宜岩石花园种植，大型杜鹃则随年龄增长呈现乔木状生长姿态。许多杜鹃属于林地植物，部分宜作非规则式树篱。大部分杜鹃耐寒，不耐寒及杂交品种可在温室内种植，部分还可做家庭观花植物。

绝大部分杜鹃仅需少量修剪，但大多可耐重剪。不过，杜鹃植株亦可在秋季或春季进行移栽。移栽的整体效果通常比更新修剪更好。许多杜鹃植株为嫁接植株，需要检查并移除根蘖。老株可能出现枝条拥挤的状况，且由于枝丛内部光照不足，易受回枯现象困扰。

毛肋杜鹃（R. AUGUSTINII）

直立常绿灌木，春季开淡紫蓝色花。光照不足可能会导致植株内部枝条回枯。

■ **何时修剪** 春末或夏初，花后。

■ **整枝与修剪** 仅需少量成形修剪。修剪很容易破坏植株的自然生长习惯。修剪时仅移除枯枝、病枝和伤枝。在条件允许的情况下可摘除枯花。更新修剪时，重剪枝条，留下结构均衡的老枝作为骨干枝。修剪效果极佳。

九州杜鹃（R. KIUSIANUM）

紧凑的半常绿小叶灌木，晚春开木槿紫或紫色花。耐造型修剪。

■ **何时修剪** 夏季，花后。春季更新修剪。

■ **整枝与修剪** 若不需要进行造型，植株通常仅需少量修剪。造型植株可在幼期进行打顶修剪，促进枝条浓密生长。成形植株可在夏初花谢后采用整篱剪进行整体修剪，如需更多规则式效果，则在盛夏再修剪一次。疏于管理的走形植株可在春季将所有枝条短截约一半，但老化植株最好直接替换。

深黄杜鹃（R. LUTEUM）

耐寒落叶小叶杜鹃，惯生根蘖，春季开芳香的黄色花朵，秋季叶色斑斓。

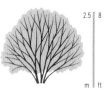

"利克夫人"杜鹃（Rhododendron 'Mrs G. W. Leak' G. W.）

包括图中这一品种在内的大部分大型观花杂交杜鹃都仅需少量修剪，最好按照大王杜鹃的栽培方式种植。

日本的造型九州杜鹃

九州杜鹃是许多缓生小叶杂交杜鹃的亲本，在传统日本庭园中（见左图）常修剪成团状。九州杜鹃有时也作为盆栽或盆景植物。

■ **何时修剪** 夏季，花后。

■ **整枝与修剪** 轻剪幼株，促进株型均衡发展。未成形植株无需每年修剪，但可以偶尔将1至2根老枝完全移除或短截至低枝，防止植株拥堵，同时刺激开花。春季可将新枝外所有枝条重剪进行更新。

大王杜鹃（R. REX）

大型常绿灌木，春季开红色、粉色或奶白色花。深色的叶片背面覆茸毛。

■ **何时修剪** 夏初，花后。

■ **整枝与修剪** 轻剪幼株，形成株型均匀的植株。成形后植株多年内无需或仅需少量修剪，但条件允许时可摘除枯花。植株可能随年龄渐显瘦长。由于植株的粗壮老枝不生新枝，因此这种生长状态很难通过重剪纠正。

其他杜鹃花属灌木

阔叶杂交杜鹃（Large-leaved hybrids）；久留米杜鹃（Kurume Azaleas）同大王杜鹃，但植株重剪较易成功，修剪时注意在嫁接点以上保留足够长度的枝条。树形杜鹃（R. arboreum）同九州杜鹃。美容杜鹃（R. calophytum）；麦凯布杜鹃（R. macabeanum）同大王杜鹃。灰背杜鹃（R. hippophaeoides）同毛肋杜鹃。西部杜鹃（R. occidentale）同深黄杜鹃。黑海杜鹃（R. ponticum）同毛肋杜鹃。宜作非规则式树篱。凸尖杜鹃（R. sinogrande）；半圆叶杜鹃（R. thomsonii）同大王杜鹃。屋久岛杜鹃（R. yakushimanum）及其杂交种除摘除枯花外避免修剪。三花杜鹃系（Triflorum series）同毛肋杜鹃。

火炬树（Rhus Typhina）

重剪可使植株产生更大、观赏效果更佳的叶片。

盐麸木属（RHUS）

耐寒落叶灌木，属内许多品种有根蘖习性，主要观赏价值在于秋季缤纷的叶色。部分物种可定期修剪，提高叶片观赏效果。由于植株内汁液有毒，因此修剪时需佩戴手套。

火炬树

伸展型根蘖性灌木，可培养成小型标准型植株。其栽培品种"深裂"（Dissecta，异名为'Laciniata'）的叶片形似蕨叶，形态优美，其观赏效果可以通过定期修剪进一步提升。

■ **何时修剪** 早春。无用蘖芽出现时应及时移除。

■ **整枝与修剪** 植株自然发展成灌木型植株。培养标准型植株需为植株定干约1.2米。移除所有根蘖。为了提升植株观叶效果，可每年将枝条短截至距地面10厘米位置或低处的木质骨干枝处。更新修剪可将植株短截至地面，并将修剪后生出的枝条疏枝。

其他盐麸木属灌木

光叶盐麸木（R. copallina），光叶漆（R. glabra），青麸杨（R. potaninii），软木漆（R. × pulvinata）同火炬树。漆首（R. verniciflua）见第86页，观赏乔木词典。

茶藨子属（RIBES）

完全耐寒至耐霜冻灌木，主要作春季观花植物种植（部分品种则作为浆果植物栽培）。如不修剪，植株易累积老枝，花量减少。

绯红茶藨子（R. SANGUINEUM）

完全耐寒落叶灌木，春季于去年生枝开白色、粉色或红色花。可作为独立型灌木种植，或用于美观的非规则式观花树篱。定期修剪可促进植株产生长势旺盛的新枝。

■ **何时修剪** 春季中下旬，花后。冬末进行更新修剪。

■ **整枝与修剪** 将四分之一老枝短截至地面，放缓剩余枝条。树篱亦可采用相同方式选择性修剪（使用整篱剪整体修剪会导致花量减少）。走形植株可通过整株平茬更新复壮。

迷迭香属（ROSMARINUS）

耐寒至半耐寒常绿灌木，叶片灰绿色，具芳香，春季开花，花蓝色。迷迭香（R. officinalis）有多种栽培品种，习性多变。直立型植株可作为规则式或非规则式树篱。

■ **何时修剪** 初夏，花后。仲春进行更新修剪。

■ **整枝与修剪** 幼株应自然生长。成形植株仅需少量修剪，细长枝可短截至主枝或低处侧枝。规则式树篱一季应修剪两次。老化、走形植株最好直接替换，过度生长的植株可重剪更新，所有枝条至少短截枝长一半长度。

吊钟茶藨子（R. SPECIOSUM）

中型落叶灌木，具刺，春季中下旬开下垂红花。植株耐霜冻，但冷凉气候区若靠暖墙种植开花效果更佳。

■ **何时修剪** 春末，花后。

■ **整枝与修剪** 独立型灌木修剪同绯红茶藨子，但修剪程度更加适中。可背墙整枝为扇形（见第162页）。骨干枝形成后，植株仅需少量修剪，偶尔需移除老化骨干枝并牵引新枝替换。走形植株可将所有主枝短截至约30厘米长度进行更新。

其他茶藨子属灌木

高山茶藨子（R. alpinum）需少量修剪。香茶藨子（R. odoratum）同绯红茶藨子。另见第232—238页，浆果。

迷迭香

只要有足够的耐心，迷迭香也可以在竹架的辅助下进行造型整枝（如上图所示），以便在有限的空间内靠墙种植。

其他观赏灌木

石海椒属（Reinwardtia）灌木型植株需进行枝条打顶修剪。花后重剪。细枝豆属（Retama）仅需摘除枯花。鼠李属（Rhamnus）无特殊需求。常绿树篱可在春季修剪，将去年生长部分短截三分之一长度。石斑木属（Rhaphiolepis）无特殊需求，但可耐造型修剪。鸡麻属（Rhodotypos）夏季花后移除部分开花枝。温暖气候区可在冬季修剪。彩穗木属（Richea）生长极慢，需少量修剪。枯死可摘除。蓖麻属（Ricinus）冷凉气候区常作一年生植株种植，可在温室中过冬。幼期无特殊修剪需求，可用支柱支撑。成株栽培方式同八角金盘。大罂粟属（Romneya）春季修剪。温暖气候区植株可将至多一半枝条短截至近地面位置。冷凉气候区需将所有冻伤枝短截至鲜活部分或直接修剪至近地面高度。郎德木属（Rondeletia）如有需要可在春季轻剪。

悬钩子属（RUBUS）

完全耐寒至耐霜冻攀缘植物及灌木，从植株基部生出秆状枝条。属内部分植物的新枝和叶片具观赏性，其他种的观赏价值则主要在于月季状的花朵。部分物种有可食用果实。绝大多数植株具刺，修剪时需佩戴手套。

"贝嫩登"悬钩子（异名为R. × TRIDEL）

完全耐寒落叶灌木，长势强盛，枝条垂拱，表皮分层剥离，春季开大型白花。

■ **何时修剪** 夏季，花后。

■ **整枝与修剪** 大幅修剪需求较西藏悬钩子少，但需每年移除开花枝及部分老枝以维持植株长势。可在春季平茬更新。

西藏悬钩子（R. THIBETANUS）

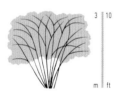

完全耐寒落叶灌木，长势强盛，枝条垂拱，新枝冬季无叶时观赏性最佳。枝条第

华中悬钩子（Rubus Cockburnianus）
两年生枝栽移栽夏季花后移除（小图），仅留下白色的新枝为冬日花园添加一分景致。

2年开花，花后最好移除，仅保留冬季颜色苍白的新枝。

■ **何时修剪** 夏季，花后。

■ **整枝与修剪** 每年将所有开花果的枝条短截至地面，仅放缓保留当年生新枝。

其他悬钩子属灌木

粉枝莓（R. biflorus），华中悬钩子，香悬钩子（R. odoratus）同西藏悬钩子。美洲大树莓（R. spectabilis）根蘖性强，入侵性较强。同西藏悬钩子。

另见第228—231页浆果及第282页。

修剪成形"贝嫩登"悬钩子（R. 'Benenden'）

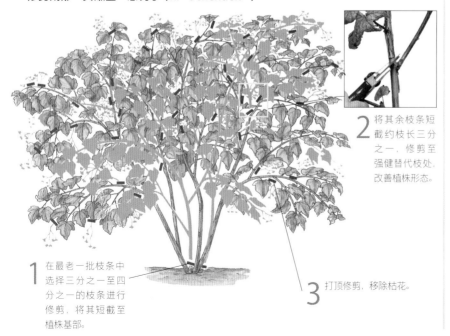

1 在最老一批枝条中选择三分之一至四分之一的枝条进行修剪，将其短截至植株基部。

2 将其余枝条短截约枝长三分之一，修剪至强健替代枝处，改善植株形态。

3 打顶修剪，移除枯花。

芸香属（RUTA）

小型耐寒常绿亚灌木，夏季开黄色头状花，蓝灰色的叶片观赏性更佳。修剪可保持植株紧凑，并增进叶片观赏效果，但亦将导致植株无法开花。植株内汁液有毒，修剪时应佩戴手套。修剪应在早春进行：将所有枝条短截至老枝，至少短截枝长的一半，同时移除弱枝。走形植株可短截至15厘米高度进行更新，但老化植株最好直接替换。

柳属（SALIX）

耐寒落叶灌木（部分矮生）及乔木，株型优美，枝叶旖旎，柔荑花序，部分物种亦有彩色枝条。定期修剪彩枝柳树可确保植株始终有色彩鲜艳的新枝生长。若植株长势强盛，可将所有枝条重剪，具体方式见第86页。除此之外的其他柳树需要程度较轻的定期修剪。矮生柳树无特殊修剪需求。

"韦尔汉尼"戟叶柳

小型直立灌木，春季枝条呈深紫色，具银灰色柔荑花序。修剪植株可维持新枝（冬季色彩最鲜艳）和开花老枝的均衡比例。

■ **何时修剪** 定植后需修剪一次，而后可偶尔在春季花谢后修剪。

■ **整枝与修剪** 幼株仅需少量修剪。成形植株可偶尔移除1至2根老枝。更新复壮时，将所有枝条重剪。

其他柳属灌木

川鄂柳（S. fargesii）；大叶柳（S. magnifica）同"韦尔汉尼"戟叶柳（S. hastata wehrhahnii）；狭叶柳（S. elaeagnos subsp. angustifolia，异名为S. rosmarinifolia）；细柱柳（S. gracilistyla）；紫红柳（S. purpurea）无特殊需求。若有必要可在冬季轻剪。瑞士柳（S. helvetica）；毛叶柳（S. lanata）无特殊需求。蓝枝柳（S. irrorata）无特殊修剪，但需定期将老枝短截至近地面高度，促进植株形成蓝色的新枝。匍匐柳（S. repens）；网柳（S. reticulata）见第86页。

鼠尾草属（SALVIA）

　　小型常绿灌木及亚灌木，属内亦有一年生、两年生植物及多年生宿根植物。灌木及亚灌木物种花朵优美，叶片芳香，部分物种可作烹饪材料，主要作观花植物及香料植物。部分物种耐寒，不耐寒物种在冷凉气候区仅能在避风暖墙旁存活，但不适宜墙式整枝。定期修剪可使植株产生强壮的新枝，茂密生长。

■ **何时修剪**　春季，植株开始生长时。

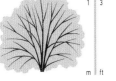

■ **整枝与修剪**　温暖气候区保持最小修剪量。冷凉气候区打顶修剪幼株可促进植株分枝。灌木植株成形后，每年将枝条短截至木质化骨干枝。走形植株可重剪平茬进行更新，但鼠尾草在冷凉气候区寿命不长。

凹脉鼠尾草（S. MICROPHYLLA，异名为S. GRAHAMII）

　　半耐寒灌木，夏末至秋季开鲜艳的红色花。冷凉气候区植株作为小型灌木临暖墙种植时有可能成功过冬。

药用鼠尾草（S. OFFICINALIS）

　　耐寒灌木，夏季开蓝紫色花，轮伞花序。本种可用作烹饪材料，并且有紫叶、金叶、斑叶品种。如不进行修剪，植株易渐显松散，失去紧凑的生长状态。

■ **何时修剪**　仲春，夏季移除枯花。

■ **整枝与修剪**　定植后打顶修剪（见155页）。若植株年龄较大，基部逐渐变秃，可将其短截至老枝进行更新复壮。主要作观叶植物的品种可在春季进行轻剪，提升观叶效果，同时使植株更圆，株型更紧凑。若夏季有花朵产生可将其移除。

其他鼠尾草属灌木

　　绚丽鼠尾草（S. fulgens）、樱桃鼠尾草（S. greggii）、银叶鼠尾草（S. leucophylla）塞氏鼠尾草（S. sessei）同凹脉鼠尾草。

接骨木属（SAMBUCUS）

　　中型至大型落叶灌木，耐寒，属内部分物种习性较为粗野，较具入侵性。部分接骨木作观花植物和果树种植，部分则叶形优美，主要作观叶植物。大部分接骨木修剪后可产生大量新枝，定期重剪亦可提高观叶品种的观赏效果。接骨木常以多主干灌木形态种植，但若不进行修剪，植株极易变得高而瘦小。部分长势较强的接骨木可整枝为具低矮主干的标准型植株。

■ **何时修剪**　冬季，植株休眠时。如标准型植株基部出现蘖芽应及时移除。

■ **整枝与修剪**　如需将植株培养成大型灌木，应放缓一季，而后将一半枝条短截至地面，另一半短截枝长一半。此后每年将一年生枝条短截一半，并将老枝短截至地面。"尖浅裂"（Acutiloba）和金叶美洲接骨木（S. canadensis）、深裂接骨木（S. nigra f. laciniata）及紫叶的"谷因巧紫"西洋接骨木（S. nigra 'Guincho Purple'）等彩叶或切叶品种的接骨木可通过定期重剪提升植株的观叶效果。这些品种可每年将植株平茬或短截至低矮骨干枝（见第164页），同大叶醉鱼草（见第178页）。若修剪后新枝拥挤，可在生长季早期疏枝。

　　标准型植株（见第165页）需采用无梗接骨木（S. sieboldiana）等长势强盛的植株进行培育，定干高度约1至2米。此类强势接骨木主干易生大量新枝及蘖芽，如有发现需即时移除。尽管重剪可起到更新复壮的作用，但接骨木寿命通常较短。老化及走形植株最好直接替换。

由于积雪叉开的银香菊植株
重剪至老枝，促进茂密的新枝生长。

银香菊属（SANTOLINA）

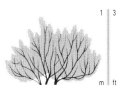

　　小型常绿灌木，耐霜冻，叶片灰绿色，细裂，具芳香。夏季开黄色至白色的纽扣状花。若不定期修剪，植株将渐显蓬乱。

■ **何时修剪**　秋季，花后。早春重剪。

■ **整枝与修剪**　轻剪新栽银香菊，促进植株生长茂盛。每年秋季修剪枯花及过长枝。植株生长2至3年后将逐渐呈现开心蓬乱的生长状态，此时需将其重剪至老枝。新株重剪后恢复良好，但老株最好直接替换。

其他观赏灌木

　　芦莉草属（Ruellia）无特殊修剪。必要情况下可在花后轻剪造型。双籽麻属（Rulingia）无特殊需求。可进行打顶修剪，促进植株茂密生长。舟叶花属（Ruschia）仅需少量修剪。爆仗竹属（Russelia）冬季将部分老枝短截至基部。野扇花属（Sarcococca）如有必要，仅需在春季进行少量修剪。苦杉花属（Selago）仅需少量修剪。千里光属（Senecio）见长春菊属，另见攀缘植物词典。决明属（Senna）见腊肠树属。白马骨属（Serissa）秋季花后修剪。娇娘花属（Serruria）帝王花属。田菁属（Sesbania）见腊肠树属（第182页）。野牛果属（Shepherdia）仅需少量修剪。鲜卑花属（Sibiraea）同尖叶绣线菊（见219页）。毒马草属（Sideritis）无特殊需求。油蜡树属（Simmondsia）无特殊需求。作树篱种植时可修剪。秤锤树属（Sinojackia）仅需少量修剪。

茵芋属（SKIMMIA）

　　小型至中型常绿灌木，耐寒，植株枝叶齐整，春季开花，花朵芬芳，花后挂红色果实，果实观赏期长。属内部分物种雌雄同株，其余雌雄异株，雌株仅在有雄株相邻的情况下才可坐果。茵芋天生株型紧凑，仅需少量修剪，但偶有徒长枝破坏株型，可在春季花后将其短截至叶丛内（用于遮掩切口）。茵芋耐重剪，但与其尝试更新老化植株，不如直接使用新株替换。

日本茵芋（Skimmia Japonica）
短截破坏植株齐整圆形轮廓的过长枝。

茄属（SOLANUM）

　　包含多种蔓生、攀缘植物（第283页，攀缘植物词典）及数种小型常绿、半常绿或落叶灌木的大属，花朵优美，部分物种亦具可观赏果实。绝大部分灌木较不耐寒，冷凉气候区可进行温室栽培。珊瑚樱（S. pseudocapsicum）等半耐寒常绿植物及其栽培品种可按照一年生植物进行管理。体型较小的常绿植物珊瑚豆（S. capsicastrum）有椭圆形（非圆形）橙红色果实。露天栽培或温室栽培的，不作为一年生植物种植的植株，都可以在春季短截至低处骨干枝，促进植株生长。

苦参属［（SOPHORA），原称槐属］

　　属内有乔木（见第88页），亦有中型至大型落叶或半常绿灌木，叶形优美，开豌豆状花。属内植物完全耐寒至耐寒冷冻，但需较好光照条件。避风种植有利于部分植株生长，冷凉气候区则最好邻暖墙种植。植株自然生长形态十分优雅，因此无需过多修剪。若冬末或春季修剪易导致伤流，因此修剪最好推迟至仲夏。

四翅槐（S. TETRAPTERA）

　　大型常绿或半常绿灌木，春末开金黄色花。由于植株的芽点在冬季已经形成，因此极端天气可能对植株产生损伤。作为独立型孤植株植株种植时，植株可呈现出乔木的生长比例。冷凉气候区可通过墙式整枝为植株提供保护。植株在老枝开花，因此需尽量避免修剪。

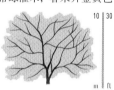

■ **何时修剪**　盛夏，较不容易出现伤流时。

■ **整枝与修剪**　独立型灌木自然生长即可。进行墙式整枝时，可将枝条与墙面随意固定，而后令植株自然生长；或将其整枝为规则式扇形植株（见第162页），但整枝所需的修剪工作将导致植株延迟5年以上方可开花。重剪仅在温暖气候区较有可能成功。

白刺花（Sophora Davidii）
尽量避免修剪，让开花枝生长成熟。

其他苦参属灌木

　　白刺花（S. davidii），大果槐（S. macrocarpa），小叶槐（S. microphylla）同四翅槐。其他苦参属植物见第88页，观赏乔木词典。

垂蕾树属（SPARRMANNIA）

　　非洲垂蕾树（Sparrmannia Africana）为大型常绿灌木或小型乔木，不耐寒，枝条直立生长，春末或夏季开白色及黄色花朵。可通过修剪限制温室种植植株的大小，植株对修剪反应较佳。

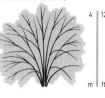

■ **何时修剪**　夏季，花后。冬季重剪。

■ **整枝与修剪**　温暖气候区独立型灌木应尽量避免修剪。冷凉气候区温室栽培时，将开花枝短截至侧枝，使植株株型更加紧凑。每年或隔年重剪可使植株产生更大的花与叶片（见第164页）。更新修剪时将植株平茬。

鹰爪豆属（SPARTIUM）

　　本属仅鹰爪豆（Spartium Junceum）一种，为中型落叶灌木，耐寒，枝条直立，形似灯心草。夏季至秋季在新枝开芳香黄色花。

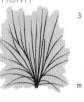

■ **何时修剪**　早春，植株开始生长时。

■ **整枝与修剪**　栽培初两年，将主枝短截一半，促进植株茂密生长。随后每2至3年将上一季枝条短截至老枝内2.5厘米处。植株可通过重剪更新，但最好直接用新株替换。

球葵属（SPHAERALCEA）

　　小型半耐寒落叶亚灌木（温暖气候区常绿），夏季于当年枝开花。冷凉气候区可在避风、阳光充沛的位置露天栽培，但枝条通常会因霜冻枯死。植株可进行温室栽培。温暖气候区栽培一半仅需少量修剪。春季短截过长枝。寒冷地区需每年将枝条短截至木质化骨干枝或直接平茬。老化植株最好直接替换。

绣线菊属（SPIRAEA）

小型至中型耐寒落叶或半常绿灌木，部分物种有根蘖性。植株花朵美观，部分栽培品种亦具观赏性叶片。属内有部分物种体型较大，枝条垂拱，在老枝或新枝开花。有的则体型小且枝条细密，在当年枝开花。植株耐修剪，定期修剪可维持良好的观花效果。修剪时机需由植株在新枝或老枝开花的习性决定。

修剪尖叶绣线菊（Spiraea 'Arguta'）
植株的枝条细长浓密，每年需进行疏枝，将部分枝条短截至基部，并将花后开花枝短截至饱满的侧芽或位置适当的侧枝处。

尖叶绣线菊（S.'ARGUTA'）

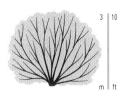

中型灌木，春季中下旬在去年枝开花，花小型，白色，成簇开放。修剪能够防止老枝、枯枝在植株内堆积，同时促进翌年开花的新枝形成。

■ **何时修剪** 初夏，花后。

■ **整枝与修剪** 幼株需将花后开花枝短截至饱满侧芽，同时将弱枝完全移除。植株成形后，将四分之一的老枝短截至地面进行疏枝。移除弱枝，并将花后开花枝修剪至多一半长度，短截至饱满侧芽。走形植株可进行大幅修剪，选择2至3根强枝放缓，将其余枝条短截至地面，但修剪后恢复较慢。

灰背绣线菊（S. DOUGLASII）

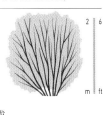

中型灌木，长势强盛，根蘖性强，枝条直立。盛夏在当年生枝开紫粉色花。每年修剪可保持植株健康，促进新开花枝形成。

■ **何时修剪** 初春，花后摘除枯花。

■ **整枝与修剪** 将所有弱枝或老化枝短截至地面。剩余枝条选择四分之一至三分之一短截至去年生长部分（视植株生长状况决定），留2至4个侧芽。枝丛较为拥挤时可完全移

除部分枝条，以维持开放的枝丛结构。若枝丛长势衰退，可用扦插苗替换，种植时将枝条平茬。

粉花绣线菊（S. JAPONICA）

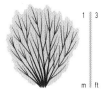

小型灌木，夏季在当年生枝条开小型花，花序头状，花一般为粉色。本种有许多栽培品种，如新叶色彩鲜丽的"金焰"（Goldflame）。每年修剪可提升植株的观花、观叶表现。

■ **何时修剪** 早春，花后摘除枯花。

■ **整枝与修剪** 定植时移除弱枝及老枝，将剩余枝条短截至10至15厘米高的骨干枝。随后每年将枝条短截至骨干枝，留1至2个芽点（另见第209页，分药花属）。矮生品种仅需在花后轻剪塑形。更新修剪同灰背绣线菊。

其他绣线菊属灌木

麻叶绣线菊（S. cantoniensis），小花绣线菊（S. nipponica），李叶绣线（S. prunifolia），珍珠绣线菊（S. thunbergii），菱叶绣线菊（S. × vanhouttei），鄂西绣线菊（S. veitchii）同尖叶修剪菊。孟席斯绣线菊（S. douglasii subsp. Menziesii），博洛尼亚绣线菊（S. japonica 'Bumalda' 异名为 S. × bumalda）同粉花绣线菊。绣线菊（S. salicifolia）同灰背绣线菊。

旌节花属（STACHYURUS）

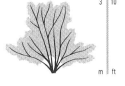

中型至大型耐寒落叶灌木，枝条伸展，结构开放，早春开花，花芽形成于上一年秋季。旌节花无需定期修剪，但可不时进行轻度更新修剪：移除老枝，疏理基部枝条，将过长枝短截（至多）三分之一。春季花后修剪，植株基部可生新枝。

"喜鹊"旌节花（Stachyurus chinensis 'Magpie'）
图中的斑叶品种植株经过非规则式墙式整枝。每逢早春，植株便开出成簇垂悬的淡黄色铃状小花。冬季的严寒可能导致嫩芽损伤。

其他观赏灌木

珍珠梅属（Sorbaria）冬末修剪，移除1至2根老枝，将花后枝条短截至近主茎处。移除无用蘖芽（见第153页）。花楸属（Sorbus）铺地花楸（S. reducta）需移除无用蘖芽。另见第88页，观赏乔木词典。

野珠兰属 (STEPHANANDRA)

中型落叶灌木，完全耐寒。植株秋叶色彩缤纷，冬季枝条深棕色，夏季开花，但不甚起眼。植株成株后形成根蘗性灌丛。夏季花后约四分之一的老枝从基部移除，而后将剩余花后枝条短截至强壮侧枝进行疏枝，保持植株枝条自然垂拱的生长习性。冬季或初春将所有枝条短截至基部。

丁香属 (SYRINGA)

小型至大型落叶灌木，完全耐寒，随植株生长逐渐形成树状，春季至夏初开花，花朵姣好，常具芬芳。

欧丁香 (S. VULGARIS)

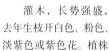

灌木，长势强盛，去年生枝开白色、粉色、淡紫色或紫色花。植株无需过多关注，但枝条随生长逐渐老化，瘦长时需进行重剪。重剪后反应良好。栽培品种常为嫁接植株，可能形成大量根蘗。

"帕里宾"蓝丁香 (Syringa meyeri 'Palibin')

这种丁香一般自然形成枝叶细密的灌木丛，但亦可通过整枝培养成图中这样美观的标准型植株。

毛核木属 (SYMPHORICARPOS)

完全耐寒落叶灌木，枝条细密，果实成串，十分惹眼。大部分物种具根蘗性，宜作低矮屏障树篱或地被植物。种植时将植株修剪至30厘米可促进枝叶浓密生长，此外无修剪需求。春季可修剪部分老枝或细长枝。若需限制植株扩张，可在早春将部分枝丛从基部移除或用铲子截断。更新植株时，将整株平茬。若种植面积较大，可使用尼龙绳打边机。

■ **何时修剪** 盛夏，花谢后。冬季更新修剪。

■ **整枝与修剪** 幼株常需少量成形修剪（见第157页）促进株型均衡生长。成形植株在条件允许下可使用修枝剪（见第155页）摘除枯花，避免损伤塑年开花的新枝。发现蘗芽应立刻移除（见第153页）。更新修剪时，将主茎短截至30到60厘米高度（另见第161页）。修剪后植株一般恢复良好，生出新枝后应进行疏枝。植株需最多3年后才可恢复开花。重剪最好分2至3年完成。

蓝丁香 (S. MEYERI)

蓝丁香为灌木植物，枝条较细，初夏紫色花，花序圆锥状，具芳香。有时可在季末开第二波花。

■ **何时修剪** 盛夏，花后。

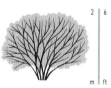

■ **整枝与修剪** 植株自然形成茂密的灌丛，仅需少量修剪。蓝丁香亦可整枝为标准型（见左图及第165页）。

其他丁香属灌木

罗萨丁香（S. × josiflexa）同欧丁香。"卓越"小叶丁香（S. microphylla 'Superba'）同蓝丁香。波斯丁香（S. × persica），普雷斯顿丁香（S. × prestoniae），垂丝丁香（S. reflexa），云南丁香（S. yunnanensis）同欧丁香。

T–V

小花柽柳 (Tamarix Parviflora)

本种春季开花，应在夏季修剪，防止植株枝条瘦长。

柽柳属 (TAMARIX)

完全耐寒至耐霜冻落叶或常绿灌木及乔木，营养枝细如羽毛，花粉红色。花园环境种植时需要修剪保持植株紧凑。柽柳适宜非规则式树篱，尤其是沿海地区。

■ **何时修剪** 小花柽柳（T. parviflora）等初夏开花的柽柳科在夏季花后修剪。多枝柽柳（T. ramosissima）等其他夏末开花的柽柳则在早春修剪。

■ **整枝与修剪** 栽培枝叶茂盛的多主干灌木植株需在定植时修剪，将主茎短截一半，翌年再次重复。成形后需每年修剪植株，移除弱枝，将开花枝短截至健壮侧枝。多枝柽柳可每年重剪，促进开花，同时保持植株枝叶浓密。非规则式树篱植株需在定植时将植株短截至30厘米高度，并在夏季打顶修剪新枝，促进枝条茂密生长。树篱成形后，在冬季将去年生枝短截（另见第45页树篱）。生长过盛植株与树篱可将枝条重剪至老枝进行更新复壮。但修剪后植株至少2年后方可再次开花。标准型植株（见第165页）需支撑，且树冠需适时重剪以保持其形态紧凑。修剪后新枝垂拱，姿态优雅。

百里香属（THYMUS）

完全耐寒至半耐寒灌木及亚灌木，叶片芬芳。部分物种可作为烹饪香料。百里香属皆为小型植物（部分匍匐生长），需要全日照。植株宜作岩石花园或栽种于地砖缝隙。定期修剪可维持植株齐整，并持续产生新叶。栽培品种中有金叶、银叶或斑叶的植株，此类品种可能产生叶片纯绿色的返祖枝。

■ **何时修剪** 夏末。

■ **整枝与修剪** 匍匐型品种无需修剪。其余生长习性的百里香可在夏季用修枝剪轻剪，移除枯花。彩叶或斑叶品种的植株需要在生长期检查是否有返祖枝（见第153页），如有发现需将其从基部移除。由于植株老枝不生新芽，因此老化或走形植株最好直接替换。

"**银色波西**" **斑叶百里香**（Thymus Vulgaris 'Silver Posie'）

蒂牡丹属（TIBOUCHINA）

大型常绿灌木，不耐寒，叶形美观，夏季在新枝开花。蒂牡丹只能在温暖气候区可以作为独立型灌木种植，冷凉气候区需要进行温室栽培。摘心修剪幼枝可促进植株茂密生长。春季将花后枝条短截，保留两对侧芽。植株可重剪至骨干枝，亦可进行墙式整枝（见第162页）。

荆豆属（ULEX）

小型耐寒灌木，植株具大量尖刺，花黄色。植株冬季落叶，但由于茎与刺皆为绿色，因此植株看似常绿植物。荆豆科在强风、土壤贫瘠的开口位置茁壮生长。荆豆（U. europaeus）在澳大利亚、新西兰等国家属于危害极大的入侵性植物。若种植于土壤肥沃的园土中，植株会变得瘦长蓬乱且基部光秃。修剪可保持植株紧凑，不走形。

■ **何时修剪** 定植后第一个春季修剪，此后在春末至早春花后修剪。早春进行更新修剪。

■ **整枝与修剪** 若幼株较为蓬乱，可在早春将所有枝条短截四分之一至一半长度，促进植株茂盛生长 [小叶荆豆（U. minor）等小型品种仅需摘心修剪]。成形植株可在花后整体轻剪，保持植株紧凑。如有姿态不良枝可

荆豆（Ulex Europaeus）

在合适的花园环境中，如果不在花后进行修剪，荆豆植株就会变得较为瘦长，向四周延伸。

短截。瘦长、走形的植株可重剪至老枝距地面约15厘米处（见第160页）进行更新。修剪后通常恢复良好。

垂管花属（VESTIA）

中型速生常绿灌木，当年枝开花，花淡黄色，果实亦有观赏价值。属内仅垂管花（V. foetida）一种，遇严重霜冻通常地上部分死亡。冷凉气候区需要避风的种植地点。摘心修剪新株（见第152页）可促进分枝。温暖气候区于夏末修剪，同夜香树属（见第184页），花后枝条应短截约一半长度。每年可将1至2根老枝短截至基部，防止老枝累积，影响开花新枝的生长。疏于管理的走形植株可在早春平茬或短截至低矮骨干枝进行更新。冷凉气候区栽培的植株可在春季平茬。

其他观赏灌木

省沽油属（Staphylea）同接骨木属。膀胱果（S. holocarpa）等大型物种可整枝为标准型树。红果树属（Stransvaesia）、红果石楠属（×stranvinia）见石楠属。扭管花属（Streptosolen）见第284页。雪朵花属（Sutera）仅需少量修剪。纸荚豆属（Sutherlandia）若有必要可在果后轻剪。寿命短。蓬乱植株最好直接替换。沙耀豆属（Swainsona）每年春季将植株短截至30厘米高度。水丝梨属（Sycopsis）仅需少量修剪。山矾属（Symplocos）无特殊需求。短截过长枝，成株后可偶尔移除部分生长滞缓的老枝。黄钟花属（Tecoma）见第285页的硬骨凌霄属。蒂罗花属（Telopea）打顶修剪幼株（见第155页）。花后，将开花枝短截，留25厘米的去年生长部分。可重剪更新。厚皮香属（Ternstroemia）无特殊修剪。如有需要可在春季轻剪造型。通脱木属（Tetrapanax）摘除枯花，移除根蘖。无特殊需求。香科科属（Teucrium）春季植株恢复生长时进行修剪，移除冻伤枝并轻剪全株，保持植株紧凑。如有必要可进行重剪，植株修剪后恢复良好。欧香科科（T. chamaedrys）可作为低矮的树篱种植，在夏季修剪。杜楝属（Turraea）无特殊需求。可进行修剪，作为树篱种植。莓香果属（Ugni）无特殊需求。过长枝需进行短截。越橘属（Vaccinium）无特殊需求。若有需要可进行修剪，落叶物种冬季修剪，常绿物种春季修剪。另见第239页，蓝莓。硬梨木属（Vallea）夏季花后轻剪。

荚蒾属（VIBURNUM）

小型至大型落叶，半常绿、常绿灌木，耐寒。部分物种作观花芳香植株种植。其他物种则在秋季有观赏性果实。荚蒾属植物习性各异，但皆可从基部产生新枝。修剪需求主要由栽培目的决定。部分荚蒾可培养为优良的孤景植物。川西荚蒾（V. davidii）等其余荚蒾则可通过交叉授粉获得浆果，因而最好多种植为非规则式灌丛。少数荚蒾可进行规则式整枝及修剪。修剪的时机由植株的花期决定。粉团（V. plicatum）以外的荚蒾属植物成株后皆可耐重剪。

蝴蝶荚蒾（Viburnum Plicatum var. Tomentosum）

植株成株后，将破坏条分层形态的直立枝条移除。

博德南特荚蒾（V. × BODNANTENSE）

中型落叶灌木，枝条直立，秋季至冬季在无叶的枝端开芳香的白色或粉色花。植株基部定期形成新枝。植株通常仅需移除老化、生长减退枝。

■ **何时修剪** 早春，花后立刻修剪。晚春更新修剪。

■ **整枝与修剪** 放缓幼株，自然生长。植株成形后，将五分之一以内的枝条短截至基部，移除最老、最弱枝，放缓剩余枝条：短截过多枝条可能影响植株翌年开花，并破坏株型。将所有枝条平茬进行更新复壮。修剪后植株会产生大量新枝。

博德南特荚蒾

将至多五分之一的老枝从基部移除，为植株疏枝。

粉团（V. PLICATUM）

落叶灌木，姿态优雅，枝条水平状分层生长。春末至夏季，植株在去年生枝条开蕾丝帽般的花朵，十分壮观。植株一般无需过多修剪即可形成伸展型的生长习性，但破坏植株整体轮廓的直立徒长枝应移除。

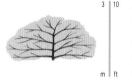

■ **何时修剪** 夏季，花后。晚春更新修剪。

■ **整枝与修剪** 幼株需尽量避免修剪。植株中心会形成强壮直立的枝条，而后分枝，形成特殊的分层生长状态。成株形成的新直立枝亦破坏分层的形态，可将其从基部移除或将其作为替代枝进行牵引，替换老枝、伤枝或生长减缓枝。如植株年龄较小，长势较强，可在春季进行大幅修剪，将植株修剪至骨干枝处。然而此类修剪通常会破坏植株的形态。

地中海荚蒾（V. TINUS）

中型常绿灌木，冬季至春季开花，花星状，头状花序。本种植株与许多荚蒾相比更加紧凑，对修剪反应良好，且可进行整枝与造型修剪。地中海荚蒾可作孤景灌木、标准型植株或非规则及规则式树篱。

■ **何时修剪** 初夏，花后。晚春更新修剪。

■ **整枝与修剪** 作为孤景灌木种植时植株需少量成形修剪（见第157页）确保株型均衡发展。植株成形后应尽量避免修剪，若有破坏株型的徒长枝应及时移除，将其从植株叶丛内截断，利用外围枝叶遮掩切口。标准型植株整枝见第165页。树篱（见第44页）应使用修枝剪修剪，避免对叶片造成损伤，影响美观。孤景植株可在晚春重剪（见第160页）进行更新。走形树篱可采用相同方式处理。

地中海荚蒾

所有荚蒾都可从基部生出新枝。若需整枝为标准型，应将竹竿上发现的任何新枝立刻抹除。

其他荚蒾属灌木

桦叶荚蒾（V. betulifolium）同博德南特荚蒾，但冬末果后修剪。刺荚蒾（V. × burkwoodii）、红蕾荚蒾（V. carlesii）、红蕾雪球荚蒾（V. × carlcephalum）若有必要可在盛夏进行少量修剪。川西荚蒾（V. davidii）伸展型灌木，枝叶浓密，宜作地被植物。仅需少量修剪。可将用作地被植物的植株枝条短截至强枝或基部，保持枝叶齐整。雄株不结果，因此可摘除枯花。香荚蒾（V. farreri）；欧洲荚蒾（V. opulus）同博德南特荚蒾。棉毛荚蒾（V. lantana）；皱叶荚蒾（V. rhytidophyllum）同博德南特荚蒾，但冬末修剪。

蔓长春花属 (VINCA)

耐寒常绿亚灌木，枝条四处蔓延，是优秀的地被植物。植株茎起初竖直生长，而后逐渐下垂，在枝梢或接触地面的位置生根。蔓长春花开蓝色、白色或紫色花，花期不定。修剪可维持植株茂密生长，防止植株过度扩张，并使其花朵更加突出。偶尔可进行重剪，借机移除枯枝杂物，同时提升植株花量。

■ 何时修剪　春季。

■ 整枝与修剪　每年修剪，短截过度生长的部分及过长的蔓生枝。若植株较为拥堵，可使用整篱剪或尼龙打边机进行整体修剪。

牡荆属 (VITEX)

中型落叶灌木及乔木，夏季至秋季在当年枝开花，主要作观花植物。冷凉气候区植株需避风种植环境，适宜背靠暖墙，整枝为扇形植株（见第162页）。独立型灌木幼株仅需少量修剪。植株成形后，在春季花后将开花枝短截至主茎上的短枝或新枝，并完全移除1至2根老枝。扇形墙式整枝植株每年需将永久骨干枝上的去年生侧枝短截至短枝，偶尔牵引新枝替代老化骨干枝。

其他观赏灌木

柳条豆属（Viminaria）灯心草叶柳条豆（V. juncea）修剪方式同金雀儿（见第188页）。修剪时切忌破坏植株自然习性。盐麸梅属（Weinmannia）如有必要可在春季轻剪。迷南苏属（Westringia）无特殊需求，若有必要可在夏季花后轻剪。络璃木属（Wigandia）春季修剪，将花后枝条移除。睡茄属（Withania）春季修剪，将花后枝条移除。文冠果属（Xanthoceras）无特殊需求，可耐重剪。黄根木属（Xanthorhiza）植株惯生根蘖，且株型自然生长凌乱。无特殊需求。千年芋属（Xanthosoma）仅需少量修剪。柞木属（Xylosma）无特殊需求，适合墙式整枝、规则式树篱或造型灌木。丝兰属（Yucca）见第43页棕榈及类似植物。花椒属（Zanthoxylum）春季需移除堆积枯枝。部分物种具刺。朱巧花属（Zauschneria）亚灌木，春季短截至木质化矮桩。

W–Z

锦带花属 (WEIGELA)

小型至中型落叶灌木，完全耐寒，主要为观花植物，夏季于去年生枝开管状的红、白或粉色花。部分亦有观赏性叶片。全属植物耐修剪，可在花后轻剪，使植株将原本用于结种的营养转而供给茁壮新枝生长。

锦带花 (W. FLORIDA)

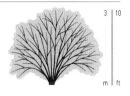

中型灌木，春季或夏季开花，花色多样。定期修剪有益于植株开花。具棕色、紫色或斑叶的观叶品种可利用重剪提升叶片观赏效果。

■ 何时修剪　盛夏，花后。早春更新修剪。

修剪成形锦带花

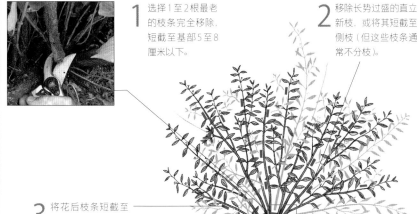

1 选择1至2根最老的枝条完全移除，短截至基部5至8厘米以下。

2 移除长势过盛的直立新枝，或将其短截至侧枝（但这些枝条通常不分枝）。

3 将花后枝条短截至健康侧芽或位置适当的侧枝处。

粉姬木属 (ZENOBIA)

白铃木（Z. pulverulenta），中型落叶或半常绿灌木，完全耐寒，夏季开花，花朵芬芳。修剪可促进植株生长，同时亦有益于植株后续开花表现。植株枝条垂拱，惯生根蘖，基部易生新枝。

■ 何时修剪　盛夏，花期过后。仲春进行更新修剪。

■ 整枝与修剪　幼株需少量成形修剪。植株成形后，需每年将花后枝短截至枯花下方的新枝，后者以强健直立枝为佳。将1至2根老枝从基部移除，维持植株新枝与成熟枝之间的平衡，并移除或短截破坏株型的过长新枝。黄叶及紫叶品种可重剪：将约四分之三的老枝完全移除，并将剩余枝条短截枝长的四分之三。斑叶品种的返祖枝应及时移除（见第153页）。将植株平茬进行更新。修剪后新枝需在盛夏疏枝。

其他锦带花属灌木

"布里斯托尔红宝石"（W. bristol ruby）、"伊娃拉特克"（Eva Rathke）及其他杂交品种，桃红锦带花（W. hortensis）、远东锦带花（W. middendorffiana）、早锦带花（W. praecox）同锦带花。

■ 整枝与修剪　幼株需少量成形修剪。植株成形后需每年修剪。将开花枝短截至强健侧枝，弱枝则完全移除。每3年选择1至2根老枝分次完全移除，修剪时切忌破坏植株自然生长习性。老化、走形、生长过盛的植株可将所有老枝短截至地面进行更新。植株修剪后通常恢复良好。

软果

不论是灌木型或标准型，还是邻向阳墙整枝成扇形或线形，
抑或是培养成装饰性果树树篱，丛果和茎果都需要每年修剪才能获得良好的收成。

即使是一座小型花园，也可以为人们提供收获夏季果实的乐趣。拥有一座管理得当的传统果园或许是许多园艺爱好者的理想，但软果（或称莓果、浆果）亦可在观赏花园中扮演重要的角色。事实上，覆盆子（Rubus Idaeus）、黑茶藨子（Ribes Nigrum，即黑加仑、黑醋栗）等软果都有相应的纯观赏品种，并且广受花园爱好者喜爱。

软果通常是偏好冷凉气候的植物，它们喜欢日照，但不喜欢潮湿、空气滞浊的环境。软果皆可自花授粉，通过分蘗、压枝或扦插的方式繁殖。软果植株无需嫁接，但如有培养标准型植株的需要也可以进行嫁接。然而，由于软果植株易受病毒感染，因此专业的果树苗圃永远是购买健康砧木的最佳去处。某些水果可以获得专业认证的无病毒植株。

根据修剪需求，软果主要可以分成两种：茎果（Cane Fruit）和丛果（Bush Fruit）。茎果包括树莓、黑莓以及泰莓等杂交莓果，它们都有相近的亲缘关系，鹅莓和醋栗这类丛果亦是如此。喜酸的蓝莓则是一个例外，属于杜鹃花科。修剪与整枝的目的不仅是维持植株的健康和株型，更要建立一个顺应季节变换、过渡平缓的修剪周期，移除老枝或生长滞缓枝，促进强健、丰果的新枝取而代之。即使没有修剪，软果植株也可以结果，然而其产量和质量都会大幅下跌。了解和使用正确的修剪与整枝技术是栽培成功的关键，这能够确保植株产出高质高量的果实，并且促进植株形成强壮的新枝，保障未来的果实收成。错误的修剪方式可能会导致当年颗粒无收，所以许多人可能会害怕自己进行修剪工作。然而，各种果实的习性不难理解。只要了解了果实的习性，与之相关的各种工作和任务就会变得简单愉悦。

标准型鹅莓

鹅莓十分适合进行修剪整枝。图中这种标准型灌木植株不但可以提升植物的观赏价值，也可以通过抬高结果枝位置，使采摘工作变得不那么辛苦。

◀ **丰产的蓝莓**

白色的钟状花朵，肉质的蓝色果实，红橙相间的缤纷秋色……蓝莓不仅是丰产的浆果灌木，也是魅力十足的观赏植物。

软果株型

茎果（树莓、黑莓及罗甘莓等杂交品种）每年都会从基部长出健壮的竿状直立新枝，用来替代结果后逐渐死亡的老枝。修剪可以加速这一自然过程，而仔细的整枝又能使植株的修剪工作更加容易。醋栗、鹅莓、蓝莓等丛果自然呈现出茂密紧凑的生长形态。这些浆果灌木大部分都可以整枝成各种造型，充分利用种植环境的优势条件。墙式整枝就是适用于丛果的整枝方式，但开始整枝前必须使用正确方法在墙面设置铁丝，确保植株后方空气流通。

正确地修剪、整枝能够提高果实的产量，同时使日常栽培管理更加轻松，对于带刺植物来说更是如此。根据种植场地的条件

选择适当的品种和整枝造型十分重要。由于茎果成形后不喜移栽，这一点对茎果栽培者而言就更加关键。

修剪方式必须根据栽培品种各异的长势、生长习性及植株在种植处对土质及各种条件的具体反应来专门制定。盲目地重剪会刺激植株产生大量徒长枝，从而损失结果枝。修剪不足则会导致枝条羸弱、拥挤，增加植株受病虫害侵害的可能性，若不及时移除枯枝便更添几分风险。植株走形后，整枝造型所带来的好处也会一并消失。疏于管理持续的时间越长，挽救植株的难度也就越大。

单轴型

单主茎与大量短枝的造型能够使鹅莓、红醋栗或白醋栗在有限的空间内产出大量高质量的果实。线形植株可靠墙种植，但更常见的是在支柱和铁丝组成的支架上成排种植。植株可垂直种植或斜角种植。成排种植可以方便设置防鸟网或防鸟笼。软果极易吸引鸟类采食，因此这类防鸟措施极为关键。

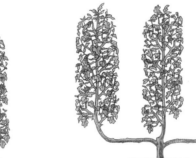

多轴型

双轴型、三轴型及四轴型植株是适用于红、白醋栗和鹅莓的整枝造型，兼具实用性与观赏性，受种植者欢迎。墙式整枝可为植株提供必要的支撑，同时可减少植株受强风损伤的风险。

多茎灌木型

黑醋栗和蓝莓每年从植株基部产生新枝，形成直立多茎的灌木丛。

灌木型

红、白醋栗和鹅莓可以种植成具有低矮主干及骨干枝丛冠的灌木型植株。

标准型

部分鹅莓或红醋栗栽培品种可以通过嫁接到茶藨子属乔化砧木，培养出具有较高主干的灌丛植株。

扇形

背墙扇形整枝能为红醋栗和鹅莓提供避风温暖的生长环境，同时亦能为植株增加观赏效果。

树莓茎型

树莓根蘖惯生根蘖，每年都会在种植位置周围生出新直立茎。

黑莓及杂交茎莓

植株的茎大多集中形成于一处。这些枝条应分散牵引，保证每根枝条的光照和通风条件。

基础技术

　　除秋季结果的树莓外（见第231页），所有软果植株都在生长一年以上的枝条结果。茎果类及黑醋栗的枝条需定期在结果后移除。而红醋栗、鹅莓的枝条则需定期短截至骨干枝，以促进翌年结果的新侧枝形成。这样一来，后者的骨干枝和短枝丛便逐年累积，当枝条逐渐拥挤时便需要进行疏枝。

　　软果有两个主要的修剪期：冬季和夏季。冬季修剪可以引导和改进植株的形态，移除位置不良枝或老化、结果率下降的枝条，促进新枝生长，缓解枝丛拥挤状况，并使植株呈现开心形。不过，由于鸟类也可能在冬季对植株的嫩芽造成损害，因此冬季修剪最好延迟到冬末，这样开始修剪时也可以对遭受损伤的枝条进行处理。遭受严重鸟害的枝条两年内都无法正常结果，应予以移除。只有整枝造型植株需要夏季修剪，用以控制徒长枝生长，同时维持植株的造型和结构。

　　软果尤其容易患严重的病毒疾病。如发现植株患病应及时将其挖出，防止病毒扩散影响其他植株。切记修枝剪等修剪工具也会传播病毒。完成一株植物的修剪后最好将工具浸入家庭用消毒剂中消毒，完成修剪工作后一定要消毒工具。

例行工作，丛果（冬季）

短枝修剪　鹅莓，红醋栗和白醋栗可以像黑醋栗一样长成松散的多茎灌木丛（见下图），但最好像苹果树和梨树一样培养出永久骨干枝，并通过修剪使其形成结果短枝。

将去年生枝条短截约三分之一，修剪至此处的侧芽

短截所有侧枝，留基部的几个侧芽

更新修剪　丛果（尤其是不适用短枝修剪的黑醋栗和蓝莓）必须在每年冬季移除部分老枝，以维持植株的开心态势，同时增加植株一至两年生枝条的比例。这些枝条会在夏季结果，而当季生长中的新枝则会在翌年结果。

例行工作，茎果

修剪　移除果后茎是树莓、黑莓和泰莓、罗甘莓等杂交莓果的修剪要点。将枝条径直从地面截去，同时注意不要损伤保留的其他枝条。

八字结

固定　茎果，尤其是黑莓及夏季结果的树莓的茎必须牢牢固定在支架上，避免冬季的强风损伤植株。定期整理枝条的间隔可以使浆果更快成熟，还可以使收获及修剪工作（见左图）更加容易。

根蘖　所有茎果的茎都是从根蘖发展而来的，根蘖则由植株基部或根系的不定芽形成。如果需要采集蘖芽用于繁殖，可选择离植株较远的蘖芽，连带部分根系将其小心铲出，如上图。

茎果

树莓、黑莓以及许多杂交莓果的果实皆形成于植株长茎上的幼短侧枝。不过，秋季结果的树莓品种是例外，在去年生枝条结果。软果植株每年的修剪任务主要是移除老结果茎，使植株生成新茎替代。

所有软果都属于冷凉气候植物。尽管这些植物在人类驯化前原生于林地，但需要阳光充沛的种植环境才能获得较好的收成（黑莓可耐半阴凉环境）。为了确保果实能够获得足够的阳光充分成熟，种植者必须采用针对长势不同的各种品种制定具体的整枝方式。

莓果

如今，杂交莓果已经发展出罗甘莓（Loganberry）、泰莓（Tayberry）、博伊森莓（Boysenberry）、日莓（Sunberry）、塔姆尔梅（Tummelberry）等大量品种。有些杂交品种是由人们熟知的水果杂交而成——如泰莓就是黑莓和树莓的杂交产物。其他则是悬钩子属内多种植物的混合杂交产物。

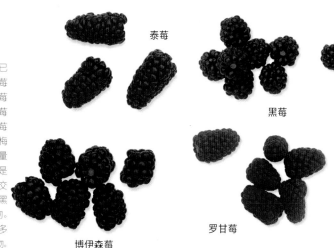

泰莓

黑莓

罗甘莓

博伊森莓

黑莓和杂交莓

黑莓和杂交莓的栽培、整枝和修剪方式相同。所有工作的目的不外乎几点：保持植株健康、苗壮地成长；将结果枝与生长期不时冒出的新枝分开；拉开结果枝的间距，使果实充分成熟，同时更易采摘；防止枝条接触地面，自然生根。果苗一定要在可信的苗圃购买；专业苗圃售卖的幼苗一般都有抗病毒等方面的认证。请勿购买有叶色斑驳，有整体矮弱等感染迹象的植株。

■ **整枝方式** 钉有牢固铁丝的墙或围栏可以为植株提供最简单的支撑，但铁丝和支柱组成的、双面透光的支架便足以满足植株的生长需求。无刺罗甘莓等长势较弱的品种只需单根粗桩便可以进行整枝。最简单、易管理的整枝方式可以隔开结果枝与新枝。有些整

莓果的整枝方式

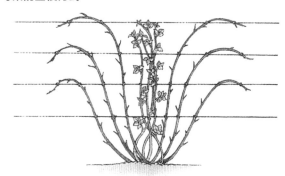

扇形 一种较为紧凑的造型，适用于茎较硬、长势较弱的品种。植株的结果枝向外舒展，新枝则持续固定在植株的中心位置。结果枝移除后就可以将中间的新枝松开并放低，取代结果枝的位置（见第229页）。

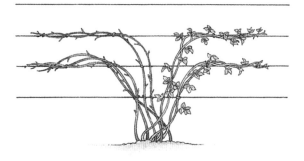

交替间隔型 适用于同墙面种植多棵植株的情况。植株的结果枝与新枝分别朝两端生长，即与相邻植株的对应枝条相向生长。这样一来，每个间隔的枝条都会交替处于结果或不结果的状态。

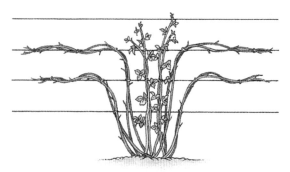

绳型 适宜罗甘莓等枝条多且柔韧的品种。结果枝以数根为一组织交缠成"绳"状，并沿较低位置的铁丝固定；新枝则位于中间，竖直朝上固定，直至顶端。切除结束结果的枝条后，将新枝分组并重复上述操作，而后分散固定至低处的铁丝上。

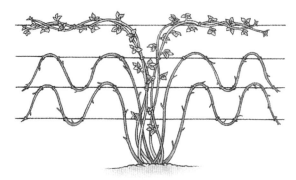

波浪形 适用于枝条长且柔韧，长势旺盛的品种，十分省空间。将结果枝以蛇形固定在低处的铁丝上，新枝则向中间牵引，而后分散固定到顶部的铁丝上。移除结果枝后，将新枝放低并将枝条缠绕固定在铁丝上。

枝方式则可以一次性将新枝引导至最终生长位置，尽量避免接触植株多刺的枝条。用于支撑的墙体或围栏应至少1.5至2米高，并用螺栓或木条和订书钉将铁丝与墙体固定，并保持一定距离。采用支柱、铁丝结构的支架时，使用至少2.5米长的支柱，并插入地面60厘米左右，不要加设斜角的侧支柱。整枝牵引需要3至4根水平固定的铁丝，相邻铁丝间距离约45厘米。根据整枝方法不同，植株间大约需要保持至少3米的距离。"喜马拉雅巨人"（Himalaya Giant）等长势强的品种枝条可达5米长，需要足够的生长空间。

■ **何时修剪**　种植后第一次修剪，秋季果实采摘后第二次修剪，而后在冬末或春初第三次修剪。无用的枝条和蘖芽可以随时移除。修剪带刺品种时一定要佩戴防护手套。

■ **成形整枝**　市售的莓果苗一般是一年生压枝小苗。购得果苗后最好初冬定植，如果天气十分寒冷则可在早春种植。初植时将原植株的茎短截至20至30厘米高度，刺激基部新枝生长，待定植后第一个夏天来临时再将该茎完全移除。通过添加覆根物稍微抬升土表高度也可以促进植株形成强壮新枝。新枝生出后，使用适宜的整枝方式（见第228页）将其逐渐固定。

■ **成形后修剪**　成形后修剪的目的是保持植株每年更替形成一年生的丰产结果枝。一旦上一茬浆果采摘完毕，就需将所有结果枝移除，而后根据采用的整枝方式决定是否需要重新固定新枝。若新枝数量不足，无法填满种植空间，可以保留少量老枝，将其侧枝短截至2.5厘米。新枝形成后，可以将弱枝移除，修剪时着重较为拥挤的枝丛。如发现离植株主体过远的蘖芽应及时拔除，否则小芽很快就会成长为大麻烦。冬末，将所有枝条短截至15厘米左右，若当年冻伤十分严重可能还需要移除更多（有些情况需要全部移除）。将枝条捆成一束，固定在最低高度的铁丝上可以在严寒的冬季为枝条提供更多保护，待春天到来再将其散开重新牵引。

　　由于缺乏管理而走形的植株较难处理。将蘖芽与生根的枝条挖出，而后移除老枝和纠缠在一起的枝条。植株或许有部分枝条仍可挽救，可以将其重新整枝到支架上。如若不然，可将根蘖或自然压枝的枝条小心地连根拔起，作为新植株栽培。

定植后的新枝

果苗购买时自带的茎不作结果枝，应将其短截至20至30厘米，刺激植株基部产生新枝。这些新枝会在第二个生长期结果。盛夏时将老茎的残枝移除。

新枝翠绿柔韧

去年茎色深且木质化

成形黑莓，果后修剪

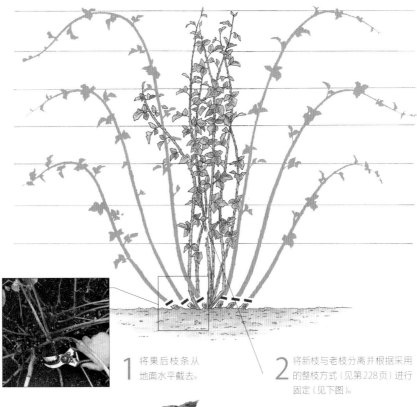

1 将果后枝条从地面水平截去。

2 将新枝与老枝分离并根据采用的整枝方式（见第228页）进行固定（见下图）。

固定新枝

使用八字结将枝条牢牢固定在铁丝上。选择"俄勒冈无刺"（Oregon Thornless）等枝条无刺的品种可以使固定工作更简单。

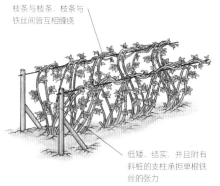

覆盆子 (RUBUS IDAEUS)

覆盆子的根系浅，由大量须根构成，植株的众多枝条亦由根系直接生出。为了果实的收成，结过一次果的老枝应当移除，用强壮的新枝代替。

覆盆子有两个不同的类型：夏季结果型和秋季结果型。二者的栽培方式一致，但修剪方式不同。夏季结果型覆盆子的枝条初年生长，翌年结果，而后便完全移除。秋季结果型覆盆子的结果期更长，从夏末延续到初霜，这类覆盆子的管理方式更接近草本植物：整株植物在冬末平茬，而后枝条在一个生长期内形成、结果。

覆盆子最好种植在避风处，牢固的支撑系统对于需要过冬的夏季结果品种而言是关键。比较广为使用的是几种不同的开放式的支柱铁丝结构支撑系统（见右图）。靠墙或栅栏种植时，植株周围的空气流通环境较差，导致果实易染灰霉病，同时也很难照料到靠墙一侧的枝叶。另外也不推荐使用单支柱的栽培方式，如此种植会导致光照不均，也会为采摘工作增加难度。

覆盆子极易感染无法治愈的病毒性疾病。一旦发现植株出现矮短、弱枝、叶片黄红斑、果实稀疏、个小或变形等感染迹象，必须立刻将其挖出并焚烧处理。注意观察是否有蘖芽从病株残留根系长出，如有发现应及时移除。病株种植位置几年内都不应再种植覆盆子。

覆盆子枝条的整枝方式

枝条与枝条，枝条与铁丝间皆互相缠绕

低矮、结实，并且附有斜桩的支柱承担单根铁丝的张力

斯堪的纳维亚整枝法（上图） 大面积避风种植区域大量种植的理想整枝方式，这一方法适用于长势较弱的夏季结果品种。此方法无需打顶修剪。结果枝和新枝的分离系统建立后，采用此法整枝的植株十分易于维护。首先需在地面钉入两排矮桩，排间保持90厘米距离，排内木桩间相距约3米。矮桩每根长1.5米，其中60厘米钉入地面，并另外附设斜柱加强，最后在支柱顶端拉紧铁丝。植株长出新枝后，需趁新枝尚且柔韧时将其牵引至支柱一侧，将数根枝条缠绕成一束，再将枝束缠绕铁丝。每根铁丝组成的"绳"中最多只能有3至4根来自同一植株的枝条，因此仅应保留最强枝（即一株留6至8根），并移除多余枝条。如需辅助固定可使用绑绳。种植第2年生长期，直立的新枝在2根铁丝中间的空间生长，受周围枝条保护的同时亦可避免采摘时受到意外损伤。外围结果枝移除后，便可以用新枝替换其位置。

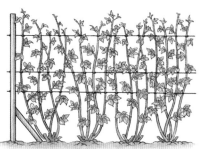

支柱铁丝法（下图） 适宜多风地区使用的紧凑、牢固的整枝方式。果实可以最大限度地接受阳光。将3根铁丝分别在75厘米，1米和1.6米的高度绷紧固定在2根支柱间，或沿直线排列的4至5根支柱钉牢。在铁丝一侧将枝条固定；切勿将茎前后穿绕过铁丝，否则可能导致擦伤。新枝一开始可能需要用线绳绑定（见第231页支撑新枝）。

支柱尼龙绳法（上图） 最简单的覆盆子整枝方法。首先钉入2根2米长的植株，然后在45厘米高度使用尼龙绳环绕2根支柱形成一个绷紧的绳圈并用钉子固定。若种植地点风较大，可以在1.2米高度加一圈尼龙绳。此外，还需在植株间隙处用短绳将绳圈平行的两侧相连，防止枝条倒伏或被风吹斜。

夏季结果型覆盆子

这类覆盆子的果苗一般是单茎苗，苗圃一般将植株茎短截至60厘米左右。设置支撑系统后（见右上图）可以在秋末至初春间定植果苗；种植时需挖浅坑，而后将根系向外散开，促进根系生长新枝。

■ **何时修剪** 定植时修剪一次，此后在冬末果后修剪。

■ **整枝与修剪** 定植时修剪枝条，但需保存基部一段，直至夏初，借助剩余枝条上的叶片产生养分供给新枝生长。随着植株的生长，将新枝逐渐固定。若有花朵零散出现，可将其摘除。冬季期间一定要确保所有的枝条得到良好的支撑，冬季结束后（除非使用斯堪的纳维亚整枝法）将枝条打顶（见第231页）。接下来的夏季植株会迎来一波果实。

覆盆子，第1年，夏季

1 随新枝生长将其固定到支架的铁丝上（见第231页，沿铁丝间隔固定新枝）。

2 果苗购买时自带的茎在定植时短截至25厘米。盛夏将剩余枝条移除。

采摘结束后，应立即将结果枝从基部移除，并用当年生新枝代替。在新枝较多的情况下，仅保留最强健的枝条。在当年冬季，柔嫩的枝梢可能受霜冻损伤，在冬末应进行打顶，移除冻伤部分。

若发现生长位置与成排植株主体距离20厘米以上的新枝应予以移除。若将该枝从地面或追溯至其起源点（干扰根系）截断，只会刺激更多蘖芽产生。正确的方式是在枝条尚且幼嫩时轻轻将其铲出。不过，如果需要采集蘖芽作为繁殖材料，则应将枝条连带足量根系一起挖出。

覆盆子可进行更新复壮，但其产果年限其实也只有12年左右。若疏于管理的植株仍看起来年轻健康，可将老枝移除，再固定剩余枝条即可。若翌年夏季结出的果实较小，那么这批植株或许不值得保留：植株可能已经年龄过大，或者由于病毒感染而导致产果量大幅下降，这种情况下应该另寻一处种植。

秋季结果型覆盆子

秋季结果品种的果苗一般为单茎苗，种植方式与夏季结果品种一致。夏季植株生出新枝，并结第一批果实。植株应在每年冬季平茬，维持以年为单位的修剪周期。结过果的枝条若予以保留，在第2年结果期也会在第1年没有结果的部位再次结果。但健壮新枝的产果量要大得多。

■何时修剪 定植时修剪一次，此后每年冬季，植株完全休眠时修剪。与夏季结果品种不同，秋季结果品种不可以在采摘后立刻移除结果枝，否则植株会在初霜前形成新枝，待到冬季便会被冻死。

■整枝与修剪 种植与初期修剪方式与夏季结果品种相同。新枝长出后，"九月"（September）等较矮的品种无需支撑，但"秋乐"（Autumn Bliss）等长势较强、植株较大的植株就需要辅助支撑，防止强风损伤。由于秋季结果覆盆子并无分离新枝和结果枝的需求，因此可以采用支柱尼龙绳等简单的方式进行整枝（见第230页左上图）。

冬末，在植株复苏之前将所有枝条平茬。翌年新枝长出后，将弱枝或伤枝移除。由于许多果实都形成于枝梢位置，因此不要为植株打顶。产果衰退时替换老化植株。

日常任务，成形覆盆子

移除弱枝 大部分品种都会产生超过需求量的新枝。移除弱势枝条可以将植株的营养集中在剩余的枝条上。每株覆盆子大约保留8根新枝即可，剩余的枝条全部从基部移除。

支撑新枝 新枝在其长度达到支架上最低一根铁丝的高度前需要额外支撑，或者由于新枝数量过多，不便单独固定，因此需要增加整体支撑。这些情况下，可以用线绳缠绕支撑结构，为新枝提供支撑。

移除果后枝 将所有结过果的枝条从地面移除，修剪夏季结果品种时需要格外小心，切勿损伤当年新枝。秋季结果型覆盆子则可以整株平茬。

沿铁丝间隔固定新枝 将枝条靠在铁丝上，枝条间保持10厘米以上的间距，而后用同一根线绳将枝条与铁丝缠绕在一起进行固定。

弯曲过长枝 趁枝条尚未硬化前将过长部分向下弯折，绑定在最顶端的铁丝上。同时打顶弱枝，促进生长。

打顶夏季结果品种 如果使用斯堪的纳维亚整枝法以外的整枝方法，需要在冬末将每根枝条短截15厘米左右，将枝条调整到大致相同的高度。

丛果

尽管黑醋栗、红、白醋栗、鹅莓以及蓝莓都可以通过每年移除部分老枝，促进新枝生长（与诸多观花灌木的管理方式十分接近）的方式简单地进行管理，但若采用管理修剪法管理红、白醋栗和鹅莓，不但能够使植株形成更高产的灌丛，也能极大程度地开发植株的观赏潜力。

黑醋栗／黑加仑 (RIBES NIGRUM)

人工栽培的黑醋栗植株呈"高脚"灌木状，近地面位置形成大量新枝。去年夏季形成的枝条往往结果最多。虽然两年生枝条也可结果实，但其产量甚微，可以牺牲，为更丰产的新枝腾出空间。

黑醋栗十分容易染病毒疾病及传播退化病毒的穗醋栗瘿螨，因此购买时尽量选择认证果苗。若发现植株上有内含瘿螨的"大包"，必须立刻将其摘除焚烧（药剂喷洒一般难以见效），感染情况较重的果丛应整株挖出焚烧。

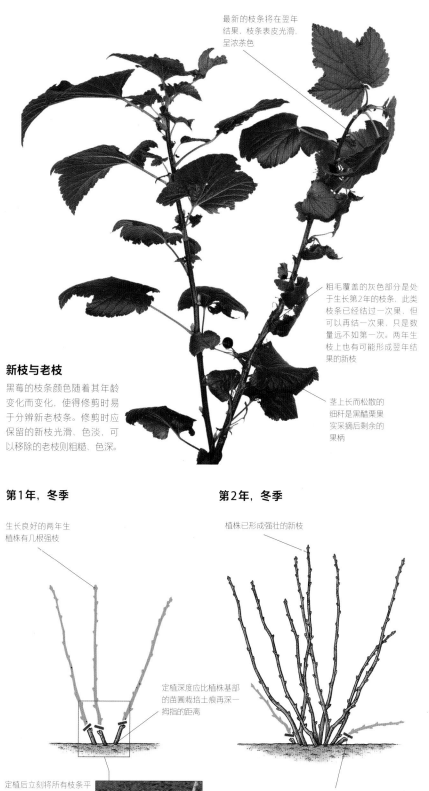

最新的枝条将在翌年结果，枝条表皮光滑，呈浓茶色

粗毛覆盖的灰色部分是处于生长第2年的枝条，此类枝条已经结过一次果，但可以再结一次果，只是数量远不如第一次。两年生枝上也有可能形成翌年结果的新枝

茎上长而松散的细秆是黑醋栗果实采摘后剩余的果柄

新枝与老枝

黑莓的枝条颜色随着其年龄变化而变化，使得修剪时易于分辨新老枝条。修剪时应保留的新枝光滑、色淡，可以移除的老枝则粗糙、色深。

灌木型黑醋栗

黑醋栗苗通常是两年生的灌木植株，在定植第2年便可结果。购买果苗时尽量选择有3至4根强壮枝条的植株。秋末至冬季的任意时间都可以定制果苗，在种植时注意定植深度需要略深于果苗原本的种植深度，定植后施加覆根物，促进基部生枝。

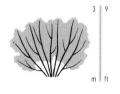

■ **何时修剪** 冬季，植株发芽时。秋季未落叶时定植的盆栽灌木果苗应延迟到叶落后再进行初期修剪。成形灌丛的冬季修剪其实从夏季果实成熟时就可以开始了。将果实成熟的枝条整根切除可以使采摘工作更简单，同时也能够改善植株的光照与空气流通条件。这样一来，冬季修剪便只剩扫尾工作。

■ **成形整枝** 成形整枝的目的是培养出强壮、直立、高产的果丛。首先，需要将整株灌丛平茬，促进夏季新枝生长。下个冬季，

第1年，冬季

生长良好的两年生植株有几根强枝

定植深度应比植株基部的苗圃栽培土痕再深一拇指的距离

定植后立刻将所有枝条平茬，保留一个侧芽

第2年，冬季

植株已形成强壮的新枝

完全移除弱枝或平行、向下生长的枝条即可

成形黑醋栗果丛，果后修剪

保留有大量新侧枝的强壮两年生枝

1 使用长柄修枝剪或修枝锯将老枝从基部移除，若基部有可见芽点可保留一个侧芽。

2 移除弱枝或交叉枝。

水平生长的低枝应短截至朝上生长的强枝处以限制植株扩张

移除长势衰退、侧枝较少的两年生枝条

仅需移除弱枝或位置不良枝。剩余的强枝将会在翌年夏季结出第一批果实。

■ **成形后修剪** 成形果丛可以在采摘期至冬末的任意时间修剪（见第232页，何时修剪）。修剪目的是尽量将所有深色的三年生及以上枝条移除，为产量更大的新枝腾出生长空间，与此同时保持直立的习性和形态。部分新枝会从植株基部生出，部分则会

从灰色的两年生枝条上长出。长势较强的果丛可能需要移除最多三分之一的两年生枝，缓解枝丛拥挤的情况。长势较弱的果丛则应保留更多有新枝的两年生枝以维持枝丛饱满。成形植株无需打顶，但需要移除低枝，限制植株扩张，同时防止果实接触地面，使其不易受雨水、害虫等因素损伤。疏于管理的走形植株可以进行更新，但若植株年龄已超过10年，或看起来健康状况不佳，最好将

植株替换。更新修剪应在冬季进行，尽量移除老枝，仅保留最强壮的新枝——如新枝状况不佳，可将植株整体平茬，留5厘米高度。不论何种情况，更新修剪后均应施肥及覆根物，翌年将新枝疏枝，仅保留8至12根状况最佳、最强壮的枝条。植株在下一年方可重新开始结果。

修剪成形黑醋栗果丛

修剪前 这丛未修剪的黑醋栗枝条拥挤，密集的枝丛中空气不流通，会增加植株患病的概率（尤其在较为潮湿的年份）。此外，枝丛中的光照条件也较差，不利于果实的生长成熟。

修剪后 枝丛中年龄最老的1至2根枝条已被完全移除，剩余的枝条亦已经过疏枝，缓解了拥挤的生长状况。如今的植株只剩下数量均衡的一年生和两年生枝。

红醋栗与白醋栗（RIBES RUBRUM，异名为R. SYLVESTRE）

红、白醋栗的植株相对容易整枝与修剪，其中灌木形态最容易。由于红、白醋栗使用短枝修剪法，有永久骨干枝，因此也可以简单地整枝成线性或扇形植株并进行日常维护。红醋栗和白醋栗（栽培方式完全一致）都在一年生侧枝结果。这些侧枝通过冬季修剪形成短枝，此后每年皆可结果。与黑醋栗不同，红、白醋栗无需每年替换结果枝，且只有枝条染病、老化或植株或短枝丛过于拥挤的情况下才需整枝移除。

红、白醋栗不像黑醋栗一样易受退化病毒困扰，但购买认证果苗也十分重要。不过，红、白醋栗易患枯枝病：若枝条出现染病迹象，应立刻将其截除，并修剪至切口呈现完全白色、干净的状态。修剪下来的病枝应立刻进行焚烧，而后牵引新枝填补枝丛的空隙。若在修剪时发现回枯已经影响到主茎，则应烧毁整棵植株。

灌木型红醋栗（REDCURRANT BUSH）

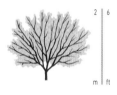

成形修剪的目的是培养出有8至10根主枝的直立灌木状植株，植株枝丛应呈开放态势，使光照和空气得以进入。红、白醋栗的果苗通常为一年生扦插苗，在定植第2年开始结果。有时可以买到两至三年生果苗，便可更快收获果实。秋末至冬季是果苗的种植期，种植前需要施肥，同时提供强风遮挡物，防止新枝受损伤。

■ **何时修剪** 冬季，尽量在植株发芽前延迟修剪，这样修剪时可以同时处理受鸟类损伤的枝条。

■ **成形整枝** 生长良好的一年生果丛一般有3根以上强枝及较短的主干。主干上若有侧芽或侧枝出现应及时抹去，不过一般情况下苗圃售卖的果苗已经进行过此类处理。冬季需将枝条短截一半，促进强枝生长，以便第2年进行骨干枝的培养。若种植地点风势较强，需要在新枝生长初期进行支撑。

■ **成形后修剪** 每年冬季，将当年新枝短

成熟红醋栗

红醋栗灌丛需要通过良好的成形整枝和定期修剪来防止枝条羸弱拥挤，并且确保高质量的果实生产。

红醋栗灌丛，定植后修剪

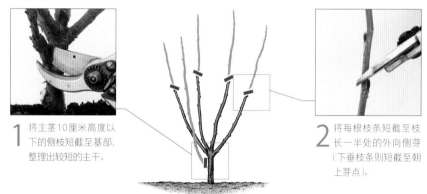

1 将主茎10厘米高度以下的侧枝短截至基部，整理出较短的主干。

2 将每根枝条短截至枝长一半处的外向侧芽（下垂枝条则短截至朝上芽点）。

第2年，冬季

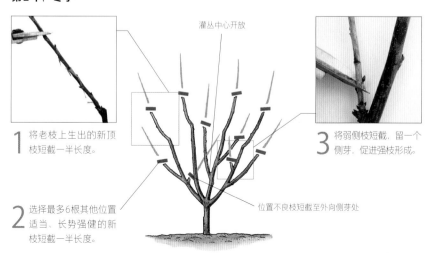

灌丛中心开放

1 将老枝上生出的新顶枝短截一半长度。

2 选择最多6根其他位置适当、长势强健的新枝短截一半长度。

3 将弱侧枝短截，留一个侧芽，促进强枝形成。

位置不良枝短截至外向侧芽处

截，使修剪后的植株仅由主枝与短侧枝构成。偶尔可将老化、果实产量降低的枝条移除。若枝丛较拥挤可将其整根移除，否则将其短截至低处的新侧枝处，使新枝替代老枝。在选择替代枝时，应当以维持植株开心直立的灌丛形态为基准；位置低、伸展性较强的枝条结出的果实易受啮齿类动物或其他地面活动害虫的啃食。如果植株的长势较强，也可以在夏季将新枝短截，保留5片叶，同轴型植株（见第236页）。不过，夏季修剪并非必须。

　　走形但树龄较小的红醋栗通常可进行更新复壮，但树龄超过15年，较为病态或受大量多年生杂草侵扰的植株最好整株挖出，并另寻他处补植新植株。更新修剪的第一步是移除枯枝、病枝或伤枝，而后再根据植株具体生长状况移除老枝或位置不良枝，打开灌丛中心。如有生长过盛的侧枝和短枝亦需短截，留1至2个侧芽。整个更新修剪作业最好分散至两个冬季完成，最终目的是将植株培养成具有8至10根强健新枝、枝条结构良好、间距适当的灌木型植株。达成目标后，就可以恢复例行修剪。更新修剪后务必施肥，添加覆根物。

成形红醋栗灌丛，冬季

1 短截所有骨干枝侧枝或一个生长季形成的短枝，留一个侧芽。

2 若灌丛仍有空隙，可将顶枝缩剪5至7厘米，刺激新枝生长。

3 将老化、长势减退或略显病态的枝条短截至长势旺盛的替代枝处。替代枝不作修剪。

4 移除低枝：结果后，这些枝条上的果实易被地面上的啮齿类动物和其他害虫侵害。

扇形红醋栗

　　扇形红醋栗植株需要3年完全成形。植株骨干枝上的侧枝通过修剪形成结果短枝。墙面或栅栏的铁丝设置准备工作参考轴型植株。

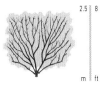

2.5 | 8
m | ft

■ **何时修剪**　冬季，同灌木型。夏季亦可修剪，控制植株生长。

■ **整枝与修剪**　冬季定植一年生醋栗果苗，植株与墙面或栅栏间保持15厘米距离。将定植短截至约15厘米高度的两根强壮侧枝上方，而后分别将两根侧枝朝左右侧牵引作为主枝，与竹竿绑定，以45度角固定在铁丝上。完成固定后，将二者短截至枝长一半处的下向芽点，移除其余侧枝。若其中一根长势明显较强，可将两枝重新调整，使弱枝呈近直立姿态，强枝则呈近水平姿态，平衡二者长速。
　　夏季期间，每根主枝选择3至4根间隔适当的枝条（至少有一根在下侧）与竹竿固

定进行整枝，使其成为"扇骨"。其余长势强的多余新枝可直接移除，新枝中较弱者可以短截并保留3片叶。
　　当年冬季，将扇骨枝短截至枝长一半处，同时短截其侧枝，保留一个侧芽。在第

扇形红醋栗

比起支柱和铁丝构成的支架结构，红醋栗的扇形植株在墙体或栅栏的支撑下生长更佳。这种整枝方式不但能确保成熟中的果实获得最多的光照，更能在春季植株开花时使授粉昆虫更容易地找到花朵的位置。背靠墙体或栅栏整枝的果丛也十分容易布设防鸟网。扇形骨干枝培养方式的逐步详图见第134页扇形桃树。

3年夏季，通过牵引固定新枝填充植株各处（一般位于植株中心）的空隙。夏季将其与侧枝短截，留5片叶，冬季再次修剪，留1至2个侧芽。第4年起，每根扇骨枝都可以参照轴型植株的管理方法进行修剪。

轴型红醋栗

单轴型植株仅有一根垂直主茎，密布结果短枝。多轴型植株则在矮短主干上方分枝，形成多根直立主枝，呈大枝型烛台状。所有轴型造型皆需要墙、栅栏，或至少2米高的支柱与间隔30厘米、横向排列的铁丝构成的支架支撑。单轴型、双轴型、三轴型和四轴型植株分别需要40厘米、80厘米、1.2米和1.5米的间隔。

■ **何时修剪** 冬季定植后第一个春季进行初次修剪，此后在冬季及盛夏修剪。

■ **成形整枝** 选用一年生单茎醋栗果苗，冬季种植，将主茎固定到与竹竿绑定的铁丝上。单轴型植株的整枝步骤如右图。

双轴型植株需要在第一个春季将顶枝短截至最顶端两根长势相当、近对生的侧枝，其余侧枝则短截至基部2片叶处，而后在夏季再次短截至基部。保留的两根侧枝需要先固定到朝向左右，与地面呈30度角的竹竿上，待二者枝梢距离达到30厘米时，再借助与铁丝垂直的铁丝进行竖直牵引。

三轴型植株的果苗顶枝保持垂直生长，2根侧枝则需先短截一半，而后通过整枝使其以30度角向外侧生长，直至枝梢与中心枝距离30厘米，而后再竖直牵引。

四轴型（双U型）植株的基础结构需要额外一年的整枝时间。果苗的初期整枝方式与双轴型相同，将2根侧枝以近似水平的生长状态进行牵引，枝长达到45厘米后开始竖直垂直整枝。冬季来临后，短截侧枝及竖直枝，侧枝留1个侧芽，竖直枝留2个侧芽。待侧芽抽枝后，将2根主茎上的两对侧枝分别按照双轴型植株进行整枝。

在初期整枝阶段后，所有轴型植株的竖直枝都需要按照单轴型（右图）植株进行短截和整枝管理以达到理想高度。其他枝条应进行短截，夏季生长的枝条在短截后（如右上图所示）形成短枝，在下一年结果。

■ **成形后修剪** 所有轴型植株都需要每年进行夏季及冬季修剪，修剪方式与单轴型植株相同。老化的短枝丛需要疏枝（见第105页苹果，短枝修剪），也必须将顶枝短截来限制植株的高度。如有朝向墙体生长的枝条需及时摘除或短截。

单轴型红醋栗，定植修剪，冬季

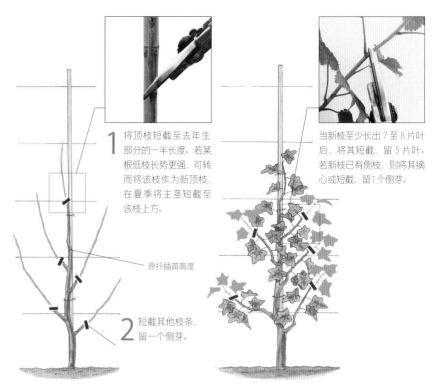

1 将顶枝短截至去年生部分的一半长度。若某根低枝长势更强，可转而将该枝作为新顶枝，在夏季将主茎短截至该枝上方。

原扦插苗高度

2 短截其他枝条，留一个侧芽。

第1年及以后，夏季

当新枝至少长出7至8片叶后，将其短截，留5片叶。若新枝已有侧枝，则将其摘心或短截，留1个侧芽。

第2年及以后，冬季

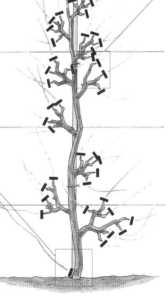

1 随着轴型植株的生长，每年冬季需将新枝的顶枝短截约四分之一长度，修剪至与去年保留的侧芽生长方向相反的侧芽上方。植株抵达最顶层铁丝时，将新枝短截，留1个侧芽。

2 短截所有夏季修剪过的枝条及新侧枝，留1个侧芽。随着植株树龄增长，短枝丛亦将渐显拥挤，此时可以移除部分老化、长势衰减的短枝丛来缓解拥堵的状况。

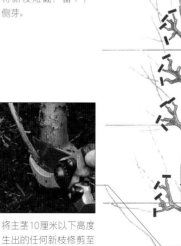

3 将主茎10厘米以下高度生出的任何新枝修剪至基点。

鹅莓（RIBES UVA-CRISPA）

　　鹅莓在一年生新枝及一年生以上短枝丛结果。各种品种的生长习性不同，有的枝条下垂，有的则直立生长。鹅莓通常作开心灌木种植，可以按照两种不同修剪管理方式：较为宽松的更新修剪管理法，或采用短枝修剪法的永久骨干枝管理法。采用第二种方式管理的植株可以整枝成轴型、扇形、标准型等特殊造型，使采摘工作更加简单。鹅莓植株通常多刺，但现在已经有几乎无刺的品种可以购买。许多新品种也对美洲鹅莓霉粉病有相当抗性。

　　鹅莓不应在霜冻高发的低地种植，其花朵在初春开放，极易受冻伤。避风但空气流通、部分时间有树荫的种植环境对鹅莓植株的生长最为理想。与红醋栗相同的是鹅莓同样易受枯枝病感染。若枯枝病已经蔓延到主茎，必须将整丛植株挖出焚烧。如仅部分枝条感染则可将患病枝完全移除，并修剪至枝条的健康部分。若条件允许，尽量修剪至替代枝处。

一年生结果枝
当季新枝
两年生枝
三年生老枝

短枝修剪

从这一部分的枝条可以看出植株的修剪和结果规律。

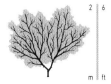

灌木型鹅莓（GOOSEBERRY BUSH）

　　市面出售的鹅莓果苗通常是一年生的扦插苗，如购买年龄较大的果苗可以更快收获果实。良好的果丛高度在1.2至2米，有低矮主干及8至12根主枝。主枝间需要保持合适的间距，植株的中心应尽可能保持开放的生长状态，不但有助于空气流通，更便于采摘。选购果苗时，尽可能选择至少有3根枝条的植株，在秋季至冬季定植。鹅莓的新枝较为脆弱，因此在生长早期最好进行支撑。

■ **何时修剪**　冬末或早春，植株刚发芽时。提早修剪会增加植株受鸟类损伤的可能性。在美洲鹅莓霉病盛行的地区也需要在夏季修剪新枝，同轴型及扇形。移除最容易感染病菌的枝梢可以减少疾病传播的概率。

■ **成形整枝**　冬末定植后将所有枝条短截枝长四分之三左右长度（如果苗在苗圃中已经过整枝，则仅需短截2至3厘米）。若选择垂枝品种，修剪时应短截至朝上侧芽。此后，选择保留主枝上的8至10根侧枝。

鹅莓灌丛，第1年，冬季

将每根枝条短截枝长四分之三，修剪至外向侧芽处。（垂枝品种则短截至朝上的侧芽）。

第2年，冬季

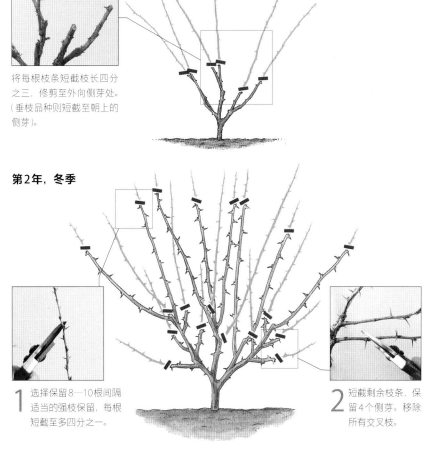

1 选择保留8—10根间隔适当的强枝保留，每根短截至多四分之一。

2 短截剩余枝条，保留4个侧芽。移除所有交叉枝。

■ **成形后修剪** 成形鹅莓灌丛有两种修剪方式:第一种是短枝修剪,即将所有永久骨干枝上的新枝短截,使其结果少但果实个体更大。第二种是更新修剪(见下图),即完全移除老枝,使枝条结大量果实,但果实较小,适宜制作蜜饯类食品。如果想要使果实更大,都可以选择在春末夏初通过去一留一的方式摘除果实(此时也已经可用于烹饪了)。

疏于管理的灌丛易滋生诸多问题,若灌丛生长年限低于12年,则可以较好地更新复壮。在冬季,将一枝强枝从植株基部移除,并将倒伏的枝条短截至朝上侧芽。将年龄最大的枝条移除至多四分之一,缓解枝丛拥挤。夏季植株结果后,老化、产果量减退的枝条与其他枝条的差别已较明显,需要在接下来的冬季进行移除,让强壮且生长位置适当的新枝代替其位置。

成形灌木型鹅莓,冬季短枝修剪

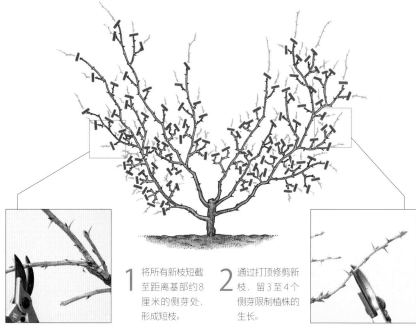

1 将所有新枝短截至距离基部约8厘米的侧芽处,形成短枝。

2 通过打顶修剪新枝,留3至4个侧芽限制植株的生长。

成形灌木型鹅莓,冬季例行修剪

修剪前 必须将老化、产果量减退的枝条或弱枝移除,防止枝丛过于拥挤,同时保持植株中心开放。

修剪后 移除拥挤枝条后,枝条间的距离合理,光线可以较好地穿透枝丛,空气亦可顺畅流通。

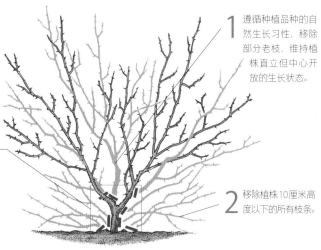

1 遵循种植品种的自然生长习性,移除部分老枝,维持植株直立但中心开放的生长状态。

2 移除植株10厘米高度以下的所有枝条。

标准型鹅莓

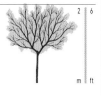

部分品种可以嫁接到1至1.2米高的美国乔化茶藨子砧木上培育标准型植株,种植时必须进行牢固的支撑。冠丛的成形整枝方式与灌木型相同,需要创造出均衡、紧凑但呈开心状的枝丛。成形阶段后维护方式同成形灌木型鹅莓,采用短枝修剪法维持灌丛的紧凑。若发现主干上有新枝产生需立刻抹除。用于支撑植株的支柱与绑带都必须定期检查,若绑带过紧,需要进行调整。

轴型鹅莓

鹅莓可以通过整枝和维护保持单轴型或多轴型的造型,同红醋栗(见第236页)。不过,冬季修剪的程度较后者要轻,短截侧枝后可留约4个侧芽。随着植株的生长,短枝丛可能变得拥挤,需要进行疏枝(见第105页,短枝修剪)。

成排种植单轴型植株时可以使用不同的品种,交错排列果实成熟后颜色不同的植株(市面上有成熟后果实为红色、黄色和绿色的品种),营造出惊艳的视觉效果。

扇形鹅莓

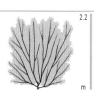

背靠向阳暖墙种植的扇形鹅莓可以结出个大、质高、味甜的果实。如果在果实达到榛子大小时按照去一留一的方式进行疏果,还可以使剩余果实的质量更有保证。即使只能背靠半荫冷墙种植,扇形鹅莓植株也可以结出足够成熟(可烹饪或腌制)的果实。整枝修剪方式同扇形红醋栗。由于紧邻墙体或遮拦种植,植株周围的空气流通条件不如独立型灌木植株,因此需要额外注意防控鹅莓霉病的侵扰。

蓝莓（VACCINIUM SPP.）

最广为人知的蓝莓品种应该是高丛型蓝莓（V. corymbosum），其生长形态与习性与黑醋栗十分相近。不过，蓝莓的枝条可以多年保持高产，因此蓝莓植株往往可以发展出较黑醋栗更复杂的枝丛结构。

蓝莓的果实被粉，呈藏蓝色，盛夏成熟。因此在冷凉气候区种植时需要提供避风、阳光充沛的环境，并保持灌丛的开放和空气流通才可以使果实达到理想的成熟程度。蓝莓可以自花授粉，但相邻种植多株蓝莓，使其交叉授粉，也可以提升果实的产量。

高丛蓝莓需要偏酸性的土壤（pH 5.0），不过可以作为盆栽灌木。栽培时需要使用非碱性水浇灌，且每2至3年需要换盆（见第154页）。

体型较小、习性偏伸展型的兔眼蓝莓（V. ashei）可耐较高pH值的土壤环境，但仍需土壤偏酸性。这一品种的果实质量稍次，但其命名栽培品种及与高丛型蓝莓的杂交品种果实风味极佳，且可以适应更温暖干燥的气候条件。此外，蓝莓也是极富魅力的观赏植物——尤其是秋季叶色斑斓的高丛蓝莓。兔眼蓝莓及其杂交品种的修剪方式同高丛蓝莓。

叶芽

果芽

结果的蓝莓

蓝莓枝条是否有生产潜力在其生长早期就可以分辨出来。冬末修剪时，也需要将枝条的产果潜力作为判断应该进行移除还是保留的参考标准之一。与相对不起眼的叶芽相比，果芽明显更加饱满。

高丛蓝莓（HIGHBUSH）

高丛蓝莓的果苗一般为两年生扦插苗。果苗应在秋末至冬季植株休眠时定植。植株的修剪原则与黑醋栗相同（见第232页），但枝条在生长伊始4年都相对高产，4年后则应移除，为更丰产的新枝让位。

■ **何时修剪** 冬末，可以明显分辨出果芽时。

■ **成形整枝** 植株生长起2年内，仅需要通过少量修剪使其形成形态良好、长势苗壮、中心开放的灌丛。水平生长的枝条与弱枝应短截，修剪至朝上生长的新枝或低处侧芽。

■ **成形后修剪** 移除最老、最弱的枝条，修剪时尽量贴近植株基部，促进植株形成强壮新枝。此外，若有朝地面伸展的枝条亦应移除。每年不要移除超过灌丛四分之一的枝条。更新方式同黑醋栗（见第233页）。

成形高丛蓝莓，冬季

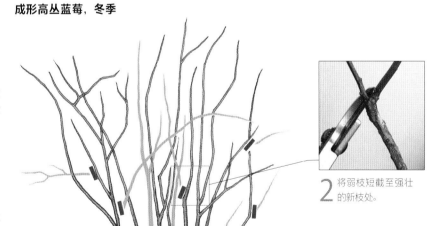

2 将弱枝短截至强壮的新枝处。

1 将结果量减少的老枝从地面高度移除。

3 将低枝完全移除或短截至强壮、朝上的新枝。

蓝靛果（LONICERA CAERULEA）

蓝靛果是蓝果忍冬（Lonicera Caerulea）的果实。蓝果忍冬是一种耐寒的落叶灌木型忍冬，分布较广，在欧洲北部与中部、亚洲北部和日本皆有分布。此外，世界其他许多地区也有引进。植株开黄白色的管状至漏斗状花，花后结果，果实球状至漏斗状、深蓝色，覆白霜，长约1.5厘米，风味近似蓝莓或覆盆子。蓝靛果植株无法自花授粉，因此必须至少同时种植两棵以上植株，使植株间交叉授粉，才可使花朵成功受精。植株可以适应任何排水良好的肥沃土壤。若种植地土壤偏碱性，蓝靛果可以作为蓝莓的替代品，因为后者需要酸性土壤方可正常生长。

灌木型蓝靛果

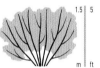

蓝果忍冬是落叶灌木，其生长习性与黑醋栗相似，若不进行修剪，株高可达2米。植株在一年生新枝的花朵与结果表现最佳，因此可以每年修剪，促进植株从基部生出强健的新枝，保持植株高度及1.5米左右的冠幅。如果不定期修剪，植株将形成大型灌木，但果实产量较定期修剪的植株要少。部分品种伸展性较强，其余品种植株则更加直立，二者均可，无需通过修剪纠正。

■ **何时修剪** 秋季至隆冬，植株休眠时。

■ **成形整枝** 种植初3至5年，在灌丛逐渐形成时，仅需移除枯枝或病枝。

■ **成形后修剪** 蓝靛果植株基部生出的新枝更加强壮。不过植株的基部新枝需要进行疏枝，改善空气流通，同时促进强枝形成花芽。短截约四分之一的老枝、结果量减退枝、弱枝、伤枝及交叉枝，留5至10厘米长。若枝条较稀疏，可部分短截约枝长三分之一，促进侧枝生长，形成花芽。然而，短截枝条必定会同时移除一部分花芽，进而导致短期果实产量减少。移除过多枝条也会减少结果量，新枝开始结果后则开始增加。

可以采摘的蓝靛果

蓝靛果还有东北亚蓝靛果（Lonicera caerulea var. kamtschatica）和东亚蓝靛果（Lonicera caerulea var. edulis）等变种可以购买。此外，也有许多具有不同果实特性的栽培品种，如结果量大的靛青（Indigo）和蓝丝绒（Blue Velvet）。

成形蓝靛果，秋末至冬末

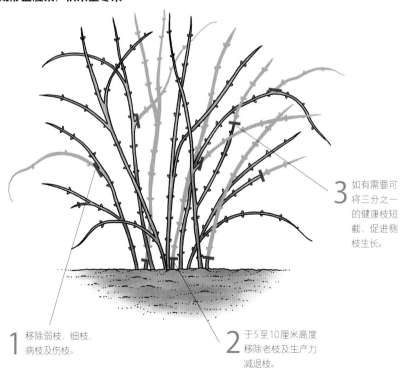

3 如有需要可将三分之一的健康枝短截，促进侧枝生长。

1 移除弱枝、细枝、病枝及伤枝。

2 于5至10厘米高度移除老枝及生产力减退枝。

枸杞（LYCIUM BARBARUM）

枸杞（Lycium Barbarum）是一种落叶灌木，具刺，惯生根蘖，株型直立至伸展，植株可达3.5米高，冠幅可达4米，红色的果实量大、芳香、甜美、营养丰富，呈椭圆形，长约1至2厘米。枸杞［此处指宁夏枸杞（L. barbarum）］原产中国，在欧洲亦有生长栽培，并且有刺杨（Boxthorn）、狼莓（Wolfberry）、婚姻藤（Common Matrimony Vine）、阿盖尔公爵茶树（Duke of Argyll's Tea Tree）等多种与枸杞相去甚远的名称。由于枸杞在没有整枝和定期修剪的情况下自播能力强，且可以通过根蘖迅速扩张，因此在部分地区属于有害灌木杂草。

灌木型枸杞

3.5 | 11½

m | ft

枸杞通常作多主茎灌木种植（见第226页），亦可作非规则式树篱，带刺的植株成形后可以形成几乎密不透风的挡墙。与宁夏枸杞亲缘关系相近的中华枸杞（L. chinense）和欧洲枸杞（L. europaeum）也常在花园中作为枸杞果丛种植，应按照相同的方式修剪和整枝。

■ **何时修剪**　每年应在冬季中下旬修剪灌丛，赶在春季植株开始生长前。修剪能够刺激新枝生长，随后在夏季和秋季结果。

■ **整枝**　植株伸展的枝条需要一定的支撑，可以靠支柱、铁丝围栏或墙面整枝（见第228页）。此外，也可以保留老枝形成骨干枝，将植株整形成轴型（见第226页及第236页）或篱墙型（见第114—115页）。

■ **成形后修剪**　修剪时切记佩戴手套防止刺伤。冬季中下旬，将约三分之一左右的老枝短截至基部，改善灌丛内空气流通，同时促进强健新枝生长。弯曲主茎上的侧枝应短截，留一个芽点，抽枝后形成新开花枝（见右图）。疏于管理的走形植株可在秋末至冬季平茬进行更新。植株将于春季从基部生出新枝。待灌丛恢复元气后，移除弱枝，保留苗壮、间隔适当的枝条以形成骨干枝。

成熟中的枸杞果

枸杞如今已经有"大生命果"（Big Lifeberry）和"甜生命果"（Sweet Lifeberry）等长势稍弱的品种可以购买，这些品种的植株的修剪需求更少。

成形枸杞灌丛，冬季中下旬修剪

1　如需限制植株的生长可将主枝的三分之一短截。

2　短截侧枝，留一个侧芽，促进新开花枝形成。

攀缘植物

攀缘植物的栽培价值极高。
通过有创意的细心整枝，它们可以保持整年的视觉表现，
并且展现出叶片、花朵和果实互相搭配的观赏效果。

在野外，攀缘植物演化出了攀缘的生长习性：与其他植物竞争、向上攀爬、越过障碍（包括其竞争植物）、寻找天空和阳光。它们集中能量，用长且生长迅速的枝条取代牢固的、可以自我支撑的茎。也正是因为这个原因，支撑和整枝对花园栽培攀缘植物的效果尤为关键。有的攀缘植物的茎随着生长可以逐渐变得粗壮并木质化（因为沉重的枝条需要充足的支撑），但大部分攀缘植物的新枝都无法自身直立生长。种植攀缘植物时需要为植株提供支撑物，供枝条攀爬或倚靠。

攀缘植物极大地拓展了花园设计中对于形状、色彩与叶片的应用空间。攀缘植物对于提升花园垂直高度有着十分重要的作用。在乔木和大型灌木都无法正常生长的小型花园或较为封闭的空间，攀缘植物可以通过整枝沿墙或栅栏生长，作为其他植物的背景。若搭配三脚架、拱门以及棚架种植，它们还可以为花园增加新的维度。攀缘植物还可以用于装饰花园中已有的元素：可以爬上房屋的墙面、攀上树干或者登上树篱。不过，攀缘植

物尤其常用于覆盖工具棚及其他影响花园观赏效果的物体，或遮掩钢丝网眼栅栏或水泥渣砖墙等经济性高于美观性的结构设施。攀缘植物也可以用来衬托石墙、原木柱、铁艺物件等装饰材料，或与其他各类植物搭配。

造型树篱效果

并非所有攀缘植物都是蓬乱蔓生的品种。图中这些小型常春藤围绕海马型框架生长，营造出极具装饰性的造型树篱效果。小叶攀缘植物是最适合这种轮廓清晰的整枝造型的植物。通过搭配支架，攀缘植物也可以栽培成独立的孤景植物，形成视觉焦点。

◀ "红宝石" 高山铁线莲（Clematis Alpina 'Ruby'）

铁线莲是攀缘植物中兼具观赏性与多用性的佼佼者，适宜靠墙体、栅栏或凉棚架攀缘种植。此外，铁线莲也适宜搭配三角花架或方尖碑形花架种植，为花坛或矮生宿根植物花境增添高度。

攀缘植物类型

在演化过程中，攀缘植物已经发展出多种生长方式。在较为简单的层面，有的攀缘植物类似枝叶松散的灌木，有着长而柔韧的茎，将自身悬挂于附近的物体或植物上。有的则用茎上的刺作为固定点，向上攀爬。也有部分攀缘植物则演化出更适宜攀缘的生长策略，植株的茎或叶柄能够缠绕其他茎和枝条。它们的新枝在叶片成形前就迅速延伸，这样在新枝寻找下一个固定点时就不会被叶片的重量拖累。最复杂的一类攀缘植物在演化过程中发展出了额外的适应性策略：有的能够生出卷须，缠绕其他茎或枝条向上爬；有的可以在茎上生出黏性根系或吸盘，抓紧物体表面生长。只有了解自己选择的攀缘植物如何生长，才能为其设置合适的支撑。选择植物时，植株生长习性的其他方面也必须纳入考量：在植株完全攀上支撑物时，种植者是否还能够得着植株的枝叶进行修剪（或植株所需的任何维护）；植株属于可以培养出永久骨干枝的类型，还是每年需要平茬的类型；又或是，按照植株的长势，是否适合规划中的种植地点或支撑物。

选择适宜具体攀缘植物的支撑

植物的攀缘方式与其修剪需求并没有直接联系，但确实对其整枝方式有影响。在种植攀缘植物时，应该确保其生长习性适合种植计划中的支架。如果用精美的铁艺支架种植爬山虎［地锦属（Parthenocissus）］或啤酒花［律草属（Humulus）］，茂密旺盛的枝叶很快就会完全覆盖整座支架，那么便算是浪费了花大价钱购买的装饰支架。同理，如果需要选择攀缘植物遮盖花园中的油桶或残留的树墩，生长茂密、枝叶常绿的植物一定好过落叶或草本攀缘植物。

支撑方式的选择同样重要，有时栽培的成功就在于那一丝额外的努力。举例来说，普通的石墙边上如果种常春藤，植株可以轻易攀附而上，如果种植忍冬，植株的枝叶只能简单地堆积在墙根。但如果多花些时间在墙上设置铁丝或格架，那么只需在栽种初期稍加辅助，植株就可以围绕铁丝或支架盘绕而上。然而这样的方式对迎春花就行不通，迎春花的枝条必须要在外力辅助下才能向上生长：每根枝条都必须进行固定，植株才能达到理想的高度和覆盖度。

攀缘植物词典（见第262—287页）中便列举了部分植物及其攀缘方式。

攀爬植物

许多攀缘植物的茎既无法进行缠绕，也不能吸附或黏在其他物体表面，但可以长出长枝，爬到或落在障碍物上。这类植物适合作为地被植物（见第253页）或倚靠较小的宿主植物生长（见第255页），因为它们不会过度包覆宿主植物，影响其正常生长。攀爬植物可以创造出瀑布般的观赏效果（如从墙顶垂下），因为它们的枝条不会互相缠绕。许多攀爬植物都会不断地从基部产生新枝或秆，替换自然枯死的枝条。在自然环境中，

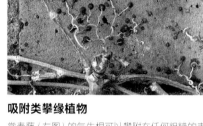

吸附类攀缘植物

常春藤（左图）的气生根可以攀附在任何粗糙的表面，而爬山虎（见上图）则有具吸盘的卷须。不论是气生根还是吸盘，都会在茎死后仍保持吸附状态。

勾刺类攀缘植物

叶子花（右图）、悬钩子以及藤本月季（见第316页）等一些攀缘植物植株具刺，有时呈钩状，可以通过挂靠其他物体为植株的茎提供支撑。

缠绕类攀缘植物

紫藤等攀缘植物的茎可以沿着接触到的支撑物盘绕生长。根据植物具体物种不同，茎沿顺时针或逆时针绕生长。攀缘植物的缠绕茎生长十分迅速，还有茁壮的侧枝向外寻找其他支撑物。新枝可能需要人工引导，使其接触到支撑物。

蔓生植物

攀缘植物和枝条长而松散的"蔓生"灌木间并没有明显的差异。有的人可能认为无法自己缠绕或吸附他物的植物不能说是攀缘植物，最多只算是枝条松散或葡匐的灌木。但有些灌木已经是广为人知的树墙植物，因此许多苗圃在产品名录中都将其纳入攀缘植物。魔力花（Cantua Buxifolia）、黄钟树（Tecoma Stans）和扭管花（Streptosolen Jamesonii）等植物就一直存在这样的争议。这些植物的茎与野迎春（Jasminum Mesnyi）这样有细长茎，但无法自我支撑的蔓生植物不一样，它们的枝条更加结实，足够支撑植株直立。不过，上述各类植物都可以通过整枝改善生长状况。墙式整枝是最合适的整枝方式，能够进行短枝修剪的植物可以通过茂密、扁平的枝叶营造出规则式的视觉效果。不过，所有攀缘植物都需要初期整枝，随后则需要定期固定枝条。

野迎春

茎卷须类攀缘植物（True Tendrils）

茎卷须类植物可以从茎上长出独特的卷须状变态茎，如左图的堇色西番莲（Passiflora × violacea）。这些卷须可以缠绕较细的支撑物，而后自身卷起，逐步缩紧，拉近茎与支撑物的距离。部分卷须还可分支，扭向不同方向。许多植物的卷须会随着生长逐渐变粗，能更长远地提为植株提供支撑。

叶卷须类攀缘植物（Leaf Tendrils）

电灯花（Cobaea Scandens）和多年生的香豌豆（山黧豆属Lathyrus）等攀缘植物具变态叶，叶片或叶片的一部分变为卷须，向外寻找支撑物。这些植物即使不用帮助也可以迅速攀爬生长。

叶攀类攀缘植物（Twining Petioles）

少数攀缘植物，如左图的绣球藤（Clematis Montana），可以用叶柄缠绕支撑物或互相缠绕。即使该植物为落叶植物，其叶柄也可以在叶落后留存。这类植物仅需在牵引生长方向时进行捆绑固定。

这些植物利用自己枯死的老枝爬得更高，但花园栽培时应该及时移除枯枝，降低植物染病的风险。

卷须和叶攀类攀缘植物

卷须和叶攀类攀缘植物生长时需要支撑物供其茎和卷须缠绕生长。墙、栅栏、木桩或柱子需要安装铁丝、格网或格架才能供其攀爬。安装铁丝的墙或栅栏可以在横向的铁丝间竖直绑上线绳，为枝条提供更多支撑点，使枝叶覆盖得更茂密。网格或饲养猪、羊时使用的宽铁丝网都可以用来安装到墙面或支柱间，供攀缘类植物缠绕攀附，其枝叶很快便会完全覆盖其攀附的塑料网、铁丝围网或豆角架。另外，这些攀缘植物也可以进行非规则式整枝，攀附乔木的枝干或其他植物生长：这种情况下它们可以自我支撑，无需固定。草本攀缘植物可以用豆角架、支杆等简易的临时结构支撑。长势较强、寿命较长、可以形成粗壮的木质化茎的攀缘类植物（如紫藤）则需要更牢固的支撑。这种攀缘类植物也可以整枝成标准型。

吸附类攀缘植物

部分攀缘植物有吸附性的根和吸盘，可以吸附在砖石墙、木材或树干上。这种攀缘气生根遍布植株的茎干，不吸收营养或水分。这种攀缘根与许多热带攀缘植物形成的长气生根不同，后者并没有吸附能力（但这类气生根会随生长逐渐粗壮，起到支撑植株的作用）。

吸附类攀缘植物最好直接种植在墙或围栏之类的垂直平面旁，但邻近建筑物种植时需要小心。这类植物可能会导致老化的砂浆墙松动。它们的枝条可能会从屋檐穿进屋内，其叶片则可能阻塞排水槽或雨水管。它们的茎随着生长会逐渐木质化，变粗变重。植株的茎只会在与平面接触的位置生根，有许多种都可以整枝成标准型植株。

固定装置及配件

倚墙或围栏生长的攀缘植物一般会在同一地点种植多年，此时如需为墙壁或围栏涂漆、清理或维护都会十分困难。因此在种植攀缘植物前一定要确保支撑结构的状况良好。若选择围栏作为支撑结构，必须要事先涂上无毒防锈漆。另外，确保支撑结构的强度能够承受所选攀缘植物成株后的重量也十分关键。铁丝和配件必须能抗锈蚀，且使用寿命至少要长于植物的寿命。在空气污染情况较为严重的地区，应该选用塑料涂层铁丝，配件也需采用非铁质金属或塑料材质。所有固定装置都必须在种植前就安装完毕。

覆盖墙壁和围栏

在避风处，可以在两根支柱间安装塑料或木质的网格，制成独立爬藤架，或者直接将网格安装到墙壁或围栏上。可用于栽培攀缘植物的爬网有诸多规格，既有常用于养猪或羊的牢固铁丝围网，也有适合种植一年生或草本攀缘植物的塑料细眼网。一般用于养鸡的铁丝围网十分柔韧，可以塑造成各种造型，弱化景观线条或创造出造型树篱的效果。

网格架或爬网绝不可以直接固定到墙壁或围栏的表面，否则植物的茎无法缠绕固定自身，而且枝叶与墙壁或围栏过近会导致空气流通不畅，容易滋生病菌，最终甚至还会导致墙壁或围栏的损害。为了在墙面与植株间保留一些空气流通的空间，可以先将木条钉在墙面，再将网格架钉到木条上。木质爬藤架需要离地面至少30厘米，防止木材腐烂。

如果使用铁丝作为围栏或墙面的附加支撑结构，铁丝应至少距离墙面5厘米。铁丝需要用防锈羊眼钉或钉子固定，铁丝间最好保持23至30厘米的间距，具体距离需要视爬藤植物的长势而定。除了作为结构主体的横向铁丝，也必须在铁丝间增加纵向的铁丝或线绳，形成正方形的结构，使植株更好地覆盖支架区域。

垂直小品

花园中的永久结构必须用耐久材料制作。拱门或棚架必须留出足够的宽度和高度，因为植物逐渐形成骨干枝结构后，其枝叶也会占据一定的空间高度。如果在花坛或花境中设置木质支撑结构，需要在木桩周围填充排水顺畅的砂砾石子，而非普通的土壤，避免木桩底部腐烂。

使用铁丝网

图中所示的铁线莲围绕球状铁丝网生长，形成了花球的造型。这个铁丝网是由数条一个网格宽，8个网格长的铁丝网条组成的，铁丝网条的一端埋在盆边，另一段在上方合拢固定在一起，由此得到图中的形状。宽网格的镀锌铁丝网（常用于猪圈、羊圈围栏或防鹿围栏）就是一种用途众多的支撑材料。这种铁丝网可以搭配木板条钉到墙上，作为成本较低的爬藤架使用，且很快就会被茂密的枝叶所覆盖。

铁丝和网格架的固定方式

在墙壁或围栏安装铁丝 羊眼钉（上图）是能够使铁丝与墙体或围栏表面保持一定距离的最简单的固定方式。如果有镀锌羊眼膨胀螺栓应优先使用。穿入铁丝后还需要旋紧羊眼钉铰链绷紧铁丝（顶图）。

增加围栏高度 如需增加围栏高度，可以将条状的网格安装在围栏顶端，并用金属片将其固定在围栏的支柱上。在围栏顶端安装短柱搭配拉直或环形的铁丝也可以起到一样的效果。

在墙面或围栏固定网格

固定网格最简单的方式是将约5厘米厚的木板条钉入围栏或墙壁（左图），再将网格钉在木板条上。木板条的厚度可以留出植物背面的透气空间。如果种植攀缘植物的墙需要定期粉刷维护，可使用钩子和羊眼钉固定木网格上侧，用铰链固定下侧（中图及右图），这样需要时可将木网格与植物一同拉下。

基础技术

初期整枝和修剪可以促进攀缘植物生长，使植株形成大量强壮枝条，覆盖可得的生长空间。根据整枝计划牵引或固定枝条才能最大限度地利用、整理和展示植株既有的枝条，达到理想的观赏效果。在植株生长早期付出的时间和精力可以为多年生攀缘植物植株打下良好的基础枝条结构，待植株成株便会得到充分的回报。

成株后，部分攀缘植物仅需极少关注。攀缘植物植株很容易长到人无法够到的位置，使修剪维护成为高难度、高风险任务，这些情况下就可以选择这类成株后几乎无管理需求的攀缘植物。不过，修剪也可以控制攀缘植物的生长，限制其大小，通过移除老枝和生长力减退枝促进新枝生长，或提升花量。如果选择长势与种植空间情况相符的植物，就可以减少日后花费在修剪生长过盛的枝条上的时间。改善植株开花效果的修剪一般每年进行一至两次。修剪的时间必须根据植物的开花习性谨慎选择。铁线莲等属的不同物种开花习性不同，因此需要在不同的时间修剪。

疏于管理的攀缘植物很容易生长过盛，枝条缠结。较老的植株或寿命相对较短的植物最好直接替换。如非上述两种情况，可以选择性地对植株进行更新，保持其作为花园景观的观赏性。耐重剪的攀缘植物可以直接平茬，而后再将新生枝条进行牵引整枝。

修剪类型

攀缘植物的茎通常较细，因此修枝剪或整篱剪可以胜任大部分攀缘植物的修剪工作。不过，一些攀缘植物也会形成粗壮的木质化枝条，这种情况下应当使用长柄修枝剪或园艺锯进行修剪。紫藤和葡萄藤等植株具永久木质化骨干枝的攀缘植物应使用修枝剪，按照短枝修剪的方式单独修剪枝条。但单独修剪的方法对忍冬这类枝细且量大的攀缘植物则不太现实。具体的修剪和整枝方式需要根据具体物种的生长和开花习性（见第262—287页，攀缘植物词典），同时也须考虑修剪的时节。修剪后谨记施肥和覆根物。

何时修剪

落叶攀缘植物的造型工作最好在休眠期进行，而常绿攀缘植物则应在春季修剪，这样新枝叶很快就可以遮掩修剪的痕迹。观花攀缘植物还需要在早春或花后修剪，具体情况视物种的花期和开花枝龄而定。在热带条件下，攀缘植物的生长鲜有减缓，可根据需求在生长期修剪，控制植株生长。较大规模的平茬等修剪活动应在植株休眠或近休眠状态时进行。

修剪位置

不适应整体轻剪的攀缘植物应分枝单独修剪，将枝条短截至健康或朝向适当的芽点上方。修剪芽序互生的枝条时务必斜角修剪（见右上图）。

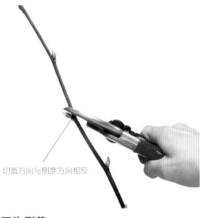

切面方向与侧芽方向相反

互生侧芽
修剪侧芽和侧枝互生排列的枝条时，应该在侧芽略上方以斜角从另一侧修剪，修剪方向与侧芽生长方向平行。

对生侧芽
修剪侧芽对生排列的枝条时，在一对侧芽或侧枝上方修剪。切忌留下一段没有侧芽的长枝，否则会引起回枯，使病菌入侵植株。

修剪至替代枝
进行整枝时偶尔需要大幅度改变枝条的生长方向，但正常情况下修剪时应该短截至生长态势大致与老枝相同的新枝，这样才能呈现出更自然的修剪效果。

修剪茂密的攀缘植物
枝条细密的攀缘类植物可以用整篱剪替代修枝剪定期进行整体修剪，如图中所示。

日常工作

与其他植物相同，攀缘植物的修剪可以分为必要工作和非必要工作。有些生长问题会随时出现且必须在发现时立刻解决，而其他工作则在植株成株后才成为必要，比如：捆扎枝条，或者为拥挤的枝丛疏枝。

枯枝、病枝和伤枝都必须在发现时尽快移除。修剪病枝后应将剪下的枝条烧毁，并且用家庭消毒剂清洁使用过的修剪工具。摘除枯花可以使某些攀缘植物的花期更长，但当植株逐渐变大爬高后，这样的维护方式就显得不现实了。具有观赏性果实的植物则不应移除枯花。

攀缘植物很少有嫁接植株，因此与之相关的砧木根蘖问题也很少出现在攀缘植物的栽培过程中。因此，若斑叶品种的植株出现叶片全绿的返祖枝时，可以整枝移除且不必担心刺激根蘖生长，否则返祖枝很快就会占据主导，盖过观赏性更高的斑叶枝条。

茎部整枝

牵引和捆扎对攀缘植物（尤其是进行墙式整枝的植株）十分重要，不但能使枝条朝理想的方向生长，还能令枝条更好地覆盖支架。除了要将植株种植为标准型等特殊造型（见第260页）的情况，攀缘植物的初期，新枝应该尽量向各个方向分散开。这样可以促进缠绕类和卷须类攀缘植物爬满整个生长空间，避免枝叶集中在中间区域。到了植株的生长后期则可以按照需要进行牵引或捆扎。对于需要定期捆扎的攀缘植物来说（枝条无法缠绕支撑物或产生卷须的植物），初期整枝可以为植株培养出扇形等优美、均衡的骨干枝造型结构。整枝时务必将枝条环绕支撑物或水平牵引。水平的整枝方式可以刺激花朵和果实形成（见第11页水平整枝）。此后，该植株的形状和结构就可以通过修剪和必要的捆扎来进行维护。如果疏于管理，植株很快就会恢复直立的生长方式。

如果要通过整枝使植株的枝叶更好地覆盖骨干枝或支架，也需要通过修剪生长方向不理想的无用枝（如朝墙生长的枝条）来

移除枯枝
图中的茉莉枝条已经回枯至一对侧芽上方，而这对侧芽也已经形成了一对茁壮的新枝。这两根新枝十分健康，因此可以大致确定枝条内部已经形成了隔离枯死部分和正常部分的自然化学屏障（见第9页）。将枯枝短截至枝条的枯死与健康部分的明显分界线上方。

刺激新枝向理想的方向生长。与之相似，修剪弱枝与乱枝也可以使植株的营养集中到长势旺盛的新枝上，使植株整体生长更佳。即使枝条无需支撑也可以进行额外的捆扎，这样可以尽量减少枝条移动，避免枝条互相擦伤。

牵引 将缠绕类攀缘植物柔韧的新枝牵引至铁丝网或铁丝之间，如图中的啤酒花。这些枝条此后就会顺着牵引的方向生长。新枝十分脆弱，牵引时需要格外小心。

捆扎枝条

达到最大覆盖率 初期整枝能够决定植株能否获得良好覆盖率。枝叶覆盖支架低处后，务必将枝条以扇形向外朝水平方向分散，植株基部的空隙在生长后期很难填补。

八字结 用线绳打八字结固定枝条，这样可以在枝条与较硬的平面之间留出缓冲空间，防止枝条生长膨胀时受到挤压。

检查绑带 捆扎后应该定期查看绑带，确保绑带未受损，且没有束缚枝条的生长。

交叉枝与拥挤枝

乔木和灌木需要竭力避免枝条拥挤、交叉的状况，但这一点对攀缘植物却很难。如果每年重剪植株，这样的问题便不太可能累积。然而，如果植株保有木质化的永久骨干枝，则必须要确保主茎的生长平衡和间隔适当（见第248页及左下图），否则枝条容易相互摩擦，逐渐造成损伤。处理拥堵的枝丛时，应将多余的枝条短截，而不是尝试牵引，导致枝条交叉。

骨干枝成形后，枝条细长的植物可以自然生长，因为这类植物枝叶茂密，通常可以较好地呈现理想的观赏效果。对于忍冬、绣球藤这样生长迅速、短时间内便会形成茂密缠结的枝叶丛的攀缘植物，可以将枝条"打薄"至近墙面或支架处来缓解枝丛拥挤的状况，同时刺激新枝苗壮生长。修剪的时机一定要符合植物的生长习性，避免移除即将开花的枝条。

对于其他枝条比较结实的攀缘植物，为骨干枝生出的枝条疏枝是必要的工作，否则植株会变得极为沉重，且重心逐渐随着枝条向外生长偏离，增加支撑物的负担。同时，过密的枝叶也会造成黑暗潮湿的内部环境，极易滋生病虫害。有些植物只需采用改善花朵表现的定期修剪方式就可以达到疏枝效果。有的植物没有定期修剪的需求，那么就应该单独进行疏枝。疏枝的目的是避免枝条拥挤状况发生，不能等到枝丛已经拥挤不堪才进行大幅度修剪补救，这样会严重影响植株的观赏性。如果植株只是中度拥挤，可以将枝条短截至基部、替代新枝或直接修剪至地面，刺激新枝形成。部分沿墙或三角架生长的植株可以将枝条取下，平摊在地面进行选择性疏枝。如果枝条纠缠不清，无法进上述操作，可以先截断少量茎，等两三天后茎上方枯死再行判断。枯死的茎更容易分辨和移除。

摘除枯花

部分攀缘植物的枯花或花谢后留下的花柄比较难看，比如图中这枝叶子花。在情况允许的情况下，可以将枯花或花柄摘除，摘除过程中需要稍加注意，不要损伤新枝。

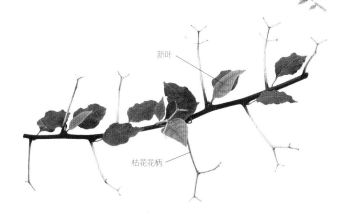

新叶

枯花花柄

温室栽培攀缘植物

攀缘植物的长势强盛，因此在暖房或温室中栽培时需要注意疏枝。疏枝可以改善植株周围的空气流通，将枝条环绕铁丝或竹竿整枝，避免枝叶与温室壁接触也可以起到相同的效果。另外，定期清除落叶、枯花等杂物，保持墙壁和支架的整洁干燥也是很重要的工作。天气转暖时可以将植株带到温室外，植株处于户外时便不易产生由于缺乏空气流通或湿度导致的问题。较脆弱的物种在冷凉气候区应全年温室栽培。尽管暖房和温室需要保持高温高湿的环境，但是也应该定期通风，因为密闭的环境会增加害虫和霉病滋生的风险。

盆栽攀缘植物

原生于温带地区的攀缘植物相对种类较少。大部分观赏性植物都来自热带和亚热带地区。在冷凉气候区，许多不耐寒植物都是热门的温室植物，且通常盆栽种植。在这类情况下，植株的长势一般较弱。尽管这些植物在原生环境的体型极大，温室栽培的植株还是维持着相对可控的大小。盆栽植株需要定期施肥，且有时需要换盆（见第154页）。如果盆栽植株的耐寒性尚可，可以在夏季移到室外种植，待冬季再搬回温室内。

疏枝

花后枝条

替代枝

花后枝条疏枝　许多观花攀缘植物的定期修剪都包括移除花后枝这一项。做了这项工作就能够避免枝条拥挤的状况。

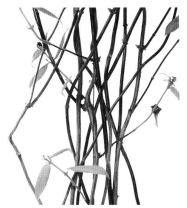

追溯长枝　追溯枝丛中某根长枝的基点有时比较困难。此时可以选择一根主茎在近基部截断，而后清理枯死的枝条即可。

整体修剪　将枝叶茂密的攀缘植物短截至支架附近。在新生枝条的衬托下，很容易就可以分辨出状态不佳的老枝，从而将其移除。

初期整枝

接下来展示的墙式整枝或围栏整枝是最简单，但也最流行的攀缘植物整枝方式，不过有一些原则是所有类型的整枝都适用的。不过，不同的植物也有不同的修剪需求，这些需求在攀缘植物词典中有具体说明（见第262—287页）。

选购与定植

购买时应当选择枝条结实、叶片和侧芽健康的植株。移除枯枝、伤枝、弱枝和细长枝。如仅需一根茎，可保留最强壮的枝条，移除其余枝。如需多根枝条，但强枝稀疏，可打顶当前枝条，促进植株从基部附近生出新枝。然而，如果该苗仅有单独一根茎（许多铁线莲幼苗便是如此），则最好在第一个生长季暂不修剪，待冬末至初春再将其短截至近地面位置，促进基部生枝。

如将攀缘植物靠墙或围栏整枝，需要二者间至少保持20厘米的距离，如有必要可斜插竹竿，引导枝条向支撑物生长。攀缘植物也可以种在木桩、柱子或三角架底部，而后牵引枝条竖直或缠绕支撑物生长。不论攀缘植物如何攀爬，捆扎新枝都是十分重要的工作：植株只有在适应新生长环境后才会开始产生卷须或吸盘，若不捆扎固定，柔嫩的新枝很容易受强风损伤。定植后第一个生长期应尽量避免修剪。待植株逐渐生长，需将枝条按照理想的方向牵引至支架上。为使未来枝叶能够覆盖生长平面，枝条应该均匀地以扇形向外牵引（见右图）。如果采用立体支架，则有多个选择（见第253—259页，特殊整枝）。

成形整枝和修剪

假如种植的攀缘植物并非需要每年平茬的类型，那么随后几年的工作便是为植株培养出牢固且位置适当的骨干枝。有时幼枝会在整枝过程中折断，因此应先进行捆枝，再移除多余枝条。枝条较为稀疏处可进行短截修剪，刺激分枝。生长方向不理想的枝条（如与其他枝条交叉或背朝墙生长）可以趁着枝条尚且幼嫩柔韧时，小心地牵引到合适的位置，重新固定，或者干脆短截或移除。在植株生长初期，定期牵引、捆枝对后期植株枝叶的支架覆盖率有着决定性作用。植物永远都会遵循自然习性，向上生长，因此只能进行人为干预。

定植修剪和整枝

1 将位置不良枝、弱枝或伤枝短截至基点（如图中这株野迎春），促进最强枝发展。

2 用线绳打八字结（见第248页）将幼枝固定到支架上。如果使用竹竿辅助牵引，则需先将枝条捆扎到竹竿上，而后再将竹竿与铁丝或网格固定。

通过修剪培养骨干枝

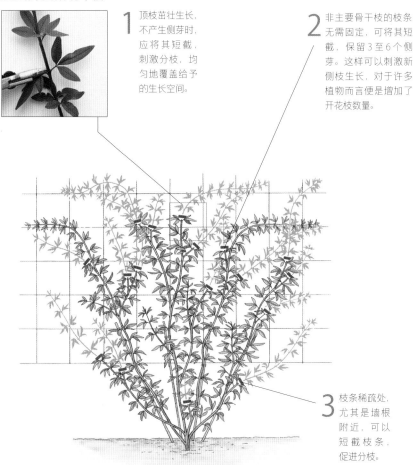

1 顶枝苗壮生长，不产生侧芽时，应将其短截，刺激分枝，均匀地覆盖给予的生长空间。

2 非主要骨干枝的枝条无需固定，可将其短截，保留3至6个侧芽。这样可以刺激新侧枝生长，对于许多植物而言便是增加了开花枝数量。

3 枝条稀疏处，尤其是墙根附近，可以短截枝条，促进分枝。

修剪成形攀缘植物

倚靠墙壁或其他支撑物整枝，作为永久景观的攀缘植物需要一定量的维护方可保持健康和苗壮。许多工作必须在发现问题的时候就立刻解决（见第248页，日常工作）。疏枝（见第249页）和替代枝修剪（即移除老骨干枝，向空隙处牵引新枝替换）等其他工作则是植物成株后才渐显必要。观花或结果攀缘植物可以通过额外的修剪达到提高花朵或结果表现的效果。修剪也可以避免植株超出生长空间，或者使植株维持拱门等支架的造型（见第253—261页，特殊整枝）。

维护修剪

基础的维护修剪（见下图）可以保持植株状况良好，促进其苗壮生长，并防止植株生长过盛。本页列举说明了维护修剪的普遍原则，但具体的修剪程度需要根据植株个体的长势和状况决定。切忌过度修剪，以免造成枝叶繁盛，但花朵或果实稀疏的状况。总的来说，维护修剪最好在植物的休眠期进

夏季修剪

花后修剪开花枝对去年枝开花的攀缘植物有益。将花后枝条短截至侧芽或新侧枝处，这些侧芽或侧枝生长后便是翌年的开花枝。

行，但具体时间则根据物种不同而有所差异。常绿植物通常在夏季修剪，这样修剪处很快就会被枝叶遮盖。

促花、促果修剪

攀缘植物的促花、促果修剪可以大致归入两个类别，主要根据开花枝的年龄决定。如果无需植株结果，那么去年枝开花的植株应该在花后立刻修剪（见上图），给予新枝足够的生长时间，在冬季到来前做好准备。长

势强劲的攀缘植物也需要进行夏季修剪以限制植株大小。当年枝开花的植物可以在冬末或春初修剪，与维护修剪的时间重合（见下图）。这类植物的新枝通常采用短枝修剪法处理——将枝条短截，留3至6个侧芽（具体数量根据植物决定），而后形成开花枝。

在最佳时间正确地修剪具体植株请参考第262—287页的攀缘植物词典。

维护修剪，休眠季

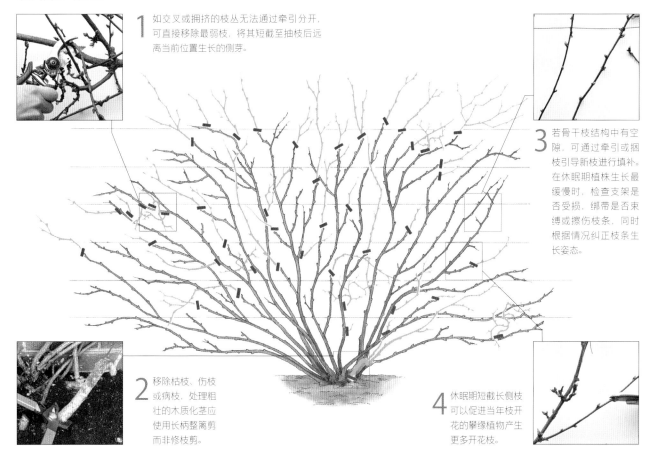

1 如交叉或拥挤的枝丛无法通过牵引分开，可直接移除最弱枝，将其短截至抽枝后远离当前位置生长的侧芽。

3 若骨干枝结构中有空隙，可通过牵引或捆枝引导新枝进行填补。在休眠期植株生长最缓慢时，检查支架是否受损，绑带是否束缚或擦伤枝条，同时根据情况纠正枝条生长姿态。

2 移除枯枝、伤枝或病枝，处理粗壮的木质化枝应使用长柄整篱剪而非修枝剪。

4 休眠期短截长侧枝可以促进当年枝开花的攀缘植物产生更多开花枝。

攀缘植物

更新复壮

疏于管理的攀缘植物很快就会呈现生长过盛的状态。植株也会逐渐恢复竖直生长的习性，如果时间较久，枝条已经木质化，那么就很难再恢复原本的株型了。植株茂密纠结的枝条可能导致支架逐渐倾斜，且枝丛中恐怕已堆满枯死的枝叶。至于花朵和果实的数量，恐怕也已经大大减少。

缺乏活力、罹患疾病或害虫滋生的植株，通常已不值得耗费时间精力进行更新。这种情况下最好直接移除该植株，并使用新株代替。新株可能需要爬上一段时间才可成形，但 2 至 3 年内便可长成优于老株的植株。

不过，如果植株大致健康，则可以进行更新复壮。更新作业最好在休眠期进行。目前看来，最简单的更新方式是将整株平茬（见右图），但此种方式需要建立在植株耐重剪的基础上。修剪前请先确认植株是否耐修剪（见第262—287页，攀缘植物词典）。平茬后施加覆根物对植株生长有益，但施肥需适

量，因为植株平茬后长势通常十分强劲。新枝生出后需进行固定。

若植物不耐大幅修剪（许多常绿植物便是如此），或者不愿植株在修剪恢复期失去观赏效果，则可以将整个更新工作分 2 至 3 年完成。每年仅将三分之一或二分之一的主茎短截至近地面位置（见下图）。

如果可以将枝条与支架分离，平摊在地上进行整理，分辨枯枝和活枝的工作就会简单许多，还可以借机进行墙面、围栏或木质支架的维护。疏解缠结的枝条时需要格外小心，因为这些枝条通常较硬且易折。许多爬藤植物都会牢牢缠住支架，因此几乎无法将其分离。

枝条离开支架后，应当顺便清理支架后的杂物，避免害虫疾病滋生，完成后再将剩余枝条放回支架，在枝条间留出适当间隔，并重新绑定。

大幅更新

耐重剪的攀缘植物可以短截至近地面高度。对于许多植物来说（如图中的忍冬），更新时最好不要直接平茬，而是留下30至60厘米的主茎，这些主茎上有大量休眠芽，修剪可以刺激这些芽点抽枝，形成强壮的新枝。由于这些芽点几乎不可见，所以修剪时只需简单地用长柄修枝剪或园艺锯在适当的高度斜角截断枝条即可，注意保持切面平整。

更新修剪生长过盛的攀缘植物

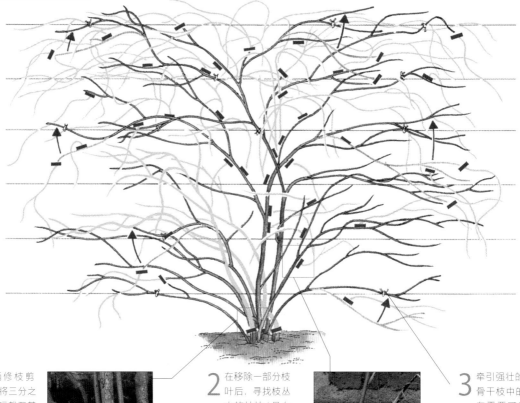

1 使用长柄修枝剪（见右图）将三分之一的主茎短截至基部。注意选择移除最弱、最老的枝条。截断主茎后，将上部的枝叶全部挑出。

2 在移除一部分枝叶后，寻找枝丛中的枯枝（见右图）、病枝和伤枝并移除。

3 牵引强壮的新枝填补骨干枝中的空隙，如有需要可进行短截。在枝条仍旧拥挤的位置可以移除弱枝，缓解拥堵的状况。

特殊整枝

经过深思熟虑的修剪可以大幅度地改善乔木或灌木的外形。与之相比，攀缘植物的整枝造型方式众多，不仅能够在垂直平面整枝，也能够配合各种类型的支撑结构进行造型。接下来的内容分别详细说明了攀缘植物依靠乔木和灌木（见第255页）、垂直结构和拱门（见第256页）以及棚架（见第258页）整枝的具体方法。不过，使用铁丝架等简单的支撑物也可以将攀缘植物整枝成更加立体的花园景观，甚至还可以直接将攀缘植物当作地被植物种植。

攀缘植物作为地被

许多攀缘植物都有茂密、蔓生的生长习性，这使得这类植物适宜作为地被植物种植，尤其适合水岸、坡面的种植环境。它们的花朵、果实和叶片观赏效果，都可以让见惯了矮生灌木和宿根植物的人们眼前一亮。

地被植物应该具备枝叶茂密且低维护需求的特性，因为一旦植株成形，就很难在不踩入枝丛的情况下进行维护，这样一来就难免损伤植株的枝叶。清理枯枝败叶或修剪时，可以将木板放在枝叶上，在减少损伤的同时亦使工作更加容易。

选择合适的植物并使其枝条自然地生长蔓延是达到地被效果的最简单方法，在必要时可以使用地钉引导枝条生长。许多攀缘植物的枝条会在受地钉固定后生根，从而增加植株的活力以及蔓延能力。在使用地钉固定攀缘植物时，应将其枝条均匀地在地面散开，再用弯成箍状的粗铁丝将各枝钉在地面固定。若固定的枝条已牢牢扎根，那么便可以将地钉移至别处了。

矮框架整枝

矮框架可以将攀缘植物的枝叶从地面抬高。首先，在指定的生长区域钉入间距1至1.5米的矮桩，由于攀缘植物的重量会随着植株的生长而逐渐增加，因此务必要确保矮桩已经牢牢固定，尽量将矮桩的大部分都钉入地下。使用木桩时，需要使用无毒防腐涂料进行防腐处理。完成矮桩设置后，将铁丝或铁丝网安装到矮桩间。铁丝网应选用网格较宽的羊圈或猪圈用铁丝网，单个网格的大小应该可以让人将脚穿过铁丝网，走入种植床。将铁丝网钉到矮桩顶部，但不要钉得过紧（不要在天气寒冷时安装，否则铁丝或铁丝网容易在天气转暖后膨胀松弛）。使用线绳打八字结（见第248页）将枝条均匀固定到植株四周，而后再引导新枝填充空缺处。

改变矮桩的高度或者将间隔的铁丝网弄皱，可以在枝叶覆盖后创造出更起伏多变的有趣效果。使用铁丝结构可以很简单地引导攀缘植物覆盖花园中的油桶与低矮建筑等物件。

攀缘植物树篱

通过整枝，可以将攀缘植物培养成非规则式树篱，但是在整枝过程中需要结实的框架作为支撑。用作支撑的框架应该有足够的横向和纵向支柱或紧绷的铁丝。最适宜用作树篱的是枝条可随生长逐渐木质化，逐渐长粗的一类攀缘植物。常春藤、凌霄（Campsis）（它们在冷凉气候区需要阳光充足的避风环境）和藤本月季（见第316页）就是十分适宜的攀缘植物。在亚热带气候区，叶子花和黄蝉也可以种植成良好的树篱。

为了保持树篱的轮廓齐整，在植株生长期间除了必要的日常修剪外，还需要短截或固定过长枝条。

叶子花树篱

温暖气候区，叶子花可以培养成良好的树篱。将植株栽种在低矮的框架上，很快枝叶就会完全覆盖支撑框架。移除枯花可以促进新枝生长，这样就可以使树篱的表面被新枝和开花枝所覆盖。

将常春藤作为地被植物

常春藤（左图）可以轻松地覆盖任何墙体或斜坡。这种通过气生根固定枝体的常绿攀缘植物因其易维护的特性而广受欢迎。植株可能需要一年适应环境，但此后仅需偶尔修剪，保持植株不要超出指定生长空间即可。

推荐地被植物

木通属（Akebia）；蛇葡萄属（Ampelopsis）；珊瑚藤（Antigonon Leptopus）；铁线莲（Clematis，尤其是意大利型）；赤壁木属（Decumaria）；亚速尔常春藤（Hedera Zorica）；加那利常春藤（H. canariensis）；大叶常春藤（H. colchica）；常春藤（H. helix vigorous cvs.）；绣球属（Hydrangea，藤本物种）；忍冬属（Lonicera，藤本品种）；鸡爪茶（Rubus henryi）；绢毛悬钩子（R. lineatus）；三色莓（R. tricolor）；小粗叶悬钩子（R. pentalobus，异名为R. calycinoides）；五味子属（Schisandra）；钻地风属（Schizophragma）；络石（Trachelospermum Jasminoides）；葡萄属（Vitis）。

盆栽攀缘植物

用铁丝或铁丝网制作的小型框架很适合做盆栽攀缘植物的支架。许多攀缘植物都适合盆栽，可以在户外或温室内种植——这一类一般是小型草本、寿命较短的植物，长势也不太强。

对于攀缘植物来说，搭配支撑物的初期整枝尤为重要。摘心修剪红衣藤、旱金莲等一年生植物的新枝可以促进植株形成更多新枝。新枝长出后应进行牵引或捆枝，直至植株覆盖整个支撑结构。只有一根主茎的攀缘植物植株可以在定植时重剪，促进更多基部新枝产生，方便整枝。

绿箩、春羽、蔓炎花（Manettia Luteorubra）、合果芋（Syngonium Podophyllum）等产生气生根的植物应该围绕水苔柱整枝固定。从这类植物的茎生出的

长根可以起到支撑植株的作用。

一旦植株达到理想的大小或宽度，就需要开始短截枝条，维持植株的造型。盆栽植株一般无法达到地栽植株的大小，因此修剪程度也应该相应减少。许多温室植物都是原生于热带环境的物种，因此可以全年生长，没有确切的休眠期。这些植物可以随时修剪，但注意不要移除即将开花的枝条。

在去年枝开花的攀缘植物可以在花后短截开花枝，修剪至来年开花的替代枝进行促花。在当年枝开花的植株则可在植株休眠期末将枝条短截至骨干枝。

如果盆栽植株过大，需要换盆或者根据需要进行修根（见第154页）。如果植株已经生长得过大，不再合适盆栽，可以在气候允许的情况下转移至户外地栽，或者用作繁殖材料。

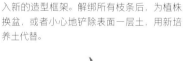

适宜水苔柱整枝的植物

澳洲白粉藤（Cissus antarctica）；菱叶白粉藤（C. rhombifolia）；麒麟叶属（Epipremnum）；常春藤及其栽培品种；蔓炎花；龟背竹（Monstera Deliciosa）；心叶蔓绿绒（Philodendron Scandens）；绿玉菊（Senecio Macroglossus）；多花耳药藤（Stephanotis Floribunda）；合果芋

引导攀缘植物攀附水苔柱

像图中的绿箩这种攀缘植物的长茎上会生出根系，扎进水苔柱。需要时常喷水保持水苔柱的湿润。

修剪盆栽多花素馨（Jasminum Polyanthum）

修剪前 多花素馨在温暖气候下生长迅速，但在冷凉气候区则是适宜盆栽的小型植物。每年花后修剪有益于植株生长。

1 将所有枝条解绑，小心地分散到花盆四周。此时可以顺便检查支架是否损坏或不牢固，如果想为植株换一个新造型也可以在这时插

入新的造型框架。解绑所有枝条后，为植株换盆，或者小心地铲除表面一层土，用新培养土代替。

2 将所有花后长枝短截至未开花侧枝，或者一对健康的侧芽。

3 小心地将枝条重新缠上支架并重新固定，尽量让枝条均衡地分布在铁丝架上。

修剪后恢复生长 完成修剪后适量施肥，使新枝苗壮生长。将新枝水平环绕支架，使枝条最大限度地覆盖整个框架，同时刺激开花侧枝形成。

搭配宿主植物种植攀缘植物

攀附其他植物生长的攀缘植物可以创造出十分惊艳的视觉效果。常绿攀缘植物常年皆有的叶片和色彩可以和落叶乔木形成鲜明的对比。夏季开花的攀缘植物搭配春季开花的灌木就可以在一年内给予花园两次盛大的花期。

充当宿主植物的植株必须健康、强壮且根系状况良好，必须能够承受攀缘植物成株后的长势和重量。乔木、灌木和树篱都是合适的宿主植物，只要与攀缘植物的生长习性相容即可。不要选择每年都需要大量修剪的灌木作为宿主植物，因为在攀缘植物的枝叶攀附下，植株的外表只会显得更尴尬——除非二者在同一时间修剪。树篱最好搭配枝叶轻的一年生或草本攀缘植物，这样在冬季攀附的枝叶便会枯死，可以趁机修剪树篱。具有卷须或缠绕茎的攀缘植物最适合攀附其他植物栽培，因为它们可以靠自身力量攀上宿主植物。而具有吸附性气生根或吸盘的长势强盛的植物不应攀附大型乔木以外的任何植物种植：它们的枝叶会与宿主植物紧密贴合，有可能使其窒息枯死。

树干上的铁线莲

图中这株生长旺盛的铁线莲"布沙伯爵夫人"（Comtesse de Bouchaud）在牵引下攀上了一株结实的乔木。宿主植物和攀缘植物的长势应该相称：当两种植物如此近距离地共同生长时，绝不能有任何一方占据主导地位。

种植和初期整枝

攀缘植物与宿主植物距离过近会导致植株适应期长，并且很可能会由于宿主植物遮挡光线和雨水而长势羸弱。攀缘植物最理想的种植位置是宿主植物树冠的边缘，并且位于向风侧，这样盛行风就会将攀缘植物的枝叶吹向宿主植物，而非吹离。攀缘植物永远都会朝着光线更加充足的方向生长，因此花园的朝向也是种植时需要纳入考量的因素之一。

攀缘植物也可以借助环绕宿主植物的粗绳向上攀爬，或者攀附宿主植物旁的支柱向上生长，而后探入宿主植物的上层枝条（这种方法可以为体型较小的宿主植物减少一些重量）。在定植后的2至3年，植株仍需要进行牵引，简单地牵引并固定主茎即可。

植株完全成形后便仅需少量修剪，但如发现弱枝、枯枝、伤枝及病枝应立即移除，拥挤枝应进行疏枝。

搭配宿主植物与攀缘植物

在宿主植物和攀缘植物的长势和栽培需求都相称的情况下，最终需要考虑的就是视觉效果。二者的花色和叶色必须互相衬托，不过颜色的搭配很大程度上还是由个人审美决定。两种植物的"风格"也应该接近。举例来说，温暖气候区的龟背竹和叶子花与高大的热带乔木搭配可以产生壮观的视觉效果，但是红珊藤这样极具异域风情的植物和苹果树或梨树在一起便显得极不协调。不过，如果换成绣球藤或者藤本忍冬，就可以创造出一种"英式村舍花园"的经典效果。颜色鲜艳的花朵搭配深色的背景（见右图）给人一种成熟精致的感觉，而粗大的树干攀附着常春藤或藤绣球，不禁让人有一种置身森林、林地的轻松心情。宿主植物与攀缘植物的主要观赏期可能错开也可能重合。举例来说，夏季开花的忍冬恰好可以填补苹果树花期与果期之间的空白，而米粥南蛇藤（Celastrus Scandens）开裂。红橙相衬的果实则可以为日本四照花的秋季彩叶更添一层维度。

红豆杉树篱中的旱金莲

只要有偏酸性土的生长条件，六裂旱金莲（Tropaeolum Speciosum）和毛缘旱金莲（T. ciliatum）就可以茂盛生长，爬上树篱，与深色的针叶树形成鲜明的对比。这些植物有地下茎，因此开花枝会在树篱的不同角落出现，攀上叶丛，年复一年。

用攀缘植物创造小型垂直景观

用攀缘植物搭配柱子、拱门、三脚架或方尖碑型等四脚爬架,就可以为花园在垂直维度上画上一笔重彩。即使是三根木棍搭成的简易三脚架也可以为花园提供一个具有强烈建筑感的景观。垂直景观在花园中的花境或其他远离墙面和边缘的开放区域中效果更佳。

选择合适的攀缘植物

只要植株的长势和大小与支撑结构相符,所有攀缘植物都可以用来创造垂直景观。选择的品种应当能够长到支撑结构的顶端,如果长势较强,还需要能够承受每年修剪、限制大小。电灯花等植物可以贴近支架生长,但藤本忍冬之类的其他植物则会呈现出瀑布般的下垂效果。

如果植物的冬季外观效果无足轻重,那么可以选择维护简单的草本爬藤植物,或者根系发展完好后可耐重剪,而后很快又会从基部生出新枝,迅速重新包裹整个支架的植物——比如南欧铁线莲的杂交品种。对某些攀缘植物而言,只要支撑结构有足够的受力点,那么不管是铁丝、铁丝网和支柱组成

长势较强的草本及一年生攀缘植物

荷包藤属(Adlumia);莺风铃属(Canarina);倒地铃属(Cardiospermum);拟牛奶菜属(Cionura);南欧铁线莲杂交品种;电灯花、党参属(Codonopsis;薯蓣属(Dioscorea);悬果藤属(Eccremocarpus);"金叶"啤酒花(Humulus Lupulus Aureus);橙红莺萝(Ipomoea Coccinea);圆叶牵牛(I. purpurea);扁豆属(Lablab);香豌豆(Lathyrus Odoratus);宽叶山黧豆(L. latifolius);蔓桐花(Maurandya Barclayana);蝙蝠葛属(Menispermum);金鱼花(Mina Lobate);苦瓜属(Momordica);菜豆属(Phaseolus);赤属(Thladiantha);翼叶山牵牛(Thunbergia Alata);栝楼属(Trichosanthes);旱金莲(Tropaeolum Majus);裂叶旱金莲(T. peregrinum)

的支架,还是立柱上的一条网格,仅需稍加牵引,它们就能自己攀爬而上直至顶端。不过,与每年短截回骨干枝的那些植物对比,这些每年平茬的攀缘植物在修剪过后都需要进行许多清理工作。如果支架的附加支撑结构是由铁丝之类易于移除的材料构成,那么可以先抽走铁丝,然后再进行枝叶的修剪,使工作更加容易。另一个解决方式是在支架上使用塑料爬网作为额外支撑物,那么在修剪时就可以将枝叶和爬网一同移除丢弃。不过,如果要将修剪下来的枝叶用作堆肥,这个方法就行不通了。

如果想要培养出具有永久结构的植株,那么即使栽培的植株长势足够在一个生长季内便抵达支架的顶点,也应该耐心花上2至3年,逐渐将植株的枝条均匀地缠绕支架各处,使植株形成间隔适当的骨干枝。由于枝条大多朝水平方向整枝,因此全枝都可以产生开花枝。这些侧枝需要根据具体植株的修剪需求(见第262—287页,攀缘植物词典)进行修剪。在等待成形时间较久的植物生长时,也可以选择配合栽培类似虎掌藤属[即番薯属/牵牛属(Ipomoea)]或蔓金鱼草属(Asarina)植物的一年生草本攀缘植物,增

混合种植整枝和修剪需求不同的攀缘植物

西番莲(Passiflora)和晚花铁线莲的修剪需求恰好互补。前者是短枝修剪,具有永久骨干枝的植物,而后者则需每年平茬。二者都在春季修剪。

三脚架的每根柱脚都种植一株西番莲

三脚架的中心种植一株南欧铁线莲。用两端固定在地面和三脚架上的线绳引导枝条

将所有蔓生的西番莲枝条短截,保留水平茎上的2个侧芽

将南欧铁线莲短截至地面15厘米高度

初期整枝 首先绑定或牵引铁线莲的枝条(很快就可以在无需帮助的情况下生长)。而后再对西番莲进行整枝,将植株的侧枝沿铁丝水平方向固定,培养永久骨干枝。当相邻侧枝碰触时,将其短截至侧芽,刺激侧枝生长。

夏季开花 待西番莲的侧枝已经形成垂帘般的花丛时,铁线莲也已经长至支架顶端,因此即使西番莲遮住铁线莲主茎的阳光也不会对其生长造成影响。

早春 首先短枝修剪西番莲,因为即使不小心剪短铁线莲的枝条也没关系。一旦植株整体明了了,就可以从基部截断铁线莲的枝条,再将顶部的枝叶理出(千万不要硬扯)。

加一些即时观赏效果。可以当作半耐寒一年生植物栽培的不耐寒植物可以大大地丰富冷凉气候区的植物选择。每年可以种植不同的一年生植物，给予花园不同的观感。

搭配拱门种植攀缘植物

花园中的拱门可以装饰入口、标示分界点，或者用于覆盖步道，更有多种搭配的种植方式。有芳香的攀缘植物搭配拱门和凉棚可以让人们完全领略其美丽。经过精心的筛选和搭配，同一扇拱门可以展现出一系列不同的花朵，此外，还可以引入非攀缘植物的灌木装饰拱门边沿，达到视觉平衡。在种植策略上可以将木本攀缘植物种植在拱门一边，而后爬上顶端，另一边则种植一年生或草本攀缘植物。为了充分利用拱门的观赏性与功能性，搭配植物应该选择耐修剪的品种，并定期修剪，保证拱门下方可供行人穿过。避免使用带刺植物。

在整枝时，不建议将植株种植在拱门的侧角，因为这样种植会使植株的枝条偏向拱门一侧生长，枝条无法充分舒展，呈现臃肿冗余的状态。植株应种植在拱门外侧的中间，将植株的枝条均匀分散开，覆盖整个宽度，并进行固定。待枝条生出侧枝后，将侧枝水平牵引，填补枝条间的空隙。

待植株逐渐成形，继续牵引侧枝，并将主茎向拱门顶端引导。拱门完全为枝叶覆盖后，必须短截生长旺盛的直立枝，并将其固定。

混合种植效果

垂直景观是采用混合种植的理想场合，通过搭配两种以上的攀缘植物，就可以获得观赏期长或花、叶对比鲜明的种植效果。种植时可以在同一支架的各边种植不同的植物，然后再将植株的茎相互交叉，或者直接将数株不同的植物种植在拱门各边。如果采用第二种安排方式，也可以在支架中间种植一株长势强劲的攀缘植物，并安排一根铁丝或长竹竿供其攀附，这样随着各株植物的生长，周围的植物向上攀爬，而中间植株的枝叶向四周垂散，最终相汇。

在修剪枝条纠缠的植物时极易犯错，因此混合种植的植物最好有相似或互补的修剪需求。比如一侧栽培草本或一年生植物，另一侧则种植木质茎的春季修剪攀缘植物。在第二种类型的植物中，月季（见320页）应该占有一席之地：不论单独种植还是混合栽培都有醉人、华丽的观赏效果。

拱门种植攀缘植物

塑料包膜的金属拱门不会腐烂且不易生锈

支架上的塑料爬网很快就会被叶片覆盖

攀缘植物种植在拱门外侧

搭配拱门整枝"金叶"啤酒花 (Humulus lupulus 'Aureus')

攀缘植物的枝条应向上牵引，因此搭配拱门种植时需在两侧皆进行种植。左侧插图中展示了分别位于两种不同生长阶段的植株，二者有不同的修剪和整枝需求。

成形后修剪 为了维持拱门的造型，必须修剪长枝。观花攀缘植物的修剪应该遵循植株具体的修剪需求，否则会大幅度减少花量。图中这株长势强盛的观叶植物则可以在任何时候修剪姿态不佳的枝条。

初期整枝

只要有合适的支撑，缠绕类和卷须类植物便可以自行攀爬。如新枝需要引导，可以将其引向铁丝或爬网。啤酒花的新枝十分多肉脆弱，拿捏时必须非常小心。

推荐攀缘植物搭配

蔓金鱼草属搭配白花铁线莲或月季；南欧铁线莲搭配西番莲；多花素馨搭配球兰（Hoya Carnosa）；"瑟诺"或"比利时"香忍冬（Lonicera periclymenum Serotina 或 Belgica）搭配"杰克曼"铁线莲（Clematis Jackmanii）或"茱莉亚夫人"铁线莲（Madame Julia Correvon）；忍冬属草本植物（Lonicera）搭配多年生豌豆［宽叶山黧豆（Lathyrus Latifolius），显脉山黧豆（L. nervosus）］；红衣藤属（Rhodochiton，一年生植物）穿插搭配"金叶"啤酒花；素馨叶白英（Solanum Jasminoides）搭配"海浪"铁线莲（Clematis Lasurstern）或蓝花的南欧铁线莲杂交品种（C. viticella hybrid）；蓝藤莓属（Sollya）或竹叶吊钟属（Bomarea）搭配素馨叶白英；络石搭配智利悬果藤（Eccremocarpus Scaber）；加那利藤（Tropaeolum Peregrinum）穿插搭配蓝花丹（Plumbago Auriculata）；紫葡萄（Vitis Vinifera Purpurea）穿插搭配一年生植物；淡色的香豌豆如果想要更明显的色彩对比，则可选择旱金莲或翼叶山牵牛；紫藤（Wisteria Sinensis）搭配粉花月季品种，如"新黎明"（New Dawn）。

搭配凉棚种植攀缘植物

凉棚一般由支柱和一系列横梁或者相连的拱门组成。搭建凉棚需要采用牢固耐久的材料。位置适当、做工良好的凉棚可以成为花园设计中重要的一环。此外，也可以靠院墙或屋墙搭半凉棚，构成户外走道或走廊。攀缘植物可以顺着支柱爬上凉棚，而后在棚顶延伸，因此枝条蔓生或者垂花的植物尤其适合搭配凉棚种植。

一般推荐的凉棚内高为3米，特别是有意使用蔓生植物时更要为植物留出足够的空间。作为攀缘植物支撑结构的凉棚需要设置铁丝，或当支柱间距离较远时加设垂直的铁丝网或网格窄条，增加着力点。在整枝初期应该尽量加设支撑，待植物长成后添加支撑就会变成十分烦琐的工作了。

选择适宜的攀缘植物

搭配凉棚种植的攀缘植物不应只是简单粗暴地包裹整个结构，而是能够改善凉棚整体的结构，并且与凉棚的搭建材料相得益彰。这种种植方式的最终目的是创造出开放的花园景观，而非枝叶覆盖的阴暗隧道。根据棚架的大小，可以选择搭配紫藤这样长势强劲的攀缘植物，或是在每根立柱旁都种上长势较弱的植物。若凉棚各侧的生长环境差异较大，可以在生长条件稍次的一边种植更耐荫、耐寒的攀缘植物，与阳光充沛的另一边茁壮生长的植物相衬。

整枝与修剪

沿支柱整枝攀缘植物的方法有两种：直接向上或螺旋向上。如果想要植株尽快覆盖棚顶可以选择前一种方式，但植株基部的枝条也会相应地比较光秃。如果在立柱和棚顶都有花可赏，那么需要将枝条螺旋缠绕立柱向上整枝。如果成形支柱的基部枝条显得光秃，可以搭配种植灌木、旱金莲或香豌豆等小型一年生攀缘植物装饰。

植株的枝条抵达立柱顶端时，将枝条均匀地向四周的横梁散开并固定。修剪枝条时需要参考植株的具体需求。在搭配凉棚种植的情况下，长柄的乔木修剪剪可以非常方便地将枝条截断并钩下，是极其有效的修剪工具。如果修剪维护时要使用梯子，一定要将梯子放在牢靠的位置，并且千万不要尝试去够远处的物体。如果需要换另一处修剪，那么应该先爬下梯子进行移动，然后再爬上梯子修剪，保证使用者的人身安全。

速生攀缘植物

软枣猕猴桃（见第262页）
号角藤（第264页）
绣球藤（见第268页）
大果忍冬（见第276页）
蓼蓄属（见第281页）
紫葛葡萄（见第286页）
紫藤（Wisteria Sinensis）

快速覆盖

长势极强的攀缘植物可以在短时间内覆盖凉棚，不过其茂盛的枝条需要时常进行修剪控制。部分植物可以简单地用整篱剪直接短截枝丛，其他的则需要更仔细的修剪。

长枝可以剪短或者塞进枝丛中

多花攀缘植物

叶子花属（见第265页）
凌霄属（见第266页）
铁线莲属（见第268页）
忍冬属（见第205页）
炮仗花（见第260、281页）
山牵牛（见第285页）
紫藤属（见第286页）

促花修剪

尽管部分攀缘植物仅需少量关注就可以大量开花，但是包括铁线莲和紫藤在内的许多其他攀缘植物都需要定期修剪才能达到最佳花量。

香忍冬

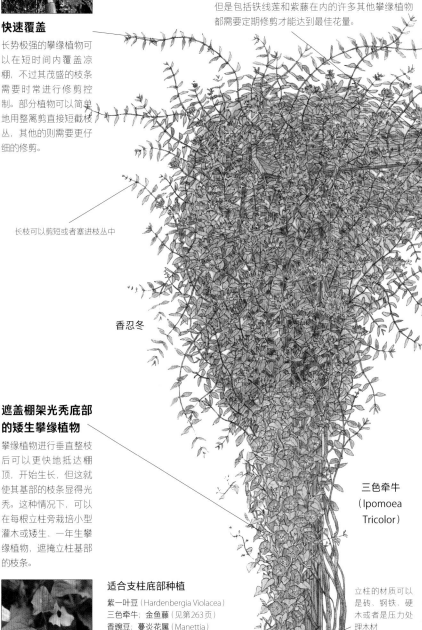

遮盖棚架光秃底部的矮生攀缘植物

攀缘植物进行垂直整枝后可以更快地抵达棚顶，开始生长，但这就使其基部的枝条显得光秃。这种情况下，可以在每根立柱旁栽培小型灌木或矮生、一年生攀缘植物，遮掩立柱基部的枝条。

三色牵牛
（Ipomoea Tricolor）

立柱的材质可以是砖、钢铁、硬木或者是压力处理木材

适合支柱底部种植

紫一叶豆（Hardenbergia Violacea）
三色牵牛；金鱼藤（见第263页）
香豌豆；蔓炎花属（Manettia）
红衣藤属（见第282页）
蓝藤莓属（见第283页）
翼叶山牵牛（左图）
旱金莲；块茎旱金莲（T. tuberosum）

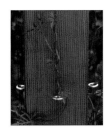

铁丝

所有支柱和横梁都应该设置足量的着力点。横梁间也可以设置铁丝。

观叶攀缘植物

美洲大叶马兜铃（Aristolochia Macrophylla）；"花叶"叶子花（Bougainvillea Glabra Variegata）；"花叶"大叶常春藤（Hedera Colchica Dentata Variegata）；紫葡萄（Vitis Vinifera Purpurea）；布兰特葡萄（V. brant）

观叶植物

叶片具主要观赏性的攀缘植物通常无需对修剪加以干涉，但若采用相对严格的修剪方式管理（比如葡萄属）的植物便需要采用短枝修剪法，才可以限制植株的生长，避免干扰相邻植株。

藤本月季是理想的凉棚植物（见第322页）

观花观果攀缘植物

美味猕猴桃（见第262页）；南蛇藤属（见第267页）；南瓜属（Cucurbita）；西番莲属（右图，另见第279页）；杠柳属（见第281页）；串果藤（见第283页）；葡萄属（见第286页）

观果效果

图中的这株西番莲在非比寻常的花后结可食用且兼具观赏性的百香果（见上图），植株只有在十分适宜的条件下才会大量挂果。

短截花后枝条（如图中的茄属藤本植物）以保持凉棚的轮廓

紫藤

星花茄（Solanun Crispum）

"新黎明"月季

|梦"
|线莲
agley
orid）

多花素馨

南欧铁线莲

西番莲

种植距离

攀缘植物的植株应与立柱保持一定的距离，稍微牵引新枝，使其攀上立柱。植株可以种在凉棚外侧，或立柱的两侧，但不可种于凉棚内侧。

将攀缘植物整枝为标准型

大部分整枝成标准型的攀缘植物永远也不可能完全独立：植株需要木桩、垂枝标准型月季使用的伞状支架（见第311页）或铁艺支架等耐用的永久支撑。

理想的选择有紫藤等可以通过短枝修剪保持骨干枝的攀缘植物，忍冬等定期修剪的攀缘植物，又或是常春藤这样即使修剪后也不会露出光秃枝条的枝叶常绿茂密的植物。不要使用枝条细长的植物，尤其要避免有着发达卷须茎或缠绕茎的植物，其枝条极易缠结，难以管理。可以采用有气生根的植株，因为此类植株的茎一般只有在接触合适表面时才会长出气生根。

成形整枝

将具有强壮单茎的幼株定植，并插入支杆，若植株有多条茎，也可以将其扭转编成一根辫状茎（见第48页造型树篱）。整枝（见右图）的最初目的是辅助植株形成粗壮的主干，因此需要逐渐向上移除植株的侧枝，同标准型乔木（见第26页）。分批移除主干高度内的叶片，可以留下部分叶片产生营养供给主茎，使其逐渐增粗。主茎需要每年短截，并将最顶端新枝整枝为新顶枝。若顶枝受损，可以引导临近侧枝作为替代枝，参照标准型乔木（见第24页）。一旦植株达到理想的主干高度，便可以将所有侧枝和侧枝的次侧枝一同短截，培养出强壮、紧凑、结构

将攀缘植物（紫藤）整枝为1.5米高的标准型植株

第1年，定植修剪

1 将顶枝短截至少三分之一长度，修剪枝茎较粗处的侧芽。

2 将主茎与支杆固定，使其保持直立。可以使用可调节且不伤树皮的乔木绑带。

3 摘除所有侧枝。

粗支杆

选择有单独主茎的幼株

良好的骨干枝以及茂盛的冠丛。

第1年，夏季

1 再次将顶枝短截至壮的侧芽处。

2 放缓较短的顶部侧枝，将植株中部位置的侧枝短截三分之二左右。高度30厘米以下的侧枝应完全移除。

3 检查绑带是否需要放松。

善冠丛的造型（重剪弱侧），移除老枝，缓解枝丛拥挤。夏季时，通过短截长枝限制植株大小，促进枝叶茂盛，同时促花。

修剪成形标准型攀缘植物

根据植株的具体需要调整修剪工作内容，维持植株的造型。在冬季，通过修剪改

标准型紫藤

如今，高度1.5至2米的标准型紫藤是备受欢迎的露台、花境植物；但过去的标准型紫藤要比这更高，一般可以达到大型遮阳伞的高度。现在英国的许多花园中还能见到维多利亚时期留下的标准型树状紫藤，许多植株枝干中都有金属碎片——这些曾经都是植株支柱的一部分。

适合整枝为标准型植株的攀缘植物

软枣猕猴桃、狗枣猕猴桃（A. kolomikta）、首冠藤（Bauhinia Corymbose）、清明花（见第264页）；号角藤；光叶子花（见第265页）、秘鲁叶子花（B. peruviana）、厚萼凌霄；龙吐珠；大花风车子；洋常春藤；藤绣球；泽曼绣球（H. seemannii）、多花素馨；香忍冬；忍冬；粉红飘香藤（Mandevilla × amoena）、艳花飘香藤（M. splendens）；拱状玉叶金花（Mussaenda Arcuata）、红纸扇（见第278页）；素馨凌霄（Pandorea Jasminoides）、粉花凌霄（见第278页）；蓝花藤；蓝花丹（异名为 P. capensis）；炮仗花；绣球钻地风（Schizophragma Hydrangeoides）；大花金杯藤（Solandra Grandiflora）、金杯藤（S. maxima）星花茄；素馨叶白英；多花耳药藤（见第284页）；扭管花；硬骨凌霄；山葡萄；葡萄；多花紫藤

第1年，冬季

1 再次短截新顶枝。移除所有在夏季修剪刺激下产生的第二波新枝，同时在上一季短截的枝条中选择三分之一移除。

2 进行短枝修剪，短截所有侧枝，留2至3个健康侧芽。

夏季修剪位置

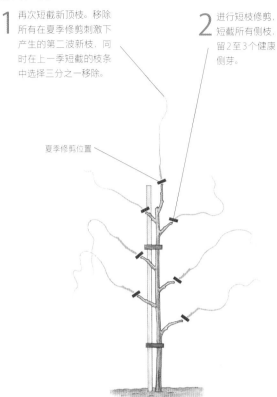

第2年，夏季

1 将顶枝在理想高度折断。冠丛开始形成后顶枝便会逐渐无法分辨了。

2 将侧枝短截枝长三分之一至二分之一，限制植株生长，促进侧枝形成，同时使主茎和骨干枝增粗。

3 检查绑带是否需要放松。

第3年，冬季

1 短截主茎新枝，留2至3个侧芽，开始培养短枝丛。

2 将所有侧枝上的新枝短截，留2至3个侧芽，促进短枝形成。

3 在这一步无需完全移除低处侧枝，进行短枝修剪即可，使其继续产生营养，供给植株生长。

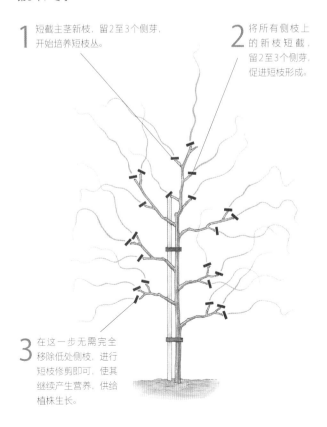

第3年，夏季

1 将所有新枝短截二分之一至三分之二，促进植株形成紧凑茂密的枝叶。

2 进行定干，移除低处侧枝。将竹竿上产生的新枝移除或捻去。

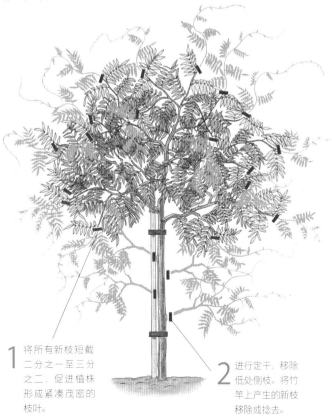

攀缘植物词典

A

猕猴桃属（ACTINIDIA）

属内主要为耐寒落叶缠绕类攀缘植物，其叶矩圆形至心形，互生，部分物种叶具彩色。向阳处种植的植株叶色最佳，但植株基部应处于半荫环境。猕猴桃属植物花呈白色、米黄色或米黄色。雌雄株同时栽种时，雌株结个大、常可食用的果实［即美味猕猴桃（A. deliciosa）］。绝大部分物种需要足够的种植空间以及牢固的围栏、凉棚或三脚架支撑，或是缠绕大树生长。狗枣猕猴桃（A. kolomikta）是长势较和缓的物种。

狗枣猕猴桃
背靠向阳墙整枝的狗枣猕猴桃可以呈现出美妙的叶色。

树萝卜属（AGAPETES）

树萝卜属（异名为 Pentapterygium）是蔓生、半蔓生常绿攀缘植物，花倒悬，冬季至春季在枝条下方开花，枝条常曲折生长，颇具趣味。全属植物不耐霜冻。霜冻多发气候区栽培植株需要湿润的温室环境，于树荫处种植。幼株

可靠墙或网格整枝。植株的主茎应散开，使枝丛均匀覆盖生长区域；植株生长过程中需定期固定枝条。若有修剪需求，可于晚冬或早春修剪，移除位置不良枝。红纹树萝卜（A. macrantha）适合较为规则式的整枝方式，五翅莓（A. serpens）则要求较低。植株成形后仅需少量修剪，移除弱枝、枯枝或位置不良枝即可。树萝卜属不耐重剪。

狗枣猕猴桃

完全耐寒攀缘植物，主要作观叶植物种植，叶片有淡粉色和白色的彩斑。

■ **何时修剪** 晚冬或初春，植物开始生长前。夏季移除或短截生长过盛枝或位置不良枝。

■ **整枝与修剪** 将幼株短截至地面高度30至40厘米处的强壮侧芽，促进基部新枝生长。选择5至7根强健新枝进行固定。第二个生长季，将强壮侧枝短截枝长三分之二，弱枝则留1至2个侧芽。极羸弱的枝条应完全移除。植株成形后，将枝条短截枝长三分之一至二分之一，修剪至健康侧芽处，以防止植株超出生长空间。偶尔选择老化主茎从基部移除，促进新枝生长。更新修剪需在春季进行，将所有缠结枝条短截至主茎骨干枝。

其他猕猴桃属攀缘植物

美味猕猴桃（异名为 A. chinensis）见297页"猕猴桃"。

软枣猕猴桃（A. arguta）同狗枣猕猴桃。但长势极为强劲，尤其适宜攀附大型乔木生长。但若采用这种方式整枝，植株成形后恐怕难以进行修剪。

葛枣（A. polygama）同狗枣猕猴桃。

木通（Akebia Quinata）
木通的花朵呈棕紫色，十分小巧，有香草芬芳，应该种植在人们触手可及处，以便尽情欣赏。

木通属

长势强盛的耐寒落叶或半常绿缠绕类攀缘植物，掌状复叶，叶形优美，花褐红色至棕紫色。若当年夏季漫长炎热，花后可结香肠状、紫罗兰色至灰紫色垂悬果实。耐全日照或半荫环境，适宜攀附墙壁、围栏或凉棚种植。幼株应尽早种植，植株不耐移植。牵引新枝缠绕支撑物并进行固定，直至枝条开始自行缠绕支架。整枝与修剪方式同狗枣猕猴桃（见左图），但应在晚春花后修剪。

黄蝉属（ALLAMANDA）

常绿蔓生植物，叶大而光泽，对生，花朵艳丽。黄蝉喜好亚热带条件，成株可耐轻微霜冻，不过冷凉地区最好在玻璃温室种植（或盆栽，冬季搬入温室）。靠立柱、墙壁或牢固的格架种植。

■ **何时修剪** 晚冬，植株开始生长前。

■ **整枝与修剪** 定植后，掐尖幼枝促进植株生长茂盛，随植株生长固定新枝，培养骨干枝结构。植株成形后，每年修剪一次，短截侧枝，留主要骨干枝的2至3对侧芽。同时移除弱枝、枯枝或无用枝。对重剪反应良好。

图例

攀缘植物词典中使用右侧各图标表明该植物的攀缘方式。

 蔓生　　 松散缠绕　　 强力缠绕　　 叶柄缠绕

 茎卷须　　 叶卷须　　吸附性根　　粘性吸盘

蛇葡萄属（AMPELOPSIS）

落叶卷须类攀缘植物，木质茎，具浅裂叶或羽状复叶。植株的花不甚起眼，花后时有惹眼的浆果，然而仅在夏季长而炎热的情况下能保障结果。蛇葡萄属植物长势强劲且耐寒性强，通常不适合小型花园栽培，但适宜攀爬避风的凉棚或围栏种植，若在种植初期加以支撑，亦能攀爬树木生长。如靠房屋外壁种植，注意在冬季进行短截修剪，防止枝条破坏屋顶瓦片。栽培初期，强壮的新枝需加以固定。后续整枝与修剪方式同葡萄（见第286页）。

黄葳属（ANEMOPAEGMA）

常绿卷须类攀缘植物，花喇叭状或钟状，夏季于当年枝叶腋处开花。植株不耐霜冻，在冷凉气候区需在潮湿的温室种植。定植后，打顶修剪所有新枝，培养骨干枝。在生长后期，每年晚冬或早春修剪，短截侧枝，留2至3个侧芽，短截主茎时留2至3个节点，并移除弱枝。若植株渐显拥挤，可在夏季再次修剪，进行疏枝，移除多余枝条。对重剪反应良好。

落葵薯属（ANREDERA）

缠绕类常绿攀缘植物，总状花序，花小、具芳香，叶心形，植株通常具草质茎，冬季地上部分枯死，春季基部发新枝。温暖干燥气候宜搭配凉棚、围栏种植；较冷地区可在温室中靠墙壁或立柱种植。整枝要求少，仅需引导枝条接触支撑物。晚冬或早春将所有去年枝条短截枝长三分之一至一半，若枝条已回枯则将植株平茬。

珊瑚藤属（ANTIGONON）

宿根常绿蔓生植物，茎纤细、有时形成卷须，花呈珊瑚红至红色，总状花序，花期集中于夏季，但热带条件下全年皆可开花。在热带或亚热带地区的花园中，珊瑚藤可覆盖建筑、藤架或大型凉亭，但寒冷地区必须温室栽培。植株整枝需求少，仅需牵引新枝接触支撑物。早春重剪生长过盛枝，同时移除弱枝、拥挤枝或伤枝。

银背藤属（ARGYREIA）

藤本攀缘植物，长势强盛，植株具柔软的一年生枝，冬季枯死，仅余木质化骨干枝。花期夏末至秋季，花粉色至薰衣草色或褐红色，呈漏斗状，外侧有明显的带状柔毛，晴天开花。热带气候花园适宜藤架、凉棚或网格架种植。在更冷的气候区需要全日照温室花境种植。植株需要铁丝或棚架制作的牢固支撑物。

马兜铃属（ARISTOLOCHIA）

落叶或常绿缠绕类攀缘植物，长势强盛，主要作观花植物，花管状，常具臭味。美丽马兜铃（A. littoralis，异名为A. elegans）等绝大部分品种为亚热带物种，在较寒冷的地区需要加温温室种植条件，但美洲大叶马兜铃（A. macrophylla）和常绿的小绿马兜铃（A. sempervirens）可以忍受短期或轻微的霜冻，适合攀附向阳处或半荫处的墙壁生长。耐寒品种可在晚春或初夏种植。

■ 何时修剪　冬末或春初，或在盛夏花后修剪。

■ 整枝与修剪　定植后，选择最强枝整枝并

蔓金鱼草属（ASARINA）

蔓金鱼草属（异名为Maurandya，Maurandella）为蔓生至缠绕类常绿宿根攀缘植物，叶菱形至心形，花粉色或紫色，呈袋状。天使号角（A. barclayana）等绝大多数物种不耐霜冻。部分物种可耐轻微霜冻，地上部分枯死。金鱼藤（A. antirrhinifolia）、冠子藤（A. erubescens）、蔓桐花（A. scandens）等蔓生品种需要铁丝、竹竿或树枝等轻质支撑。蔓金鱼草属植物无需修剪，但在春季植株开始生长前需要移除枯死或受损枝条。

■ 何时修剪　冬末，植株开始生长前。

■ 整枝与修剪　新枝生出后需加以固定，使枝叶均匀覆盖支架，在生长季期间若有需要可移除多余枝条。后续年份中，若上一年条生长异常旺盛，可将多余枝条疏枝短截，留1至2个侧芽或主要骨干枝的节点。若有必要可进行重剪，植株耐重剪。

马兜铃的缠绕茎

马兜铃对重剪反应良好，修剪后产生的新枝会缠绕铁丝，并生出蔓生新侧枝。

固定到支架。靠近基部修剪，完全移除弱枝及蓬乱枝。成形后，移除弱枝，短截长枝或茎，保留主茎上2至3个节点。这一修剪工作可在每年盛夏花后或初春进行。对重剪反应良好。

其他攀缘植物

荷包藤属（Adlumia）同蔓金鱼草属。白蛾藤属（Araujia）将缠绕茎牵引至支架。春季修剪，仅移除枯或位置不良枝。对重剪反应较好。天门冬属（Asparagus），蔓天冬（A. scandens）修剪方式同常绿竹叶吊钟属植物（见第264页）。盔瓣岩桐属（Asteranthera）同红珊藤属（见第264页）。羊蹄甲属（Bauhinia）定植时，选择4至5根强枝固定到铁丝或格架上，形成骨干枝。植株成形后，在花后短枝修剪侧枝，留4至5个骨干枝侧芽。切忌重剪。

B

清明花属（BEAUMONTIA）

清明花（Beaumontia Grandiflora）为常绿藤本缠绕类攀缘植物，长势强盛；主要作观叶、芳香植物，叶形优美、对生，于去年生枝顶端开花。植株需要无霜冻的温暖温带气候条件，或在玻璃温室中种植。植株需要粗铁丝、立柱或大型乔木等牢固、大型的支撑物。定植后，选择4至5根强枝固定到支架上，使植株均匀地覆盖支架，将剩余枝条短截至基部。植株成形后，每年花后进行疏枝；移除弱枝，同时修剪强健侧枝，保留主要骨干枝上的2至3个节点。植株对重剪反应良好。

红珊藤（Berberidopsis Corallina）

红珊藤绿色的光泽叶片衬托着成串的红色肉质球形花。

红珊藤属（BERBERIDOPSIS）

红珊藤为常绿藤本蔓生或缠绕类攀缘植物。植株需要在避风，遮荫或半遮荫的墙面借助铁丝或网格生长，或者攀附其他植物生长。红珊藤耐寒，但冬季极为寒冷时地上部分枯死；若冬季有覆物保护，植株一般可重新萌发。

定植时，仅移除枯枝或伤枝。首先将新枝牵引固定；植株成形后一般可以自己攀爬生长。成形植株在春季严重霜冻的风险过后修剪，从基部移除弱枝或枯枝。若交错的枝条渐显拥挤，可将其短截至主茎或强壮的侧芽。红珊藤对重剪反应不佳。

勾儿茶属（BERCHEMIA）

蔓生攀缘植物，叶卵形互生，花白色或绿白色，圆锥状花序，花后结美观的浆果状果实，长势强盛的攀缘勾儿茶（B. scandens）果实蓝黑色。若避免寒风侵袭，植株可耐寒。靠墙或围栏种植时，需提供牢固的铁丝或网格作为支撑，或者使植株攀附大型灌木或树桩生长。

总花勾儿茶（B. RACEMOSA）

落叶蔓生攀缘植物，叶心形，秋季转为黄色。花期夏末，花后结红色浆果，成熟时变为黑色。栽培品种"斑叶"（Variegata）的叶片有奶白色的彩斑，十分美观。

■ **何时修剪** 晚冬至初春。

■ **整枝与修剪** 定期固定新枝，直至枝叶均匀覆盖支撑物。植株成形后，每年修剪，移除枯枝或伤枝，疏理拥挤枝，短截超出生长空间的枝条。对重剪反应良好。

其他勾儿茶树攀缘植物

攀缘勾儿茶（B. scandens）同总花勾儿茶，但春季花后立刻修剪。

号角藤属（BIGNONIA）

号角藤（Bignonia Capreolata）为常绿叶卷须类攀缘植物，长势强劲，花橙色。种植于阳光充沛，避风处的植株可耐轻微霜冻。适合攀附高柱种植；靠墙种植的植株需要牢固的铁丝或格架支撑。定植后，选择2至3根强枝作为主要骨干枝进行固定。后续年份中，每年春季在植株开始生长前将去年生侧枝短截枝长三分之二，修剪枝强壮，位置适宜的侧芽。多余枝条可进行牵引或移除。更新修剪需要在霜冻危险期过后进行，将枝条重剪至老枝。

吊藤莓属（BILLARDIERA）

常绿常绕类攀缘植物，枝条纤细，具有观赏性颇佳的花朵和果实。植株生长环境需要避免烈日和冷风影响，尽管植株可耐微量霜冻，但最好种植于无霜冻气候。冷凉气候区，吊藤莓属植物是理想的全遮荫温室植物。支柱生长需要格架或爬网等轻质支撑物，或者借助其他灌木和长势更强的攀缘植物生长。

■ **何时修剪** 早春，或夏末结果后。

■ **整枝与修剪** 尽量避免修剪。牵引固定新枝，使枝叶均匀覆盖支撑物。植株成形后通常继续修剪移除枯枝或位置不良枝，但如果枝丛拥挤，可短截多余枝条，保留2至3个侧芽或主茎的节点。

竹叶吊钟属（BOMAREA）

蔓生或缠绕类攀缘植物，具草本或常绿茎，块状根。通常作观花植物种植，花成簇，色彩鲜丽，形似六出花。竹叶吊钟需要全日照、无霜冻的气候条件。植株需借助设有铁丝或格架的直立支撑物生长，或攀附其他灌木、攀缘植物。竹叶吊钟属植物无需成形修剪。多花竹叶吊钟（B. caldasii）等草本物种冬季地上部分完全枯死。春季应将枯枝平茬。常绿物种应在花后、叶片转黄时移除老开花枝。

长花吊藤莓（Billardiera Longiflora）

绿黄色（有时泛紫色）的窄铃形花后结紫蓝色、表面光泽的大型果实。

叶子花属（BOUGAINVILLEA）

　　落叶或常绿藤本攀缘植物，长势强盛，枝条具刺，叶卵形或椭圆形，呈亮绿色。花朵不甚起眼，但苞片色彩鲜艳，常呈白色或洋红色、紫罗兰色、紫色，偶有黄色或杏黄色。植株在当年生枝条开花。在温暖气候区，叶子花可以攀附大型乔木或墙体生长。植株需要全日照环境，且在热带或亚热带气候条件下开花效果最佳，温室内生长良好。寒冷气候区需要在加温温室的大型种植槽或砖垒种植床栽培；若根系受限开花效果通常更佳。光叶子花（B. glabra）和巴特叶子花（B. × buttiana）即使是幼株亦可开花，是最佳盆栽种。所有叶子花都需要格架或植株的支撑。植株可整枝为标准型，并每年进行短枝修剪，限制大小。

基部侧芽受修剪刺激开始生长

短枝修剪叶子花

重剪所有侧枝，保留2至3个侧芽。

■ **何时修剪**　晚冬或早春，植株开始生长前。

■ **整枝与修剪**　培养位置适当的强壮骨干枝结构是栽培的关键。作为攀缘植物种植时，需要先进行重剪，刺激强壮的基部新枝，而后逐渐将新枝牵引固定。仅固定和保留最强壮的新枝，其余尽数移除；若初期保留过多枝条，植株成株后将会过于拥堵，靠墙种植时情况更加严重（见下图）。在后续年份中，短截顶枝去年生长部分的三分之二或四分之三，修剪至强壮侧芽处。侧枝与新次侧枝中，保留可作为骨干枝延长枝的枝条，其余则进行短截，留主茎的2至3个侧芽。这些侧芽生出的新枝会在当年开花。植株形成骨干枝后，将所有去年生侧枝短截，留2至3个侧芽，形成2至3厘米长的短枝。生长季期间根据需要移除弱枝。老化植株可耐重剪，但最好直接替换。

　　整枝成标准型见第260页。植株形成均衡的冠丛后，每年短截所有去年生侧枝，保留2至3个侧芽。

叶子花的墙式整枝

定植修剪，春季

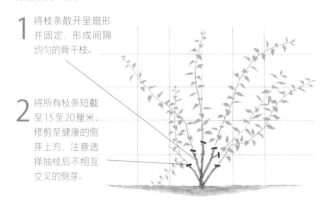

1　将枝条散开呈扇形并固定，形成间隔均匀的骨干枝。

2　将所有枝条短截至15至20厘米，修剪至健康的侧芽上方，注意选择抽枝后不相互交叉的侧芽。

第2年至枝条完全覆盖生长空间，春季

1　将去年枝短截枝长四分之三，待新顶枝长出后进行固定。

2　将侧枝短截至基部1至2片叶或侧芽处，促进开花短枝形成。

成形叶子花，春季

1　将超出生长空间的枝条短截至健康侧芽或侧枝处。

2　在枝条拥挤处截去部分老枝，牵引新侧枝填补骨干枝空隙。

3　短枝修剪其余侧枝，留2至3厘米长度，2至3片叶或侧芽。

成形叶子花，夏季

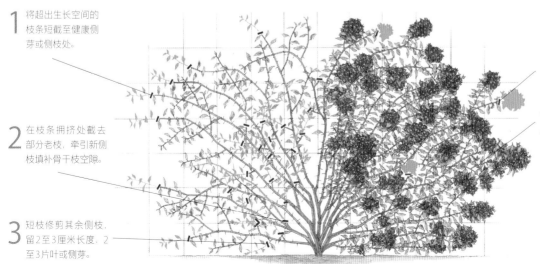

1　花谢后移除枯花，将整个花序短截至未开花的新侧枝。

2　新枝长出后将其固定至空隙处。

C

荷包花属（CALCEOLARIA）

荷包花属内物种众多，习性各异，但仅帕冯蒲包花（Calceolaria Pavonii）一种广为种植。帕冯蒲包花是蔓生常绿攀缘植物，习性强健，基部木质化，叶片近三角形，色深绿。植株在夏季至冬季于当年枝开花，花成束、袋状，硫黄色，偶有棕紫色斑纹，十分华丽。不但适宜作地被植物，亦可盆栽。帕冯蒲包花需无霜冻气候，若降雨充足，可在相对冷凉的夏季开花，但此类气候条件下，植株常呈半木质化亚灌木生长。如靠墙或于温室种植需稍微提供支撑。

■ **何时修剪** 早春，新枝发芽前。

■ **整枝与修剪** 定植后，将新枝掐尖，促进强健侧枝形成，培养骨干枝。牵引新枝至支架或水平的框架作为地被植物。在此之后每年修剪成形植株：将弱枝、枯枝或无用枝移除，将剩余枝条短截至多三分之二，修剪至强壮健康的侧芽。荷包花对重剪反应较好，但老株最好直接用强健的新株代替。

丽蔓属（CALOCHONE）

丽蔓（Calochone Redingii）为常绿蔓生攀缘植物，长势较强，叶椭圆形，被绒毛，花形美、成束、盘状，呈红色或橙粉色，花苞自上一生长季已形成，隆冬开放。丽蔓必须种植于全日照温暖热带条件。植株需铁丝或格架支撑。

■ **何时修剪** 晚冬或早春花后修剪。

■ **整枝与修剪** 除移除弱枝、无用枝外，应尽量避免修剪。新枝生出应尽数固定。植株成形后，每年疏理拥挤枝，将其短截至主茎。丽蔓不喜重剪。

凌霄属（CAMPSIS）

落叶藤本攀缘植物，长势强劲，常借细小气生根吸附粗糙表面生长。植株叶形舒朗，呈羽状，花喇叭状，花色橙色至红色，成簇顶生，在晚夏至秋季于当年枝开花。尽管凌霄耐寒，但需避免寒风侵袭，且枝条需全日照方可完全成熟，自有开花。植株需靠向阳高墙种植；地中海类型气候区可靠围栏或攀附粗壮乔木生长。

凌霄（C. GRANDIFLORA）

凌霄（异名为C. chinensis，Bignonia Grandiflora，Tecoma Grandiflora）是该属中耐寒性最佳者，花呈喇叭状，外部深橘色，内部黄色，横向可达8厘米。植株气生根生长较少，因此需将主茎与支撑物牢牢固定。

■ **何时修剪** 晚冬或早春。

■ **整枝与修剪** 培养牢固的木质骨干枝极为重要。定植后，将所有枝条重剪至距地面15厘米的高度，促进强健新枝生长。选择2至3根最强壮的新枝保留，移除剩余枝条。待枝条长度足够时，将其牵引至铁丝或格架支撑，直至新枝完全覆盖生长空间。大部分情况下，凌霄至少需要4米高的空间伸展。待植株成形后，需每年修剪，短枝修剪所有侧枝，留主茎2至3个侧芽。弱枝或病枝应完全移除。凌霄属植物对重剪反应良好。若主要骨干枝受损，可将其修剪至基部，待新枝生出后再将最强枝作为替代枝整枝。将所有枝条修剪至30厘米高度以下进行更新，促进基部形成强壮新枝。

其他凌霄属攀缘植物

厚萼凌霄（C. radicans）同凌霄，但植株气生根更多，成形后可完全自行攀附。

杂种凌霄（C. × tagliabuana）同凌霄。

杂种凌霄

冬季短枝修剪后（下图）新枝可在一季内生长开花。

莺风铃属（CANARINA）

草本蔓生攀缘植物或蔓生宿根植物，花铃状，垂悬，呈黄色或橙黄色，饰有绿色或红色条纹。植株具块根，冬季可将块根挖出，移除所有枝条进行储存，同大丽花。莺风铃不耐霜冻，喜好冬季干燥的地中海型气候。冷凉气候区可于温室栽培，攀附支架整枝。植株花期夏末至初冬，花后地上部分枯死。每年春季将枯枝平茬，但修剪时注意不要损伤发芽的新枝。新枝苗壮生长时可掐尖促进分枝。若有需要可牵引固定新枝。

魔力花属 (CANTUA)

魔力花（Cantua Buxifolia，异名为C. dependens），蔓生常绿攀缘植物，枝条纤细，适宜搭配拱门或其他灌木种植，抑或将枝条固定到墙面或立柱，呈现非规则式生长状态。植株春季于去年生枝开洋红色喇叭状花，花成簇垂悬。魔力花不耐霜冻，偏好地中海型气候。

■ **何时修剪** 晚春或初夏，花后修剪。

■ **整枝与修剪** 仅需少量整枝或修剪。定植后打顶修剪枝条，促进强壮新枝生长。植株成形后，仅进行造型修剪或移除弱枝。如枝丛拥挤，可疏剪部分花后老枝。对重剪反应不佳。

魔力花
魔力花，又称三色印加圣花，原产于南美洲，需要阳光充沛、炎热的生长环境。

倒地铃属 (CARDIOSPERMUM)

倒地铃（Cardiospermum Halicacabum）为落叶多宿根蔓生攀缘植物，枝条纤细，具木本茎，叶深裂。植株夏季开花，花小型、绿白色，但其观赏价值主要在于花呈黄绿色、充气的果实。花簇生攀附卷须。倒地铃需要温暖无霜冻的生长条件，在冷凉气候区可以作为一年生植物在室外全日照条件种植。植株需格架或多枝树枝作为支撑，或作为地被植物栽培。作为宿根植物种植时，应在春季将所有去年生枝条短截三分之二至四分之三。

南蛇藤属 (CELASTRUS)

落叶蔓生或缠绕类攀缘植物，秋季果实观赏效果极佳。南蛇藤分雌雄株，必须同时栽培方可结果［不过，南蛇藤（C. orbiculatus）有雌雄同株形态可供选择］。植株完全耐寒或耐霜冻，并且耐半遮荫条件。大部分物种长势强劲，需要足够的生长空间和牢固的支撑。总体来说，南蛇藤不适宜靠屋墙种植，但适宜搭配大型花园墙、花园装饰建筑或较大的树桩栽培。植株亦可配合粗柱或三脚架整枝。

南蛇藤

南蛇藤是长势强劲的落叶缠绕类攀缘植物，秋季结深黄色果实，果实成熟后裂开，露出粉色或红色的种子。

■ **何时修剪** 冬季或早春。

■ **整枝与修剪** 定植后，牵引新枝接触支撑物。成形植株仅需少量修剪，移除老枝或位置不良枝，攀爬拱门生长的植株需将生长过长的枝条短截至基部。若有必要可短截过长侧枝，保留主茎3至4个嫩芽。过度修剪会刺激植株产生大量生长迅速的多叶枝条，导致花朵和果实数量减少。不过，可将较大的老枝重剪至30至40厘米高度，修剪后通常可

南蛇藤
雌雄株必须同时栽培才可产出具有观赏价值的果实。

重新发芽。在新枝中选择最强健的枝条进行牵引，填补骨干枝的空隙，移除其余枝条。

其他南蛇藤属攀缘植物

苦皮藤（C. angulatus），皱叶南蛇藤（C. rugosus），美洲南蛇藤（C. scandens）同南蛇藤。灰叶南蛇藤（C. glaucophyllus）生长习性偏蔓生，因此需要更多固定。除此以外与南蛇藤相同。

拟牛奶菜属 (CIONURA)

拟牛奶菜（Cionura Erecta），落叶缠绕类攀缘植物，叶心形，灰绿色，有芳香，夏季开白色花，花五瓣。植株果实成熟后开裂，露出银色的种子。拟牛奶菜在全日照情况下生长最佳，且必须处于无霜冻条件。植株分泌的乳白色汁液可能

导致皮肤起泡，因此需要避免接触。无需成形修剪。新枝生长初期需稍微固定，枝条开始缠绕后即可停止。植株成形后于花后修剪，较冷地区则可在早春修剪，移除弱枝或枯枝。拥堵枝条可在早春疏枝，将枝条短截至基部。宜作地被植物。对重剪反应不佳。

白粉藤属 (CISSUS)

常绿藤本植物，绝大部分为卷须类攀缘植物。白粉藤属植物枝叶繁茂，主要作观叶植物。青紫葛（C. discolor）需要热带气候条件，但澳洲白粉藤（C. antarctica）和菱叶白粉藤（C. rhombifolia）可耐更冷的无霜冻条件，冷凉气候区可在温室种植，或作为家庭绿植。吊

盆种植的植株枝叶垂悬，十分美观。条纹白粉藤（C. striata）几近耐寒，可靠向阳墙种植，冬季需少量保护。不过，所有属内植物在夏季都需要半遮荫环境。定期掐尖新枝可以促进植株茂盛生长。成形后植株仅需少量生长，但如需控制植株大小，可在春季或夏季将长枝短截至靠近主枝的健康侧芽处。白粉藤对重剪反应良好。

铁线莲属 (CLEMATIS)

常绿，落叶攀缘植物，绝大部分通过叶柄缠绕生长。植株花扁平、杯状或呈铃铛形，花后或有光滑的种穗（尤其是小花种）。铁线莲的枝叶需要全光照环境，但根系最好在阴凉处。植株的修剪必须根据花期和开花枝年龄；属内众多物种，杂交品种以及栽培品种可以分成三个不同的类群（见下文及第269页）。

绣球藤 (C. MONTANA，一类)

绣球藤（又名蒙大拿铁线莲）及其栽培品种"伊丽莎白"(Elizabeth)和"粉玫瑰"(Tetrarose)等属于完全耐寒的落叶铁线莲中长势最强者，其花小而较扁平，通常在晚春至初夏于上个生长季成熟的枝条开单花。此类铁线莲可以覆盖大面积的墙面和老式建筑，也可以攀爬大型乔木生长。成形后，植株仅需在生长过盛时修剪。

■ **何时修剪** 如有需要可在花后立刻修剪。

■ **整枝与修剪** 植株需要设置有铁丝或格架的牢固支撑。打顶修剪新枝。新枝十分脆弱，因此固定时需极为小心。将过长枝短截至健康侧芽。冬季损伤的枝条必须在霜冻风险期过后方可修剪移除。老化、拥挤的植株可进行疏枝（见上图）或进行整体更新，在花后将植株平茬。更新修剪后需至少等待3年方可再次更新。

成形"繁星"铁线莲，晚冬/早春

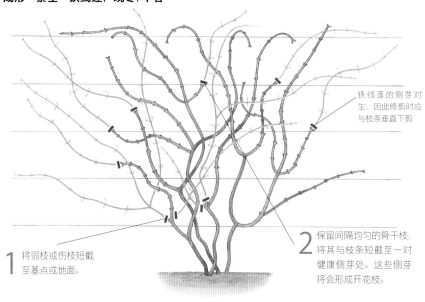

1 将弱枝或伤枝短截至基点或地面。

2 保留间隔均匀的骨干枝，将其与枝条短截至一对健康侧芽处。这些侧芽将会形成开花枝。

铁线莲的侧芽对生，因此修剪时应与枝条垂直下剪。

生长过盛的绣球藤，花后修剪

1 枝条过密处需要疏枝，若枝条超出生长空间，可将枝条短截至健康的一对侧芽或枝条基部。

2 将弱枝或伤枝短截至强壮侧芽或基部。

"繁星" (C. NELLY MOSER，二类)

繁星是绝大部分开两季花的大花落叶杂交品种中最具代表性的品种，植株在初夏于去年生枝条开第一波花，而后在夏末于当年生新枝开第二波花。通过小心的修剪，两波花期几乎可以无缝衔接成为一段长而连续的花期。

■ **何时修剪** 晚冬或早春，植株发芽前。

■ **整枝与修剪** 二类铁线莲的早期修剪与整枝与一类的绣球藤相同。成形后，修剪（见左下图）的主要目标是培养出老枝构成的骨干枝，同时刺激新枝生长，以达到最大花量。枝条应分批错开修剪，先将部分枝条短截至健康侧芽，而后再修剪剩余枝条，这样可以进一步延长花期。不过，其实铁线莲只需微量修剪便可种植。以绣球藤为例，每3至4年重剪平茬即可。尽管重剪会损失第一季花，但这会使得第二波花的质量大大提升。

南欧铁线莲 (C. VITICELLA，三类)

南欧铁线莲（又名意大利铁线莲）及其栽培品种与杂交种和部分大花杂交铁线莲相似（见第269页），夏末在当年生新枝开花。三类铁线莲植株每年都会从基部产生新枝，因此可以定期重剪平茬。

■ **何时修剪** 晚冬或早春，植株发芽前。

■ **整枝与修剪** 早期修剪与整枝方式同绣球藤。成形植株必须每年重剪，否则长势和花量将逐渐衰退。将枝条短截至高度15至30厘米左右的一对强壮侧芽处。若主茎冻伤枯死，应将其移除，新枝通常从地面高度长出。

成形南欧铁线莲，晚冬/早春

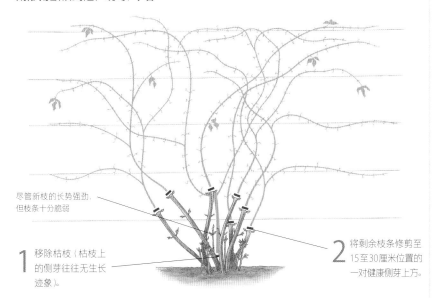

尽管新枝的长势强劲，但枝条十分脆弱

1 移除枯枝（枯枝上的侧芽往往无生长迹象）。

2 将剩余枝条修剪至15至30厘米位置的一对健康侧芽上方。

其他铁线莲

一类 如绣球藤，花期较早，在上一个生长季形成的老枝开花。阿尔卑斯铁线莲 [C. alpina，包括哥伦拜恩（Columbine）]；弗朗西斯·里维斯（Frances Rivis）；红宝石（Ruby）；蓝鸟（C. Blue Bird）；冬铁线莲 [(C. Cirrhosa)，包括变体冠鹤（var. balearica)]；长瓣铁线莲 [C. macropetala)，包括粉红玛卡（Markham's Pink)]；罗西·奥格雷迪（C. Rosie O'Grady）；韦里耶尔铁线莲（C. × vedrariensis）长势适中，极少需要修剪。若生长过盛，可参照绣球藤进行疏枝。澳洲铁线莲（C. aristata）；小木通（C. armandi）；马拉地铁线莲（C. marata）；圆锥铁线莲（C. paniculata）；皮特里铁线莲（C. petriei）常绿铁线莲的叶片易受风伤。植株需要避风种植。小木通的植株重量随生长递增，需要较大型的支撑结构。整枝与修剪方式同绣球藤。植株成形后仅在需要控制植株大小的情况下修剪。

二类 均为大花杂交品种，花期首先在去年生枝条开第一波花，而后在夏末或秋季在新枝开花。芭芭拉·迪比（C. Barbara Dibley）；芭芭拉·杰克曼（C. Barbara Jackman）；蜜蜂之恋（C. Bee's Jubilee）；沃金美女（C. Belle of Woking）；伍斯特美女（C. Beauty of Worcester）；卡纳比（C. Carnaby）；拉夫蕾女伯爵（C. Countess of Lovelace）；丹尼尔德隆达（C. Daniel Deronda）；爱丁堡公爵夫人（C. Duchess of Edinburgh）；伊迪斯（C. Edith）；艾尔莎思佩斯（C. Elsa Späth）；西科斯基将军（C. General Sikorski）；亨利（C. Henryi）；H. F. 杨（C. H. F. Young）；约翰·华伦（C. John Warren）；海浪（C. Lasurstern）；冰美人（C. Marie Boisselot）；海神/普罗透斯（C. Proteus）；理查德·彭内尔（C. Richard Pennell）；总统（C. The President）；薇薇安·彭内尔（C.

Vyvyan Pennell）；W. E. 格拉德斯通（C. W. E. Gladstone）；威廉·肯尼特（C. William Kennet）修剪方式同"繁星"。

三类 花期较晚，在当年枝开花。丰饶（C. Abundance）；紫星（C. Etoile Violette）；东方晨曲（C. Ernest Markham）；阿尔巴尼公爵夫人（C. Duchess of Albany）；格拉芙泰美人（C. Gravetye Beauty）；贝蒂夫人（C. Lady Betty Balfour）；茱丽亚夫人（C. Royal Velours）；里昂村庄（C. Ville De Lyons）及其他德克萨斯型（Texensis Group）和意大利型（Viticella group）修剪方式同南欧铁线莲。比尔·麦肯兹（C. Bill Mackenzie）；伯福德（C. Burford Variety）；科里（C. Corry）；太阳神/赫利俄斯（C. Helios）；橘皮（C. Orange Peel）；东方铁线莲（C. orientalis）；齿叶铁线莲（C. serratifolia）；甘青铁线莲（C. tangutica）；厚萼中印铁线莲（C. tibetana subsp. vernayi）小型花园或有限空间栽培时修剪方式同南欧铁线莲，然而上述各种亦可长成仅需微量修剪的大型永久植株。若植株生长过盛，可参考绣球藤进行疏枝，但由于植株在夏末于新枝开花，因此应在春季修剪。包查德女爵（C. Comtesse de Bouchaud）；吉普赛皇后（C. Gipsy Queen）；如梦·杰克曼（C. Jackmanii）；优选杰克曼；约翰·哈斯特伯（C. John Huxtable）；倪欧碧（C. Niobe）；蓝珍珠（C. Perle D'azur）；红衣主教（C. Rouge Cardinal）；印度之星（C. Star of India）及其他晚花大花型铁线莲可以参照南欧铁线莲或繁星的两种修剪方法修剪。后者保留部分骨干枝，每年产生新枝并生长开花，花期与前者相比较早。可将二者结合，保留部分枝条，将其余枝条修剪至基部，刺激基部产生新枝，有效延长花期。

大青属（CLERODENDRUM）

属内包含乔木与灌木（是广受欢迎的盆栽植物），亦有藤本常绿蔓生或缠绕类攀缘植物。攀缘植物主要作观花植物种植，花期夏季，于当年枝开花。与属内灌木相似，大青属藤本植物适合温室种植，可在加温玻璃花房或温室内栽培。植株需要全日照生长位置，但夏季需半遮荫条件。

龙吐珠（C. THOMSONIAE）

常绿蔓生攀缘植物，长势强劲。植株夏季开花，花成簇，花萼心形，白色，花冠深红色。

■ **何时修剪** 花后。

■ **整枝与修剪** 定植后，将弱枝打顶，促进生长，固定强枝，形成骨干枝。成形植株仅需少量修剪，将弱枝或拥挤枝短截至位置适当的健康侧芽处。若胸枝（背向墙面生长的枝条）无法固定，并且遮挡下方枝叶的阳光，可将其短截至主茎的一对侧芽。与其重剪老化植株不如直接以新株替换。

其他大青属攀缘植物

臭牡丹（C. bungei），海州常山见185页"观赏灌木词典"。红萼龙吐珠（C. × speciosum）同龙吐珠。红龙吐珠（C. splendens）同龙吐珠。

龙吐珠
温室种植时需设置铁丝使植株与玻璃保持距离，防止烈日灼伤。

鹦喙花属（CLIANTHUS）

鹦喙花（Clianthus Puniceus）是形态优美的常绿或半常绿蔓生灌木，枝条垂拱，叶具光泽，春季或初夏于去年生老枝开花，花朵十分惊艳。若种植于阳光充沛的避风处，鹦喙花可以承受轻微霜冻，否则应在不加温温室种植。

■ 何时修剪 花后。

■ 整枝与修剪 尽量避免修剪。定植后，掐尖新枝促进侧枝形成。随着植株的生长，小心地将纤长脆弱的枝条固定到铁丝或格架上，使枝叶均匀地覆盖支撑结构。植株成形后，牵引新枝填补骨干枝结构的空隙。植株不耐重剪，且无法有效更新，但若有弱枝或枯枝应予以移除。如需限制植株生长或缓解枝条的拥堵状况，可将健康侧枝短截，短截长度切勿超过枝长的三分之一。

鹦喙花

鹦喙花的花朵垂悬，爪状，呈猩红色或粉色，十分惹眼。进行墙式整枝可以获得最佳的观花效果。

连理藤属（CLYTOSTOMA）

常绿卷须类攀缘植物，不耐霜冻，于去年生枝开花，需牢固支架。定植时，选择2至3根强枝作为骨干枝。成形后，于早春疏枝，修剪缠结的多余枝条，将其移除或短截枝长三分之二以内长度。缺乏修剪将导致植株枝条拥堵，更可能引发枯枝病。花后可进行更新修剪，将所有主茎短截枝长三分之二以内长度。

电灯花属（COBAEA）

电灯花，常绿卷须类攀缘植物，长势强盛，半灌生，主要作观花植物种植。花朵大，呈钟状，夏季及早秋在当年枝开花。植株不耐霜冻，需全日照避风环境，因此在温带花园中常作速生一年生植物栽培，但植株在温室内或温暖气候区的户外环境可生存数年。定植后，将幼株掐尖，促进侧枝生长。电灯花很快就可以自己攀上支架。成形植株需每年修剪：早春中间植株，移除所有去年生枝条最多枝长四分之三。

绒苞藤属（CONGEA）

绒苞藤（Congea Tomentosa）是一种特别的常绿半攀缘植物，植株不耐霜冻，植株白色或粉色的苞片衬托着精致的小花。绒苞藤需少量成形修剪，在必要情况下可进行摘心，促进新枝生长。成形植株应尽量避免修剪。老化植株可能需要通过修剪促进基部产生新枝；花后将一根或两根主茎短截至30厘米高度以下。

电灯花

电灯花惊艳的花朵在初开时呈奶绿色，而后逐渐转紫。

D

赤壁木属（DECUMARIA）

藤本攀缘植物，与绣球属有亲缘关系，利用气生根攀附生长，夏季开花，伞房状圆锥花序，花有蜜香。髯毛赤壁木（D. barbara）完全耐寒，但赤壁木（D. sinensis）如遇严重霜冻可能冻伤，靠东西朝向的墙面种植可有效避免霜冻损伤。整枝与修剪方式同藤绣球（见第273页）。

香钟藤属（DISTICTIS）

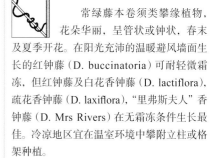

常绿藤本卷须类攀缘植物，花朵华丽，呈管状或钟状，春末及夏季开花。在阳光充沛的温暖避风墙面生长的红钟藤（D. buccinatoria）可耐轻微冻，但红钟藤及白花香钟藤（D. lactiflora），疏花香钟藤（D. laxiflora），"里弗斯夫人"香钟藤（D. Mrs Rivers）在无霜冻条件生长最佳。冷凉地区宜在温室环境中攀附立柱或格架种植。

■ 何时修剪 早春。

■ 整枝与修剪 定植后，将整棵植株短截至地面高度15厘米以内。新枝生出后，仅保留2至3根强枝形成主要骨干枝，固定到支撑结构。后续年份中，疏剪弱枝或拥挤枝，并根据具体情况解绑枝条。栽培过程中，仅保留最强壮的新枝，如需限制植株的生长，可将保留的强枝短截至位置适当的健康芽点。老株对重剪反应良好：将主茎短截至1米高度以下，可分批次或一次性修剪。

南山藤属（DREGEA）

苦绳（Dregea Sinensis，异名为Wattakaka Sinensis）为常绿缠绕类攀缘植物，植株耐霜冻，与球兰属（见第273页）有亲缘关系，叶对生、卵形，夏季开花，花星形、白色，缀有红点与条纹，气味芳香。南山藤属植物与球兰相似，仅需微量修剪。新枝开始缠绕前需要人为固定。成形后仅在春季移除冻伤枝，或在花后疏枝。南山藤重剪结果不稳定。可偶尔将老枝短截至基部，促进新枝生长，但不一定有效。

E–G

悬果藤属 (ECCREMOCARPUS)

智利悬果藤（Eccremocarpus Scaber）为常绿卷须类攀缘植物，枝条纤细，叶羽状、灰绿色。植株在新枝开花，花猩红色至橙色，全日照情况下开花效果最佳。冷凉气候下栽培时，植株地上部分可能由于霜冻死亡，但若有覆根物提供冬季保护，通常可在春季复萌。另外，智利悬果藤亦可作为半耐寒一年生植物栽培。

麒麟叶属 (EPIPREMNUM)

热带常绿藤本攀缘植物，利用气生根吸附支撑物生长，是常见的观叶植物。人工栽培植株鲜有开花。在热带气候区，植株生长十分旺盛，仅需少量关注。该属植物攀附大树生长最佳。在冷凉气候区，尽管麒麟叶属植物常作家庭绿植，但在温暖潮湿的温室中生长状况更佳。植株需要搭配水苔柱等牢固的支撑物栽培。整枝、修剪方式同龟背竹（见第277页）。植株成形后，可不时为枝条摘心，促进分枝。如需限制植株生长，可将生长过盛的枝条短截至位置适当的侧芽处。更新修剪时，可将老化植株短截至1米高度以下，刺激强壮新枝生长。

星点藤（Epipremnum Pictum Argyraeus）

肉质叶斑纹美观，攀附水苔柱生长时观叶效果最佳。

■ **何时修剪** 春季。

■ **整枝与修剪** 定植后将枝条掐尖，促进基部抽枝，形成茂密的植株。在后续年份中，每年春季将所有去年生长枝条短截至30至60厘米高度以内。温带地区种植植株冬季可能出现地上部分枯死的状况。待植株恢复生长、形成新枝后，将其短截至健康强壮的侧芽处，保障枝叶的茂密繁盛。老化植株最好直接用新株替换。

"多尔斯"薜荔 (Ficus Pumila Dorthe)

薜荔可自行攀附粗糙的石墙或砖墙生长，无需辅助。植株在合适条件下生长极其旺盛，但在冷凉气候区温室栽培时长势大大减弱。

榕属 (FICUS)

榕属是包含落叶和常绿乔、灌木（见第66页及第139页，无花果），以及常绿蔓生或吸附类攀缘植物。属内的攀缘植物（通常为热带或亚热带植物）在野外生长时侵略性强。薜荔（Ficus Pumila）是其中最广为栽培的一种，但在部分情况一样会成为难以控制的麻烦制造者。薜荔是常绿攀缘植物，枝条产生吸附性根，主要作观叶植物种植。新叶绿色，心形，小而光泽，略有褶皱。植株不耐霜冻，通常仅在温暖气候区或加温温室能够达到成熟状态。成株叶片较大、革质、卵形，茎易生根，可大范围扩散。温暖气候区栽培时可靠墙或树干整枝。冷凉气候区，薜荔常作温室或家庭植物，可吊盆种植或搭配支撑物种植。植株耐半荫。整枝与修剪方式同麒麟叶属。

钩吻属 (GELSEMIUM)

北美钩吻（Gelsemium Sempervirens），常绿缠绕类攀缘植物，叶绿色，光泽，花形似素馨，春末至初夏在去年枝开花。植株耐霜冻，但无法承受长期低温。钩吻搭配格架或凉棚种植十分美观。春季定植后，将新枝掐尖，促进植株茂密生长。随植株生长逐渐将其与支撑物固定。成形植株仅花后轻剪，避免超出生长区域，同时移除弱枝及拥挤枝。如欲更新老化植株，可将最老一批枝条在花后短截至基部，促进强健新枝生长。

菊三七属 (GYNURA)

常绿宿根植物，灌木（见第196页）及半蔓生攀缘植物，叶片有天鹅绒质感，花形似雏菊。藤本菊三七（G. scandens，异名为G. aurantiaca）是属内最广为栽培的植物，需要亚热带气候条件，夏季需略微遮荫。定植后掐尖新枝，促进植株茂盛生长。成形植株可在春季生长恢复前进行修剪，仅移除拥挤枝、弱枝及受损枝。菊三七属植物对重剪反应不佳。然而，植株花朵有臭味，因此若作为家庭植物栽培最好将其移除。

其他攀缘植物

蝶豆属（Clitoria），蝶豆（C. ternatea），小型常绿蔓生植物，仅需少量关注。

党参属（Codonopsis）蔓生草本攀缘植物，春季平茬。

风车子属（Combretum）大花风车子（C. grandiflorum）为常绿蔓生及缠绕类攀缘植物，栽培方式同紫珊豆属（见第272页）。

镰扁豆属（Dolichos）见扁豆属（第275页）。

七索藤属（Ercilla）常绿攀缘植物，茎生攀附根，适宜靠墙或围栏种植。但由于气生根无法承受成熟枝条的重量，因此需要将植株与铁丝或格架固定。植株仅需少量成形修剪。成形后植株可在花后疏枝或平茬。

袋熊草属（Eustrephus）常绿蔓生攀缘植物，最好倚靠宿主植物或作为地被植物种植。打顶修剪可以缓解植株蓬乱的生长习性，同时亦可避免植株基部光秃。藤蓼属（Fallopia），见蓏蓄属（第281页）。

灿烂薯果藤（Faradaya Splendida）常绿攀缘植物，长势强劲，不耐霜冻，适宜攀附宿主乔木生长。

H–I

紫珊豆属 (HARDENBERGIA)

常绿缠绕类攀缘植物，株型美观，枝条纤细，具单叶或羽状叶，花豌豆状，总状花序长，晚春至夏季开花。植株不耐霜冻，需全日照条件以茁壮生长。温暖气候区植株可攀爬墙壁、围栏或凉棚生长。冷凉气候区需将植株种植于温室种植床或大型花槽，并设置格架或铁丝支撑。植株生长状态与西番莲相似，新枝下垂，形成松散的花帘。

■ **何时修剪** 花后。

■ **整枝与修剪** 在新枝开始自行缠绕前需人工将其与支撑物固定。成形植株仅需少量修剪，移除过度拥挤枝、弱枝、枯枝或伤枝。紫珊豆对重剪反应不佳。

紫一叶豆

纤细的新枝妆点着玫粉色或紫色的小花组成的总状花序，使其获得了"丁香藤"(Vine Lilac)的别名。

常春藤属 (HEDERA)

常绿藤本蔓生灌木及吸附类攀缘植物，具吸附性气生根，主要作观叶植物种植。属内观赏植物有大量形态及栽培品种，叶形各异，并有众多具黄斑、灰斑、白斑的花叶品种。许多品种成株后形成无吸附根的上部枝条，其叶一般全缘无裂，且在秋冬季成簇开绿黄色花。常春藤各种耐寒性不等，从半耐寒至完全耐寒皆有，不同物种亦有1米至15米以上的不同高度，因此栽培常春藤时需要根据种植空间选择合适的品种。总体来说，纯绿色叶的品种较花叶品种更耐寒；具花叶的品种需要更多光照。尽管后者更易受冻伤，但春季亦可恢复。常春藤是极佳的地被植物，亦可用于覆盖墙壁、围栏或树桩，但植株成熟后易出现

蔓生茎

切勿在叠板栅栏旁种植蔓生植物：此类植物的走茎会穿入木板之间，如图中所示，待其逐渐生长成熟，便会日益粗壮，最终破坏交叠的木板。

头重脚轻的状况。尽管常春藤植株对维护良好的砖墙不会造成损伤，但其吸附性根有可能导致旧砂浆脱落或堵塞排水沟。部分长势较弱的品种可按照具体需求通过修剪保持较小的株型，使其成为理想的盆栽植物。

■ **何时修剪** 早春，新枝发芽前。

■ **整枝与修剪** 定植后，将弱枝或细长枝掐尖，促进强健新枝生长。幼株适应生长较慢，因此亦需更多时间攀爬支撑物。这一状态可以通过贴地整枝的方式加以克服：用地钉将枝条水平固定在支撑物的基部附近，促使侧枝向上生长。洋常春藤的小叶栽培品种十分适合整枝为标准型（见第260页）或借助铁丝框架造型。

如有需要，可通过修剪控制植株的高度和冠幅，将枝条短截至叶丛内部的健康侧芽处，借助其余叶片遮挡断枝。多余枝条或朝外生长的枝条需要移除——尤其是靠墙或围栏种植的植株。更新修剪时，将植株短截至基部1米以下，修剪后新枝很快便会从老枝抽出。

将常春藤整枝为独立型植株

借助小树枝或支柱进行整枝 将优美的蔓生新枝提起，同时移除下方的老枝以限制植株大小。

整枝为标准型 采用叶片大小与理想的树状植株比例相称的品种进行栽培。

"造型树篱"整枝 常春藤很快就可以覆盖造型框架，显示出规则式的视觉效果。图中为方形格架构成的菱形框架。

纽扣花属（HIBBERTIA）

纽扣花（Hibbertia Scandens），常绿缠绕类攀缘植物，长势强盛，叶片光泽，亮黄色的茶碟状花朵夏季开放。植株适合靠墙壁、围栏及凉棚等结构栽培，树荫下亦可正常生长。需要无霜冻气候条件。

■ **何时修剪**　早春。

■ **整枝与修剪**　定植后，将枝条掐尖，促进强壮侧枝生长，固定新枝，直至枝条开始自行缠绕支撑物。成形后仅需疏剪拥挤枝。对重剪反应不佳。

葎草属（HUMULUS）

又称啤酒花，完全耐寒草本缠绕类攀缘植物，叶浅裂。雌株开花，穗状花序垂悬，绿黄色苞片包裹花朵。啤酒花长势极强，在生长季可用于遮掩欠美观的建筑或结构体，或覆盖牢固的拱门（见第257页）或三脚架种植。新枝脆弱。植株地上枝叶冬季枯死，早春将枯枝平茬。

绣球属（HYDRANGEA）

藤本绣球（灌木物种见第200页）是良好的冠花之舞，植株在夏季于去年成熟的侧枝开花，花米白色，花序伞房状。绣球属藤本植物可用于装饰遮荫或半遮荫处墙体，或攀爬大树生长。落叶物种藤绣球（H. anomala subsp. petiolaris）完全耐寒，但未成熟的枝条可能受严重霜冻损伤。攀缘绣球（H. serratifolia，异名为H. integerrima）耐轻微霜冻，于避风处种植耐寒性更佳。

■ **何时修剪**　花后。

■ **整枝与修剪**　无需成形修剪。新枝需人为用支撑物固定，直至枝条产生气生根——这一过程可能需要2至3季。成形植株需尽量避免修剪，但如植株已填满生长空间，可将过长枝或外向侧枝短截，修剪至健康侧芽处。墙式整枝植株顶部花量最盛，因此需尽量保留高处枝条。老化植株可耐重剪：在早

球兰（Hoya Carnosa）
球兰花谢后不要立刻移除：花朵脱落后的花柄经常会再次开花。

球兰属（HOYA）

属内有枝叶肉质的松散灌木与藤本缠绕类攀缘植物，有时植株的枝条产生吸附性气生根。球兰叶对生、具光泽，其蜡质的白色或粉色花朵极具观赏性。在亚热带地区花园，球兰常用于攀附墙面、围栏或大型乔木，冷凉气候区则可作为家庭植物栽培（尤其是球兰）。修剪时需佩戴手套：枝条受损时泌出乳汁，可能导致人的过敏反应。

■ **何时修剪**　春季，植株发芽前，或花后修剪。

■ **整枝与修剪**　无需成形修剪。将新枝固定到支撑物上，直至枝条开始自行缠绕或吸附。植株成形后，仅需少量修剪，短截或疏剪拥挤枝。由于球兰花谢后留下的花柄将再次开花，因此若修剪在花后进行，切勿移除"钉子"状的花柄。球兰对重剪反应不佳，老化植株最好用长势强盛的新株代替。

虎掌藤属（牵牛属IPOMOEA）

属内主要为常绿缠绕类攀缘植物，宿根植物，一年生植物及灌木，通常半耐寒至不耐霜冻。虎掌藤属植物花朵个体大，呈管状，色彩多样，夏季持续开花，其中部分品种因其夏末花期而广受欢迎。月光花（I. alba）于夜晚开放，花白色，具芳香。不耐寒的攀缘植物在热带或亚热带地区为宿根植物，温带地区可在温室内盆栽，或作为一年生植物于温暖避风处露天种植。属内植物需格架或设有铁丝的墙壁提供支撑，亦可攀爬牢固的宿主植物或覆盖不美观的花园结构生长。植株整枝需求极少，将新枝固定到支撑物上即可。长势较强的物种在生长季可用整篱剪整体缩剪。老化或拥挤的枝条应在晚冬或早春移除。

攀爬的绣球属
需要将外向生长的枝条短截，这样才不会遮挡下方的植物。

春重剪植株，仅留骨干枝。大幅度修剪可能导致修剪后1至2年内花量减少，且最好分3至4年完成。

其他攀缘植物

　　大丽藤属（Hidalgoa）常绿蔓生植物，亚热带条件适宜攀附墙体或凉棚。修剪整枝方式同绒苞藤属（见第270页）。

　　八月瓜属（Holboellia）同野木瓜属（见第284页）。

　　冬红属（Holmskioldia）常绿叶卷须攀缘植物，适宜搭配铁丝或格架种植。略微固定新枝。成形植株于早春修剪，仅需移除弱枝或疏剪拥挤枝。老化主茎可修剪至基部30厘米以下进行更新。

J

素馨属（JASMINUM）

藤本蔓生及缠绕类攀缘植物，叶对生，通常全裂，花常具浓香。大部分植株成株后重量可观。

迎春花（J. NUDIFLORUM）

落叶蔓生灌木，花樱草黄色，于冬季及早春、叶片发芽前在去年夏季形成的老枝开花。植株完全耐寒，全日照或遮荫条件皆可，但在日照充足的情况下开花效果最佳。迎春花最适合墙式整枝，或者无需支撑，令其在斜坡或露台自然蔓延生长即可。若不每年修剪，新枝将会逐渐包裹老枝，导致植株内部枯枝累积，凌乱不堪。

■ **何时修剪**　春季，花后立即修剪。

■ **整枝与修剪**　定植后将新枝短截至多枝长的三分之二，促进基部新枝产生。墙式整枝时，将枝条均匀散开，与支撑结构固定，形成骨干枝（见下图）。在后续生长季中，持续固定新枝，延长或填补骨干枝结构，花后将其余枝条短截，留主茎上的2至3对侧芽。避免修剪骨干枝。迎春花耐重剪，具体方式同素方花（J. officinale），但老化植株最好直接替换。

素方花

落叶藤本缠绕类攀缘植物，于去年生侧枝与新枝顶端开花，花期自夏季至初秋。植株完全耐寒，但气候寒冷或土壤肥沃可能导致植株花量稀少。

■ **何时修剪**　花后。

■ **整枝与修剪**　将新枝牵引至支架，先略微固定，而后将其均匀散开，确保未来枝叶均匀覆盖生长平面。定植后枝条很快开始自行缠绕支架。后续年份中，疏剪拥挤枝，移除弱枝，并将开花枝短截至强壮侧芽或枝条基部。素方花耐重剪，如有需要可修剪至基部60厘米高度以下。尽管修剪后植株将旺盛生长，但往后数年可能都不会开花。

素方花

素方花属于缠绕类攀缘植物。在墙面增设铁丝后，植株无需帮助便可攀爬而上，绽放浓香的花朵。

多花素馨（J. POLYANTHUM）

半耐寒常绿缠绕类攀缘植物，叶深绿，晚春至初夏（温室内提早）绽放芳香浓郁的白色花朵。如攀附温暖、阳光充沛的墙面生长，植株可耐轻微霜冻，但无霜冻的生长条件最佳。多花素馨在不加温温室或居家环境（无暖气）中生长良好，可搭配铁丝环或网格架进行整枝。

■ **何时修剪**　花后。

■ **整枝与修剪**　定植修剪方式同迎春花。靠墙或立柱整枝时需培养骨干枝，具体方式同素方花。骨干枝形成后，每年短枝修剪花后侧枝，保留2至3对侧芽。修剪盆栽植株见第254页。植株对重剪反应良好，具体方式同素方花。

其他素馨属攀缘植物

红素馨（J. beesianum）同素方花。素馨花/大花茉莉（J. grandiflorum，异名为J. officinale f. grandiflorum）同素方花。矮探春（J. humile），细叶黄馨（J. parkeri）见第202页。野迎春（J. mesnyi）同迎春花，但夏季花后修剪。帝王素馨（J. rex）长势强劲，半耐寒缠绕类攀缘植物。整枝修剪方式同素方花。淡红素馨（J. × stephanense）长势强盛的杂交品种，需大量生长空间，适用于遮盖观感欠佳的花园建筑、墙体或围栏。整枝与修剪方式同素方花。

培养骨干枝，迎春花

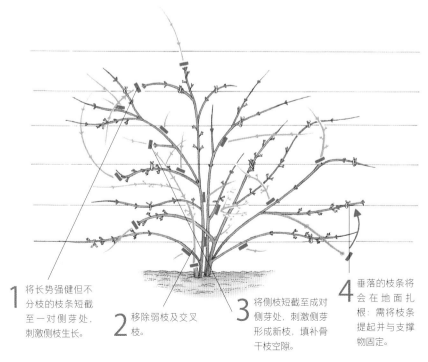

1 将长势强健但不分枝的枝条短截至一对侧芽处，刺激侧枝生长。

2 移除弱枝及交叉枝。

3 将侧枝短截至成对侧芽处，刺激侧芽形成新枝，填补骨干枝空隙。

4 垂落的枝条将会在地面扎根；需将枝条提起并与支撑物固定。

K–L

南五味子属（KADSURA）

日本南五味子（Kadsura Japonica）为常绿缠绕类攀缘植物，主要作观叶观果植物。叶片绿色，大而光泽，果实猩红色。花期夏季，花奶白色，小而芳香，雌雄异株（必须同时种植雌雄株才可结果）。若避免寒风吹袭植株可耐霜冻。整枝与修剪方式同五味子属（见第282页）。

藤珊豆（Kennedia Rubicunda）
藤珊豆的生长速度与耐旱性在属内物种中名列前茅。

藤珊豆属（KENNEDIA）

常绿蔓生及缠绕类攀缘植物，属内植物一般具木质茎，少数具草质茎；花朵豌豆状，色彩鲜艳，适宜攀爬网格架、立柱或其他植物生长。下垂枝条接触地面时易生根，可作地被植物。冷凉地区可在不加温温室中全日照种植。

■ **何时修剪**　花后。

■ **整枝与修剪**　依附宿主植物或作为地被植物（见第253页）种植时修剪及整枝需求极少。作为攀缘植株栽培时应选择2至3根强枝略微固定，待枝条开始自行缠绕支撑物。若植株仅有一根强枝，可将其短截至枝长一半，促进侧枝生长。成形植株应尽量避免修剪。拥挤枝条可进行疏剪，同时移除弱枝及伤枝。植株对重剪反应不佳。

扁豆属（LABLAB）

属内仅扁豆（Lablab Purpureus）一种。扁豆为落叶藤本缠绕类攀缘植物，夏季开紫色、粉色或白色的豌豆状花，花后结深紫色的长豆荚。无

智利钟花属（LAPAGERIA）

智利钟花（Lapageria Rosea），惊艳、长寿的常绿攀缘植物，可攀附遮荫或半遮荫处墙壁种植。植株花朵呈钟状，个体大，花瓣蜡质，绯红

酒杯藤属（LARDIZABALA）

常绿缠绕类攀缘植物，长势强劲，属内酒杯藤（L. biternata）最为人所知，其叶革质，形态优美，香肠状的深紫色果实十分独特。尽管植株可耐霜冻，但其在地中海型气候区栽培时挂果情况最佳。植株需牢固的支撑结构，且需将幼枝

山黧豆属（LATHYRUS）

宿根山黧豆主要为叶卷须类攀缘植物，茎具翅。植株夏季开花，其总状花序十分华丽，且常具芬芳，因而广为栽培。花后有纤长的种荚。山黧豆十分适合攀附墙壁、围栏和网格架，亦可攀爬支柱、圆顶棚屋或三脚架生长。全属植物皆在全日照条件下生长最佳。宽叶山黧豆（L. latifolius）、大花山黧豆（L. grandiflorus）等草本植物适宜冷凉气候区种植，每年冬季植株地上枝叶死亡。气候较温暖地区则可种植显脉山黧豆（L. nervosus）等耐霜冻植物，植株或许可保持半常绿状态。

宽叶山黧豆（L. LATIFOLIUS）

完全耐寒草本宿根植物，可通过整枝攀附围栏、网格架或圆顶棚屋生长，或使植株自然攀爬其他植物。

■ **何时修剪**　秋季花后或早春修剪。

■ **整枝与修剪**　定植后，将枝条掐尖，促进植株形成强壮侧枝。温暖气候区成形植株花后修剪，修剪时仅移除弱枝、伤枝及枯枝。

霜冻的温暖气候可露天种植。冷凉地区可作为半耐寒一年生植物种植，或于温室栽培，搭配铁丝或支柱进行整枝。修剪整枝方式参考藤珊豆（作为攀缘植物栽培）。

色，白花变种（L. rosea var. albiflora）则开象牙白色花。若种植处不受干燥的冷风吹袭，植株可耐轻微霜冻。尽量避免修剪，可在早春移除枯枝或伤枝。老株重剪效果不佳，最好直接替换。

整枝，培养成间隔适当的永久骨干枝。植株成形后，在早春修剪，疏理拥挤枝，移除或短截弱枝。墙式整枝植株需短截外向生长枝条，留基部2至3个侧芽。如欲更新老化植株，可将主茎短截至30厘米高度以下。生出新枝后重新整枝，使植株再次均匀覆盖支撑结构。

宽叶山黧豆
非规则式或简易粗糙的爬架可以衬托植株老派的外形。

冷凉气候区应在春季新枝生长前修剪，将枯死枝叶平茬。老化植株最好直接替换。

其他山黧豆属攀缘植物

大花山黧豆（L. grandiflorus）同宽叶山黧豆。显脉山黧豆（L. nervosus，异名为L. magellanicus）草本卷须类攀缘植物。春季修剪，移除枯枝、伤枝即可。毛海滨山黧豆（L. pubescens）同显脉山黧豆。

忍冬属（LONICERA）

落叶，半常绿或常绿藤本植物，绝大部分为缠绕类攀缘植物。忍冬花管状或二唇形，常具芳香，部分物种花后有亮色果实。忍冬属攀缘植物十分适合攀覆墙体、围栏、网格架或凉棚生长。大部分常见园艺植物完全耐寒，且耐荫性强。半耐寒的地中海忍冬（L. etrusca）与不耐霜冻的大果忍冬（L. hildebrandiana）偏好全日照生长条件。

忍冬/金银花（L. JAPONICA）

常绿藤本缠绕类攀缘植物，长势强盛，花白色及米白色，夏秋两季于当年枝开花。

■ 何时修剪　早春。

■ 整枝与修剪　定植后，将幼株短截至多三分之二，促进植株形成强健的基部新枝。选择最佳新枝作为骨干枝并进行固定，直至枝条开始自行缠绕。植株达到需求高度后可进行打顶。成株通常仅需通过修剪限制植株尺寸，疏剪拥堵枝，并将过长枝短截至合适的侧芽。晚冬或早春进行更新修剪，将所有枝条短截至60厘米以下。重剪后生出的新枝可根据具体情况进行疏枝。

香忍冬（L. PERICLYMENUM）

落叶缠绕类攀缘植物，长势强盛，于去年生长枝条的侧枝顶端开花，花期夏初至夏末。香忍冬有多种栽培形态，包括"比利时"（Belgica）和"瑟诺"（Serotina）香忍冬，即早荷兰忍冬与晚荷兰忍冬。

金红久忍冬（Lonicera × heckrottii）
花色鲜艳的杂交品种，可攀附遮荫处的墙壁或围栏生长。
■ 何时修剪　花后。

■ 整枝与修剪　定植修剪与整枝方式同忍冬。植株成形后，将花后枝条短截至多三分之一。健康茂密的植株可使用整篱剪整体轻剪。在立柱或支柱侧面等小空间中种植时，可将侧枝短截至主茎的2至3个侧芽处。若有足够的种植空间，可任植株自然生长，仅需少量或无需修剪，但植株基部将逐渐光秃。更新方式同忍冬。

其他忍冬属攀缘植物

瓦山金银花（L. alseuosmoides），光冠银花（L. henryi），大果忍冬同忍冬。美洲忍冬（L. × americana），布朗忍冬（L. × brownii），羊叶忍冬（L. caprifolium），地中海忍冬，金红久忍冬，贯月忍冬（L. sempervirens），台尔曼忍冬（L. × tellmanniana），盘叶忍冬（L. tragophylla）同香忍冬。其他物种见第205页。

哈利忍冬（Lonicera Japonica 'Halliana'）
忍冬的花成对生于叶腋；尽管花个体小，但数量极多，且芳香四溢，使人可以完全沉浸在馥郁花香中。

M

蝠爪藤属（MACFADYENA）

猫爪藤（Macfadyena Unguis-cati），常绿叶卷须攀缘植物，不耐霜冻，花管状、黄色，十分华丽。冷凉气候区可在温室全日照环境种植，需铁丝或格架提供支撑。定植时，选择幼株最强壮的枝条牵引到垂直的支撑结构。成形植株花后立即修剪，疏理拥堵枝条，移除弱枝及伤枝。若靠墙种植（另见第250页）则需将外向枝条短截至临主茎的2至3个侧芽处。老化植株可将所有枝条短截至邻近骨干枝约2个侧芽处，最好分2至3年完成（另见第252页）。

飘香藤属（MANDEVILLA）

落叶，半常绿及常绿藤本缠绕类攀缘植物，叶光泽，色深，植株通常在夏秋季于当年枝开花，花喇叭状，十分华丽。绝大部分物种不耐霜冻。飘香藤（M. laxa）为半耐寒植物，花奶白色或奶油色，香味极其浓郁。植株需良好的光照条件，但夏季阳光灼烈时需遮荫。

粉红飘香藤（M. × AMOENA）

常绿植物，花大，浅粉色，夏季开花；多花品种"爱丽丝杜邦"（Alice du Pont）花为亮粉色。

■ 何时修剪　晚冬或早春。

■ 整枝与修剪　定植后，选择3至5根强壮新枝形成骨干枝。枝条开始自行缠绕前需加以固定。若幼株仅有一根主枝，可将其短截至多三分之一，促进基部生枝。植株成形后，疏剪过度拥挤枝，移除弱枝。打顶修剪超过生长空间的枝条，保持植株大小。成形后，植株不喜大幅度修剪，最好以新株替换。

其他飘香藤属攀缘植物

愉悦飘香藤（M. × amabilis），飘香藤（M. laxa），红蝉花（M. sanderi）同粉红飘香藤。艳花飘香藤（M. splendens）同粉红飘香藤，但花后立刻修剪。

鱼黄草属（MERREMIA）

常绿缠绕类攀缘植物，长势强盛，与虎掌藤属有亲缘关系，叶浅裂，漏斗状花十分惹眼。属内植株需无霜冻气候，亚热带条件生长最佳。木玫瑰（M. tuberosa）夏季开亮黄色花，花后结果，果实半木质化，十分精致，而植株长势极其强劲。温暖气候区，木玫瑰可用于覆盖大型围栏或攀爬大树。与之相对的是株高几乎不超过3米的金花鱼黄草（M. aurea），植株开金黄色的大花，适合温室栽培。

铁心木属（METROSIDEROS）

常绿藤本攀缘植物，部分物种有气生根，其叶革质，野性美观，夏季上中旬常有色彩明艳的花朵开放。温暖气候区植株可用于攀爬较大的凉棚或乔木成株，在冷凉地区则是优良的温室植物。需全日照条件。

龟背竹属（MONSTERA）

龟背竹（Monstera Deliciosa），常绿攀缘植物，植株具常且不具吸附性的气生根，叶革质，浅裂，叶形美观，枝叶十分沉重。热带及亚热带气候条件，成株可产出奶油色魔芋状花，花后有椭圆形的可食用大果，然而果实未成熟时有剧毒。该种可攀爬高大乔木，亦可进行固定，有效覆盖大面积的墙体。冷凉气候区，龟背竹可作为家庭植物或温室植物，但植株长势亦不如室外栽培强盛，最好用牢固的水苔柱等加以支撑，为气生根提供固定点。

■ **何时修剪** 早春。

■ **整枝与修剪** 需少量成形修剪，按照需求固定枝条，打顶修剪成形植株以限制其生长或促进侧枝分枝，可移除过长气生根。重剪超出生长空间的植株会刺激强健新枝生长。

■ **何时修剪** 花后立刻修剪。

■ **整枝与修剪** 无需成形修剪。向理想方向牵引强壮的新枝，促使枝叶均匀覆盖生长平面。植株成形后，每年进行修剪，缓解枝条拥堵现象，移除无用枝。将新生侧枝短截，留主要骨干枝处的1至2个侧芽。根据具体情况打顶修剪主茎，控制植株生长。鱼黄草属植物耐重剪，可将植株短截至基部60至90厘米。

■ **何时修剪** 花后立刻修剪。

■ **整枝与修剪** 仅需少量成形修剪，引导强枝向支撑物生长，并移除剩余枝条。植株成形后，仅疏剪弱枝、老枝或拥挤枝。过度修剪将导致花量减退。老化植株应直接替换。

花叶龟背竹（Monstera Deliciosa 'Variegata'）

龟背竹的茎产生的气生根不像常春藤一样具有吸附能力。然而它们可以钻进苔藓或者老化柔软的树皮，为植株提供些许支撑。

油麻藤属（MUCUNA）

常绿亚热带及热带缠绕类攀缘植物，长势强盛，常于夏季或夏末开色彩鲜丽的豌豆状花，总状花序长而垂悬，花后结光滑柔软或密而硬毛的果实。植株和果实上的绒毛可能刺激皮肤，因此碰触时需佩戴手套，并且随后清理与植株接触的衣物。属内植物夏季皆需半遮荫环境，绝大部分需要较大的攀爬空间及牢固的铁丝或网格架支撑。

■ **何时修剪** 早春，如无需植株结果可在花后修剪。

■ **整枝与修剪** 仅需少量成形修剪。将新枝朝理想方向牵引，使植株均匀覆盖支撑物。植株成形后，根据具体需求疏剪拥挤枝，移除弱枝及伤枝。短枝修剪侧枝，留主茎上2至3个侧芽，刺激开花枝形成。植株通常耐重剪。

千叶兰属（MUEHLENBECKIA）

落叶或常绿缠绕类攀缘植物或蔓生灌木，枝条色彩细腻，精致纤细，相互交错，花朵极小，呈星形，气味香甜。大部分物种耐霜冻。腋花千叶兰（M. axillaris）和千叶兰（M. complexa）如种植于不受干燥冷风侵袭的位置可完全耐寒。千叶兰属适宜用于覆盖树桩、粗木桩或低矮的造型框架，抑或任植株自然攀爬其他灌木。

■ **何时修剪** 早春。

■ **整枝与修剪** 无需成形修剪。幼株易生少量簇状的直立新枝，可固定到适宜的支撑物上。这些新枝将逐渐分枝，形成颇具特点、相互交错的纤细枝丛。成形植株仅在植株超过生长空间时进行修剪以控制大小。修剪极易破坏枝条精致的生长模式。老化植株最好直接用新株替换。

其他攀缘植物

蔓炎花属（Manettia）同玉叶金花属（见第278页）。蝙蝠葛属（Menispermum）草本缠绕类攀缘植物，每年春季重剪。假泽兰属（Mikania）牵引固定强壮新枝，移除弱枝。成型植株仅需疏枝。切忌重剪。崖豆藤属（Millettia）、蔓岩桐属（Mitraria）、苦瓜属（Momordica）同紫珊豆属（见第272页）。

玉叶金花属（MUSSAENDA）

红纸扇（Mussaenda Erythrophylla）是一种热带常绿蔓生或缠绕类攀缘植物，植株喜光，花朵颜色鲜艳，而花萼片极大，呈叶状，与花朵颜色形成鲜明对比。冷凉气候区，植株可于阳光充沛的温室种植，用格架或铁丝支撑。

■ 何时修剪　早春。

■ 整枝与修剪　定植后将枝条重剪至基部15至30厘米，促进强健的基部新枝生长。此类新枝需1至2年方可显现攀缘习性，因此需现将枝条固定到支架上，延长主要骨干枝结构。成形植株修剪主要为疏枝和移除弱枝。将侧枝短截至骨干枝的2至3个侧芽处。请勿重剪植株，植株对重剪反应不佳。

须菊木属（MUTISIA）

耐霜冻或半耐寒常绿攀缘植物，枝条十分柔韧，叶卷须。头状花序色彩鲜艳，可持续开放很长一段时间。属内物种在顶部枝条有充足光照，根部在湿润、遮荫环境时生长最佳。定植后较难适应新环境。

少齿须菊木（M. OLIGODON）

耐霜冻攀缘植物，头状花序形似雏菊，呈现鲑粉色，夏季开放。

■ 何时修剪　春季，霜冻风险期过后，或在温暖气候区花后立即修剪。

■ 整枝与修剪　植物仅需少量成形修剪，将幼株摘心，促进植株生长茂盛。新枝很快便开始缠绕周围物体，自我支撑。早期可用小树枝引导枝条向支撑物生长。须菊木不耐重剪，因此成形后仅修剪移除弱枝或枯枝。冬末，许多健康枝可能也看起来像枯枝，因此枯枝的移除工作最好延迟到春季新枝发芽、可以清楚分辨枯枝与活枝时再进行。

其他须菊木

下延须菊木（M. decurrens），冬青叶须菊木（M. ilicifolia）同少齿须菊木。

N–P

猪笼草属（NEPENTHES）

热带常绿攀缘或蔓生食虫宿根植物，大部分为附生植物。植株通过叶卷须攀爬，部分叶卷须下垂扩大形成垂悬的有盖"小瓶"，瓶身有绿色、红色或紫色斑点，可引诱并捕捉昆虫。猪笼草均需温暖气候条件，尤其需要遮荫的生长环境，且无特殊修剪需求。过长枝可于早春修剪。

粉花凌霄属（PANDOREA）

半耐寒常绿藤本缠绕类攀缘植物，与凌霄属有亲缘关系，叶片光泽，花喇叭状、芬芳，于上一年夏季生出的枝条开花。温暖气候区，植株可靠墙、围栏或凉棚种植，或用作地被植物，覆盖坡地。冷凉地区可靠温室内的高墙种植。

■ 何时修剪　花后。

■ 整枝与修剪　仅需少量修剪，将强健的新枝牵引并固定到生长平面，使其均匀覆盖植株生长空间。成形植株可修剪移除无用枝，或疏剪拥挤枝，将部分枝条短截至基部。重剪生长过盛植株，促进基部形成强壮新枝。老化严重的植株最好替换。

同心结属（PARSONSIA）

同心结（Parsonsia Capsularis），常绿缠绕类攀缘植物，耐霜冻，其观赏价值主要在于巧克力色与米色覆盖、同时泛粉色的新叶。植株夏季开小型白色钟状花。攀附向阳围栏或凉棚生长的植株视觉效果最佳。

■ 何时修剪　花后。

■ 整枝与修剪　除移除弱枝外仅需微量成形修剪。植株成形后，移除枯枝或弱枝，疏剪拥挤枝。若需控制植株生长，可将剩余枝条短截枝长的三分之一。若重剪老化植株可获得大量新枝，但植株亦将在1年左右的时间内无法开花。最好直接用长势强盛的新枝替代。

吊盆中的猪笼草
吊盆种植猪笼草使得植株的捕食瓶处于视线水平。

地锦属（PARTHENOCISSUS）

大部分为落叶攀缘植物，利用黏性吸盘吸附支撑物生长，长势强盛，叶形优美，秋季叶色宜人。绝大部分物种完全耐寒，在半遮荫或全遮荫环境皆生长良好。

植株需要大量生长空间，攀附高墙、不美观的建筑及斜坡生长，亦可吸附大树向上攀爬。支撑物必须足够牢固且结构稳妥。避免枝条邻近窗框、屋檐、砌面墙、瓦片或排水槽。

■ 何时修剪　秋季或初冬；夏季可轻剪。

■ 整枝与修剪　无需成形修剪。定植后可牵引新枝靠近支撑结构，直至枝条开始自行吸附。成形植株需进行修剪，避免植株超出生长空间，短截或移除偏离支撑结构生长的枝条。大型植株可使用整篱剪整体修剪。植株黏性吸盘的特性使得疏枝不太可行。更新修剪时可将植株短截至基部1米以下。

冬季的地锦
修剪枝条可使其紧贴墙面。

西番莲属（PASSIFLORA）

绝大部分为热带、亚热带常绿或半常绿藤本卷须类攀缘植物的大属。西番莲叶形独特，但主要观赏价值在于其结构复杂、色彩多变的花朵。部分物种亦可有可食用果实。温暖气候区，西番莲适宜攀爬墙壁或围栏生长，或者用于覆盖网格架和凉棚。大型物种很快便会枝叶堆积，变得沉重，需要牢固的支撑。大部分西番莲属植物在全日照或半遮荫条件下生长最佳。整枝可使花朵达到最佳观赏效果，而定期修剪不但可以增加花量，更能延长花朵寿命。

冷凉气候区，大部分攀缘植物需要温室或玻璃花房的保护。安蒂奥基亚西番莲（P. antioquiensis）、鸡蛋果（P. edulis）和大果西番莲（P. quadrangularis）的耐寒性略强于红苞西番莲（P. coccinea）及其他热带物种。西番莲（P. caerulea）、肉色西番莲（P. incarnata）和深黄西番莲（P. lutea）在温带气候条件下可耐寒。

西番莲（P. CAERULEA）

速生常绿或半常绿藤本卷须类攀缘植物。植株花期夏末，花白色，有时泛粉色，外侧绿色，带状外副花冠自外向内分别为蓝色、白色、紫色。若种植于避干燥冷风处，植株可完全耐寒。

■ **何时修剪** 春季及花后。

■ **整枝与修剪** 整枝工作的目的是培养出永久骨干枝，花后可将开花枝短截至骨干枝。墙式整枝呈扇形植株时，需在定植后进行摘尖，促进植株基部分枝。选择3至5根修剪后形成的最强壮的新枝进行固定，将其培养成骨干枝。如欲将植株沿高处的铁丝整枝，可先将单根茎垂直牵引，不断摘除侧枝，直至枝条抵达目标高度，而后令侧枝自行生长，并进行水平整枝，沿铁丝形成一根永久主茎。

植株成形后，在春季修剪，移除枯枝、弱枝和过度拥挤枝，短截枝条时注意利用外围叶片隐藏切口。开花后，短截开花枝，保留骨干枝2至3个侧芽处。修剪程度过重常导致植株产生过量营养枝，在部分情况下会导致随后1至2年的花量减少。即使采用大幅修剪，老化植株也无法成功更新复壮，因此最好直接用长势强劲的新株替换。

淡紫西番莲（Passiflora × violacea）

西番莲中耐寒性较为突出的品种，该种是西番莲和总状花西番莲（P. racemose）的杂交品种，有着美丽的紫色花朵。

其他西番莲属攀缘植物

属内所有攀缘植物的修剪与整枝方式同西番莲，但热带物种在合适条件下长势强盛，需在花后立刻进行额外疏枝工作。西番莲的食用果藤栽培见第297页，西番莲与百香果。

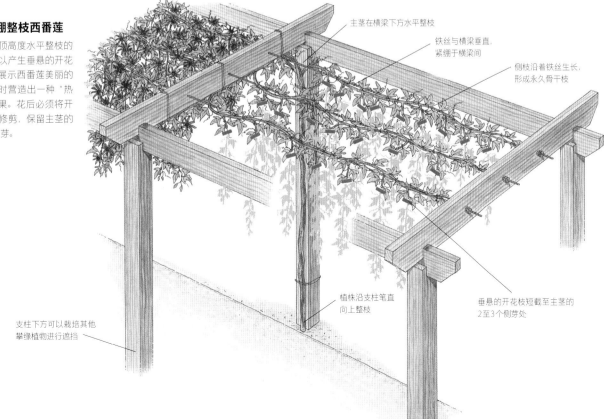

搭配凉棚整枝西番莲

沿行人头顶高度水平整枝的永久茎可以产生垂悬的开花枝，充分展示西番莲美丽的花朵，同时营造出一种"热带"的效果。花后必须将开花枝短截修剪，保留主茎的2至3个侧芽。

主茎在横梁下方水平整枝

铁丝与横梁垂直，紧绷于横梁间

侧枝沿着铁丝生长，形成永久骨干枝

植株沿支柱笔直向上整枝

垂悬的开花枝短截至主茎的2至3个侧芽处

支柱下方可以栽培其他攀缘植物进行遮挡

蓝花藤属（PETREA）

蓝花藤（Petrea Volubilis），热带半落叶或常绿藤本缠绕类攀缘植物，其总状花序垂拱，呈淡紫色或紫晶色。蓝花藤适宜缠绕立柱、墙面或树干生长（枝条向全日照处攀爬），亦可整枝为标准型（见第260页）。

■ **何时修剪**　花后。

■ **整枝与修剪**　定植后，摘心修剪枝条，选择3至5根强枝形成为主要骨干枝。固定新枝，直至枝条开始自行缠绕支撑物。成形植株需每年修剪，维持开放的骨干枝结构。这样可以降低植株受介壳虫、烟煤病和粉蚧等蓝花藤常见问题侵扰的风险。疏剪拥挤枝，并短截侧枝，将其修剪至邻近骨干枝的2至3个侧芽处。

蓝花藤

蓝花藤淡紫色的圆锥形花穗可持续很长一段时间。冷凉气候区只能在加温温室中栽培。

菜豆属（PHASEOLUS）

一年生或宿根缠绕类攀缘植物，长势强盛，属内有荷包豆（P. coccineus）和菜豆（P. vulgaris）等蔬菜作物。但属内大部分物种则作为观花植物而广为人知。植株在生长季很快就可以包覆支撑物。菜豆属植物易用种子种植，通常按照一年生植物栽培，但荷包豆和棉豆（P. lunatus）均为半耐寒至耐霜冻的块茎宿根植物，冬季地上部分枯死。宿根品种无需修剪，只要在早春将老枝、枯枝平茬即可。

喜林芋属（PHILODENDRON）

常绿藤本攀缘植物，叶形优美，叶色多彩。植株茎产生气生根，但并无吸附性，仅能通过缠绕相邻物体为植株提供支撑。植株偶尔开绿色或黄色的魔芋状花。热带花园中，喜林芋往往较为长寿，且仅需微量维护。喜林芋十分适合攀爬大树生长。在冷凉地区，喜林芋适宜家庭或加温温室栽培：心叶喜林芋（P. scandens）便是十分热门的家庭植物。植株需要半遮荫环境，且最好为支柱提供牢固的水苔柱作为支撑。

白花丹属（PLUMBAGO）

属内物种多变，其中包括树种纤细的常绿或半常绿藤本蔓生攀缘植物，植株皆不耐霜冻，但程度略有不同。主要作观花植物种植，植株花顶生，总状花序，形如托盘，在当年枝开花，花期夏季，有时则可延续到初冬。白花丹适合攀爬墙壁、围栏和荫棚生长，但也可以整枝成标准型或环绕铁丝圈整枝。在温室环境下爬墙生长也同样美丽。与全日照条件相比，树荫下的植株生长更佳。

利用球状铁丝框架整枝白花丹

将植株种在球形框架内，散开枝条并使其均匀分布于框架结构内。修剪枝条，刺激侧枝生长，重剪需要更多新枝的位置。将主枝环绕整个球形框架，这样便可以将枝条的侧枝固定在铁丝网的交错处，使枝叶覆盖整个结构。通过摘除枯花，这一外观可以维持数年。一旦枝条出现拥挤现象，最好将枝条松绑四散开来，将每根枝条短截至强壮的新枝处，而后再重新固定，同多花素馨（见第274页）。

■ **何时修剪**　春季或夏季。

■ **整枝与修剪**　将幼株摘心，促进植株生长茂密。整枝新枝时，将其按照理想的生长方向固定。植株成形后，仅需移除多余或无用枝。如有必要，可在春季植株上未发芽前短截主茎。喜林芋对重剪反应良好。

攀缘生长的喜林芋（见右页图）

许多喜林芋植株可以产生缠绕性气生根，这些根系会尽力利用每一个支撑物使植株向上生长。

蓝花丹（P. AURICULATA，异名为 P. CAPENSIS）

蓝花丹为常绿或半常绿藤本蔓生攀缘植物，每年夏季至秋季或初冬开穗状的淡蓝色花。蓝花丹是属内耐寒性最强的物种，可耐5摄氏度的温度。温度较低的情况下，植株长势适中，是理想的温室或玻璃暖房植物。植株的蓝花在白墙前尤其动人。雪花丹（P. auriculata f. alba）则有纯白色的花朵。

■ **何时修剪**　晚冬或早春。

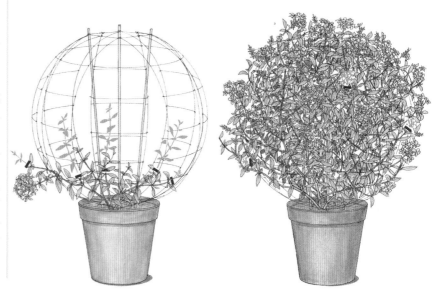

■ **整枝与修剪** 墙式整枝（见第250页）时，在定植后将幼株摘心修剪，生成新枝后选择3至4根强枝形成主要骨干枝。白花丹属植物无法自行攀附支撑物，因此需定期固定枝条。主茎达到目标高度后可进行掐尖，促进侧枝生长。

成形后，需要维持植株的主要骨干枝，短枝修剪侧枝，留基部2至3个侧芽。弱枝与位置不良枝需完全移除，将其段截至主要骨干枝。更新修剪时，将所有枝条短截至基部30厘米以内，将随后生出的新枝固定到支架上。若新枝强度不足，可能是因为植株年龄过大，最好将其替换。

标准型植株的整枝见第260页。冠丛成形后，每年将侧枝短截修剪至主要骨干枝。搭配球形或其他造型的铁丝框架种植时，需要在初期定植、修剪（见第280页）后尽量将所有枝条环绕该结构固定，这样不但能够使枝条更加均匀地覆盖造型框架，更能促进侧枝发芽（见第11页，水平整枝）。持续为植株摘除枯花直至植株需要更新。

萹蓄属（POLYGONUM）

缠绕类攀缘植物，常被归入藤蓼属，长势强盛，完全耐寒。属内最受欢迎的是血七（P. aubertii）和中亚木藤蓼（P. baldschuanicum），二者皆为落叶植物，夏季开小型白色或淡粉色花。二者极其适合用于遮盖欠缺美观的建筑或围栏，但由于植株生长迅速，侵略性强，因此不适合在有限的空间种植。

■ **何时修剪** 晚冬或早春。生长过盛的枝条可在任何时间轻剪，但霜冻和降雪天除外。

■ **整枝与修剪** 无需成形修剪，但植株需要适当的引导以保证枝叶均匀覆盖生长空间。成形植株枝叶丛生，交错缠结，很难进行系统性修剪。假如空间有限，可以使用整篱剪或修枝剪将所有枝条短截枝长三分之一。如欲更新植株，可将其短截至1米高度以下，并将修剪后生出的强壮新枝重新固定到支撑结构上。

中亚木藤蓼

中亚木藤蓼有"一分钟一英里"的别称，因为其长势极其强劲。

马尾藤属（PORANA）

常绿缠绕类蔓生植物，长势强盛，喜光。若爬墙种植，需要设置垂直铁丝辅柱支撑。植株不耐霜冻，冷温带地区种植的植株仅能在加温温室内开花。无需成形修剪，牵引新枝接触支撑物即可。成形后，在晚冬或早春将侧枝短截，留主茎的1至2个侧芽。对重剪反应不佳。

葛属（PUERARIA）

葛藤（Pueraria lobata，异名为 P. hirsuta，P. thunbergiana）是一种落叶缠绕类攀缘植物，枝条被毛，新枝开紫色的豌豆状花，有芳香。植株耐寒性较强，若因霜冻枯死可从基部生出新枝。寒冷地区可作为一年生植物栽培。

■ **何时修剪** 早春。

■ **整枝与修剪** 无需成形修剪，但可根据具体需求引导新枝，建立骨干枝。后续年份中需每年修剪移除弱枝、疏剪拥挤枝。将枝条短截至骨干枝可以控制植株的扩张。如欲新植株，可将所有枝条短截至基部30厘米以内，植株通常恢复良好。

炮仗藤属（PYROSTEGIA）

炮仗花（Pyrostegia Venusta，异名为 P. ignea），常绿藤本卷须类攀缘植物，花期长，橙色的管状花成片开放时十分壮观。在热带、亚热带花园十分适合攀附拱门、凉棚、藤架或宿主植物栽培。寒冷地区可在加温温室种植。

■ **何时修剪** 晚冬至早春。

■ **整枝与修剪** 定植后，选择1至2根强枝形成骨干枝，移除剩余枝条。温室内种植时，可在植株达到理想的高度后打顶（通常为3至4米）。植株成形后，每年将所有侧枝短截，保留骨干枝处2至3个侧芽，同时移除无用枝。对重剪反应良好。

R

红衣藤属 (RHODOCHITON)

红衣藤 (Rhodochiton Aatrosanguineus，异名为 R. volubile)，常绿宿根攀缘植物，利用叶柄缠绕支撑物，具纤细的木质茎，褐紫色的花与浅紫色的钟状苞片互相衬托，十分华丽。植株可在全光照或略遮荫，完全无霜冻的条件生长。根系必须位于湿润遮荫处。红衣藤是宿根植物，寿命短，常作半耐寒一年生植物栽培，播种第1年便可开花。

■ **何时修剪** 早春。

■ **整枝与修剪** 需永久支撑，成形修剪需求较少，仅需摘心修剪新枝，促进植株茂盛生长。生长初期需用树枝或爬网略微支撑，直至植株自行攀上铁丝或格架制成的永久支撑结构。成形植株仅需移除枯枝或伤枝。不耐重剪。

悬钩子属 (RUBUS)

属内植物常作浆果作物栽培 (见第228—231页，茎果)，属内亦有数种灌木 (见第216页)。短柄鸡爪茶 (Rubus henryi var. bambusarum) 又称竹叶鸡爪茶，是一种完全耐寒的常绿蔓生攀缘植物，株高可达6米，主要作观叶植物，叶掌状，深褶，有3片小叶，叶面深绿光泽，叶背白色。花期夏季，总状花序纤长，花粉色，形似黑莓花，花后结小而亮泽的黑莓状果实。植株可用于覆盖围栏或老树桩，抑或作地被植物种植，用途同攀枝莓 (R. flagelliflorus)。

■ **何时修剪** 晚冬或早春。

■ **整枝与修剪** 定植后，将主茎短截至基部30厘米以下，促进强枝生长。随枝条的生长定期牵引固定，使枝叶均匀覆盖支撑结构。成形后植株需每年修剪，确保植株持续生出新枝。将部分上一季开花的枝条在植株基部附近移除。修剪后，基部形成的新枝会在翌年开花。植株老化后，新枝的形成速度亦将减缓，这种情况下最好直接将植株替换。

S

五味子属 (SCHISANDRA)

落叶或常绿缠绕类攀缘植物，株型优美，花具芳香，成簇开放，十分惊艳，若雌雄株同时栽培，可结有趣的串珠状果实。属内植物耐霜冻至完全耐寒，适宜攀附遮荫处的避风墙体，围栏或格架生长，在气候温和的地区可攀附树木生长。

■ **何时修剪** 晚冬至早春。

■ **整枝与修剪** 若攀附树木生长无需成形修

钻地风属 (SCHIZOPHRAGMA)

落叶藤本攀缘植物，具吸附性气生根，与绣球属有亲缘关系。钻地风属植株耐寒，可耐半遮荫环境，但需种植于避风处。植株适宜攀附高墙种植或攀爬大型乔木树干，抑或作地被植物。

钻地风 (Schizophragma Integrifolium)
白色或奶油色的花序与绣球属攀缘植物十分相似，二者亦有相近的生长习性。

仙蔓属 (SEMELE)

仙蔓 (Semele Androgyna)，常绿宿根植物，长势强盛，不耐霜冻。硬质的枝条缠绕支撑物生长，枝条上有深绿色的叶状茎，夏季在叶状茎上开出奶油色的星形小花，花后结橙红色浆果。植株是强壮的温室植物，如在温暖气候区，可攀墙或树干生长。

仙蔓无需成形修剪，但可将新枝牵引固

剪，如依靠墙体，格网或围栏生长，则应选择5至7根强枝形成主要骨干枝，进行牵引固定，使枝叶均匀覆盖支撑物 (另见第250页)。随植株生长应定期固定枝条。成形后，应修剪移除遮挡低处枝叶的枝条，同时避免植株超出生长区域。将过长或外向侧枝短截，留骨干枝处2至3个侧芽，促进开花枝生长，或获得更多新枝填补空缺。大幅度的修剪最好分多年完成，这样植株每年依然可以开花。每年将一根木质化的老枝从基部移除，并牵引强壮的新枝代替。

■ **何时修剪** 必要情况下花后修剪。

■ **整枝与修剪** 无需成形修剪，但可牵引新枝靠近支撑物，促进植株自行吸附固定。如靠光滑表面种植，植株可能需要辅助固定。成形后，植株仅需微量修剪，移除多余枝或无用枝。若枝丛随植株的生长出现空隙，可将空隙处的枝条短截，促进分枝。根据必要情况进行固定，使新枝填补空隙。成株有时会形成长而柔软、多叶的枝条，此类枝条一般不开花，可将其短截枝长三分之二以内长度。

钻地风植株不应大幅度修剪。更新工作应逐步进行，每年仅移除1至2根主枝，尝试刺激基部产生新枝 (另见第252页，更新复壮)。

定至支撑物。新枝需2至3年发育完成，果实则需大约12个月成熟。果实成熟后，在冬季或早春将整根枝条从基部移除，注意不要损伤其余枝条。除此之外，尽量避免生长，除非需要控制株高：修剪可能会对植株的观果效果产生潜在影响。仙蔓寿命较长，但在必要情况下 (如需要维护墙体) 可以将植株平茬。

金玉菊（Senecio Macroglossus 'Variegatus'）

这种花叶品种的常春藤状叶片有奶油色镶边，与黄油色的花朵相互呼应。

千里光属（SENECIO）

包含数种缠绕类攀缘植物的大属，属内攀缘植物在温暖气候区或加温温室内十分适合攀爬树篱和其他攀缘灌木或攀缘植物生长。千里光（Senecio Scandens）耐霜冻。

绿玉菊（S. MACROGLOSSUS）

常绿藤本缠绕类攀缘植物，不耐霜冻，叶片三角形，花黄色，主要在冬季开花。

■ **何时修剪** 花后。

■ **整枝与修剪** 定植后，摘心修剪植株，促进基部分枝，同时将枝条固定到支撑物上，培养骨干枝。成形植株仅修剪移除弱枝，或将过长的花后枝条短截至多三分之一，但亦将使花量减少。

其他千里光属攀缘植物

德国常春藤（S. mikanioides，异名Delairea odorata），千里光同绿玉菊。灌木物种现在分入常春菊属（Brachyglottis，见第177页）。

菝葜属（SMILAX）

蔓生植物，耐霜冻至不耐霜冻，枝条硬而多刺，攀爬树桩、灌木和乔木生长。植株无需早期修剪，牵引新枝靠近支撑物。成形后，在晚冬或早春疏枝，将老枝从基部移除。修剪时注意佩戴手套，并将枝条分段移除。可平茬更新。

金杯藤属（SO）LANDRA

亚热带常绿藤本蔓生攀缘植物，形态优美的喇叭状花气味香甜，夜晚芬芳更加浓郁。植株需温暖且冬季干燥的生长条件，可于温室栽培。在适当条件下，植株长势十分强盛。花后修剪，仅需微量成形修剪，掐尖修剪可促进植株分枝茂

茄属（SOLANUM）

包含数种藤本攀缘植物的大属，枝条蔓生或利用叶柄缠绕支撑物生长。植株开成簇的星形花，花浅灰蓝色至蓝紫色或白色，当年枝开花。天堂花（S. wendlandii）和青杞（S. seaforthianum）不耐霜冻。素馨叶白英（S. jasminoides）和星花茄则可耐轻微霜冻。植株泌出的汁液可能引起人的过敏反应，修剪时需佩戴手套。

星花茄（S. CRISPUM）

常绿或半常绿蔓生攀缘植物，长势强盛，通常在阳光充沛的避风处可耐轻微霜冻。植株需要铁丝或较大的网格架支撑生长。

"格拉斯涅文"星花茄（Solanum crispum Glasnevin）

星花茄最广为种植的栽培品种，金黄色的雄蕊与深蓝紫色的花瓣形成鲜明对比。

盛生长。成株应尽量避免修剪，仅移除弱枝或多余枝条。生长过盛的枝条可短截至多三分之一。重剪后植株可恢复，但较为缓慢，随后1至2年的花量亦会受到影响。

■ **何时修剪** 早春，在温暖无霜冻的环境则可花后修剪。

■ **整枝与修剪** 定植后，打顶修剪植株，促进基部分枝，选择3至4根强壮新枝形成骨干枝。随植株生长定期固定枝条。成形后，每年移除无用枝并短截侧枝，留主要骨干枝处的2至3个侧芽。植株对重剪反应不佳，更新工作成分2至3年完成。每年移除1根老枝，并牵引最强壮的新枝替代。老化程度严重的植株可用新枝替换。

其他茄属攀缘植物

素馨叶白英、南青杞（S. seaforthianum）同星花茄。天堂花（S. wendlandii）同星花茄，但不论气候条件如何，均应在花后修剪。

其他攀缘植物

崖角藤属（Raphidophora）粉背崖角藤（R. glauca）是一种大型常绿攀缘植物，枝条质硬，用气生根攀附生长，与龟背竹属有亲缘关系。植株在热带气候条件攀附高大树木时长势最盛，需潮湿的生长环境。修剪整枝方式同龟背竹属。菱叶藤属（Rhoicissus）常绿卷须类攀缘植物，耐荫，温暖气候下攀附支柱或树干生长。同白粉藤属。老株枝丛易变得密集拥挤，可在近基部位置截断枝条进行疏枝。串果藤属（Sinofranchetia）同野木瓜属，见第284页。蓝藤莓属（Sollya）常绿缠绕类攀缘植物，枝条纤细，寒冷地区需温室种植。无特殊修剪需求。

野木瓜属（STAUNTONIA）

日本野木瓜（Stauntonia Hexaphylla），常绿缠绕类攀缘植物，耐霜冻，长势强盛，叶片光泽，花朵丁香色，春季开放，气味香甜。植株雌雄异株。同时种植雌雄植株时，雌株夏季可结紫色的可食用蛋形果实，果实可达5厘米。雌株有时没有雄株授粉亦可结果。日本野木瓜虽然可耐霜冻，但若在天气较凉的地区露天栽培需要温暖、阳光充沛的避风环境。冻伤花无法坐果。寒冷地区可在不加温玻璃花房或温室栽培。植株需要格架或设置铁丝的墙体支撑，亦可攀爬凉棚生长。短枝修剪可以促进植株形成开花枝，并防止植株过度生长。

■ **何时修剪** 晚冬至早春。

■ **整枝与修剪** 无需成形修剪，但植株生长迅速，因此需牵引新枝以促使枝叶均匀覆盖生长表面。骨干枝成形后，夏季短截侧枝，留骨干枝处的6至8个侧芽，而后在早春再次短枝修剪，留2至3个侧芽，同紫藤（见第286页）。短截主茎可促进新枝生长，但不推荐重剪。

耳药藤属（STEPHANOTIS）

多花耳药藤（Stephanotis Floribunda），常绿缠绕性攀缘植物，叶片革质、多肉，花蜡质，托盘形，有浓香，春季至秋季开放。植株在热带地区可达4至5米高，十分适宜攀爬网格架或凉棚生长，在冷凉地区作为家庭植物或温室植物种植时长势较弱。

■ **何时修剪** 晚冬至早春。

■ **整枝与修剪** 定植后摘心修剪枝条，促进植株生长茂盛，牵引修剪后新枝至支撑结构。成形后可修剪植株移除弱枝，同时疏剪拥挤枝。在必要情况下可短截过长枝，并持续牵引固定新枝，扩大枝叶的覆盖范围。老化植株最好直接用新株代替。

扭管花
扭管花的生长习性与迎春花相似，枝条长直，向下垂悬。攀附墙壁或围栏种植时，一定要将骨干结构枝固定好。

扭管花属（STREPTOSOLEN）

扭管花是一种松散的速生常绿蔓生植物，春季或夏季开漏斗状橙色花，花朵成簇，近球形。植株不耐霜冻，需要充足的日照，在温室中生长良好。

■ **何时修剪** 晚冬至早春。

■ **整枝与修剪** 定植后，摘心修剪幼株，促进植株生长茂盛。选择3至4根强枝形成主要骨干枝，枝条间保持一定距离固定。扭管花无法吸附或缠绕支撑物，因此需要定期固定新枝。植株适合搭配球形框架进行造型（见第280页的白花丹属）。植株成形后，每年将所有侧枝短截，修剪至距主骨干枝15厘米以内位置，同时移除弱枝，可将所有枝条短截至30厘米高度以下进行更新。

多花耳药藤
即使没有开花，植株美观的常绿叶片也极具观赏性，是良好的家庭、温室植物。

翡翠葛属（STRONGYLODON）

翡翠葛是一种稀有的常绿攀缘植物，植株长势强盛，冬季至春季开蜡质翠绿色爪状花，总状花序垂悬在枝头间，十分惊艳。植株需热带条件，夏季半遮荫环境。整枝修剪方式同紫藤属（见第286页），短截侧枝需分为两个阶段，中间会导致植株产生弱枝及花量减少。

翡翠葛（Strongylodon Macrobotrys）
牵引枝条攀上凉棚或屋顶横梁，让植株惊艳的花朵自由垂悬。

T

南洋凌霄属 (TECOMANTHE)

常绿缠绕类攀缘植物，具光泽的羽状叶，喇叭状花组成垂悬的总状花序，夏末或秋季开花。南洋凌霄属于热带植物，在温带地区种植需要加温温室环境，夏季需略遮荫。美丽南洋凌霄（T. speciosa）在温室内种植可能不常开花。

■ **何时修剪** 早春。

■ **整枝与修剪** 无需成形修剪，但需要随植株生长固定新枝。植株成熟后每年修剪，移除弱枝，疏剪拥挤枝。如有必要可将顶枝短截，控制植株大小。老化植株最好直接用新株替换。

崖爬藤属 (TETRASTIGMA)

毛五叶崖爬藤（Tetrastigma Voinierianum）为藤本常绿卷须类攀缘植物，叶片光泽。该属与白粉藤属有亲缘关系。由于植株可耐荫性极强，因此常作为家庭绿植或温室植物栽培。热带花园中，毛五叶崖爬藤与其他属内植物常用于覆盖遮荫或半遮荫条件的墙体和斜坡种植，另外亦可攀附大树生长。温室栽培的植株需要温暖且不过度干燥的条件。

■ **何时修剪** 冬末至早春。

■ **整枝与修剪** 分批将幼株掐尖，促进植株茂盛生长。植株成形后仅需少量修剪，但若需控制植株大小，可将过长枝短截至接近主枝的健康芽点，同时移除弱枝并疏剪拥挤枝。如欲更新植株，可将枝条短截至1米以下，促进强壮的新枝生长，或直接用半木质化枝条扦插的新株替换。

山牵牛属 (THUNBERGIA)

属内的宿根植物（包括半耐寒一年生植物）主要是热带及亚热带常绿缠绕类攀缘植物，于当年生枝条开漏斗状花。植株适合攀爬高墙、网格架或凉棚生长，亦可攀附灌木和乔木的枝干（植株夏季需半遮荫环境）。山牵牛属在加温玻璃花房或温室中生长良好，但需要足够的垂直空间自由生长。

黄花老鸦嘴 (T. MYSORENSIS)

常绿藤本缠绕类攀缘植物，花漏斗状，黄色，部分下垂，呈红棕色，苞片紫绿色，春季至秋季开花。

■ **何时修剪** 晚冬或早春，或花后修剪。

■ **整枝与修剪** 定植后，摘心修剪枝条，促进植株生长茂盛，牵引固定新枝，使枝叶均匀覆盖支撑结构。成形植株应尽量避免修剪，移除弱枝，并将拥挤枝从基部移除梳理。重剪会导致植株产生多叶枝条，减少花量，老化植株最好直接替换。

络石属 (TRACHELOSPERMUM)

藤本常绿缠绕类攀缘植物，耐霜冻。叶革质，具光泽，花形似素馨，气味香甜，在夏季与初秋在枝梢聚集开放。络石适合攀爬网格架、凉棚、藤架或墙壁生长，适应全光照或半遮荫条件。属内最广为栽培的植物是络石（T. jasminoides，又称风车茉莉）。与其他生长方式介于缠绕与蔓生之间的攀缘植物相同，络石攀上支撑物顶端后逐渐成丛，枝叶如瀑布般垂悬，是观赏效果最佳的生长状态。

■ **何时修剪** 早春。

黄花老鸦嘴

植株的花朵垂悬在细长的花柄上，牵引至高处可以使花朵观赏效果更佳。

其他山牵牛属攀缘植物

直立山牵牛（T. erecta），山牵牛（T. grandiflora）同黄花老鸦嘴。橘黄山牵牛（T. gregorii）同黄花老鸦嘴。在暖温带地区可作一年生植物种植。

■ **整枝与修剪** 无需成形修剪，但在枝条开始自行缠绕之前需将其牵引固定到支撑结构上。植株在老枝产生的侧枝开花，成形植株最好尽量避免修剪，仅需移除弱枝，并疏剪老枝或过度拥堵的枝条。植物的自然习性就是形成密集的枝丛，对此无需过于苛刻。若有枝条向外生长，可将其重新固定到支架上。此外，可以短截超出生长空间的枝条，将其修剪至开花短枝上方。如欲更新植株，可将所有枝条短截枝长三分之二左右，促进强壮的新枝发芽。老化情况严重的植株最好直接替换。

其他攀缘植物

叶柱藤属（Stigmaphyllon）仅需少量修剪。秋季或冬季修剪，用于控制植株的大小，移除弱枝，或疏剪拥挤枝条。合果芋属（Syngonium）同喜林芋属（见第280页）。硬骨凌霄属（Tecomaria）硬骨凌霄（T. capensis，异名为Bignonia capensis，Tecoma capensis）为常绿灌木性蔓生植物，适宜在不加温温室或几乎无霜冻的户外花园种植，管理方式同南洋凌霄属。若作为树篱或地被植物种植可短截过长枝。赤瓟属（Thladiantha）同葫芦草属（见第273页）。旱金莲属（Tropaeolum）同葫芦草属。南山藤属（狭义，Wattakaka）见第270页，南山藤属（Dregea）

V

豇豆属 (VIGNA)

蜗牛藤（Vigna Caracalla），常绿缠绕类攀缘植物，长势强盛，亚热带或热带地区种植适宜攀爬网格架、凉棚或立柱生长，冷凉地区可在加温温室栽培。新枝需牵引，但无需修剪。成形后，可在晚冬至早春修剪，移除枯枝，疏剪拥挤枝，或在春季重剪所有去年生枝。

葡萄属 (VITIS)

葡萄属由耐寒落叶藤本卷须类攀缘植物构成，其中包括葡萄（V. vinifera，见第288页）。植株叶形美观，一般浅裂，秋季泛红，部分亦可产生美观的苦涩或可使用果实。紫葛葡萄（V. coignetiae）的秋季叶色十分壮观。紫葡萄（V. vinifera 'Purpurea'）的叶片则永久呈紫色调。

葡萄属藤类需要温暖、阳光充沛的避风种植地点，以免叶片损伤。在设置铁丝的老墙上攀爬生长的葡萄藤具有极佳的观赏效果，葡萄藤也可以另外搭配大型凉棚、拱门，或攀附大树生长。葡萄藤也可以整枝成标准型植株。

■ **何时修剪**　冬季中旬，树液上流前。

■ **整枝与修剪**　定植后，将植株摘心，选择2至3根强壮枝形成主要骨干枝。适当牵引枝条，使枝叶均匀覆盖支撑物。在定植后2至3年，持续根据植株的生长固定枝条，旨在使主要骨干枝覆盖生长空间。标准型整枝见第286页。

待骨干枝或标准型植株的冠丛成形，将所有侧枝短截至主枝处的2至3个侧芽。后续年份中，短枝丛将逐渐变得错综复杂，整枝良好的葡萄藤即使在冬季也别具魅力。生长过盛的侧枝可在夏季短截至强壮侧芽处，攀附大树生长的植株仅需微量修剪。

葡萄藤可以持续生长多年，鲜少有更新需求。如需进行墙面维修等工作，可将植株平茬，植株可从基部出新枝。

W

紫藤属 (WISTERIA)

落叶藤本缠绕类攀缘植物，通常长势强劲，具羽状叶。紫藤的总状花序垂悬，晚春至初夏开放，十分美观。花可能为白色、蓝紫色、深紫色、粉色或杏色，通常为成熟枝条的侧枝短枝形成。此类极具观赏性的植物适合攀附高墙或围栏种植，也十分适合配合凉棚或拱门栽培，给予其花序下垂空间，另外植株也可攀爬大树生长。属内绝大部分物种完全耐寒，但在温暖、阳光充沛的避风处开花效果最佳。紫藤通常栽培7年以上开始开花，且若栽培土壤氮含量较高，植株将会大量长叶，而花量稀少。

紫藤可靠墙或围栏整枝成各种形态。篱墙型是最能够突出观花的造型。另外，植株也可以整枝成标准型。为了维持整枝造型并改善开花效果，紫藤必须严格地按照两个阶段，在夏季和冬季进行短枝修剪。即使自然蔓生的植株在短枝修剪管理下也可以显著地提升观花表现。

■ **何时修剪**　冬季中旬，夏季在花后约两个月再次修剪。

■ **整枝与修剪**　篱墙型整枝，见右图。标准型整枝见第260页，搭配凉棚种植见第258页。不论选择何种整枝系统，培养植株的基本骨干枝都需要至少3年时间。植株成形后，修剪的需求便主要集中在控制植株的扩张以及促进植株形成侧枝开花短枝。当年枝需分两步（见右图）短截，保留基部的2至3个侧芽（这些枝条将会在接下来的生长期开花。叶芽和花芽在晚冬可以很简单地区分开来，前者较窄尖，后者则丰满圆润。

紫藤植株长寿，若每年按照上文所诉方法修剪，几乎无需进行更新复壮。然而，如果需要进行更新作业，最好将其分至多年多个步骤完成，每次移除一根主枝，并牵引固定合适的替代枝。作为支撑结构的墙体若需维护，可将植株平茬，修剪后植株恢复迅速。然而，重剪过后的植株需要数年才能恢复原本的花量。

在设置铁丝的墙面整枝紫藤

定植修剪

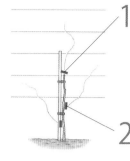

1 将顶枝短截至70至90厘米高度的强壮侧芽处，修剪嫁接品种时注意不要在嫁接点以下修剪。

2 移除现有侧枝，防止其在修剪刺激下形成新顶枝。

第1年，夏季

1 垂直固定顶枝。

可移除多余侧枝

2 选择2根强壮侧枝，将其以45度角固定。将所有次侧枝短截至15厘米左右，或保留3至4个芽，使植株开始形成开花短枝。

第2年，冬季

1 将顶枝短截至最高侧枝上方约75厘米处。

2 将侧枝拉低，并固定在最低一行铁丝处。将其短截枝长约三分之一，使枝条更加粗壮。

第2年直至植株完全覆盖生长区域，夏季

1 继续固定顶枝。

2 选择下一对强侧枝，将其以45度角固定。

3 移除基部无用枝或主茎侧枝，将其从基点完全移除。

4 将每根侧枝的新顶枝固定，并将剩余侧枝短枝修剪至约15厘米，或留3至4个侧芽。

第3年直至植株完全覆盖生长区域，冬季

1 将定植短截至最顶部侧枝上方约75厘米处。

2 拉低最上方的一对侧枝，将其固定在距离最近的一行铁丝上。

3 将所有侧枝短截枝长约三分之一，使其更加强壮。

成形紫藤，夏季

1 继续固定主侧枝，当其超出生长区域时进行短截。

2 花后约两个月，将侧枝与次侧枝短截，留主枝处的5至6个侧芽，或15厘米长度。

成形紫藤，冬季

短截夏季修剪的侧枝与次侧枝，留基部2至3个侧芽。这些侧芽将在接下来的生长季开花

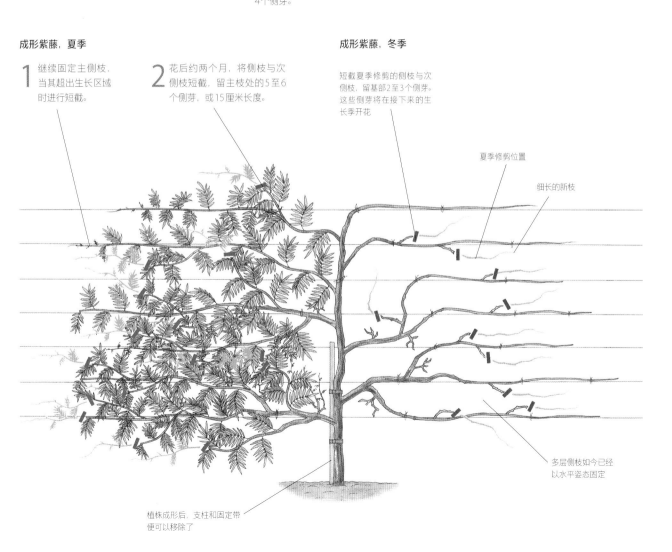

夏季修剪位置

细长的新枝

多层侧枝如今已经以水平姿态固定

植株成形后，支柱和固定带便可以移除了

藤本水果

"藤"一字通常指长势强劲、有强壮缠绕茎或卷须茎的攀缘植物，藤本水果亦是如此。藤本水果植株的特点便是枝条众多，结果时植株的重量便会大幅度增加，需要坚固的支撑。如果使用支柱和铁丝组成的独立系统种植藤，那么必须确保支架各部分的强度足够大。成株后，全叶的藤类会使支架承受大量的风阻力。

葡萄、猕猴桃和各种百香果都是备受赞誉的藤本水果作物。这些植物所在的葡萄属、猕猴桃属和西番莲属中也有许多观赏植物（分别见第287页、第262页及第279页）。搭配凉棚或棚架种植的果藤亦极具观赏性，"布兰特"（brant）葡萄等栽培品种更有着绝佳的秋

叶。然而，在冷凉气候区，果藤的果实往往稀疏且挂果不稳定，户外栽培的西番莲属植物更是不会产生任何可食用果实。使用观赏藤本植物常用的非传统整枝方式和修剪技法，可以增加藤本水果植物果实的大小，提高果实质量，同时使维护和采摘工作都更加容易。

果藤植株必须用良好的整枝工作和冬季重剪管理，时常还需要附加夏季修剪才可以保证果实的产量。没有整枝和修剪，果藤长势强劲、生长肆意的枝条很快就会纠结缠绕，导致果量减少，果实可得的光照不足。

葡萄（VITIS VINIFERA，V. LABRUSCA）及杂交品种

葡萄是一种广为种植的水果，栽培也极为容易。不断地品种研发和栽培已经在世界各地拓展了许多新的葡萄种植区。只有热带和亚热带地区才是葡萄的种植困难区。在冷凉气候区，葡萄可以进行温室种植（见第296页）。葡萄不但是水果，更是重要的酿酒材料，在选择品种栽培时务必确保该品种可以适应种植地的盛行气候。

培育和砧木

葡萄以其果实的质量和口感而闻名，培育者在培养新品种时常常将其作为繁殖材料。葡萄藤与美洲葡萄（Vitis Labrusca）的杂交品种可以在相对较冷且潮湿的地区种植。美洲葡萄也是葡萄藤常用的砧木材料，可以使植株具备葡萄根瘤蚜抗性。在有葡萄根瘤蚜活动的地区，葡萄藤必须进行嫁接。砧木和品种的具体选择需要结合本地环境条件，并向本地相关专家咨询。

生长与结果习性

修剪对于控制葡萄藤的生长和保障果实的产量十分关键。整枝也有着相当的必要性：可以使用结实的支柱铁丝结构支架，攀附设置横向铁丝的墙面，或者在温室借助支撑结构栽培。葡萄藤在去年生枝上的新枝结果，因此大部分修剪方式中都需要在冬季将结果枝短截至永久枝（主蔓）。葡萄藤的寿命很长：主蔓很快就会变得粗壮蜿蜒，生出强壮的新结果枝，并持续结果数十年。

葡萄藤的果量和质量由气候和植株的生长健康状况共同决定。然而，对果实，尤其是作为水果的果实而言，植株结果过多并无好处。修剪可以限制植株的生长，如此一来虽然葡萄藤的枝条减少，但枝条的质量更佳。另外，水果葡萄藤一般需要疏枝和疏果。

温室栽培葡萄藤

葡萄藤最简单的整枝和修剪方式是培养一根主茎（或称主蔓），每年主茎上都会形成新枝并且结果，采摘后将其短截。图中植株的中心主蔓通过整枝向上生长，而后继续沿着温室的屋顶生长，尽可能地使果实获得光照。这是利用温室上半部分的最佳方式。

葡萄藤必须在定植3年后再开始收获，在此之前需要防止植株坐果，如此一来才能够将植株培养成可以逐渐增产的成熟果藤。

整枝方式

大部分葡萄品种可以使用短枝修剪挂果枝，留1至2个基芽一年形成结果枝的方式进行整枝（见第290页，主蔓短枝式，第294页，垂帘式）。标准型植株也可以用这种方式培养和修剪（见第296页）。然而，有少数品种不适用这种方法，修剪获得的新枝并不

会结果。这些品种最好使用"主蔓更新"系统的修剪方法，如平顶式（见第292页）或四枝式（见第295页），这些方法都会让枝条生长一年，而后下一年结果。每年的结果枝条都被完全移除，新枝中最强壮的枝条会保留作为新结果枝进行捆枝。

定植及修剪时间

葡萄藤应在秋季或初冬定植。定植后，仅应在冬季中旬、伤流风险最低时修剪；若延后修剪引发伤流，就较难控制了（传统上

会使用烧红的拔火棒灼烧切口急救）。另外，在生长期控制无用枝也十分重要。

修剪

　　葡萄藤有着竹竿一样的结构，茎中间柔软多髓。短截至侧芽时，一定要在膨胀的节点上方修剪，防止对枝条造成结构损伤。向上的枝条应斜角修剪，防止切面积水，水平生长的枝条则可垂直修剪。

　　使用主蔓更新系统的修剪法时，将整根枝条移除，可以从基部垂直修剪，也可以直接将枝条所在的桩头移除（若桩头无新枝产生）。短枝修剪管理的品种，主蔓全枝都分布着短枝，结果枝从短枝长出，果后需在冬季短截。按照此方式栽培多年后，便可培养出大量短枝丛。短枝丛需要不时进行修剪，若枝丛过于拥挤，应将部分羸弱短枝丛用园艺锯完全移除。

　　短截或移除新枝的"夏季"修剪其实是贯穿整个生长期的维护工作。如果疏于修剪，植株便会凌乱缠结。在新枝尚且幼嫩时将顶枝摘去的效果最好。

短枝修剪

短截短枝，留1至2个强壮侧芽，侧芽抽枝后选择最强枝条作为结果枝。修剪时务必在膨胀的节点上方下剪。

主蔓更新

部分品种的葡萄需要将果后枝条完全移除，留下强壮的替代枝重新整枝（一般沿水平方向整枝）。若有不产生新枝的桩头亦应移除。

夏季修剪

新枝生长过程中将多余枝条掐断。这样可以集中更多营养供果实形成，并且防止枝丛拥挤，遮挡阳光。

疏叶

葡萄果实在成熟阶段中需要大量光照，尤其是在冷凉气候区；在夏季修剪移除部分新枝后，也需要移除遮挡果实的单独叶片。

疏果

酿酒葡萄无需疏果（但枝条间需要至少保持30厘米的距离），但疏果可以改善水果葡萄的果实质量。移除四分之一至三分之一的果实。

采摘水果葡萄

采摘每茎仅留一串果实的葡萄时应剪下一小段枝条作为"把手"，避免直接接触果实以免破坏葡萄表面的白霜。

采摘酿酒葡萄

简单地用修枝剪将果串剪下即可。修剪时不用非常小心，因为结果枝到冬天也会被移除。

主蔓短枝式（轴型）

适用于所有采用短枝修剪法管理的品种。这种栽培方式尤其适合种植水果葡萄，因为该法培育的植株结果枝较短，每根结果枝仅结两串果：如果要进一步提升果实质量，可以将另一串移除。

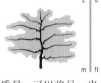

成形整枝

葡萄藤的结果枝每年需要短截至植株的永久主蔓，因此在初期整枝时一定要加倍注意，确保主蔓仅由完全成熟的枝条构成。定植新株后，在隆冬将枝条重剪三分之二，如枝条未完全木质化则需修剪更多，并移除所有侧枝。随后的夏天，放缓新顶枝并进行捆枝。侧枝则进行摘心，留5片叶，侧枝上的次侧枝则留一片叶。冬季再次短截顶枝，修剪所有侧枝，留1至2个侧芽，形成第一批短枝。每年重复这一工作，直至主蔓结构枝从下至上完全成熟，然后将顶枝短截至最高铁丝下。至此顶枝和侧枝均采用相同方式修剪。

成形后修剪

为了促进主蔓侧枝的均匀生长，可在植株恢复生长前将其上半部分松绑，并降低至水平位置，待新枝形成后再将其恢复原位。春季将这些新枝疏枝，每短枝留2根新枝，一根作为结果枝，另一根则作为备用枝，在结果枝损伤时进行替代。每根结果枝上仅应保留1至2串果实，在最高果串上方2片叶以上位置将结果枝掐断。摘除侧枝，引导营养供给果实生长，同时防止多余枝叶遮挡成熟中的果实：如有叶片遮挡果实阳光亦应移除（见第289页，疏叶）。

果藤成熟后，曲折的短枝丛经过年复一年的短截会逐渐变得拥挤。在种植后期，这些短枝需要用园艺锯或长柄修枝剪短截或完全移除，以防止枝丛拥堵。

第1年，冬季

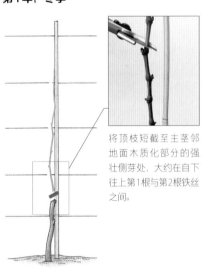

将顶枝短截至主茎邻地面木质化部分的强壮侧芽处，大约在自下往上第1根与第2根铁丝之间。

第1年，夏季

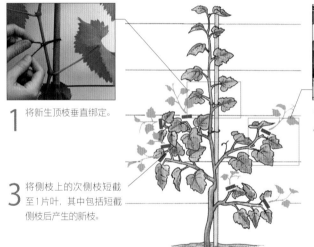

1 将新生顶枝垂直绑定。

2 短截中心主茎生出的侧枝，留5至6片叶。

3 将侧枝上的次侧枝短截至1片叶，其中包括短截侧枝后产生的新枝。

第2年，冬季

1 将顶枝夏季生长部分短截三分之二以上，仅留下棕色的成熟枝条。

2 短截所有侧枝，若最低侧芽看起来比较强壮，则保留这1个侧芽即可，如若不然则留2个侧芽。

第2年，夏季

1 垂直固定新生顶枝。

2 将侧枝当年生部分短截，留5至6片叶。

3 将侧枝上的次侧枝摘心，留1片叶，其中包括短截侧枝后生出的新枝。

4 若有花序形成应立即摘除。

第3年，冬季

1 将顶枝短截一半至三分之二，或根据需要修剪更多，仅保留棕色的成熟枝条。

2 短截侧枝，若最低侧芽较为强壮则仅留此一芽，如若不然则留2个侧芽。

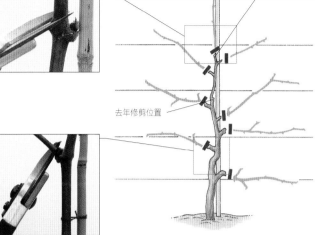

修剪至生长方向与去年保留侧芽相反的芽点

去年修剪位置

春季修剪，自第3年起

在短枝生出新枝后，每根短枝仅留两根最强枝，其余全部摘除。保留的枝条中较强枝作为结果枝，另一根则作为意外备用枝。短截备用枝，留2至3片叶，避免枝丛过度拥挤。

成形主蔓短枝系统，夏季

1 若发现侧枝无花序产生，可将该枝短截，留5至6片叶。

2 有花序的侧枝需在最高一丛花序向上2片叶处短截。

春季修剪使得每根短枝仅保留一对新枝，备用枝已被短截

新顶枝垂直固定

3 进行疏花，水果葡萄每根侧枝仅留一丛，酿酒葡萄每30厘米留一丛。

4 夏季生长期间，将侧枝上生出的次侧枝短截，仅留一片叶。

成形主蔓短枝系统，冬季

1 将顶枝短截至顶层铁丝下方的侧芽处。

2 将顶枝松绑，并小心地拉低，与一根横向铁丝固定。这一操作可以促进主茎较低处产生新枝，待春季新枝发芽后再将顶枝恢复原位。

3 短截侧枝，若最低侧芽较强壮可仅留此一芽，如若不然则留2个侧芽。

4 若短枝丛较为拥挤，可用园艺锯将较老枝丛移除。

平顶式（GUYOT SYSTEM）

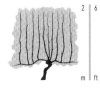

这种栽培方式最常用于管理在花园开放位置种植的酿酒葡萄。平行式管理的植株结果枝较长（一根枝条结多串葡萄），适合无法短枝修剪的品种，且必须采用主蔓更新法修剪（见第289页）。

这种栽培方式要求植株的支架牢固。第一根和最后一根支柱需附加斜桩或牵索。支柱间最多距离6米，铁丝间隔40厘米。部分栽培者每层设置两根铁丝，分别位于支柱两边，将枝条夹在中间，减少捆枝的工作量。在柱间交叉铁丝便可以省去固定新枝的麻烦。葡萄藤间应保持1.5至2米的距离。

成形整枝

葡萄藤的整枝需要2年时间，在第3年夏季可以结第一批果。在生长初期，整枝和修剪的目的是培养矮壮的主干，第2年夏季培养出3根强枝。到第2年冬季，将其中2个拉低，形成水平伸展的主蔓，往后结果枝便会从这2个主枝抽出，向上生长并结果。第3根枝条用于培育下一年的3根强枝，将其重剪，刺激基部生出新枝。

成形后修剪

将两根水平主茎生出的新枝竖直整枝。

每根侧枝都需要保持在掌控之中。移除遮挡成熟中的果实阳光的叶片。位于中间的短截枝条应保留3根强枝，作为当前结果枝的替代枝。当年采摘果实后，将结果枝完全移除，同时短截替代枝，将两侧的枝条固定在水平铁丝上。第3根替代枝的处理方式相同，重剪后需要每年重复更新主蔓的工作。

如果需要培养占用空间较少的葡萄藤（或欲在同排葡萄藤中腾出空间多种一株葡萄藤），可以只保留一根纵向主蔓，向左边或右边固定。若采用这种方式，则每年需要保留2根替代枝，一根下拉固定，用于培养结果枝，另一根则重剪至2至3个健康侧芽，培养下一对替代枝。

定植修剪

在冬季定植时，在植株旁插入一根支杆，将植株与支杆笔直固定。将枝条短截至15厘米高度，留至少2个强壮侧芽。注意修剪时远离节间膨胀处。

第1年，夏季

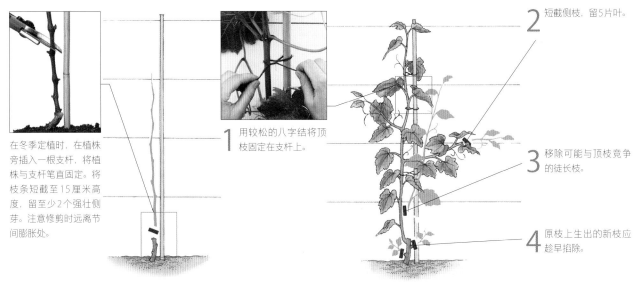

1 用较松的八字结将顶枝固定在支杆上。

2 短截侧枝，留5片叶。

3 移除可能与顶枝竞争的徒长枝。

4 原枝上生出的新枝应趁早掐除。

第2年，冬季

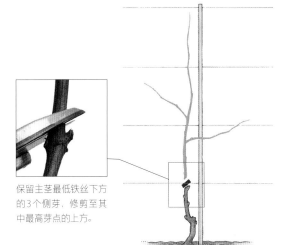

保留主茎最低铁丝下方的3个侧芽，修剪至其中最高芽点的上方。

第2年，夏季

1 选择3根强枝作为主枝，用线绳将三者环绕并绑定至支杆，给予植株支撑。

2 夏季将主枝上生出的新枝短截或趁早抹除。

生出卷须后，藤条已经可以自我支撑。

第3年，冬季

1 短截2根外侧枝条，留60厘米长度，8至12个健康侧芽。

2 短截中间枝，留3至4个健康侧芽。这一步骤的目的是保证这一部分的枝条仅形成3根强枝。

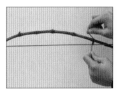

3 小心地将2根外侧枝条绑定到植株两侧的最低铁丝上。这样会刺激枝条在全枝形成侧芽。

第3年，夏季

1 将每根主蔓上形成的新枝竖直固定到铁丝上（或从单行双铁丝中间穿过），顶枝达到最高铁丝时打顶。

2 竖直枝生出侧枝时，将其完全摘除，防止其叶片遮挡成熟中果实的阳光。

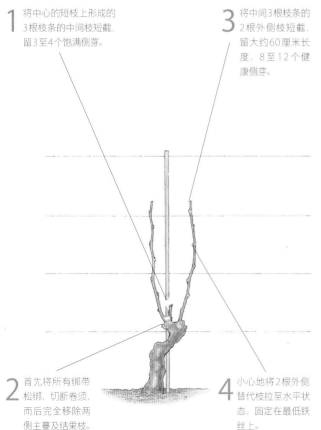

3 中间主蔓仅留3根新枝，移除剩余枝条。

4 3根中心枝若有侧枝形成应将其切除或摘除，留1片叶。

第4年往后，冬季

1 将中心的短枝上形成的3根枝条的中间枝短截，留3至4个饱满侧芽。

3 将中间3根枝条的2根外侧枝短截，留大约60厘米长度，8至12个健康侧芽。

2 首先将所有绑带松绑，切断卷须，而后完全移除两侧主蔓及结果枝。

4 小心地将2根外侧替代枝拉至水平状态，固定在最低铁丝上。

成形双平顶式，夏季

1 将新枝竖直整枝，枝条抵达顶端铁丝后将枝梢摘心。进行疏果，每30厘米保留1串果实。

2 与先前相同，在中间的主蔓仅允许3根强枝形成，短截其余侧枝，留1片叶。

3 间距15厘米左右的竖直枝完成固定后，将主蔓上形成的其他枝条移除。

4 将竖直结果枝上形成的所有侧枝完全摘除。

垂帘式（CURTAIN METHOD）

这种简单的整枝方式适用于所有可短枝修剪的品种，许多商业种植者都采用这种方式，但花园中也一样适用。当成排种植葡萄藤时，这种方式可以节省劳力（比如业余酿酒种植）。商业种植葡萄藤通常行与行距离2.5至3米，为车辆通行留出空间，不过如果种植处阳光充足，那么1.5至2米的间距就足够了。葡萄藤也可以靠墙在温室内或户外种植；朝墙生长的枝条需要小心地摘除。

垂帘式整枝法是从日内瓦双帘法（Geneva Double Curtain）衍生出的简化方式，后者更加复杂，是一种创新性的葡萄藤整枝技法（见第295页），该法让葡萄藤的结果枝垂悬，只要枝叶不是太密集、遮挡阳光，就不会影响果实的质量和数量。

植株的永久主蔓经过整枝呈现横向生长，主蔓上筛选后的结果枝间隔适当，向下垂悬。如有需要，可将结果枝掐尖，留20个侧芽左右，使采摘工作更加方便。在选择结果枝时，应当优先选择朝上、向外生长的枝条，而非直接向下的枝条；枝条层叠的生长方式所获得的光照和空气流通条件都要优于平坦的流苏状枝条。

枝条垂悬会使其长势减退，而这正是种植者需要的效果：枝条的长势减退意味着出产的果实质量更高，且夏季修剪的工作量也会相应减少。部分商业种植者不进行夏季修剪，但夏季修剪可以使葡萄藤更易管理，且果实成熟状况更佳。

成形整枝

首先将葡萄藤的单根茎向上引导，直至抵达最顶端的铁丝，同主蔓短枝系统（见第290页）。然后，选择顶枝与一根侧枝，或者两根强壮的侧枝（将顶枝短截至侧枝中最高的一根上方）沿顶端铁丝向两边横向整枝。枝条最好形成一个宽角的Y形而非T形，这样可以避免树杈承受过多压力——至少等到主茎成为粗厚的木质化枝。在接下来的生长期，应继续固定两根延长的主蔓，直至枝条达到理想的宽度。同时，选择间隔约为30厘米的朝上、外向侧芽保留，枝条开花后，每30厘米保留一丛花序使其形成果实。随着果实逐渐成熟增重，枝条会愈发弯曲拱下垂。夏季修剪侧枝，将其短截至基部一片叶处，限制枝条的生长，并防止枝叶遮挡果实的阳光。

成形后修剪

每年冬季，短枝修剪结果枝，保留主蔓附近的2至3个侧芽。夏季，选择侧芽中位置最佳的枝条成为结果枝，另外保留一支，掐尖，留5片叶，作为结果枝的备用枝。随着葡萄藤逐渐年长，短枝丛会变得复杂曲折，用园艺锯移除部分老化枝丛可以缓解枝丛的拥挤（另见第291页），尽量保持短枝丛朝上生长。

第3年，冬季

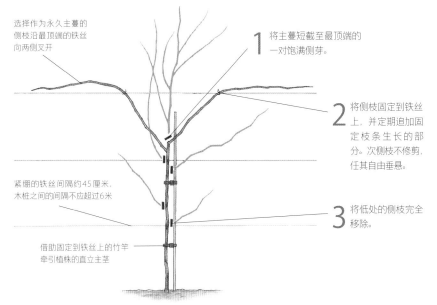

选择作为永久主蔓的侧枝沿最顶端的铁丝向两侧叉开

紧绷的铁丝间隔约45厘米，木桩之间的间隔不应超过6米

借助固定到铁丝上的竹竿牵引植株的直立主茎

1 将主蔓短截至最顶端的一对饱满侧芽。

2 将侧枝固定到铁丝上，并定期追加固定枝条生长的部分。次侧枝不修剪，任其自由垂悬。

3 将低处的侧枝完全移除。

第4年往后，冬季

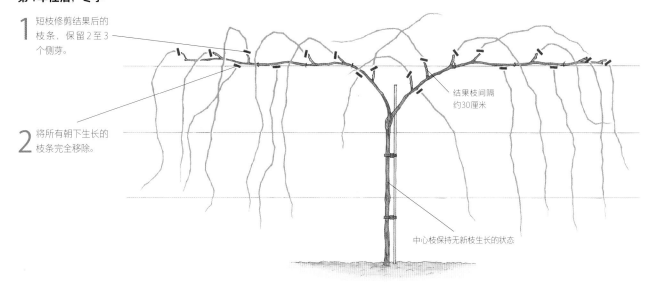

1 短枝修剪结果后的枝条，保留2至3个侧芽。

2 将所有朝下生长的枝条完全移除。

结果枝间隔约30厘米

中心枝保持无新枝生长的状态

其他整枝方式

多轴型（右图）

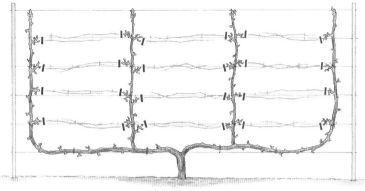

葡萄藤的长势极强，单个主蔓短枝结构就可以发展出多根主蔓，植株的竖直主蔓每年产生结果枝，通过短枝修剪维护。多轴型是一种颇具观赏性的整枝造型：竖直的主蔓也可以沿斜角牵引，远观时呈现"人"字形花纹。多轴型尤其适合水果葡萄藤的栽培，因为这一造型可以同时保留多根短结果枝，每根结果枝结一串果。开始整枝时，首先牵引2根横向主枝，这一步骤与平顶式相同（见第292页），而后培养垂直的主蔓生长，主蔓之间至少保持1.2米的距离。

四枝式（左图）

这种整枝方法的原则与平顶式（见第292页）相同，不过中心主茎上同时保有2对主蔓，最终每根主蔓留10个侧芽（形成10根结果枝）。主蔓使用短枝修剪管理，修剪时需要额外保留一根替代枝。当年主蔓结果后应完全移除，而后就可以将替代枝固定到铁丝上，成为新的主蔓。四枝式植株的果量大，但果实的光照很可能受到邻近枝叶，尤其是替代枝的影响，因此这种整枝方式仅适合夏季炎热地区的酿酒葡萄栽培。

日内瓦双帘法（右图）

这种复杂的垂帘式整枝方式受商业种植者欢迎，但在普通的花园中却不太实用，因为这种方式培养的植株需要两排支柱或者单排T字形支柱组成的较大支架支撑（如右图），而后将支柱顶端用铁丝连接。该方法的优势是仅需增加60厘米的空间就可以额外种植一株葡萄藤。双垂帘植株的整枝与修剪方式与单垂帘式植株相同，不过单株葡萄藤的两根主蔓错开，分别固定到两侧的铁丝上（就像一个人站在一列队伍里，左手搭在前面一个人的左肩，右手搭在后一个人的右肩）。

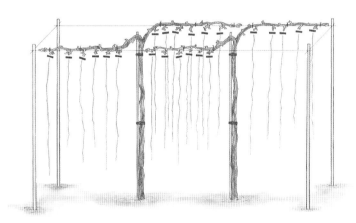

琴式（左图）

这种方法是日内瓦双帘法的前身，二者的整枝与修剪方式基本一致，不过枝条的方向上下颠倒。在法国北部等冷凉地区，琴式仍然是热门的整枝方法，因为琴式植株的结果枝向上生长、位置固定、间隔适当，果实可以最大限度地获得光照。结果枝每年通过短枝修剪短截至主蔓。与日内瓦双帘法不同，琴式整枝法可以用于需要更新主蔓的品种。替代枝可以自由生长，向下垂悬，等到需要时再进行水平牵引固定。

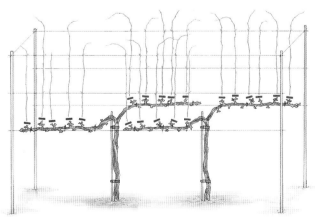

温室栽培葡萄藤的整枝

在气候寒冷多变的地区，只有借助温室才能确保水果葡萄有稳定的产量和良好的质量。如果是加温温室，种植效果就更好了，但同时也要确保温室内通风良好——因为葡萄藤不喜欢潮湿环境。如果温室内没有种植土或者想要省去浇水的麻烦，可以将葡萄藤种在温室外墙，再在温室墙底部打洞（洞口必须随着葡萄藤主干的生长扩大），引导葡萄藤的茎在温室内生长。短截葡萄藤的主茎，保留两个侧芽在温室内，待新枝抽出后选择一根作为新顶枝整枝，另一根则掐尖作为备用枝。

温室的尺寸会决定葡萄藤的最终大小和整枝方式。单主蔓短枝式是最适合温室栽培的整枝方式：葡萄藤可以向上生长，沿着温室屋顶的屋脊生长，如果屋檐够高，也可以沿着屋檐边缘生长。葡萄藤邻近温室的玻璃墙面生长时，必须在铁丝或支柱与玻璃间留出至少22厘米的空隙，否则果实和叶片很容易被聚焦的阳光灼伤。如果采用斜靠墙面的支架，必须将支柱靠墙整枝成多轴型。墙面反射的热量可以帮助葡萄成熟。生长期定期摘除多余新枝对于温室栽培的葡萄藤至关重要，因为其生活空间有限，要防止茂密的叶片形成树荫遮挡下方的植物。

标准型葡萄藤

当种植空间有限，或者需要培养温室或户外的独立型葡萄藤，那么标准型（见右图）是一个极佳的选择。虽然植株的果实数量有限，但果实的质量很有保障。盆栽的葡萄藤可以随时搬到户外。葡萄藤不应在加温温室内过冬，植株必须受低温刺激才能开花。用45厘米口径的花盆栽培葡萄藤比较稳定，不易倾倒，每年春季还应施肥，添加表层土。

整枝标准型葡萄藤

形成主茎 培养标准型葡萄藤的重要步骤是等待数年，使植株形成坚固的主干。首先需要重剪藤苗，每年冬季将上一年的生长部分短截一半，仅留棕色的木质化部分。不要留下任何绿色枝条。夏季将枝条掐尖，留6片叶，待冬季将其完全移除。

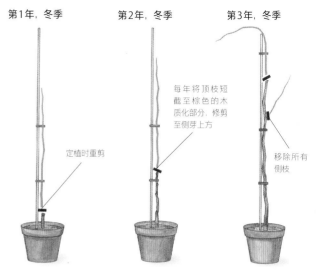

第1年，冬季

定植时重剪

第2年，冬季

第3年，冬季

每年将顶枝短截至棕色的木质化部分，修剪至侧芽上方

移除所有侧枝

培养冠丛 植株达到理想的主干高度后，保留顶部的一丛侧枝，将低处的多余枝条移除。冬季对保留的侧枝进行短枝修剪，留2至3个侧芽。每年冬季重复这一步骤，逐渐培养出短枝丛。若短枝丛渐显拥挤，可以用园艺锯将老化的部分移除（见第291页）。夏季，当短枝上生出的枝条达到45至60厘米时进行掐尖。果实形成后，进行高杆吊枝（见第99页），将线绳分别绑在结果枝和高杆的顶端，防止枝条因果实的重量而折断。

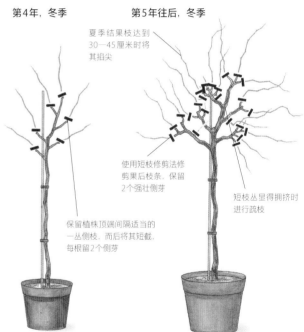

第4年，冬季

第5年往后，冬季

夏季结果枝达到30—45厘米时将其掐尖

使用短枝修剪法修剪果后枝条，保留2个强壮侧芽

短枝丛显得拥挤时进行疏枝

保留植株顶端间隔适当的一丛侧枝，而后将其短截，每根留2个侧芽

刮树皮

用小刀小心地将葡萄藤老茎最外层树皮刮掉，有助于控制某些害虫。

温室葡萄的维护和栽培

葡萄藤有严格的浇水需求，用于种植葡萄藤的温室种植床需要满足深度足够、土壤肥沃、排水顺畅的要求；栽培过程中需要经常检查，确保种植土既不过湿也不过干。

良好的通风对于减少病虫害至关重要。植株需要四面通风，保持空气新鲜，同时防止湿度过高。

温室栽培时需要进行人工授粉，可以大幅度摇晃枝条，或者小心地用手环住花序向下轻捋。人工授粉最好在晴天的正午时分进行，此时花粉量最多。

若果实离玻璃较近或直接位于玻璃正下方，需要多加注意。如进行疏叶（见第289页），应当留下1至2片叶为果实遮挡阳光，否则果实可能会受烈日灼伤。

冬季修剪后将老茎的外层树皮刮去（见左图）可以帮助减少以粉蚧为代表的害虫的栖息空间，从而减少害虫量。

猕猴桃（ACTINIDIA DELICIOSA）

猕猴桃是一种颇具观赏性的落叶缠绕型攀缘植物，植株具粗壮肉质的新枝，成熟后形成木质茎。由于植株的重量和其强盛的生长习性（枝条可达9米长），种植猕猴桃需要牢固的支架。在种植期间一定要避免猕猴桃的枝条缠绕支架的立柱或板条，否则随着枝条日益增粗，支柱会因其施加的压力而变形损坏。

在温暖的温带气候区种植猕猴桃最为理想，虽然有一些品种在冷凉地区也可以良好地生长结果，但有时晚熟的果实会因早霜冻伤。靠墙整枝可为植株提供更多保护。这种情况可以采用篱墙型（见第95页）整枝造型，中心主茎竖直生长，侧枝分层，水平固定在间距30厘米的铁丝上。除此之外，也可以使用牢固的棚架或三角架作为支撑结构。

猕猴桃果实成簇形成于一年生枝条的茎节或新枝基部。除少量自花授粉品种外，需要雌株和不结果的雄株才可以使猕猴桃成功坐果。雄株长势通常强于雌株，在种植空间有限时，可以在花后立刻重剪雄株。一棵雄株可以为8至9株雌株授粉。

■ **何时修剪** 冬末或春季，植株恢复生长前。生长期可进行摘心修剪，限制植株生长。

■ **整枝与修剪** 冬季定植时，将幼株的单主茎（一般为单主茎）短截至30厘米。搭配墙、支柱铁丝构成的支架，或者棚架栽植时，需要将新顶枝与竹竿绑定，然后竖直将竹竿固定在铁丝或立柱上，使其向上生长。在主茎的合适位置（水平拉伸的铁丝附近，或主茎抵达棚架顶端处）留一对侧枝生长形成永久的结果主枝。搭配三脚架种植时，选择2根枝条环绕支架，形成双螺旋结构。

待主枝长约1米时，将其掐尖，引导新枝作为顶枝。主枝上的侧枝间应保持50厘米的间距，其他枝条应在第一片叶形成时及时掐除。在植株生长期间，任何侧枝和主枝上的新枝都要在成形前及时移除。

在下一年，植株会在这些短截的枝条及其侧枝基部挂果。结果枝自最外一簇果实起生出6至7片新叶后掐尖。短截无果枝，留5片叶。采摘果实后将结果枝短截，在最后一个果实向外2片叶处剪断。这一操作可以培

短枝修剪猕猴桃

修剪时应保留2个健康侧芽。随着时间累积，短枝丛会逐渐拥挤，需要疏理，可以用长柄修枝剪或园艺锯进行移除。

养短枝丛，待丛生长满3年，将其短截至主茎附近的休眠芽。休眠芽抽枝后将其掐尖留5片叶，重新开始培养短枝丛。

生长过盛或疏于管理导致走形的植株可在春季重剪至老枝进行更新。修剪后通常反应良好。

西番莲与百香果（PASSIFLORA SPP.）

西番莲的果实

整枝枝条沿牵引线或向下生长可使枝条间保持距离，同时给予枝条部分支撑，这对结果时承受额外重量的枝条尤其关键。

西番莲属内有许多物种作为水果广为栽培，尤其是在热带地区。西番莲不耐霜冻，但许多西番莲属植物可以温室栽培。优选果实的品种常为嫁接植株，它们有不同的授粉需求。西番莲在当年枝结果。

■ **何时修剪** 果后。

■ **整枝与修剪** 果藤植株栽培方式同西番莲属观赏植物（见第279页）。温室种植需全日照，植株可借助铁丝靠墙，沿屋顶生长或借助三脚架盆栽种植，以上几种方式栽培的植株皆有较好的结果表现。于花园中种植时，可使用类似垂吊式葡萄藤支架的简易支撑结构。搭配凉棚等装饰结构栽培的植株可能产量较少。铁丝网或者铁丝围栏也宜作西番莲的支架，只要两面都进行日常维护等工作即可。

如果需要使植株先向上生长，而后再沿水平方向的铁丝或横梁生长，不论是户外还是温室种植，都应该先进行顶枝整枝（若需要植株朝两个方向生长，则可另选一根位置任意的强壮侧枝）沿支柱、立柱或墙壁向上生长，移除其次侧枝。枝条抵达支架顶端时，将两根枝条沿铁丝牵引：侧枝应放缓，下垂形成帘状的结果枝丛。若枝条与铁丝接触部分长度达到60至90厘米时仍未有强壮的侧枝形成，可将其掐尖，刺激侧枝生长，并整枝最末端侧枝，使其成为新顶枝。若侧枝不开花，可将其短截，留2至3个侧芽，刺激开花新枝形成。

由于西番莲具有卷须，因此垂悬的结果枝很容易相互缠结。防止这种现象的方法之一是在水平拉伸的铁丝和地面间再加设垂直的铁丝。枝条会沿着铁丝生长，而不是与其邻枝纠缠。这一方法也可以防止枝条在风吹时互相撞击，导致果实损伤。

西番莲的枝条只会结一次果，因此在采摘后可将其短截，留20厘米或2个侧芽。在后续年份中重复这一操作。6年以上的植株通常果量减少，最好整株替换。

月季

月季是多变的花园植物，数量众多的物种和杂交品种有各异的大小、习性和花朵表现。绝大部分月季都需要借助修剪才能展现出最佳的外观。

月季强大的吸引力源自其多变的花园用途。它们适应性强，可耐多种土壤类型，并且世界上几乎所有气候区都能找到可种植的月季品种。就高度而言，月季中既有低矮的地被植物，又有大型的多茎灌木。就生长习性与形态而言，月季中不仅有紧凑的小型灌木，又有枝条长达20米的蔓生植物。有的月季适合群植，作为传统的月季花坛，有的则可以用作树篱，还有许多品种是优良的孤景植物。华丽的微型月季十分适合在各种形状的花盆、花槽或其他容器中种植，而藤本、蔓生月季可以覆盖攀爬墙壁、围栏、拱门、立柱和凉棚生长。月季可以用来在花园中营造各种氛围，可以是野生月季朴实肆意，可以是单瓣月季的枝叶舒展、花团锦簇，也可以是成排的树状月季或覆盖方尖碑花架的藤本月季所透露的对称严谨。

针对不同的效果采用正确的修剪和整枝方式，不仅可以培养出强壮、健康、株型优美的植株，还能增加植株的花量。如果施以足够的肥料，更能进一步开发其丰花潜力。这些因素对于藤本月季和蔓生月季来说尤其重要，只要有技术与想象力，就可以通过整枝将一棵略有姿色的植株打造成一抹真正惊艳的景致。

月季繁多的栽培群和品种及其各异的需求可能在一开始令人眼花缭乱，不知如何修剪。修剪与整枝的成功关键点是深入了解各种月季的生长和开花方式，并寻找对应的整枝计划和修剪习惯，从而充分引导其长势、习性和花朵表现。

微型月季

在众多培育者的努力下，现代月季不断涌现出花色、大小和生长方式不同的新品种。这些小型灌丛月季只需要每年一次的修剪，就可以保持紧凑的株型和线条，并且持续一整个夏季尽情绽放。

◀ **优雅的花境月季**

白花的绢毛蔷薇（R. sericea）和黄花的黄刺玫（R. xanthina），这样由野生物种驯化而来的月季仅需微量修剪，是十分优质的花境植物，更能与许多花色明艳、常具重瓣花的现代月季品种形成美妙的对比。

月季的种类与形态

从古至今，月季一直是备受赞誉的观赏花卉，这使得今天人们所栽培的月季物种和杂交品种已经累积到了一个惊人的数量。许多月季仍然保持着野生状态的生长习性，呈现松散、独立的灌木形态，枝条长而垂拱，夏季绽放单瓣花装点枝头，但是月季的生长方式却千差万别。有的月季一般在老枝开花，且只开一季，但夏季开时花浪翻涌，声势浩大。其他许多月季则在当年枝开花，能重复开两季以上，甚至可以连续不断，从初夏一直绽放至秋季（在温和气候区甚至可以开到冬季）。与其开单瓣花的野生亲属相比，很大一部分月季都可以开半重瓣或重瓣花。

对于这类重要的观赏植物而言，修剪扮演着极为重要的角色，加速了强壮的新枝替代花后老枝的自然进程。通过修剪维持植株健康，株型良好，完全呈现其观赏潜力——这是所有月季的共同修剪目标，然而不同的月季却有着各自的修剪需求和时机。此处介绍的修剪管理方式适用于大部分种类的月季。然而，由于月季的园艺背景差异巨大，即使同属一个栽培群的月季也可能有着迥异的生长习性和修剪需求。如果一株月季看起来与其所属的栽培群格格不入，那么不妨寻找与该植株特性更加接近的其他栽培群，并参考这种栽培群的修剪方式对该月季的修剪进行具体调整。

主要月季栽培群

栽培群是为月季分组并决定其修剪和整枝要求的分类方式，因此栽培群的划分必须参照月季的生长特性和月季栽培史上的各个重要阶段。由于月季的栽培牵涉到十分复杂的杂交关系，因此许多月季没有办法像其他灌木或者缘缘植物一样归属到具体的物种或杂交种名下，而是简单地通过栽培品名进行称呼。为了正确地修剪栽培的月季，种植者必须了解该月季在传统上属于哪个栽培群或亚栽培群。至于能够归属到具体种名的月季，为了方便修剪与整枝，基本上都归为一类，称作原种蔷薇。

灌木月季

灌木月季适合花坛种植或与其他不同的植物混合群植，不过月季通常需要少量修剪。灌木月季中包括以蓝绿色叶片而闻名的紫叶蔷薇（Rosa glauca，异名为R. rubrifolia）等数种原种蔷薇，以及部分与其亲本相似、同样在夏季开一季花的其他月季。其中有几种花后结极具观赏性的蔷薇果。

古典月季（Old Garden Rose）是灌木月季中的主要品类。许多古典月季都有华丽的外观，更有大量的历史趣味。古典月季属于19世纪晚期引进大花灌木月季（杂交茶香月季）前便存在的的栽培群。大部分古典月季有半重瓣或重瓣花，但其花色较为有限，在部分栽培群中仅有白色和各种粉色调。历史最为悠久的白蔷薇、大马士革蔷薇、法国蔷薇、普罗旺斯蔷薇（百叶蔷薇）和苔蔷薇（普罗旺斯蔷薇的芽变，花萼和花柄有苔藓状增生）——除少数特例外都仅在夏季开一季花。

上世纪末引入西方园艺界的中国月季（China Roses）将多季复花的特性给了了波旁月季（Bourbons），杂交长青月季和波特

月季栽培群和生长习性

直立型古典月季
古典月季中有数种中型、直立的品种，形成枝条纤细浓密的灌丛。与其他古典月季相同，这类月季无需重剪，只要偶尔疏枝，移除老化枝丛以缓解拥堵的情况即可，同时也能刺激植株形成下一年夏季开花的强壮新枝。属于古典月季的法国蔷薇栽培群中也有许多品种有这一习性，这些月季在盛夏开花，且花仅一季。

现代灌木月季
现代灌木月季的大小、生长习性和开花方式差异巨大。有些品种与原种蔷薇相似，枝条垂拱，开单瓣花。其他的品种株型则更显直立，部分品种与现代灌丛月季一样，有着饱满的花朵。不过，与需要重剪才可获得最大花量的现代灌丛月季不同，不论是开单瓣花还是重复开多季花，现代灌木月季都无需重剪，重剪甚至会破坏植株的株型。

伸展型古典月季
古典月季中有很大数量的品种具有枝条垂拱的习性，在花园中种植时一定要给予一定的生长空间，它们的茎长且多刺，十分容易侵入邻近植物的枝丛。短截这些枝条虽然可以限制植株生长，但是会破坏其优雅的自然形态。不过，如果每年施以轻剪，移除部分花后老枝，还是可以略微控制植株的生长，同时改善其花朵表现。

英国月季

　　许多英国月季都有"格特鲁德·杰基尔"(Gertrude Jekyll)和"巴斯夫人"(The Wife of Bath)这样具有特殊意义的名字。它们是现代月季和古典灌木月季杂交而成的新品种，继承了现代月季抗病、紧凑、花色丰富的优点，以及古典月季经典的花型和芳香。它们的生长习性迥异，没有任何通用原则存在，因而修剪方式也差异巨大。然而，总体来说，英国月季不能像现代多花月季或丰花灌丛月季一样进行重剪，最适合的修剪方式还是在休眠期轻剪。具体的修剪方式应该参考与该品种特征最接近的栽培群，并向零售商寻求建议。

格拉汉·托马斯 (Graham Thomas)

现代灌丛月季

所有现代矮灌月季都能重复开多季花，当年枝开花。此类月季所需的修剪程度在所有月季中最重(见第306—308页)。很大一部分枝条开花后都需移除，以刺激下一年的枝条形成。

小型灌丛月季

露台月季和小姐妹月季(见第308页)属于小型丰花灌丛月季，修剪方式与灌丛月季相同。微型月季(见第309页)则是大花灌丛月季和丰花灌丛月季的矮化种类，株高通常不超过25厘米。其枝条纤细，无需重剪。

树状月季

树状月季是通过枝接技术培育出的高度不同的丛冠标准型植株(见第310页)。蔓生月季等其他长枝的月季品种也可以用来培养垂枝标准型植株。

现代藤本月季

通过整枝(见第316页)，这类月季可以形成长且较坚硬的骨干枝，不过通常需要用线绳固定或进行支撑。藤本月季的开花侧枝应该每年修剪，刺激新开花枝形成。

蔓生月季

蔓生月季每年会从基部生出柔韧的竿状新枝，向上攀升。植株通常有一季花，在盛夏或稍晚开花，花较小，但聚集成簇，一簇花可达20多朵以上。花后可将整根开花茎移除(见第318页)。

　　兰月季(Portands)，而这些月季正是多季复花的现代灌丛月季的前身。此类月季通常无需重剪，但具体修剪方法应该根据植株的高度、长势及复花性决定。

　　如今，栽培者们不断地进行月季杂交，培育出新的现代灌木月季，期盼将现代月季与古典月季甚至原种蔷薇的优点结合。以"金色翅膀"(Golden Wings)为代表的部分现代灌木月季可以在夏季至少开两季花。其他株型较紧凑的品种也作为地被植物愈发地受到人们的欢迎。

灌丛月季

　　自19世纪晚期开始，月季培育者就逐渐将精力集中在创造复花性优秀稳定、植株紧凑、适宜花境种植的品种上。大花矮灌月季(Hybrid Tea，即杂交茶香月季)以其形态优美、花瓣聚拢而闻名，其花或单瓣或重瓣，且花色众多。与之相比更加华丽的是丰花矮灌月季(Floribunda)，花朵成簇开放，仿佛彩浪。微型月季、露台月季和小姐妹月季(比丰花灌丛月季更早)等小型矮灌月季的数量和种类一直在增加，以满足人们日益增长的、对小空间和盆栽种植月季的需求。

藤本月季和蔓生月季

　　许多月季的枝条较长，且至少在幼嫩时十分柔韧，可以借助其他灌木和乔木向上攀爬，寻找阳光。枝条上的刺可以使其牢牢抓住其他植物和不平坦的平面。蔓生月季包含数种，花小、簇生，仅开一季，植株长势较强，其中以"凯菲兹盖特"(Rosa Filipes 'Kiftsgate')为代表的部分品种生长尤为迅速。

　　与之相对的是长速适中的藤本月季，藤本月季的花朵较大，花色也更加丰富。藤本月季中包括少量经典月季，如布尔索蔷薇(Boursaults)和诺伊赛特月季(Noisettes)，也有许多现代杂交品种，其中还有一些现代灌木月季变异而来的藤本植株。近来月季栽培者们最感兴趣的是培育所谓的"立柱月季"，适宜攀爬低矮的立柱生长，花朵在全株均匀分布。

　　藤本月季和蔓生月季可以攀附强壮的宿主植物生长，但通常多攀附人造支架生长，需要整枝和修剪才能保证开花效果。

基础技术

修剪月季的主要理由与其他植物无异，都是为了保持植株的健康和活力。对于月季而言，及时移除枯枝、病枝和伤枝尤其重要。月季容易感染各种疾病，而且常常在传统的月季花坛群植，增加了疾病传播的概率。

为植株造型、防止枝条拥挤，以及必要时限制植株的大小也是月季修剪的重要日常工作。与未经修剪的植株相比，中心开放、枝条间隔适当、不互相交叉摩擦的月季植株更加美观，且较不易患病。

尽管健康的月季已经具有相当不错的花量，但有许多年度修剪工作可以使月季开出更多更好的花朵。月季植株上健壮的新枝开出的花朵质量最佳，但随着年岁增长，枝条会逐渐木质化，而其花朵的数量和质量也会逐年减退。如果没有人为干预，这些老枝会逐渐枯死最终掉落，而后被新枝代替。然而在这过程之中，老枝、枯枝和新枝无可避免地相互缠结，导致患病风险增加。因此，年度修剪的目的就是通过移除生长衰退的老化枝条来刺激翌年夏季开花的强壮新枝生长，从而加速植株的新陈代谢。修剪对于藤本月季和蔓生月季尤其重要：修剪产生的效果可以与整枝进程结合，使得植株枝叶繁盛，花量众多、茂密地覆盖其支架。

尽管绝大部分月季栽培群的日常修剪工作（见第303页）大致相同，但其促花修剪却受月季的类型、生长环境、气候条件等因素影响而截然不同。在植株几乎全年生长的温暖气候区，栽培者通常选择轻度修剪（大多为摘除枯花）来避免影响植株的观赏表现。但是，如果每2至3年重剪灌丛月季，更新开花枝，可以使植株生长更佳。

进行修剪

所有月季叶芽均对生（见第8页）。修剪前应先考虑希望新枝向哪个方向生长，修剪时便在指向该方向的健康侧芽（见右图）上方斜角下剪。修剪灌丛月季时，为了维持植株的开心态势和整体的圆形轮廓，应该修剪至外向侧芽。与之相对的是枝条弯拱的月季，由于植株需要朝内、向上生长的新枝填补略显空旷的中心，修剪时应当短截至内向侧芽处。如果枝条上没有明显的侧芽，可以将枝条修剪至合适的高度，待休眠芽开始生长时再将其短截至朝向理想生长方向的新枝。

偶尔的更新修剪对所有月季的生长都有所帮助：在植株休眠时，选择一根老化、长势衰退的主茎完全移除。如果该枝近基部已经有位置良好的强壮新枝产生，可以将其短截至这根新枝上方。

何时修剪

在休眠期进行定植的月季可以在定植时修剪，生长期定植的盆栽月季最好等到种植后的第一个春季再行修剪。修剪程度需要根据月季的类型决定。

一旦植株成形，夏季中上旬开花的单季月季（大多为原种蔷薇，也有部分古典月季和蔓生月季）应当在花谢后立刻修剪。多季月季也可以在秋季最后一波花谢后进行修剪，不过许多冷凉气候区的种植者会选择延迟修剪（尤其是灌丛月季），待凛冬过去，春季初至、但植株仍处于休眠期时进行修剪。至于温暖气候区则大多在花后、一年中最冷的时节进行修剪。

在侧芽上方5毫米处斜角修剪

叶腋的健康侧芽

修剪至侧芽
修剪时使用锋利的修枝剪，在侧芽上方5毫米以内的位置斜角修剪；侧芽位于枝条或叶腋处，切面往侧芽生长方向的反方向倾斜。

老化、生长衰退的枝条

强壮的新枝

直角修剪

更新修剪
使用长柄修枝剪或园艺锯，将老枝从基部直角截断，或者如图中所示，在一根强壮的新枝上方5毫米处截断，不留下过多残枝，也不损伤侧枝与主茎的连接处。

修剪切口的好坏（见下图）
粗糙的切口（左一）需要更长时间才可愈合，并且容易成为疾病的入侵点。倾斜方向错误的切口（左二）会导致侧芽附近积水，增加腐烂的风险。修剪位置过高（右二）会留下一段残枝，残枝容易感染枯枝病，从而蔓延到整根枝条。正确修剪留下的切口（右一）可以使侧芽生长成为强壮、健康，且朝向理想方向的新枝。

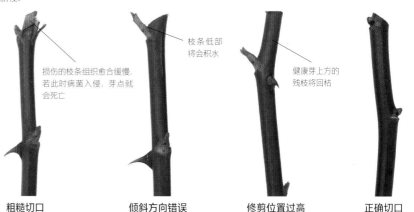

损伤的枝条组织愈合缓慢，若此时病菌入侵，芽点就会死亡

枝条低部将会积水

健康芽上方的残枝将回枯

粗糙切口　　　　倾斜方向错误　　　　修剪位置过高　　　　正确切口

日常工作

　　虽然不同种类的月季促花修剪的方式和时间不同，但也有许多所有月季通用的管理工作。其中，有一些是摘除枯花和牵引捆枝这样有助于植株生长的操作，其他的则主要起预防作用或解决局部问题。

摘除枯花

　　如果让月季植株结果，那么植株便会集中营养，生产果实。单季花的月季一般在花后便可以修剪。原种蔷薇和其他观果月季则不应移除枯花。为多季开花的月季移除枯花可以刺激植株生出新枝，从而形成第二季甚至第三季花。修剪强健的新枝时，仅移除枯花是不够的。从枯花向下数，在第二至第三个侧芽处将其截断。若花开成簇，位于中间的一朵花总会最先盛开凋零；如果想要先行移除也可以直接将其摘除。待整簇花谢后，就可以将其完全移除了。

牵引捆枝

　　藤本月季和蔓生月季的长枝和靠墙整枝的高大灌木月季都需要与其支撑结构固定，不仅是为了避免枝叶因风吹损伤，也是为了最大程度地实现其观赏效果。枝条的支撑结构可以是通过羊眼钉水平固定在墙上的铁丝，或者是拱门、立柱、棚架和三脚架等。使用园艺麻绳绑八字结或针对枝条具体情况设计的绳结进行捆枝。这些绳结应该可以进行松紧调节，同时在枝条与支架间形成一个缓冲，防止枝条擦伤。

伤枝与交叉枝

　　与损伤或撕裂的枝条比起来，平整的切口更不容易被病菌侵入，故而发现伤枝时应及时移除，短截至健康的侧芽上方，刺激替代枝生长。此外，与其他枝条相互摩擦或未来可能相互摩擦的枝条亦需进行修剪或短截至侧芽或侧枝处。如此一来，便可以将枝条擦伤或撕裂的损伤降至最低。

枯枝及回枯枝

　　对于月季种植者而言，分辨植株的枯枝和回枯枝十分关键。前者已经在枝条内形成一道"自然屏障"（见第9页），分隔枯死枝和鲜活枝。枝条不断地枯死蔓延，已经明显枯死并且有清晰界线的枝条应在发现时立刻修剪，短截至自然屏障的上方，不损伤屏障。然而，如果枝条外表干枯，呈浅棕色，且枝

摘除多季花月季的枯花

大花月季　将枝条短截至强壮、外向的侧芽或枯花下方的新枝，刺激植株产生开花新枝。

丰花月季　花朵尽数枯萎后，将整簇枯花移除，以正确的角度在适当健康侧芽的上方截断枝条。

捆枝

用园艺麻绳绑八字结或针对枝条生长具体状况设计的绳结将长茎固定在支架上。绳结应该为枝条的生长留出足够空间。

枯枝、伤枝、拥挤枝和交叉枝

修剪月季时，移除伤枝和病枝，修剪交叉枝、灌丛中间的拥挤枝或是相互摩擦的枝条，老枝花朵质量开始减退时应将其完全移除。没有产生新枝并枯死的老桩头应用修枝剪或园艺锯移除。

枯枝
致病微生物容易在枯死、腐烂的枝条中大量繁殖

交叉枝
枝条摩擦会导致损伤

新枝

枯死残枝

条的枯死和鲜活部分没有明显的分界线，那么这根枝条很可能是染上了枯枝病，必须马上移除所有感染部分。枯枝病通过枝条的中心部位向下蔓延，因此将回枯枝修剪至看起来十分健康的部分时，还是有可能发现切面中间有棕色的感染部分。如果发生这种情况，则必须继续向下修剪，直至切面呈现健康的植物组织和白色的木髓。

盲枝

月季有时会产生枝梢无花芽生长迹象的枝条（见下图左）。这种枝条称为"盲枝"，在部分品种植株出现的频率明显高于其他品种——大花灌丛月季"和平"（Peace）就特别容易生长盲枝。这一现象的成因很有可能是枝梢冻伤。短截盲枝可以刺激低处的侧芽生长，形成开花的新枝。尽管这样，开花时也可能已经错过盛花期。

移除根蘖

芽接是月季无性繁殖最简单且最广为使用的方法。法国蔷薇、白蔷薇、密刺蔷薇（R. pimpinellifolia）等原种蔷薇及其杂交种中的部分品种如果通过扦插繁殖，植株会不断地产生根蘖，因此这些品种必须嫁接到其他砧木上来减少根蘖的困扰。大部分现代月季都是采用特定的优选野生蔷薇砧木培育的嫁接植株，这样可以增加植株的长势和寿命。在生长季，砧木可能常常会长出新枝或根蘖，位于接点下方。砧木产生的新枝或根蘖叶片一般较小，虽然都是绿色，但色调与接穗的叶色不同。发现根蘖时应当立刻移除（见上图），因为尽管它们一开始看起来十

移除月季根蘖

1 小心地将土壤移开，追寻根蘖起始的根茎（在芽接点之下）。

2 将根蘖从根部扯出。虽然这样操作并不容易，但与较简单的切除相比更有可能根除根蘖。

分羸弱，但很快就会迅速生长，将嫁接的品种取而代之。如果将根蘖枝平茬只会刺激更多新枝；发现根蘖时，应当寻找根蘖源头的根，并小心地将其从根部拉出。这样一来，就可以将根蘖基部的休眠芽一并移除，防止其受刺激后长成新的根蘖。

枝接培养的树状月季（标准型月季）也很可能在主干位置产生侧芽，发现时也必须摘除（见第311页）或完全剔除。

害虫与疾病

修剪可以与杀虫剂和杀菌剂配合，控制害虫与疾病对月季植株的影响。受霜霉病（下图中）影响严重的枝条应当移除，感染黑斑病的叶片也最好摘除焚烧。卷叶蜂（下图

右）的活动并不会对植株造成严重的影响，但是会有碍美观，因此也应将其移除。

修剪后维护

春季施肥和覆根物对所有月季都有益处，而重剪的大花、丰花灌丛月季等则需要在生长期施用额外的肥料以维持苗壮生长。市面上有许多月季肥料可以购买。冷凉气候区切记在夏季中下旬后施肥，这样催生的嫩枝没有足够的时间成熟，冬季极易受冻伤。

盲枝

将盲枝短截至健康、外向生长叶片的叶腋侧芽。侧芽受到修剪刺激，很快就会形成开花枝。

霜霉病

受霜霉病严重感染、覆盖灰色粉霜的枝叶几乎不可能恢复，应该将其移除或焚烧。

卷叶蜂

这种明显的卷叶蜂造成的损伤虽然不会对植株造成伤害，但是最好移除以免影响观赏性，将枝条短截至叶片不受影响的位置。

更新复壮

新购置花园时园中的植物由于疏于管理难免略显荒芜，尤其是灌丛月季，凌乱的外表会使其看起来似乎不值得保留，但总体来说，还是值得花费精力尝试进行更新的。有的月季植株可能会在更新后恢复健康生长，有的可能收效甚微。但无论如何，绝对不要在同一个位置直接种下新的月季植株，除非将原种植坑的土全部更换或者消毒，否则可能会出现月季共有的重茬问题。

藤本月季和蔓生月季一直都是花园中易受忽视的角色，其实只是因为它们往往较难够到。此外，大部分藤本、蔓生月季即使无人看管也可以正常开花多年。然而，随着植株的生长，植株会逐渐生长过盛，易受疾病侵袭，必须要进行修剪维护。

更新修剪攀附支架生长的月季时，一定要趁着修剪后的机会检查植株覆盖下的墙壁、围栏或其他支撑结构。另外，这也是进行刷漆或者修复网架铁丝损伤的最佳时机。

何时更新

植株的休眠期一般是最适合进行大幅度更新修剪的最佳时机，一般花后修剪的蔓生月季也是如此。不过，这也意味着植株在下一个花季无法开花。更新修剪后，务必在春季为植株施肥，添加覆根物（见第13页）。

矮灌和灌木月季

对此类月季而言，重剪虽然有一定的风险，但却是最简单的更新复壮手段。更新作业最糟糕的结果是导致一株原本就濒临死亡的植株加速死亡。但更多情况下则是会刺激植株基部的休眠芽生长，使月季焕发新的生机。

首先需要将植株基部所有枯死的枝条和桩头移除。如果有必要可以使用长柄修枝剪和园艺锯，但通常枯死已久的枝条徒手便能掰断。移除任何发现的根蘖（见第304页顶部右图）。剩余枝条应短截至地面高度2.5厘米或4厘米以下。此时无需修剪至侧芽，因为植株基部均为表面不可见的休眠芽。

除此之外，也可以采用修剪幅度较小的更新方式，将所有老化枝移除，然后再整体进行短截和更新修剪（右图）。如果担心植株的安全，也可以将这种渐进的更新方式分散到2年完成。

藤本月季

疏于管理的藤本月季最为明显的特征就是基部枝条光秃而高处枝条生长过盛。将一部分主茎短截至地面30厘米高度以下（每年修剪不超过三分之一的主茎）。这样可以促进植株从低处产生新枝。如果月季修剪后情况并未好转（部分品种修剪后收效甚微），那么唯一的方法便是放弃改变植株本身，转而种植低矮茂密的植物，遮挡植株光秃的底部。

生长过盛、超出种植空间的藤本月季顶部枝条过重，应当将所有主茎短截，使植株体积少于指定生长空间的三分之二，同时将主茎上的所有侧枝短截三分之二，修剪至健康的侧芽或新枝处。

月季的渐进更新

图中这株"伊丽莎白女王"（The Queen Elizabeth）月季作为花境植物可以提升整体景观高度，但植株已经由于多年缺乏管理而累积了大量的枯枝和无用枝。第一步可以先进行轻度的更新修剪，避免植株在之后的生长季成为整体观赏和种中的空缺。下一个冬季，如果已经有新枝产生，便可以将植株中心和最左端的老枝短截至基部，然后在接下来的年份中陆续重复这一操作，直至所有主茎完成更新。

蔓生月季

老化、生长过盛的蔓生月季枝条互相缠结，有的可能已经回枯至基部。为了使移除枝条变得更加简单，可以分批进行修剪。首先移除枯枝、细枝、弱枝以及任何有患病迹象的枝条。将所有老枝完全移除或短截至近地面高度，仅留3至4根强健新枝，将这些枝条上的所有侧枝修剪至8到10厘米。

若植株的枝条完全纠结在一起，且看起来不太健康，可以选择在夏季整株平茬。大部分蔓生月季不仅可以在平茬后迅速恢复，也能从这种大幅度的修剪中全面受益。

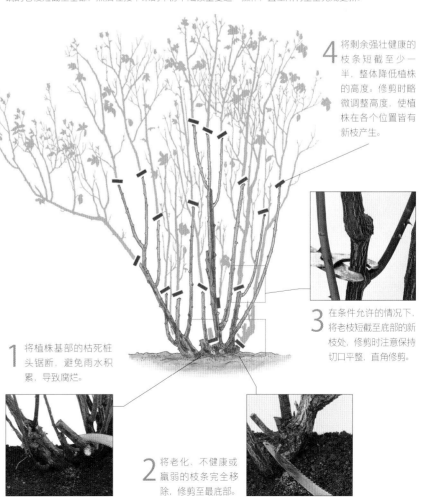

4 将剩余强壮健康的枝条短截至少一半，整体降低植株的高度。修剪时略微调整高度，使植株在各个位置皆有新枝产生。

3 在条件允许的情况下，将老枝短截至底部的新枝处，修剪时注意保持切口平整，直角修剪。

1 将植株基部的枯死桩头锯断，避免雨水积累，导致腐烂。

2 将老化、不健康或赢弱的枝条完全移除，修剪至最底部。

现代灌丛月季

修剪现代灌丛月季的目的是刺激足量新枝产生，使其在生长季连续开花。这类月季每年都需要修剪至低矮的骨干枝，防止植株基部变得光秃，也促进开花质量更佳的强壮新枝生长。月季展会的参展者甚至会进行程度更重的修剪，使植株产生更少，但也更精美的花朵。

千万不要害怕重剪灌丛月季。如果灌丛月季的修剪不足，年复一年，植株就会变得长势懈怠，花量稀少，不但基部枝条光秃，其余枝条也会细长少叶，处处是枯死的残枝。

近年来，有不少研究声称灌丛月季不需要传统修剪方式那样庞杂繁琐的修剪（甚至可以用修篱机修剪）。虽然这些结果听来十分有趣（见第309页），但就此定论为时尚早。

月季花坛

每年例行将植株修剪到特定高度可以促进植株生长得整齐划一，同品种的月季在相同高度、同一时间齐齐绽放，这对于改善传统月季花坛的群体表现十分理想。在这种密植的情况下一定要保证植株周围的空气流通顺畅。修剪月季花坛中的月季时，单株植株的均匀株型不是修剪的重点，防止各株枝条相互纠缠才更重要。

选购与定植

初期重剪有助于现代灌丛月季的生长。重剪可以促进植株低处的枝条苗壮生长，有利于形成强健、株型良好的灌丛。在月季休眠季节可以购买裸根苗，这也是传统的月季定植时节，可以在强枝生长前给予根系足够的发展时间。定植前需要修剪根系，短截过长、过粗的根，并修剪受损根系。定植后修剪地上枝叶（见第307页顶图）。

盆栽植株可以在任何时候种植。如果在休眠期上盆，修剪方式同裸根月季；若在生长期定植，则应移除盛开中的花朵及受损枝，而后在翌年初春重剪。

■ 何时修剪 现代灌丛月季的主要修剪时间为九月末至初春，大致与休眠期重合。在冷凉气候区，修剪的时间越晚越好。冬季凛冽的寒风很可能损伤月季高而直立的枝条。强风的侵袭也有可能使月季的根系松动，导致植株基部出现空隙。空隙中的积水冻结成冰，可能导致植株最脆弱的嫁接点损伤。为

展会月季的修剪

用作展会植株的现代灌丛月季需要极重程度的修剪，将植株几乎短截至近地面高度，使其产生少量主茎。这些主茎只会产生少量，但是个体较大的花朵，或成簇的花朵。此外，疏去部分花芽（见下图）也可以提高花朵的观赏质量。如果每茎只留一朵花，大花月季就可以开出花形完美，个体巨大的花朵。在多余花苞形成时就要立刻移除。丰花月季簇花的中间一朵通常在最低的一朵尚未展开时就已经开放或凋谢。移除中心花芽可以使这一簇花开得更加整齐。

摘芽

大花月季 小心地将顶端大花芽以下的其他花芽摘除。

丰花月季 在花芽生长早期将花簇中心的花芽摘除，注意其花柄亦应完全移除。

了减少强风对植株的影响，在秋季可以将1米以上高度的月季灌丛短截（见下图）。而后在接下来的春季，等到晚春霜冻的危险期过后，就可以根据月季的类型进行普通修剪。

摘除枯花（见第303页）是月季生长期所需的修剪内容之一，因为几乎所有现代月季都可以开多季花。此外还有移除病枝、伤枝以及根蘖等其他必要的日常工作（见第304页），除上述各项之外应当避免进行任何修剪。

秋季修剪

冷凉气候区的月季植株常受强风损伤，这种状况在空旷的种植环境尤其严重。因此，应当将植株的茎短截株高的三分之一至一半。在强风或严重的霜冻过后，仔细将植株基部的土壤压实。

修剪前　　　　　修剪后

大花灌丛月季（LARGE-FLOWERED BUSH ROSES）

这类月季也常被称作"杂交茶香月季"（茶香月季又称香水月季），一般出售的植株为一年生苗。大花月季必须在定植时重剪，将枝条短截至近地面处（右图）。除此之外植株无其他成形修剪或整枝需求，待植株定植后的第一个完整生长期过后，便可以按照成形植株进行修剪维护。

成形修剪

在生长期和花期，在必要情况下移除枯枝、病枝、伤枝及根蘖，此外还需定期摘除枯花，促进植株连续开花（见第303页，日常工作）。

灌丛月季的主要年度修剪在植株休眠期间（见第306页，何时修剪）进行，移除所有长势减退、不健康的枝条，并短截剩余枝条。只有强壮健康的枝条才能保留，在接下来的生长期长出强壮的新枝。绝大部分大花灌丛月季自然株型直立，这也常常导致灌丛中心的枝条过于拥挤。通过选择性地将枝条短截至健康外向的侧芽，可以将植株培养成

修剪新种植的灌丛月季

新枝顶端略微受损

枝条已经相互交叉摩擦

修剪前 这些长枝应当进行重剪，刺激植株产生理想的低处新枝，同时也可以移除幼株的缺陷或植株在苗圃中受到的损伤。

形态良好的开心型植株，使得空气可以在枝丛中自由流通，降低患病的风险。

首先应该将枯枝、病枝以及上年修剪后没有产生可用新枝的桩头移除。然后再将粗度不及铅笔杆的细枝移除：这些枝条不太可能开花，也最易感染黑斑病。此外，完全移除任何朝灌丛中心生长的枝条，若有枝条枝叶极其稀疏，可将其短截至低处外向的侧芽。交叉枝应将其中一根短截或移除。最后，若处于冷凉和温带气候区，将剩余的枝条短截至约20厘米的高度。温暖气候区修剪量稍少，短截至25至30厘米的高度即可。

修剪后 每根枝条都短截至7至15厘米高度以下。应在外向侧芽上方斜角修剪，促进新枝形成中心开放、间隔适当的枝丛。

确切的高度需要根据枝条的具体情况决定，因为保持切点位于完全相同的高度是不可能的。短截枝条时，需要修剪至去年修剪位置上方5至8厘米的合适侧芽上方，外向芽点最佳。当修剪的枝条上已有3至4个短截修剪留下的"台阶"时，则应进行更新修剪，将其短截至枝条较老的部分，最好是修剪至强壮的基部新枝处，将该新枝短截至5至8厘米。月季的枝条应轮流进行这样的更新修剪。更新复壮详见第305页。

修剪成形大花灌丛月季

1 移除枯枝、病枝或伤枝，若有枝条呈现枯枝病症状，应将其短截至健康枝条处。

仔细选择修剪位置，促进枝条向外生长，避免与植株中心或其他枝条交叉。

2 将剩余枝条短截，在20—22厘米高度附近的外向侧芽上方5毫米处斜角修剪。

部分大花灌丛月季（杂交茶香月季）

亚历克红（Alec's Red）; 亚历山大（Alexander）
祝福（Blessings）; 绝密（Deep Secret）
艾莉娜（Elina）; 欧内斯特·莫尔斯（Ernest H. Morse）
香云（Fragrant Cloud）
自由（Freedom）
贾斯特·乔伊（Just Joey）
保罗·舍维尔（Paul Shirville）
和平; 女士（The lady）
皮卡迪利（Piccadilly）
珍贵铂金（Precious Platinum）
勿忘我（Remember Me）
迷迭香（Rosemary）
哈克尼斯（Harkness）
威廉女王（Royal William）
红宝石婚礼（Ruby Wedding）
萨伏依旅馆（Savoy Hotel）
银婚纪念（Silver Jubilee）
三驾马车（Troika）

红宝石婚礼

丰花灌丛月季（CLUSTER-FLOWERED BUSH ROSES）

丰花灌丛月季或称聚花灌丛月季，英文名为Floribunda，其修剪方式与大花灌丛月季一致。成形后的丰花月季与大花月季修剪上唯一的差距在于，移除各种不良枝后，剩余的枝条修剪程度较大花月季轻。丰花月季的魅力在于其庞大的花量，因此植株应保留较长的茎，这样就有更多侧芽可以形成开花枝。

不过，丰花月季在移除枯花时也会遇到一个典型问题，那就是已经开出大簇花朵的枝条上没有明显的侧芽来辅助决定修剪位置。这种情况下，只需大概修剪至理想高度即可。修剪会刺激休眠芽开始生长。若休眠芽生出的新枝上方有残枝留存，可在稍后将其移除。疏于管理和老化的丰花季灌丛通常可以进行渐进更新修剪或完全更新修剪（见第315页）。

部分丰花灌丛月季

阿尼斯利·迪克森（Anisley Dickson）
安妮·哈克尼斯（Anne Harkness）
亚瑟·贝尔（Arthur Bell）
汉娜·戈登（Hannah Gordon）
冰山（Iceberg）：克瑞希雅（Korresia）
玛格丽特·梅里尔（Margaret Merril）
马唐伊（Matangi）；蒙巴顿（Mountbatten）
伊丽莎白女王（The Queen Elizabeth）
雷根斯堡（Regensberg）
南安普敦（Southampton）

修剪成形丰花月季

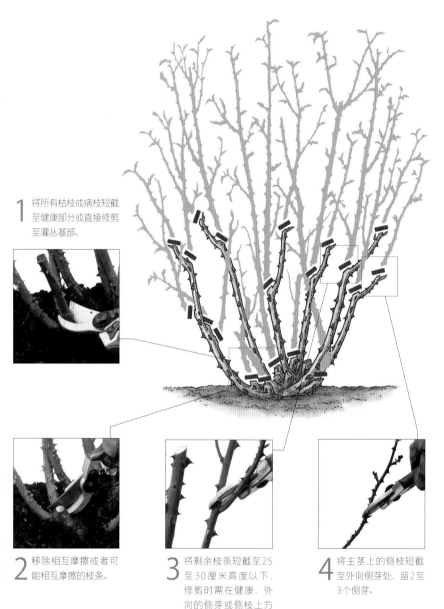

1 将所有枯枝或病枝短截至健康部分或直接修剪至灌丛基部。

2 移除相互摩擦或者可能相互摩擦的枝条。

3 将剩余枝条短截至25至30厘米高度以下，修剪时需在健康、外向的侧芽或侧枝上方以正确的角度下剪。

4 将主茎上的侧枝短截至外向侧芽处，留2至3个侧芽。

露台和小姐妹月季（PATIO AND POLYANTHA ROSE）

露台月季其实只是丰花月季的小型品种的总称，其中安娜·福特（Anna Ford）、性感蕾希（Sexy Rexy）、果酒杯（Cider Cup）、"最高标志"（Top Marks）和"时代"（The Times）最广为人知。以"白色宠物"（White Pet）和娜塔莉·耐普斯（Nathalie Nypels）为代表的小姐妹月季则是花朵极小、植株紧凑

的丰花月季品种。正是因为二者都属于丰花月季，因此其生长习性与相应的修剪方式都与正常大小的丰花灌丛月季（见上图）无异，只是更小而已。

在移除所有衰颓枝后，应将植株的主茎缩剪约三分之二的枝长，短截至健康侧芽或侧枝处。露台月季和小姐妹月季花量大且植株紧凑，是理想的盆栽植物。盆栽的植株也可以用这种常规修剪方式来修剪。更新方式与其他灌丛月季一致（见第305页）。

微型月季

这类极具魅力的小型灌丛月季是大花月季和丰花月季的缩小版本。正因如此，它们的修剪原则和时间都与普通的大花或丰花月季相似——花期需要摘除枯花，休眠期则进行年度修剪。

微型月季需要在定植时重剪，具体方法与普通尺寸的大花月季相同（见第307页），短截至5至8厘米的高度。定植后，植株可以依照两种方法进行修剪。如果植株的生长和开花表现较好，那么轻剪（见右图）就足够了。只需将枯枝、病枝、伤枝及交叉或拥挤的枝条移除［"婴儿假面舞会"（Baby Masquerade）等部分微型月季枝丛中间的枝条十分细密，需要更大幅度疏枝］，剩余枝条打顶即可。

然而，假如植株的长势较弱，或需要更新复壮，又或者通过实验发现植株在重剪的情况下生长更好，那么可以依照修剪大花月季的方式，仅短截保留强枝。微型月季的主茎短截很难规定一个确切的修剪高度，因为各品种的植株大小不尽相同——不过无论是何种开花类型，微型月季都可以根据经验法则，将枝条短截枝长的三分之二。

轻剪成形微型月季

2 打顶修剪主茎，移除剩余的枯花。

1 移除枯枝、病枝或受损枝。将最老枝完全移除，缓解枝丛拥挤的状况。

3 短截侧枝，留1至2个侧芽。

部分微型月季

安杰拉·里彭（Angela Rippon）；亚利桑那日落（Arizona Sunset）；婴儿假面舞会；爱之焰（Darling Flame）；复活节的晨曦（Easter Morning）；朱迪·菲舍尔（Judy Fischer）；魔幻旋转木马（Magic Carousel）；明妮·珀尔（Minnie Pearl）；派对女郎（Party Girl）奶油黄桃（'Peaches' n 'Cream'）；予你（Pour Toi）；红色王牌（Red Ace）；明媚晨光（'Rise' n 'Shine'）；雪球（Snowball）；雪之新娘（Snow Bride）；斯泰茜·苏（Stacey Sue）；斯塔丽娜（Starina）；糖果仙子（Sweet Fairy）；小小（Teeny Weeny）；黄色布偶（Yellow Doll）

传统月季修剪方式的替代方案

现代月季的传统修剪方式需要修剪者进行一定的判断，对于有的种植者来说可能较有难度，另外可能也需要花费大量时间。近年来，有关传统月季修剪方式的争议也逐渐出现。英国的一项兴起于1990年的修剪试验计划就将传统的方式与各种颇具革命性的月季修剪方式进行了对比实验。其中，最引人注目、也可能最广为人知的一个发现就是：直接用修篱机将月季修剪到齐膝高的修剪方式可以起到与精心的传统修剪方式不相上下、甚至可能更好的修剪效果。

因此，如今已经有许多园艺作者推荐人们使用这种无需移除枯枝的修剪机修剪法，但是这项实验计划的主办方，英国皇家月季学会却并未推荐该方式。许多种植者相信，这种在月季灌丛中留下锯齿状切口和枯枝或不健康枝条的方法并非长久之计，并且会使月季植株易染疾病。

相较之下，另外一个实验计划的结果看起来更加可信和实际。在这项实验中，月季修剪得较为粗略，没有斜角修剪，也无需修剪至具体的侧芽。尽管这种修剪方式需要移除枯枝，但与微型月季的轻剪法（上图）不同的是，一般需要一并移除的细密弱枝在这种修剪法中不作任何处理。通过这一方式修剪的植株长出的枝条确实强过使用传统修剪方式修剪的植株，并且若使用该方法修剪，丰花月季还能获得更大的花量。

然而，在验证这项实验的结果长久稳定有效前，这种修剪方式并不能被正式推荐。尽管如此，如果条件允许，不妨选出一两株月季依照微型月季的轻剪法进行实验（见上图），看看这种方法是否适合自己种植的月季品种。

使用修篱机修剪

这种简单粗暴的修剪方式在目前看来有较好的短期效果，但其长期成效仍不得而知。这种修剪方式也可以用整篱剪进行，而且更为安全。

树状月季

树状月季的大小多变，有适合盆栽的迷你植株，有高度分别为1.1米和1.35米的半标准型和标准型灌丛树状植株，而其中最高的就是垂枝标准型植株。所有树状月季植株都是将理想品种的砧木嫁接到一定高度的砧木主干上培养出的枝接植株。砧木一般选用玫瑰（R. rugosa），但目前也有栽培者在实验采用其他类型的砧木，比如寿命更长，且较不易生根蘖的疏花蔷薇（R. laxa）。树状月季需要永久支撑。迷你月季树可以用竹竿支撑，较大的类型则需要经过防腐处理的木桩支撑。木桩的高度应该达到嫁接点（茎上最脆弱的部位），但不可与嫁接点摩擦。

所有树状月季都必须每年修剪。其具体修剪要求需要根据接穗月季的类型决定。修剪可以防止植株的顶端过重，保持整体形状的紧凑、对称，并且提升花朵的数量或质量。

修剪时机

修剪的时机由形成丛冠的月季类型决定：多季开花的品种在休眠期修剪，促进植株产生新枝和持续开花，只有单季花的品种则在花后修剪。

在生长季期间，应该进行适合所有月季的日常工作，尤其是尽早移除根蘖。叶芽可能会在地下生出，也可能出现在主干上。枝干上出现的蘖芽应该趁芽点尚小尽早抹除。

培养成树状的露台月季

图中这株迷人的盆栽月季是将小型丰花月季（Little Bo Peep，即小波比）嫁接到一段较高的砧木主干上培育而成的。

灌丛树状月季

2 | 6
m | ft

市面上许多品种的大花灌丛月季和丰花灌丛月季都有半标准型或标准型植株，其主干高度分别为75厘米和1.1米。树状的露台月季、小姐妹月季和微型月季一般主干高度不超过50厘米，近年来也越来越受人们的欢迎。

整枝与修剪

定植时修剪和成株后修剪的方式与普通灌丛月季一致，具体修剪方式取决于用作接穗的月季属于大花月季、丰花月季、露台月季还是微型月季。需要短截修剪灌丛到具体的高度时，可以将植株的嫁接点当作地面高度。

对于树状月季而言，保持灌丛的形态平衡极为重要，这就需要在修剪时重剪长势较弱的一侧，而后轻剪长势更强的另一侧。这样做既可以保持丛冠的形状，又能够防止植株产生强枝。

在冬季寒冷的地区，最好进行秋季修剪（第306页）来减少长茎受强风损伤的风险。

更新复壮

疏于管理的树状月季（比如刚购置的花园中的植株）应在冬季或初春重剪。若重剪后的第一个花期植株仍无强枝形成，那么便可以放弃这株月季，不用白费精力。

成形树状月季，早春

修剪前 这株树状大花月季的枝条已在秋季短截，防止冬季强风损伤。现在，霜冻的危险期已经过去，应该在此修剪植株，移除长势衰退的枝条，创造出均匀、开心的丛冠，促进植株产生强壮的新开花枝。

可能相互损伤的交叉枝应当及时移除

移除枯枝、伤枝和病枝

短截次侧枝，留一个健康侧芽

将主茎短截至位置适当的侧芽或侧枝处

修剪后 保留的健康主茎短截后距离嫁接点约20厘米。其次侧枝亦经过短截，保留2至3个侧芽。左侧的修剪程度稍重，这样可以稍微刺激健壮的新枝生长，创造出更加均匀的冠丛。

垂枝树状月季

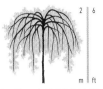

垂直标准型的月季是通过在砧木主干上枝接蔓生月季、藤本月季或地被月季培养而成的嫁接植株，主干高度一般为1.5至2米。在购买垂枝树状月季时，必须要知晓作为接穗的是何种类型的月季。接穗的类型不但会影响植株的外观，也会直接决定修剪整枝的需求及时间。

只有枝条长而柔韧的蔓生月季才会自然地下垂。枝条延伸的地被月季虽然枝条也垂悬，但无法与蔓生月季相比。若使用藤本月季，需要通过一系列的整枝来克服枝条向上生长的自然习性。只有枝条柔韧的品种才真正适合作为接穗培养垂枝植株。

整枝与修剪

垂直标准型月季最好在定植后的几年内不进行修剪，给予植株足够的时间发展其自然形态。不过，如有枯枝、病枝或伤枝则应移除，并且短截弱枝、细长枝，留单个饱满侧芽，促进强健新枝生长。若采用藤本品种

伞形框架

这种专门设计的伞形框架由塑料包裹的金属制成，既可以充当支架，又可以作为整枝辅助框架，用于固定植株的枝条。在这种框架的辅助下，植株可以生长得更加紧凑，规则。

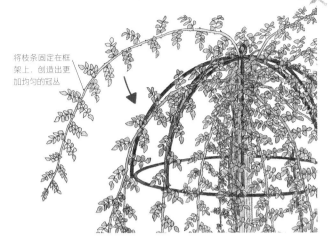

将枝条固定在框架上，创造出更加均匀的冠丛

嫁接，最好在枝条幼嫩时借助伞形框架（见上图）将植株的枝条向下整枝固定。

植株成形后，可以根据月季的类型进行修剪：蔓生月季、藤本月季或是地被月季。长势强盛的蔓生品种，如多萝西·帕金斯（Dorothy Perkins）在施肥足够的情况下可以产生大量的新枝，因此每年都可以将开过花的枝条移除，短截至新的基部侧枝。长势稍弱的品种则应轻剪，仅移除三分之一或二分之一的花后枝条，或许还可隔年修剪，具体

情况需要根据枝丛的拥挤状况决定。将枝条短截至向上及朝外的侧芽可以使枝丛呈现出瀑布般多层次的效果。蔓生品种很容易便可垂至地面，此时便应该进行短截修剪。

若接穗为藤本月季，可将枝条短截至向下或朝外的侧芽，改善植株整体的株型。地被月季或许是各品种中需求最少的一类，不过如果枝丛较为细密拥挤，疏枝能够改善植株的长势。更新时，可以根据月季的类型进行具体操作，蔓生月季通常反应最佳。

蔓生月季嫁接标准型植株的花后修剪

1 将最老的几根开花枝短截至嫁接点上方。

2 将其他开花枝短修剪至外向替代枝处。

3 短截所有侧枝，留3至4个侧芽。

4 将接触到地面的枝条打顶。

5 在生长季期间，需要不时观察并移除月季砧木主茎上的蘗芽，最好能够在其生长早期将其摘除。

灌木月季

灌木月季中有许多不同的栽培群，其中包含原种蔷薇，也有本世纪培育的现代灌木月季，可谓纵贯蔷薇属的整个栽培历史。与灌丛月季不同，灌木月季大多在老枝开花，因此植株需要培养出永久骨干枝，通过轻度的更新定期修剪保持株型的优美及老枝与新枝的健康平衡。与其他月季的栽培群相比，灌木月季的修剪要求反而与许多落叶观花灌木更加相似。

尽管各栽培群都已总结出了较为笼统的维护需求，但确切的修剪方式更多地由具体品种的生长和开花习性决定。

直立性

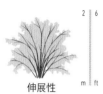

伸展性

原种蔷薇（SPECIES ROSES，即蔷薇月季）

真正的野生蔷薇及与其相近的杂交种仅需非常少量的修剪。成形修剪需在休眠期进行，主要为打顶轻剪过长枝。植株成形后亦在休眠期修剪，仅移除枯枝、伤枝或弱枝，在必要的情况下亦可通过修剪纠正失衡的株型。强枝轻剪，弱枝重剪，刺激健壮新枝产生。在重新塑形后一年，月季的花量可能有所减少。生长表现不佳或老枝过分缠结的植株可以通过修剪更新复壮，更新方式同法国蔷薇（见第313页）。

部分原种蔷薇及相近杂交品种

重瓣努特卡（Rosa Nutkana Plena，异名为 R. californica plena）；雪白（R. Dupontii）；阿富汗黄刺玫（R. ecae）；腺果（R. fedtschenkoana）；"双色"异味（R. foetida bicolor）；滇边（R. forrestiana）；紫叶·哈里森（R. harisonii）；"猩红"华西蔷薇（R. moyesii Geranium）；保罗（R. Paulii Rosea）；弗吉尼亚（R. virginiana）；伍利道（R. Wolley-dod，异名为 R. pomifera duplex）；"金丝雀"黄刺玫（R. xanthina Canary Bird）

华西蔷薇（Rosa Moyesii）

古典月季（即古老月季）

绝大部分古老月季都有两种修剪方式可供选择（见第313页）。杂交麝香月季（见第314页）、布尔索蔷薇、诺伊赛特月季、藤本波旁月季（见第316页）以及杂交长青月季（见第320页）则有其他的修剪方法。

成形法国蔷薇的花后修剪

1 自基部完全移除1至2根高度木质化的老枝。

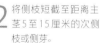

2 将侧枝短截至距离主茎5至15厘米的次侧枝或侧芽。

3 为保持植株的健康，应将所有枯枝、伤枝、弱枝以及互相摩擦的枝条移除。

白蔷薇（ALBAS）、大马士革蔷薇（DAMASKS）、苔蔷薇（MOSSES）和普罗旺斯蔷薇（PROVENCES）

这些栽培群中的绝大部分物种在夏季开单季花，应在花后立刻修剪。然而，有一两种苔蔷薇在主要的花期后还能断断续续地开第二季花，这些品种的修剪应该稍微延后。

在定植时，略微打顶修剪长枝。植株成形后，将枯枝、病枝和伤枝移除，并疏理交叉枝。而后，将主枝和侧枝短截枝长的三分之一。秋季，可以将细长柔软的新枝短截（见右下图），避免枝条受冬季寒风损伤。

老株可以通过保留最强壮的新枝，疏理移除其他所有枝条的方式进行更新；保留的枝条需要短截枝长三分之一的长度。更新修剪需在花后或春季进行。

波旁月季、中国月季和波特兰月季

这些栽培群的月季修剪方式与白蔷薇相同，但需要在休眠季修剪，因为它们可开多季花。夏季需要定期摘除枯花。

法国蔷薇（GALLICAS）

这类较为茂密的古典月季在定植时仅需轻剪。将过长枝条打顶轻剪，若枝条较为拥挤还可移除1至2根枝条。成形植株需要在春季移除所有枯枝、病枝和伤枝。盛夏过后，花期已经结束，此时需要进行疏枝，将侧枝短截至主茎或接近主茎的新枝处。根据植株的生长情况不同，需要每1至3年将1至2根老主茎从地面或近地面高度移除。冬季，作为树篱栽培的法国蔷薇可用整篱剪轻剪。不要尝试将植株修剪出规则式造型。

老化或疏于管理的法国蔷薇可以在早春大幅度修剪，仅保留最强壮的新枝，移除其余枝条。剪后植株一般恢复良好。

成形白蔷薇的花后修剪

1 将老主茎短截约枝长三分之一。

2 将侧枝短截约枝长三分之一，修剪至强壮、健康、外向的新枝或侧芽处。

移除位置较低、随着生长容易弯垂接触地面的枝条

轻剪白蔷薇，秋季

短截突出灌丛整体轮廓的过长枝，防止强风损伤。

部分古典月季

白蔷薇	中国月季	药师法国蔷薇（R. gallica officinalis）；塞兹总统（Président de SÈZE）；双色法国蔷薇（R. gallica versicolor）；三色的弗朗德尔（Tricolore de Flandre）；超级托斯卡纳（Tuscany Superb）；苔蔷薇：约翰·英格拉姆上尉（Capitaine John Ingram）；缀化百叶蔷薇（R. × centifolia cristata，异名为 Chapeau de Napoléon，意思是"拿破仑的帽子"）；克雷伯将军（Général Kléber）；亨利马·丁（Henri Martin）；詹姆斯·米切尔（James Mitchell）；珍妮·德·孟福尔（Jeanne de Montfort）；威廉·洛布（William Lobb）	波特兰月季
大重瓣白蔷薇（Rosa × alba maxima）；半重瓣白蔷薇（R. × alba semiplena）；美丽之爱（Belle Amour）；天国（Céleste，异名为 Celestial）；福佑帕门蒂尔（Félicité Parmentier）；青娥飞红（Great Maiden's Blush）；丹麦皇后（Königinvon Dänemark）	塞西尔·布伦纳（Cécile Brünner）；变色香水月季（R. × odorata mutabilis）；淡粉香水月季（R. × odorata pallida，异名为 Old Blush China）；金色珍珠（Perle d'or）；大马士革蔷薇；伊斯帕罕玫瑰（Ispahan）；哈迪夫人（Madame Hardy）；欧玛尔·海亚姆（Omar Khayyam）；雷士特玫瑰（De Resht）		尚博得伯爵（Comte de Chambord）；雅克卡地亚（Jacques Cartier）；波特兰月季
波旁月季	法国蔷薇		普罗旺斯（百叶）蔷薇
雪球；伊萨·佩雷夫人（Madame Isaac Pereire）；马美逊的纪念（Souvenir de La Malmaison）；杂色的博洛尼亚（Variegata di Bologna）	阿兰·布兰查德（Alain Blanchard）；克雷西美女（Belle de Crécy）；查尔斯的磨坊（Charlesde Mills）；吉契公爵（Duc de Guiche）		德米奥克斯（De Meaux）；方丹·拉图尔（Fantin-Latour）；荷兰小不点（Petite de Hollande）；恶魔罗伯特（Robert le Diable）；海绵（Spong）；主教（The Bishop）；马拉科夫之旅（Tour de Malakoffff）

现代灌木月季

这一栽培群中涵盖近百年以来发展出的数种月季类型，其中许多类型都结合了原种蔷薇强劲的长势和现代月季的复花性，因此这类月季应在休眠季修剪——通常是早春时节。现代灌木月季植株大部分直立、茂盛、苗壮，株高可达1.2至2米，可以长成良好的孤景植株。其余的则植株更茂密，呈现伸展趋势，一般被称作地被月季。

部分现代灌木月季，如内华达（Nevada）和玛格丽特·希灵（Marguerite Hilling）等，仅需轻剪（见下图）。现代丰花灌木月季其实就是丰花灌丛月季的大型品种，因此可以按照相似的方式修剪（见第308页），修剪主茎时应仅短截三分之一的长度，以保持株高；侧枝短截枝长的三分之二。其他现代灌木月季栽培群需要稍微不同的修剪方式。

杂交麝香月季（HYBRID MUSKS）

这类植株强健，开多季花，枝叶茂盛的灌木月季与其他具有相似习性的月季（见右图）仅需少量或无需修剪。成形植株应在休眠期修剪，移除枯枝、病枝、伤枝，并同时移除1至3根最老、长势最差的枝条。主茎短截至多三分之一，侧枝则可对半短截。

支撑灌木月季

2根矮桩配合解释的麻绳或塑料网可以形成有效的支撑，辅助灌木月季松散的枝条，使株型更加直立。在植株基部搭配种植其他矮生植物可以帮助掩藏美观性稍次的支架。

玫瑰（RUGOSAS）

这类月季大多是玫瑰在世纪之交的选育或杂交品种。玫瑰的枝条直立、多刺，是多季开花灌木，叶片亮绿色，有皱褶，秋季颜色斑斓。部分品种有鲜红色的番茄型果实。

玫瑰仅需少量或无需成形修剪。成形后植株在休眠期修剪，打顶长枝，偶尔选择单根老枝完全移除。更新修剪时，进行大幅度的疏枝，将几根老枝移除，并将剩余枝条中的三分之一至二分之一短截至多一半枝长。

部分现代灌木月季

丰花月季

中国城（Chinatown）；眼影（Eye Paint）

喷泉（Fountain）；弗朗辛·奥斯汀（Francine Austin）

无忧（Fred Loads）；我们弗里茨（Fritz Nobis）

杰奎琳·杜·普蕾（JacqueLine du Pré）

西方大地（Westerland）

杂交麝香月季及习性相似品种

泡芙美人（Buff Beauty）；科尼莉亚（CorneLia）

金色翅膀（Golden Wings）

凯瑟琳·费里尔（Kathleen Ferrier）

佩内洛普（Penelope）；玫色花枕（Rosy Cushion）

小机灵（Smarty）

玫瑰

艾格尼丝（Agnes）；百丽·普特维恩（Belle Poitevine）

库伯特白色重瓣玫瑰（Blanche Double de Coubert）；流苏（Fimbriata）

F. J. 格鲁多斯特（F. J. Grootendorst）

达格玛·哈斯特鲁普夫人（Fru Dagmar Hastrup）

粉色格鲁登多斯特（Pink Grootendorst）

莱依勒·罗斯（Roseraie de L'haÿ）

白玫瑰（R Rugosa Alba）；斯卡布罗萨（Scabrosa）

成形现代灌木月季的轻度修剪

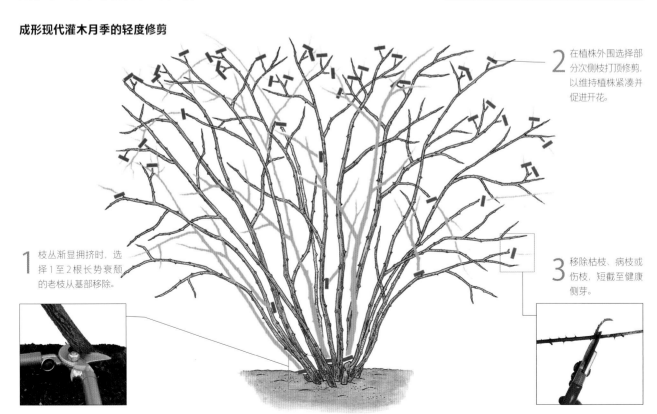

1 枝丛渐显拥挤时，选择1至2根长势衰颓的老枝从基部移除。

2 在植株外围选择部分次侧枝打顶修剪，以维持植株紧凑并促进开花。

3 移除枯枝、病枝或伤枝，短截至健康侧芽。

地被月季

地被月季可分为两种类型：现代灌木月季和匍匐蔓生月季。二者的生长习性明显不同，但修剪的主要目的都是防止植株生长超出指定区域。这些月季品种都可以用来培养垂枝树状月季（见第311页）。

现代灌木类型

这些枝丛低矮、伸展的月季通常株高不超过60厘米，夏季枝叶茂密，可以显著阻碍杂草的生长，但由于其落叶习性，在冬季便只有光秃的枝丛。此类月季可以进行盆栽。多季开花的品种在春季修剪，其余的则在夏季花后修剪。

植株无需或需要少量成形修剪。成形后，修剪时移除枯枝或病枝，打顶修剪主茎——若主茎过长，显得十分突兀，可将其短截。通过短截侧枝，稍微打开植株中心。在条件允许的情况下，还可在花期持续摘除枯花。这类月季通常可耐重剪。

匍匐蔓生类型

这类月季与光叶蔷薇（R. wichuraiana）等蔓生月季有相近的亲缘关系。其枝条长而柔韧，紧贴地面，因此是可种植于堤岸等尴尬地形的理想植物。匍匐蔓生月季的茎在接触地面时生根，枝长可达3米以上，枝条的侧枝也可以形成新的枝丛。

夏季花后可以进行轻剪，只需将枝条短截至直立新枝，以控制植株的生长。如欲提升花量，可以将枝条铺开，并固定到地面（见第320页）。若需要进行更大幅度的修剪，可参照蔓生月季（见第305页）进行更新。

蔓生型地被月季

长势强劲、匍匐、攀升的地被月季是花园中较为粗放区域的理想植物。植株的茎会在地面扎根，增加月季的冠幅。除了用以控制株型的轻剪外仅需微量修剪。

可以用地钉固定的强健一年生枝

两年生枝条会由于开花枝的重量而匍匐

灌木型地被月季

齐整的现代灌木地被月季（左图）植株小型、紧凑，其枝条伸展性大于直立性，仅需少量维护，适宜群植于花坛或用于覆盖尴尬的坡地。

部分地被月季

现代灌木型

艾冯（Avon）；肯特（Kent）；萨里（Surrey）；苏塞克斯（Sussex）；伯尼卡（Bonica）；佛迪（Ferdy）；菲奥娜（Fiona）；

花毯（Flower Carpet），粉色铃铛（Pink Bells）；瑞伯特尔（Raubritter）；小仙女（The Fairy）

匍匐蔓生型

铺地红（Chilterns）；格劳斯（Grouse）；帕特里奇（Partridge）；菲桑（Pheasant）；马克斯·格拉夫（R. × Jacksonii Max Graf）；希望（Nozomi）；雪毯（Snow Carpet）；斯旺尼（Swany）

吊篮月季

艾冯等"乡村"（Country）系列的灌木地被月季十分适合吊篮或壁篮种植。虽然月季通常适合盆栽种植，但绝不能在图中这种浅盆中种植超过两个生长季。

藤本月季与蔓生月季

这些月季可以通过整枝创造出各种特殊的观赏效果（见第319—325页，特殊整枝），但一般靠墙或围栏种植。此类月季的修剪目标是培养健康强壮、形态均匀的植株，使其每年都能够产生大量健康的开花新枝。藤本月季和蔓生月季的修剪方式有所差异：二者的生长和开花习性不同，因此修剪需求亦不同。

靠近平坦的表面整枝藤本月季和蔓生月季时，需要尽可能地保证枝条沿水平方向生长。栽培伊始将主茎整枝成扇形，使柔韧的新枝可以按照水平方向牵引，达到最大覆盖率以及均匀的花朵分布（见第11页，水平整枝）。若枝条皆向上生长，那么只有枝梢才会开花。然而，有时月季的生长空间可能仅有两扇窗户中间的墙面，这样尴尬的小空间无法进行水平整枝。这种情况下，应该转而选择大型灌木月季或适宜立柱和垂直景观的藤本月季。

在定植月季植株前，首先要在需要枝条覆盖的区域设置好横向的铁丝。最低一根铁丝应离地面45厘米，铁丝之间保持30厘

墙式整枝的藤本月季

水平整枝是使墙式整枝月季植株达到最大花量的关键。

米的距离。使用铁丝时请注意选择牢固、镀锌的铁丝，用羊眼钉固定在距墙面8厘米的位置。这段间隔可以在未来月季枝丛与墙体或围栏间留出空气流通的空间，帮助预防疾病。藤本月季或蔓生月季应当距离墙面至少

30厘米种植，使其根系远离墙面生长，避免植株位于雨影区。植株的枝条一般可以达到最低一根铁丝的高度，但若枝长不够，可以使用竹竿引导和支撑，第2年移除竹竿。

现代藤本月季

现代藤本月季是非常高大的灌木月季，有着需要支撑的坚硬枝条。虽然它们能很好地适应许多不同的环境和整枝方法（见第319—325页），但它们通常倚靠篱笆和墙生长。这样做是为了让主茎成扇形散开，以便侧枝可以进行整枝。

成形整枝

市面上出售的藤本月季苗通常枝条较长，远超花坛月季和其他不应修剪的月季品种（若有损伤需轻剪）的花苗，这样就保证了植株有足够的侧芽，在生长季来临时长出新枝。如果种植的植株是灌丛月季的芽变品种，那么更要注意避免修剪枝条（这类品种的品种名前会加上"藤本"的前缀，比如"藤本冰山"），因为这一阶段的修剪很可能导致枝条退化成原本的灌丛形态。

部分现代藤本月季

阿洛哈（Aloha）；至高（Altissimo）；班特里湾（Bantry Bay）；怜悯（坛寺的火灯（Danse du feu）；都柏林海湾（Dublin Bay）；第戎的荣耀（Gloire de dijon）；黄金雨（Golden Showers）；亨德尔（Handel）；卡里埃夫人（Madame Alfred Carrière）；新黎明；大游行（Parade）；粉色永恒（Pink Perpétué）；学院女孩（Schoolgirl）；夏

之酒（Summer Wine）；同情（Sympathie）；白色帽章（White Cockade）；威廉·艾伦·理查森（William Allen Richardson）；瑟菲席妮·杜鲁安

植株开始生长后，若主茎或普通枝条分枝较慢，可将枝条修剪至离枝梢最近的强壮侧芽（在朝外一面的外向侧芽），促进侧枝形成。在种植初期，将植株的主茎向内外均匀地扇状散开（见第317页上图），并将侧枝水平牵引。务必在植株生长早期将墙壁或围栏的低处覆盖；新枝永远都会从水平生长的枝条上向上生长，填补空隙，但想要填补低处的空隙就十分困难了。

如欲培养间隔适宜、结构良好的强壮骨干枝，必须要趁枝条仍然幼嫩柔韧时进行牵引。在骨干枝成形前，并没有其他修剪需求，但若有枯枝、伤枝、病枝、细长枝、无

叶枝及蘖芽出现，需要及时移除。另外，为多季花的藤本月季摘除枯花可以促进植株后续开花（见第303页）。

成形后修剪

植株完全覆盖其指定生长空间后，便需要开始定期更新其骨干枝，移除老枝，从而促进强健新枝的生长。短截修剪植株边缘枝条，固定植株新枝以及日常维护工作都可以在任何时候进行。摘除枯花（见第303页）可以延长植株的花期。花期结束后，修剪花后侧侧枝，刺激剩余枝条继续在翌年形成新开花枝。枝条的花量逐渐较少时，可将其短

截至低处的新枝（见第302页，更新修剪），牵引固定枝条填补空隙。弱枝或病枝应完全移除。

成株藤本月季可以将长势减退的老主茎从基部移除，刺激新枝生长。若藤本月季的低部枝条变得光秃或植株由于缺乏管理而状态不佳，则必须进行更大规模的更新作业（见第305页）。

墙式整枝的藤本月季，第1年，夏季

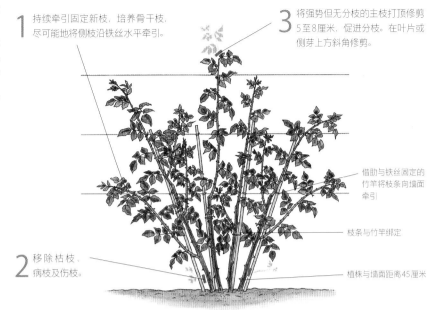

1 持续牵引固定新枝，培养骨干枝，尽可能地将侧枝沿铁丝水平牵引。

2 移除枯枝、病枝及伤枝。

3 将强势但无分枝的主枝打顶修剪5至8厘米，促进分枝。在叶片或侧芽上方斜角修剪。

借助与铁丝固定的竹竿将枝条向墙面牵引

枝条与竹竿绑定

植株与墙面距离45厘米

成形现代藤本月季，秋季修剪

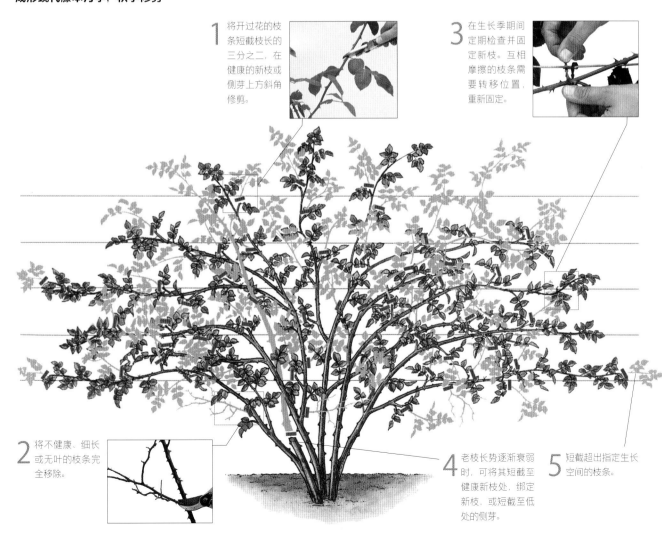

1 将开过花的枝条短截枝长的三分之二，在健康的新枝或侧芽上方斜角修剪。

2 将不健康、细长或无叶的枝条完全移除。

3 在生长季期间定期检查并固定新枝。互相摩擦的枝条需要转移位置，重新固定。

4 老枝长势逐渐衰弱时，可将其短截至健康新枝处，绑定新枝，或短截至低处的侧芽。

5 短截超出指定生长空间的枝条。

蔓生月季

5 | 15
m | ft

部分蔓生月季

阿尔贝里克·巴比耶；鲍比·詹姆斯（Bobbie James）；艾米莉·格雷（Emily Gray）；永恒的快乐（Félicité Perpétue）；弗朗索瓦·朱兰维尔（François Juranville）；金翅雀（Goldfifinch）；保罗的喜马拉雅麝香（Paul's Himalayan Musk，异名为 'Paul's Himalayan Rambler）；蔓生牧师（Rambling Rector）；七姐妹（R. Multiflora Grevillei，异名为 Seven Sisters Rose）；海鸥（Seagull）；银月（Silver Moon）；花环（The Garland）；蓝蔓（Veilchenblau）；婚礼日（Wedding Day）

蔓生月季中有原种蔷薇，也有与其野生亲本相近的杂交品种，但两个范畴的植物都有着共同的特点：长势强盛，植株定期在地面高度或近地面高度形成柔韧的新枝，以及去年枝产生的新枝开花量最大。蔓生月季在夏季开单季花，花后修剪。

由于植株野性、肆意的生长习性，蔓生月季通常用于创造非规则式效果。虽然蔓生月季无需修剪亦可尽情绽放，但如果植株是比较重要的观赏元素，则需要进行整枝和修剪（除非需要刻意营造野性的视觉效果），防止枝条缠结到无法挽救的地步。不过，蔓生月季长而柔韧的枝条也使得植株可以通过整枝呈现出不同的观赏效果（见第319—325页的特殊整枝）。植株的枝条可以轻松地进行水平整枝，可以沿围栏生长，或形成植物屏障。作为支撑结构，铁丝网或其他镂空围栏要优于密实的墙壁或围栏。这是因为蔓生月季十分容易感染霉霜病，而空气流通不畅会增加植株的患病风险。

成形整枝

蔓生月季需要在定植时进行修剪，刺激基部新枝产生。移除枯枝、伤枝、弱枝以及细长枝，并将主茎短截至40厘米左右的高度。将新枝按照扇形分散，并将枝条接近水平牵引固定，使植株均匀地覆盖指定生长空间。

成形后修剪

待植株大致覆盖指定生长区域，便需在夏季花期结束后疏理并短截多余枝条。蔓生月季的基部新枝数量远超藤本月季，这是蔓生月季的一大优势，应当通过定期完全移除三分之一的主茎进一步扩大。移除最老一批枝条时，应将其分段修剪为小节，再分别取出；若简单粗暴地将枝条拉出会对植株造成损伤。

许多专家推荐栽培者短截蔓生月季的花后枝条并牵引新枝替代。这并非必要的日常维护工作，因为蔓生月季的同根枝条可以持续多年良好地开花，而用这种方式管理的植株也难以成为成熟的大型花园要素。不过，这种方法对于小空间种植（尤其是对于多罗西·帕金斯这样长势强劲的品种）或植株的更新（见第305页）十分有效。重剪后的春季应当为植株施肥。

成形蔓生月季，花后修剪

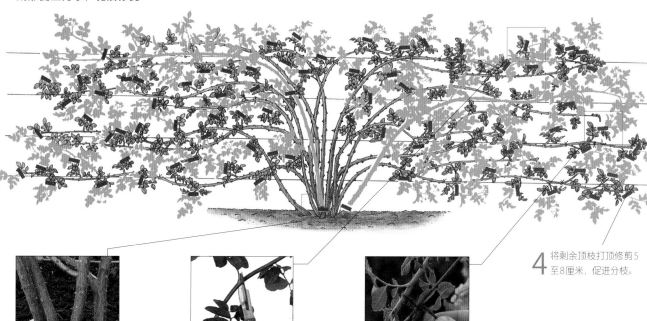

1 将三分之一的花后老茎短截至地面，将其分成小段移除。

2 将侧枝短截约枝长的三分之二，促进枝条在接下来的生长季形成开花新侧枝。

3 在生长季期间，使用园艺线绳或绑带将新枝固定到铁丝上，注意不要绑得太紧，留出枝条的生长空间。

4 将剩余顶枝打顶修剪5至8厘米，促进分枝。

特殊整枝

月季的一大魅力便是其多变的生长方式，其中尤以藤本和蔓生品种为甚。它们不但可以覆盖墙体与围栏，也可以在牢固框架的辅助下形成树篱或植物屏障；可以在三脚架、方尖碑藤架等垂直景观上生长（见第320页）；可以装饰凉棚、拱门等花园结构（见第322页）；也可以沿着绳索生长，形成美丽的花幔（见第324页）。诸多种植方式中，最为质朴的便是攀爬乔木或其他宿主植物生长（见第325页）。与其他攀缘植物相同，细心的整枝能够为藤本和蔓生月季惊艳的最终观赏效果打下良好的基础。整枝可以确保植株的枝叶和花朵茂密，均匀地覆盖支撑结构，并且避免整枝造型由于狂放的生长而丢失。举例来说，如果装饰步径的月季拱门挂满长而杂乱的枝条，那么原本的观赏元素反而会成为一个安全隐患。

月季多刺的枝条无法抓住拱门、三脚架、支柱等人造支撑结构向上攀爬，因此植株的枝条必须捆绑固定在设计好的位置。由于枝条容易因摩擦损伤，因此最好不要将其直接固定到支撑物上，特别是砖墙或水泥柱。在需要固定枝条的位置，钉入铁钉、U形钉或羊眼钉——如果是立柱等较大型的支撑物，则可以设置垂直的铁丝、细长的条形网格或爬网。若植株环绕铁制藤架等较细的支架生长，则可用线绳打八字结或用特制绑

螺旋整枝

将月季环绕垂直支架螺旋整枝，可以促进植株在不同高度均匀开花。

月季花幔

月季花幔和连幔（成排的花幔）是月季沿粗绳整枝形成的景观，能够为花园增加景观高度，为规则式月季种植添加优雅的曲线元素，是备受欢迎的花园小品。

带将枝条与支架绑定，防止枝条互相擦伤。

通过频繁的捆枝，可以引导枝条遵循整枝需要生长，并且使其在理想的位置达到最大花量。如需月季在凉棚顶端或乔木枝头开花，应将枝条向上牵引，同时修剪侧枝，使植株的养分集中供给竖直枝条的生长，直至抵达理想高度，而后令月季自然分枝即可。

枝条直接向上整枝时，植株的花朵大部分集中在顶端；由于顶端优势（另见第11页），低处的侧芽会受到抑制，无法发育成开花枝。将枝条水平牵引可以打破这一习性，使整根枝条的侧芽都能形成侧枝并开花。

水平整枝在宽大平整的表面十分容易进行，可以将枝条向四周散开。然而如果面对的是狭窄的平面（如小型挡墙，或深拱门的侧面），则需要一些巧思才能成功。这种情形下可行的方法之一是将枝条整枝成弯曲的蛇形或椒盐脆饼的形状，将枝条互相环绕，尽量使其处于水平的状态（见左下图）。此外，也可以将枝条向上环绕支撑物。这种整枝方式可以促进植株在不同高度均匀开花，也是使枝条覆盖三脚架或方尖碑藤架等立体结构的最佳方式。

月季挡墙

处理狭窄的平面时，蛇形整枝植株的观赏效果比狭小的扇形植株要好得多。

为步径和花坛镶边

简易的支柱、弯曲的竹竿（如上图），甚至是挂在两根柱子间的爬网都可以为月季的枝条提供支撑。

月季的贴地整枝

通过贴地整枝，月季的枝条可以紧贴地面完全水平地生长。这种技术在维多利亚时期的英国常用于栽培植株高大但低部枝条光秃的杂交长青月季。如果不进行任何干预，植株只会在枝梢开花。任何新枝足够柔韧的月季都可以进行贴地整枝。贴地整枝可以使植株产生低矮而密集的花丛，且适用该方法的品种并不限于地被月季。植株的主茎像自行车的辐条一样向外分散，而后生长出大量

直立的开花枝。枝条被地钉固定在地面，也可以借助钉在地面的铁丝进行捆扎。地面的铁丝有两种固定方式，一种是纵横交错的网状，另一种是马车的车轮状。后者在引导枝条遮盖窨井时十分方便，因为在必要的时候还可以将整个"辐条"连带枝丛抬起，方便维护管理窨井。

刚刚定植的植株不应进行整枝，需要给予植株一个生长季的时间适应成形。植株花

期过后，小心地将枝条弯至近地面高度，而后用地钉将其固定（见左图）或绑到固定在地面的铁丝上。将所有侧枝短截（见下图）至10至15厘米。若进行地钉牵引的月季植株已经成株，需要移除部分花后老枝（如果新枝数量足够亦可移除所有花后老枝）。在随后的夏季，多季花型月季需要定期移除枯花。秋季，将所有弱枝和2至3根老主茎移除，钉入强健的新枝作为代替。将花后侧枝短截10至15厘米。

贴地整枝

最简单的方式便是用镀锌铁丝弯成箍将枝条钉在地面。另外也可以先将铁丝用地钉固定在地面，而后再将枝条固定到铁丝上。

贴地整枝杂交长青月季

1 将固定到地面的枝条顶枝打顶，防止植株超出生长区域。

2 将所有朝上侧枝短截至10至15厘米。

月季的垂直景观整枝

覆盖着月季的三脚架或方尖碑形藤架可以为花境增加高度和色彩丰富的视觉焦点。不过，设置这类景观时，周围需要留出必要的活动空间，方便进行后期的整枝和修剪工作。适用于这类景观营造的月季是长势较弱的藤本月季，其成株高度一般不超过3米，时常被称作"立柱"月季。生长旺盛的波旁月季也可以胜任这一角色，但植株若不进行人为干预可能会难以控制。除此之外，也可以采用部分长势强劲的大型古典或现代灌木月季，这类月季在有支撑的情况下可以长得比独立栽培的植株更高。绝大部分蔓生月季的长势过强，因此不适合狭小、独立的垂直景观。

垂直景观植株需要仔细的整枝（见右图）。将枝条环绕单根柱子或整个支撑结构可以促进植株在不同高度形成开花侧枝。当立柱只有一至两侧可用时，植株的枝条必须向上生长，这种情况下应该选择全株均匀开花的品种（如黄金雨）。若枝条的底部较为光秃，可以种植其他植物遮蔽。

单棵植株需要数年完全成形，不同品种的具体时间亦不同。如果需要在短期内获得较好的观赏效果，可以在同一结构使用多株

垂直景观的平行整枝

不进行水平整枝　图中这株藤本月季的枝条只是简单地随着植株的生长固定到这个简易的三脚架上。然而这会导致植株集中在顶部开花（只有少数例外），而主茎低处的侧枝和花朵都十分稀疏。

进行水平整枝　图中这株月季的主茎环绕着铁制方尖碑形藤架牵引并固定。接近水平的生长状态刺激枝条各处的侧芽生长，形成开花侧枝（见第11页的水平整枝）。

月季。比如使用三脚架时，可以在每根支柱的底部各栽培一株月季。如果种植不同品种的月季，应当注意选择长势相近的品种，而如果选择的品种适用相近的修剪管理方式，那么就可以简化该垂直景观的日常管理。另外一个可取的种植方案是选择搭配一年生攀缘植物或其他每年地上部分死亡或平茬的攀缘植物，这样在休眠期就可以露出月季的茎，方便修剪。

何时修剪

在夏季开单季花的月季应在花后修剪。开多季花的月季品种则在秋季至早春、植株的休眠期修剪。秋季修剪的植株由于长枝被短截或牵引固定，因此可以减少冬季强风损伤的风险。

成形修剪和整枝

将月季种植在离支撑结构基部约25厘米的位置，并将枝条向四周散开。藤本和灌木月季在定植时无需修剪，但若有枯死、伤枝或细长枝可移除。如果采用蔓生月季，应在定植时将其枝条短截（见第318页）。在生长季期间，需要趁新枝尚且幼嫩柔韧时进行整枝。现代藤本月季的枝条很快便会变得粗壮坚硬。将新枝间隔均匀地螺旋向上牵引。在绑定枝条时，尽量避免枝条交叉。

修剪成形月季

若采用藤本月季，需要为植株培养出螺旋状固定的主茎组成的永久骨干枝，将花后枝条短截至外向侧芽或新枝。枝条渐显拥挤时，可将老枝短截至枝条低处的强健替代新枝或完全移除，牵引地面水平生出的新枝作为替代枝。若采用蔓生月季，则应将花后侧枝短截枝长的三分之二，并打顶修剪主茎。每年移除1至2根最老的主茎。

老化和疏于管理的月季一般需要更大幅度的修剪。最佳的修剪方式是将整株月季的枝条脱离支架，放在地面进行整理。修剪后，可将植株的枝条重新环绕支架并再次固定。

修剪攀附三脚架生长的成形藤本月季

1 将过长枝短截至三脚架顶部下方的侧芽。

2 将花后枝条短截至外向侧芽。

3 将部分老枝短截至强健的新替代枝处。若将枝条先切成几段可使其更易移除。

4 将基部生出的新枝固定。尽可能通过水平整枝使其填补枝丛低处的空隙。

垂直景观推荐月季品种

现代藤本月季

炼金术师（Alchymist）；阿罗哈（Aloha）；至高、美国支柱（American Pillar）；班特里湾、多特蒙德（Dortmund）；都柏林海湾、黄金雨、亨德尔、劳拉·福特（Laura Ford）；麦金（Maigold）；夏之酒、粉色永恒、天鹅湖（Swan Lake）；热烈欢迎（Warm Welcome）；白色帽章

波旁月季

雪球（Boule de Neige）；路易·欧迪（Louise Odier）；伊萨·佩雷夫人（Madame Isaac Pereire）；皮埃尔·欧格夫人（Madame Pierre Oger）；瑞尼·维多利亚（Reine Victoria）

其他

中国城、藤本塞西尔·布鲁纳（Climbing Cécile Brünner）；康斯坦斯·斯普莱（Constance Spry）；第戎的荣耀、国色天香（Gruss an Teplitz）；约瑟彩衣（Joseph's Coat）；变色香水月季（R. × odorata mutabilis）

搭配凉棚种植月季

选择攀缘凉棚种植月季时，需要根据凉棚的结构大小及强度决定具体品种。蔓生月季明显更适合大型凉棚，如果凉棚的结构由坚固的橡木支柱或砖柱和牢固的木质横梁构成，那么它便可以轻松地支撑海鸥或鲍比·詹姆斯（Bobbie James）这样长势最强的品种茂密沉重的枝叶。但若偏好花开多季、花期长的藤本月季，那么可能便需要在大型凉棚的每根立柱旁都种上一株花苗。不过，长度在2米以内的凉棚，种植1至2株藤本月季便已足够——特别是采用粗木搭建的凉棚，因为这样的凉棚无法承受大型蔓生月季的重量。

若需要月季覆盖凉棚顶部，那么便要求枝条在支柱顶端通过整枝达到接近直角的弯折度。蔓生月季或枝条更加柔韧的藤本月季便非常适合这样的需求。大型凉棚可以选择推荐用于攀爬大型乔木的月季品种（见第325页），小型凉棚则可以选择适用于较小乔木的月季。搭配凉棚种植月季时，最主要的目标是让月季覆盖横梁，成片盛放，而将月季的枝条沿立柱竖直向上整枝可以最快地达到这一效果（见下图）。但是，立柱上竖直的枝条在几年过后，花量便会开始逐步减少。

组合月季搭配凉棚种植

巧妙搭配的蔓生月季，藤本月季和立柱月季完美地覆盖了图中这座大型凉棚，其开放的结构使得阳光能抵达结构内部，营造浪漫而明亮的环境。

像搭配三脚架种植时一样，藤本月季和蔓生月季柔韧的枝条可以环绕凉棚的立柱，使其开花更加均匀。假如之后这些枝条被固定在棚顶，那么由于顶端优势，植株的养分将会优先供给棚顶的开花枝，这样一来枝条的基部一样会变得光秃。如果想要棚顶和棚柱都覆盖花朵，最可行的方式便是在支柱底部再种植一棵月季。用于覆盖柱体的月季，可以选择推荐搭配垂直景观的品种：这些品种的株高一般不超过3米，且全株的开花均匀。

也可以选择用别的植物覆盖棚柱：选择地上部分每年枯死的草本攀缘植物或者可以在冬季平茬的攀缘植物（如部分铁线莲），这样冬季修剪月季时就可以避免这些植物成为修剪障碍。若采用一年生攀缘植物还可以每年尝试不同的搭配效果。

成形整枝

在凉棚上设置U形钉、铁丝和网格条可以增加更多固定点。如果想要月季茂密地覆盖棚顶，形成花与叶织成的"屋顶"，那就需要在横梁间增设木条或铁丝。种植月季注意与立柱基部隔开25厘米的距离，将枝条固定到柱身。如果同时种植两株月季，则应将二者分别栽于立柱左右两侧。之所以不能将它们分别种在凉棚的内侧和外侧，是因为内侧的植株不能获得足够的光照，无法正常生长。藤本月季无需修剪，只要不时修剪伤枝即可。蔓生月季则需要定期修剪，促进植株形成强壮的基部新枝。新枝长出时即将其绑定。待枝条抵达柱顶端，便可以开始牵引枝条跨横梁生长，枝条要间隔均匀，找到

将月季沿凉棚支柱整枝

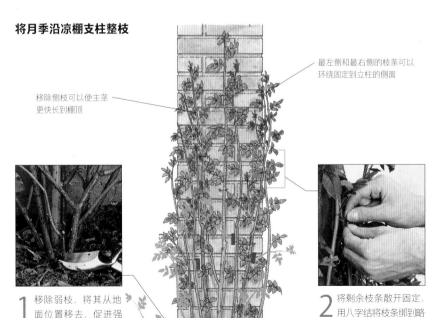

移除侧枝可以使主茎更快长到棚顶

最左侧和最右侧的枝条可以环绕固定到立柱的侧面

1 移除弱枝，将其从地面位置移去，促进强枝长势。

2 将剩余枝条散开固定，用八字结将枝条绑到略高于支柱表面的铁丝或柱子上。移除侧枝，促进竖直枝条长势。

合适的位置后将其固定。由于要求枝条近直角弯折，并且均匀覆盖棚顶，因此很难在这种情况下避免交叉枝：偶尔要检查枝条，并且在必要情况下移动交叉的枝条，避免或尽量减少摩擦损伤。

成形后修剪

攀附凉棚种植的月季必须采用特定的维护方式，修剪工作一般需要借助梯子进行。具体修剪方式请参考藤本月季和蔓生月季的修剪，并且减轻修剪程度。与墙式整枝相比，搭配独立结构种植的植物往往需要更大的枝叶量来柔化立柱和横梁的直线元素。

不过，这样的月季假如缺乏管理或生长过盛，便很难在原位进行更新。如果想要将部分主茎整根移除来刺激基部新枝，需要耗费大量的时间和精力，并且会留下许多空隙，数年才能恢复。更新缺乏管理的支柱最简单的方法是将枝条全部松绑，放在地面整理并选择性地修剪，再将剩余的枝条均匀地重新固定回棚架上，虽然过程艰难，但效果颇佳。

搭配拱门种植

用来搭建拱门的材料多种多样，可以用粗木和网格配合木制框架凸显乡村风格，也可以用轻质的金属管（有的有塑料涂层）制作。牵引月季攀附拱门生长的主要目标是尽量使月季的枝条均匀地覆盖拱门结构（防止所有花朵和新枝都集中在顶部），如果拱门下方需要过人，那么还需要保持枝条向拱门外侧生长。虽然月季经过简单的整枝就可以

修剪凉棚上的月季，秋季

1 移除可触及位置的枯花可以改善植株的开花效果：将其短截至低处的侧芽（在叶腋处）。

2 在月季成株，新的基部枝条生出后，将最老的几根枝条丛基部移除，将其分成多段移出。

3 固定新枝。铁丝和U形钉可以提供良好的固定点：不要在整根横梁和枝条上缠上线绳，否则会导致擦伤。

接近支柱底部的位置已经形成新枝

长到拱门的顶部，但要让植株向下爬到另一端就十分困难了，因此可以选择在两侧各栽一株月季，简化过程。推荐垂直景观种植的月季品种（见第321页）都可以用于搭配拱门栽培，不过枝条柔韧性稍次的现代藤本月季可能较难攀上拱门顶端。藤本冰山（Climbing Iceberg）和怜悯（Compassion）都有较为柔韧的枝条。瑟菲席妮·杜鲁安

月季拱门

连续的月季拱门将观者的目光引导到一处作为视觉焦点的大门：避免包裹拱门的月季生长过盛是一个十分重要的工作，茂密带刺的枝丛不仅会遮挡视线，还会阻碍行人通行。

（Zéphirine Drouhin）等无刺品种适合用于步径拱门。另外的替代方案就是使用推荐搭配较小的乔木种植的、株型较小的古典蔓生月季（见第325页），如阿尔贝里克·巴比耶（Albéric Barbier）。这些品种不会生长过快，并且在基部也会产生足量的新枝，不过只在盛夏开一季花。总而言之，一定要避免使用海鸥这样的大型蔓生品种，它们茂密的枝叶很快就会吞没整个拱门结构。

整枝与修剪

月季植株一定要种植并保持在支柱的外侧，这样带刺的枝条就不会阻碍人们从拱门下方通行。如果将枝条直接绑到拱门框架上比较困难，可以在拱门结构上设置爬网，增加固定点。

假如拱门侧面足够宽，可以先将月季的枝条像墙式整枝那样散开（见第317页）。若拱门结构较为简单，整体较窄，只需让所有主枝竖直生长，而后再将其主枝及侧枝拉到拱门的顶部。

植株成形后，可以依照墙式整枝的藤本月季和蔓生月季修剪或更新（见第218—220页）。在生长季期间，定期固定新枝，若枝条较为拥挤，可以短截破坏拱门造型的直立枝或外向枝。

垂绳整枝月季

将月季牵引上两根支柱间悬挂的粗绳，就可以造就一帘引人瞩目的花幔。成排相连花幔称为连幔，一般为花园步径装饰镶边。传统的船绳最适宜用于打造花幔，船绳在两根支柱间垂下60厘米左右。单绳花幔的支柱高2.1至2.4米为佳，可以将观赏元素集中在视线水平。吊绳长度应该比两根支柱间的距离多1.2至1.5米。双绳花幔的支柱应增高30至60厘米，第二根绳位于第一根下方60厘米处。

花幔需要使用长势强、枝条柔韧的月季品种。几乎所有蔓生月季都可以用于花幔，藤本月季则需要选择枝条柔韧的品种。同时种植多品种时，需要根据不同品种的长势和花色进行搭配，使得花幔整体的叶片和花朵分布均匀。

成形整枝

在每根支柱的底部种植一株月季。单幔两侧月季的枝条可以在垂绳中间相接。连幔上的植株则朝着同一个方向整枝，但最后一株方向相反，与上一株月季相接。月季植株间保持30厘米距离，定植时根据月季的类型修剪，轻剪藤本月季（见第316页）、重剪蔓生月季（见第318页）。如欲加快植株攀爬速

绳与铁丝

固定粗绳最保险的方式就是在支柱顶端钻洞，将粗绳穿过洞，而后将其尾端牢牢向下钉住。支柱每侧应另外用羊眼钉固定垂直的铁丝，使铁丝与支柱表面保持5厘米的距离。

度，可以将月季枝条沿支柱垂直向上整枝。待枝条达到支柱顶端（一般需要两个生长季），将其拉弯并固定到绳上。如果是双绳花幔，需要将主茎分成两组，每根垂绳各一组。假如主茎的数量不足（许多藤本月季的常见情况），可先将主茎牵引至较低的垂绳上，而后让顶梢继续生长，到达第二根垂绳继续牵引覆盖。

固定枝条时不可过紧，限制其生长，但也应足够牢固，确保枝条不会由于自重滑落，集中在垂绳下方。用园艺麻绳固定枝条虽然比较耗费时间，但其最终效果却是所有方式中最好的。

牵引枝条沿垂绳生长

月季的枝条不仅需要环绕垂绳，更要与其绑定。枝条需要与垂绳绑定，而不是固定到其他枝条上，以免相互擦伤。

成形后修剪

在种植伊始几年，按照月季类型的推荐方式修剪。随着月季逐渐生长，姿态不良枝会破坏垂绳的轮廓。大约每两年需要进行一次较为系统的修剪工作。将所有枝条松绑（见下图）并将最老枝短截至强健新枝处。若揭开花幔比较困难，可以先找出枝丛中的最老枝，将其分段截断取出，直至修剪到强壮的新枝。完成修剪后，再将剩余的枝条重新固定。若花幔植株生长过盛，可以将一至两根最老主茎从基部截断，若有新侧枝可以保留。大规模更新见第305页。

修剪成形月季花幔

修剪前 月季的主茎在水平整枝的刺激下生出大量强健的新枝，枝条向上生长，而后垂拱，破坏了垂绳的线条。如果只是简单地将枝条下拉固定，垂绳周围的枝条会变得过于拥挤。

1 佩戴厚重的防刺手套（如果带刺枝条较长且柔韧，最好也佩戴护目镜），小心地将月季的枝条解绑，并反绕垂绳，使其脱离垂绳，直至能够分清每根主茎。

2 将开花后的主茎短截至强健的新枝。修剪后的枝条可能呈L形。生长方向与垂绳走向一致的枝条比较容易牵引固定。

3 在牵引绑枝时一定要小心，不要损伤侧枝与主茎的结合处，轻轻地将L形的枝条拉直，并将其环绕垂绳后固定。

牵引月季攀爬宿主乔木种植

枝条长而垂拱的月季品种会自然地蔓延开来，攀爬或穿过周围的植物。但假如希望藤本月季或蔓生月季攀爬上宿主植物的树干，营造出壮观的视觉效果，便需要进行更仔细的整枝引导。

选址与定植

作为宿主植物的植株必须足够健康牢靠，能够承受月季枝叶所附加的重量和风阻力。其大小和强健程度也必须强于选择搭配的月季品种——"新黎明"这样长势适中的品种可以搭配苹果树种植，而"蔓生牧师"这样粗放的蔓生月季则需要搭配更大型的乔木。

将月季种植在乔木的向风侧，这样盛行风就会将蓬乱的枝条吹向树干方向，而非吹离树干。月季的新枝会朝着树冠阳光更充沛的方向生长。因此，如果想要充分欣赏月季的花朵，就不能将其种植在花园中背阳的位置。不要将月季种植得离树干太近，因为树干周围既干燥又缺乏阳光。

成形整枝

将粗绳的一端钉在地面，另一端则绑到树干或树木的低枝上，这样就可以牵引月季沿着这根粗绳生长，待枝条足够长，便可以将其固定在宿主植物的低枝上。在这步之后，蔓生月季可以自行向高处攀爬。藤本月季则由于枝条较硬，需要更多辅助，并且也

宿主植物上的藤本月季

要使月季攀上树杈需要细心的选址和初期整枝；在准备工作过后，植株会遵循自然习性向阳朝上攀爬生长。

更易受风吹损伤：秋季叶落后，月季的枝条结构更加清晰，此时应尽量将松散柔软的新枝牢牢固定在树枝上。

成形后修剪

攀爬树木生长的最佳类型就是蔓生月季，其修剪极为困难，但幸运的是蔓生月季并不需要定期修剪。假如需要对长势略微失

剪下一段橡胶管套在绳子上可以防止绳子损伤树杈

定植与初期整枝

月季的种植处应使枝梢与树干基部保持1至1.2米的距离，避免月季与树木竞争水分、营养和阳光。宿主乔木的树冠越低、越密，月季与其的距离就应该越远，这样才能保证植株在生长初年获得足够的阳光健康生长。在定植后2至3年内，首先将所有枝条缠绕粗绳固定，而后再逐渐将其固定到宿主植物低处的枝干上。

控的月季植株加以控制，可以在花后或冬季进行重剪。由于冬季宿主植物也已落叶，修剪工作可能会更加容易。最好的修剪方式是将根蘖主茎在基部截断，然后分段修剪取出。假如因实际情况无法采用这一方法，可以小心地将顶部枝条短截至强健的替代枝处。根系良好、植株健康的蔓生月季几乎在任何程度的修剪后都能很快恢复。

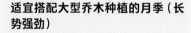

适宜搭配大型乔木种植的月季（长势强劲）

鲍比·詹姆斯（Bobbie James）；布伦达·科尔文（Brenda Colvin）；凯茨盖特、邱园蔓生月季（Kew Rambler）；保罗的喜马拉雅麝香、蔓生牧师、海鸥、塞德里克·莫里斯爵士（Sir Cedric Morris）；超级埃克塞尔萨（Super Excelsa）；婚礼日

适宜搭配小型乔木或大型灌木种植的月季（长势稍弱）

阿尔贝里克·巴比耶、藤本塞西尔·布鲁纳（Climbing Cécile Brünner）；复杂（Complicata）；金翅雀、新黎明、桑德斯纯白蔓生月季（Sanders White Rambler）；蓝蔓

词汇表

该表为本书中所用园艺术语的解释，更加详细的释义可通过索引进行查询。

矮化：植物自然变异产生的小型植株，一般通过营养繁殖培育命名矮化栽培品种。

矮化砧木：在嫁接时，采用株型较接穗小的变种植株的根系进行根接，从而达到限制接穗株型大小的目的。

矮林作业：定期将乔木或灌木平茬，刺激活跃新枝生长。

半标准型：具有单主干，主干高度1至1.5米的乔木或灌木。

半常绿植物：根据气候条件可保留部分叶片度过一个以上生长季的植物。

半耐寒植物：不耐霜冻，但可耐受的最低温度低于不耐霜冻植物。

苞片：一种变态叶，通常位于花下方，有的具彩色，状如花瓣，有的则较小，呈鳞片状。

编枝：将成排的乔木枝条交织并进行整枝，使其树冠相连。

变型（f.）：用于区分属同一物种但部分性状不同的植物：如大花绣球藤（Clematis montana f. grandiflora）就是绣球藤（C. montana）的大花变型。

变异：植株、植株的枝条，抑或由该枝条繁殖生产的植株产生的自然变异。变异植株的习性、大小、形态、叶片的颜色或性状、花朵或果实皆有可能与原植株不同。

变种：野生物种自然出现的变种，在植物分类层级中介于亚种与变型之间。

标准型：即标准树型，植株具明显的树冠与主干。

病原体：能够引起疾病的微生物。

补救修剪：移除枯枝、伤枝或病枝，从而保护植株健康的修剪作业。

不定芽：位于植株茎或根部的隐芽或休眠芽，受刺激开始生长，通常不可见。

不耐霜冻植物：易受冻伤的植物。

残枝：枝条上修剪切口与活跃生长的组织之间的部分（在芽点以上修剪时，若将枝条短截至主茎，则留下的部分皆为残枝）。

草本植物：地上部分在生长季末死亡的非木本植物。

侧芽：形成侧枝的芽。

侧枝：由树枝或根部生出的枝条。

常绿植物：保持叶片超过一个生长季的植物。

成熟枝：色深、成熟、木质化的枝条。

抽枝：通常指植物新枝从发芽到形成的过程。

垂枝：枝条纤细垂悬。

雌雄同株：植物的雄花与雌花长在同一植株。

雌雄异株：雌花和雄花分别长在不同的植株。因此授粉需同时有雌株与雄株。

次侧枝：侧枝生出的侧枝。

次生枝：从主枝生出的枝条。

丛冠标准型：具主干、树冠分枝开心的植株。

丛型：具低矮主干，树冠分枝呈丛状的乔木，通常通过修剪获得。

打顶：将新枝顶端移除，以促生长、开花或结果的修剪方式。

打尖：将枝条的生长点摘除或短截，促进侧枝形成或移除受损部分。

大陆性气候：夏季炎热，冬季寒冷，降水不均。

大小年：农作物一年多产，次年少产的现象。

单季花：仅开一波花。许多月季就属于单季花。

单轴分支：主茎的顶芽不断向上生长。

单轴型：仅一条主茎，短侧枝由主轴延伸而出的整枝造型，需要大量修剪维护。

低跨型：低矮，呈水平状生长，且可轻易跨过的轴型植物。

低温需求：部分植物需要在一定的温度以下休眠一定时间以完成花芽分化，这一过程亦称为春化。

地中海气候：日照丰富，夏季炎热干燥，冬季温和；降雨通常集中在冬季。

垫片：置于植株主干或树枝与其支撑物之间的柔软材料，通常搭配绑带使用，防止擦伤。

吊枝：避免挂果枝过重折断的果树管理方式。用强韧的线绳绑住结果枝，另一端则固定到树干或植株的支柱顶端。

顶端优势：在植物生长过程中，顶芽占据优势，抑制侧芽的生长。若植株顶芽被移除，则顶端优势解除，且位于顶芽下方的侧枝将成为新的主枝。

顶芽：茎轴顶端形成的芽。

冬季修剪：在冬季为植株疏枝，提高果实或花朵的质量。

独本苗：生长初年，无任何侧枝的树苗。

短枝：开花的短树枝或小枝，尤指果树上的短枝。

短枝结果型：在茎上分布的短枝开花结果的植物。另见枝梢结果型

短枝疏枝：移除短枝系统中的部分短枝，避免过分拥挤。

短枝系统：通过短枝修剪形成的成丛、相连的枝条，每年产生更多结果短枝。

短枝修剪：通过短截短枝刺激花芽或果芽形成。

对生芽：芽点分布于茎两侧的同一水平。

多轴型：植物整枝造型，常见于果树，植株具3支以上主茎。

多主茎：自地面位置或主干上分出多根主茎的乔木或灌木。

萼片：花萼的外轮，通常呈绿色且较小，但有时亦可为彩色，并且形似花瓣。

二次枝：夏季修剪后生出的新枝。

二重嫁接：将不兼容的两种植物进行嫁接的技巧。在嫁接时，利用与砧木和接穗品种兼容的枝条作为中间砧，从而将二者连接。

返祖：花叶植物产生纯绿色新枝。

纺锤形：一种果树的高产形态。

分类群：位于同一分类层级的生物群，同一类群的植物有着显著的共同特征。

分株：植物繁殖方式的一种，将植物分为带根系与一根以上枝条的部分进行培养。

复花：生长季内多次开花的植物，绝大部分现代月季就属于复花植物。

覆根物：成层覆盖在土壤表面的材料，起到抑制杂草生长、保持土壤湿度、维持根系温度凉爽恒定的作用。除腐熟肥、树皮和堆肥等有机材料外，也可以使用聚乙烯、金属箔和石子。

干高：灌木或乔木主茎开始分枝的位置以下的部分。

高枝剪：修剪工具，通常长2至3米，适用于修剪直径2.5厘米以内的枝条。其刀片一般由杠杆机关或绳索控制，并可能装配锯条和采果篮。

根部区域：植株的根系伸展占据的空间。

根缚：见盆缚。

根蘖：从植株的根系或地下茎生出新枝。嫁接植株的根蘖则指嫁接点以下生出的所有新枝（即砧木上长出的新枝）。

根球：植株从种植容器或种植地提起时根系和根系周围土团的统称。

根茎比：根系与地上枝干体积之比。

更新修剪：移除老枝、促进新枝的修剪方式。

供养枝：指植株主茎上暂时保留，用以产生养分供给主干生长的枝条。

孤景植物：单独种植在便于欣赏的开放位置、观赏性高的植物，通常为形态优美的乔木或灌木。

骨干枝：乔木或灌木的永久枝干结构，决定植株最终形态的主要枝条。

灌木：半木质茎植物，通常缺乏明显的单一主干，从近基部位置分枝。

光合作用：植物通过叶绿素、光能、二氧化碳和水制造生长所需的有机化合物的过程。

果芽：形成花，随后发育成果实的芽。

海洋性气候：由于周边海洋水体的调节，避免了强烈的季节温度波动的湿润气候。

互生：单个芽或叶，斜交互生于茎的两侧。

花萼：花或果实下方环状排列的萼片的总称。

花幔：将攀缘植物（一般为月季）牵引至两根支柱间垂悬的粗绳上组成的景观小品。

花叶：具不规则的彩色斑块，常见白色，黄色或其余色花纹的叶片。

火疫病：一种导致植株的花与茎发黑的细菌疾病。

基部：即植株底部。

基部叶丛：枝条上位置最低的叶丛，位于树枝基部附近。

嫁接：人工将一种植物（接穗）的枝条与另一种植物（砧木）的根系连接，使其逐渐成为一株完整的植株的技术。

嫁接点：接穗和砧木结合的部位。

胶乳：许多植物会分泌含淀粉、生物碱、矿物盐或糖等物质的液体，通常呈白色。

接穗：用于嫁接到砧木上的，品种较受欢迎的植物。

节点：植物茎上叶、枝或花形成的点。

节间修剪：在茎上两个节点或营养芽之间修剪。

结构枝：乔木的主要骨干枝。

截顶树：定期修剪短截至主干顶部的乔木。

截顶作业：定期将乔木主枝短截至主干，树干或较短骨干枝顶端的修剪作业。该作业可使植株获得由新枝构成的紧凑树冠。

金字塔形：果树的整枝造型之一，植株枝条分层，枝长自下向上逐层递减。

卷须：一种特化叶或茎，通常较长且细，能够自行抓靠支撑物。

开心型：丛冠标准型树或灌木型树的树冠中心通过修剪呈现开放态势。

科：在植物分类中，科是相近的属的集合。

克隆植株（无性系品种）：通过营养繁殖或无性繁殖，基因相同的植物类群。

枯枝病（回枯）：枝梢枯死，并沿主茎向下延伸，通常由损伤或疾病导致。

拉枝：一种果树整枝技巧，将枝条拉至接近水平的位置，刺激挂果。

冷温带气候：夏季温暖，冬季寒冷，春秋温度始终，全年多雨。

梨果：果肉丰满紧实，种子被包裹在果肉内部的水果，如苹果、梨。

连幔：成排相连的花幔。

领导枝：即主枝，延长枝条的整体长度。

流胶病：一种影响核果类果树的生理机能紊乱问题。主要症状为植株树皮沁出半透明的琥珀色液体，有时也出现在果核周围。

鹿角状枯枝病：植株的枯枝从树冠中突出形成鹿角状。

轮生：三个以上植物器官（多指叶或枝条）从同一点生出的排列方式。

裸根苗：出售时根部不带土的植株。

洛雷特系修剪系统：用于苹果树和梨树的夏季修剪技巧，限制植物的营养生长，促进果实生长。

落叶植物：在生长季末叶片完全脱落，而后在下一生长季初期长出新叶的植物。

蔓生：部分植物攀爬或勉强算是攀缘的生长方式。另见攀缘植物。

蔓生植物：见攀缘植物。

盲枝：顶端无花芽或生长点损伤的枝条。

母株：用于生产种子或扦插用枝条等繁殖材料的植株。

木块茎：木质、膨大的块根，新枝从此生出，详见第64页的桉属。

木质部：树皮下方的维管组织，负责向上运输水和养分。

木质化：变为木质。

耐霜冻植物：可以忍受最低−5摄氏度的生长温度的植物。

捻芽：用手将不需要的新枝芽抹除。

蘗芽：植株近地面或地面位置生出的新枝。

暖温带气候：降雨较多，温度跨度较小。夏季温暖或炎热，冬季温和。

攀缘植物：借助其他植物或物体作为支撑进行攀爬的植物。吸附类攀缘植物通过气生根或卷须尖端吸盘自我固定。叶卷须类植物用叶柄或卷须缠绕支撑物，而茎卷须类植物则用其茎缠绕支撑物进行攀爬。蔓生植物和攀爬植物则有柔韧的枝条，依靠或穿插支撑物生长。

盆缚：植物在相同的盆中种植过久，生长受限，根系拥挤且相互缠绕。

偏形树：形态受盛行风长期影响而变形的树。

品种（栽培品种）：通过人工栽培而非自然变异产生的具有明显特殊性状的栽培植物类群。

平茬：将植物地面以上部分全部移除的修剪方式。

平切：将枝条从基部完全移除，不留任何残余部分的修建方式。现在通常不建议这一做法。

匍匐：茎沿地面生长。

匍匐茎（走茎）水平伸展或垂拱的茎，通常位于地面以上，茎尖生根可形成新的植株。

气生根：从植株地上茎产生的根系，有时能够攀附或缠绕周围的物体，为植株提供支撑。

乔木：多年生木本植物，通常有分明的主干或主茎，上方为树冠。

热带气候：全年高温。除热带沙漠地区降水稀少外，热带气候区降水一般较为丰沛，全年多雨或季节性明显。

三轴型：见多轴型。

珊瑚斑病：真菌疾病，导致枝条回枯，树皮死亡且为橘粉色的脓包所覆盖。

扇骨：扇形整枝的果树的主茎。

扇形：通过大量修剪获得的株型。主枝位于同一平面，向外呈扇形伸展，主干低矮。

伤口愈合剂：专门用于涂抹植物修剪后切口的涂剂，现在通常不推荐使用。

伤流（溢泌）：植株切口或创口渗出汁液的现象。

梢：茎或枝条的顶端。

生长点：枝条顶端的芽点。

生长素：人工合成或自然形成的物质，控制植物生长，根系形成及其他生理过程。

实生：自花授粉的植物所产生的实生苗能够较好地继承亲本的性状。

授粉：植物传递花粉以完成有性繁殖的过程。

授粉媒介：传递花粉的媒介或方式。不育或部分不育的果树品种需要不同品种的植株方可坐果。

疏果：在自然落果期后移除部分发育中的果实，从而改善剩余果实的发育和质量。

疏花：将果树部分花朵移除，通常用于纠正挂果大小年现象。

疏芽：移除多余花芽或果芽以提升花或果的质量。

疏枝：移除部分新枝、木质枝、花朵或果芽，以提升剩余者活力和质量的修剪方式。

属：具有共同特征的物种的集合。

树杈：两根树枝或树枝与树干之间的夹角部位。

树干：树的主干；有时特指树干底部较粗的位置。

树冠：树干上分支的部分。

树冠疏理：将树冠内部拥挤的枝条移除，使树冠内部透光，促进健康枝条生长的修剪作业。

树冠缩减：将最长一批枝条断截，以缩小树冠体积的修剪作业。

树冠提升：将低处树枝移除，提升主干高度的修剪作业，最好由专业树艺师进行操作。

树瘤：树干上隆起的瘤状部位，有时会抽出新枝。

树皮：位于木本植物树干或树枝的表层，保护植株的内部组织；通常由死亡组织组成。

树皮环剥：在部分果树的树干或枝条上剥除一圈树皮，减少植株生长消耗，促进挂果。

树墙：即墙式整枝的植株。植株的中心主干垂直，侧枝位于同一平面，水平向两侧生长。常见于果树栽培。

树液：植物细胞和维管组织中所含的液体。

双U型：见四支轴型

双轴型：植株具两根平行主茎的整枝造型。

双主枝：生长强度相当的一对竞争主枝。二者间的树杈夹角过小，是植株结构脆弱点，因此应移除一根主枝。

四支轴型（双U型）：植株具有四根平行主茎的整枝形态。

替代枝：老枝被修剪移除后，能够取代其位置并保持延续其生长态势的强壮新枝。

调理修剪：移除大型木本植物部分或整个枝丛的非常规修建方式，用于避免枝丛拥挤，并刺激新枝生长。

徒长枝：由隐芽生出的多汁、生长迅速的枝条，通常出现于植株损伤处或修剪切口附近。

土痕：植株茎上通常较为显眼的痕迹，标示植株在苗圃中的种植深度。

U型：见双轴型。

V角：树枝与树干的夹角。

完整洛雷特修剪系统：见洛雷特修剪系统。

微气候：小至花园，大至特定地理区域范围内的具体气候条件。

未成熟枝：绿色、较嫩的枝条。

X：用于表示两种基因差异明显的植物产生的杂交物种。

吸盘：位于卷须尖端，能够吸附表面，为植株提供支撑。

习性：植株的自然生长形态和特征——直立、匍匐、垂枝等。

夏季修剪：夏季进行的修剪，用于限制或控制营养生长。

形成层：能够产生新细胞，增加茎或根粗度的组织层。

胸枝：墙式整枝的乔木或灌木平坦植株上背墙生长的枝条。

休眠：存活但不活动。

休眠期：植物暂时处于停止生长并减缓其余生理活动的状态，通常为冬季。

休眠枝：由乔木或灌木树皮下的休眠芽或不定芽抽出的枝条。休眠枝常在树干或树枝的修剪创口附近形成。

修改版洛雷特修剪系统：见洛雷特修剪系统。

修根：移除果树的部分根系以限制其生长或促进结果。

修剪：移除植物或树木的枝条以维持其健康苗壮、调整其植株形态及大小，抑或控制其开花或结果的生理活动。

削：使用修枝刀进行修剪。

压条：将枝条固定到地面，使其在不脱离母株的情况下生根的一种繁殖方式。

芽：含有胚叶、叶簇或花。

芽后刻芽：在休眠芽下方移除一小块三角形或半圆形的树皮，从而抑制芽点发育（另见芽前刻芽）。

芽接：嫁接技术的一种，通过将一种植物的芽插入另一种植物的树皮中达成嫁接目的。

芽前刻芽：在休眠芽上方移除一小块三角形或半圆形的树皮，从而刺激芽点发育（另见芽后刻芽）。

芽眼：位于节点处可见的休眠芽或隐芽。

亚灌木：基部木质化，上部枝条则较为柔软，通常为草质的低矮植物。

亚热带：夏季炎热，冬季凉爽，有明显的季节性降雨或全年多雨。

亚种：种以下的分类等级。

延长枝：生长季生出的新枝。

叶柄：叶片与茎相连的部分。

叶痕：叶片与茎连接的位置。位于芽点下方，常呈新月形或马蹄形。

叶腋：位于叶柄与茎相接处的内侧。

叶状茎：作用与叶相同的茎，但亦是植株开花的部位。

腋芽：从叶腋处产生的定芽。

银叶病：一种侵害多种乔木和灌木的疾病，其中李属和苹果属植物最易受感染。病株叶片呈铅色或银色。

隐芽：在形成当年未成功发育、保持休眠状态的芽，随后受刺激可能开始生长。

营养生长：不开花，通常指长叶的生长。

营养芽（叶芽）：发育成叶片和枝条而非花朵的芽。

羽型独本苗：已经长出侧枝的一年生树苗。

羽状复叶：小叶成排分布于中脉两侧。

愈合：植物的修剪切口或创口由愈伤组织覆盖的过程。

愈伤组织：植物，尤其是木本植物在伤口表面形成的保护性组织。

圆锥花序：长花轴上聚集分布着分枝的总状花序，丁香花就是典型的圆锥花序。

杂交种：基因不相同的物种培育出的后代。

造型树篱：通过整枝与修剪将乔木或灌木塑造成各式几何或其他形态的园艺技术。

摘除枯花：移除开败的花或花序。

摘心：将枝条顶端生长点（用手）摘除，促进侧枝或花芽形成。

掌状：主枝与水平线约呈45度角的树墙。

折枝：一般用于坚果树的技巧，将较长的侧枝从中间折而不断，促进雌花形成，同时限制枝条随后的生长。

针对性修剪：修剪时尽量避免多余操作。

砧木：为嫁接植株提供根系的植物。

蒸腾：水分植物通过叶片和茎蒸发流失。

枝干夹角：枝条与主茎之间的夹角。

枝接：将接穗嫁接到一定高度的砧木主干上。

枝领：树枝基部隆起的一圈。

枝皮脊线：树枝与树干相交处树皮的褶皱，有时明显可见。

枝梢结果型：在枝梢或近枝梢结大部分果实。另见短枝结果型。

直根：植物（尤指乔木）的单独向下生长的根。

中心主干：植株中心，一般较为挺直的茎。

中心主干型：具主干，且树冠中亦有明显中心干的植株。

种：植物分类单位，指形态和遗传组成相似的植物。

帚型：枝条向上生长，几乎与主茎平行的乔木或灌木。

主干：乔木粗大的木质主茎。

主干芽：从植株无侧枝的主干上生出的新芽，通常需进行移除。

主蔓：葡萄藤的主茎。

主枝：木本植物从主茎或树干直接生出的大枝。

主枝：植株的主茎，通常位于中间位置。

自花授粉：两性花的花粉，落到同一朵花的雌蕊柱头上的过程。

自攀附攀缘植物：见攀缘植物。

自然屏障：植物内部产生的化学屏障，用于阻挡感染植株的病原体向植株其他位置扩散。

总状花序：花序不分枝，具花柄的小花着于较长的花序轴上。

走茎性：具产生走茎的习性。

坐果：授粉受精后成功发育出果实的现象。

索引

致谢

PHOTOGRAPHY

The publishers are grateful to the following for permission to reproduce illustrative material:

Deni Bown: 81, 221 *left*; Christopher Brickell: 113 *right*, 214 *top*; Neil Campbell-Sharp: 319 *bottom right*; Eric Crichton: 78, 160, 316; Gap Photos/Neil Holmes: 2, J.S.Sira: 38 *top*; Garden Picture Library: 322 top; Garden World Images/Alain Guerrier: 85; Jerry Harpur: 187 *top*, 255 *bottom*, 260, 319 *top*, 323, 325; Holt Studios International: 117 *bottom*; Stephen Josland: 9 *top left*, 277; Andrew Lawson: 36 *main*, 60 *top*, 130 *top*, 255 *top*; David Paterson: 36 *inset*; Photolibrary/Mark Bolton: 6; Photos Horticultural: 235 *bottom*; Royal National Rose Society: 309; Professor H. Don Tindall: 140 left and *right*, 141 *top main picture, top inset, bottom*, 145 *top, centre* and *bottom*, 146 *top*, 147 *top*, 148 *top*, 149 *bottom*, 297; John White: 10 *top right*, 29 *bottom centre*, 33 Photographs taken at the 1995 Chelsea Flower Show by Steve Gorton, with thanks to: Ben Loseley Williams of Greens Garden Furniture (braided *Ficus*) Harpers & Queen/Cartier garden (pleached limes); Mattocks Roses (rose in hanging basket, standard Bo Peep rose); Rosemary Verey (standard-trained *Syringa meyeri*); Rayment Wirework (ivy-covered seahorse frame). All other photographs by Peter Anderson

ARTWORK

Step-by-step artworks: Karen Cochrane

Plant silhouettes: Karen Cochrane, John Hutchinson

Chapter opening motifs: Philippa Nash

PROPS AND LOCATION PHOTOGRAPHY

Secateurs by Felco; all other tools by kind permission of Spear & Jackson. Other items courtesy of Agriframes, Marshalls Seeds. Many thanks for their valuable time and advice to: Reads Nursery, Hales Hall, Norfolk; The Romantic Garden Nursery, Swannington, Norfolk; and Piers Greenwood of Newhall Vineyard, Essex

ADDITIONAL DESIGN ASSISTANCE

Sasha Kennedy and Rachael Parfitt; thanks also to Gillian Allan, Steve Crozier, Nicola Erdpresser, Bob Gordon and Ina Stradins.

Rob Nunn and Emma Shepherd for picture research; and John Goldsmid for production assistance.

ADDITIONAL EDITORIAL ASSISTANCE

Candida Frith-Macdonald, Linden Hawthorne, Laura Langley, Martha Swift and Melanie Tham; thanks also to Jane Aspden, Lynn Bresler, Joanna Chisholm, Tracie Lee, Andrew Mikolajski, Laraine Newberry and Anne Reilly

INDEX

DOROTHY FRAME

Dorling Kindersley would also like to thank:

In the United States, Paul W. Meyer of the Morris Arboretum and American Horticultural Association; Dr Alexander Shigo; and Ray Rogers, Mary Sutherland and Will Lach at DK Inc., New York In Australia, Frances Hutchison for much invaluable advice For plant-finding and location research: Diana Mitchell For additional text inputting: Colin Belton, Royal Botanic Garden Edinburgh; Audrey Longhurst, RHS Vincent Square

All the staff of the Royal Horticultural Society for their time and assistance, in particular: at Vincent Square, Susanne Mitchell, Karen Wilson and Barbara Haynes; at Hyde Hall, Tom McMasters, Tom Angus, Chris White and Eileen Mackenzie: at Wisley, Mike Honour, Haden Williams, Jim Arbury, Ray Waite, Andy Hart, Carol Howat, Roma Sinclair, Nancy Hopper and Sue Burnham, and the ever-patient staff in Glass, Propagation and the Plant Centre